智 能 科 学 与 技 术 丛 书

CAUSALITY

Models, Reasoning and Inference, Second Edition

因果论

模型、推理和推断

（原书第2版）

[美] 朱迪亚·珀尔（Judea Pearl）著
刘礼 杨矫云 廖军 李廉 译

机械工业出版社
CHINA MACHINE PRESS

图书在版编目（CIP）数据

因果论：模型、推理和推断：原书第 2 版 /（美）朱迪亚·珀尔（Judea Pearl）著；刘礼等译. -- 北京：机械工业出版社，2022.1（2025.4 重印）
（智能科学与技术丛书）
书名原文：Causality: Models, Reasoning and Inference, Second Edition
ISBN 978-7-111-70139-2

I. ①因… II. ①朱… ②刘… III. ①计算机应用 - 统计推断 IV. ①O212-39

中国版本图书馆 CIP 数据核字（2022）第 020123 号

北京市版权局著作权合同登记 图字：01-2020-2985 号。

本书全面阐述了现代因果关系分析，展示了因果关系如何从一个模糊的概念发展成为一套数学理论，并广泛用于统计学、人工智能、经济学、哲学、认知科学、卫生科学和社会学等领域。本书提出了一个全面的因果关系理论，它统一了因果关系的概率、操作、反事实和结构方法，并提供了简单的数学工具来研究因果关系和统计关联之间的关系。本书通过融合领域知识、常识约束、文化传承的概念等来补充数据信息，为基于统计的机器学习中遇到的基本问题提供了科学的解决方案。

出版发行：机械工业出版社（北京市西城区百万庄大街 22 号 邮政编码：100037）
责任编辑：姚 蕾　　责任校对：殷 虹
印 刷：北京建宏印刷有限公司　　版 次：2025 年 4 月第 1 版第 5 次印刷
开 本：186mm×240mm 1/16　　印 张：33.5
书 号：ISBN 978-7-111-70139-2　　定 价：219.00 元

客服电话：（010）88361066 68326294

西方科学的发展基于两大成就：希腊哲学家发明了形式逻辑系统（在欧几里得几何中），以及通过系统实验发现因果关系的可能性（文艺复兴时期）。

——阿尔伯特·爱因斯坦（1953）

中文版序

20年前（2000年），当我为这本书的第1版写前言时，我说了一段相当大胆的话，朋友们都劝我低调。我当时说道："因果性的研究已经经历了一次重大的转变，从一个被神秘面纱笼罩的概念转变为一个具有明确语义和逻辑基础的数学对象。悖论和争议得以解决，模糊的概念得以明释，那些依赖于因果信息、长期以来被认为是形而上学或难以处理的实际问题，现在只需要初等数学知识就能够解决。简言之，因果性已经被数学化了。"

今天再回过头来读这段话，我觉得我当时如果不是目光短浅的话，那么肯定就是有点保守了。我之前所说的"转变"其实是一场改变了许多科学思维方式的"革命"。现在许多人称其为"因果革命"，它在科学界引起的兴奋正在不断蔓延到教育界和实际应用领域。我非常兴奋地看到，本书中文版的出版将中国读者也带入此次革命之中。

随着我们进入大数据时代和机器学习的"数据拟合"热潮中，因果推断和因果建模的重要性也在过去20年中得到了进一步体现。

"数据拟合"是我经常用于描述"以数据为中心"这一思维方式的词语，它牢牢地统治着统计学和机器学习，与着眼于因果推断的"数据解释"思维方式形成鲜明对比。数据拟合学派相信，只要我们在数据挖掘方面足够聪明，理性决策的秘密就来源于数据本身。与此相反，数据解释学派并不把数据看作一个独立的研究对象，而是把它看作解释"现实"的一种辅助手段，"现实"代表数据产生的过程。

数据拟合是当今大多数机器学习研究者的主要研究范式，尤其是那些专注于连接主义、深度学习和神经网络技术的研究者，他们采用了无模型、基于统计的学习策略。这些策略在计算机视觉、语音识别和自动驾驶等应用领域取得了令人瞩目的成功，燃起了人们对这些方法的全面覆盖和无限潜力的希望，同时也削弱了人们对基于模型方法的兴趣。

然而，正如我在《为什么：关于因果关系的新科学》（2018）一书中详细阐述的那样，许多“数据科学”领域的研究人员也已经意识到，从当前的实践效果来看，机器学习无法产生智能决策所需的理解能力。此外，从数据拟合到数据理解的转变不仅仅涉及技术上的转变，它还意味着更加深刻的范式转换，即从“所有知识都来自数据本身”这一假设到一个完全陌生的范式，根据这个范式，以现实的因果模型形式描述问题需要额外的数据信息。

摆在你面前的这本书就描述了这样一种框架，它能够通过融合领域知识、常识约束、文化传承的概念等来补充数据信息，最重要的是，我们天生就具备这样的因果抽象能力，就像幼儿能够快速了解他们的玩具世界环境。该框架为基于统计的机器学习中遇到的基本问题提供了科学的解决方案，这些问题包括：混杂控制、中介、个性化、普遍性、适应性、选择偏差、数据缺失、可解释性等。在下一个十年里，这个框架将与现有的机器学习系统结合，从而可能引发“第二次因果革命”。

我希望这本书也能使中国读者积极参与到这一场即将到来的革命之中。

Judea Pearl

2021 年 6 月 15 日

推荐者序

《因果论：模型、推理和推断》这本书是结构因果图的创始人、图灵奖得主珀尔写的一本因果推理的书籍。这本书凝聚了珀尔多年来在因果领域的研究心血，也是他对自己研究成果的一次较为全面的总结。近年来，因果科学热度很高，尤其是因果分析与深度学习之间的结合，更是开拓了机器学习领域的新思想和新途径。通过发现因果关系，使数据有了更好的、更加合理的特征表示，极大改善了机器学习的稳健性、泛化能力和可迁移性，这已经成为下一代人工智能的主要研究课题之一。2021 年诺贝尔经济学奖更是授予了三位在经济学研究中利用自然实验数据进行因果推断的学者，这说明因果分析与推断在各个不同的领域，特别是人文社科领域有着广泛的应用前景。

之所以说这本书是数据分析和人工智能研究领域相关人员的必读书籍，是因为作者提出了一套新颖的科学方法论，即结构因果图模型，该模型已经应用于众多实际领域。作者不仅重新阐述了因果关系的形式化表示方法，构建了因果关系科学体系，并且给出了因果推断的可泛化的计算要素，为科学界提供了一套全新的方法论。从统计学、社会学、经济学到流行病学、心理学、基因学，覆盖了各个应用领域，对人类认知和科学文明的发展提供了一套全新的处理工具和分析范式。更为重要的是，珀尔提出的方法论和演算模型将对人工智能产生革命性的跃迁，为强人工智能的实现提供一条可能的路径，彻底改变人工智能最初基于规则和逻辑的方向，并把它应用于人工智能的挑战和变革中。

这本书在内容处理上富有特色，对于因果分析与推断做了细致的讲解和推理，并且使用了大量的例子进行具体说明，这些例子读起来很有启发性，有些历史上的悖论也在本书中进行了令人信服的解释。本书是一本学习因果理论和方法的很好的教材。

第 1 章介绍了因果关系的基本含义，如何理解因果干预与因果效应以及反事实等基本内容。第 2 章深入介绍因果关系分析，从基本直觉出发，介绍了因果结构、因果模型、因果推断、潜在结构等定义，在这些基础上，介绍了稳定分布、获取 DAG 结构、重建潜在结构以及因果关系推断的局部准则等基本理论。第 3 章介绍了因果图与因果效应识别，引入 *do*-操作、后门准则、前门准则等定义，探讨了如何通过因果假定推断因果效应。第 4 章讨论行动、计划和因果直接效应评估的问题，定义了行动以及由行动延伸的计划，讨论了基于图准则在什么情况下计划的结果是可识别的，并且以招聘中性别歧视的案例，论证直接效应所需要的假定。第 5 章描述结构方程模型问题。这一章目标在于重新表述结构方程模型的因果解释：随着图模型和干预操作的发展，结构方程如何走出当前的困境，并作为因果建模的主要语言；通过参数化和非参数化分析进行结构方程模型检验和识别的概念及应用问题。第 6 章主要讨论了因果概念中的混杂问题。从分析辛普森悖论这一有趣的故事开始，通过统计准则来定义和控制混杂时所遇到的困难及解决方案，并在这章的最后讨论了可压缩性与无混杂性、混杂因子与混杂性之间的区别等问题。第 7 章阐释了反事实与结构模型的形式化理论，如何根据结构模型语义得出反事实和因果关系的公理化特征。第 8～10 章结合实际案例，继续展开了反事实分析的应用、估算因果效应、必要性原因、充分性原因、实际原因等方法的分析，并分别举例说明因果分析技术在不依从实验、法律责任以及特例事件等各种情况下的应用。最后，这本书在第 11 章回顾了前 10 章的内容，介绍了读者普遍感兴趣的问题并给予回应和解释，以及在后记部分以讲座的形式讲述因果关系的故事，帮助读者加深对因果科学相关问题的理解。所有这些内容都是因果分析中最基本，同时也是最重要的内容，掌握了这些内容后，阅读最新的论文，以及在机器学习或者其他领域中应用因果关系进行分析将不会再有太多困难。

这本书的第 1 版是 2000 年出版的，随后根据新的发展，在 2009 年出了第 2 版，得到各方面——从理论研究到实际应用——的一致好评。珀尔本人也于 2011 年获得图灵奖。本书出版至今已经有十多年了，由于诸多原因一直没有学者翻译这本书。当前国内对于因果关系的研究兴趣日见增长，但是这方面的优秀学习参考书籍尚且稀缺。现在，我很高兴地看到重庆大学和合肥工业大学的四位教师花费了近两年的努力将此书翻译为中文，这有利于广大国内学者、学生和各领域的研究人员了解和掌握因果模型、推理和推断相关的内容，并在实际问题的解决中展现力量。这本书值得大家认真一读。

是为推荐。

姚新

2021 年 11 月 15 日

译者序

在研究社会演化和自然变化的规律时，我们发现它们与量子现象有着惊人的相似性：根据现有的数据预测未来的状态时会面对各种各样的可能性，但是当我们观察它们的时候——如果能够被观察——就只能看到一种确定的状态，这个状态被称为历史。

尽管如此，人类从具有思想和意识开始就一直执着地、孜孜不倦地探索自然界各种现象之间的关系，试图从当前的状态预测未来可能发生的事情，并且把这样的关系称为因果关系。即使从现在预测未来有着诸多不确定性，但是我们总是在不断完善和修改对于因果关系的理解和表述，希望预测得更加精确和全面。根据现在的物理学观点，在能够被人类自然感知的世界尺度上，对于绝大多数情况，这种预测是可能的。几千年来，人类的科学研究活动可以归结为不断提高根据现有数据预测未来变化的能力。一部人类的文明史或者科学发展史，就是对于这种因果关系不断发现的历史。到目前为止，绝大多数学科都在做因果关系发现的研究。

在人类所建造的科学大厦中，因果关系成为不可或缺的黏结剂，它把错综复杂和五彩缤纷的各种现象整合得井然有序，富有层次性和逻辑性。从宇宙发生大爆炸的那一刻起，由于温度和压力的原因，必然随之产生大量的基本粒子（夸克），由此继续产生中子、质子等次级粒子，并继而产生原子和分子，然后又在各种复杂的环境条件下，沿着因果路径产生我们人类自身以及人类赖以生存的环境和社会，并且继续产生我们的未来。在因果观的思想下，我们今天的一切都是由大爆炸那一刻确定的，而我们的未来又是由今天的状态决定的（包括统计学足以应付的某些不确定性）。由此一来，所有的事物和现象都是在因果规律的支配下，有次序地演化和发展。如果我们能够把握住这种因果规律，以及宇宙最初的状态参数，就能够把握整个宇宙的发展规律。在这种激动人心的思想的照耀下，人类进行了持之以恒的探索，牛顿定律、麦克斯韦方程、爱因斯坦场方程、哈勃定律等，都是其中闪耀着智慧光芒的产物。借助这些结果，我们脱离了对于自然现象和规律的茫然无知，能够与“上帝”进行对话，从而更好地掌握人类自身的命运。“从天而颂之，孰与制天命而用之。”

从任何角度看，通过因果关系来描述和梳理各种自然与社会现象，真是精妙绝伦的思想，但是对于什么是因果，什么是因果关系，却在很长的一段时间内没有清晰的科学论述。例如，就我们的常识经验而言，因果关系具有必然性和不可或缺的性质，即如果现象 A 是现象 B 的原因，当 A 出现时，B 必然出现，同时如果 A 没有出现，则 B 也不会出现。但是这两条并不能成为因果关系的定义，例如我们常识上认为感染病菌是发烧的原因，但不是每次感染病菌必然引起发烧，甚至这种概率还是比较低的。同时不感染病菌也不见得不发烧（可能由于其他原因引起发烧），因此感染病菌与发烧之间并不符合上面所说的两个条件，但是在我们的常识里还是认为感染病菌与发烧之间有因果关系，它们也的确具有因果关系。这种常识与科学之间的差别在很多领域都出现过，正是这种差别，促使许多科学家对于因果关系的基本性质和科学定义做了大量研究。最早亚里士多德提出的“四因说”，认为世间万物的变化都源于“形式因”“质料因”“动力因”和“目的因”四种原因，其中“动力因”即“使被动者运动的事物，或者引起变化者变化的事物”，似乎更贴近现在一般所说的原因。但是“四因说”只是从哲学角度概括了事物变化的原因，并没有给出明确的定义，如何识别原因和结果仍然留给了后人。18 世纪的休谟被认为是自亚里士多德以来第一个试图对因果关系进行科学定义的哲学家，他从现象与现象的联系中给出有关因果关系的定义：（1）如果 A 发生，则 B 必然发生；（2）如果 A 不发生，则 B 也不发生；（3）A 在 B 之前发生。这时我们称 A 和 B 是因果关系，A 是 B 的原因，这三点倒是很符合对于因果关系的常识性理解。当然，现在看来这三点仍然没有很好地定义因果关系，因为根据这三点可以推出公鸡打鸣是太阳升起的原因。休谟本人最后也对因果关系持怀疑态度，他说：“关于这一联系的观念，当我们努力去构想它时，甚至连究竟想要知道它的什么内容，都没有一个哪怕是模糊的意识。它只不过是思想中的习惯性联想。”但是他对于因果关系探究所持有的科学态度和方法，却启发和激励了后来的学者。

在后续对于因果关系进行艰苦探索的科学家中，我们必须提及高尔顿（Francis Galton）、费歇尔（Ronald Fisher）、内曼（Jerzy Neyman）、格兰杰（Clive W. Granger）、赖辛巴赫（Hans Reichenbach）、麦基（John Mackie）、鲁宾（Donald B. Rubin）、珀尔（Judea Pearl）等。我们在本书中会与他们相遇，进一步了解他们对于因果关系发展所做的贡献。这里我们要专门提到，在科学的发展历程中，有一些著名的科学家对于因果关系表达了怀疑甚至否定的态度，历史上典型的有皮尔逊和罗素。皮尔逊认为因果关系只是关联关系的一个特例，不值得专门研究，他说："我认为，高尔顿的工作开拓了比因果关系更为广泛的概念，即相关关系，因果关系只是它的一个特例。"罗素则明确否定因果关系，认为因果关系只是一种哲学上的说法而无实际意义，他说："所有的哲学家都认为因果是基本的科学基石之一，但令人奇怪的是，在现代科学里，因果这个词从来没有出现。我相信，因果性只是一个过时的文物，就像君主体制一样，保留它只是因为没有坏处。"当代的数据科学家迈尔 - 舍恩伯格（Mayer-Schönberger）在他的影响广泛的《大数据时代》一书中写道："大数据时代需要放弃对于因果关系的渴求，而只需关注相关关系，也就是说，仅需要知道是什么，而不需要知道为什么。这就推翻了自古以来的惯例，而我们做决定和理解现实的最基本方式也将受到挑战。"这些对于因果关系的看法曾经统治学术界，但是现在已不再是主流思想。但无论如何，这些质疑也是推进因果关系研究的动力之一，同样对于因果关系的发展做出了贡献。

按照现在的主流观点，因果关系在现代科学研究中占有中心地位。被称为"巫师"的美国统计学家西尔弗（N. Silver）说过："在大数据时代，'有了这么多信息，谁还需要理论'的说法似乎越来越司空见惯，但对预测来说，这样的态度绝对是错误的，尤其是在像经济那样的领域——那里的数据那么杂乱。有了理论或至少关于其根本原因的某种更深入的思考，统计推理就可靠得多。"珀尔也说过："今天我的观点已经非常不同，现在我认为因果关系是客观世界的现实性和人类理解这种现实性的基本构件，并且认为概率关系只是因果关系的表面现象，而因果关系才是我们理解世界的基础和推动力。"

从历史上看，真正奠定因果关系在科学研究中的中心地位的是随机对照实验的出现。费歇尔对于随机对照实验（RCT）做出了关键性的贡献，使得 RCT 成为当前因果发现的黄金标准。借助 RCT，物理学、生物学和医学等领域产生了诸多的新发现和新成果。但是对于社会科学或人文科学方面，由于伦理、成本和风险等因素，无法进行这样的实验，这一巨大的障碍在几百年来影响了这些学科的深入发展，以至于物理学在现代实证主义的旗帜下高歌猛进时，许多人文社会科学仍然徘徊在“经验主义”的泥沼之中。

这一现象直到 20 世纪初才开始有所转机，在大量的统计学工作的基础上，人们逐渐认识到，既然人工设计的 RCT 在许多问题上难以实施，那么为什么不借助自然的力量呢？事实上，我们周围的世界和社会每时每刻都在运动和变化中，这些变化产生了大量数据，这也被看作一种实验，只不过不是人为设计的，而是自然发生的，我们称之为“自然实验”。对照实验和自然实验都会产生大量数据，分别称为“实验数据”与“观察数据”。对照实验和自然实验之间的主要区别是，对照实验可以控制各个因素的取值，因此容易看出其中一个因素对于另一个因素的影响，即所谓因果效应。而自然实验无法实施这样的控制，各个因素之间的相互影响和干扰在所难免，因果效应变得扑朔迷离（在本书中，将这种干扰称为混杂）。由于观察数据数量庞大，处理起来十分复杂，有些要求超过了当时已有的技术能力，因此长期以来人们对于自然实验及其产生的数据缺乏足够的重视。但是随着近些年来人类处理大数据的能力逐步加强，以及机器学习等归纳推断技术的发展，原来横亘在我们面前的这堵墙已经能够跨越了，由此引发了从大数据中发现因果关系的新的研究浪潮。2021 年的诺贝尔奖就颁发给了三位在经济学研究中成功应用自然实验数据进行因果发现和分析的科学家（本书中多处提到了他们的工作成果）。

在从自然实验中发现因果关系的征程中，美国数学家内曼于 20 世纪 20 年代在实验研究中提出了“潜在结果”的思想，由于研究结果是用波兰文发表的，因此当时并未引起关注。直到 20 世纪 70 年代，该思想才被鲁宾再次独立发现，并加以丰富和提升，使之成为当前因果分析的重要模型之一——称为“鲁宾因果模型”或者“潜在结果模型”。其基本内容是，假设因素 A 和因素 B 都只有两个状态，为了考察因素 A 对于因素 B 的因果效应，在固定其他因素 Z 的前提下，设置 A 的两个状态 A_0、A_1，分别计算对于 B 的状态影响，即计算 $E(B|A_0, Z)=E_Z\{B(0)\}$ 和 $E(B|A_1, Z)=E_Z\{B(1)\}$，它们的差

$$E_Z\{B(0)\}-E_Z\{B(1)\} \underline{\underline{\text{def}}} \text{ACE}(A\rightarrow B)$$

被定义为 A 对于 B 的平均因果效应。由于在 Z 固定的情况下，实际能够观察到的数据要么是 $A=A_0$，要么是 $A=A_1$，不可能同时观察到两种状态，因此有一个状态是现实中不存在的，是假设的，这个假设状态所引起的 B 的变化称为“潜在结果”。从历史上看，内曼洞察了自然实验的巨大价值，并且首次尝试用数学语言来描述和定义观察数据中所蕴含的因果关系，比起根据经验和自然语言来定义因果关系，数学语言准确而精细，可以在严格的意义上讨论和比较因果关系，这在因果关系研究中具有划时代的意义。但是数学定义的因果关系总是有些复杂，舍弃了经验因果关系的许多直观的、朴素有效的判别标准，在实际生活中，人们仍然更加愿意使用经验因果关系，而不是数学的因果关系。由追求准确而带来的复杂似乎是不可避免的，但无论如何，由于内曼的天才思想，因果关系得以成为科学的研究对象。当前，如何把经验因果关系纳入数学框架仍然是一个十分具有挑战性的问题，并且受到越来越多的关注。

从 20 世纪 80 年代（也许更早一些）开始，珀尔等人利用结构因果图以及 *do*-操作、反事实分析等概念，提出了一种全新的形式化理论，开创了另外一条从观察数据（或者观察数据与实验数据结合）进行因果分析和推断的路线，其中的精彩内容大部分在本书中呈现。新的理论充满了对于因果和因果关系的深邃领悟，将直觉经验、数学描述和形式演算完美结合起来，一层层地揭开了长期以来笼罩在因果关系上的神秘面纱。其中对于各种悖论的解释，以及对于因果效应、反事实推理、隐变量处理、不完美实验、特例原因（或特异原因）等问题的阐述，更加引人入胜。珀尔建立的因果分析与推断框架，数学概念清晰，形式化程度高，易于算法化，在基于算法的各种平台上得到了广泛应用，是当前因果计算领域最重要的理论框架和应用工具。

珀尔的因果分析理论框架是建立在 *do*-操作基础上的，该理论与 RCT 有着深刻的联系，它们之间可以互相印证，互相转换。该理论简直可以说是 RCT 的数字孪生，因此具有坚实的理论基础，也得到了学术界的公认。借助这一理论，我们可以通过观察数据来分析和判断因果效应，从而使得原来一些无法进行实验的学科也引入了因果分析，建立了一套严谨和系统的新的研究方法（严格地说，无论是 *do*-操作理论，还是潜在结果理论，我们计算的都是因果效应，而因果关系是基于因果效应的主观判断）。珀尔提出的，同时也得到学术界认可的人工智能的三个阶梯——观察 - 干预 - 反思——都可以在这样的理论框架中展开，因此该理论也为人工智能的发展提供了强大的武器。另一方面，珀尔本人证明了该理论与潜在结果理论是等价的，这样一来，原本从两个不同路线和观点发展起来的因果理论竟然具有内涵同一性和本原一致性。这就进一步肯定了该理论的普适性和可信任性，尽管该理论仍然受到直觉主义者的批评。

现在我们回顾一下珀尔对于因果分析和推断的一些基本观点，这些观点可以在书中看到，但是在这里集中阐述一下很有必要，因为这些观点代表了珀尔关于因果论的基本看法。在阅读本书的过程中，透过错综复杂的数学公式，理解其中的思想是十分必要的，思想性永远是数学的灵魂。珀尔的基本观点包括（但不限于）：

1.“因果以及相关的概念（例如随机化、混杂、干预等）不是统计概念。”这是贯穿珀尔因果分析和演算思想的一条基本原理，称为第一原理。用一句简单的话来描述两者的差别，那就是“统计学研究变量与变量之间分布的静态性质，而因果分析研究动态性质”。珀尔多次强调，在统计学中，我们从数据中研究和估算各种分布以及它们的参数，而在因果分析中，我们研究当一个变量的分布发生变化时如何影响其他变量的分布。这里所说的变量的分布变化，即本书中提到的 *do*-操作。*do*-操作是一种对于数据的主动干预，在传统的统计学中甚至找不到对它的描述，这是珀尔为定义因果关系而创建的一种操作，借助这一概念，可以很好地定义什么是变量之间的因果效应。例如在决策理论中，决策是一种对于现有状态的主动干预，已知当前环境 Z，确定拟采取决策 X，预测结果 Y。这个情况写成数学公式 $P(Y|do(X), Z)$，而不是 $P(Y|X, Z)$。前一个公式表示决策前的环境 Z，当实施决策 X 之后，Y 的概率。后一个公式表示在决策 X 与实施后的环境 Z 共存的情况下，Y 的概率，这个共存环境与决策前的环境可能不一样。统计分析是观察，看到了什么（所谓的 seeing），并估计会发生什么。因果分析是干预，做了什么（所谓的 doing），并预测会发生什么。这就清楚地表明了统计分析与因果分析的不同之处。

2.“在任何因果结论背后一定有某种未经检验的因果假定。”从数据中进行因果分析需要一些事先的假定，以减少变量之间关联的可能数量，揭示出真正的因果关系。从数学角度看，这种假定在数据中往往表现为一些变量之间的独立性，或者条件独立性（甚至任何假定都是如此），例如，“吃药不会改变性别”“未来的状态只与当前状态有关，而与过去的状态无关”等。一般来说，这些假定需要具有合理性，包括所收集的数据支持、常识能够接受、足够简单和直观，可能还有其他一些要求。统计学中的贝叶斯主义也讲先验假设，但并不太看重，只要给定充分多的样本和足够细致的测量，原则上先验假设是可以检验并随之修改的。但是因果分析的假定所需要的数据支持却与数据数量无关，这一点与先验假设有很大的不同。在因果分析中，一个（或一组）合理的假定会推断出相应的因果关系，如果不同意这个假定，自然也就否认因果关系成立。不同的假定会得到不同的因果结论，当然，越是简单和直观的假定，越有可能推出符合实际问题的因果结论。所以，只有数据本身是做不了因果分析的，还需要知道数据生成的过程（即数据的语义），才能做出合理的假定。我们在本书中可以读到一些常用的假定，例如“共因原则”（CCP）、“独立因果机制原则”（ICMP）、“个体处理结果不变假定”（SUTVA）等，这些原则和假定与具体的计算方法一起，组成了因果分析和推断的基础架构。

3.“反事实是在最邻近世界中的替换操作。”根据珀尔的定义，如果在现实世界 Z 实施了操作 $do(X=x_0)$，结果是 $P(Y=y_i|do(X=x_0), Z)$，若改为反事实操作 $do(X=x_1)$，即做了替换操作，则得到的结果应该是 $P(Y=y_i|do(X=x_1), Z^*)$。其中 Z^* 是假设世界，在 Z^* 与 Z 中，所有不受 X 影响的变量都取相同的值，Z^* 称为与 Z 最邻近的世界。以前也有过各种关于反事实的定义，但是大多数的含义是模糊的或者难以识别的，没有严格区分现实世界与假设世界的异同。例如有些定义将反事实放在另一个更一般的世界中，这可能有违反事实概念的初衷。有些定义用自然语言描述，无法转化为数学公式，从而难以具体计算。而珀尔的定义则语义明确，在很多情况下，易于在计算机上进行运算。更重要的是，该定义与我们的常识较为吻合，有利于与现有的知识体系结合。反事实在日常生活和科学论述中大量出现。尽管珀尔对于反事实的定义仍然是一种约定，但这却是目前关于反事实推断的最清晰、涵盖面最广以及最便于在实际中应用的概念。

朱迪亚·珀尔是加州大学洛杉矶分校计算机科学和统计学教授，美国国家工程院院士，美国国家科学院院士，IEEE 智能系统名人堂第一批 10 位入选者之一。他被誉为“贝叶斯网络之父”，获得过多项科学荣誉，包括计算机领域的图灵奖、认知科学领域的鲁梅哈特奖、物理学及技术领域的富兰克林奖章以及科学哲学领域的拉卡托斯奖，以奖励他在人工智能领域的基础性贡献。他提出的概率和因果性推理演算法彻底改变了人工智能最初基于规则和逻辑的方向。

现在我们手里的这本书，就是介绍珀尔有关因果和因果关系的研究成果，全面反映了当前对于因果分析和推断的最新认知。本书第1版写于2000年，开创了因果分析和推断的新思想和新方法，一经出版就受到广泛好评，促进了数据科学、人工智能、机器学习、因果分析等领域新的革命，在学术界产生了很大的影响。应广大读者的要求，珀尔又于2009年修订出版了第2版，内容上结合当时因果研究的新发展，做了较大的改动，同时增加了第11章，专门介绍了一些具有普遍性的问题，包括给读者的回应、答复和解释。

本书主要面向统计学、计算机科学、人工智能、哲学、认知科学，以及卫生和社会科学的读者，提供了系统化的因果分析理论和方法。在介绍因果推断基本概念及相关数学内容的基础上，本书使用 *do*-操作很好地定义和解释了因果关系的深刻内涵，对于反事实分析，本书提出了独特的观点，发展了一套逻辑严密、便于计算的方法体系，并在解释一些传统的经典问题（包括一些悖论）上有很好的表现。本书重点讨论了如何从观察数据（观察数据与实验数据的结合，或者数据与知识的组合）中发现因果关系，如何预测行动和决策的影响，如何处理隐变量和未知干扰，如何描述、分析和计算反事实，以及因果分析技术在不完美实验、实际原因、法律责任、特例事件等问题中的应用。

杨矫云翻译第1～3章，刘礼翻译第4～7章和后记，廖军翻译第8～10章，李廉翻译第11章和前言。

在这本书的翻译过程中，我们与珀尔和他的助手K. Mulvihill教授进行了多次有益的交流与沟通，改正了原书中一些印刷和排版错误，这些勘误已经列入本书的网站（http://bayes.cs.ucla.edu/BOOK-09/causality2-excerpts.htm）。珀尔还欣然为本书的中文版撰写了序言，在此深表感谢。

我们还要特别感谢浙江大学吴飞教授、北京大学耿直教授、北京大学周晓华教授、浙江大学孙凌云教授、浙江大学汤永川教授、上海交通大学涂仕奎副教授、浙江大学况琨副教授、佛山科学技术学院王爱国研究员，以及机械工业出版社编辑姚蕾、何方。他们认真地阅看了翻译的初稿，就其中的一些译释问题和汉语表达提出了很好的意见，同时也推敲了一些术语的翻译。正是在这些数学、统计学、计算机科学、人工智能、知识工程、医学等领域深有造诣的专业学者的协助下，我们才得以克服翻译中的许多困难。感谢南方科技大学姚新教授，他热情地推荐本书，并撰写推荐序。另外，我们还要感谢集智俱乐部因果社区的王婷女士，她组织的十分精彩和富有思想性的各种报告，对本书的翻译提供了很好的促进和启发，我们从中也学到了对于一些问题的准确的翻译词汇。感谢王佳编辑，她细心地审阅了本书的翻译文稿，指出了其中的一些翻译问题，并提出修改意见，使得翻译质量有了进一步的提高。当然，我们还要对所有支持和鼓励翻译本书的同人和朋友表示感谢，这些支持和鼓励在近两年的翻译工作中始终给予我们信心和勇气。

在本书出版之际，我们的想法与珀尔一样，希望能够吸引更多的读者积极参与因果分析和推断的研究，进一步推进即将到来的统计学、计算机科学、人工智能以及相关领域的新的革命。

译者

2021 年 10 月 26 日

我为什么写这本书：回顾与期望

高中三年级时，我第一次涉猎因果关系的未知世界。

我的科学老师 Feuchtwanger 博士让我们通过讨论 19 世纪的一个发现来研究逻辑，该发现声称死于天花接种的人比死于天花的人还多。有人用这些信息来证明接种是有害的，而事实证明恰恰与数据相反，接种通过消灭天花来挽救生命。

Feuchtwanger 博士总结道："逻辑就从这里来，这是为了保护我们免受此类因果谬论的影响。"我们都被逻辑的奇迹迷住了，尽管 Feuchtwanger 博士从未真正向我们说明过逻辑如何保护我们免受此类谬论的困扰。

多年以后，我作为一名人工智能研究者，才认识到逻辑和数学的任何分支都没有开发出足够的工具来处理诸如天花接种这样的因果关系。我的大多数同事甚至认为因果词汇是危险的，需要避免的，定义不明确的，并且是不科学的。其中一位同事警告说："因果关系是无止境的争论。"在科学论文中，公认的表述形式是"A 意味着 B"，即使其真正意思是"A 引起 B"。或者说如果有人认为"A 会影响 B"，那么也说成是"A 与 B 相关"。

显然，这种对因果思想的否认不可能永远持续下去。人工智能的影响和功能强大的计算机语言使我们这一代人期望应该表达直觉而不是抑制直觉。事实证明，因果关系并不像听起来那样令人生畏。我们一旦克服了一些心理障碍，就发现因果关系变得清晰可见，充满新的想法和可能性。正如我的书中结尾所总结的：

"因果关系不是神秘的或形而上学的。我们可以用简单的过程来理解它，也可以用友好的数学语言来表达它，以便为计算机分析做好准备。"

我的目标读者包括：统计学的学生，他们想知道为什么老师不愿在课堂上讨论因果关系；流行病学的学生，他们想知道为什么像混杂这样的简单概念在用数学表达时如此复杂；经济学和社会学的学生，他们经常怀疑所估计的参数的意义；当然，还有人工智能和认知科学的学生，他们为知识发现、因果解释和因果表达编写程序和阐述理论。

我旨在为不同领域的读者提供专门的思想和技术，以使因果推理在各自的领域中变得更加容易。当且仅当这些技术有助于解决这些领域中的挑战性问题时，才是成功的，而且我对此相当有信心。

Judea Pearl

洛杉矶

2000 年 2 月 1 日

第 2 版前言

距离本书第 1 版将因果关系及其数学艺术的友好面貌展示给读者，已经过去 8 年多了。由于本书得到了广泛认可，以及近年来因果结构理论发展较快，因此需要更新上一版以实现因果关系的第二次提升——从最初揭开神秘面纱的新奇变身为研究和教育中的寻常工具。这一版进行了以下 3 点更新：（1）对于第 1 版的 10 章进行了技术上的修正、更新和澄清；（2）在每一章的末尾添加了新的发展概述和带注释的参考资料；（3）对于令读者或者评论家疑惑的问题和需要进一步阐述的地方进行了详细说明，这些内容汇集在全新的第 11 章中。在第 11 章中，我真心希望，顺着这些争论的轨迹可以厘清因果研究领域的思想。

以前讲授过本书的教师会发现新版的内容将更加容易理解和消化，而那些还在准备和观望中的教师会发现这条研究道路已经铺好并经过考验。本书相关的教学材料、幻灯片、教程和作业可以在我的网站 http://www.cs.ucla.edu/~judea/ 上找到。

本书主要读者仍然是学生。统计学的学生想知道为什么老师不愿在课堂上讨论因果关系；流行病学的学生想知道为什么像混杂这样的基本概念很难在数学上定义；经济学和社会学的学生质疑他们所估计的参数的意义；人工智能和认知科学的学生为知识发现、因果解释和因果表达编写程序和阐述理论。

我希望这些不同学科的学生能够从书中找到统一的因果理论，希望本书能为他们在各自的领域中应对新挑战带来灵感和帮助。

Judea Pearl

洛杉矶

2008 年 7 月

第 1 版前言

在物理学、行为学、社会学、生物学等科学的诸多研究中，中心目标都是阐述变量或事件变化之间的因果关系。然而，对于从数据（甚至在理论上）提炼这种关系的适当方法一直存在激烈的争论。

因果性的两个基本问题是：（1）合理地推断因果关系需要什么实验证据？（2）在我们乐意接受关于现象的因果信息时，我们可以从这些信息中得到什么推断，以及如何实现这样的推断？这些问题尚未有令人满意的答案，一方面是因为我们还没有关于因果关系的清晰语义，另一方面是因为我们还没有有效的数学工具来刻画因果问题，或者得到因果性答案。

在最近的十年里，得益于图论模型的发展，因果性的研究经历了一次重要的转变：从一个被神秘面纱笼罩的概念转变为一个具有明确语义和逻辑基础的数学对象。悖论和争议得以解决，模糊的概念得以明释，那些依赖于因果信息、长期以来被认为是形而上学或难以处理的实际问题，现在只需要初等数学知识就能够解决。简言之，因果性已经被数学化了。

这本书提供了关于这种因果变换的系统性内容，主要面向统计学、人工智能、哲学、认知科学，以及卫生科学和社会学的读者。在介绍了因果推断的概念及相关的数学内容后，本书重点讨论从数据中揭示潜在因果关系的实用方法，从知识和数据的组合中推导因果关系，预测行动和决策的影响，评估对于事件和环境观察的解释，更一般地，识别和说明证实因果关系所需的假设。

十年前，当我开始写《智能系统中的概率推理》（1988）时，深受经验主义传统的影响。在这个传统下，概率关系组成了人类知识的基础，而因果性只不过是简化和整理复杂概率关系的一种有用方法。今天我的观点已经非常不同。现在我认为因果关系是客观世界的现实性和人类理解这种现实性的基本构件，并且认为概率关系只是因果关系的表面现象，而因果关系才是我们理解世界的基础和推动力。

基于这些，我认为科学进步的最大障碍莫过于把数学知识只用于概率和统计推断，而将因果问题留给天才的判断和睿智的直觉。于是，在这本书里，我试图提出处理因果关系和概率关系的数学工具。所需要的预备知识格外简单，其结果也是出乎意料地直接和明确。对于读者来说，只需了解概率论的基本技巧并且熟悉图论，就可以开始解决一些因果问题，这些问题对那些未受过训练的人来说显得过于复杂。借助概率演算的简单扩展，读者能够从数学上确定干预可能产生的影响，什么测量方法适合控制混杂，如何利用存在于因果路线上的测量方法，如何迁移一个集合的因果量值到另一个集合，以及如何估计一个事件导致另一个事件发生的概率。

本书并不需要逻辑和概率专业的知识，但是知道该领域的一般知识是有益的。本书第 1 章综述了一些理解本书所需要的概率论和图论的基础知识，并且概述了过去十年中图模型和因果图的发展。这一章描述了基本的范式，定义了一些主要的问题，并向读者指出解决这些问题需要阅读的章节。

后面几章也包含介绍性的内容，这些内容既可以阅读，也可以跳过。它们涉及一些数学上需要进一步研究的课题、一些具体的应用，以及其他一些专家感兴趣的研究内容。

本书讨论的内容或多或少根据我所在的 UCLA 团队研究这些课题的顺序，为读者再现了一些伴随这些进展而来的兴奋。在介绍性章节（第 1 章）之后，我们从最困难的问题开始，即如何在原始数据中获取因果关系（第 2 章），以及如何保证发现的因果关系的有效性。接下来我们讨论可识别性的问题，即通过组合数据和有关因果关系的零碎知识，预测行动和策略的直接和间接影响（第 3 章和第 4 章）。这些成果在社会学和卫生科学中的应用分别在第 5 章和第 6 章中讨论，其中我们检验了结构方程和混杂的概念。第 7 章提供了反事实与结构模型的形式化理论，然后讨论和统一了相关方法在哲学、统计学和经济学中的应用。在第 8～10 章中，我们继续展开了反事实分析的应用，发展了界定因果关系的方法，并举例说明在不完美实验、法律责任、必要概率、充分概率，以及特例事件因果关系中的应用。本书的结尾（后记）采用了我在 UCLA 的一次公开演讲的材料，其中对于因果关系的历史和概念进行了简单易懂的介绍。

建议初步了解因果关系的非数学方面内容的读者从后记开始阅读，然后浏览本书中其他有关的历史和概念的部分：1.1.1 节、3.3.3 节、4.5.3 节、5.1 节、5.4.1 节、6.1 节、7.2 节、7.4 节、7.5 节、8.3 节、9.1 节、9.3 节和 10.1 节。对于希望进一步探究数学内容和计算工具的读者，建议直接从 7.1 节开始阅读，然后跟随工具的构建，逐步阅读 1.2 节、第 3 章、4.2～4.4 节、5.2～5.3 节、6.2～6.3 节、7.3 节，以及第 8～10 章。

非常感谢帮助我完成本书的所有人。首先，我要感谢 UCLA 认知系统实验室的同事，他们的工作和想法是书中许多章节的基础。感谢 Alex Balke、Blai Bonet、David Chickering、Adnan Darwiche、Rina Dechter、David Galles、Hector Geffner、Dan Geiger、Moisés Goldszmidt、Jin Kim、Jin Tian 和 Thomas Verma。Tom 和 Dan 证明了因果图中一些最基本的定理。Hector、Adnan 和 Moisés 负责让我以逻辑学家的方式阐述行动和变化。Alex 和 David 让我知道，反事实这件事没有它的名字听起来那么复杂。

当我开始在统计学、经济学、流行病学、哲学和社会学等领域进行研究时，我的同事慷慨地奉献了他们的时间和想法。我在统计学方面有像导师一样的伙伴：Phil Dawid、Steffen Lauritzen、Don Rubin、Art Dempster、David Freedman 和 David Cox。在经济学方面我从与 John Aldrich、Kevin Hoover、James Heckman、Ed Learner 和 Herbert Simon 的多次讨论中受益匪浅。我在流行病学方面的涉足得益于与 Sander Greenland 和 James Robins 之间卓有成效的合作。与 James Woodward、Nancy Cartwright、Brian Skyrms、Clark Glymour 和 Peter Spirtes 在哲学上的争辩促进了我对于因果性跨领域的思考。最后，在人工智能方面，我从与 Nils Nilsson、Ray Reiter、Don Michie、Joe Halpern 和 David Heckerman 的讨论和鼓励中受益。

感谢美国国家科学基金会一贯的支持，特别感谢 H. Moraff、Y. T. Chien 和 Larry Reeker。其他支持者包括空军科学研究办公室的 Abraham Waksman、海军研究办公室的 Michael Shneier、加利福尼亚的 MICRO 计划、诺斯洛普格鲁曼公司、罗克韦尔国际公司、惠普公司和微软公司。

感谢学术出版社和摩根·考夫曼出版公司，感谢它们允许重印之前发表的文章。第 3

章包含部分来自文章《经验主义研究的因果图》(Pearl，1995）的内容，得到牛津大学出版社的允许。第5章包含来自文章《图、因果性和结构方程模型》(Pearl, 1998）的内容，得到Sage出版公司的允许。第7章包含来自文章《因果反事实的一个公理刻画》(Galles and Pearl，1998）的内容，得到克吕韦尔学术出版社的允许。第7章包含来自文章《因果关联的公理》(Galles and Pearl，1997）的内容，得到爱思唯尔出版集团的允许。第8章包括来自文章《不完美合作研究中的治疗效果界限》(Balke and Pearl，1997）的内容，得到美国统计协会的允许。

Kaoru Mulvihill为手稿的打印、处理以及附加插图工作付出了极大的努力。Jin Tian和Blai Bonet帮助校对了书中的一些章节。Matt Darnell精心编辑了这些文稿。在整个写作和出版过程中，Alan Harvey是让我放心的总管和事实上的襄理。

最后，感谢我的家人在本书写作过程中对我的迁就和忍让。感谢Tammy、Danny、Michelle和Leora，他们的微笑让我心情愉悦。感谢我的妻子Ruth，她给了我如此多的爱、支持和理解。

Judea Pearl

洛杉矶

1999年8月

目录

第 1 章

概率、图及因果模型

思想应时而生，顺时而变。

——Pascal（1670）

1.1 概率论概述

1.1.1 为什么学习概率

因果意味着定理般的必然性，而概率则意味着例外、疑问、缺乏规律性。尽管如此，本书仍然从因果关系（causation）的概率分析入手并强调概率，这有两个令人信服的理由：一个理由非常简单，而另一个则比较微妙。

简单的理由在于观察到人们经常在充满不确定性的场景中使用因果陈述。例如，我们会说“鲁莽驾驶会导致事故”或者“你会因为懒惰而挂科”（Suppes，1970）。我们确信前置因素只会使结果更可能发生而不是绝对肯定发生。因此，任何旨在容纳这种陈述的因果理论都必须用一种能够表述各种可能性差别的语言，即概率语言。基于这种认识，我们意识到，在目前使用因果建模的大多数学科（如经济学、流行病学、社会学和心理学）中，概率论是公认的数学语言。在这些学科中，研究人员不仅关注是否存在因果关系，还关注这些关系的相对强度，以及从充满噪声的观察数据中推断这些关系的方法。在统计分析方法的帮助下，概率论提供了处理这些观察数据并从中获取推断的原理与方法。

比较微妙的理由在于，即使自然语言中最肯定的因果陈述也存在例外，如果按照确定性逻辑的标准规则进行处理，那么这些例外可能会引发严重问题。例如，考虑如下两个看似可信的前提：

1. 无论何时我的屋顶变湿，我邻居家的屋顶都会变湿。

2. 如果我给我的屋顶喷水，那么我的屋顶会变湿。

从字面上看，这两个前提蕴含着一个难以置信的结论：无论何时我给我的屋顶喷水，我邻居家的屋顶都会变湿。

1

这种矛盾的结论通常是由语言有限的细化程度所造成的，这可由前提 1 隐含的许多例外情况证明。事实上，一旦我们详尽解释这些例外并写出来，这个悖论就消失了，例如：

1*. 无论何时我的屋顶变湿，我邻居家的屋顶都会变湿，除非邻居的屋顶由塑料覆盖，或者我的屋顶被喷水，等等。

概率论特别能够容忍无法解释的例外情况，因此它使我们能够专注于因果关系的主要问题，而不必处理这类矛盾。

在后续的章节中，我们会看到容忍例外只解决了与因果关系相关的部分问题。剩下的问题，包括推断（inference）、干预（intervention）、识别（identification）、分歧（ramification）、混杂（confounding）、反事实（counterfactual）以及解释（explanation），将是本书的主要内容。通过用概率的语言描述这些问题，我们强调了它们在不同语言中的一般性。第 7 章将用确定性逻辑语言重新描述这些问题，并引入概率，但仅将其作为一种表达未观察到的事实引起的不确定性（nondeterminism）的方法。

1.1.2 概率论的基本概念

本书的大部分讨论将集中于具有有限个离散变量的系统，因此仅需要概率论中的基本符号和概念。本书也会概述对于连续变量的扩展，但不进行全面阐述。想要了解更多数学工具的读者可以阅读关于这个主题的其他优秀教科书，例如 Feller（1950），Hoel 等人（1971），或者 Suppes（1970）的附录。基于 Pearl（1988b），本节简单总结了概率论的基本概念，并重点阐述了贝叶斯推断与不确定条件下人类推理心理之间的联系。标准教科书中通常没有这部分阐述。

我们将坚持概率的贝叶斯解释（Bayes interpretation），即根据概率描述对事件的信念程度，并使用数据来增强、更新或削弱这些信念程度。在这种形式化中，信念程度被赋予某种语言的命题（能判断真或假的句子）。根据概率演算规则，这些信念程度可进行组合和操作。我们将不区分句子命题与这些命题所代表的实际事件。例如，如果A代表陈述“爱德华·肯尼迪将谋求2012年的总统提名”，那么$P(A|K)$代表一个人在给定知识体系K的条件下对A所描述事件的主观信念。K可能包含了这个人对美国政治与肯尼迪所做的具体声明的设想，以及对肯尼迪的年龄与性格的评估。在定义概率表达式时，我们通常简单写成$P(A)$，忽略符号K。然而，当背景信息发生变化时，我们需要明确地识别解释信念的假定，并明确地表示K（或K的部分元素）。

在贝叶斯形式化中，信念测度服从概率演算的三个基本公理：　2

$$0 \leqslant P(A) \leqslant 1 \tag{1.1}$$

$$P(\text{确定命题}) = 1 \tag{1.2}$$

$$\text{如果} A \text{与} B \text{互斥，则} P(A\text{或}B) = P(A) + P(B) \tag{1.3}$$

第3条公理表明，任何一组事件的信念是其非相交成分的信念的总和。由于任何事件A都可以写成联合事件$(A \wedge B)$与$(A \wedge \neg B)$的并，因此它们对应的概率可写为[⊖]：

$$P(A) = P(A, B) + P(A, \neg B) \tag{1.4}$$

其中，$P(A, B)$是$P(A \wedge B)$的简写。更一般地，如果B_i（$i = 1, 2, \cdots, n$）是一组完备的互斥命题（称为划分或变量），那么$P(A)$可通过对$P(A, B_i)$（$i = 1, 2, \cdots, n$）求和得到：

$$P(A) = \sum_i P(A, B_i) \tag{1.5}$$

该式称为“全概率公式”。在所有B_i上的概率求和操作也称为“边缘化于B”，获得的概率$P(A)$称为A的边缘概率。例如，事件A“两个骰子的结果相等”的概率可通过对所有的联合事件$(A \wedge B_i)$（$i = 1, 2, \cdots, 6$）求和得到，其中B_i代表命题“第1个骰子的结果是i”。那么可以得到：

$$P(A) = \sum_i P(A, B_i) = 6 \times \frac{1}{36} = \frac{1}{6} \tag{1.6}$$

⊖ 符号$\wedge$、$\vee$、$\neg$、$\Rightarrow$分别表示逻辑连接符与、或、非、蕴含。

式（1.2）和式（1.4）的一个直接推论是一个命题与其否定必然构成一个个体的全信念，即

$$P(A)+P(\neg A)=1 \tag{1.7}$$

因为这两个陈述之一必为真。

贝叶斯形式化的基本表达式是关于条件概率的陈述，例如，$P(A|B)$ 刻画了在 B 完全已知的条件下对于 A 的信念。如果 $P(A|B)=P(A)$，那么我们认为 A 与 B 独立。因为在获悉 B 的事实后，我们对于 A 的信念并没有改变。如果 $P(A|B,C)=P(A|C)$，那么我们认为 A 与 B 在给定 C 时条件独立，即一旦我们了解 C，那么获悉 B 将不能改变我们对于 A 的信念。

传统做法利用联合事件定义条件概率，见式（1.8）。

3

$$P(A|B)=\frac{P(A,B)}{P(B)} \tag{1.8}$$

与之相反，贝叶斯派学者认为条件关系比联合事件的关系更基本，即更符合人类知识结构的组织。在这种观点中，B 作为指向知识背景或框架的指针，$A|B$ 表示由 B 确定的背景中的事件 A（例如，在疾病 B 背景下的症状 A）。因此，经验知识将必然被描述到条件概率陈述中，而对联合事件的信念（如果需要的话）可通过式（1.9）的乘积计算得到：

$$P(A,B)=P(A|B)P(B) \tag{1.9}$$

该式等价于式（1.8）。例如，在式（1.6）中直接估计 $P(A,B_i)=\frac{1}{36}$ 不是太自然。这种估计背后隐含心理上的推测：两个骰子结果相互独立，因此为了明确这个假定，须知联合事件 (相等, B_i) 的概率可通过如下乘积从条件事件 (相等 | B_i) 估计得到。

$$P(\text{相等}|B_i)\,P(B_i)=P(\text{第2个骰子的结果是}i|B_i)\,P(B_i)=\frac{1}{6}\times\frac{1}{6}=\frac{1}{36}$$

式（1.5）中，任何事件 A 的概率都可通过对任意一组完备的互斥事件 B_i（$i=1,2,\cdots,n$）取条件，然后求和计算得到：

$$P(A)=\sum_i P(A|B_i)P(B_i) \tag{1.10}$$

这种分解为假设推理或“基于假定”的推理提供了基础。它表明任何事件 A 的信念是对所有可能实现 A 的不同方法的信念的加权和。例如，如果想要计算第 1 个骰子的结果 X 大于第 2 个骰子的结果 Y 的概率，我们可以在 X 的所有可能值上对事件 A：$X>Y$ 取条件获得。

$$P(A)=\sum_{i=1}^{6}P(Y<X\mid X=i)P(X=i)=\sum_{i=1}^{6}P(Y<i)\frac{1}{6}=\sum_{i=1}^{6}\sum_{j=1}^{i-1}P(Y=j)\frac{1}{6}=\frac{1}{6}\sum_{i=2}^{6}\frac{i-1}{6}=\frac{5}{12}$$

有必要再次强调的是，类似（1.10）的公式总是可以理解为适用于更大的背景 K，其定义了作为常识的假定（例如，掷骰子的公平性）。式（1.10）实际上是如下表述的简写。

4

$$P(A\mid K)=\sum_{i}P(A\mid B_i,K)P(B_i\mid K) \tag{1.11}$$

这个公式遵从事实：任何条件概率 $P(A\mid K)$ 本身也是一个真实的概率函数，因此满足式（1.10）。

乘积法则（式（1.9））的另一个有用推广是链式法则公式。该公式表明如果我们有 n 个事件 $E_1,E_2,\cdots,E_n$，那么联合事件（$E_1,E_2,\cdots,E_n$）的概率可以写为 n 个条件概率的乘积：

$$P(E_1,E_2,\cdots,E_n)=P(E_n\mid E_{n-1},\cdots,E_2,E_1)\cdots P(E_2\mid E_1)P(E_1) \tag{1.12}$$

该乘积可按合适的顺序反复应用式（1.9）推导得到。

贝叶斯推断的核心在于著名的反演公式：

$$P(H\mid e)=\frac{P(e\mid H)P(H)}{P(e)} \tag{1.13}$$

该公式表明，在获悉证据 e 的条件下假设 H 的信念可通过将我们之前的信念 $P(H)$ 与似然性 $P(e\mid H)$ 相乘得到，后者表示如果 H 为真则 e 为真的可能性。$P(H\mid e)$ 称为后验概率，$P(H)$ 称为先验概率。式（1.13）的分母 $P(e)$ 几乎不用考虑，可通过令 $P(H\mid e)$ 与 $P(\neg H\mid e)$ 相加为 1，得到 $P(e)=P(e\mid H)P(H)+P(e\mid\neg H)P(\neg H)$，它仅仅是一个归一化常数。

然而形式上式（1.13）可能会被误认为是条件概率定义的重复表述

$$P(A\mid B)=\frac{P(A,B)}{P(B)}\quad 以及\quad P(B\mid A)=\frac{P(A,B)}{P(A)} \tag{1.14}$$

贝叶斯主观主义者将式（1.13）看作依据证据更新信念的标准规则。换句话说，尽管条件概率可以被看作纯粹的数学概念（如式（1.14）），但贝叶斯派拥护者将其看作语言的基本形式、语言表达“假定我知道 A，……”的忠实翻译。相应地，式（1.14）不是一个定义，而是语言表述之间的一种经验可验证关系。式（1.14）断言，获悉 A 后人们对于 B 的信念不会低于获悉 A 之前人们对于 $A\wedge B$ 的信念。此外，这两个信念的比率会依据

$[P(A)]^{-1}$ 的程度成比例增加，而 $[P(A)]^{-1}$ 与 A 的获悉程度相关㊀。

式（1.13）的重要性在于，它利用直接由经验知识获得的数值表示度量 $P(H|e)$，这是一个通常很难估计的度量。例如，如果某个赌桌的人喊了“12”，我们想知道他是在掷骰子还是在转轮盘，那么根据赌博设备的模型很容易得出结论：$P(12|\text{骰子})$ 为 $1/36$，

5

$P(12|\text{轮盘})$ 为 $1/38$。同样，我们可以通过估计赌场里轮盘和骰子赌桌的数量来判断 $P(\text{骰子})$ 和 $P(\text{轮盘})$ 的先验概率。直接判断 $P(\text{骰子}|12)$ 非常困难，只有在这家赌场受过训练的专家才能可靠地做出判断。

为了完善这个简短的概述，我们必须讨论*概率模型*（也称为*概率空间*）的概念。概率模型是一种信息编码，它允许我们计算遵从公理（1.1）～（1.3）的标准语句 S 的概率。从一组原子命题 $A, B, C, \cdots$ 开始，标准语句集由涉及这些命题的所有布尔公式组成，例如，$S = (A \wedge B) \vee \neg C$。刻画概率模型的传统方法是应用*联合分布函数*，该函数为语言中的每个*基本事件*赋予非负权重并使权重之和为 1（一个基本事件是一个合取，每个原子命题或其否定只出现一次）。例如，如果我们有 3 个原子命题 A、B、C，那么联合分布函数会为所有的 8 个组合（$(A \wedge B \wedge C)$、$(A \wedge B \wedge \neg C)$、…、$(\neg A \wedge \neg B \wedge \neg C)$）赋予非负权重，使这 8 个权重之和为 1。

读者可以将基本事件集看作概率论教科书中的*样本空间*。例如，如果 A、B、C 分别代表硬币 1、2、3 正面朝上的命题，那么样本空间表示为集合 {HHH, HHT, HTH, ⋯, TTT}。实际上，将基本事件的合取式看作*点*（或者*世界*，或者*格局*），并将其他公式看作由这些点组成的集合，这样会比较方便。由于每一个布尔公式都可以表示为基本事件的析取，并且这些基本事件是互斥的，因此我们总是可以利用可加性公理（式（1.3））来计算 $P(S)$。条件概率可以通过同样的方法使用式（1.14）计算。因此，任何联合概率函数都代表一个完整的概率模型。

联合分布函数是一种非常重要的数学构造。它允许我们快速确定是否有足够的信息来刻画一个完整的概率模型，我们得到的信息是否一致，以及在什么情况下我们需要额外的信息。方法是简单地检查可用信息是否足以唯一地确定域中每个基本事件的概率，以及这些概率之和是否为 1。

然而，实际上，联合分布函数很少可以明确刻画。在连续随机变量的分析中，分布函数由代数表达式给出，例如描述正态分布或指数分布的表达式。对于离散变量，已经发展了间接表示方法，即从部分变量之间的局部关系中推断总体分布。作为这些表示中

㊀ 即在相信 $A \wedge B$ 成立的前提下，如果 A 发生了，则更加倾向于 B 也会发生。——译者注

最流行的一种，图模型为贯穿本书的讨论提供了基础。接下来的几节中将会讨论图模型的使用与形式化描述。

1.1.3　预测支持与诊断支持结合

贝叶斯规则（式（1.13））的本质是使用概率和似然比这样的参数来方便地描述问题。将式（1.13）除以其互补式 $P(\neg H \mid e)$，可以得到

6

$$\frac{P(H \mid e)}{P(\neg H \mid e)} = \frac{P(e \mid H)}{P(e \mid \neg H)} \frac{P(H)}{P(\neg H)} \tag{1.15}$$

定义 H 的先验概率为

$$O(H) = \frac{P(H)}{P(\neg H)} = \frac{P(H)}{1 - P(H)} \tag{1.16}$$

H 的似然比为

$$L(e \mid H) = \frac{P(e \mid H)}{P(e \mid \neg H)} \tag{1.17}$$

后验概率

$$O(H \mid e) = \frac{P(H \mid e)}{P(\neg H \mid e)} \tag{1.18}$$

由如下乘积得到

$$O(H \mid e) = L(e \mid H) O(H) \tag{1.19}$$

因此，贝叶斯规则说明，基于先验知识 K 和观察到的证据 e，我们对于假设 H 的总体信念强度应该是两个因素的乘积：先验概率 $O(H)$ 和似然比 $L(e \mid H)$。第一个因子衡量的是仅通过背景知识获得的对 H 的预测性支持或预期性支持，而第二个因子表示实际观察到的证据对 H 的诊断性支持或回顾性[㊀]支持[㊁]。

严格来说，似然比 $L(e \mid H)$ 可能依赖于隐性知识库 K 的内容。然而，贝叶斯方法的影响主要来自事实：在因果推理中，关系 $P(e \mid H)$ 是非常局部的关系——由于 e 通常不依赖于知识库中的其他命题，因此假定 H 为真，那么 e 的概率就可以很自然地被估计出来。例如，一旦我们确定病人患有给定的疾病 H，那么可以很自然地估计他将出现某种症状

㊀ 由于获得证据后再对 H 进行判断，因此是回顾性的，对应于预测。——译者注

㊁ 在流行病学中，如果 H 代表暴露，e 代表疾病，那么似然比 L 称为“风险比”（Rothman and Greenland, 1998）。式（1.18）给出了一个患有疾病 e 的人接触过 H 的概率。

e的可能性。医学知识的组织在于这样一种范式：症状是疾病的一种稳定特征，因此应该与其他因素相互独立，例如流行状况、疾病史和有缺陷的诊断设备。出于这个原因，条件概率 $P(e \mid H)$ 而非 $P(H \mid e)$ 是贝叶斯分析中的原子关系。前者具有类似逻辑规则的模块化特征，传达了类似“如果 H 则 e”的具有逻辑化的信念强度，这是一种不管知识库中存在什么其他规则或事实都能成立的信念。

例 1.1.1

想象一下，有一天晚上你被防盗警报器的尖锐声音吵醒。你对于发生盗窃的信念强度是多少？为了便于说明，我们做出以下判断：（a）企图盗窃触发警报系统的可能性为 95%，即 $P(\text{警报} \mid \text{盗窃})=0.95$；（b）基于已知的错误警报次数，由企图盗窃之外的因素触发警报系统的可能性为 1%，即 $P(\text{警报} \mid \text{非盗窃})=0.01$；（c）以往的犯罪模式表明，某所房子在某天晚上被盗的可能性为万分之一，即 $P(\text{盗窃})=10^{-4}$。

7

应用式（1.19）整合这些假定，我们得到

$$O(\text{盗窃} \mid \text{警报}) = L(\text{警报} \mid \text{盗窃})\, O(\text{盗窃}) = \frac{0.95}{0.01} \times \frac{10^{-4}}{1-10^{-4}} = 0.0095$$

因此，依据

$$P(A) = \frac{O(A)}{1+O(A)} \tag{1.20}$$

我们得到

$$P(\text{盗窃} \mid \text{警报}) = \frac{0.0095}{1+0.0095} = 0.009\,41$$

因此，由警报证据获得的对盗窃假设的回顾性支持将盗窃可能的信念强度几乎提高了一百倍，从 $\frac{1}{10\,000}$ 提升到 $\frac{94.1}{10\,000}$。考虑到系统几乎每三个月就会触发一次误报，盗窃的信念仍低于 1%，这一事实便不足为奇。注意，没有必要估计概率 $P(\text{警报} \mid \text{盗窃})$ 和 $P(\text{警报} \mid \text{非盗窃})$ 的值。只有它们的比值才会被用于计算 $\left(\text{即} \frac{0.95}{0.01}\right)$，所以我们可以直接估计这个比值。

1.1.4 随机变量与期望

本书的变量指的是属性、度量或问题，从特定域取得一些可能的结果或值。如果我

们对变量的可能取值赋予某种信念（即概率），那么我们称这个变量为*随机变量*[⊖]。例如，我明天要穿的鞋子的颜色是一个名为“颜色”的变量，它的可能取值来自域{黄色，绿色，红色，…}。

本书大部分的分析集中于随机变量（也称为*划分*）的有限集 V，其中每个变量 $X \in V$ 从有限域 D_X 中取值。我们将使用大写字母（例如 X，Y，Z）表示变量名，使用小写字母（x，y，z）表示对应变量所取的具体值。例如，如果 X 表示一个对象的颜色，那么 x 表示集合{黄色，绿色，红色，…}中任何可能的具体选择。显然，命题“X=黄色”描述了一个事件，即满足命题“对象的颜色是黄色”的事件状态集的一个元素。同样，由于陈述 $X = x$ 定义了一个完备且互斥的状态集，每个状态对应 x 的一个值，因此每个变量 X 可以看作所有状态的一个划分。

8

在大多数讨论中，我们不区分变量和变量集合之间的符号，因为变量集合本质上定义了一个复合变量，它的定义域是集合中各个组成部分的定义域的笛卡儿积。因此，如果 Z 代表集合 $\{X, Y\}$，那么 z 代表值对 (x, y)，其中 $x \in D_X$ 且 $y \in D_Y$。当需要特别强调变量和变量集合之间的区别时，我们使用下标符号（例如，X_1，X_2，…，X_n 或 V_1，V_2，…，V_n）来表示单个变量。

我们继续使用缩写 $P(x)$ 表示概率 $P(X = x)$，$x \in D_X$。同样，如果 Z 代表集合 $\{X, Y\}$，那么 $P(z)$ 定义为：

$$P(z) \triangleq P(Z = z) = P(X = x, Y = y), x \in D_X, y \in D_Y$$

当随机变量 X 的值是实数时，X 称为*实随机变量*，X 的均值或期望值定义为：

$$E(X) \triangleq \sum_x x P(x) \tag{1.21}$$

给定事件 $Y = y$，X 的*条件均值*定义为：

$$E(X \mid y) \triangleq \sum_x x P(x \mid y) \tag{1.22}$$

关于 X 的函数 g 的期望定义为：

$$E[g(X)] \triangleq \sum_x g(x) P(x) \tag{1.23}$$

函数 $g(X) = (X - E(X))^2$ 尤其受到关注，它的期望称为 X 的*方差*，表示为 σ_X^2：

⊖ 这是教科书定义的一个微小扩展，教科书中定义随机变量是从样本空间（例如，基本事件集合）到实数的映射。在我们的定义中，映射是从样本空间到任何称为“值”的对象集合，这些对象可能是有序的，也可能是无序的。

$$\sigma_X^2 \triangleq E[(X-E(X))^2]$$

从最小化期望平方误差$\sum_x (x-x')^2 P(x|y)$（对于所有可能的x'）的角度来说，条件均值$E(X|Y=y)$是在已知观察$Y=y$条件下X的最佳估计。

变量X和Y的函数$g(X,Y)$的期望需要用到联合概率$P(x,y)$，定义如下（参考式（1.23））。

9

$$E[g(X,Y)] \triangleq \sum_{x,y} g(x,y)P(x,y)$$

特别重要的是乘积（$g(X,Y)=(X-E(X))(Y-E(Y))$）的期望，即X和Y的协方差

$$\sigma_{XY} \triangleq E[(X-E(X))(Y-E(Y))]$$

经常将其标准化为相关系数

$$\rho_{XY} = \frac{\sigma_{XY}}{\sigma_X \sigma_Y}$$

以及（X关于Y的）回归系数

$$r_{XY} \triangleq \rho_{XY}\frac{\sigma_X}{\sigma_Y} = \frac{\sigma_{XY}}{\sigma_Y^2}$$

给定$Z=z$，条件方差、条件协方差以及条件相关系数可用条件分布$P(x,y|z)$的期望进行形式化定义。特别地，给定$Z=z$，条件相关系数定义为：

$$\rho_{XY|z} = \frac{\sigma_{XY|z}}{\sigma_{X|z}\sigma_{Y|z}} \tag{1.24}$$

其他性质（特别是关于正态分布的）将在第5章（5.2.1节）回顾。

上述定义适用于离散随机变量，即变量具有有限或可数的实数值。期望及相关性的处理更多应用于连续随机变量，由密度函数$f(x)$刻画，定义如下：

$$P(a \leqslant X \leqslant b) = \int_a^b f(x)\mathrm{d}x$$

a，b为任意两个实数，且$a<b$。如果X是离散的，那么当我们通过如下解释积分时，$f(x)$则与概率函数$P(x)$一致。

$$\int_{-\infty}^{\infty} f(x)\mathrm{d}x \Leftrightarrow \sum_x P(x) \tag{1.25}$$

习惯连续变量分析的读者在本书中遇到求和时要牢记这个转换。例如，连续随机变量X的期望值可由式（1.21）得到，即

$$E(X)=\int_{-\infty}^{\infty} xf(x)\mathrm{d}x$$

方差、相关性等也进行类似转换。

现在，我们可以定义变量之间的条件独立关系，这是因果模型的核心概念。 10

1.1.5　条件独立与图

定义 1.1.2（条件独立）

令 $V=\{V_1,V_2,\cdots\}$ 是包含有限个变量的集合。令 $P(\cdot)$ 是 V 中变量的联合概率函数，令 X，Y，Z 表示 V 中变量的任意三个子集。如果

$$P(x\mid y,z)=P(x\mid z)\text{，只要 } P(y,z)>0 \tag{1.26}$$

那么在已知 Z 下的 X 和 Y 条件独立。换句话说，一旦我们知道 Z，那么获悉 Y 的值不能帮助获得 X 的任何额外信息。（类似于 Z 将 X "屏蔽"于 Y。）

式（1.26）表明：对于集合 X 中变量的任何赋值 x，以及对于 Y 和 Z 的任何赋值 y 和 z，都满足 $P(Y=y,Z=z)>0$ 的集合 Y 和 Z，我们有

$$P(X=x\mid Y=y,Z=z)=P(X=x\mid Z=z) \tag{1.27}$$

我们将使用 Dawid（1979）定义的符号 $(X \perp\!\!\!\perp Y\mid Z)_P$ 或者简写 $(X \perp\!\!\!\perp Y\mid Z)$ 来表示给定 Z 的 X 与 Y 的条件独立。因此

$$(X \perp\!\!\!\perp Y\mid Z)_P \quad \text{当且仅当} \quad P(x\mid y,z)=P(x\mid z) \tag{1.28}$$

对于所有满足 $P(y,z)>0$ 的值 x，y，z。无条件独立（也称为边缘独立）表示为 $(X \perp\!\!\!\perp Y\mid \varnothing)$。即

$$(X \perp\!\!\!\perp Y\mid \varnothing) \quad \text{当且仅当} \quad P(x\mid y)=P(x) \quad \text{只要} P(y)>0 \tag{1.29}$$

注意，$(X \perp\!\!\!\perp Y\mid Z)$ 意味着任何变量对 $V_i\in X$ 与 $V_j\in Y$ 的条件独立，但反之未必为真。

下面列出了条件独立关系 $(X \perp\!\!\!\perp Y\mid Z)$ 满足的部分性质：

对称性：$(X \perp\!\!\!\perp Y\mid Z) \Rightarrow (Y \perp\!\!\!\perp X\mid Z)$

分解性：$(X \perp\!\!\!\perp YW\mid Z) \Rightarrow (X \perp\!\!\!\perp Y\mid Z)$

弱联合性：$(X \perp\!\!\!\perp YW\mid Z) \Rightarrow (X \perp\!\!\!\perp Y\mid ZW)$

收缩性：$(X \perp\!\!\!\perp Y\mid Z)\ \&\ (X \perp\!\!\!\perp W\mid ZY) \Rightarrow (X \perp\!\!\!\perp YW\mid Z)$

相交性：$(X \perp\!\!\!\perp W\mid ZY)\ \&\ (X \perp\!\!\!\perp Y\mid ZW) \Rightarrow (X \perp\!\!\!\perp YW\mid Z)$

（相交性在严格的正概率分布条件下成立。）

11

这些性质的证明可以由式（1.28）和概率论的基本公理推导出来[⊖]。Pearl 和 Paz（1987）以及 Geiger 等人（1990）将这些性质称为图胚公理，众多不同类型的解释方法表明它们在信息相关性的概念中占主导地位（Pearl，1988b）。例如，在图中，如果我们将 $(X \perp\!\!\!\perp Y \mid Z)$ 解释为“从节点子集 X 到节点子集 Y 的任何路径均被节点子集 Z 阻断”，那么所有这些性质均成立。

图胚公理的直观解释如下（Pearl，1988b，p. 85）：对称性公理表明，无论以何种形式获悉 Z 后，如果 Y 不能告诉我们关于 X 的任何新信息，那么 X 也不能告诉我们关于 Y 的任何新信息；分解性公理断言，如果判定两个合并的信息项与 X 不相关，那么每一个分项也与 X 不相关；弱联合性公理表明，获悉 W 与 X 不相关的信息不能使原来与 X 不相关的 Y 变得与 X 相关；收缩性公理表明，如果获悉 Y 与 X 不相关的信息后判定 W 与 X 无关，那么在获悉 Y 之前 W 一定与 X 无关；弱联合性与收缩性均意味着不相关信息不会改变系统中其他命题的相关状态，相关的命题仍然相关，不相关的命题仍然不相关；相交性公理表明，如果获悉 W 后 Y 与 X 不相关且获悉 Y 后 W 与 X 不相关，那么 W 与 Y（或者它们的组合）都与 X 不相关。

1.2 图与概率

1.2.1 图的符号与术语

图由顶点集（或节点集）V 和连接顶点对的边集（或链接集）E 组成。图中的顶点对应于变量（因此使用相同的符号 V），边表示变量对之间的某种关系，具体何种关系因应用的不同而变化。由边连接的两个变量称为相邻变量。

图中的每条边可以是有向的（由边上的单个箭头表示），也可以是无向的（无箭头链接）。在某些应用中，我们也会使用“双向”边来表示未观察到的共同原因（有时称为混杂因子）。这些边被标记为带有两个箭头的弧形虚线（见图 1.1a）。如果所有的边是有向的（见图 1.1b），那么我们将得到有向图。如果去掉图 G 中所有边的箭头，那么得到的无向图被称为 G 的骨架。图中的路径是（不同的）边的序列（例如图 1.1a 中的 $((W,Z),(Z,Y),(Y,X),(X,Z))$），每条边都起始于前一条边的后一个顶点，它可以与箭

⊖ Dawid（1979）与 Spohn（1980）首次以稍微不同的形式介绍了这些性质，Pearl 和 Paz（1987）独立地提出了这些性质以刻画图与信息相关性之间的关系。Geiger 和 Pearl（1993）进行了深入分析。

头同向，也可以与箭头反向。换句话说，路径是沿着图的边描绘出的任何完整的、不相交的路线。如果路径上每条边的箭头都是从该边的第一个顶点指向第二个顶点，那么我们得到一个有向路径。例如，图 1.1a 中，路径 $((W, Z), (Z, Y))$ 是有向路径，但是路径 $((W, Z), (Z, Y), (Y, X))$ 与 $((W, Z), (Z,X))$ 不是有向路径。如果图中的两个顶点之间存在一条路径，则称这两个顶点是连通的，否则它们是分离的。

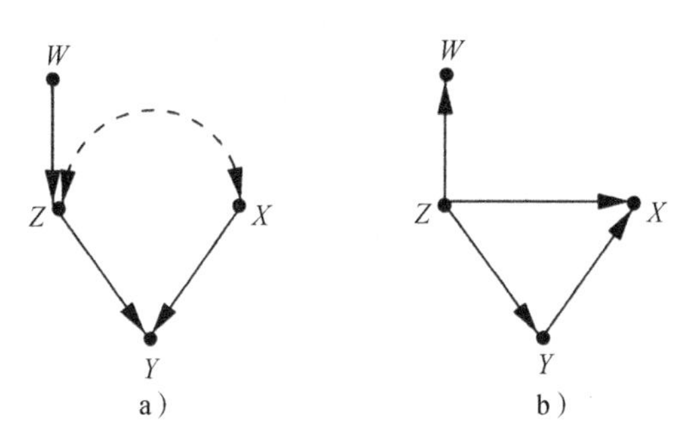

图 1.1　a）包含有向边和双向边的图；b）具有与 a 相同骨架的有向无环图（DAG）

有向图可以包含有向环（例如，$X \to Y$，$Y \to X$），表示相互因果关系或反馈过程，但不包含自循环（例如，$X \to X$）。不包含有向环的图（如图 1.1 中的两个图）称为无环图。既是有向的又是无环的图（见图 1.1b）称为有向无环图（DAG），本书因果关系讨论的大部分图都属于这类图。我们可以自由地使用亲属关系术语（例如，父代、子代、后代、祖代、兄弟）来表示图中的各种关系，这些亲属关系可以沿着图中的全部箭头来定义，包括形成有向环的箭头，但忽略双向边和无向边。例如，图 1.1a 中，Y 有两个父（代）节点（X 和 Z），三个祖代节点（X、Z 和 W），没有子（代）节点。而 X 没有父节点（因此，没有祖代节点），一个兄弟节点（Z）和一个子节点（Y）。图中的家族是包含某个节点及其所有父节点的节点集。例如，$\{W\}$，$\{Z,W\}$，$\{X\}$ 和 $\{Y, Z, X\}$ 是图 1.1a 中图的家族。

如果有向图中的节点没有父节点，则称其为根节点，若没有子节点，则称其为汇聚节点。每个 DAG 至少有一个根节点和一个汇聚节点。每个节点最多有一个父节点的连通的 DAG 称为树，每个节点最多有一个子节点的树称为链。每对节点均有边相连的图称为完全图。例如，图 1.1a 中的图连通但不完全，因为节点对 (W, X) 和 (W, Y) 不相邻。

1.2.2　贝叶斯网络

图在概率与统计建模中的作用有三个方面：

1. 提供便捷的方法来表示众多的假定

2. 便于联合概率函数的简约表示

3. 便于从观察中进行有效推断

我们从第2个方面开始讨论。

考虑n个二值变量的联合分布$P(x_1,\cdots,x_n)$，那么需要一个具有2^n个单元的表格来存储$P(x_1,\cdots,x_n)$，这是一个以任何标准衡量都难以想象的巨大数字。但是，当每个变量只依赖于其他小部分变量时，就可以实现可观的化简。这种相关性信息允许我们将取值数量巨大的分布函数分解成几个取值数量较小的分布函数（每个仅涉及小部分变量），然后把它们组合在一起来回答总体性的问题。图在这种分解中起到关键的作用，因为图可以清晰地刻画出在所求问题中相互关联的一些变量。

12 ~ 13

有向图和无向图都用来实现这种分解。无向图有时称为马尔可夫网络（Markov networks）（Pearl，1988b），主要用于表示对称的空间关系（Isham，1981；Cox and Wermuth，1996；Lauritzen，1996）。有向图，尤其是DAG，用于表示因果关系或时间关系（Lauritzen，1982；Wermuth and Lauritzen，1983；Kiiveri et al.，1984）。这种图称为贝叶斯网络（Bayesian networks），这是Pearl（1985）提出的一个术语，强调三个方面：（1）输入信息的主观属性；（2）依赖贝叶斯条件作为信息更新的基础；（3）区分推理的因果模式和证据模式，Thomas Bayes在1763年写的论文强调了这一区别。有些研究者提出将混合图（包含有向边和无向边）用于统计建模（Wermuth and Lauritzen，1990），但本书的主要兴趣集中在有向无环图，偶尔使用有向有环图来表示反馈回路。

有向无环图给出的基本分解方案如下。假设我们有一个定义在n个离散变量上的分布P，我们可以将变量任意排序为$X_1,X_2,\cdots,X_n$。概率演算的链式法则（式（1.12））允许我们将P分解为n个条件分布的乘积：

$$P(x_1,\cdots,x_n)=\prod_j P(x_j\mid x_1,\cdots,x_{j-1}) \tag{1.30}$$

现在假设某些变量X_j的条件概率不是对X_j的所有前驱变量敏感，而仅对其中的小部分敏感。也就是说，X_j独立于其他前驱变量。我们将这部分敏感的前驱变量记为PA_j，那么我们可以将式（1.30）的乘积写为：

$$P(x_j\mid x_1,\cdots,x_{j-1})=P(x_j\mid pa_j) \tag{1.31}$$

这会极大简化所需的输入信息。我们仅需要关注集合PA_j的可能情况，而不需将X_j的所有前驱变量$X_1,\cdots,X_{j-1}$的可能情况作为条件来确定X_j的概率。集合PA_j称为X_j的马尔可夫父代变量集合，或简称为父代。当我们围绕这个概念来构建图时，这个名字的由来会变得更为清晰。

定义 1.2.1（马尔可夫父代变量集合）

令 $V=\{X_1,\cdots,X_n\}$ 是有序的变量集合，令 $P(v)$ 表示这些变量的联合概率分布。如果 PA_j 是使 X_j 独立于其他所有前驱变量的极小前驱变量集合，那么变量集 PA_j 称为 X_j 的马尔可夫父代（变量）集合。换句话说，PA_j 是满足式（1.32）的 $\{X_1,\cdots,X_{j-1}\}$ 的子集且 PA_j 的任何子集均不满足式（1.32）[㊀]。

$$P(x_j|\,pa_j)=P(x_j\,|\,x_1,\cdots,x_{j-1}) \tag{1.32}$$

14

定义 1.2.1 为每个变量 X_j 分配一个足以确定 X_j 概率的前驱变量集 PA_j，一旦我们获知父代集合 PA_j 的取值后，获悉其他先驱变量的值就变得冗余。这种分配可以用 DAG 的形式表示，其中变量由节点表示，并从父节点集 PA_j 的节点到节点 X_j 引入箭头。定义 1.2.1 还给出了一种构造 DAG 的简单递归方法：从节点对 (X_1,X_2) 开始，当且仅当这两个变量相关时，我们画一个从 X_1 到 X_2 的箭头。继续处理 X_3，若 X_3 独立于 $\{X_1,X_2\}$，则不画箭头。否则，检测 X_2 是否使 X_3 条件独立于 X_1[㊁]，或者 X_1 是否使 X_3 条件独立于 X_2。第一种情形，我们画一个从 X_2 到 X_3 的箭头；第二种情形，我们画一个从 X_1 到 X_3 的箭头。如果没有发现条件独立，那我们从 X_1 和 X_2 都画一个箭头到 X_3。一般而言，在构造的第 j 阶段，我们选择 X_j 的前驱变量的任意极小子集使得它们能让 X_j 独立于其他先驱变量（如式（1.32）），我们称这个子集为 PA_j，并从 PA_j 的每一个成员画一个箭头指向 X_j。最终得到一个有向无环图，称为贝叶斯网络，其中 X_i 到 X_j 的箭头将 X_i 指向 X_j 的马尔可夫父代[㊂]，与定义 1.2.1 一致。

可以证明（Pearl，1988b），当分布 $P(v)$ 严格为正时[㊃]（即不涉及逻辑或定义约束）集合 PA_j 是唯一的，因此变量的每一个赋值 v 都有一定的发生概率（无论多么小）。在这样的条件下，给定变量的排序，与 $P(v)$ 关联的贝叶斯网络是唯一的。

图 1.2 展示了一个简单但典型的贝叶斯网络。它描述了每年的季节（X_1）、是否下雨（X_2）、喷头是否打开（X_3）、路面是否变湿（X_4）、路面是否打滑（X_5）之间的关系。除

㊀ 小写符号（例如 x_j，pa_j）表示对应变量（例如 X_j，PA_j）的特定取值。

㊁ 即 $X_3 \perp\!\!\!\perp X_1 \mid X_2$。——译者注

㊂ 或者 X_i 本身属于 X_j 的父节点，或者 X_i 到 X_j 的路径上经过某个父节点。——译者注

㊃ 即没有任何关于某些联合概率必须是 0 的条件限制。——译者注

了根节点，图中所有变量都是二值的（取值为真或假），根节点X_1可以取4个值：春季、夏季、秋季、冬季。该网络是依据定义1.2.1构造的，以因果直觉作为指导。例如，X_1与X_5之间无有向箭头，这体现了我们的认知：季节变化对路面打滑的影响是以其他条件为中介的（例如，路面变湿）。这种认知与式（1.32）的条件独立一致，因为获悉X_4使X_5独立于$\{X_1, X_2, X_3\}$。

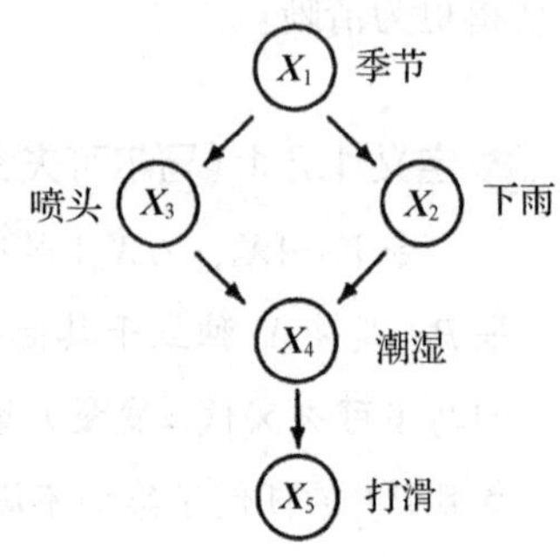

图1.2　表示五个变量间依赖关系的贝叶斯网络

定义1.2.1蕴含的构造方法将贝叶斯网络看作一个载体，反映了沿着构造次序的（变量之间的）条件独立关系。显然，每个满足式（1.32）的分布必然可以（使用式（1.30）的链式法则）分解为乘积：

15

$$P(x_1, \cdots, x_n) = \prod_i P(x_i \mid pa_i) \tag{1.33}$$

例如，图1.2的DAG蕴含分解：

$$P(x_1, x_2, x_3, x_4, x_5) = P(x_1)P(x_2 \mid x_1)P(x_3 \mid x_1)P(x_4 \mid x_2, x_3)P(x_5 \mid x_4) \tag{1.34}$$

给定P和G后，式（1.33）的乘积分解不再要求变量是顺序的，因为我们可以（通过G）测试P能否分解为式（1.33）的乘积，而不需要参考变量顺序。因此，我们得到结论：概率分布P的贝叶斯网络是有向无环图G的一个必要条件是P容许图G所确定的乘积分解，如式（1.33）所示。

定义1.2.2（马尔可夫相容性）

如果概率函数P容许有向无环图G有形如式（1.33）的分解，那么我们认为G表示P，G与P相容，P与G马尔可夫相关[㊀]。

在统计建模中，确定DAG和概率之间的相容性非常重要，主要是因为相容性是有向无环图G解释P表示的经验数据（即描述一个产生P的随机过程）的充分必要条件（例如，Pearl，1988b）。如果每个变量X_i的值仅依据之前确定的PA_i的值pa_i，并以概率$P_i(x_i \mid pa_i)$随机获得，那么生成的实例$x_1, x_2, \cdots, x_n$的整体分布P与G马尔可夫相关。反之，如果P与G马尔可夫相关，那么存在一组概率$P_i(x_i \mid pa_i)$，基于这些概率，我们可选择每个变量X_i的值使生成的实例$x_1, x_2, \cdots, x_n$的分布合起来就是P。（实际上，$P_i(x_i \mid pa_i)$

㊀ 最近的文献似乎开始重视后者的表达（例如，Spirtes et al.，1993；Lauritzen，1996）。Pearl (1988b, p. 116) 使用了“G是P的I-map”。

的正确选择是 $P(x_i \mid pa_i)$ 。）[⊖]

一种描述与有向无环图 G 相容的分布集合的简便方法是列出每个分布必须满足的（条件）独立集。可以使用称为 d-分离的图准则从图中获得这些独立集（Pearl，1988b；d 表示有向），该准则在本书的许多讨论中起重要作用。

1.2.3　d-分离准则

考虑 3 个不相交的变量集 X、Y 和 Z，它们表示有向无环图 G 中的节点。为了检验在任何与 G 相容的分布中在 Z 条件下 X 是否独立于 Y，我们需要检验变量集 Z 所对应的节点是否“阻断”了从节点 X 到节点 Y 的所有路径。这里的路径是指图中一系列连续的（任意方向的）边，阻断可以解释为阻止这些路径连接的变量之间的信息流（或关联流），正如下面所定义的。

定义 1.2.3（d-分离）　16

路径 p 被节点集 Z d-分离（或阻断），当且仅当

- p 包含了一个链 $i \to m \to j$ 或一个分叉 $i \leftarrow m \to j$，而中间节点 m 在 Z 中。

或者

- p 包含一个反向分叉（或对撞）$i \to m \leftarrow j$，而中间节点 m 以及 m 的任何后代节点都不在 Z 中。

集合 Z 将 X 与 Y d-分离当且仅当 Z 阻断了从 X 中每个节点到 Y 中每个节点的所有路径。

如果我们将因果意义赋予图中的箭头，那么很容易看出 d-分离背后简单的直观想法。在因果链结构 $i \to m \to j$ 与因果分叉结构 $i \leftarrow m \to j$ 中，两端变量边缘相关，但如果以中间变量为条件（即已知其值），那么这两个变量变得相互独立（即阻断）。比如，以 m 为条件似乎“阻断”路径上的信息流，因为给定 m 时，获悉 i 对 j 的概率没有影响。反向分叉 $i \to m \leftarrow j$ 表示两个原因具有共同的效应，与分叉结构相反。如果两端变量是（边缘）独立的，那么一旦我们以中间变量（即共同效应）或者它的任何后代为条件，这两个变量会变得相关（即变量间的路径变为未阻断）。图 1.2 可以证实这些讨论。一旦我们获悉季节，那么 X_3 和 X_2 变得独立（假定喷头已依据季节提前设置）；而获悉路面变湿或

⊖ 对于每个 $X_i = x_i$，$P_i(x_i \mid pa_i) = P(x_i \mid pa_i)$。——译者注

者打滑使得X_2和X_3相关，因为驳倒其中一种解释会增加另一种的可能性。

在图 1.2 中，$X=\{X_2\}$与$Y=\{X_3\}$被$Z=\{X_1\}$ d-分离，因为连接X_2和X_3的两条路径都被Z阻断。因为路径$X_2 \leftarrow X_1 \rightarrow X_3$是一个分叉结构而中间节点在$Z$中，所以它被阻断，而路径$X_2 \rightarrow X_4 \leftarrow X_3$是反向分叉结构且中间节点$X_4$和它的所有后代节点都不在$Z$中，所以它被阻断。然而，$X$与$Y$不被$Z'=\{X_1, X_5\}$ d-分离，因为中间节点X_4的后代节点X_5在Z'中，所以路径$X_2 \rightarrow X_4 \leftarrow X_3$（反向分叉结构）不被$Z'$阻断。比如，获悉结果$X_5$的值会使它的两个原因$X_2$和$X_3$相关，这就好像为汇聚在$X_4$的箭头打开了一条通路。

乍一看，读者可能会奇怪，以不位于阻断路径上的节点为条件可能会解除该路径的阻断。然而，这符合因果关系的一般模式：对两个独立原因的共同结果的观察会使这两个原因相关，因为如果结果已经发生，其中一个原因的信息会使另一个原因的可能性变大或变小。这种模式在统计文献中称为*选择偏差*或*Berkson 悖论*（Berkson，1946），在人工智能中称为*解释移除效应*（Kim and Pearl，1983）。例如，如果某个研究生院的录取标准要求很高的本科绩点或特殊的音乐天分，那么在这个研究生院的学生群体中，这两个属性会呈现（负）相关，即使这两个属性在更大的人群中是不相关的。实际上，绩点低的学生很可能在音乐方面有非凡的天赋，这也是他们被研究生院录取的原因。

图 1.3 展示了更详细的d-分离实例。图 1.3a 表示包含一个双向箭头$Z_1 \leftarrow\text{- - -}\rightarrow Z_3$ [17] 的实例，图 1.3b 表示包含一个有向环$X \rightarrow Z_2 \rightarrow Z_1 \rightarrow X$的实例。在图 1.3a 中，当$\{Z_1, Z_2, Z_3\}$均未被观测时，$X$和$Y$的两条路径都被阻断。然而，当$Z_1$被观测时，路径$X \rightarrow Z_1 \leftarrow\text{- - -}\rightarrow Z_3 \leftarrow Y$变为连通。这是因为$Z_1$解除了$Z_1$和$Z_3$两处对撞结构的阻断。前一处是因为$Z_1$是对撞结构的对撞节点，后一处是因为$Z_1$通过路径$Z_1 \leftarrow Z_2 \leftarrow Z_3$成为对撞节点$Z_3$的后代。在图 1.3b 中，$X$和$Y$不能被任何节点集$d$-分离，包括空集。如果以$Z_2$为条件，我们阻断了路径$X \leftarrow Z_1 \leftarrow Z_2 \leftarrow Y$，但是解除了路径$X \rightarrow Z_2 \leftarrow Y$的阻断。如果以$Z_1$为条件，我们再次阻断了路径$X \leftarrow Z_1 \leftarrow Z_2 \leftarrow Y$并解除了路径$X \rightarrow Z_2 \leftarrow Y$的阻断，因为$Z_1$是对撞节点$Z_2$的后代。

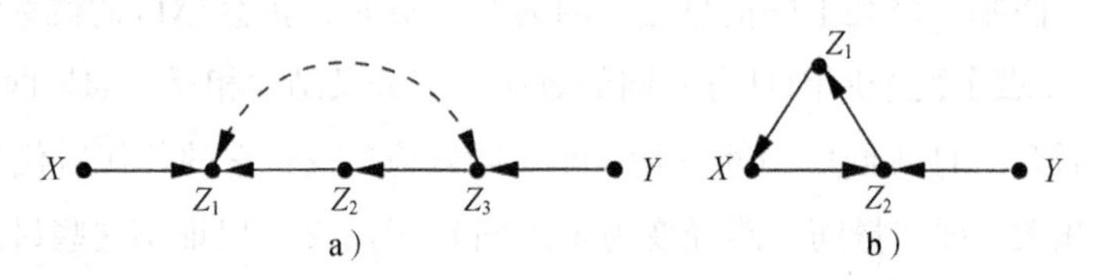

图 1.3 d-分离示意图。a）给定Z_2，X和Y d-分离；给定Z_1，X和Y d-连通。b）X和Y不能被任何节点集合d-分离

d-分离与条件独立之间的联系可由 Verma 和 Pearl（1988）（也可参考文献（Geiger et al.，1990））提出的定理进行确立，如下所示。

定理 1.2.4（d-分离的概率含义）

如果X和Y在有向无环图G中被Z d-分离，那么在每一个与G相容的分布中，以Z为条件时，X独立于Y。反之，如果X和Y在有向无环图G中未被Z d-分离，那么至少存在一个与G相容的分布，以Z为条件时，X与Y相关。

实际上，定理 1.2.4“反之”部分的结果应该更强，未被d-分离意味着对于几乎所有与G相容的分布，X与Y都是相关的。原因是在这种情况下，需要精准的参数调整才能沿着该未阻断的路径生成独立性，而这种参数在实际中几乎不可能发生[㊀]（参考文献（Spirtes et al.，1993）以及 2.4 节与 2.9 节）。

为了与条件独立的概率符号$(X \perp\!\!\!\perp Y \mid Z)_P$进行区分，我们使用符号$(X \perp\!\!\!\perp Y \mid Z)_G$表示图模型中的$d$-分离。这样，我们可以更简洁地将定理 1.2.4 表述如下：

定理 1.2.5

对于有向无环图G中的任意三个不相交的节点集(X, Y, Z)及任意的概率函数P，我们有：

（i）只要G与P相容，则$(X \perp\!\!\!\perp Y \mid Z)_G \Rightarrow (X \perp\!\!\!\perp Y \mid Z)_P$。

（ii）如果$(X \perp\!\!\!\perp Y \mid Z)_P$对所有与$G$相容的分布都成立，那么有$(X \perp\!\!\!\perp Y \mid Z)_G$。

Lauritzen 等人（1990）基于祖代图的概念设计了另一种d-分离的检测方法。为了测试$(X \perp\!\!\!\perp Y \mid Z)_G$，删除$G$中除了$\{X, Y, Z\}$及它们的祖代节点外的其余节点，在任何有共同子节点的节点对之间连一条边，然后除掉所有边上的箭头。在得到的无向图中，当且仅当Z阻断所有X与Y之间的路径时，$(X \perp\!\!\!\perp Y \mid Z)_G$成立。 18

注意，图的构建顺序与d-分离准则无关，只是图的拓扑结构决定了概率P必须满足的独立集。实际上，可以证明如下定理（Pearl，1988b，p. 120）。

定理 1.2.6（有序马尔可夫条件）

概率分布P与有向无环图G马尔可夫相关的充分必要条件是：以G中每个变量的父代变量为条件时，在与G中箭头方向一致的变量排序中[㊁]，该变量与其所有前驱节点独立。

㊀ 只有在该路径上的变量的某些很特殊的取值情况下，X与Y才可能独立。——译者注

㊁ 即若图中有边从变量X_i指向X_j，则X_j排在X_i的后面。——译者注

该定理提供了一个检测给定的 P 与给定的有向无环图 G 是否马尔可夫相关的有序独立准则。

定理 1.2.7（马尔可夫父代条件）

概率分布 P 与有向无环图 G 马尔可夫相关的一个充分必要条件是：以每个节点的父节点为条件时，该节点独立于（G 中）所有非后代节点。（当提到 X_i 的非后代节点时，排除 X_i 本身。）

该条件有时用作贝叶斯网络的定义（Howard and Matheson，1981），Kiiveri 等人（1984）与 Lauritzen（1996）将其称为“局部”马尔可夫条件。然而，实际应用中，有序马尔可夫条件更易应用。

d-分离的另一个重要性质是确定两个给定的 DAG 在观察上是否等价，即与其中一个 DAG 相容的概率分布是否也与另一个 DAG 相容。

定理 1.2.8（观察等价）

两个 DAG 观察等价，当且仅当它们有相同的骨架及相同的 *v*-结构，即两个尾部没有箭头相连的汇聚箭头（Verma and Pearl，1990）[㊀]。

观察等价性限制了我们仅从概率关系推断箭头方向的能力。如果不借助操纵性实验或时间信息，就无法区分两个观察上等价的网络。例如，将图 1.2 中 X_1 和 X_2 之间的箭头反向，既不会引入也不会破坏 *v*-结构。因此，这个箭头反向得到了一个观察上等价的网络，且 $X_1 \to X_2$ 无法从概率关系上确定。然而，箭头 $X_2 \to X_4$ 和箭头 $X_4 \to X_5$ 与其有本质区别，我们无法在不生成一个新的 *v*-结构的情况下，反转它们的方向。因此，我们发现，当没有伴随的时间信息时，一些概率函数 P（例如用于构造图 1.2 中贝叶斯网络的函数）可以约束图中某些箭头的方向。第 2 章将形式化说明这种方向性约束的确切意义以及使用这些约束从数据中推断因果关系的可能性。 19

1.2.4 贝叶斯网络推断

贝叶斯网络在 20 世纪 80 年代初发展起来，用来辅助人工智能（AI）系统中的预测和“溯因”任务。在这些任务中，有必要找到一种对于输入的观察数据自洽的解释：既

㊀ Frydenberg（1990）在链式结构图中独立推导出了相同的准则，推导中假定了严格正性。

与观测结果一致，又与现有的先验信息一致。从数学上讲，这项任务可以归结为计算 $P(y|x)$，其中，X是观察（观测）变量集，Y是对于预测或诊断具有重要价值的变量集。

已知联合分布 P，$P(y|x)$的计算从概念上看很简单，直接应用贝叶斯法则可以得到：

$$P(y|x)=\frac{\sum_{s}P(y,x,s)}{\sum_{y,s}P(y,x,s)} \tag{1.35}$$

其中，S表示除去X和Y后的所有变量集合。因为每个贝叶斯网络定义了一个联合概率 P（由式（1.33）的乘积给定），所以 $P(y|x)$ 显然可以依据有向无环图 G 和由 G 中节点家族关系确定的条件概率 $P(x_i|pa_i)$ 计算。

然而，挑战在于如何使这些计算既高效又能在网络拓扑确定的表示层面进行，后者在解释自身推理过程的系统中很重要。虽然这种推断技术不是因果讨论所必需的，我们仍然会简单介绍一下，因为它们展示了以图的形式组织概率知识的有效性，以及在这种组织形式上执行一致的概率计算（及其近似）的可行性。详情请参见参考文献。

最早提出的贝叶斯网络概率计算算法使用了消息传递架构，并且仅限于树（Pearl，1982；Kim and Pearl，1983）。在这个算法中，每个变量分配给一个简单处理器，并允许异步地向它的邻居传递消息直到（在有限步数内）达到平衡。此后，研究者提出了一些方法来将这种树传播（及其一些变体）扩展到一般化网络。其中，最流行的方法是 Lauritzen 和 Spiegelhalter（1988）的连接－树传播方法和割集取条件方法（Pearl，1988b，pp. 204-10；Jensen，1996）。在连接－树方法中，我们将网络分解为形成树结构的聚类（例如，团），然后将每个聚类的变量集合看作一个能向其邻居（也是复合变量）传递消息的复合变量。例如，图 1.2 的网络可以结构化为一个由 3 个聚类组成的马尔可夫相容链：

$$\{X_1,X_2,X_3\}\to\{X_2,X_3,X_4\}\to\{X_4,X_5\}$$

20

在割集取条件方法中，实例化一组变量（给定特定的值）使剩余的网络形成树。然后，在该树上执行传播，并选择一个新的实例化，直到穷尽所有实例化，最终对结果取平均值。例如，在图 1.2 中，如果我们将 X_1 实例化为任意一个确定值（例如，X_1 = 夏季），那么这将破坏 X_2 和 X_3 之间的通路，剩下的网络就变成树结构。割集取条件方法的最大优点是存储空间需求最小（与网络规模呈线性关系），而连接－树方法的存储空间需求可能是指数的。一些研究者（Shachter et al.，1994；Dechter，1996）提出了这两种基本方法的混合组合方法来灵活地平衡空间与时间（Darwiche，2009）。

虽然一般网络中的推断是“NP-hard”（Cooper，1990），但这里介绍的每种方法的计算复杂度都可以在实际处理之前进行估计。当估计值超出合理界限时，可以使用诸如随机模拟（Pearl，1988b）的近似方法作为替换，利用网络的拓扑结构在局部变量子集上连续并发地执行吉布斯采样。

Pearl（1988b）、Lauritzen 和 Spiegelhalter（1988）、Pearl（1993a）、Spiegelhalter 等人（1993）、Heckerman 等人（1995）以及 Darwiche（2009）讨论了 DAG 的其他性质及其在专家系统中证据推理的应用。

1.3 因果贝叶斯网络

虽然有向无环图可用来解释独立假设，但并不代表其蕴含因果关系，事实上，任何与变量顺序一致的递归独立性都是成立的，不一定是因果关系或时间顺序。然而，DAG 模型在统计和人工智能中普遍应用，主要是（通常无意地）源于它们的因果解释，也就是说，作为一个过程系统，每个家族节点集合代表一个这样的过程，可以解释观测数据的产生。正是这种因果解释说明了为什么 DAG 模型很少用于变量排序，除了那些关心时间方向和因果方向的变量排序[一]。

围绕因果信息而不是关联信息构建 DAG 模型有几个优点。首先，模型构建所需要的判断更有意义、更容易理解，因此更可靠。如果读者按照 $\{X_5, X_1, X_3, X_2, X_4\}$ 的顺序为图 1.2 中的关联关系构建 DAG，就可以理解到这一点。这样的方式不仅说明了相比其他关系，人们更容易理解某些独立关系，而且也说明了只有当条件独立判断的根源是我们知识中更基本的模块（例如因果关系）时，才能被理解（因此是可靠的）。在图 1.2 的实例中，我们想要判定在给定 X_4（即获知路面是否湿润）的条件下 X_5 独立于 X_2 和 X_3 是可行的，因为我们可以很容易地将其转化为涉及因果关系的断言：下雨和喷头对路面湿滑性的影响是通过路面的湿润程度来中介的。人们认为没有因果关系支持的依赖关系有些奇怪或者虚假，甚至将其标记为“似非而是”（见 1.2.3 节 Berkson 悖论的讨论）。 21

在本书中，我们将有几个机会来说明因果关系比关联关系更重要。在极端情况下，我们会看到人们倾向于完全忽略概率信息，而只关注因果信息（见 6.1.4 节）[二]。这对统

[一] 即 DAG 关注的主要是家族节点变量集所表示的数据产生过程，而非某种变量排序。——译者注

[二] Tversky 与 Kahneman（1980）在概率判断中的因果偏差实验构成了支持这一观察的另一个证据。例如，大多数人认为，如果一个女孩的母亲是蓝眼睛，那么这个女孩更有可能拥有蓝眼睛，而不是其他颜色。实际上，这两种概率是相等的。

计学中图模型的主流范式提出质疑（Wermuth and Lauritzen，1990；Cox and Wermuth，1996），在这种范式中，条件独立性假设是表达实质性知识的主要工具[㊀]。如果条件独立性判断是因果关系的副产品，那么直接挖掘和表示这些关系似乎是一种表达我们对世界的认知或信念的更自然、更可靠的方式。这实际上就是因果贝叶斯网络背后的哲学。

基于因果关系构建贝叶斯网络（这是理解因果结构的基础）的第二个优点是能够对外部或自发的变化进行表示与做出反应。环境运行机制的任何局部重构都可以通过对网络结构稍加修改从而转化成网络拓扑的重构[㊁]。例如，为了表示图1.2中不起作用的喷头，我们只需从网络中删除所有与喷头关联的链接。为表示下雨时关闭喷头的策略，我们只需在下雨和喷头之间添加一个链接并修改 $P(x_3 \mid x_1, x_2)$。如果网络不是沿着因果关系的顺序构建的，而是（比如说）依照 $\{X_5, X_1, X_3, X_2, X_4\}$ 的顺序构建，那这样的修改则需要更多代价。这种重构的灵活性很可能被用作区别应变式行为体和反应式行为体之间的要素，前者能够快速处理新的情况，不需要训练或适应[㊂]。

1.3.1　用于干预谕言的因果网络

上面提到的灵活性源于这样一种假设：网络中的每对节点之间的父子关系都代表一种稳定的、自主的物理机制，换句话说，可以只改变该机制中的某个关系，而不需要改变其他关系。将知识组织在这样的模块化配置中，可以用最少的额外信息来预测外部干预的效应。事实上，因果模型（假定它们是有效的）比概率模型提供的信息多得多。联合分布告诉我们事件的可能性有多大，以及相应的概率如何随着后续的观察而变化，但因果模型还告诉我们这些概率如何因外部干预而改变，如政策分析、医疗管理或日常活动规划中遇到的干预。这种干预即使完全确定，也不能从联合分布推断出相应的变化。

模块化和干预之间的联系如下。我们不需要为每一种可能的干预指定一个新的概率函数，而是仅仅确定干预所带来的直接变化，并且由于自治性，我们假定变化是局部的，不会扩散到其他部分的运行机制。一旦我们确定了干预所改变的机制以及改变的性质，就可以通过修改式（1.33）中的相应因子，并使用修改后的因子乘积计算新的概率函数来预测干预的总体效应。例如，为了表示图1.2中网络的干预“打开喷头”，我们删

22

㊀ 作者对于曾经追随统计学同事倡导条件独立性的中心地位而感到内疚，参见 Pearl（1988b，p. 79）。

㊁ 这里的机制指原理、法则、规则等。——译者注

㊂ 应变式行为体是指通过修改模型和算法以适应环境变化的行为体，反应式行为体是指通过学习训练以适应环境变化的行为体。——译者注

掉链接 $X_1 \rightarrow X_3$ 并将 X_3 赋值为“打开”。执行这种操作后的图如图 1.4 所示。剩余变量上的联合分布为：

$$P_{X_3=\text{打开}}(x_1, x_2, x_4, x_5) = P(x_1)P(x_2 \mid x_1)P(x_4 \mid x_2, X_3 = \text{打开})P(x_5 \mid x_4) \qquad (1.36)$$

其中由于自治性，右侧的所有因子与式（1.34）一致。

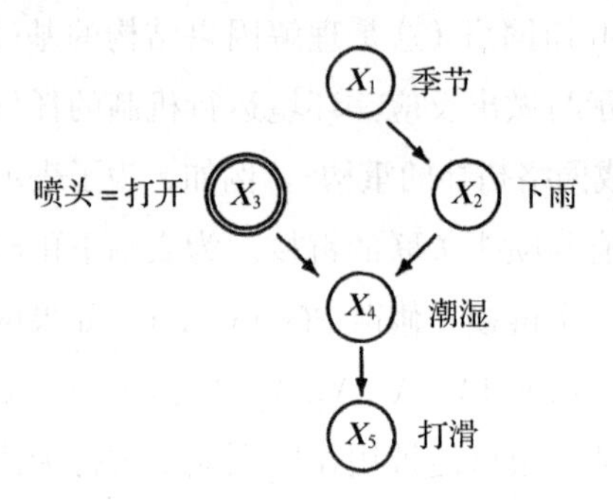

图 1.4　干预“打开喷头”的网络

删除因子 $P(x_3 \mid x_1)$ 表示：无论干预之前季节和喷头之间的关系如何，一旦我们执行干预，这个关系将不再有效。一旦我们真的打开喷头并保持它打开，一个新的机制（其中没有季节因素）将决定喷头的状态。

需要注意行动 $do(X_3 = \text{打开})$ 和观察 $X_3 = \text{打开}$ 之间的区别。后者的效应是通过普通的贝叶斯取条件获得，即 $P(x_1, x_2, x_4, x_5 | X_3 = \text{打开})$，而前者的效应是通过移除链接 $X_1 \rightarrow X_3$ 后的修改图取条件获得。这实际上反映了“看”与“做”之间的区别：观察到喷头打开后，我们能够推断出这个季节是干燥的，可能没有下雨，等等；而在评估一个预期行动“打开喷头”的效应时，不会得到这些推断。

当然，因果网络预测干预的能力需要在网络构建时具有一组更强的假设，即关于因果知识（不仅仅是关联知识）的假设，以及确保系统依据自治原则应对干预的假设。这些假设包含在以下因果贝叶斯网络的定义中。

定义 1.3.1（因果贝叶斯网络）

令 $P(v)$ 表示变量集 V 上的概率分布，令 $P_x(v)$ 表示设置变量子集 X 为常数 x 的干预 $do(X = x)$ 后的分布[⊖]。$\boldsymbol{P}_*$ 表示所有干预分布 $P_x(v)$（$X \subseteq V$）的集合，包括 $P(v)$。

23

⊖　在后续章节中，符号 $P_x(v)$ 将替换为 $P(v \mid do(x))$ 和 $P(v \mid \hat{x})$ 以便于代数运算。

$P(v)$ 表示没有干预（即 $X = \varnothing$）。有向无环图 G 是与 $\boldsymbol{P}_*$ 相容的因果贝叶斯网络，当且仅当如下三个条件对任意 $P_x(v) \in \boldsymbol{P}_*$ 都成立。

（i）$P_x(v)$ 与 G 马尔可夫相关。

（ii）对于所有的 $V_i \in X$，当 v_i 与 $X = x$ 一致时，$P_x(v_i) = 1$。

（iii）对于所有的 $V_i \notin X$，当 pa_i 与 $X = x$ 一致时，$P_x(v_i \mid pa_i) = P(v_i \mid pa_i)$，即对于那些干预不涉及的 V_i，$P(v_i \mid pa_i)$ 保持不变。

定义 1.3.1 对干预空间 $\boldsymbol{P}_*$ 施加限制，从而允许我们以单个贝叶斯网络 G 的形式来有效地描述这个巨大的空间。这些限制使我们可以用截断因子分解（factorization truncated）来计算任何干预 $do(X = x)$ 的结果分布 $P_x(v)$。

$$\text{对于所有与 } x \text{ 一致的 } v,\quad P_x(v) = \prod_{\{i \mid V_i \notin X\}} P(v_i \mid pa_i) \tag{1.37}$$

该公式遵从（蕴含）条件（i）～（iii），因此说明了 G 中家族删除操作的合理性，如式（1.36）所示。不难证明，当 G 是一个关于 $\boldsymbol{P}_*$ 的因果贝叶斯网络时，以下两个性质必然成立。

性质 1

对于所有的 i，

$$P(v_i \mid pa_i) = P_{pa_i}(v_i) \tag{1.38}$$

性质 2

对于所有的 i 和与 $\{V_i, PA_i\}$ 不相交的变量子集 S，我们有：

$$P_{pa_i, s}(v_i) = P_{pa_i}(v_i) \tag{1.39}$$

性质 1 表明，每个父代节点集 PA_i 与它们的后代 V_i 外生（exogeneity）相关[㊀]，确保条件概率 $P(v_i \mid pa_i)$ 与通过外部控制将 PA_i 设置为 pa_i 时（对 V_i）的效应一致。性质 2 表明不变性的概念，一旦我们控制了 V_i 的直接原因 PA_i，其他任何干预就都不会影响 V_i。

1.3.2　因果关系及其稳定性

这种基于机制的干预概念为诸如“因果效应”或“因果影响”等概念提供了语义基础，这些概念将在第 3 章和第 4 章进行形式化定义与分析。例如，为了测试变量 X_i 是否

㊀ 参见 5.4.3 节。——译者注

24 对变量X_j有因果影响，我们可以（使用截断因子分解式（1.37））计算干预$do(X_i = x_i)$下X_j的（边缘）分布，即对于X_i的所有值x_i计算$P_{x_i}(x_j)$，并检验这个分布是否对x_i敏感。从前面的例子可以很容易地发现，只有当变量是因果图中X_i的后代时，才能被X_i影响。从联合分布中删除因子$P(x_i \mid pa_i)$，对应于将X_i变为干预图中的根节点，而根节点（正如d-分离准则所表示的）与除了自身后代节点外的其他所有节点独立。

这种对因果影响的理解允许我们精确地看到因果关系为什么，以及以何种方式比概率关系更"稳定"。我们愿意看到这种稳定性上的差异，因为因果关系属于本体论，描述了世界中的客观物理约束，而概率关系属于认识论，反映了我们对世界的认知或信念。因此，只要环境没有发生变化，即使我们对环境的认识发生了变化，因果关系也应该保持不变。为了说明这点，考虑因果关系S_1："打开喷头不会导致下雨"，并将其与对应的概率形式S_2："喷头的状态独立于（或者无关于）下雨的状态"进行对比。图1.2展示了两种显而易见的方式来说明S_2会改变而S_1保持不变。第一种是当我们获悉季节（X_1）的值时，S_2从假变为真[1]。第二种是我们知道季节的条件下，一旦观察到路面变湿（X_4 = 真），S_2从真变为假[2]。另一方面，无论我们对季节或者路面的情况了解多少，S_1始终为真。

这个例子揭示了一种更强的认识，即因果关系比相应的概率关系更稳定，这种认识超过了它们基本的本体论－认识论之间的差异。对于调控季节影响喷头的机制的变化，关系S_1保持不变。事实上，对于因果图中展示的所有机制的变化，这个关系都保持不变。因此，我们看到因果关系对本体论的变化也表现出更强的鲁棒性，它们仅对较少的一组机制敏感。更具体地说，与概率关系截然不同的是，因果关系对支配因果变量的机制的变化也保持不变（我们的实例中是X_3）。

鉴于这种稳定性，人们更喜欢将知识描述为因果结构而不是概率结构也就不足为奇了。概率关系，如边缘独立性和条件独立性，可能有助于从不受控的观察中假设最初的因果结构。然而，一旦知识赋予到因果结构中，这些概率关系便往往会淡化。人们在给定领域中表述的任何条件独立性判断，都是从所获得的因果结构中派生出来的。这就解释了为什么人们可以自信地断言某些条件独立性（例如，中国的大豆价格独立于洛杉矶的交通运输），而对所涉及的数字一无所知（例如，大豆的价格是否会超过每蒲式耳10

[1] 图1.2中，以X_1为条件，X_3独立于X_2，故S_2为真。——译者注
[2] 图1.2中，以X_4为条件，X_3不独立于X_2，故S_2为假。——译者注

美元[一])。

(机制的)稳定性属性也是因果关系解释性说明的核心。根据这个属性，因果模型不需要专门描述干预条件下的行为，其主要目的是为“数据是如何产生的”提供“解释”或“认知”[二]。无论我们对事物的认知最终会有什么用处，我们肯定更喜欢具有持久关系、随情形变化可迁移的认知，而不是那些建立在短暂关系上的认知。伴随充分说明而来的可解释性是(因此也是我们熟悉的)因果关系的可迁移性的自然副产品。出于稳定性的原因，我们认为气压计是预测下雨而不是解释下雨，这种预测不能迁移到用人工方式控制气压计周围气压这一情况。对于事物的真正理解可以在新情况下进行预测，在这种新情况下，一些机制会发生变化，另一些机制会被添加进来。因此，似乎有理由认为，在最后的分析中，因果关系的解释性说明仅仅是操纵(干预)性说明的变体，尽管其中不涉及干预[三]。因此，我们也可以把我们对于理解“数据如何产生”或者“事物如何工作”的这种执着追求看作寻求在更大范围做出预测这一能力的提升，包括因素被分解、重新配置或经历自发变化等各种环境。

25

1.4 函数因果模型

我们介绍的贝叶斯网络的因果解释，与早期引入遗传学(Wright，1921)、计量经济学(Haavelmo，1943)、社会科学(Duncan，1975)以及经常在物理和工程领域使用的因果模型(及因果图)有本质的区别。在这些模型中，因果关系以确定性函数方程的形式表示，并且通过假定方程中的某些变量未被观察到来引入概率。这反映了拉普拉斯(1814)关于自然现象的观念，在这个观念中，自然规律是确定性的，而随机性只是因为我们对于潜在边界条件的无知。与此相反，所有因果贝叶斯网络定义中的关系都被假定为内在随机的，因此反映了现代物理(即量子力学)的概念。在这个概念中，所有自然界的规律本质上都是概率性的，确定性只是一种方便的近似。

在本书中，我们倾向于因果关系的拉普拉斯准确定论概念。相比于随机论概念，我们将使用这个概念来定义和分析我们所研究的大多数因果实体。这种偏好基于三个考

[一] 1蒲式耳等于8加仑(约36.37升)。——译者注

[二] 这种解释性说明的属性可以在Dempster(1990)、Cox(1992)以及Shafer(1996)的著作中找到。也可以参见King等人(1994, p. 75)的著作。

[三] 因果的解释性说明不涉及具体的操纵，但蕴含了操纵的结果，因此也蕴含了操纵本身。——译者注

虑。第一点是拉普拉斯的观念更一般化。每个随机模型都可以通过许多（具有随机输入的）函数关系来模拟，随机论则不行，函数关系只能作为随机模型的有限近似[㊀]。第二点是拉普拉斯的观念更符合人类的直觉。一些深奥的量子力学实验与拉普拉斯观念的预测冲突，令人惊讶和怀疑，这些实验要求物理学家们放弃关于局部性和因果关系的根深蒂固的直觉（Maudlin，1994）。我们的目标是保护、解释、求证，而不是破坏这些直觉[㊁]。

26

最后一点是人类话语中普遍存在的某些观念只能在拉普拉斯框架中定义。例如，我们会看到，诸如"事件B因事件A而发生的概率"以及"如果没有事件A，事件B会有不一样的概率"的简单概念不能用单纯的随机模型来定义。这些被称为反事实的概念需要对拉普拉斯模型中包含的确定性和概率性成分进行综合。

1.4.1 结构方程

在一般化形式中，一个函数因果模型由以下形式的一组方程构成。

$$x_i = f_i(pa_i, u_i),\ i = 1, \cdots, n \tag{1.40}$$

其中，pa_i（即父代变量）表示直接确定X_i值的一组变量，而U_i表示由遗漏因子所产生的误差（或"扰动"）。式（1.40）是以下线性结构方程模型（SEM）的非线性、非参数化扩展。

$$x_i = \sum_{k \neq i} \alpha_{ik} x_k + u_i, \quad i = 1, \cdots, n \tag{1.41}$$

结构方程模型已经成为经济学和社会科学的标准工具（见第5章的详细说明）。在线性模型中，pa_i对应式（1.41）右侧所有因子中具有非零系数的变量。式（1.40）中函数关系使用的是物理和自然科学中函数的标准解释。这种关系是一种配方、一种策略或者一种法则，具体说明了对于(PA_i, U_i)的每一种可能的组合，大自然会赋予X_i什么样的值。形如式（1.40）的一组方程，其中每个方程代表一个自治的机制，称为结构模型。如果每个变量都有一个唯一的方程，其中该变量出现在方程的左边（称为因变量），那么这个模型称为结构因果模型（structural equation modeling）或简称因果模型[㊂]。数学上，结构方

㊀ 函数关系是确定的。——译者注

㊁ 经常听到人类直觉属于心理学而不是科学或者哲学的论点。在因果直觉方面，这个论点并不适用，即当概念的意义受到质疑时，因果思想的本源不能被忽视。实际上，在每个因果关系的哲学研究中，遵从人类直觉一直是充分性的最终标准，而将背景信息恰当地纳入统计研究同样依赖于对因果判断的准确解释。

㊂ 第5章（5.4.1节）和第7章（7.1节和7.2.5节）给出了因果模型、结构方程和误差项的形式化表述。

程和代数方程之间的区别在于，前者在维持解的代数运算下（例如，将项从方程的一边移到另一边）会改变含义。

为了说明这点，图1.5描述了关联价格和需求的典型计量经济学模型方程。

$$q = b_1 p + d_1 i + u_1 \quad (1.42)$$

$$p = b_2 q + d_2 w + u_2 \quad (1.43)$$

27

其中，Q是家庭对产品A的需求量，P是产品A的单价，I是家庭收入，W是生产产品A的工资率，U_1和U_2表示误差项，即分别影响需求量和价格的未知因素（Goldberger，1992）。与该模型对应的图是有环的，与变量U_1、U_2、I、W关联的顶点为根节点，表示相互独立的假定。在这个实例中，自治的概念（Aldrich，1989）意味着这两个方程代表了经济中两个松耦合的部分：消费者和生产者。式（1.42）描述了消费者如何决定购买数量Q，式（1.43）描述了制造商如何决定价格P。类似于所有的反馈系统，这个模型也代表了隐含的动力学。今天的价格是基于昨天的需求决定的，而这些价格将决定下一阶段交易的需求。在背景变量U_1和U_2保持不变的情况下，这些方程的解表示着一种长期的平衡。

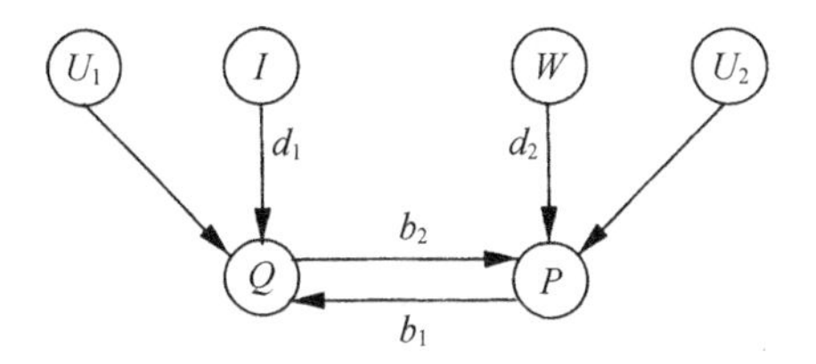

图1.5　价格（P）、需求（Q）、收入（I）和工资（W）之间关系的因果图

相对于变化的动力学，这两个方程被认为是自治的，因为影响一个方程的外部变化并不意味影响另一个方程。例如，如果政府决定价格管控，将价格P定为p_0，那么式（1.43）将修改为使用$p = p_0$，而式（1.42）的关系保持不变，得到$q = b_1 p_0 + d_1 i + u_1$。由此可见，“需求弹性”$b_1$应解释为受控条件下$P$的单位变化所带来的$Q$的变化率。当然，这与$P$的（不受控条件下的）观察单位变化带来的$Q$的变化率不同，这种情形下，除了$b_1$，变化率还受式（1.43）参数的影响（见7.2.1节的式（7.14））。受控变化和观察变化之间的区别对于正确解释社会科学和经济学中的结构方程建模至关重要，这将在第5章进行详细讨论。如果我们有理由相信消费者的行为也会受价格控制政策影响而发生变化，那么这种修正后的行为就需要明确地建模，例如，将系数b_1和d_1作为包含P的附加

方程的因变量[㊀]。7.2.1 节将使用这个模型来分析政策相关问题。

为了说明非线性函数模型的作用，再次考虑图 1.2 描述的因果关系。与这些关系对应的因果模型由 5 个函数组成，每个函数代表控制一个变量的自治机制。

28

$$
\begin{aligned}
x_1 &= u_1 \\
x_2 &= f_2(x_1, u_2) \\
x_3 &= f_3(x_1, u_3) \\
x_4 &= f_4(x_3, x_2, u_4) \\
x_5 &= f_5(x_4, u_5)
\end{aligned}
\tag{1.44}
$$

图中没有显式地给出误差变量 $U_1, U_2, \cdots, U_5$，按照惯例，这意味着假定它们相互独立。当判定一些扰动（误差）相关时，习惯上用双向箭头扩充图来描述这种相关，如图 1.1a 所示。

布尔模型是函数 $\{f_1, \cdots, f_5\}$ 及其误差项的一个典型实例化，如下所示：

$$
\begin{aligned}
x_2 &= [(X_1 = \text{冬季}) \vee (X_1 = \text{秋季}) \vee u_2] \wedge \neg u_2' \\
x_3 &= [(X_1 = \text{夏季}) \vee (X_1 = \text{春季}) \vee u_3] \wedge \neg u_3' \\
x_4 &= (x_2 \vee x_3 \vee u_4) \wedge \neg u_4' \\
x_5 &= (x_4 \vee u_5) \wedge \neg u_5'
\end{aligned}
\tag{1.45}
$$

其中，x_i 表示 $X_i = \text{true}$，而 u_i 和 u_i' 分别表示触发异常和抑制异常。例如，u_4 表示当喷头关闭（$\neg x_3$）且不下雨（$\neg x_2$）时可能导致路面变湿（X_4）的（未知）事件（例如，水管破裂），而 u_4' 表示尽管下雨（x_2）、喷头打开（x_3）和 u_4 时仍保持路面干燥的（未知）事件（例如，路面覆盖塑料薄膜）。

需要强调的是，在刚才描述的两个模型中，等号左边的变量（因变量或输出变量）的作用与方程中的其他变量的作用明显不同。当我们讨论干预时，这种区别的作用会变得清晰，因为只有区分这种不同，才能确定在类似于“固定价格为 p_0”（$do(P = p_0)$）或者“打开喷头”（$do(X_3 = \text{true})$）这种类型的局部干预下应该修正哪个方程[㊁]。

我们现在比较式（1.40）定义的函数模型与 1.3 节中定义的因果贝叶斯网络之间的特点。为此，我们考虑以下三种类型问题的处理：

预测（例如，如果我们发现喷头关闭了，那么路面会打滑吗？）

㊀ 事实上，消费者对限价的通常反应是囤积商品，因为预期会出现短缺（Lucas，1976）。不过，这种现象对结构模型来说并不陌生，只需要使用更复杂的方程来刻画消费者的期望。

㊁ 把供应需求方程写成 $\{q = ap + u_1, q = bp + u_2\}$（其中 q 出现在两个方程的左边）的经济学家无法分析价格控制政策，除非使用附加符号来标识哪个方程会被 $do(P = p_0)$ 算子修改。

干预（例如，如果我们确保喷头关闭了，那么路面会打滑吗？）

反事实（例如，已知喷头打开时路面实际上不打滑，如果喷头是关闭的，那么路面会打滑吗？）

我们将看到，这三种类型的问题代表了三种层次中完全不同类型的问题的层次结构，解决这些问题要求越来越详细的知识。

29

1.4.2 因果模型中的概率预测

已知一个因果模型（式（1.40）），如果我们从 PA_i 的每个成员画一个指向 X_i 的箭头，那么得到的图 G 称为因果图。如果因果图是无环的，那么对应的模型称为半马尔可夫模型，变量 X 的值将由变量 U 的值唯一决定。在这样的条件下，联合分布 $P(x_1,\cdots,x_n)$ 由误差变量的分布 $P(u)$ 唯一决定。如果除了无环以外，误差项是联合独立的，那么该模型称为马尔可夫模型。

通过定理1.2.7的马尔可夫父代条件，马尔可夫模型的一个基本定理建立了因果关系和概率之间的联系。

定理1.4.1（因果马尔可夫条件）

每个马尔可夫因果模型 M 都可以推导出一个分布 $P(x_1,\cdots,x_n)$，该分布满足与 M 对应的因果图 G 的马尔可夫父代条件。也就是说，已知 G 中变量 X_i 的父代变量 PA_i，变量 X_i 独立于它的所有非后代变量（Pearl and Verma，1991）[⊖]。

证明过程很简单。考虑集合 $\{PA_i, U_i\}$ 确定了 X_i 的唯一值，分布 $P(x_1,\cdots,x_n,u_1,\cdots,u_n)$ 自然与增广的有向无环图 $G(X,U)$ 马尔可夫相关，其中变量 U 明确表示。因此边缘分布 $P(x_1,\cdots,x_n)$ 所需的马尔可夫条件可以通过 $G(X,U)$ 中的 d-分离原则获取。

定理1.4.1表明，定理1.2.7的马尔可夫父代条件遵循两个因果假设：（1）我们承认将两个或更多已有变量添加到模型中（而非背景因素 U）的每个新变量；（2）Reichenbach（1956）的共同原因假定（也称为“没有因果关系就没有相关关系”）指出，如果两个变量相关，那么其中一个是另一个的原因，或者有第三个变量同时导致这两个变量。这两个假设意味着 U 中的背景因素是相互独立的，因此因果模型是马尔可夫

⊖ 考虑到这个定理的一般性和透明性，如果它的某些版本出现在更早的文献中，我不会感到惊讶，但我没有发现任何非参数化版本。

模型。定理 1.4.1 解释了为什么在因果分析中经常假定马尔可夫模型，以及为什么马尔可夫父代条件（定理 1.2.7）经常被视为因果模型的固有特征（例如，参见 Kiiveri et al.，1984；Spirtes et al.，1993）[㊀]。

因果马尔可夫条件意味着将每对变量之间的父子关系刻画为确定性的函数，而不是通常的条件概率 $P(x_i \mid pa_i)$，在结果分布上施加了等价的（条件）独立性限制，将导致相同的贝叶斯网络的递归分解（见式（1.33））。更重要的是，无论函数 $\{f_i\}$ 的形式是什么，无论误差分布 $P(u_i)$ 是什么，这一点都成立。因此，我们不需要提前确定 $\{f_i\}$ 的函数形式以及分布 $P(u_i)$。一旦我们测量（或者估计）$P(x_i \mid pa_i)$，无论实际生成这些条件概率的机制是什么，模型的所有概率属性均是确定的。Druzdzel 和 Simon（1993）证明了对于每个由分布 P 刻画的贝叶斯网络 G（如式（1.33）），都存在一个函数模型（如式（1.40）），该模型可以产生一个与 P 相同的分布[㊁]。由此可见，在贝叶斯网络的所有概率应用（包括统计估计、预测、诊断）中，我们都可以使用由式（1.40）确定的等价函数模型，并将函数模型看作描述联合分布函数的另一种方式。

30

尽管如此，因果函数表示与概率表示相比仍有几个优势，即使是单纯的预测（即非操纵）任务。第一点也是最重要的一点是因果图 G 表示的所有条件独立性都确保是稳定的，也就是说，不受函数 f_i 和分布 $P(u_i)$ 中参数变化的影响。这意味着，使用马尔可夫因果模型组织知识的个体可以对条件独立关系做出可靠的断言，而不需要评估数值概率——这是类人生物的一种常见能力[㊂]，也是一种有用的推断特性。第二点是函数表示通常更有意义、更自然，并且仅需少量的参数。典型的例子是在社会科学和经济学中使用的线性结构方程（见第 5 章），以及在多重二分类原因的效应建模时非常流行的“含噪或门（noise OR gate）”模型（Pearl，1988b，p. 184）。第三点（或许是经验主义者最难接受的）是函数模型简化了可观测变量之间条件独立性的判断性假定，使之更加可靠。因为这些假定直接用于判断未观察到的共同原因是否存在（例如，为什么中国的大豆价格被判断为独立于洛杉矶的交通状况？）。例如，在构造贝叶斯网络时，我们不用判断（给定

㊀ Kiiveri 等人（1984）的名为“Recursive Causal Models”的论文提供了定理 1.2.7 的马尔可夫父代条件遵从式（1.33）因子分解的首次（对于严格正分布的）证明。然而，这个含义纯粹是概率性的，并没有揭示任何方面的因果关系。为了在因果关系和概率之间建立联系，我们必须首先为因果关系设计模型，要么以操作（如定义 1.3.1）的形式，要么以结构方程中的函数关系形式（如定理 1.4.1）。

㊁ 在第 9 章中，我们将展示，除了某些病理实例外，实际上存在无穷多个具有这种性质的函数模型。

㊂ 不愿意讨论因果关系却毫不犹豫地将背景信息以条件独立陈述的形式表达出来的统计学家，可能会震惊地发现这种陈述的有效性正是来自因果马尔可夫条件（定理 1.4.1）。参见第 23 页的注㊀。

父代条件下）某个变量 X 是否独立于其所有非后代节点，而是判断 X 的父代节点集是否包含了 X 的所有直接原因——特别地，这相当于判断父代节点集遗漏的变量是否都不是 X 的直接原因。这样的判断更自然，因为它们可以直接从一个定性的因果结构中分辨出来，而这个结构正是我们的大脑用来储存可靠经验的结构。

最后，将预测模型建立在源于稳定性考量的因果机制上还有一个额外的优点（1.3.2 节）。当环境中的某些条件发生变化时，通常只有少数的因果机制受到变化的影响，其余机制仍然没有改变。在知道相应的变化是局部的情况下，与从头开始重新估计整个模型相比，判断上的重新评价或统计上的参数重新估计要简单得多，因为这只涉及不多的参数[㊀][㊁]。

31

1.4.3　函数模型中的干预与因果效应

像对应的随机表示法一样，函数表示法 $x_i = f_i(pa_i, u_i)$ 提供了一种方便的语言来刻画结果分布如何随外部干预而改变。这是通过将干预描述为对一组选定函数的修改，而不是对一组选定的条件概率的修改来实现的。然后，通过修改模型中相应的方程，并使用修改后的模型计算新的概率函数，可以预测干预的总体效应。因此，因果贝叶斯网络的所有特性（1.3 节）都可以用马尔可夫函数模型来模拟。

例如，为了表示式（1.44）模型的干预“打开喷头”，我们需要删除 $x_3 = f_3(pa_3, u_3)$，然后用 x_3= 打开替换。修正后的模型包含了计算干预对其他变量的效应所需的所有信息。例如，由修正后的模型推导出的概率函数等于式（1.36）给出的概率函数，修正后的图与图 1.4 一致。

更一般地，当一个干预将固定值 x 强制赋予一个变量子集 X 时，一个方程子集将从式（1.40）的模型中删除，其中一个方程对应 X 的一个成员，这样就定义了一个在剩余变量上的新分布，这个分布刻画了干预的效应，与从因果贝叶斯网络中修剪家庭得到的截断因子分解一致（式（1.37））[㊂]。

与随机模型相比，函数模型的干预表示更灵活、更具有一般性。首先，可以将干预

㊀ 就作者所知，目前还没有关于因果模型的这个方面的正式研究，建议具有自主学习能力的学生将其选为研究课题。

㊁ 即不需要对于模型重新构建，而是对其中的部分结构或者参数进行调整就可以。

㊂ Strotz 和 Wold（1960）首次提出了从模型中“排除”方程的干预的明确表示方法，Fisher（1970）和 Sobel（1990）随后使用了这一方法。第 4 章将给出更详细的干预类型，包括条件行动和随机策略。

的分析扩展到有环模型，如图 1.5 所示，从而回答政策相关的问题[⊖]。(例如，如果价格控制在p_0，需求量会是多少？)。其次，涉及修改等式参数（如式（1.42）中的b_1和d_1）的干预比那些描述为条件概率的修正更容易理解，这可能是因为稳定的物理机制通常与方程相关，而不是与条件概率相关。条件概率是由联合分布推导出来的，而不是产生联合分布的。再次，使用函数模型可大大简化非马尔可夫模型的因果效应分析。原因在于：对于离散变量X_i和PA_i，有无限多种条件概率$P(x_i \mid pa_i)$，但只有有限数量的函数$x_i = f_i(pa_i, u_i)$。基于这一事实，在第 8 章的涉及不服从行为的研究中（8.2.2 节），我们能够使用线性规划技术获得因果效应的精确界限。

32

最后，函数模型允许特定情境下的干预和政策。迄今为止所定义的因果效应概念在实际政策制定中用处不大。原因在于因果效应告诉我们干预带给响应的一般趋势（如药物对于整个人群的康复趋势），但不是在给定情境下的特定干预带来的趋势，这个特定情境由自身可能受干预影响的一组特别观察所刻画。医生通常关心的是治疗对那些已经检查并发现有某些症状的病人的效果，其中有些症状本身也会受到治疗的影响。同样，经济学家关注的是税收政策在由各种经济指标刻画的特定经济环境中的作用，如果实施该政策，这些指标将会（再次）受到税收的影响。模拟静态贝叶斯网络的干预无法计算这种特定情境的因果效应，因为情境本身会随着干预而变化，导致条件概率$P(x_i \mid pa_i)$在这个过程中发生改变。然而，函数关系$x_i = f_i(pa_i, u_i)$不变，这使我们能够计算下一节中所描述的特定情境的因果效应（详见 7.2.1 节、8.3 节、9.3.4 节）。

1.4.4 函数模型中的反事实

现在我们来看函数模型最显著的特点——反事实分析。如前所述，某些反事实语句不能在随机因果网络的框架下定义。为了了解其中的难点，让我们考虑一个最简单的因果贝叶斯网络，它由一对独立的（因此是不连通的）二元变量X和Y组成。例如，在一个受控的（即随机化的）临床实验中，当我们发现治疗X对受试者的反应Y（可能代表康复（$Y=1$）或死亡（$Y=0$））的分布没有影响时，对应的便是这个最简单的网络。假定已知受试者乔接受了治疗并死亡。我们提出疑问，乔的死亡是治疗造成的，还是与治疗无关。换句话说，我们想要知道如若乔没有接受治疗，他依然死亡的概率Q。

⊖ 计量经济学教科书中显然不存在这类问题，特别是那些涉及控制内生变量的问题（见第 5 章）。

为了突出回答这些反事实问题的难度，让我们举一个极端的例子，在治疗组和对照组中，均有50%的患者康复以及50%的患者死亡。进一步假定样本量趋近于无穷，那么得到：

$$\text{对于所有的}x\text{和}y,\ P(y\mid x)=1/2 \tag{1.46}$$

熟悉统计检验的读者会立即意识到，从现有数据中回答反事实的问题是不可能的。他们会注意到，接受治疗并死亡的乔从未在不治疗条件下接受过检验。此外，困难并不是由解决特定个体（乔）的问题造成的，虽然我们只有乔这一条数据。从总体频率的角度来重新表述这个问题（即对于治疗后死亡的病人，如果他们当初没有接受治疗，那么康复的人的百分比Q会是多少）会遇到同样的困难，因为这些病人也没有在不治疗的条件下接受检验。这些困难促使一些统计学家将反事实的问题视为玄奥的问题，并提倡将统计分析限制在能直接检验回答的问题上（Dawid，2000）。 33

但是，我们在科学、法律和日常语言中都充满了反事实的表达，这清楚地表明，反事实远非玄奥的问题，它们必须具有明确的可检验的含义，并且必须包含有价值的实质性信息。因此，对于任何认同本书目标的读者来说，反事实分析提供了一个机会：将大量的知识与统计数据结合起来，从而完善知识，解释数据。在本书框架内，反事实需要回答一些棘手但可操作的技术问题：什么是反事实问题的实证性内容？回答这些问题需要什么知识？这些知识如何用数学表示？在这种表示下，需要什么数学机制来推导答案？

第7章（7.2.2节）给出了反事实的实证解释，该解释要求某些机制具有一定的时间不变性。在我们的实例中，假定每个（康复的）患者对治疗的反应在一段时间是不变的[一]。如果结果变量Y被设定为反向的条件，即患者并未死亡，那么反事实的要求便是患者对未来治疗反应不变的预设。但即使结果是死亡的情况下，反事实的估计值Q不仅是对死者假想行为[二]的推测，还是对未经治疗的病人在随后治疗中生存量的一种可检验的预判。依据式（1.46）并排除取样差异，可以证明治疗后死亡的患者如果当初不接受治疗会康复的百分比Q，精确等于未治疗患者如果接受治疗将死亡的百分比Q'，我们将此

[一] 即要求在解决反事实问题的时间里，那些导致现有事实发生的机制仍然不变，否则谈论反事实没有意义。——译者注

[二] 即如果不治疗。——译者注

作为习题留给读者[㊀]。鉴于Q是假设的，Q'毫无疑问是可检验的。

在概述了反事实的实证解释之后，本章下一步要讨论的是表示问题：回答反事实的问题需要什么知识？如何形式化这些知识以便能够快速并可靠地回答反事实问题？人们能够迅速且不谋而合地区分合理与不合理的反事实陈述，这就证明了这种表示的存在。大多数人认为，如若克林顿总统当初没有遇见莫妮卡·莱温斯基，那么他在历史上的地位会不同，但很少有人相信，如若他昨天没有吃早餐，那么他在历史上的地位会改变。在认知科学中，这种观点的一致性几乎可以证明人类大脑中存在着一种有效的机器，可以表示和处理反事实。那么，这台机器的组成模块是什么呢？

一个直接的表示方法需要以反事实前提的形式存储反事实知识，并使用一些逻辑推断规则使人们能够从前提推导出反事实问题的答案。哲学家 Robert Stalnaker（1968）与 David Lewis（1973a，b）实际上已经采用了这种方法，他们用邻近世界语义构建了反事实逻辑（即“如若当初是 A，则 B 就会为真”，这正是在 A 为真的最邻近世界的情况下，B 是真的）[㊁]。然而，邻近世界语义仍然有两个问题没有回答：（1）使用怎样的距离度量才能使反事实推理与一般的因果效应概念相容？（2）什么样的世界距离表示可以使反事实的计算变得（对人类和机器均）易于控制且实用？这两个问题将在第 7 章扩展的结构模型方法中得到回答。

34

统计学家在潜在结果框架中采用了类似 Lewis 的方法（虽然有些不太正式）（Rubin，1974；Robins，1986；Holland，1988）。这里，实证性知识以反事实变量之间的概率关系（例如，独立性）来表示，然后用于估计因果效应。表示的问题由邻近世界方法转向了潜在结果方法：反事实之间的概率关系是如何在研究者的头脑中储存或推断的？在第 7 章（也参见 3.6.3 节），我们提供了邻近世界方法和潜在结果方法的分析，并将它们与下面要概述的结构模型方法进行了比较。在结构模型方法中，反事实是由函数因果模型（式（1.40））推导出来的（事实上是由它定义的）。

为了厘清反事实和结构方程之间的联系，我们应该首先了解为什么贝叶斯网络中描述的信息不足以回答反事实的问题，即使这些信息反映在贝叶斯网络的因果解释中。再

㊀ 例如，如果Q等于 100%（即那些接受治疗而死亡的患者如果当初不接受治疗，他们都可以康复），那么所有非治疗的康复患者如果接受了治疗都会死亡（同样，排除取样差异）。当我们讨论用于分析原因概率的数学方法时（见第 9 章，定理 9.2.12，方程（9.11）～（9.12）），这样的问题会很常见。

㊁ 这里作者用了两个世界之间距离的概念，这个距离一般用变量取值的不同来定义，也允许其他定义方式。——译者注

次考虑随机实验（式（1.46））的例子，它对应一个无边的贝叶斯网络（图1.6a)，有两个独立的二元变量和一个联合概率：

$$\text{对于所有的}x\text{和}y，P(y,x)=0.25 \tag{1.47}$$

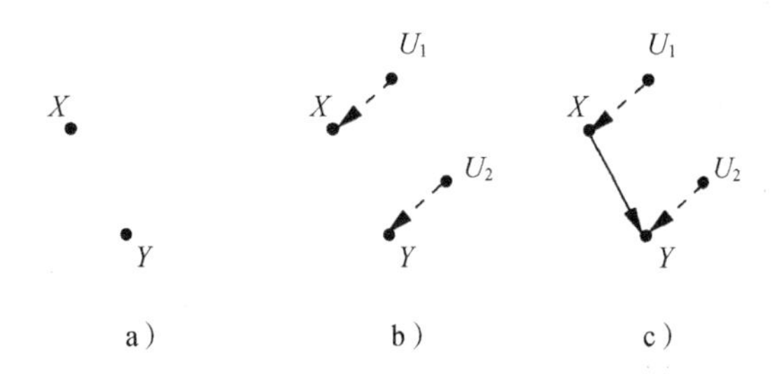

图1.6　a）式（1.47）分布的因果贝叶斯网络；b）基于模型1生成a中分布过程的因果图；c）基于模型2生成a中分布过程的图（U_1和U_2都是未观测的变量）

现在给出两个函数模型，每个模型均可以生成符合式（1.47）的联合概率分布，然而两个模型得到的值Q（即治疗后死亡$(x=1, y=1)$的患者如若不接受治疗$(x=0)$而会康复$(y=0)$的概率）则不同。

模型1（图1.6b)

令

$$x=u_1$$
$$y=u_2$$

其中U_1和U_2是两个独立的二元变量，$P(u_1=1)=P(u_2=1)=\frac{1}{2}$（例如，随机抛硬币)。 35

模型2（图1.6c)

令

$$\begin{aligned} x&=u_1 \\ y&=xu_2+(1-x)(1-u_2) \end{aligned} \tag{1.48}$$

其中U_1和U_2是两个独立的二元变量。

模型1对应于治疗（X）对任何受试者均无效，在模型2中，每个受试者都受到治疗的影响。这两个模型产生相同分布的原因是模型2描述了两个子群的混合。在第一个子群（$u_2=1$）中，每个受试者当且仅当接受治疗后死亡（$y=1$）；在第二个子群（$u_2=0$）中，每个受试者当且仅当接受治疗后康复（$y=0$）。图1.7中的表给出了这两个模型对应的分布$P(x, y, u_2)$和$P(x, y)$。

模型 1	$u_2=0$		$u_2=1$		边缘的	
	$x=1$	$x=0$	$x=1$	$x=0$	$x=1$	$x=0$
$y=1$（死亡）	0	0	0.25	0.25	0.25	0.25
$y=0$（康复）	0.25	0.25	0	0	0.25	0.25

模型 2	$u_2=0$		$u_2=1$		边缘的	
	$x=1$	$x=0$	$x=1$	$x=0$	$x=1$	$x=0$
$y=1$（死亡）	0	0.25	0.25	0	0.25	0.25
$y=0$（康复）	0.25	0	0	0.25	0.25	0.25

图 1.7　文中讨论的两个模型的分布 $P(x,y,u_2)$ 和 $P(x,y)$

两个模型的 Q 值不同。在模型 1 中，Q 值为 0，因为死亡的受试者对应 $u_2=1$，并且由于治疗对 y 无影响，因此 X 从 1 变为 0 仍然会得到 $y=1$。然而，在模型 2 中，Q 值为 1，因为治疗后死亡的受试者必然对应 $u_2=1$（即那些如果接受治疗就死亡的受试者），这意味着当且仅当他们不接受治疗就会康复。

这个例子给我们的第一个经验是，随机因果模型不足以计算反事实的概率，计算还需要了解 $P(y|x)$ 背后的实际过程[⊖]。第二个经验是，函数因果模型构成的数学对象足以计算（和定义）这样的概率。例如，考虑式（1.48）的模型 2。我们得出的结论是，接受治疗而死亡（$y=1$，$x=1$）的患者如若当初不接受治疗就会康复，这其中涉及三个步骤。首先，我们将现有证据 $e:\{y=1,x=1\}$ 应用到模型中，得到结论 e 只与 U_1 和 U_2 的一种实现相容，即 $\{u_1=1,u_2=1\}$。然后，为了模拟假设条件“如若该患者当初不接受治疗”，我们将 $x=0$ 代入式（1.48）并忽略第一个方程 $x=u_1$。最后，我们求解式（1.48），计算 y（假定 $x=0$，$u_2=1$），得到 $y=0$，据此，得到在假设条件下康复（$y=0$）的概率为 1。

36

这三个步骤可以推广到任意因果模型 M，如下所示。已知证据 e，要计算假设条件 $X=x$（其中 X 是变量子集）下 $Y=y$ 的概率，对 M 应用以下三个步骤。

步骤 1（溯因）：更新概率 $P(u)$ 获得 $P(u|e)$。

步骤 2（干预）：用方程 $X=x$ 替换集合 X 中变量对应的方程。

步骤 3（预测）：使用修改后的模型计算 $Y=y$ 的概率。

以时间为例，这三个步骤可以解释如下。步骤 1 根据现有证据 e 解释过去（U），步

⊖ 在潜在结果框架中（3.6.3 节和 7.4.4 节），这些知识通过定义反事实变量 Y_1 和 Y_0 的分布可获得随机表示，Y_1 和 Y_0 分别表示个体对治疗和不治疗的潜在反应。这些假设变量的作用类似于模型中的函数 $f_i(pa_i,u_i)$，它们代表了一种确定性假定，即无论治疗是否实现，每个人都对治疗有确定的反应。

骤 2（最低限度地）修改历史进程以符合假设条件 $X=x$，最后，步骤 3 基于对过去的新理解和新建立的条件 $X=x$ 预测未来（Y）。

回想一下，对于 U 的每个值 u，Y 都有唯一解，显然步骤 3 总能给出所需概率的唯一解，我们可以简单地将所有产生 $Y=y$ 的 u 的概率 $P(u|e)$ 相加来得到答案。第 7 章给出了计算反事实概率的有效方法，这些方法基于“孪生”网络中的概率传播（Balke and Pearl，1995a），其中一个网络代表了现实世界，另一个网络代表了反事实世界。

注意，假设条件 $X=x$ 总是与模型中 U 的现实值 u 矛盾（否则 $X=x$ 是实际发生的，因此不会被认为是假设的）。正是由于这个原因，我们（在步骤 2 中）调用外部干预（或“理论修改”或“奇迹”，见 Lewis（1973b）），从而通过已修改的模型消除矛盾[⊖]。在第 7 章中，我们扩展了这个结构干预模型，从而给出反事实和反事实概率的完整语义和公理化解释。对比 Lewis 的理论，这个解释不是基于假设世界之间邻近性这种抽象概念，相反，它依赖于产生假设世界的实际机制。同样地，对比于潜在结果框架，不将结构解释中的反事实视为未定义的基本概念，而是看作从因果机制及其结构的更基本的概念中衍生出来的量化概念。

反事实推理的三步法模型也揭示了为什么随机因果模型不足以计算反事实概率的真正原因。由于变量 U 没有明确地出现在随机模型中，因此我们不能使用步骤 1 来利用现有证据 e 更新 $P(U)$。这意味着一些基于反事实的普遍存在的概念——包括原因的概率（在已知结果的条件下）、解释的概率和环境或背景相关的因果效应——均不能在这样的模型中定义。为此，我们必须对函数 f_i 的形式和误差项的概率做一些假定。例如，线性、正态性和误差独立性假定足以用于计算图 1.5 模型中的所有反事实问题（参见 7.2.1 节）。在第 9 章中，我们将给出一些条件，在这些条件下，当 f_i 和 $P(u)$ 未知时，只需假定实际函数的一般特性（例如单调性），就可以从数据中推断出有关因果概率的反事实问题。同样，第 8 章（8.3 节）将介绍当只有随机模型可用时求解反事实概率界限的方法。

37

综上所述，本节开始列出的三个任务（预测、干预和反事实）形成了因果推理任务的自然层次，随着任务细化程度的提高，完成这些任务所需的知识也在增加。预测是三个任务中最简单的，只需要一个明确的联合分布函数。除了联合分布外，干预的分析还需要一个因果结构。最后，反事实的处理是最难的任务，因为它需要函数关系以及（或者）遗漏因子（即 U）的分布的信息。

⊖ 修改后的模型割断了 U 对于 X 的影响。——译者注

这个层次结构也给出了本书各章节的自然划分。第2章主要介绍因果贝叶斯网络概率（尽管使用潜在的因果结构作为概念指导）。第3～6章将专门讨论因果模型的干预问题，包括因果效应的识别、结构方程模型的解释以及混杂和可压缩性之间的关系。第7～10章将介绍反事实分析，包括公理基础、策略分析的应用、反事实问题的边界、原因概率的识别，以及个例事件因果的解释。

我希望读者能顺利并富有收获地读完这些章节。但首先，需要进行术语区分。

1.5 因果与统计术语

本节定义了贯穿全书的基本术语和概念。这些定义可能与标准教材的定义不一致。如果对这些术语的解释有疑问，请参考本节。

概率参数：以联合概率函数形式定义的量值[⊖]。例如1.1节和1.2节中定义的量值。

统计参数：以可观测变量的联合概率分布形式定义的量值，对未观测变量不做存在与否的假定。

实例：条件期望 $E(Y \mid x)$；回归系数 r_{YX}；密度函数在 $y=0$，$x=1$ 处的值。

因果参数（causal parameters）：以因果模型（如式（1.40））形式定义的量值，不是统计参数。

38

实例：式（1.41）中的系数 a_{ik}；对于某些 u，X_9 是否对 X_3 有影响；干预 $do(X=0)$ 条件下的 Y 的期望值；变量 X_7 的双亲数目。

注解：统计参数定义排除未观测变量是为了防止潜在变量隐含的因果假定。如果允许的话，这种结构将使任何量值都具有统计性，从而模糊了"可以仅从统计数据估计的量值"和"需要数据之外的额外假定才能估计的量值"这两者之间的重要区别。

统计假定：可观测变量的联合分布的某些约束。例如，f 是多元正态的，或者 P 与给定的有向无环图 D 马尔可夫相关。

因果假定：对因果模型的某些约束，这些约束不能通过统计假定来实现。例如，f_i 是线性的，（未观测的）U_i 和 U_j 是不相关的，或者 x_3 没有出现在 $f_4(pa_4, x_4)$ 中。因果假定可能有也可能没有统计含义。在前一种情况下，我们说假定是"可检验的"或"可证

⊖ 如果 Q 可以依据集合 C 的任何对象的描述唯一地计算出来（即，如果 Q 定义为从 C 到 Q 的域的函数映射），那么可以说 Q 是由集合 C 的对象定义的。

伪的”。因果假定虽然不能总是，但通常可以从实验研究中证伪，在这种情况下，我们说它们是“实验可检验的”。例如，图 1.6 的模型 2 中 X 对 $E(Y)$ 没有影响的假定是实验可检验的，但 X 可能治愈了人群中的某个特定个体的假定是实验不可检验的。

注解：因果参数和统计参数之间的区别是清晰且基本的，两者不能混合。除非涉及因果假定，否则无法辨别因果参数与统计参数。本书的一个主要内容是形式化和简化这些假定。

注解：变量之间的时间优先性可以提供一些（缺失的）因果关系信息，即后来的事件不能成为之前事件的原因。因此，诸如经济分析中常用的时间序列分布 $P(y_t \mid y_{t-1}, x_t)$ $(t=1, 2, \cdots)$ 可能被视为区分统计模型和因果模型的案例。然而，我们应该把这些模型归为统计模型，因为我们承诺不对未观测变量的存在与否进行任何假定，所以我们无法从这些分布中解决绝大多数与策略有关的问题。因此，计量经济学概念如“ Granger 因果”（Granger，1969）和强外生性（Engle et al.，1983）被归类为统计假定，而非因果假定[⊖]。

注解：“理论”和“结构”这两个术语经常交替地与“因果”结合使用。我们使用结构和因果结合，需要记住结构模型不一定是因果模型（参见 7.2.5 节）。

39

因果概念与统计概念

因果参数和统计参数之间的区分也扩展到了其他概念，可从术语差别上进行区分。统计概念的例子有：相关、回归、条件独立、关联、似然、可压缩性、风险比、优势比、倾向得分、Granger 因果等。因果概念的例子有：随机化、影响、效应、混杂、外生性、可忽略性、扰动（例如式（1.40））、伪相关、路径系数、工具变量、干预、解释等。这种区分的目的不是将因果概念从统计分析领域中排除，而是鼓励研究者使用适当的工具来处理非统计概念。

一些读者可能会惊讶于诸如随机化、混杂、伪相关性和效应等教科书中的概念是非统计概念。另一些读者可能会震惊于诸如外生性、混杂和反事实等有争议的概念可以用因果模型的形式来定义。本书是为了这些读者而写的，接下来的内容将证明，因果概念和统计概念之间的区别对于区分两者是至关重要的。

⊖ 在将概率序列 $P(y_t \mid y_{t-1}, x_t)$（$t=1, 2, \cdots$）标记为“数据生成模型”时也必须谨慎（例如，Davidson and MacKinnon，1993，p. 53；Hendry，1995）。这样的序列本质上是统计的，除非使用了第 2 章中介绍的因果假定类型（见定义 2.4.1 和定义 2.7.4），否则它们不能应用于政策评估任务。

因果分析的两个心理障碍

统计概念和因果概念之间的显著区别可以转化为一个有用的原则：每一个因果断言的背后必定存在一些因果假定，这些假定无法从联合分布中识别，因此无法在观察性研究中检验。这些假定通常是通过人类基于专家知识进行判断来提供的。因此，人类组织和交流经验知识的方式成为研究的一个组成部分，因为这要求专家提供的判断必须是准确的。

这种因果与统计之间区别的另一个影响是任何因果分析的数学方法必须使用新符号。概率演算的数学词汇（包括强大的期望、条件化和边缘化操作符）是以分布函数的形式进行严格定义的，因此不足以表达因果假定或因果断言。举例来说，概率演算的语法无法表达最简单的事实“症状不会引起疾病”，更不用说从这些事实中得出数学结论了。我们所能说的只有两个事件相关，即如果我们发现其中一个事件，那么可以期望会遇到另一个事件，但无法区分由条件概率 P（疾病 | 症状）量化的统计相关与因果相关。对于因果相关，我们没有标准的概率演算的表达式。

前述的两个要求（（1）从未经检验的判断性假定开始因果分析；（2）扩展概率演算的语法）是受过传统统计学训练的专业人员接受因果分析的两个主要障碍（Pearl，2003c；参见 11.1.1 节、11.6.4 节）。本书通过一个基于图和代数协同的、有效且友好的符号系统来帮助克服这两个障碍。

40

第 2 章

因果关系推断理论

我宁愿发现一条因果法则，也不愿当波斯国王。

——Democritus（公元前 460 年～公元前 370 年）

前言

自休谟时代（1711—1776）以来，从原始数据中学习因果关系一直是哲学家的梦想。直到 20 世纪 80 年代中期，图与概率之间依赖性的数学关系被揭示，因果关系的形式化表示与有效计算才成为可能。本书介绍的方法最初由 Rebane 和 Pearl（1987）、Pearl（1988b）提出，描述了如何在对数据生成过程做出某些假定的条件下（例如，具有树形结构），从非时间性的统计数据中推断出因果关系。从较弱的结构假定（例如，一般的有向无环图）中推断出因果关系的可行性促使了包括加州大学洛杉矶分校、卡内基·梅隆大学和斯坦福大学在内的三所大学同时开展研究。加州大学洛杉矶分校团队和卡内基·梅隆大学团队寻求的方法是，从数据中发现潜在结构部分的条件独立性模式，然后将这些部分拼接在一起，形成一个完整的因果模型（或一组这样的模型）。斯坦福大学团队采用贝叶斯方法，将数据用于更新候选因果结构的先验概率（Cooper and Herskovits，1991）。加州大学洛杉矶分校团队和卡内基·梅隆大学团队得到了类似的理论和几乎相同的算法，这些算法在 TETRAD II 程序中得到了实现（Spirtes et al.，1993）。也有许多研究团队致力于贝叶斯方法（Singh and Valtorta，1995；Heckerman et al.，1994），该方法现在已经成为几种基于图的学习方法的基础（Jordan，1998）。本章描述了作者和 Tom Verma 在 1988～1992 年间提出的方法，并简要总结了卡内基·梅隆大学团队和其他一些团队提出的相关扩展、细化和改进。这种方法背后的一些哲学原理（主要是最小假定）也隐含在了贝叶斯方法中（2.9 节）。

自动因果发现的基本思想（以及这一思想的计算机程序具体实现）在许多论坛上引起了激烈的争论（Cartwright，1995a；Humphreys and Freedman，1996；Cartwright，1999；Korb and Wallace，1997；McKim and Turner，1997；Robins and Wasserman，1999）。本章末尾的讨论部分介绍了这些争论的部分内容（2.9 节）。

41

承认统计上的关联并不意味着*逻辑上*的因果关系，本章探讨两者之间是否存在较弱的关系。特别地，我们要弄清楚：

1. 什么线索促使人们在非受控的观察中感知因果关系？

2. 什么样的假定能使我们从这些线索中推导出因果模型？

3. 推导出的模型能告诉我们关于观察背后的因果机制的有用信息吗？

2.2 节首先定义了因果模型和因果结构的概念，然后将因果发现的任务描述为科学家与大自然之间的归纳博弈。2.3 节通过引入“极小模型”语义（即奥卡姆剃刀的语义版本）来形式化归纳博弈，并举例说明与一般常识相比，如何区分因果关系与遵循此归纳推理标准范式的虚假相关。2.4 节明确了一种称为*稳定性*（或*忠实性*）的条件，在这种条件下，存在一种有效算法来发现本章定义的因果结构。2.5 节介绍了其中一个算法（名为 IC），在假定所有变量都能被观察到的条件下，该算法可发现与数据一致的全部因果模型。2.6 节描述的另一个算法（IC*），在一些变量*不可观察*的情况下，可发现许多（虽然不是全部）有效的因果关系。在 2.7 节，我们从 IC* 算法中抽取了推断因果效应的必要条件，并将这些条件作为真实影响与虚假相关的独立定义，无论是否有时间信息。2.8 节解释了因果关系在时间方面与统计方面令人费解但却通用的问题。最后，2.9 节总结了本章的结论，重新解释了导致这些结论的假定，并根据正在进行的争论为这些假定提供了新的辩解。

2.1 简介：基本直觉

一个自主智能系统如果想要建立其所处环境的可行模型，就不能完全依赖预先编程的因果知识，相反，它必须能够将观察直接转化为因果关系。然而，考虑到统计分析是由各种因素相互变化而非因果关系驱动的，并且假定人类大部分的知识来自被动观察，我们必须确定促使人们感知数据中因果关系的线索，以及找到模拟这种感知的计算模型。

时序关系通常被认为是定义因果关系的必要条件，它无疑是人们用来区分因果关系和其他类型关联的最重要的线索之一。因此，大多数因果理论都援引一个明确的要求，即原因需在时间上先于结果（Reichenbach，1956；Good，1961；Suppes，1970；Shoham，1988）。然而，仅凭时间信息无法区分真实的因果关系以及由未知因素引起的虚假相关。气压计的读数在下雨前会下降，然而这并不是下雨的原因。事实上，统计学与哲学文献已经严肃警告过：除非人们事先知道所有因果相关的因素，或者人们能够小心地操纵一些变量，否则就不可能得到真实的因果推论[㊀]（Fisher，1935；Skyrms，1980；Cliff，1983；Eells and Sober，1983；Holland，1986；Gardenfors，1988；Cartwright，1989）。这两种情况在正常的学习环境中都不可能实现，因此问题仍然是如何从经验中获得因果知识。

42

在本章中，我们探索的线索来自统计相关的特定模式。事实上，只有在因果的方向性方面，才能赋予这些模式有意义的解释，而统计关联是因果组织的特性。例如，考虑以下三个事件之间依赖关系的非传递模式：A 和 B 是相关的，B 和 C 是相关的，但 A 和 C 是独立的。如果你让一个人举出这三个事件的例子，那么这个例子总是可以描述为：A 和 C 是两个独立的原因，而 B 是它们共同的结果，即 $A \rightarrow B \leftarrow C$。（我最喜欢的例子是，$A$ 和 C 是两枚均匀硬币的抛掷结果，B 代表一个铃铛，每当其中一枚硬币正面朝上时铃铛就会响。）将这种依赖模式换成“B 是原因，而 A 和 C 是结果”的情况，在数学上是可行的，但非常不自然[㊁]（鼓励读者尝试这个练习）。

这种思想实验告诉我们，没有时间信息的依赖模式是某些因果方向性概念上的特性，而不是其他的特性。Reichenbach（1956）首次对这些模式的起源进行了探索，他认为它们是自然界的特性，反映了热力学第二定律。Rebane 和 Pearl（1987）提出了相反的问题，并质疑与三个基本的因果结构（$X \rightarrow Y \rightarrow Z$、$X \leftarrow Y \rightarrow Z$、$X \rightarrow Y \leftarrow Z$）相关的区别是否可以用来揭示潜在数据生成过程中真实的因果影响。他们很快意识到，确定 X

㊀ 一些流行的名言有：“没有操纵就没有因果”（Holland，1986）、“没有原因存在，就找不到原因”（Cartwright，1989）、“没有一种计算机程序可以考虑不在分析中的变量”（Cliff，1983）。作者最爱的是“因果第一，操纵第二”。

㊁ 在这种情况下，A 与 C 可以是独立的事件，但是与 B 相关后，这种独立性可能消失。——译者注

和Y之间因果关系方向的关键在于“存在第三个变量Z，与Y相关，与X无关”，正如对撞结构$X \rightarrow Y \leftarrow Z$一样，并且开发了一个在他们所设计的因果图类（即超树）中发现边及方向性的算法。

本章将这些直觉进行形式化，并将 Rebane 和 Pearl 发现的算法扩展到一般图，包括具有未观测变量的图。

2.2 因果发现框架

我们把因果发现（causal discovery）的任务看作科学家与大自然的归纳游戏。大自然拥有稳定的因果机制，在详细的描述层面上，这些机制是变量之间确定的函数关系，其中某些变量是不可观测的。这些机制以无环结构的形式组织起来，而科学家试图从现有的观测中识别出这些结构。

43

定义 2.2.1（因果结构）

一组变量V的因果结构是一个有向无环图（DAG），其中每个节点对应V中的一个变量，每个链接表示对应变量之间的直接函数关系。

因果结构可作为构造“因果模型”的蓝图，精确地描述了 DAG 中每个变量如何受到其父代变量的影响，如同式（1.40）的结构方程模型。在这里，我们假定大自然可以自由地在每个结果及其原因之间强加任意的函数关系，然后通过引入任意（但相互独立）的干扰来扰乱这些关系。这些干扰反映了大自然通过某些未知的概率函数所支配的“隐藏的”或不可测量的条件。

定义 2.2.2（因果模型）

因果模型是由因果结构D及与D相容的参数集Θ_D组成的$M = \langle D, \Theta_D \rangle$。参数集$\Theta_D$为每个变量$X_i \in V$赋予函数$x_i = f_i(pa_i, u_i)$，并为每个$u_i$赋予概率值$P(u_i)$，其中$PA_i$是$D$中$X_i$的父代变量，$U_i$是依据$P(u_i)$分布的随机扰动，所有的$U_i$相互独立。

正如我们在第 1 章（定理 1.4.1）所看到的，“独立扰动”这一假定使得模型具有马尔可夫性，即以D中的父代变量为条件时，每个变量都独立于它的所有非后代变量。马尔可夫假定（Markov assumption）在人类话语中的普遍存在可能反映了我们所认为的对理解大自然有用的模型粒度。从确定性的极端情况开始，所有变量都可用微观细节加以解释，在这种情况下，马尔可夫条件（Markov condition）自然成立。当我们进行宏观抽象，通过合并一些变量并引入概率来表示遗漏变量时，我们需要确定过度抽象到何种程度，会导致某些有用的因果关系性质丢失。显然，我们的前辈（因果思想的提出者）认为马尔可夫条件是抽象过程中应该保留的属性，那些无法被常见原因解释的相关性是虚假的，包含这种相关性的模型是不完整的。马尔可夫条件告诉我们什么时候一组父代变量 PA_i 是完整的，即它包括变量 X_i 的所有直接原因。它允许我们将某些原因排除在 PA_i 之外（由概率来概括），但如果这些原因也影响系统中的其他变量，则不能这样被排除。如果模型中的集合 PA_i 过小，则会出现同时影响多个变量的扰动项，导致丧失马尔可夫性。这种干扰被明确地视为“潜”变量（见定义 2.3.2）。如果我们承认潜变量的存在，并在图中用节点明确地表示出它们的存在，那么马尔可夫性就仍然成立[1]。

一旦构造了因果模型 M，便定义了系统中变量的联合概率分布 $P(M)$。这种分布反映了因果结构的一些性质（例如，以父代变量为条件，每个变量必须独立于它的祖代）。然后，允许科学家检测“观察”变量的子集 $O \subseteq V$，并提出关于观测变量的概率分布 $P_{[O]}$ 的问题，这些问题隐藏了潜在的因果模型和因果结构。我们研究了从概率分布 $P_{[O]}$ 的特性中发现 DAG 的拓扑结构 D 的可行性[2]。 44

2.3　模型偏好（奥卡姆剃刀原则）

原则上，由于 V 是未知的，因此存在无穷多的模型可以符合给定的分布，每个模型调用了一组不同的“隐藏”变量，每个模型通过不同的因果关系将观测变量联系起来。因此，在不限制模型类型的情况下，科学家无法对现象背后的结构做出任何有意义的断言。例如，每个概率分布 $P_{[O]}$ 都可以由这样一种结构产生，即每个观测变量均不是其他

---

[1] 这段话作者认为马尔可夫性是因果关系中本质的属性，无论如何抽象和省略，必须在保持马尔可夫性的前提下对事物进行描述，一旦丧失马尔可夫性，谈论因果关系就没有意义。——译者注

[2] 这一描述涉及了实际的科学发现中若干理想化假定。例如，它假定科学家直接获得分布，而不是从分布中抽取的事件。此外，我们假定观测变量确实出现在原始的因果模型中，而不是其中的一些聚合。聚合可能会导致反馈回路，本章不讨论这一情况。多个变量的聚合体会导致在这些聚合体之间的双向路径，由此使得图中产生回路。

观测变量的原因，但所有变量都是一个潜在共同原因 U 的结果[一]。同样地，假定 $V=O$ 但缺乏时间信息，科学家永远不能排除潜在结构是一个完全、无环、任意排序的图的可能性，这个结构（通过正确的参数选择）可以模拟任何模型的行为，无论变量如何排序。然而，按照科学归纳法的标准范式，如果我们发现一种跟现有理论一样，可以与数据一致但更简单且不那么复杂的理论，那么我们有理由排除现有理论（参见定义 2.3.5）。通过这个过程选择的理论称为极小理论。有了这个概念，我们可以对因果推断给出如下（初步）定义。

定义 2.3.1（因果推断（初步））

如果在与数据一致的每个极小结构中存在从 X 到 Y 的有向路径，那么变量 X 对变量 Y 具有因果影响。

这里，我们将一个因果结构等同于一个科学理论，因为两者都包含了一组可以调整以对数据进行拟合的自由参数。我们认为定义 2.3.1 只是初步定义，因为它假定所有变量都可观测。接下来的几个定义将极小化的概念推广到带有未观测变量的结构。

定义 2.3.2（潜在结构）

潜在结构定义为 $L=\langle D,O\rangle$，其中 D 是 V 上的因果结构，而 $O\subseteq V$ 是一个观测变量集。

定义 2.3.3（结构偏好）

45

潜在结构 $L=\langle D,O\rangle$ 优于潜在结构 $L'=\langle D',O\rangle$（记为 $L\preceq L'$）当且仅当 D' 可在 O 上模拟 D，即当且仅当对于每个 Θ_D，存在 $\Theta'_{D'}$ 使得 $P_{[O]}(\langle D',\Theta'_{D'}\rangle)=P_{[O]}(\langle D,\Theta_D\rangle)$。两个潜在结构是等价的，记为 $L'\equiv L$，当且仅当 $L\preceq L'$ 且 $L'\preceq L$[二]。

注意，定义 2.3.3 对简单性的偏好是由结构的表达能力来衡量的，而不是由其语法描述来衡量。例如，潜在结构 L_1 比 L_2 调用更多的参数，并且如果 L_2 可在观测变量上容纳更丰富的概率分布集，L_1 仍优于 L_2。科学家更喜欢简单理论的一个原因是，这些理论更具有约束性，因此更容易证伪，它们为科学家提供了较少的机会去“马后炮”式地

[一] 可通过以下方式实现：令 U 具有与 O 相同的状态数，为 U 赋予先验分布 $P(u)=P(o(u))$（其中 $o(u)$ 是 O 中与状态 u 对应的状态），令每个观测变量 O_i 取 $o(u)$ 中的对应值。

[二] 我们使用简洁的术语“优于”来表示“优于或者等价于”，该关系也命名为“子模型”。

过度拟合数据，因此，如果能够找到一个与数据相拟合的理论，就会获得更高的可信度（Popper，1959；Pearl，1978；Blumer et al.，1987）。

我们还注意到，因果结构所包含的独立集限制了它的表达能力，即同时模拟其他结构的能力。事实上，如果 L_1 允许了某个可观察的相关性，而 L_2 不满足这种相关性，则 L_1 不会优于 L_2。因此，对偏好和等价性的检验有时可以简化为对归纳相关性的检验，而这可以直接从DAG的拓扑中确定，甚至不需要考虑参数集。这适用于没有隐藏变量的情况（参见定理1.2.8），但并不适用于所有的潜在结构。Verma和Pearl（1990）指出，某些潜在结构对观测分布施加了数值约束，而非独立约束（例如，见8.4节的公式（8.21）～（8.23））。这使得验证模型偏好的任务变得复杂，尽管如此，我们仍然可以将因果推断的语义定义（定义2.3.1）扩展到潜在结构。

定义2.3.4（极小性）

潜在结构 L 相对于潜在结构类 $\mathcal{L}$ 是极小的，当且仅当 $\mathcal{L}$ 中没有结构严格优于 L，即当且仅当对于每个 $L' \in \mathcal{L}$，只要 $L' \preceq L$，则有 $L \equiv L'$。

定义2.3.5（一致性）

潜在结构 $L = |D, O|$ 在 O 上的分布与 $\hat{P}$ 一致，如果 D 可以容纳生成 $\hat{P}$ 的模型，即存在参数化 Θ_D 使得 $P_{[O]}(\langle D, \Theta_D \rangle) = \hat{P}$。

显然，L 与 $\hat{P}$ 一致的一个必要条件（有时是充分条件）是，L 可以解释 $\hat{P}$ 中包含的所有相关关系。

定义2.3.6（因果推断）

给定 $\hat{P}$，当且仅当在每个与 $\hat{P}$ 一致的极小潜在结构中存在从 C 到 E 的有向路径，则变量 C 对变量 E 有因果影响。

我们认为这个定义是规范的，因为它基于科学研究中一个最不具争议的范式：语义表述的奥卡姆剃刀原则。然而，与任何科学研究一样，我们不能要求这个定义总能揭示自然界中稳定的物理机制。它揭示了从非实验数据中进行看似合理的推断机制。此外，它还保证了这个推断的机制比任何其他可选的机制更加可信，因为其他可选机制需要更多人为的、事后的参数校正（即函数）来拟合数据。 46

作为由定义2.3.6确定的因果关系的例子，假定4个变量 $\{a, b, c, d\}$ 的观察数据揭示了两个相关关系："a独立于b"和"在c条件下，d独立于$\{a, b\}$"。进一步假定，除了逻辑上遵从这两个关系的独立性外，这些数据没有其他独立性。例如，在以下变量中，这是典型的相关模式：a = 感冒，b = 发烧，c = 打喷嚏，d = 擦鼻子。不难看出，图 2.1a 和图 2.1b 所示的结构是极小的，因为它们只包含观察到的独立性，而不包含其他独立性[⊖]。此外，任何由d到c的箭头，或者二者的公共隐藏原因（*）解释d与c之间相关关系的结构都不是极小的，因为任何此类结构都能够"完全模拟"图 2.1a（或图 2.1b）的结构，而图 2.1a 和图 2.1b 反映了所有观察到的独立性。例如，不同于图 2.1a，图 2.1c 的结构容纳了a和b之间任意关系的分布。同样，图 2.1d 不是极小的，因为它未能强制在c条件下d与$\{a, b\}$独立，所以会容纳c条件下d与$\{a, b\}$相关的分布。相比之下，图 2.1e 与数据不一致，因为它强加了$\{a, b\}$与d之间未观察到的边缘独立。

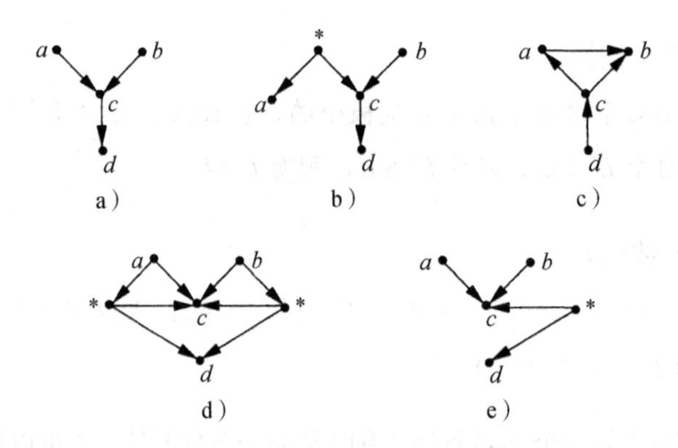

图 2.1 说明 a 和 b 的极小性以及推断关系$c \to d$的合理性的因果结构。节点（*）表示一个具有任意数量状态的隐藏变量

这个例子（取自文献（Pearl and Verma, 1991））表明了因果关系和概率之间的显著联系：某些概率相关模式（在我们例子中，除了（$a \perp\!\!\!\perp b$）与（$d \perp\!\!\!\perp \{a, b\} | c$）之外的所有相关关系）蕴含了明确的因果相关性（在我们的例子中，$c \to d$），而不需对潜在变量的存在与否做任何假定[⊜]。在此因果蕴含中引用的唯一假定是极小性，即排除过度拟合数据的模型。

47

⊖ 要验证图 2.1a 与图 2.1b 等价，我们注意到如果令链接$a \leftarrow *$强制这两个变量相等，则图 2.1b 可以模拟图 2.1a。反之，因为图 2.1a 能够生成具有图 2.1b 所要求的独立性的每一种分布，因此图 2.1a 可以模拟图 2.1b。（从图中"读出"条件独立性的理论和方法见 1.2.3 节和 Pearl（1988b）。）

⊜ 因果关系的标准概率定义（例如，Suppes，1970；Eells，1991）始终要求获悉可能影响观测变量的所有相关因素（参见 7.5.3 节）。

2.4　稳定分布

虽然极小性原则足以形成因果推断的规范理论，但它不能保证实际数据生成模型的结构是极小的，并且无法保证从极小结构的海量空间中进行搜索在计算上是可行的。有些结构可能允许特殊的参数化，这将使它们无法区分于其他许多具有完全不同结构的极小模型。例如，考虑一个二值变量 C，当两枚公平硬币（A 和 B）的抛掷结果相同时，C 取值为 1，其他情况取值为 0。在这个参数化生成的三元分布中，任意一对变量都是边缘独立的，但在第三个变量的条件下却是相关的。这种依赖模式实际上可能由三个最小因果结构产生，每一个结构都把其中一个变量描述为因果上依赖于另外两个变量，但是没有办法从这三个结构中做出选择。为了排除这种"病态"参数化，我们对分布施加了一个名为稳定性的限制，也称为 DAG-同构或完全映射（Pearl, 1988b, p. 128）以及忠实性（Spirtes et al.，1993）。这个限制反映了 P 中包含的所有独立性都是稳定的假定，即它们由模型 D 的结构所限定，因此对参数 Θ_D 的任何变化都保持不变。在我们的实例中，在面对参数改变时（即当硬币出现轻微偏差时），只有正确的结构（即 $A \to C \leftarrow B$）会保持独立模式。

定义 2.4.1（稳定性）

令 $I(P)$ 表示 P 中蕴含的所有条件独立关系的集合。当且仅当 $P(\langle D, \Theta_D \rangle)$ 不包含额外的独立性，即当且仅当对于任意的参数 Θ'_D，$I(P(\langle D, \Theta_D \rangle)) \subseteq I(P(\langle D, \Theta'_D \rangle))$，因果模型 $M = \langle D, \Theta_D \rangle$ 生成稳定的分布。

稳定性条件表明，当我们将参数从 Θ_D 变化到 Θ'_D 时，P 中的独立性均不会被破坏，因此称为"稳定性"。简单地说，如果 P "匹配" M 的结构 D，那么 P 是 M 的稳定分布，即对于任意的三个变量集 X、Y、Z，有 $(X \perp\!\!\!\perp Y \mid Z)_P \Leftrightarrow (X \perp\!\!\!\perp Y \mid Z)_D$（参见定理 1.2.5）。

极小性和稳定性之间的关系可以用下面的类比来说明。假设我们看到一张椅子的图片，我们需要在以下两种理论中做出选择。

T_1：图片中的对象是椅子。

T_2：图片中的对象要么是一把椅子，要么是两把椅子，其中一把藏在另一把之后。　[48]

相比于 T_2，我们更偏好 T_1，这可以用两个原则来说明，一个是极小性原则，另一个是稳定性原则。极小性原则认为，T_1 优于 T_2，因为由单个对象构成的场景是由两个或更多对象构成的场景的子集，除非我们有相反的证据，否则我们应该偏好更简单的场景。稳定性原则先验地排除了 T_2，因为它认为两个对象不太可能对齐，使一个完全隐藏另一个。相对于环境条件或观察角度的微小变化，这样的对齐是不稳定的。

独立性的类比很清晰。有些独立性是结构性的，即对于图的每一个函数分布的参数化，独立性都维持不变。另一些则对函数和分布的数值敏感。例如，代表如下关系的结构 $Z \leftarrow X \rightarrow Y$。

$$z = f_1(x, u_1), \quad y = f_2(x, u_2) \tag{2.1}$$

对于所有的函数 f_1 和 f_2，在 X 条件下，变量 Z 和 Y 是独立的。与之相反，如果我们在结构中添加箭头 $Z \rightarrow Y$，并使用线性模型：

$$z = \gamma x + u_1, \quad y = \alpha x + \beta z + u_2 \tag{2.2}$$

其中 $\alpha = -\beta\gamma$，那么 Y 和 X 相互独立。然而，Y 和 X 之间的独立性不稳定，因为当等式 $\alpha = -\beta\gamma$ 不成立时，这个独立性立即消失。稳定性假定认为这种独立性不太可能出现在数据中，所有的独立性都是结构性的。

为了进一步说明稳定性和极小性之间的关系，考虑图 2.1c 所描述的因果结构。极小性原则拒绝这种结构，因为它比如图 2.1a 所示的结构所适合的分布范围更广。稳定性原则拒绝这种结构，因为为了拟合数据（具体地说，独立性（$a \perp\!\!\!\perp b$）），箭头 $a \rightarrow b$ 产生的关系必须恰好抵消由路径 $a \leftarrow c \rightarrow b$ 产生的关系。这种精确的抵消不可能稳定，因此不能适用于连接变量 a、b、c 的所有函数。相比之下，在如图 2.1a 所示的结构中，独立性（$a \perp\!\!\!\perp b$）是稳定的。

2.5 获取 DAG 结构

加上稳定性假定后，只要没有隐藏变量，每个分布都有唯一的极小因果结构（取决于 d-分离等价）。这个唯一性遵从了定理 1.2.8，该定理表明当且仅当两个因果结构传递相同的相关信息时，即它们具有相同的骨架和相同的 v-结构集，这两个因果结构等价（即它们能彼此模拟）。

在没有未观测变量的情况下，对极小模型的搜索可以归结为通过检验条件独立性来重构有向无环图 D 的结构，并假定这些独立性反映了某些未知的、潜在的有向无环图 D_0 中的 d-分离条件。当然，由于 D_0 可能具有等价结构，因此重构的有向无环图不唯一，我们所能做的就是找到D_0等价类的图模型表示。Verma和Pearl（1990）引入这种图模型表示，并将其命名为模式。模式是部分有向的有向无环图，具体来说，模式是一些边有向、一些边无向的图。有向边表示D_0等价类中的每个结构所共有的箭头，而无向边代表其中可能的矛盾：在某些等价结构中，它们指向一种方向，而在另一些结构中，它们指向另一种方向。 [49]

Verma和Pearl（1990）提出了下面的算法：以某些潜在的有向无环图D_0生成的稳定概率分布$\hat{P}$作为输入，输出一个属于D_0等价类的模式[㊀]。

IC算法（Inductive Causation）

输入：变量集V上的稳定分布$\hat{P}$

输出：与$\hat{P}$相容的模式$H(\hat{P})$

1. 对于V中的每对变量a和b，寻找集合S_{ab}使得$(a \perp\!\!\!\perp b | S_{ab})$在$\hat{P}$中成立，即在$S_{ab}$条件下，$a$和$b$在$\hat{P}$中独立。构建无向图$G$使得当且仅当集合$S_{ab}$不存在时，连接节点$a$和$b$。
2. 对于每对具有公共邻居c的非邻接变量a和b，检查$c \in S_{ab}$是否成立：
   - 如果成立，则继续。
   - 如果不成立，则添加指向c的有向边（即$a \rightarrow c \leftarrow b$）。
3. 在得到的部分有向图中，根据以下两个条件，为尽可能多的无向边定向：(i) 任何可选的方向会产生一个新的v-结构；(ii) 任何可选的方向会产生一个有向环。

IC算法没有详细说明步骤1和步骤3，一些研究者提出了改进以优化这两个步骤。Verma和Pearl（1990）注意到，在稀疏图中，如果从$\hat{P}$的马尔可夫网络开始，即仅连接那些在某些变量条件下相互独立的变量对所形成的无向图，那么可以大幅减少搜索空间。在线性高斯模型中，通过对矩阵求逆，然后为逆协方差矩阵的非零项对应的变量对赋予边的方法，可在多项式时间内找到马尔可夫网络。Spirtes和Glymour（1991）提出了一个一般性的系统搜索方法来寻找步骤1中的S_{ab}集。以变量个数为0的S_{ab}集（即空集）开始，然后是变量个数为1的S_{ab}集，依此类推。一旦发现分离，则从完全图中递归地删除相应的边。这个改进称为PC算法（以其作者Peter和Clark的名字命名），该算法在节点度有限的图中是多项式时间复杂度，因为在每个阶段，对分离集S_{ab}的搜索可以限

㊀ Verma和Pearl（1990）提出的IC算法是用于处理潜在结构的。为了清晰起见，我们在这里将算法分为两个单独的部分，IC和IC*，IC为DAG施加限制，IC*处理潜在结构。

制在a和b的邻接节点上。

IC算法的步骤3可以通过几种方式进行系统化。Verma和Pearl（1992）指出，从50任何模式开始，要获得极大有向的模式都需要以下四个规则。

R_1：如果存在箭头$a \to b$使得a和c不邻接，则将$b-c$定向为$b \to c$。

R_2：如果存在链$a \to c \to b$，则将$a-b$定向为$a \to b$。

R_3：如果存在两个链$a-c \to b$和$a-d \to b$使得c和d不邻接，则将$a-b$定向为$a \to b$。

R_4：如果存在两个链$a-c \to d$和$c \to d \to b$使得c和b不邻接而a和d邻接，则将$a-b$定向为$a \to b$。

Meek（1995）指出，如果反复应用这四个条件，足以将D_0等价类共有的所有箭头定向。此外，如果起始定向仅限于v-结构，则不需要R_4。

Dor和Tarsi（1992）提出了另一种系统化的算法，该算法（在多项式时间内）检验是否可以在不生成新的v-结构或有向环的情况下，将已知的部分定向的无环图变成了完全定向的无环图。这个检验方法递归地移除任何具有以下两个属性的节点v：

1. 没有从v出来的有向边。

2. 通过无向边与v相连的邻居节点也与v的其他所有邻居节点相邻。

对于一个部分定向的无环图，当且仅当它的所有顶点都能以这种方式被移除时，该图才可能扩展为DAG。因此，为了找到极大定向模式，我们可以对于每条无向边$a-b$，分别尝试两种定向$a \to b$和$a \leftarrow b$，还可以检验这两种定向是否都能扩展，或者仅有一种可以扩展。其中唯一定向的箭头集构成了所需的极大定向模式。Chickering（1995）、Andersson等人（1997）以及Moole（1997）给出了其他的改进方法。

然而，潜在结构需要特殊处理，因为潜在结构对分布的约束不能由任何一组条件独立陈述完全刻画。幸运的是，这些独立约束的某些集合是可以识别的（Verma and Pearl, 1990），这允许我们获取潜在结构的可靠片段。

2.6 重建潜在结构

当大自然“隐藏”了一些变量时，观察分布$\hat{P}$相对于观察集合O不再稳定，即我们不再保证与$\hat{P}$相容的极小潜在结构中存在一个具有DAG的结构。幸运的是，这时不必搜索无限大的潜在结构空间，而是将搜索局限于有限且结构定义良好的图中。对于每一个潜在结构 L，在 O 上都存在一个与 L 相关等价的潜在结构（投影），其中每一个未观察到的节点都是一个根节点，并且恰好有两个观察到的子节点。我们将这个概念明确地描述如下。

51

定义 2.6.1（投影）

潜在结构 $L_{[O]}=\langle D_{[O]},O\rangle$ 是另一个潜在结构 L 的投影，当且仅当

1. $D_{[O]}$ 中的每个未观测变量都恰好是两个非邻近的可观测变量的共同原因，且该变量无父代变量。

2. 对于 L 生成的每个稳定分布 P，都存在一个 $L_{[O]}$ 生成的稳定分布 P'，使得 $I(P_{[O]})=I(P'_{[O]})$。

定理 2.6.2（Verma 1993）

任何潜在结构都至少有一个投影。

可以很方便地用一个双向图来表示投影，图中仅将可观测变量作为节点（即不显示隐藏变量）。图中的每个双向链接代表了对应于该链接两端变量的共同隐藏原因。

定理 2.6.2 使我们的因果推断定义（定义 2.3.6）具有可操作性。Verma（1993）指出，如果 $\hat{P}$ 的任何极小模型的一个可识别投影中存在一个链接，则在 $\hat{P}$ 的每个极小模型中必然存在一条因果路径。因此，搜索简化为寻找 $\hat{P}$ 的任何极小模型的可识别投影，并识别出合适的链接。值得注意的是，这些链接可以通过 IC 算法的一个简单变形来识别，这里称之为 IC*，该算法以稳定分布 $\hat{P}$ 为输入，输出一个标记的模式，该模式的边具有以下四种类型，并且是一个部分有向无环图。

1. 有标记箭头 $a\stackrel{*}{\rightarrow}b$ 表示潜在模型中从 a 到 b 的有向路径。

2. 无标记箭头 $a\rightarrow b$ 表示潜在模型中从 a 到 b 的有向路径或者一个潜在的公共原因 $a\leftarrow L\rightarrow b$。

3. 双向边 $a\leftrightarrow b$ 表示潜在模型中的一个潜在的公共原因 $a\leftarrow L\rightarrow b$。

4. 无向边 $a-b$ 表示潜在模型中 $a\leftarrow b$，或者 $a\rightarrow b$，或者 $a\leftarrow L\rightarrow b$[⊖]。

⊖ Spirtes 等人（1993）使用 $a\circ\!\!\rightarrow b$ 来表示节点 a 的箭头的不确定性。Peter Spirtes 指出原始 IC* 证明中的几个错误，并在 Verma（1993）中予以纠正。Spirtes 等人（1993）给出了正确性的另一种证明以及算法的改进。

IC* 算法（Inductive Causation with Latent Variables）

输入：稳定分布 $\hat{P}$（对应某种潜在结构）

输出：一个被标记过的模式 $\text{core}(\hat{P})$

[52]

1. 对于每对变量 a 和 b，寻找集合 S_{ab}，使得在 S_{ab} 条件下，a 和 b 在 $\hat{P}$ 中独立。如果没有这样的集合 S_{ab}，则在两个变量之间放置无向边，即 $a-b$。
2. 对于每对具有公共邻居 c 的非相邻变量 a 和 b，检查 $c \in S_{ab}$ 是否成立：
   - 如果成立，则继续。
   - 如果不成立，则添加指向 c 的箭头（即 $a \to c \leftarrow b$）。
3. 在得到的部分有向图中，按照以下两条规则，（递归地）添加尽可能多的箭头，并标记尽可能多的边：
   - R_1：对于每对具有公共邻居 c 的非相邻变量 a 和 b，如果 a 和 c 之间的链接有箭头指向 c，而 c 和 b 之间的链接没有箭头指向 c，则在 c 和 b 之间的链接上添加箭头指向 b，并标记这条链接，得到 $c \overset{*}{\to} b$。
   - R_2：如果 a 和 b 相邻，并且有一条从 a 到 b 的（严格由标记的链接组成的）有向路径（如图 2.2 所示），则在 a 和 b 之间的链接上添加一个指向 b 的箭头。

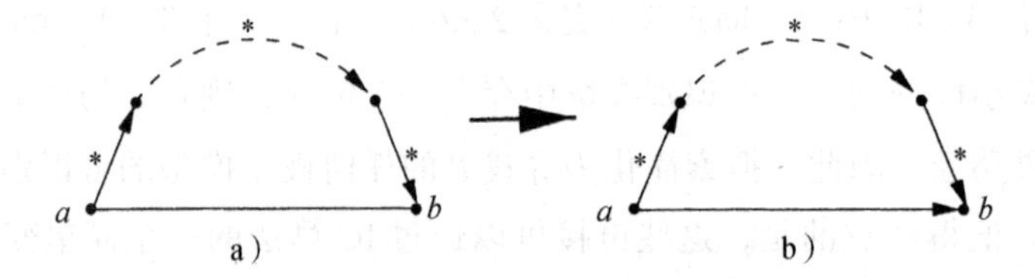

图 2.2　IC* 算法的步骤 3 的 R_2 规则

IC* 的步骤 1、步骤 2 与 IC 相同，但步骤 3 的规则有所区别。IC* 不对边定向，而是对边的端点添加箭头，从而容许双向边。

图 2.3 展示了 IC* 算法在图 1.2 的实例上的应用情况（如图 2.3a 所示）。

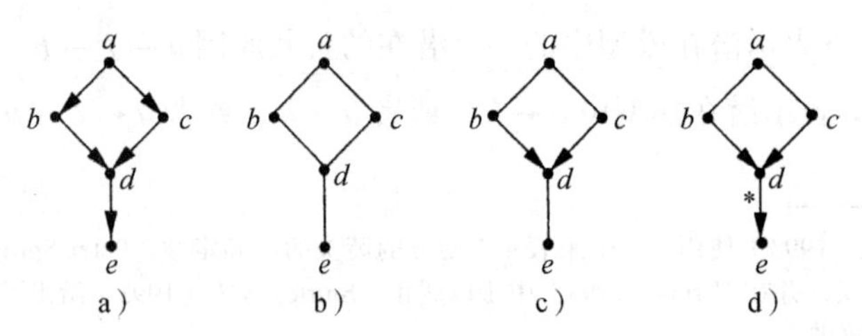

图 2.3　由 IC* 算法构造的图：a）潜在结构；b）步骤 1 后得到的图；c）步骤 2 后得到的图；d）IC* 的输出

1. 该结构所要求的条件独立性可以由 d-分离准则（定义 1.2.3）得到。与这些独立性对应的极小条件集为：$S_{ad}=\{b,c\}$、$S_{ae}=\{d\}$、$S_{bc}=\{a\}$、$S_{be}=\{d\}$、$S_{ce}=\{d\}$。因此，IC* 算法的步骤 1 得到了如图 2.3b 所示的无向图。

53

2. 三元组 (a,b,c) 唯一满足步骤 2 的条件，因为 d 不在 S_{bc} 中。据此，我们得到如图 2.3c 所示的部分有向图。

3. 步骤 3 的规则 R_1 适用于三元组 (b,d,e)（以及 (c,d,e)），因为 b 和 e 不相邻且有一个从 b 到 d 而不是从 e 到 d 的箭头。因此，添加一个指向 e 的箭头，并标记这个链接，得到图 2.3d。这也是 IC* 的最终输出，因为 R_1 和 R_2 不再适用。

$a-b$ 和 $a-c$ 没有箭头，$b\rightarrow d$ 和 $c\rightarrow d$ 没有标记，这些恰当地表示了 $\hat{P}$ 呈现的歧义性。图 2.4 所示的每一个潜在结构在观察上确实都与图 2.3a 所示的结构等价。在图 2.3d 中标记链接 $d\rightarrow e$ 意味着在每个与图 2.3a 中的结构独立等价的潜在结构中都存在一个有向链接 $d\rightarrow e$。

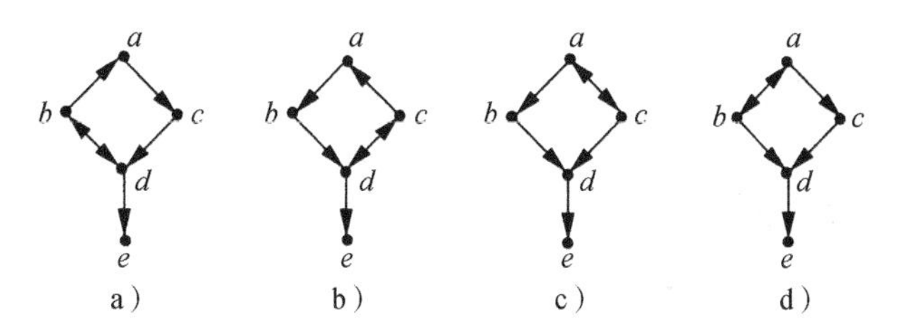

图 2.4　与图 2.3a 等价的潜在结构

2.7　因果关系推断的局部准则

IC* 算法以分布 $\hat{P}$ 为输入，输出一个部分有向图。有些链接是有标记单向的（表示真实的原因），有些是无标记单向的（表示潜在的原因），有些是双向的（表示虚假的关联），还有一些是无向的（表示未确定的关系）。产生这些标签的条件可以用作各种因果关系的定义。本节给出了潜在因果关系和真实因果关系的明确定义，正如它们在 IC* 算法中出现的。注意，在所有这些定义中，两个变量（X 和 Y）之间因果关系的判断准则都需要由第三个变量 Z 来确定。这并不奇怪，因为因果断言的本质是规定 X 和 Y 在第三个变量影响下的行为，这个第三变量对应 X（或 Y）的外部控制，正如“没有操纵，就没有因果”（Holland，1986）的名言所说。区别在于，作为假想控制的变量 Z 本身必须在数据中是可识别的，就像大自然已经进行了关于该变量的实验一样。可以将 IC* 算法看

[54] 作：在给定稳定分布的条件下，提供了一种系统的方法来寻找符合假想控制的变量 Z。

定义 2.7.1（潜在原因）

如果下列条件成立，则变量 X 对变量 Y 有潜在的（可从 $\hat{P}$ 中推断的）因果影响：

1. X 和 Y 在每个情形下均相关。

2. 存在变量 Z 和情形 S，使得：

（i）给定 S 条件下，X 和 Z 独立（即 $X \perp\!\!\!\perp Z | S$）。

（ii）给定 S 条件下，Z 和 Y 相关（即 $Z \not\perp\!\!\!\perp Y | S$）。

这里的情形是指为变量集赋予特定的值。例如，在图 2.3a 中，由于变量 $Z = c$ 在情形 $S = a$ 中与 d 相关，而与 b 独立，因此变量 b 是 d 的潜在原因。同样地，c 是 d 的潜在原因（$Z = b$ 且 $S = a$）。b 和 c 均不是 d 的真实原因，因为这种相关模式也可能容许一个潜在的共同原因，如图 2.4a～图 2.4b 中的双向弧线所示。然而，定义 2.7.1 决定了 d 不能作为 b（或 c）的原因，这使得 d 被归类为 e 的真实原因，如定义 2.7.2 所述[㊀]。注意，定义 2.7.1 排除了变量 X 是其自身或在任何其他函数里决定 X 的那些变量的潜在原因[㊁]。

定义 2.7.2（真实原因）

如果存在一个变量 Z 满足以下二者之一，则变量 X 对变量 Y 有真实的因果影响：

1. X 和 Y 在任何情形中均相关，且存在情形 S 满足

（i）Z 是 X 的潜在原因（依据定义 2.7.1）；

（ii）给定 S 时，Z 和 Y 相关（即 $Z \not\perp\!\!\!\perp Y | S$）；

（iii）给定 $S \cup X$ 时，Z 和 Y 独立（即 $Z \perp\!\!\!\perp Y | S \cup X$）。

2. X 和 Y 在准则 1 中定义的关系传递闭包中。

图 2.3a 展示了条件（i）～（iii），其中 $X = d$，$Y = e$，$Z = b$，$S = \varnothing$。以 d 为条件破坏了 b 和 e 之间的相关性，这不能归因于 d 和 e 之间的虚假关联（见定义 2.7.3），唯一的解释是二者之间存在真实的因果影响，如图 2.4 的结构所示。

㊀ Pearl（1990）提出了定义 2.7.1，用来表示在附加条件 $P(Y | X) > P(Y)$ 下事件（而不是变量）之间的关系（遵循 Reichenbach（1956），Good（1961）以及 Suppes（1970）的精神）。这个细化适用于本节中的任何定义，但这里不讨论形式化这个细化。

㊁ 因为这类变量总是与 X 相关的。——译者注

55

定义 2.7.3（虚假关联）

两个变量 X 和 Y 是虚假关联的，如果它们在某些情形下相关，且存在另外两个变量（Z_1 和 Z_2）和两个情形（S_1 和 S_2）使得：

1. 给定 S_1，Z_1 和 X 相关（即 $Z_1 \not\perp\!\!\!\perp X \mid S_1$）。
2. 给定 S_1，Z_1 和 Y 独立（即 $Z_1 \perp\!\!\!\perp Y \mid S_1$）。
3. 给定 S_2，Z_2 和 Y 相关（即 $Z_2 \not\perp\!\!\!\perp Y \mid S_2$）。
4. 给定 S_2，Z_2 和 X 独立（即 $Z_2 \perp\!\!\!\perp X \mid S_2$）。

条件 1 和 2 使用 Z_1 和 S_1 排除 Y 作为 X 的原因，对应定义 2.7.1 的条件（i）～（iii）。条件 3 和 4 使用 Z_2 和 S_2 排除 X 作为 Y 的原因。剩下的唯一解释是存在潜在的共同原因导致了 X 和 Y 之间观察到的关联性，如结构 $Z_1 \to X \to Y \leftarrow Z_2$ 所示。

当时间信息可用时（正如大多数因果论的概率理论中所假定的（Suppes，1970；Spohn，1983；Granger，1988），定义 2.7.2 和定义 2.7.3 可大大简化，因为与 X 相邻且在 X 之前的每个变量都可以作为 X 的"潜在原因"。此外，只要情形 S 被限制在 X 之前，则不再要求邻接（即定义 2.7.1 的条件 1）。这就产生了区分真实原因与虚假原因的更简单的条件，如下所示。

定义 2.7.4（具有时间信息的真实因果）

变量 X 对 Y 有因果影响，如果存在第三个变量 Z 和情形 S，二者都在 X 之前出现，且满足：

1. $(Z \not\perp\!\!\!\perp Y \mid S)$
2. $(Z \perp\!\!\!\perp Y \mid S \cup X)$

定义 2.7.4 背后的直觉与定义 2.7.2 一致，除了在构建 Z 作为 X 的潜在原因时要求时间优先。如图 2.5a 所示：如果以 X 为条件可以将 Z 和 Y 从相关变为独立（情形 S 中），则 Z 和 Y 之间的相关必定是由 X 中介的；假设 Z 先于 X，则这种中介意味着 X 对 Y 有因果影响。

定义 2.7.5（具有时间信息的虚假关联）

两个变量 X 和 Y 是虚假关联的，如果它们在某些情形 S 中相关，X 先于 Y，且存在变量 Z 满足：

1. $(Z \perp\!\!\!\perp Y \mid S)$

2. $(Z \not\perp\!\!\!\perp X \mid S)$

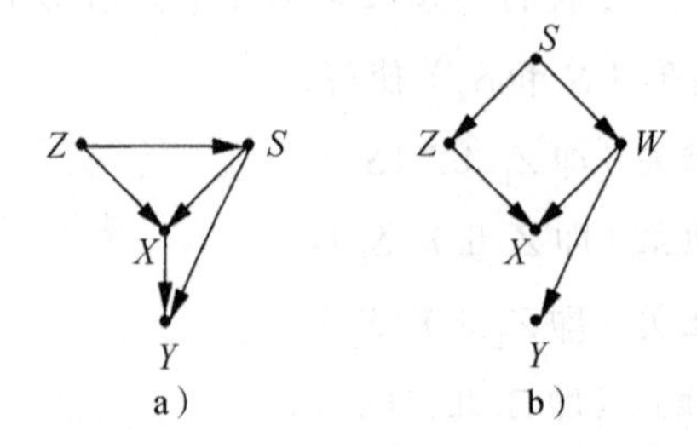

图 2.5 说明如何依据时间信息从 a 和 b 中展示的条件独立性中分别推断（X和Y之间的）真实因果关系和虚假关联

图 2.5b 展示了定义 2.7.5 背后的直觉。这里X和Y之间的相关不能归因于两者之间的因果关系，因为这样的因果关系意味着Z和Y之间的相关，而这是被条件 1 所排除的[㊀]。

检查刚才的定义，发现所有的因果关系都是从至少三个变量中推断出来的。具体地说，使我们能够得出一个变量不是另一个变量的因果结论的信息是以“非传递三元组”的形式出现的，例如，图 2.1a 的变量a、b、c满足$(a \perp\!\!\!\perp b \mid \varnothing)$、$(a \not\perp\!\!\!\perp c \mid \varnothing)$、$(b \not\perp\!\!\!\perp c \mid \varnothing)$。理由如下。如果我们找到条件$(S_{ab})$，使得变量$a$和$b$均与第三变量$c$相关，但二者彼此对立，那么这个第三变量不可能作为$a$或$b$的原因（回想一下，在稳定分布中，存在共同原因意味着其结果之间相关），c必然要么是它们的共同效应（$a \to c \leftarrow b$），要么通过共同原因与a和b相关，形成诸如$a \leftrightarrow c \leftrightarrow b$的模式。确实，正是这个条件允许 IC* 算法定向图中的边（步骤 2），并赋予箭头指向c。也正是这种非传递模式确保了X不是定义 2.7.1 中Y的结果，Z也不是定义 2.7.2 中X的结果。在定义 2.7.3 中，我们有两个非传递三元组(Z_1, X, Y)和(X, Y, Z_2)，因此排除了X和Y之间的直接因果影响，这意味着虚假关联是它们相关的唯一解释。

这种非传递三元组的解释涉及对结果变量的假想控制，而不是对假设原因的控制，这类似于在因果关系的操纵观点中检验空假设（1.3 节）。例如，人们坚持认为是雨水让草变湿而不是反过来，原因之一是人们可以很容易地找到其他完全不受雨水影响的方法让草变湿。回到链$a-c-b$，如果我们找到另一种方法（b）在不影响a的情况下潜在地控制c，那么我们可以排除c是a的原因（Pearl，1988a，p.396）。当然，这种类比仅仅

㊀ 回想一下，因果相关的传递性隐含在稳定性中。虽然可以构造Z和Y独立的因果链$Z \to X \to Y$，但这种独立并不会对链的所有参数都保持。

是一种启发，因为在观察研究中，我们必须等待大自然发生适当的控制，并且避免这种控制被（与 a 的）虚假关联污染。

2.8 非时间因果与统计时间

从非时间数据中确定因果影响方向的问题引发了一些关于时间与因果解释之间有趣的哲学问题。例如，定义 2.7.2 中对于箭头 $X \to Y$ 的定向可能与时间信息（比如，事后发现 Y 在 X 之前）冲突吗？由于定义 2.7.4 源于对因果关系在统计方面的强烈直觉（例如，没有因果关系就没有相关性），因此有理由认为，如果这种冲突发生也是相当罕见的。于是问题就出现了：为什么仅由统计相关性决定的方向会与时间的流动有关系呢？

56~57

在人类话语中，因果解释满足两个期望：时间和统计。时间方面用“原因应先于结果”这一认知来表示。统计方面则期望有一个完全的因果解释来涵盖它的各种效应[⊖]（即，使效应有条件的独立）；不能涵盖其效应的解释被认为是“不完整的”，剩余的相关性部分被认为是“虚假的”或“无法解释的”。在几个世纪的科学观察中，这两种期望并存且无冲突，这意味着对自然现象的统计必然展示了一些基本的时序偏好。事实上，我们经常遇到这样的现象：对当前状态的认知使未来状态的变量有条件地独立（例如，式（2.3）中的多元经济时间序列）。然而，我们很少发现相反的现象，即当前状态的认知会使过去状态的变量条件独立。有什么令人信服的理由来解释这种时序偏好吗？

形式化这种偏好的一个便捷方法是使用统计时间的概念。

定义 2.8.1（统计时间）

给定一个经验分布 P，P 的统计时间是满足以下条件的变量的任意排序，即与至少一个与 P 相容的极小因果结构一致。

例如，时间标量马尔可夫链过程有很多统计时间；一个与物理时间一致，一个与物理时间相反，其他则对应于变量排序，这种排序与从其中一个节点出发（任意选择作为根节点）的马尔可夫链的方向一致。另一方面，由两个耦合的马尔可夫链控制的进程，

⊖ 这种期望称为 Reichenbach 的“连接叉”或“共因”准则（Reichenbach，1956；Suppes and Zaniotti，1981；Sober and Barrett，1992），Salmon 批判了这一准则，证实有些事件虽不符合 Reichenbach 准则，但仍可作为因果解释。然而，Salmon 的例子包含了不完整的解释，因为忽略了原因和它的各种效应之间的中介变量（参见 2.9 节）。

仅有一个统计时间，即与物理时间一致的时间[1]，例如：

$$X_t = \alpha X_{t-1} + \beta Y_{t-1} + \xi_t$$
$$Y_t = \gamma X_{t-1} + \delta Y_{t-1} + \eta_t \qquad (2.3)$$

事实上，对这个过程所产生的样本数据运行IC算法，同时不考虑所有时间信息，会快速识别出 X_{t-1} 和 Y_{t-1} 是 X_t 和 Y_t 的真实原因。这可以从定义2.7.1（使用 $Z=Y_{t-2}$ 和 $S=\{X_{t-3},Y_{t-3}\}$，可得到 X_{t-2} 满足 X_{t-1} 的潜在原因）和定义2.7.2（使用 $Z=X_{t-2}$ 和 $S=\{Y_{t-1}\}$，可得到 X_{t-1} 满足 X_t 的真实原因）中得到。

58

前面假设的时序偏好表示如下：

猜想 2.8.2（时序偏好）

在大多数自然现象中，物理时间与至少一个统计时间一致。

Reichenbach（1956）将与联合分叉相关的不对称性归因于热力学第二定律。但第二定律能否对刚才所描述的时序偏好提供一个完整的解释是值得怀疑的，因为外部噪声 ξ_t 和 η_t 的影响使式（2.3）的过程呈现非守恒性[2]。此外，时序偏好与语言有关。例如，在一个不同的坐标系中表示式（2.3），可以使 (X', Y') 表示中的统计时间与物理时间相反，比如，使用如下线性变换。

$$X'_t = aX_t + bY_t$$
$$Y'_t = cX_t + dY_t$$

也就是说，X'_t 和 Y'_t 以它们未来的值（X'_{t+1} 和 Y'_{t+1}）而非过去的值为条件时相互独立。这表明，物理时间和统计时间的一致性是人类选择语言的副产品，而不是物理现实的特性。例如，如果 X_t 和 Y_t 代表两个相互作用的粒子在时间 t 的位置，X'_t 是重心的位置，Y'_t 是它们的相对距离，那么是在 (X, Y) 还是在 (X', Y') 的坐标系统中描述粒子运动（在原则上）是一个选择问题。然而，这种选择显然并非完全异想天开，它反映了对正向扰动（式（2.3）中的 ξ_t 和 η_t）相互正交的坐标系的偏好，而不是反向扰动（ξ'_t 和 η'_t）的偏好。Pearl 和 Verma（1991）推测，这种偏好代表了进化趋势以促进对未来事件的预测，而进化显然将这种能力排在了更重要的位置，而非为当前事件寻找事后诸葛亮的解释能

[1] 假定 ξ_t 和 η_t 是两个独立的白噪声时间序列。同时，假定 $\alpha \neq \delta$ 和 $\gamma \neq \beta$。

[2] 作者很感激 Seth Lloyd 的这一观察。

力。究竟是这一因素还是其他因素影响了我们对语言的选择，还有待研究（参见 Price 在 1996 年的讨论），这使得统计时间的一致性问题更加有趣。

2.9　结论

本章提出的理论表明，虽然统计分析不能在每种情况下都区分真实因果和虚假关联，但在许多情况下是可以的。在模型极小性（或者稳定性）假定下，应该存在足以揭示真实因果关系的相关模式。这些关系不能归因于隐藏的原因，以免我们违背了科学方法论的基本准则之一：奥卡姆剃刀原则的语义形式。坚持这一准则可以解释为什么在面对与观察结果完全一致，但是结论却对立的选择时，人们会就因果关系的方向性和非虚假性达成一致。作为对 Cartwright（1989）的回应，我们用一句口号来总结我们的主张：“没有原因存在，就找不到原因；有奥卡姆剃刀，就能找出某些原因。”[㊀]

59

由 IC 算法或者 Spirtes 等人（1993）的 TETRAD 程序，或者 Cooper 和 Herskovits（1991）、Heckerman 等人（1994）的贝叶斯方法推导的因果关系有多可靠？

将这个问题放在视觉感知的背景下，我们同样可以问：当我们通过二维阴影或物体在我们视网膜上反射的二维图像来识别三维物体时，我们的预测有多可靠？答案是：并非绝对可靠，但足以区分树和房子，也足以在不用触摸看到的物体的情况下就能做出有用的推论。回到因果推论，我们的问题相当于评估在一个典型的学习环境中（比如，在技能培养任务或流行病学研究中）是否有足够的识别线索，使我们能够可靠地区分原因与结果。作为一种逻辑保证，我们可以断言，如果事实上 a 对 b 没有因果影响，且观察到的分布相对于潜在因果模型是稳定的，那么 IC* 算法不会标记箭头 $a \rightarrow b$。

在实际应用方面，我们已经展示了模型极小性假定和“稳定性”假定（不是偶然的独立）会产生一个构建候选因果模型的有效算法，这些模型能够生成未观察的数据和潜在的数据。1990 年在我们实验室的仿真研究表明，包含数十个变量的网络仅需少于 5000 个样本便能通过算法获取其结构。例如，从式（2.3）所示的（二值版本的）过程中提取 1000 个样本，每个样本包含 10 个连续的 (X, Y) 对，便足以获取其双链结构（和时间的正确方向）。噪声越大，（在一定程度上）获取就越快。在真实数据上测试这个模

㊀ 奥卡姆剃刀原则使人们始终相信能够与观察结果一致的最简单的结论。——译者注

型方案时，我们检验了 Sewal Wright 论文“Corn and Hog Correlations”（Wright，1925）中报告的观察结果。正如预期的那样，玉米价格（X）可以确定为生猪价格（Y）的一个原因，而不是反过来。原因在于，玉米作物（Z）这个变量满足定义 2.7.2 的条件（$S=\varnothing$）。Glymour 和 Cooper（1999）描述了本章讨论的原理和算法的几个应用。

一个很自然的问题是因果关系的新准则如何有益于机器学习和数据挖掘的当前研究。在某种意义上，我们的方法类似于在假设空间中进行标准的机器学习搜索（Mitchell, 1982），其中每个假设表示一个因果模型。不幸的是，两者的相似之处也就止于此。机器学习文献中流行的范式是将每个假设（或理论，或概念）定义为可观察实例的子集。一旦我们观察到这个子集的完全扩展，这个假设的定义就是明确的。但在因果发现中却不是这样。即使训练样本穷尽了假设子集（在我们的例子中，这对应于精确地观察 P），我们仍然有大量的等价因果理论，每一个都规定了一套完全不同的因果主张。因此，*数据的适用性是验证因果理论的不充分的标准*。在传统的学习任务中，我们试图从一组实例推广到另一组实例，而因果建模任务则是将一组条件下的行为推广到另一组条件下的行为。因此，因果模型选择的标准应该是挑战它们在不断变化的条件下的稳定性，而这正是科学家们试图通过受控实验来实现的。如果没有这样的实验，最好的办法就是依赖假想的控制变量，就像那些通过定义 2.7.1～定义 2.7.4 的相关模式借助大自然揭示出来的变量。

60

2.9.1 关于极小性、马尔可夫性和稳定性

从关联关系中推断因果关系的想法，无疑会受到传统学派科学家的质疑。很自然地，本章所描述的理论的基本假定——极小性和稳定性——也受到了统计学家和哲学家的质疑。本节包含了一些为这些假定辩护的更多思考。

尽管很少有人质疑极小化原则（这样做等于挑战科学归纳法），但已有质疑意见反对我们定义极小化对象的方式，即因果模型。定义 2.2.2 假定随机项 u_i 相互独立，这一假定赋予了每个模型马尔可夫特性：在其父代变量（直接原因）的条件下，每个变量都与其非后代变量独立。在 d-分离的其他相关结果中，这意味着有一些我们熟悉的因果和关联之间的关系，这些关系与 Reichenbach（1956）的共同原因原则有关，例如，“没有相关关系，就没有因果关系”“果皆源于因”“所有行动都是可掌控的”。

正如我们在定义 2.2.2 的讨论中所解释的，马尔可夫假定是一种约定，用于区分完

整模型和不完整模型[㊀]。将马尔可夫假定集成到完全因果模型的定义中（定义 2.2.2），然后使用潜在结构放松假定（定义 2.3.2），可能会错过发现不能被描述为潜在结构的非马尔可夫因果模型。我不认为这种损失很严重，因为即使在宏观世界中存在这样的模型，它们作为指导决策的作用也很有限。例如，除了预先明确列出每一种可能的干预措施的影响外，尚不清楚人们如何能从这种模型中预测干预措施的影响。

61

因此，毫不意外，对马尔可夫假定的批评，尤其是 Cartwright（1995a，1997）和 Lemmer（1993）的批评，有两个共同的特征：

1. 他们提出了宏观的非马尔可夫反例，这些反例可还原为 Salmon（1984）所考虑的那类潜在的马尔可夫结构，即交互式分叉结构。

2. 他们提出了无法替代的非马尔可夫模型，可以用来预测行动和行动之间组合的影响。

图 2.6a 展示了交互式分叉模型。如果中间节点 d 是未被观察到的（或未被表示的），那么有研究者会想得出这样的结论：这违反了马尔可夫假定，因为观察到的原因（a）无法推知它的结果（b 和 c）。图 2.6b 的潜在结构可以在各方面模拟图 2.6a 的这种情形：二者在观察上和实验上都是无法区分的。

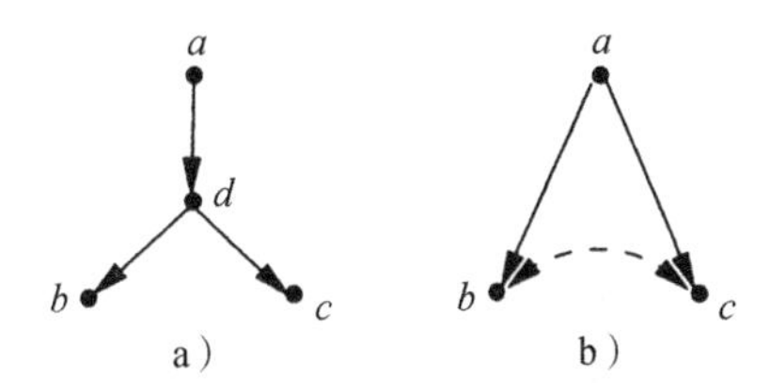

图 2.6 a）交互式分叉结构；b）等价于 a 的潜在结构

只有量子力学现象表现出了不能归因于潜在变量的关联，如果有人能在宏观世界中发现这种特殊的关联，那将被视为一个科学奇迹。不过，马尔可夫条件的批评者坚持认为，某些所谓的反例必须通过 $P(bc \mid a)$ 建模，而不能通过 $\sum_d P(b \mid d,a)P(c \mid d,a)$ 建模[㊁]——也许认为有些见解或观点并不需要解释 b 和 c 之间的相关关系即可获得。

㊀ Spirtes 等人（1995）和 Richardson（1996）给出了某些非马尔可夫模型的发现算法，包括循环模型和选择偏好模型。

㊁ $\sum_d P(b \mid d,a)P(c \mid d,a) = P(b \mid a)P(c \mid a)$，考察 $P(b \mid a)P(c \mid a)$ 是否等于 $P(bc \mid a)$ 即可知 b 和 c 是否相关。——译者注

更讽刺的是，也许马尔可夫条件普遍适用的最有力证据可以在被称为“概率因果关系”的哲学研究大纲中找到（参见 7.5 节），其中 Cartwright 是主要的支持者。在这个大纲中，因果相关性被定义为对某些有关因素的集合取条件后仍然存在的概率相关性（Good，1961；Suppes，1970；Skyrms，1980；Cartwright，1983；Eells，1991）。这个定义建立在这样的假定上：对适当的因素集合取条件可以抑制所有的虚假关联，这一假定相当于马尔可夫条件假定。在过去的 40 年里，概率因果关系作为一个活跃的哲学研究分支而持续存在证明了一个事实，即马尔可夫条件的反例是相对罕见的，并且可以通过潜在变量来解释。

现在讨论稳定性假定。通常为论证稳定性而提出的论点（Spirtes et al.，1993）诉诸这样一个事实，即参数乘积之间的严格相等在任何概率空间中的勒贝格测度为零，在这些概率空间中参数可以彼此独立变化。例如，如果考虑参数 α、$-\beta$、γ 上的任意连续联合密度，则式（2.2）所对应的模型中等式 $\alpha=-\beta\gamma$ 的概率为 0，除非密度以某种方式先验地表达了 $\alpha=-\beta\gamma$ 的约束。与之相反，Freedman（1997）主张没有理由假定参数不被这类等式约束捆绑在一起，因为这会使结果分布不稳定[⊖]（使用定义 2.4.1）。

62

事实上，因果模型所宣扬的条件独立性恰恰等于联合分布上的等式约束。例如，链模型 $Y\rightarrow X\rightarrow Z$ 蕴含等式

$$\rho_{YZ}=\rho_{XZ}\cdot\rho_{YX}$$

其中，ρ_{XY} 是 X 和 Y 之间的相关系数，这个等式约束将三个相关系数固定在一个等式联系中。那么，相比于另一组参数（比如 α、β 和 γ 之间的等式），是什么赋予了相关系数之间等式的特殊地位呢？为什么我们认为等式 $\rho_{YZ}=\rho_{XZ}\cdot\rho_{YX}$ 是“稳定的”，而等式 $\alpha=-\beta\gamma$ 是“偶然的”？

当然，答案在于自治的概念（Aldrich，1989），这是所有因果概念的核心（参见 1.3 节和 1.4 节）。一个因果模型不仅仅是通过一组参数对概率分布描述的另一种方案，因果模型的显著特点是，每一个变量都由一组其他变量通过一种关系（称为机制）决定，在其他机制受到外界影响时，这种关系仍然保持不变。这种不变性意味着机制可以彼此独立地改变，这反过来意味着当实验条件改变时，结构系数集合（例如式（2.2）实例中的 α、β 和 γ）能够且会独立改变，而其他参数类型（例如，ρ_{YZ}、ρ_{XZ}、ρ_{YX}）未必满足这一点。因此，形如 $\alpha=-\beta\gamma$ 的等式约束与自治的理念相悖，这在自然条件下

⊖ 因为各种条件独立性正是某些等式的约束，所以没有此类约束将难以建立确定的模型，或者说，将导致各种不同的结果分布。——译者注

很少发生。正是人们对稳定性的追求，解释了为什么他们发现除了想象两个独立原因的共同效应外，不可能举例说明相关性的非传递模式（参见 1.3 节）。任何能够令人信服地证明给定相关性模式的说法都必须支持传递性，而无论其中参数的数值是多少，这就是我们称为“稳定性”的需求。

出于这个原因，有人提出，仅基于关联关系的因果关系发现方法，例如包含在 IC* 算法或 TETRAD-II 程序中的方法，在队列研究中具有最大的潜力[㊀]。这些研究在略微变动的条件下进行，其中独立性偶然会被破坏，仅保留结构独立性。在这种变化的条件下，模型的参数将被扰动，而它的结构保持不变，这是一种微妙的平衡，可能很难验证。不过，考虑到那些仅仅依赖于受控随机实验的研究方案，这种队列研究仍是一个令人兴奋的机会。

与贝叶斯方法的关系

需要重点强调一下，极小性和稳定性原则也是贝叶斯方法中因果发现的基础。在这种方法中，人们根据一组候选因果网络的结构和参数来配置先验概率，然后使用贝叶斯法则为给定网络拟合数据的程度打分（Cooper and Herskovits，1991；Heckerman et al.，1999）。然后在可能的结构空间中执行搜索来找到具有最大后验评分的结构。基于这种策略的方法具有在小样本条件下运行良好的优点，但在处理隐变量方面存在困难。在贝叶斯方法的所有实际实现中都做了参数独立性假定，这导致了对参数较少模型的偏好，从而导致了对极小性的偏好。同样地，只有当参数表示的机制可以独立地自由改变时，即当系统是自治的因此是稳定的时候，才能证明参数独立性是合理的。

63

第 2 版附言

卡耐基·梅隆大学的 TETRAD 研究组一直在积极进行因果发现的工作，并对 Spirtes 等人（2000）、Robins 等人（2003）、Scheines（2002）以及 Moneta 和 Spirtes（2006）的研究进行了报道。Spirtes、Glymour、Scheines 和 Tillman（2010）总结了因果发现的现状。

㊀ 队列研究是流行病学中的一个研究方法。——译者注

Bessler（2002）、Swanson 和 Granger（1997），以及 Demiralp 和 Hoover（2003）报道了因果发现在经济领域的应用。Gopnik 等人（2004）应用因果贝叶斯网络来解释儿童如何从观察和行动中获得因果知识（另见 Glymour（2001））。

Hoyer 等人（2006）以及 Shimizu 等人（2005，2006）提出了一种新的发现因果方向性的方法，该方法不是基于条件独立性，而是基于函数组成。这个方法的思想是，在带有非高斯噪声的线性模型 $X \rightarrow Y$ 中，变量 Y 是两个独立噪声项的线性组合。因此，$P(y)$ 是两个非高斯分布的卷积，打个比方说，它比 $P(x)$ “更加高斯化”。“更加高斯化”的关系可以给出精确的数值测量，并用来推断某些箭头的方向。

Tian 和 Pearl（2001a，b）提出了另一种因果发现的方法，该方法基于对“自发突变”的检测，或环境中自发的局部变化，这些变化就像“大自然的干预”并揭示了对于这些突变结果的因果方向性。

Verma 和 Pearl（1990）指出，两个潜在结构可能包含相同的条件独立集，但对联合分布施加不同的等式约束。Tian 和 Pearl（2002b）以及 Shpitser 和 Pearl（2008）系统地刻画了这些被称为“隐匿独立性”的约束，他们承诺为结构学习提供一个强大的结构发现新工具。

Guyon 等人（2008a，b；http://clopinet.com/causality）报告了一个因果发现算法的基准程序，名为“Causality Workbench”。他们组织定期的竞赛，为参赛者提供真实数据或由隐藏的因果模型生成的数据，目标是预测一组选择的干预措施的结果。

64

03
第 3 章

因果图与因果效应识别

眼睛忠实于心灵。

——Emerson (1860)

前言

在前一章中，我们讨论了从原始数据中学习因果关系的方法。在本章中，我们将探讨如何基于数据和定性因果假定推断这种关系，这些假定在给定的领域中被认为是可信的。更广泛地说，本章旨在帮助研究者讨论关于因果关系的定性假定，阐明这些假定的后果，并从假定、实验和数据的组合中推导出因果推论。我们的主要任务是决定已知假定是否足以从非实验数据中评估因果效应的强度。

因果效应使我们能够预测系统如何对假设的干预（intervention）做出响应，例如日常活动中的政策决定或行动。正如我们在第 1 章（1.3 节）中看到的，这样的预测是实证科学的标志，它们不能仅从概率信息中识别，而是建立在因果关系的基础上（事实上，它们定义了因果关系）。本章使用因果图给出干预概念的形式化语义，并根据干预前概率给出干预后概率的明确公式。这意味着，每种干预的结果都可以从非实验数据中估计出来，只要为这些数据补充一个既无环又不包含潜在变量的因果图。

如果一些变量无法测量，就会出现可识别性问题，本章介绍了一个非参数框架来分析一般因果关系的识别和特殊因果关系的识别。我们将看到因果图为这个分析提供了一个强大的数学工具，可以使用极其简单的检验来查询这些因果图，以确定现有的假定是否足以识别因果效应。如果可以识别，则因果图以观察分布的形式给出因果效应的数学表达式；如果不能识别，则可以通过查询因果图来指导额外的观察或辅助实验，以便得到所需的推论。

因果效应图模型分析的另一个工具是*干预演算*，即一组推断规则。涉及干预和观察的句子可通过这些规则转化为其他类似的句子，从而提供一个干预断言推导（或验证）以及干预与观察交互的句法方法。在这种演算的帮助下，读者将能够在数学上确定一组给定的协变量是否适合混杂控制、处理因果路径上的测量值，以及用一组测量值交换另一组。

65

最后，我们将展示新的演算方法如何消除在哲学家、统计学家、经济学家和心理学家之间存在争议和误解的概念歧义。这些涉及结构方程和回归方程之间的区别、直接效应和间接效应的定义，以及结构方程和 Neyman-Rubin 模型之间的关系。

3.1 简介

本章讨论的问题可以通过 Cochran 给出的经典例子来说明（参见 Wainer（1989））。考虑通过使用土壤熏蒸剂（X）控制线虫数量（Z）来提高燕麦作物产量（Y）的试验，除了线虫控制外，熏蒸剂也可能对产量有（有利的和不利的）直接效应。当这一典型研究被几个因素复杂化时，我们希望评估熏蒸剂对产量的总效应（total effect）。首先，受控随机试验是不可行的，农民坚持自己决定对哪些土地进行熏蒸。其次，农民的（熏蒸）行为选择取决于去年的线虫数量（Z_0），这是一个与今年的线虫数量密切相关的未知量。因此，我们得到一个混杂偏差（confounding bias）的经典案例，无论样本大小如何，这个偏差都会干扰行为效应的评估。幸运的是，通过对土壤样品的实验分析，我们可以确定行为前后的线虫数量。此外，由于已知熏蒸剂只在短时间内有效，因此我们可以放心地假定它们不会影响行为后存活的线虫的繁殖。相反，线虫的繁殖取决于鸟类（和其他捕食者）的数量，而鸟类的数量与去年的线虫数量有关，因此也与行为本身有关。

本章提出的方法允许研究者将这类复杂的思考转化为形式化语言，从而解决以下任务：

1. 说明模型背后的假定。

2. 确定假定是否足以获得目标值的一致性估计，如熏蒸剂对产量的总效应。

3.（如果第2条的答案是肯定的）根据观察值的分布给出目标值的解析表达式。

4.（如果第2条的答案是否定的）提出一组观察和实验，使得其执行后，一致性估计成为可能。

分析的第一步是构建一个如图3.1所示的因果图，它表示研究者对专业领域内可测值之间主要因果影响的理解。例如，Z_1、Z_2、Z_3分别表示行为前、行为后和季末的线虫种群数量。Z_0表示去年的线虫种群数量，因为这是一个未知量，所以用一个空心的圆表示。表示鸟类数量和其他捕食者数量的B也是如此。图中的链接有两种：由未观测变量引出的链接用虚线箭头表示，由观测变量引出的链接用实线箭头表示。图中蕴含的基本假定是一些否定的因果断言，由图中缺失的链接来表达。例如，Z_1和Y之间缺失的箭头表示研究者认识到行为前的线虫不能直接影响燕麦长势，它们对燕麦产量的总体影响是由行为后的变量Z_2和Z_3中介的。我们的目的不是验证或否定这些专业领域上的假定，而是检验一组给定的假定是否足以从非实验数据中量化因果效应，即估计熏蒸剂对产量的总体影响。

66

图3.1中的因果图在许多方面与Wright（1921）设计的路径图（path diagrams）相似，两者都反映了研究者对相关专业领域内的因果影响的主观知识和定性知识，都使用有向无环图，并允许包含潜在或未测量的变量。二者的主要区别在于分析的方法。首先，路径图大多是在带有高斯噪声的线性模型中分析的，但因果图允许任意的非线性相互作用。事实上，我们对因果效应的分析将完全是非参数的，对方程和分布不做任何特定函数形式的要求。其次，因果图不仅可以作为一种被动的语言来传达假定，而且还可以作为一种主动的计算手段来推导出所需的变量值。例如，将要介绍的方法允许研究者检查图3.1中的图，并立即得出以下结论。

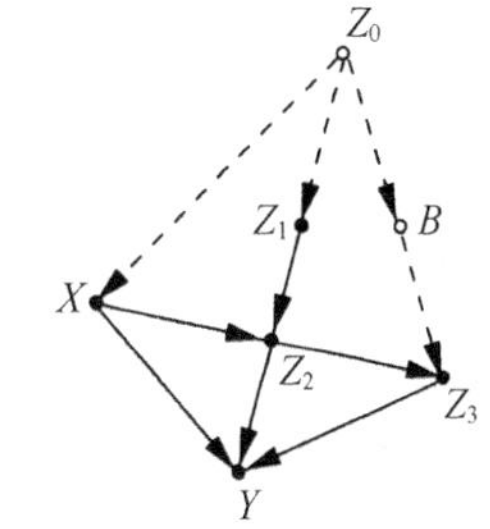

图3.1 熏蒸剂（X）对产量（Y）的效应的因果图

1. 从X、Z_1、Z_2、Z_3和Y的观测分布可以一致地估计X对Y的总效应。

2. X对Y的总效应（假定全部为离散变量）由以下公式给出[⊖]。

⊖ 第1章使用了符号$P_x(y)$，由于不便于处理下标，这里改为$P(y\mid\hat{x})$或者$P(y\mid do(x))$。读者现在可能对公式（3.1）感到陌生，但不必感到害怕。在阅读3.4节后，读者应该能够比求解代数方程更容易地推导出这样的公式。注意，x'仅仅是对X所有取值求和的记号。

67

$$P(y\mid\hat{x})=\sum_{z_1}\sum_{z_2}\sum_{z_3}P(y\mid z_2,z_3,x)P(z_2\mid z_1,x)\times\sum_{x'}P(z_3\mid z_1,z_2,x')P(z_1,x') \tag{3.1}$$

其中 $P(y\mid\hat{x})$ 代表在外部干预设定 $X=x$ 的情况下，产量水平达到 $Y=y$ 的概率。

3. 如果 Z_3 对于 Y 出现混杂，则无法获得 X 对 Y 的总效应的一致性估计。然而，Z_2 对于 Y 混杂不会使公式 $P(y\mid\hat{x})$ 失效[⊖]。

我们可以通过分析图的性质或通过执行一系列（由图控制的）符号推导来获得这些结论，这些符号推导可得到如式（3.1）的因果公式。

3.2 马尔可夫模型中的干预

3.2.1 作为干预模型的图

在第 1 章（1.3 节）中，我们看到了因果模型是如何不同于概率模型来预测干预效应的。这个附加特性要求为联合分布 P 补充一个因果图，即一个有向无环图 G。这个图确定了相关变量之间的因果关系。本节将详细阐述干预的本质，并给出其效应的明确公式。

DAG 的因果解读和关联解读之间的联系是通过基于机制的因果解释建立的，其根源在于计量经济学的早期工作（Frisch，1938；Haavelmo，1943；Simon，1953）。如图 3.1 中的链接所指定的那些，在这种解读下，因果影响指出了对应变量值之间的自治实体机制，这些机制表示为在随机扰动下的函数关系。与这一传统相呼应的是，Pearl 和 Verma（1991）用函数关系而非概率关系来解释 DAG 的因果解读（见式（1.40）和定义 2.2.2）。换句话说，有向无环图 G 中的每组父子节点代表了一个确定函数

$$x_i=f_i(pa_i,\varepsilon_i),\quad i=1,\cdots,n \tag{3.2}$$

其中，pa_i 是 G 中 X_i 的父节点（parent），ε_i（$1\leqslant i\leqslant n$）是联合独立的、任意分布的随机扰动。这些扰动项表示独立的背景因素，不被分析人员特别关注。如果其中任何一个因素影响了两个或多个变量（从而违反了独立性假定），那么该因素必须作为一个未测量的（或潜在的）变量包含在分析中，并在图中以一个空心节点表示，如图 3.1 中的 Z_0 和 B。例如，图 3.1 中模型传达的因果假定对应如下一组方程：

⊖ 因为 Z_3 可能通过虚线产生对于 Y 的混杂，而 Z_2 的混杂被条件 Z_3 限制了。——译者注

$$Z_0 = f_0(\varepsilon_0), \quad B = f_B(Z_0, \varepsilon_B)$$
$$Z_1 = f_1(Z_0, \varepsilon_1), \quad X = f_X(Z_0, \varepsilon_X)$$
$$Z_2 = f_2(X, Z_1, \varepsilon_2), \quad Y = f_Y(X, Z_2, Z_3, \varepsilon_Y)$$
$$Z_3 = f_3(B, Z_2, \varepsilon_3) \tag{3.3}$$

68

更一般的是，我们可能会把所有未观察到的因素（包括 ε_i）整合到背景变量集合 U 中，然后通过分布函数 $P(u)$ 或 $P(u)$ 的某些方面（例如独立性）来总结它们的特性。因此，一个因果模型的完整描述包含两个部分：一组函数关系

$$x_i = f_i(pa_i, u_i), \quad i = 1, \cdots, n \tag{3.4}$$

和背景因素上的联合分布函数 $P(u)$。如果与因果模型 M 关联的图 $G(M)$ 是无环的，那么 M 称为半马尔可夫模型（semi-Markovian model)。此外，如果背景变量是独立的，则 M 称为马尔可夫模型（Markovian)，这是由于观测变量的最终分布相对于 $G(M)$ 具有马尔可夫性（见定理 1.4.1）。因此，如果观测变量为 $\{X, Y, Z_1, Z_2, Z_3\}$，则图 3.1 所描述的模型是半马尔可夫模型，如果 Z_0 和 B 也能被观测到，则图 3.1 所描述的模型会变成马尔可夫模型。在第 7 章中，我们将继续分析一般的非马尔可夫模型，但在本章中，所有的模型都被假定为马尔可夫模型或具有未观测变量的马尔可夫模型（即半马尔可夫模型)。

毋庸置疑，我们很少会得到 $P(u)$ 甚至 f_i 的确切形式。然而，对于一个完全确定模型的数学含义进行解释是很重要的，有助于从部分确定的模型（例如图 3.1 所描述的模型）中得出有效的推论。

式（3.2）称为结构方程模型（Structural Equation Model，SEM）的非参数化模式（Wright，1921；Goldberger，1973），只是方程的函数具体形式（以及扰动项的分布）尚未确定。结构方程中的等号表示“被（右边所）确定”的非对称的反事实关系，每个方程表示一个稳定的自治机制。例如，Y 的方程表明：无论我们当前观察到 Y 是什么，且无论其他方程中可能发生的任何变化，如果假定变量 $(X, Z_2, Z_3, \varepsilon_Y)$ 的值分别是 $(x, z_2, z_3, \varepsilon_Y)$，那么 Y 的值肯定由函数 f_Y 所确定。

回顾我们在 1.4 节中的讨论，所有父子关系的函数描述导出了联合分布的递归分解，而这正是贝叶斯网络的特性：

$$P(x_1, \cdots, x_n) = \prod_i P(x_i \mid pa_i) \tag{3.5}$$

在图 3.1 的实例中，这个公式为

$$P(z_0, x, z_1, b, z_2, z_3, y) = P(z_0)P(x \mid z_0)P(z_1 \mid z_0)P(b \mid z_0) \times P(z_2 \mid x, z_1)P(z_3 \mid z_2, b)P(y \mid x, z_2, z_3) \tag{3.6}$$

此外，函数描述提供了一种方便的语言，用于刻画结果分布会如何改变以响应外部干预。这是通过将每个干预描述为对某个选择的函数子集的修改，同时保持其他函数不变来实现的。一旦我们知道了干预改变的机制特性和本质，就可以通过修改模型中相应方程并使用修改后的模型计算一个新的概率函数来预测干预的总体效应。

69

最简单的外部干预类型是强制一个变量 X_i 取某个固定值 x_i。我们将这种干预称为“原子干预（atomic intervention）”，它相当于将 X_i 从原有函数机制 $x_i = f_i(pa_i, u_i)$ 的影响中移除，并将其置于一个新的机制的影响之下，该新机制在设置值 x_i 的同时保持所有其他机制不变。形式上，我们将原子干预记作 $do(X_i = x_i)$，或者简写为 $do(x_i)$[㊀]，它相当于从模型中移除方程 $x_i = f_i(pa_i, u_i)$ 并在剩下的方程中代入 $X_i = x_i$。这样得到的新模型代表了干预 $do(X_i = x_i)$ 下的系统行为，此时求解 X_j 的分布，得到的是 X_i 对 X_j 的因果效应，表示为 $P(x_j \mid \hat{x}_i)$。更一般化的是，当干预强制一个变量集合 X 取固定值 x 时，那么从模型中移除式（3.4）指定的方程子集，每个方程对应 X 的一个成员，由此定义的剩余变量上的新分布完全刻画了干预的效应[㊁]。

定义 3.2.1（因果效应）

给定两个不相交的变量集 X 和 Y，X 对 Y 的因果效应是一个从 X 到 Y 的概率分布空间的函数，表示为 $P(y \mid \hat{x})$ 或者 $P(y \mid do(x))$。对于 X 的每个取值 x，$P(y \mid \hat{x})$ 给出了从式（3.4）的模型中移除所有对应 X 中变量的方程并在剩余方程中代入 $X = x$ 后推导出 $Y = y$ 的概率。

显然，与简化的方程组对应的图是 G 的子图，其中进入 X 的所有箭头都被删除（Spirtes et al.，1993）。差值 $E(Y \mid do(x')) - E(Y \mid do(x''))$ 有时被视为“因果效应”的定义（definition of causal effects）（Rosenbaum and Rubin，1983），其中 x' 和 x'' 是 X 的两个不同取值。这个差值总可以从通用函数 $P(y \mid do(x))$ 中计算得到，该函数定义在 X 的每个水平

㊀ Pearl（1995a）使用了一个等价的符号，即用 set(x) 而非 $do(x)$。Goldszmidt 和 Pearl（1992）中首次使用了 $do(x)$ 符号，得到了广泛认可。Lauritzen（2001）使用了 $P(y \mid X \leftarrow x)$。表达式 $P(y \mid do(x))$ 在含义上等价于 Neyman（1923）和 Rubin（1974）提出的潜在结果模型中的 $P(Y_x = y)$，还等价于 Lewis（1973b）提出的反事实理论中的表达式 $P[(X=x) \square\!\!\rightarrow (Y=y)]$。3.6.3 节和第 7 章将讨论这些概念的语义基础。

㊁ 干预作为方程修改操作的基本观点起源于 Marschak（1950）和 Simon（1953）。Strotz 和 Wold（1960）首先提出了从模型中移除方程的明确的干预方法，后来 Fisher（1970）和 Sobel（1990）使用该方法。Spirtes 等人（1993）首次解释了这一方法的图形含义，随后 Pearl（1993b）也进行了解释。Balke 和 Pearl（1994a，b）提出将其作为定义反事实的基础，参见式（3.51）。

x 上，并给出了干预效应的更精细描述。

3.2.2 干预作为变量

另一种（但有时更吸引人的）干预解释是将对干预的响应视为一个变量（Pearl, 1993b）。方法是将函数 f_i 本身表示为变量 F_i 的一个值，并将式（3.2）改写为 70

$$x_i = I(pa_i, f_i, u_i) \tag{3.7}$$

其中，I 是一个三元函数，满足：

$$I(a,b,c) = f_i(a,c)\text{，只要 } b = f_i$$

这相当于将干预概念化为一种改变 X_i 与其父节点之间函数 f_i 的外部力量 F_i。在图模型上，我们可以将 F_i 表示为 X_i 的一个额外父节点，这种干预的效应可以通过标准条件化的方式来分析，即将变量 F_i 取值 f_i 的事件作为我们的概率条件。

原子干预 $do(X_i = x_i')$ 的效应表示在 G 中添加链接 $F_i \to X_i$（参见图 3.2），其中 F_i 是一个取值范围为 $\{do(x_i'), \text{idle}\}$ 的新变量，x_i' 在 X_i 域中取值，“idle”表示无干预。因此，在增广网络中，X_i 的新父代变量集合为 $PA_i' = PA_i \cup \{F_i\}$，并且通过如下条件概率（conditional probabilisty）与 X_i 关联：

$$P(x_i \mid pa_i') = \begin{cases} P(x_i \mid pa_i) & F_i = \text{idle} \\ 0 & F_i = do(x_i') \text{且} x_i \neq x_i' \\ 1 & F_i = do(x_i') \text{且} x_i = x_i' \end{cases} \tag{3.8}$$

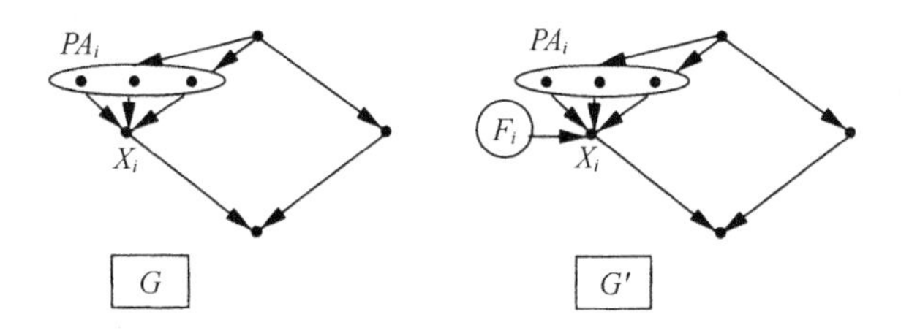

图 3.2　通过增广网络 $G' = G \cup \{F_i \to X_i\}$ 来表示外部干预 F_i

干预 $do(x_i')$ 的效应将原始概率函数 $P(x_1, \cdots, x_n)$ 转化为新概率函数 $P(x_1, \cdots, x_n \mid \hat{x}_i')$，公式为

$$P(x_1, \cdots, x_n \mid \hat{x}_i') = P'(x_1, \cdots, x_n \mid F_i = do(x_i')) \tag{3.9}$$

其中，P' 是由增广网络 $G' = G \cup \{F_i \to X_i\}$ 和式（3.8）刻画的分布，在 F_i 上具有任意先验分布。一般而言，通过为 G 中的每个节点添加一个假设干预链接 $F_i \to X_i$，我们可以构造

一个增广概率函数 $P'(x_1, \cdots, x_n; F_1, \cdots, F_n)$，其中包含更丰富的干预类型信息。多重干预可表示为将 P' 条件于 F_i 的子集（在各自的 $do(x_i')$ 域上取值），而干预前的概率函数 P 被视为对 P' 中的每个 F_i 取条件“idle”值后所推导的后验分布。

增广网络表示法的一个优点是，它适用于函数关系 f_i 的任何变化，而不仅仅是用常数替换 f_i。它也清楚地显示了 f_i 不受外部控制的自发变化的结果。例如，图 3.2 预测，只有 X_i 的后代会受到 f_i 变化的影响，因此对于 X_i 的任何非后代节点集 Z，边缘概率（marginal probability）$P(z)$ 将保持不变。同样，图 3.2 表明，如果对于 X_i 的任何后代节点集 Y，X_i 使 F_i 与 Y d-分离，则条件概率 $P(y \mid x_i)$ 不随 f_i 的改变而变化。Kevin Hoover（1990，2001）利用这种不变特性来确定经济变量（如就业、货币供应量）之间的因果影响方向，方法是观察控制这些变量的过程（如税收改革、劳动争议）突然改变所引起的变化。事实上，一旦我们获得了可靠的信息（例如，从历史或制度知识中获得），即一个突然的局部变化以特定机制 f_i 的形式发生，而该机制制约一对给定的父子变量 (X_i, PA_i)，那么我们可以用围绕这些变量的边缘概率和条件概率的变化来确定 X_i 是否确实是这对父子变量中的子代变量（因变量），从而确定这个领域的因果影响结构（Tian and Pearl, 2001a）。增广网络 G' 中显示了在这种变化下保持不变的统计特性，以及这种不变性背后的因果假定。

71

3.2.3 计算干预效应

无论我们是将干预表示为对现有模型的修改（定义 3.2.1），还是将其表示为增广模型中的条件化（式（3.9）），结果都是干预前分布和干预后分布之间明确定义的一种转换。至于原子干预 $do(X_i = x_i')$，这种转换可以用一个简单的截断因子分解（truncated factorization）公式来表示，该公式可以直接从式（3.2）和定义 3.2.1 中得到[⊖]。

$$P(x_1, \cdots, x_n \mid \hat{x}_i') = \begin{cases} \prod_{j \neq i} P(x_j \mid pa_j) & x_i = x_i' \\ 0 & x_i \neq x_i' \end{cases} \qquad (3.10)$$

式（3.10）表示从式（3.5）的乘积中移除 $P(x_i \mid pa_i)$ 项，因为 pa_i 不再影响 X_i。例如，干预 $do(X = x')$ 将式（3.6）的干预前分布转化为乘积：

⊖ 式（3.10）也可通过 Robins（1986, p. 1423；也可参见 3.6.4 节）的 G-computation 公式得到，以及 Spirtes 等人（1993）的操纵定理得到（根据这个参考文献，这个公式是由“Fienberg 在 1991 年的一次研讨会上独立推出来的”）。Goldszmidt 和 Pearl（1992）与 Pearl（1993b）给出了式（3.10）和式（3.11）定义的转换的其他性质。

$$P(z_0, z_1, b, z_2, z_3, y \mid \hat{x}') = P(z_0)P(z_1 \mid z_0)P(b \mid z_0) \times P(z_2 \mid x', z_1)P(z_3 \mid z_2, b)P(y \mid x', z_2, z_3)$$

从图模型上看，移除 $P(x_i| pa_i)$ 项等价于移除 PA_i 和 X_i 之间的链接，同时保持剩余网络不变。显然，式（3.10）中定义的转换既满足定义 1.3.1 的条件，又满足式（1.38）和式（1.39）的性质。

72

将式（3.10）乘以 $P(x_i' \mid pa_i)$ 然后再除以 $P(x_i' \mid pa_i)$ 后，干预前后分布的关系变得更加清晰：

$$P(x_1, \cdots, x_n| \hat{x}_i') = \begin{cases} \dfrac{P(x_1, \cdots, x_n)}{P(x_i' \mid pa_i)} & x_i = x_i' \\ 0 & x_i \neq x_i' \end{cases} \tag{3.11}$$

如果我们把联合分布看作对抽象点集合 $(x_1, \cdots, x_n)$ 的质量分配，每个点代表了世界的一种可能状态，那么式（3.11）的描述揭示了由干预 $do(X_i = x_i')$ 引发的质量分布变化的一些有趣的性质（Goldszmidt and Pearl，1992）。每个点 $(x_1, \cdots, x_n)$ 被看作质量增加了一个因子，即与该点对应的条件概率 $P(x_i' \mid pa_i)$ 的倒数。条件概率较低的点的质量值会大幅增加，而那些被看作 x_i' 的自然（非干预）实现的具有 pa_i 值的点（即 $P(x_i' \mid pa_i) \approx 1$），将保持其质量不变。在标准贝叶斯条件化（Bayes conditionalization）中，每个被排除的点（$x_i \neq x_i'$）通过一个归一化常数将其质量转移到整个保留的点集[㊀]。但是，式（3.11）描述了一种不同的变换：每个被排除的点（$x_i \neq x_i'$）将其质量转移到具有相同 pa_i 值的可选择的点集上，这可以从分配给每层 pa_i 的总质量和该层内点的相对质量的不变性看出来。

$$P(pa_i| do(x_i')) = P(pa_i)$$

$$\frac{P(s_i, pa_i, x_i' \mid do(x_i'))}{P(s_i', pa_i, x_i' \mid do(x_i'))} = \frac{P(s_i, pa_i, x_i')}{P(s_i', pa_i, x_i')}$$

在这里，S_i 表示除了 $\{PA_i \cup X_i\}$ 外的所有点集。总体上说，选定的质量转移接受点可被认为是“最接近于”被排除的，且与其共享相同历史的点，这里共享历史指具有相同 pa_i 值[㊁]（参见 4.1.3 节和 7.4.3 节）。

当我们将除以 $P(x_i' \mid pa_i)$ 解释为对 x_i' 和 pa_i 的条件化时，我们会得到式（3.11）的另

㊀ 参见 4.1.3 节。——译者注

㊁ 令上式中的 $\dfrac{P(s_i, pa_i, x_i')}{P(s_i', pa_i, x_i')} = \alpha$。根据式（3.11），对于被 PA_i 排除的点 s_i（即不是 PA_i 的子节点），可以通过 $P(s_i, pa_i, x_i') = \alpha P(s_i', pa_i, x_i')$，将 (s_i, pa_i, x_i') 的质量转移到 $P(s_i', pa_i, x_i')$，其中 s_i' 是 PA_i 的子节点。s_i' 称为转移接受点，也称为在共享历史 pa_i 的条件下与 s_i 最接近的点。——译者注

一种有趣形式：

$$P(x_1, \cdots, x_n \mid \hat{x}_i') = \begin{cases} P(x_1, \cdots, x_n \mid x_i', pa_i)P(pa_i) & x_i = x_i' \\ 0 & x_i \neq x_i' \end{cases} \tag{3.12}$$

当使用这个公式来计算干预 $do(X_i = x_i')$ 对与 $(X_i \cup PA_i)$ 不相交的变量集 Y 的效应时，这个公式会变得很熟悉。在除 $Y \cup X_i$ 之外的所有变量上对式（3.12）求和得到如下定理。

定理 3.2.2（直接原因校正）

令 PA_i 表示变量 X_i 的直接原因集，Y 是与 $\{X_i \cup PA_i\}$ 不相交的任意变量集。干预 $do(X_i = x_i')$ 对 Y 的效应为

$$P(y \mid \hat{x}_i') = \sum_{pa_i} P(y \mid x_i', pa_i)P(pa_i) \tag{3.13}$$

73 其中，$P(y \mid x_i', pa_i)$ 和 $P(pa_i)$ 表示干预前的概率。

式（3.13）要求 $P(y \mid x_i')$ 以 X_i 的父节点为条件，然后用 $PA_i = pa_i$ 的先验概率加权取平均。这个由设置条件然后取平均定义的操作称为“通过 PA_i 校正”。

许多哲学家提出将这一校正公式（adjustment formula）的变形作为因果性和因果效应的概率定义（probabilistic causality）（参见 7.5 节）。例如，Good（1961）提出以原因恰好出现“之前的宇宙状态”为条件。Suppes（1970）提出对直到原因发生之前的整个历史取条件。Skyrms（1980，p.133）要求条件化“在做出与我们的行为有因果关系的决定时，对于行为影响之外的因素给予最大程度的明确化说明”。当然，这些建议中设置条件的目的是为了消除原因（在我们的例子中是 $X_i = x_i'$）和结果（$Y = y$）之间的虚假关联，显然，父节点 PA_i 集合能够以极大经济的效率实现这一目标。在本书中我们追求的结构解释中，因果效应以一种完全不同的方式定义。式（3.13）中没有引入条件操作符作为一种旨在抑制虚假关联的补救性“校正”。相反，它在形式上出现在式（3.10）所表示的更深层的原则中，即保留干预前分布所能提供的所有不变信息。

式（3.13）很容易扩展为同时操纵多个变量的、更精细的干预。例如，如果我们考虑复合干预 $do(S = s)$，其中 S 是变量集合，那么（对应式（1.37））我们应该从式（3.5）的乘积中删除所有对应 S 中变量的因子 $P(x_i \mid pa_i)$，得到更一般的截断因子分解：

$$P(x_1, \cdots, x_n \mid \hat{s}) = \begin{cases} \prod_{i \mid X_i \notin S} P(x_i \mid pa_i) & \text{所有与} s \text{一致的} x_1, \cdots, x_n \\ 0 & \text{其他} \end{cases} \tag{3.14}$$

同样，我们不需要把自己局限于将变量设置为常量的单一干预。相反，我们可以考虑

对因果模型进行更一般的修正以替换某些机制。例如，如果我们决定将 X_i 值的机制替换为另一个可能涉及新的变量集 PA_i^* 的方程，那么可通过将原来的结果乘上新方程导出条件概率 $P^*(x_i|pa_i^*)$。修正后的联合分布为 $P^*(x_1,\cdots,x_n)=P(x_1,\cdots,x_n)P^*(x_i|pa_i^*)/P(x_i|pa_i)$。

实例：动态过程控制

为了说明这些操作，让我们考虑一个涉及过程控制（process control）的例子，一个在健康管理、经济政策制定、产品营销或机器人运动规划等领域的类似应用中都应该直接遵循的例子。令变量 Z_k 表示时间 t_k 时的生产过程状态，令 X_k 表示（时间 t_k 时）用于控制该过程的变量集（参见图3.3）。例如，Z_k 可以表示工厂中不同位置的温度和压力等测量值，X_k 可以表示主管道中的各种化学品的流速。假定在收集数据的同时，过程由策略 S 控制，其中每个 X_k 取决于观测到的前三个变量（X_{k-1}，Z_k，Z_{k-1}），并且以概率 $P(x_k|x_{k-1},z_k,z_{k-1})$ 选择 $X_k=x_k$。S 的实施效果以联合概率函数 $P(y,z_1,z_2,\cdots,z_n,x_1,x_2,\cdots,x_n)$ 的形式进行检测和描述，其中 Y 是结果变量（例如，最终产品的质量）。最后，（为了简单起见）让我们假定过程的状态 Z_k 只依赖于前一个状态 Z_{k-1} 和前一个控制 X_{k-1}。我们希望评估将 S 替换为新策略 S^* 的价值，新策略中 X_k 根据新的条件概率 $P^*(x_k|x_{k-1},z_k,z_{k-1})$ 取值。

74

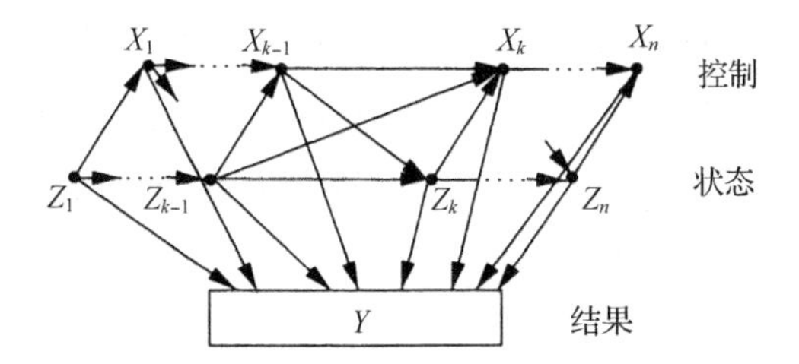

图3.3 连续过程中控制变量 $X_1,\cdots,X_n$、状态变量 $Z_1,\cdots,Z_n$ 和结果变量 Y 之间典型依赖的动态因果图

基于我们前面的分析（式（3.14）），新策略 S^* 的性能 $P^*(y)$ 由以下分布决定。

$$P^*(y,z_1,z_2,\cdots,z_n,x_1,x_2,\cdots,x_n)=P^*(y|z_1,z_2,\cdots,z_n,x_1,x_2,\cdots,x_n)\times\prod_{k=1}^{n}P^*(z_k|z_{k-1},x_{k-1})\prod_{k=1}^{n}P^*(x_k|x_{k-1},z_k,z_{k-1}) \quad (3.15)$$

由于（方程右边的）前两项保持不变，而第三项是已知的，我们得到：

$$\begin{aligned}P^*(y)&=\sum_{z_1,\ldots,z_n,x_1,\ldots,x_n}P^*(y,z_1,z_2,\cdots,z_n,x_1,x_2,\cdots,x_n)\\&=\sum_{z_1,\cdots,z_n,x_1,\cdots,x_n}P(y|z_1,z_2,\cdots,z_n,x_1,x_2,\cdots,x_n)\\&\quad\times\prod_{k=1}^{n}P(z_k|z_{k-1},x_{k-1})\prod_{k=1}^{n}P^*(x_k|x_{k-1},z_k,z_{k-1})\end{aligned} \quad (3.16)$$

在S^*具有确定性和时间不变性的特殊情况下，X_k变为关于X_{k-1}、Z_k和Z_{k-1}的函数：

$$x_k = g(x_{k-1}, z_k, z_{k-1})$$

那么，对于$x_1, \cdots, x_n$的求和可以得到：

$$P^*(y) = \sum_{z_1,\cdots,z_n} P(y \mid z_1, z_2, \cdots, z_n, g_1, g_2, \cdots, g_n) \prod_{k=1}^{n} P(z_k \mid z_{k-1}, g_{k-1}) \qquad (3.17)$$

其中，g_k递归定义为

75

$$g_1 = g(z_1), \quad g_k = g(g_{k-1}, z_k, z_{k-1})$$

在策略S^*是由基本行为$do(X_k = x_k)$构成的特殊情况下，函数g退化为常数x_k，我们得到：

$$P^*(y) = P(y|\hat{x}_1, \hat{x}_2, \cdots, \hat{x}_n) = \sum_{z_1,\cdots,z_n} P(y \mid z_1, z_2, \cdots, z_n, x_1, x_2, \cdots, x_n) \prod_k P(z_k \mid z_{k-1}, x_{k-1}) \qquad (3.18)$$

该公式也可由式（3.14）得到。

该实例所说明的规划问题是典型的马尔可夫决策过程（Markov Decision Processe，MDP)(Howard，1960；Dean and Wellman，1991；Bertsekas and Tsitsiklis，1996），其分析的目标是在给定当前状态Z_k和过去行为的条件下，找到下一个最佳行为$do(X_k = x_k)$。在MDP中，我们通常给予转移函数$P(z_{k+1} \mid z_k, \hat{x}_k)$和最小化的代价函数。在我们刚才分析的问题中，这两个函数都没有给出，相反，我们必须从过去（可能是次优的）策略收集的数据中学习这两个函数。幸运的是，由于模型中所有的变量都是可测量的，因此这两个函数都是可识别的，可直接从相应的条件概率中估计得到：

$$P(z_{k+1}|z_k, \hat{x}_k) = P(z_{k+1} \mid z_k, x_k)$$

$$P(y \mid z_1, z_2, \cdots, z_n, \hat{x}_1, \hat{x}_2, \cdots, \hat{x}_n) = P(y \mid z_1, z_2, \cdots, z_n, x_1, x_2, \cdots, x_n)$$

在第4章（4.4节）中，我们将讨论部分可观察马尔可夫决策过程（POMDPs)，其中一些状态Z_k是不可观察的，学习这些问题中的转移函数和代价函数需要更复杂的识别方法。

值得注意的是，在本例中，为了预测新策略的效应，首先需要测量受某些控制变量（X_{k-1}）影响的变量（Z_k）。关于实验设计的经典文献通常回避这样的测量（Cox，1958，p.48），因为它们存在于干预和结果之间的因果路径上，所以往往会混杂预期的效应估计。然而，我们的分析表明，如果处理得当，这些测量对于预测动态控制过程的效果可能是不可缺少的。这在半马尔可夫模型（即涉及未测量变量的有向无环图）中尤其正确，3.3.2节将对此加以分析。

总结

本节所提供分析的直接含义是，给定一个干预变量的所有直接原因（即父代变量）都可观察的因果图，人们可以从干预前的分布推断干预后的分布，因此，在这样的假定下，我们可以使用截断因子分解公式（3.14）从被动（即非实验的）观察中估计干预效应。然而，更具挑战性的问题是在类似图3.1所示的情形中推导因果效应，其中PA_i的某些成员是不可观测的，从而导致难以估计$P(x_i' \mid pa_i)$。在3.3节和3.4节中，我们提供了简单的图模型检验来确定何时$P(x_j \mid \hat{x}_i)$在这样的模型中是可估计的。但首先，我们需要更形式化地定义，因果量值Q在被动观察中可估计意味着什么，这是一个专业术语名为识别的问题。

76

3.2.4　因果量值的识别

不同于统计参数（statistical parameter），因果量值是相对于因果模型M来定义的，而不是相对于观测变量集合V上的联合分布$P_M(v)$。由于非实验数据仅提供关于$P_M(v)$的信息，并且不同的模型可能产生相同的分布，因此存在这样的危险：即使获取了无限多的样本，也无法从数据中明确地识别出所需的量值。可识别性确保M表达的附加假定（如因果图或结构方程中的零系数）能够提供缺失的信息，而不要求完全详细地说明M。

定义3.2.3（可识别性）

令$Q(M)$是模型M的任何可计算量值。如果对于一类模型$\boldsymbol{M}$中的任何一对模型M_1和M_2，只要$P_{M_1}(v)=P_{M_2}(v)$，就有$Q(M_1)=Q(M_2)$，那么称Q在模型类$\boldsymbol{M}$中是可识别的。当观察受限，只允许估计（$P_M(v)$）特征的一部分集合F_M时，如果当$F_{M_1}=F_{M_2}$时$Q(M_1)=Q(M_2)$，那么定义Q从F_M可识别。

对于整合（$P(v)$概述的）统计数据与$\{f_i\}$的不完全因果知识来说，可识别性是至关重要的，因为它使我们能够从$P(v)$的大量样本中一致地估计量值Q，而不需要详细说明M的细节，只要有$\boldsymbol{M}$类的一般特征就足够了。对于我们的分析而言，感兴趣的量值Q是因果效应$P_M(y \mid \hat{x})$，它显然在给定的模型M中是可计算的（使用定义3.2.1），但我们常常需要从M的一个不完全的刻画（即M对应的图G中描述的定性特征）中计算该量值。因此，我们将考虑具有以下共同特性的模型类$\boldsymbol{M}$。

（i）它们具有相同的父子节点（即相同的因果图 G）。

（ii）它们产生在观测变量上的正分布（即 $P(v)>0$）。

对于这样的类，我们得到如下定义。

定义 3.2.4（因果效应可识别性）

如果量值 $P(y|\hat{x})$ 可从观测变量的任何正概率中唯一地计算，即对于任何满足 $P_{M_1}(v)=P_{M_2}(v)>0$ 且 $G(M_1)=G(M_2)=G$ 的模型对 M_1 和 M_2，有 $P_{M_1}(y|\hat{x})=P_{M_2}(y|\hat{x})$，那么 X 对 Y 的因果效应在图 G 中是可识别的。

$P(y|\hat{x})$ 的可识别性确保了从以下两个信息源中推导行为 $do(X=x)$ 对 Y 的效应是可能的。

（i）由概率函数 $P(v)$ 概述的被动观察。

（ii）因果图 G，（定性地）明确了哪些变量构成问题领域中的稳定机制，或者说，在确定领域中的每个变量时，有哪些变量参与。

77

将可识别性限制为正分布可以确保在适当情况的数据中表示条件 $X=x'$ 出现，从而避免式（3.11）中的分母为零。因为在实施行为 $do(X=x')$ 后，X 无法获得值 x'，所以不可能从数据中推断出该行为的效应。扩展到一些非正分布也是可行的，但这里将不再讨论。注意，为了证明不可识别性，只要找到两组结构方程就足够了，这两组结构方程满足在观测变量上产生相同的分布，但有不同的因果效应。

使用可识别性的概念，我们现在可以将 3.2.3 节的结果总结为以下定理。

定理 3.2.5

给定任意马尔可夫模型的因果图 G，其中变量的子集 V 是可测量的，只要 $\{X\cup Y\cup PA_X\}\subseteq V$，即只要 X、Y 以及 X 的所有父代变量是可测量的，那么因果效应 $P(y|\hat{x})$ 是可识别的。$P(y|\hat{x})$ 的表达式可通过校正 PA_x 获得，正如式（3.13）所示。

定理 3.2.5 的一个特殊情况是假定所有变量都是可观察的。

推论 3.2.6

给定任意马尔可夫模型的因果图 G，其中所有变量都可测量，那么对于变量 X 和 Y 的任意两个子集，因果效应 $P(y|\hat{x})$ 都是可识别的，并且通过截断因子分解公式（3.14）可获得其值。

现在我们来看半马尔可夫模型中的识别问题。

3.3　控制混杂偏差

无论何时，我们评估一个因素（X）对另一个因素（Y）的影响，都会出现这样一个问题：我们是否应该对于其他一些因素（Z）（也称为“协变量”“伴随因素”或“混杂因素”）的可能变化来校正（或标准化）我们的测量（Cox, 1958）。校正相当于将群体按照 Z 分成同类的组，评估每个同类组中 X 对 Y 的影响，然后对结果求平均（如式（3.13））。早在 1899 年，Karl Pearson 提出辛普森悖论（Simpson's paradox）时（见 6.1 节）就认识到了这种校正难以捉摸的性质：在分析中加入额外因素，两个变量之间的任何统计关系都可能被反转。例如，我们可能会发现，吸烟的学生比不吸烟的学生获得了更高的成绩，但校正年龄后，在每个相同年龄组中吸烟学生的成绩更低，进一步校正家庭收入，在每个相同收入和相同年龄组中，吸烟学生再次比不吸烟学生获得更高成绩，等等。

尽管经过了一个世纪的分析，辛普森反转仍然“陷人以粗心”（是一个陷阱）（Dawid, 1979），它提出的实际问题，对于一个协变量集合的校正（adjustment for covariates）是否合适，难以实现数学化的处理。例如，流行病学家仍在争论“混杂”的意义（Grayson, 1987；Shapiro, 1997），经常对于错误的协变量集进行校正（Weinberg, 1993；也参见第 6 章）。Rosenbaum 和 Rubin（1983）与 Pratt 和 Schlaifer（1988）的潜在结果分析产生了一个名为“可忽略性（ignorability）”的概念，该概念在反事实词汇中重新定义了混杂问题，但未能给研究人员提供一个可行的标准来指导协变量的选择（参见 11.3.2 节）。可忽略性是指：“给定 Z，如果 X 取值 x 时 Y 所得到的值独立于 X，那么 Z 是一个可接受的协变量集。”由于反事实是不可观测的，并且反事实的条件独立性判断（judgement of conditional independence）不容易从常见的科学知识中进行判断，因此问题仍然存在：应该用什么准则来决定哪些变量适合校正？

78

3.3.1 节使用友好的因果图语言给出校正问题的一般化和形式化的解决方案。在 3.3.2 节中，我们将此结果扩展到受 X 影响的非标准协变量上，因此需要几个校正步骤。最后，3.3.3 节举例说明了这些准则的应用。

3.3.1　后门准则

假定一个因果图 G 与 G 中观测变量子集 V 的非实验数据，我们希望估计干预

$do(X=x)$ 对变量集 Y 有何效应，其中 X 和 Y 是 V 的两个子集。换句话说，在给定 G 描述的假定条件下，我们寻求从 $P(v)$ 的样本中估计 $P(y\mid\hat{x})$。

我们将证明，存在一个简单的图模型检验，可以直接作用于因果图来检验变量集 $Z\subseteq V$ 是否足以识别 $P(y\mid\hat{x})$，该检验在 Pearl（1993b）中命名为"后门准则"（back-door criterion）[㊀]。

定义 3.3.1（后门）

在有向无环图 G 中，变量集 Z 满足有序变量对 (X_i, X_j) 的后门准则，条件是

（i）Z 中没有节点是 X_i 的后代。

（ii）Z 阻断了 X_i 和 X_j 之间所有指向 X_i 的路径。

同理，如果 X 和 Y 是 G 中两个不相交的节点子集，那么如果 Z 满足任何变量对 (X_i, X_j) 的后门准则，其中 $X_i\in X$，$X_j\in Y$，则称 Z 满足 (X, Y) 的后门准则。

名称"后门"对应条件（ii），这个条件要求只有指向 X_i 的路径被阻断；这些路径可被视为通过后门进入 X_i。例如，在图 3.4 中，集合 $Z_1=\{X_3, X_4\}$，$Z_2=\{X_4, X_5\}$ 满足后门准则，但 $Z_3=\{X_4\}$ 不满足，因为 X_4 没有阻断路径（blocked path）$(X_i, X_3, X_1, X_4, X_2, X_5, X_j)$[㊁]。第 11 章（11.3.1 节）给出了条件（i）和（ii）的直观解释。

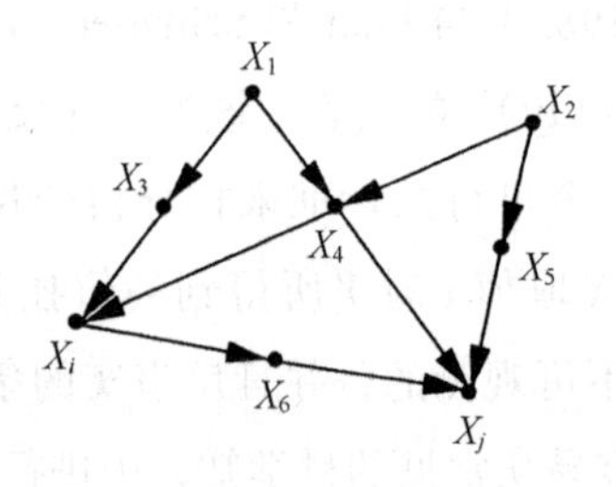

图 3.4　后门准则示意图。对变量 $\{X_3, X_4\}$（或 $\{X_4, X_5\}$）校正可得到 $P(x_j\mid\hat{x}_i)$ 的一致性估计，对 $\{X_4\}$ 或者 $\{X_6\}$ 校正会得到有偏估计

定理 3.3.2（后门校正（back-door adjustment））

如果变量集 Z 满足 (X, Y) 的后门准则，那么 X 对 Y 的因果效应是可识别的，由以下公式给出：

㊀ 这个准则也可以从 Spirtes 等人提出（1993）的定理 7.1 得到。3.4 节使用单一的 d-分离测试构建了一个替代准则（参见式（3.37））。

㊁ 原文如此，但似乎不出现 X_4 更合理。——译者注

$$P(y \mid \hat{x}) = \sum_z P(y \mid x, z) P(z) \tag{3.19}$$

式（3.19）中的求和表示对 Z 校正后得到的标准公式。Rosenbaum 和 Rubin（1983）将满足式（3.19）时的变量 X 命名为“在 Z 条件下可忽略”。将可忽略性条件约简为定义 3.3.1 的图模型准则，将关于反事实相关性的判断替换为普通的因果关系判断，如图 3.4 所示。我们可以通过系统化的程序来验证图模型准则，这种程序适用于任何大小和形状的图。该准则还使分析人员能够寻找最优的协变量集 Z，即最小化检验成本或抽样可变性的集合 Z（Tian et al. 1998）。第 5 章演示了利用一个类似的图模型准则来识别线性结构方程中的路径系数（path coefficients）。Greenland 等人（1999a）与 Glymour 和 Greenland（2008）给出了流行病学研究的应用，其中集合 Z 称为“充分集”（sufficient set），也许“可容许集”（admissible set）或“消混杂集”（deconfounding set）等术语更好。

定理 3.3.2 的证明

Pearl（1993b）最初提供的证明是基于这样的观察：当 Z 阻断了从 X 到 Y 的所有后门路径（back-door path）时，设置 $(X = x)$ 或者对 $X = x$ 取条件会得到对 Y 的相同效应。从图 3.2 的增广图 G' 中可以很好地看出这一点，该图中添加了干预弧 $F_X \to X$。如果所有从 X 到 Y 的后门路径都被阻断，那么所有从 F_X 到 Y 的路径都必须经过 X 的子节点，并且如果我们以 X 为条件，这些路径都会被阻断。这意味着，给定 X 时 Y 独立于 F_X。

$$P(y \mid x, F_X = do(x)) = P(y \mid x, F_X = \text{idle}) = P(y \mid x) \tag{3.20}$$

这意味着无法区分观察 $X = x$ 和干预 $F_X = do(x)$。

形式上，我们可以通过以下过程证明这个观察：依照式（3.9）将 $P(y \mid \hat{x})$ 以增广概率函数 P' 的形式改写，然后对 Z 取条件，得到：

$$P(y \mid \hat{x}) = P'(y \mid F_x) = \sum_z P'(y \mid z, F_x) P'(z \mid F_x) = \sum_z P'(y \mid z, x, F_x) P'(z \mid F_x) \tag{3.21}$$

蕴含式 $F_x \Rightarrow X = x$ 允许在最后一个等式中添加 x。为了从式（3.21）等号右边的两项中消除 F_x，我们引用定义 3.3.1 的两个条件。因为 F_x 是子节点仅为 X 的根节点（root nodes），因此它必须独立于包括 Z 在内的所有非 X 的子节点。因此，条件（i）得到：

79～80

$$P'(z \mid F_x) = P'(z) = P(z)$$

现在依据后门条件（ii）和式（3.20），可以从式（3.21）中消除 F_x，从而证明了式（3.19）。11.3.3 节提供了另一种证明。 □

3.3.2 前门准则

定义 3.3.1 的条件（i）反映了一种普遍认知，即“伴生的观察结果不应受措施的影响”（Cox, 1958, p. 48）。本节展示了如何使用受治疗影响（affected by the treatment）的伴生结果来促进因果推断（causal inference）。Pearl（1995a）将其称为前门准则（front-door criterion），它将构成因果效应识别（identification of causal effects）的一般性检验的第二部分（3.4 节和定理 3.6.1）。

考虑图 3.5 中的图模型，它表示图 3.4 的模型中变量 $X_1,\cdots,X_5$ 是不可观测的，并且 $\{X_i, X_6, X_j\}$ 分别重新标记为 $\{X, Z, Y\}$ 时的情形。虽然 Z 不满足任何后门准则，但对于 Z 的测量可得到 $P(y\mid\hat{x})$ 的一致性估计。我们将 $P(y\mid\hat{x})$ 的表达式约简为可从观察分布函数 $P(x, y, z)$ 中计算的公式来说明。

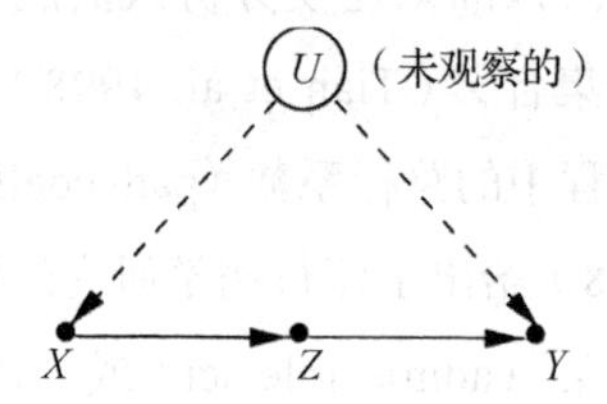

图 3.5 前门准则的图模型。对 Z 的两步校正得到 $P(y\mid\hat{x})$ 的一致性估计

图 3.5 的联合分布（式（3.5））可被分解为：

$$P(x, y, z, u) = P(u)P(x\mid u)P(z\mid x)P(y\mid z, u) \tag{3.22}$$

依据式（3.10），干预 $do(x)$ 移除因子 $P(x\mid u)$，得到后验分布：

$$P(y, z, u\mid\hat{x}) = P(y\mid z, u)P(z\mid x)P(u) \tag{3.23}$$

对 z 和 u 求和，得到：

$$P(y\mid\hat{x}) = \sum_z P(z\mid x)\sum_u P(y\mid z, u)P(u) \tag{3.24}$$

为了从式（3.24）等号右边消除 u，我们使用图 3.5 中图模型描述的两个条件独立性（conditional independence）假定：

81

$$P(u\mid z, x) = P(u\mid x) \tag{3.25}$$

$$P(y\mid x, z, u) = P(y\mid z, u) \tag{3.26}$$

因此，得到等式：

$$\begin{aligned}\sum_u P(y\mid z, u)P(u) &= \sum_x\sum_u P(y\mid z, u)P(u\mid x)P(x)\\ &= \sum_x\sum_u P(y\mid x, z, u)P(u\mid x, z)P(x)\\ &= \sum_x P(y\mid x, z)P(x)\end{aligned} \tag{3.27}$$

式（3.24）约简为仅涉及观察值：

$$P(y \mid \hat{x})=\sum_{z}P(z \mid x)\sum_{x'}P(y \mid x', z)P(x') \qquad (3.28)$$

式（3.28）等号右边的所有因子都可从非实验数据中通过一致估计得到，所以 $P(y \mid \hat{x})$ 也可以估计得到。因此，只要我们能找到满足式（3.25）和式（3.26）条件的中介变量 Z，就拥有一个 X 对 Y 因果效应的无偏非参数估计。

式（3.28）可理解为后门准则的两步应用。第一步，我们找到 X 对 Z 的因果效应；由于图 3.5 中没有从 X 到 Z 的未阻断后门路径，因此我们得到：

$$P(z \mid \hat{x})=P(z \mid x)$$

接下来，我们计算 Z 对 Y 的因果效应。我们不能再将其等同于条件概率 $P(y \mid z)$，因为从 Z 到 Y 有一条后门路径 $Z \leftarrow X \leftarrow U \rightarrow Y$。然而，由于 X 阻断（d-分离）了这条路径，因此，X 可以在后门准则中作为伴生变量，这使得我们可以依据式（3.19）计算 Z 对 Y 的因果效应，得到 $P(y \mid \hat{z})=\sum_{x'}P(y \mid x', z)P(x')$。最后，我们将下式结合这两个因果效应：

$$P(y \mid \hat{x})=\sum_{z}P(y \mid \hat{z})P(z \mid \hat{x})$$

得到式（3.28）。

在形式化定义这些假定后，用一个定理来总结这一结果。

定义 3.3.3（前门）

变量集 Z 满足有序变量对 (X, Y) 的前门准则，条件是

（i）Z 截断了所有从 X 到 Y 的有向路径（directed path）。

（ii）从 X 到 Z 没有未被阻断的后门路径。

（iii）所有从 Z 到 Y 的后门路径都被 X 阻断。

82

定理 3.3.4（前门校正）

如果 Z 满足 (X, Y) 的前门准则，且 $P(x, z)>0$，那么 X 对 Y 的因果效应是可识别的，可由以下公式计算：

$$P(y \mid \hat{x})=\sum_{z}P(z \mid x)\sum_{x'}P(y \mid x', z)P(x') \qquad (3.29)$$

定义 3.3.3 所述的条件过于严格，某些被条件（ii）、条件（iii）所排除的后门路径实际上是可以允许的，只要它们被某些伴生变量阻断。例如，图 3.1 中的变量 Z_2 满足 (X, Z_3) 的类似前门的准则，因为 Z_1 阻断了所有从 X 到 Z_2 的后门路径以及从 Z_2 到 Z_3 的后

门路径。为了分析如此复杂的结构，包括后门和前门条件的嵌套组合，3.4 节将介绍一种更强大的符号机制，该机制可回避诸如式（3.28）推导过程中所使用的代数操作。但首先让我们看一个例子来说明前门条件可能的应用。

3.3.3 实例：吸烟与基因型理论

考虑一个关于吸烟（X）和肺癌（Y）之间关系的百年争论（Sprites et al.，1993，pp. 291-302）。据多人陈述，烟草业已经成功阻止了反吸烟立法，他们辩称，吸烟和肺癌之间所观察到的相关性可用某种致癌基因型（U）来解释，这种基因型涉及对尼古丁的天生嗜好。

人体肺部沉积的焦油量（Z）是一个有望满足定义 3.3.3 中列出的条件的变量，因此符合图 3.5 的结构。为了满足条件（i），我们必须假定除了吸烟对肺癌的效应仅通过焦油沉积的中介产生以外，无其他效应。为了满足条件（ii）和（iii），我们必须假定，即使基因型加重了肺癌的产生，但它对肺部的焦油量没有影响，除非（通过吸烟）间接地产生影响。同样地，我们必须假定影响焦油沉积的其他因素对吸烟没有任何影响。最后，定理 3.3.4 的条件 $P(x,z)>0$ 要求肺部的高水平焦油量不仅是吸烟的结果，还是其他因素的结果（例如，环境污染物的暴露），并且某些吸烟者肺部可能没有焦油（可能由于极其高效的焦油代谢机制）。最后一个条件的满足性可在数据中进行测试[⊖]。

为了说明我们如何评估吸烟增加（或减少）肺癌风险的程度，我们假定一个假设性研究，在一个大的随机选择的群体样本中同时测量三个变量 X，Y，Z。为了简化说明，我们进一步假定这三个变量都是二进制的，取值为真（1）或假（0）。表 3.1 给出了焦油、癌症和吸烟之间关系研究的假设数据集。表 3.1 显示 95% 的吸烟者和 5% 的非吸烟者的肺部已出现高水平的焦油沉积。此外，有焦油沉积的受试者中 81% 的人发展为肺癌，而没有焦油沉积的受试者中只有 14% 的人发展为肺癌。最后，在这两组人群中（有焦油和无焦油），吸烟者患癌症的比例比不吸烟者高得多。

83

表 3.1

	分组类型	$P(x,z)$ 分组规模 （群体的百分比）	$P(Y=1\mid x,z)$ 分组中癌症患者百分比
$X=0$，$Z=0$	不吸烟，无焦油	47.5	10

⊖ 对于所有的 z，$P(x=0,z)>0$ 说明，对于不吸烟者而言，任何水平的焦油沉积都存在，这只能用其他因素来解释。而 $P(x,z=0)>0$ 则说明某些吸烟者并没有焦油沉积。——译者注

（续）

	分组类型	$P(x,z)$ 分组规模（群体的百分比）	$P(Y=1\|x,z)$ 分组中癌症患者百分比
$X=1$，$Z=0$	吸烟，无焦油	2.5	90
$X=0$，$Z=1$	不吸烟，有焦油	2.5	5
$X=1$，$Z=1$	吸烟，有焦油	47.5	85

这些结果似乎证明了吸烟是肺癌的主要诱因。然而，烟草业可能辩称，这个表格讲述了一个不同的故事，吸烟实际上降低了一个人患肺癌的风险。他们的论点是这样的：如果你决定吸烟，那么你发生焦油沉积的概率是95%，而如果你决定不吸烟，概率是5%。为了评估焦油沉积的效应，我们分别观察两组对象——吸烟者和非吸烟者。表3.1显示焦油沉积对两组人群都有保护作用：对吸烟者来说，焦油沉积将癌症发病率从90%降低到85%；对不吸烟者来说，焦油沉积将癌症发病率从10%降低到5%。因此，无论我是否天生嗜好尼古丁，我都应该寻求焦油沉积在肺部的保护作用，而吸烟提供了一个非常有效的手段来获取这些沉积。

为了解决这两种解释之间的争论，我们现在对表3.1中的数据应用前门公式（式（3.29））。我们希望计算一个随机选择的人在以下两种行为下患肺癌的概率：吸烟（设置$X=1$）或不吸烟（设置$X=0$）。

为$P(z|x)$、$P(y|x,z)$、$P(x)$代入适当的值，得到：

$$\begin{aligned}P(Y=1|do(X=1)) &= 0.05(0.10\times0.50+0.90\times0.50)\\ &\quad +0.95(0.05\times0.50+0.85\times0.50)\\ &= 0.05\times0.50+0.95\times0.45=0.4525\\ P(Y=1|do(X=0)) &= 0.95(0.10\times0.50+0.90\times0.50)\\ &\quad +0.05(0.05\times0.50+0.85\times0.50)\\ &= 0.95\times0.50+0.05\times0.45=0.4975\end{aligned} \tag{3.30}$$

因此，与预期相反，数据似乎证明吸烟对健康有些好处[⊖]。

显然，表3.1中的数据是不真实的数据，是为了支持基因型理论而精心设计的。然而，这个例子的目的是要演示对于因果机制运作的一些合理定性假定，再加上非实验数据，如何产生因果效应的精确定量估计。在现实中，我们期望观察性研究通过中介变量

⊖ 这个结果是在前面所述的假定下得到的，因此它只是说明前门准则的一个例子，并不表明吸烟真的有利于健康。——译者注

84

来反驳基因型理论，例如，吸烟的中介结果（如焦油沉积）倾向于增加而不是减少吸烟者和非吸烟者患肺癌风险。那么式（3.29）的估计可用于量化吸烟对肺癌的因果效应。

3.4 干预的计算

本节建立了一套推断规则，通过这些规则，可以将包含干预和观察的概率性命题转换成其他此类命题，从而提供一种推导（或验证）干预断言的句法方法。每个推断规则都将 $do(\cdot)$ 操作解释为一种修改底层模型中某些选择函数的干预。从这种解释中产生的推断规则称为 *do* 算子（*do* calculus）公理。

假定我们有一个因果图 G 的结构，其中一些节点是可观测的，而另一些节点是不可观测的。我们的目标是要得到形如 $P(y|\hat{x})$ 的因果效应表达式的语句推导，其中 X 和 Y 代表观测变量的任意子集。对于“推导”，我们的意思是将表达式 $P(y|\hat{x})$ 逐步约简为包含观察值的标准概率等式。只要这种约简可行，X 对 Y 的因果效应是可识别的（参见定义 3.2.4）。

3.4.1 符号预备

令 X，Y，Z 为有向无环的因果图 G 中任意不相交的节点集。从 G 中删除所有指向节点 X 的边后得到的图表示为 $G_{\overline{X}}$。同样地，从 G 中删除所有从节点 X 出发的边后得到的图表示为 $G_{\underline{X}}$。删除指向 X 和从 Z 出发的边后得到的图表示为 $G_{\overline{X}\underline{Z}}$（参见图 3.6 以获得说明）。最后，表达式 $P(y|\hat{x},z) \triangleq P(y,z|\hat{x})/P(z|\hat{x})$ 表示当 X 固定为常数 x，并且（在此条件下）$Z=z$ 被观察到时，$Y=y$ 的概率。

3.4.2 推断规则

下面的定理陈述了本节提出的演算的三个基本推断规则。Pearl（1995a）给出了证明。

定理 3.4.1（*do* 算子准则）

令 G 表示如式（3.2）定义的与因果模型对应的有向无环图，令 $P(\cdot)$ 表示该模型蕴含的概率分布。对于任何不相交的变量子集 X, Y, Z, W，我们有以下规则：

规则 1（插入 / 删除观测变量）

$$当(Y \perp\!\!\!\perp Z \mid X, W)_{G_{\overline{X}}}时, \qquad P(y \mid \hat{x}, z, w) = P(y \mid \hat{x}, w) \tag{3.31}$$

规则 2（行为 / 观察交换）

$$当(Y \perp\!\!\!\perp Z \mid X, W)_{G_{\overline{X}\underline{Z}}}时, \qquad P(y \mid \hat{x}, \hat{z}, w) = P(y \mid \hat{x}, z, w) \tag{3.32}$$

85

规则 3（插入 / 删除行为）

$$当(Y \perp\!\!\!\perp Z \mid X, W)_{G_{\overline{X}, \overline{Z(W)}}}时, \qquad P(y \mid \hat{x}, \hat{z}, w) = P(y \mid \hat{x}, w) \tag{3.33}$$

其中 $Z(W)$ 是在 $G_{\overline{X}}$ 中属于 Z 但不属于 W 祖代的节点集合。

每一条推断规则都遵循“带帽”操作符 $\hat{x}$ 的基本解释，即将连接 X 与干预前父代变量的因果机制替换为干预后引入的新机制 $X = x$，得到由子图 $G_{\overline{X}}$ 刻画的子模型（submodel）（Spirtes 等人（1993）将其命名为“操作后的图”）。

规则 1 重申了 d-分离是干预 $do(X = x)$（因此得到图 $G_{\overline{X}}$）所产生的分布中条件独立性的有效检验。这一规则遵循这样的事实：从系统中删除方程不会在剩余的干扰项之间引入任何依赖关系。

规则 2 为外部干预 $do(Z = z)$ 提供了一个条件，使其对 Y 产生的效应与被动观察 $Z = z$ 的结果一致。该条件相当于 $\{X \cup W\}$ 阻断（$G_{\overline{X}}$ 中）所有从 Z 到 Y 的后门路径，因为 $G_{\overline{X}\underline{Z}}$ 保留了所有（且仅保留）这样的路径。

规则 3 为引入（或删除）外部干预 $do(Z = z)$ 而不影响 $Y = y$ 的概率提供了条件。同样，该规则的有效性起源于通过删除与 Z 中变量相对应的所有方程（因此得到图 $G_{\overline{XZ}}$）来模拟干预 $do(Z = z)$。Pearl（1995a）提供了规则 1～3 的证明以及将删除限制在 W 的非祖代节点的原因。

推论 3.4.2

如果存在有限的转换序列可将因果效应 $q = P(y_1, \cdots, y_k \mid \hat{x}_1, \cdots, \hat{x}_m)$ 约简为仅涉及观察量的（即无“带帽”符号）概率表达式，其中每个转换都符合定理 3.4.1 中的一条推断规则，那么 p 在图 G 刻画的模型中是可识别的。

规则 1～3 已经证明是完备的，即足以推导出所有可识别的因果效应（Shpitser and Pearl，2006a；Huang and Valtorta，2006）。此外，如 3.4.3 节所示，使用“带帽”符号进行符号推导比代数推导更便捷，代数推导的目标是从概率表达式中消除潜在变量（如 3.3.2 节，式（3.24））。然而，还没有系统化的方法判定是否存在一系列规则能够约简任意的因果效应表达式，因此用于识别的图模型准则更容易满足我们的需求。这些将在第 4 章中展开讨论。

3.4.3 因果效应的符号推导：一个实例

现在，我们来演示如何使用规则 1～3 推导图 3.5 所示结构中的所有因果效应估计。图 3.6 展示了后续推导所需要的子图。

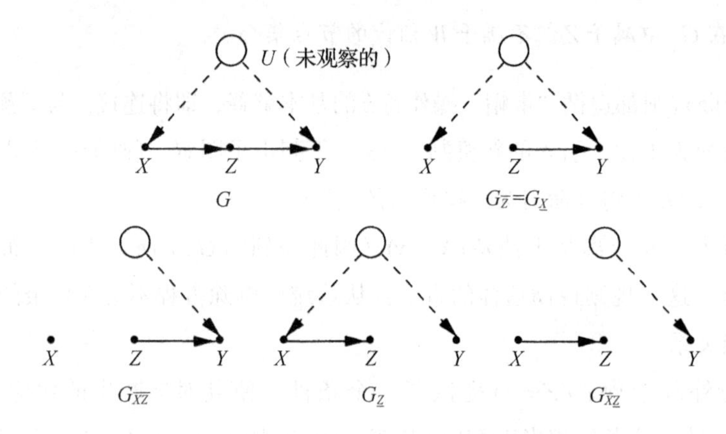

图 3.6 用于推导因果效应的 G 的子图

任务 1：计算 $P(z \mid \hat{x})$

由于图 G 满足规则 2 的应用条件，因此这个任务可一步完成。在 $G_{\underline{X}}$ 中 $X \perp\!\!\!\perp Z$（因为路径 $X \leftarrow U \rightarrow Y \leftarrow Z$ 被汇聚到 Y 的箭头阻断），我们得到：

$$P(z \mid \hat{x}) = P(z \mid x) \tag{3.34}$$

任务 2：计算 $P(y \mid \hat{z})$

由于 $G_{\underline{Z}}$ 包含从 Z 到 Y 的后门路径：$Z \leftarrow X \leftarrow U \rightarrow Y$，因此我们不能应用规则 2 来将 $\hat{z}$ 替换为 z。自然而然地，我们希望通过该路径上的变量（如 X）来阻断该路径。这涉及对 X 的所有值取条件并求和：

$$P(y \mid \hat{z}) = \sum_x P(y \mid x, \hat{z}) P(x \mid \hat{z}) \tag{3.35}$$

现在我们需要处理两个包含 $\hat{z}$ 的项：$P(y \mid x, \hat{z})$ 和 $P(x \mid \hat{z})$。由于 X 和 Z 在 $G_{\overline{Z}}$ 中 d-分离，因此后者可以很容易地通过规则 3 的删除行为计算得到：

$$当(Z \perp\!\!\!\perp X)_{G_{\overline{Z}}}时，\qquad P(x \mid \hat{z}) = P(x) \tag{3.36}$$

（直觉上，操作 Z 不会对 X 产生影响，因为在 G 中 Z 是 X 的后代。）要约简前一项 $P(y\mid x,\hat{z})$，我们应用规则2：

$$\text{当}(Z \perp\!\!\!\perp Y \mid X)_{G_{\underline{Z}}}\text{时，} \qquad P(y\mid x,\hat{z}) = P(y\mid x,z) \tag{3.37}$$

注意，在 $G_{\underline{Z}}$ 中 X 使 Z 与 Y d-分离。这允许我们可以将式（3.35）改写为：

$$P(y\mid\hat{z}) = \sum_x P(y\mid x,z)P(x) = E_x P(y\mid x,z) \tag{3.38}$$

这是后门公式（式（3.19））的一个特例。合法条件 $(Z \perp\!\!\!\perp Y \mid X)_{G_{\underline{Z}}}$ 对于 X 是否足以实现（Y 和 Z 之间的）混杂控制提供了另一种图模型测试，该测试等价于 Rosenbaum 和 Rubin（1983）的不透明的“可忽略性”条件。

任务3：计算 $P(y\mid\hat{x})$

$P(y\mid\hat{x})$ 可写为：

86～87

$$P(y\mid\hat{x}) = \sum_z P(y\mid z,\hat{x})P(z\mid\hat{x}) \tag{3.39}$$

我们看到项 $P(z\mid\hat{x})$ 在式（3.34）中被约简，但无法应用任何规则从项 $P(y\mid z,\hat{x})$ 中删除带帽符号^。然而，由于条件 $(Y \perp\!\!\!\perp Z \mid X)_{G_{\overline{X}\underline{Z}}}$ 成立（参见图3.6），因此我们可以通过规则2合理地添加这个符号：

$$P(y\mid z,\hat{x}) = P(y\mid\hat{z},\hat{x}) \tag{3.40}$$

由于 $Y \perp\!\!\!\perp X \mid Z$ 在 $G_{\overline{XZ}}$ 中成立，因此我们现在可以使用规则3从 $P(y\mid\hat{z},\hat{x})$ 中删除行为 $\hat{x}$。我们得到：

$$P(y\mid z,\hat{x}) = P(y\mid\hat{z}) \tag{3.41}$$

式（3.38）中计算了该式。在式（3.39）中代入式（3.38）、式（3.41）和式（3.34），最终得到：

$$P(y\mid\hat{x}) = \sum_z P(z\mid x)\sum_{x'} P(y\mid x',z)P(x') \tag{3.42}$$

这与式（3.28）的前门公式一致。

任务4：计算 $P(y,z\mid\hat{x})$

我们有：

$$P(y,z\mid\hat{x}) = P(y\mid z,\hat{x})P(z\mid\hat{x})$$

等号右边的两项已在式（3.34）和（3.41）中推导，因此可得到：

$$P(y,z\mid\hat{x}) = P(y\mid\hat{z})P(z\mid x) = P(z\mid x)\sum_{x'} P(y\mid x',z)P(x') \tag{3.43}$$

任务 5：计算 $P(x, y \mid \hat{z})$

我们有：

$$P(x, y \mid \hat{z}) = P(y \mid x, \hat{z}) P(x \mid \hat{z}) = P(y \mid x, z) P(x) \tag{3.44}$$

等号右边的第一项可由规则 2 得到（在 $G_{\underline{Z}}$ 中成立），第二项可由规则 3 得到（如式（3.36））。

注意，在所有的推导中，图 G 既提供了应用推断规则的条件和选择正确规则的指导。

3.4.4 基于替代试验的因果推断

假设我们希望在 $P(y \mid \hat{x})$ 不可识别时学习 X 对 Y 的因果效应，而由于成本或伦理的现实原因，我们不能通过随机化实验（randomized experiment）控制 X。这产生了一个问题：$P(y \mid \hat{x})$ 是否可以通过随机化一个比 X 更容易控制的代理变量 Z 来识别。例如，如果我们想要评估胆固醇水平（X）对心脏病（Y）的效应，一个合理的实验应该是控制受试者的饮食（Z），而不是直接控制受试者血液中的胆固醇水平。

88

形式上，这个问题相当于将 $P(y \mid \hat{x})$ 转换为只有 Z 的成员含带帽符号的表达式。利用定理 3.4.1，可以证明以下条件足以决定代理变量 Z：

（i）X 截断了所有从 Z 到 Y 的有向路径。

（ii）$P(y \mid \hat{x})$ 在 $G_{\overline{Z}}$ 中是可识别的。

事实上，如果条件（i）成立，那么我们得到 $P(y \mid \hat{x}) = P(y \mid \hat{x}, \hat{z})$，因为 $(Y \perp\!\!\!\perp Z \mid X)_{G_{\overline{XZ}}}$。但是 $P(y \mid \hat{x}, \hat{z})$ 代表 $G_{\overline{Z}}$ 对应的模型中 X 对 Y 的因果效应，依据条件（ii），这是可识别的。结合到胆固醇的实例中，这些条件要求饮食对心脏状况没有直接效应，并且胆固醇水平和心脏病之间无混杂，除非我们能通过额外的测量消除这种混杂。

图 3.9e 和图 3.9h（参见 3.5.2 节）展示了这两种条件都成立的模型。以图 3.9e 为例，我们得到了如下估计值：

$$P(y \mid \hat{x}) = P(y \mid x, \hat{z}) = \frac{P(y, x \mid \hat{z})}{P(x \mid \hat{z})} \tag{3.45}$$

首先应用规则 3 添加 $\hat{z}$：

$$P(y \mid \hat{x}) = P(y \mid \hat{x}, \hat{z}), \quad \text{因为} \ (Y \perp\!\!\!\perp Z \mid X)_{G_{\overline{XZ}}}$$

然后应用规则 2 将 $\hat{x}$ 替换为 x：

$$P(y \mid \hat{x}, \hat{z}) = P(y \mid x, \hat{z}), \quad \text{因为} \ (Y \perp\!\!\!\perp X \mid Z)_{G_{\underline{X}\overline{Z}}}$$

依据式（3.45），只要 Z 的一个值就足以识别任意 x 和 y 的 $P(y|\hat{x})$。换句话说，Z 在赋值上不需要变化，可以简单地通过外部手段使其保持不变。如果 G 中蕴含的假定成立，那么无论 Z 保持在什么（恒定）值，式（3.45）等号右边的项都应该得到相同的值。然而，实际应用中，仍然需要 Z 的一些值来确保对 X 的每个预期值都能获得足够的样本。例如，如果我们对 $E(Y|\hat{x})-E(Y|\hat{x}')$ 感兴趣，其中 x，x' 是两个干预值，那么我们应该选择 Z 的两个值 z 和 z' 以（分别）最大化 x 和 x' 的样本数量，然后估计

$$E(Y|\hat{x})-E(Y|\hat{x}')=E(Y|x,\hat{z})-E(Y|x',\hat{z}')$$

3.5　可识别性的图模型检验

图 3.7 展示了 $P(y|\hat{x})$ 不能被识别的简单图，原因在于“弓形”模式的存在，即混杂弧（虚线）包容了 X 和 Y 之间的因果链接。混杂弧表示图中存在一条包含未观测变量且无汇聚箭头的后门路径。例如，图 3.1 中的路径 X，Z_0，B，Z_3 可表示为 X 和 Z_3 之间的混杂弧。弓形模式（bow pattern）表示方程 $y=f_Y(x,u,\varepsilon_Y)$，其中 U 是未观测变量且与 X 相关。这样的方程导致因果效应无法识别，因为 X 和 Y 之间任何观察到的相关都可能被归因于由 U 中介的虚假相关。 89

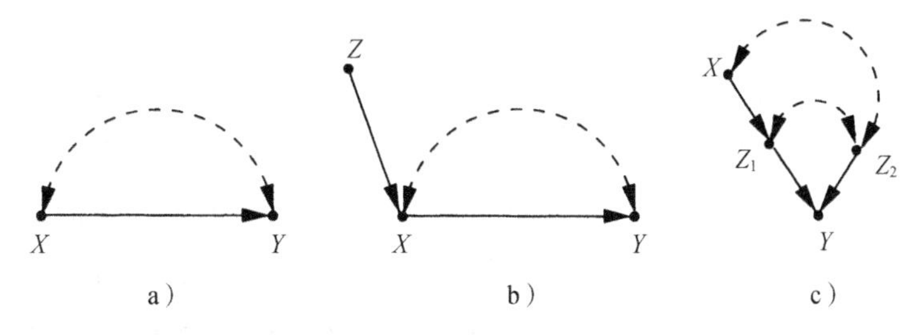

图 3.7　a) 弓形模式：包容因果链接 $X\to Y$ 的混杂弧，即使存在工具变量 Z，也无法识别 $P(y|\hat{x})$，如 (b) 所示。c) 仍然无法识别 $P(y|\hat{x})$ 的（X 与 Y 之间）无弓图

弓形模式的存在导致 $P(y|\hat{x})$ 不可识别，即使该模式存在于一个更大的图中，如图 3.7b 所示。这与线性模型相反，在线性模型中为弓形模式添加弧会导致 $P(y|\hat{x})$ 可识别（参见第 5 章，图 5.9）。例如，如果 Y 通过线性关系 $y=bx+u$ 与 X 相关，其中 U 是一个可能与 X 相关的未被观测的扰动，那么 $b=\frac{\partial}{\partial x}E(Y|\hat{x})$ 是不可识别的。然而，在结构中添加弧 $Z\to X$（即，找到一个与 X 相关但与 U 不相关的变量 Z），可使 $E(Y|\hat{x})$ 借助工具变

量（instrumental variables）公式计算（Bowden and Turkington，1984；另见第 5 章）：

$$b \triangleq \frac{\partial}{\partial x} E(Y \mid \hat{x}) = \frac{E(Y \mid z)}{E(X \mid z)} = \frac{r_{YZ}}{r_{XZ}} \tag{3.46}$$

在非参数模型中，为弓形模式添加工具变量 Z（图 3.7b）不会使 $P(y \mid \hat{x})$ 可识别。这是一个在临床试验分析中常见的问题。在临床试验分析中，治疗措施（Z）是随机化的（因此没有箭头指向 Z）但（病人的）行为是非完全服从的（见第 8 章）。图 3.7b 中 X 和 Y 之间的混杂弧表示受试者的治疗措施选择（X）以及受试者对治疗反应（Y）之间的不可测因素。在这样的试验中，如果不对（受试者）服从程度和治疗反应之间相互作用的性质作出另外的假定[㊀]（正如 Imbens 和 Angrist（1994）与 Angrist 等人（1996）的分析中所做的），就无法得到治疗效果 $P(y \mid \hat{x})$ 的无偏估计。虽然添加弧 $Z \to X$ 允许我们计算 $P(y \mid \hat{x})$ 的界限（Robins，1989，sec. lg；Manski，1990；Balke and Pearl，1997）并且某些类型的分布 $P(x, y, z)$ 的上下界甚至可能重合（参见 8.2.4 节），但仍然没有方法为每种正分布 $P(x, y, z)$ 计算 $P(y \mid \hat{x})$，这是定义 3.2.4 所要求的。

一般来说，在因果图中添加弧只会阻碍而不会帮助非参数模型中的因果效应的识别。因为这样的添加会减少图中包含的 d-分离条件集，因此，如果在原图中无法推导某个因果效应，那么在增广图也一定无法识别该因果效应。相反，任何能够在增广图中推导的因果效应（通过一系列符号转换，如推论 3.4.2），在原图中也能够识别。

90

即使我们能够为变量对 (Y_1, Y_2) 的每一个变量计算 $P(y_1 \mid \hat{x})$ 和 $P(y_2 \mid \hat{x})$，也不能保证我们能够计算联合分布 $P(y_1, y_2 \mid \hat{x})$。例如，图 3.7c 中展示了一个 $P(z_1 \mid \hat{x})$ 和 $P(z_2 \mid \hat{x})$ 可计算但 $P(z_1, z_2 \mid \hat{x})$ 不可计算的因果图。因此，我们无法计算 $P(y \mid \hat{x})$。有趣的是，这个图是最小的、不包含（X 与 Y 之间）弓形弧，但仍然无法计算 X 对 Y 因果效应的图。

图 3.7c 展示的另一个有趣特性是计算联合干预（joint intervention）的效应往往比计算其中单一干预的效应更容易[㊁]。这里，可以计算 $P(y \mid \hat{x}, \hat{z}_2)$ 和 $P(y \mid \hat{x}, \hat{z}_1)$，但无法计算 $P(y \mid \hat{x})$。例如，前者可在 $G_{\overline{X}\underline{Z_2}}$ 中引用规则 2 进行计算：

$$P(y \mid \hat{x}, \hat{z}_2) = \sum_{z_1} P(y \mid z_1, \hat{x}, \hat{z}_2) P(z_1 \mid \hat{x}, \hat{z}_2) = \sum_{z_1} P(y \mid z_1, x, z_2) P(z_1 \mid x) \tag{3.47}$$

然而，不能使用规则 2 将 $P(z_1 \mid \hat{x}, z_2)$ 转换为 $P(z_1 \mid x, z_2)$，因为当以 z_2 为条件时，X 和 Z_1 在

㊀ 即受试者是否服从治疗与治疗反应之间的关系。——译者注

㊁ James Robins 提出的该观点引起了作者关注。他在序贯措施的背景下完成了许多这样的计算（Robins，1986）。

$G_{\underline{X}}$ 中（通过虚线）d-连通[⊖]。Pearl 和 Robins（1995）提出了计算联合干预和序贯干预的一般性方法，第 4 章中将会介绍该方法（4.4 节）。

3.5.1 识别模型

图 3.8 展示了 X 对 Y 的因果效应可识别的简单图（其中 X 和 Y 是单一变量）。这样的模型称为“识别模型”（identifying model），因为其结构包含了足够数量的假定（缺失链接）以使目标值 $P(y\mid\hat{x})$ 可识别。潜在变量没有明确地显示在这些图中，这些变量隐含在混杂弧（虚线）中。每一个具有潜在变量的因果图都可以转化为一个观测变量构成的等价图，图中的变量由箭头和混杂弧相互连接。这种转化对应于替换掉结构方程（3.2）中的所有潜在变量，然后通过以下形式连接任意两个变量 X_i 和 X_j 来构造一个新图：（i）当 X_j 出现于 X_i 的方程中时，画一个从 X_j 到 X_i 的箭头；（ii）当 f_i 和 f_j 包含相同的项 ε 时，画一个混杂弧。这样得到一个所有未观测变量都是外生且相互独立的图。

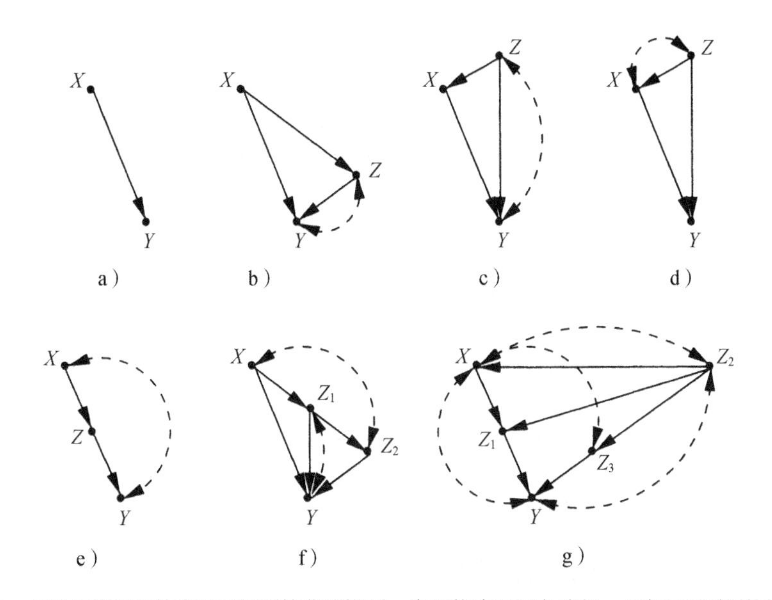

图 3.8　X 对 Y 的因果效应是可识别的典型模型。虚弧线表示混杂路径，Z 表示观测到的协变量

通过检查图 3.8 可以发现如下特性。

1. 由于从因果图中移除任何弧或箭头只能有助于因果效应的可识别性，因此，在

⊖ 因为 Z_2 是一个对撞节点。——译者注

图 3.8 展示的图模型的任何子图上的 $P(y|\hat{x})$ 仍然可识别。同样地，将观察到的中介变量引入因果图中，可能帮助但绝不会阻碍任何因果效应的可识别性。因此，在图 3.8 展示的图模型上添加任何中介节点得到的图中，$P(y|\hat{x})$ 仍然可被识别。

2. 在图 3.8 中，现有节点对引入任何额外的弧或箭头都会使 $P(y|\hat{x})$ 不再可识别，从这个意义上讲，这个图是极大的。注意与定理 3.6.1 的一致性。

3. 虽然图 3.8 中的大多数图都包含弓形模式，但其中有些弓形不是从 X 引出的（如图 3.9a 和图 3.9b 的实例）。一般来说，$P(y|\hat{x})$ 可识别的一个必要条件是 X 与 X 的子代节点之间没有混杂弧，该子代节点也是 Y 的祖代。

4. 图 3.8a 和图 3.8b 不包含 X 和 Y 之间的后门路径，因此代表在措施（X）和反应（Y）之间不存在混杂偏差的实验设计，即 $P(y|\hat{x})=P(y|x)$。同样地，图 3.8c 和图 3.8d 代表观察到的协变量 Z 阻断了 X 和 Y 之间的每条后门路径的实验设计（即，在 Rosenbaum 和 Rubin（1983）的词典中，X 在条件 Z 下是“条件可忽略的”），因此，$P(y|\hat{x})$ 可通过对 Z 的校正得到（如式（3.19））：

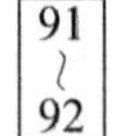

$$P(y|\hat{x})=\sum_{z}P(y|x,z)P(z)$$

5. 对于图 3.8 中的每个图模型，我们很容易使用 3.4.3 节中的符号推导模式获得 $P(y|\hat{x})$ 的计算公式。推导过程通常依据图的拓扑结构。例如，根据图 3.8f 可以得出如下推导：

$$P(y|\hat{x})=\sum_{z_1,z_2}P(y|z_1,z_2,\hat{x})P(z_1,z_2|\hat{x})$$

我们看到包含 $\{X,Z_1,Z_2\}$ 的子图结构与图 3.8e 一致，即用 (Z_1,Z_2) 替换 (Z,Y)。因此，$P(z_1,z_2|\hat{x})$ 可通过式（3.43）得到。同样地，因为 $(Y \perp\!\!\!\perp X|Z_1,Z_2)_{G_{\underline{X}}}$，所以 $P(y|z_1,z_2,\hat{x})$ 可依据规则 2 约简为 $P(y|z_1,z_2,x)$。这样，我们得到：

$$P(y|\hat{x})=\sum_{z_1,z_2}P(y|z_1,z_2,x)P(z_1|x)\sum_{x'}P(z_2|z_1,x')P(x') \tag{3.48}$$

对图 3.8g 应用类似的推导过程可得到：

$$P(y|\hat{x})=\sum_{z_1}\sum_{z_2}\sum_{x'}P(y|z_1,z_2,x')P(x'|z_2)\times P(z_1|z_2,x)P(z_2) \tag{3.49}$$

注意，式（3.49）中没有出现变量 Z_3，如果人们想要了解 X 对 Y 的因果效应，则不需要观测 Z_3。

6. 在图 3.8e、图 3.8f、图 3.8g 中，$P(y|\hat{x})$ 的可识别性是通过观测到的协变量 Z 实现的，其中 Z 受治疗（X）的影响（因为 Z 是 X 的后代）。这与统计实验的大多数文献中反复强调的警告相反，这些警告要求避免校正受 X 影响的伴生观测变量（Cox，1958；

Rosenbaum，1984；Pratt and Schlaifer，1988；Wainer，1989）。人们普遍认为，在分析 X 的总效应时，必须将受 X 影响的伴生观测变量 Z 排除（Pratt and Schlaifer，1988）。这种排除的原因是，计算总效应相当于将 Z 对 Y 的效应一并考虑在内，这等价于一开始就忽略 Z 而直接计算 X 对 Y 的效应。图 3.8e、图 3.8f、图 3.8g 展示的案例中，X 的总效应确实是研究的目标，即使如此，观测受 X 影响的伴生观测变量（例如，Z 或 Z_1）仍然是必要的。然而，此类伴生观察所需要的校正是非标准的，需应用两次或多次式（3.19）的标准校正（参见式（3.28）、（3.48）和（3.49））。

7. 在图 3.8b、图 3.8c、图 3.8f 中，Y 存在一个对 Y 的效应不可识别的父节点（即虚线表示的双向弓形弧），即便如此，X 对 Y 的效应仍是可识别的。这说明局部可识别性不是全局可识别性的必要条件。换句话说，要识别 X 对 Y 的效应，我们不需要坚持识别 X 到 Y 路径上的每一个链接。

3.5.2　非识别模型

图 3.9 展示了 X 对 Y 的总效应 $P(y\mid\hat{x})$ 不可识别的典型模型。这些图值得注意的特性如下：

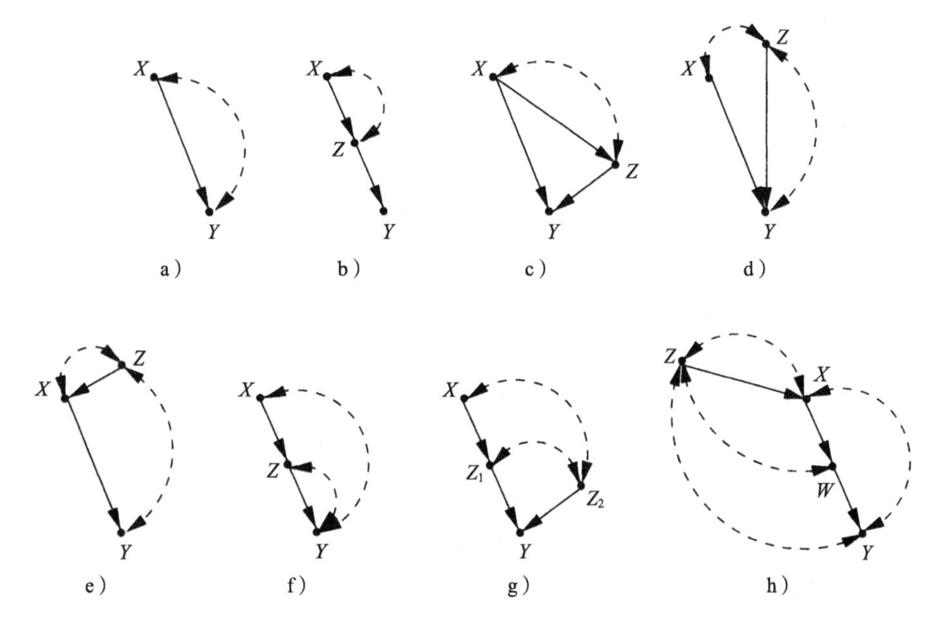

图 3.9　$P(y\mid\hat{x})$ 不可识别的典型模型

1. 图 3.9 中的所有图模型都包含了 X 和 Y 之间的不可阻断的后门路径，即指向 X 的路径不能被可观测的 X 的非后代节点所阻断。图中存在这种路径确实是不可识别性的必要检验（见定理 3.3.2）。但它不是充分检验，如图 3.8e 所示，其中后门路径（虚线）是不可阻断的，但 $P(y|\hat{x})$ 是可识别的。

2. $P(y|\hat{x})$ 不可识别的一个充分条件是 X 与其任何位于 X 到 Y 的路径上的子节点之间存在混杂弧，如图 3.9b 和图 3.9c 所示。一个更强的充分条件是，图模型中的一个子图包含图 3.9 所示的任一模式。

3. 图 3.9g（与图 3.7c 一致）说明局部可识别不是全局可识别的充分条件。例如，我们可以识别 $P(z_1|\hat{x})$、$P(z_2|\hat{x})$、$P(y|\hat{z}_1)$、$P(y|\hat{z}_2)$，但无法识别 $P(y|\hat{x})$。这是非参数模型和线性模型的主要区别之一。在后者中，所有的因果效应都可以由结构系数确定，每个系数代表一个变量对其直接后继变量的因果效应。

3.6 讨论

3.6.1 要求与扩展

本章介绍的方法有助于从（图模型中所描述的）定性因果假定和非实验观察数据相结合中得出定量因果推论。因果假定本身一般无法在非实验研究中检验，除非它们对观察到的分布施加约束。最常见的约束形式是条件独立性，正如图中通过 d-分离条件所传达的那样。另一种约束形式是数值不等式。例如，在第 8 章中，我们将说明与工具变量（图 3.7b）相关的假定受制于条件概率不等式形式的证伪检验（Pearl，1995b）。然而，这样的约束仅能够检验图中包含的一小部分因果假定，而且这些假定的大部分必须通过领域知识证实，这些知识要么来自理论思考（例如，气压计不会导致降雨），要么来自相关的实验研究。例如 Moertel 等人（1985）的实验研究否定了维生素 C 对抗癌有效的假说，因此该结果可以作为维生素 C 与癌症患者的观察性研究的实质性假定，在相关的图模型中，它将表示为（维生素 C 和癌症之间）缺失的链接。总之，本章所述方法的主要用途不在于检验因果假定，而在于提供一种有效的语言，使这些假定精确且清晰。因此，假定可以被分离出来进行思考或实验，然后（一旦被验证）与统计数据结合得到因果效应的定量估计。

93～94

另一个重要问题是抽样可变性（sampling variability），本书只做简单讨论（见 8.5

节）。因果效应估计的数学推导应该被看作这些估计设置置信区间和显著性水平的第一步，就像对受控实验的传统分析那样。然而，我们应该指出，获得因果效应的非参数估计（nonparametric estimation for causal effect）并不意味着应该避免使用参数形式。例如，如果认为高斯分布、零均值扰动和相加交互作用假定是合理的，那么式（3.28）给出的估计可转化为乘积 $E(Y \mid \hat{x}) = r_{ZX} r_{YZ \cdot X} x$，其中 $r_{YZ \cdot X}$ 是标准化（standardize）的回归系数（5.3.1 节）。这样，估计问题将简化为回归系数估计问题（例如，用最小二乘法）。Rosenbaum 和 Rubin（1983）、Robins（1989，sec. 17），以及 Robins 等人（1992，pp. 331-3）给出了更复杂的估计方法。例如，当需要校正的协变量维度很高时，Rosenbaum 和 Rubin（1983）提出的“倾向得分（propensity score）”法很有效（11.3.5 节）。Robins（1999）表明，相比在校正公式（3.19）中估计独立因素，使用 $P(y \mid \hat{x}) = \sum_{z} \frac{P(x, y, z)}{P(x \mid z)}$ 会更有效，该公式不分解干预前的分布。这样，研究者可以分别估计分母 $P(x \mid z)$，然后对此估计量的倒数进行个体样本加权，并将加权样本看作从干预后分布 $P(y \mid \hat{x})$ 中随机采样得到的。干预后的参数，如 $\frac{\partial}{\partial x} E(Y \mid \hat{x})$，可通过普通的最小二乘法进行估计。这种方法在具有时变协变量的队列研究中尤其有效，如 4.4.3 节和 3.2.3 节（见式（3.18））中讨论的问题。

本章介绍的方法的一些扩展也值得注意。首先，原子干预的识别分析可以推广到复杂的时序（干预）策略中，在这些策略研究中，一组控制变量 X 通过函数策略或随机策略（stochastic strategies）以特定的方式响应协变量集合 Z，如 3.2.3 节和 4.4.3 节所示。在第 4 章（4.4.3 节）中，可以看到识别这些策略的效应需要相关图模型中的一系列后门条件。

第二个扩展涉及干预演算（定理 3.4.1）在非递归模型（nonrecursive model）中的使用，即包含有向环或反馈回路的因果图。从模型中“排除”方程的因果效应的基本定义（定义 3.2.1）仍然适用于非递归系统（Strotz and Wold，1960；Sobel，1990），但是必须解决两个问题。首先，识别分析必须确保剩余模型的稳定性（stability）（Fisher, 1970）。其次，必须将有向无环图的 *d*-分离准则扩展到有环图（cyclic graphs）。已经验证了非递归线性模型的 *d*-分离有效性（Spirtes，1995）和包含离散变量的非线性系统中的 *d*-分离有效性（Pearl and Dechter，1996）。然而，因果效应估计的计算在有环非线性系统更加困难，因为将 $P(y \mid \hat{x})$ 符号约简为无帽表达式可能需要求解非线性方程。在第 7 章（7.2.1 节）中，我们演示了非递归线性系统中策略和反事实的估计（另见 Balke and Pearl，1995a）。

95

第三个扩展涉及将干预演算（定理 3.4.1）推广到采样数据不满足 i.i.d.（independent and identically distributed，独立同分布）条件的情形。例如，我们可以想象，只有在过去病人中幸存者比例低于某个临界值时，医生才会为这样的病人开治疗处方。在这种情况下，需要从非独立样本中估计因果效应 $P(y\mid\hat{x})$。Vladimir Vovk（1996）给出了当采样不满足 i.i.d. 时定理 3.4.1 的规则仍然适用的条件，他接着把这三种推断规则整合成一个逻辑生成系统。

3.6.2　图作为一种数学语言

认识到将大量背景知识纳入概率推断（probabilistic inference）的好处可以追溯到 Thomas Bayes（1763）以及 Pierre Laplace（1814），大多数现代统计学家也普遍认可它在分析和解释复杂统计研究中的重要作用。然而，可用来表达背景知识的数学语言仍然处于相当可怜的发展状态。

传统上，统计学家只认可一种将实体知识与统计数据相结合的方法，即将主观先验知识赋予分布参数的贝叶斯方法（Bayesian approach）。为了在这个框架中包含因果信息，诸如“Y不受X影响”的简单因果陈述必须转换成能够赋予概率值的句子或事件（如，反事实）。例如，为了传达“泥泞不会导致下雨”这一自然假定，我们必须使用一种相当不自然的表达方式，令反事实事件“如果不泥泞，那么会下雨”的概率与事件“如果泥泞，那么会下雨”的概率相同。事实上，这就是 Neyman 和 Rubin 的潜在结果方法取得统计合法性的方式：因果判断表达为包含反事实变量的概率函数的约束（参见 3.6.3 节）。

因果图提供了一种将数据与因果信息相结合的可选语言。这种语言通过接受简单的因果陈述语句作为其基本原语，简化贝叶斯方法。这种简单陈述句仅表明两个目标变量之间是否存在因果关系，这在日常话语中被广泛使用，它们为科学家们交流经验、组织知识提供了一种自然的方式[⊖]。因此，可以预见，因果图语言将在需要大量领域知识的问题中得到广泛应用。

96

这不是一种新语言。在社会科学和计量经济学中，使用图和结构方程模型来表达因

⊖ 值得注意的是，本章的许多读者（包括本书的两名推荐人）将这里介绍的方法归为“贝叶斯派”，认为该方法依赖于“好的先验”。这种分类是有误导性的。该方法确实依赖于主观假定（例如，泥泞不会导致下雨），但这些假定是因果的而非统计的，不能表示为联合分布参数的先验概率。

果信息非常流行。然而，统计学家普遍认为这些模型是可疑的，或许是因为社会科学家和计量经济学家未能对他们模型的实证性内容提供一个明确的定义，即详细说明结果受给定结构方程约束的实验条件，即使这些条件是假设的。（第 5 章讨论了结构方程在社会科学和经济学中的历史。）结果，甚至像“结构系数”或“缺失链接”这样的基本概念也成为严重争议对象（Freedman，1987；Goldberger，1992）和误解对象（Whittaker，1990，p. 302；Wermuth，1992；Cox and Wermuth，1993）。

在很大程度上，这种争议和误解的历史根源在于缺乏足够的数学符号来定义因果模型的基本概念。例如，标准概率符号不能表达结构方程 $y=bx+\varepsilon_Y$ 中系数 b 的实证性内容，即使研究者准备假定 ε_Y（一个未被观测的量值）与 X 无关[㊀]。即便对不“直接影响” Y 的方程变量进行排除这一操作，也无法给出任何概率意义[㊁]。

本章提出的符号为这些（因果）概念提供了一个明确的经验性解释，因为该符号允许人们精确地规定在一个给定的实验中什么是保持不变的，什么只是被测量的。（许多研究人员都认识到这种区别的必要性，最著名的是 Pratt 和 Schlaifer（1988）与 Cox（1992）。）b 的含义是 $\frac{\partial}{\partial x}E(Y\mid\hat{x})$，即在 X 的值被控制为 x 的实验中，Y（对 x）的期望变化率。无论 ε_Y 和 X 是否相关（例如，通过另一个方程 $x=ay+\varepsilon_X$），该解释都成立。同样地，可以基于一个假设的受控实验来决定哪些变量应该包括在给定的方程中，如果（对于 ε_Y 的每个取值）当所有其他变量（S_{YZ}）保持不变时，Z 对 Y 没有影响，这意味着 $P(y\mid\hat{z},\hat{s}_{YZ})=P(y\mid\hat{s}_{YZ})$，那么变量 Z 可从 Y 的方程中排除。具体而言，从方程 $y=bx+\varepsilon_Y$ 中排除的变量不是在已知（即观测到）X 的值时条件独立于 Y，而是在给定（即设定）X 的值时与 Y 因果无关。“扰动项” ε_Y 的运算意义也同样被阐明：ε_Y 被定义为差值 $Y-E(Y\mid\hat{s}_Y)$。如果 $P(y\mid\hat{x},\hat{s}_{XY})\neq P(y\mid x,\hat{s}_{XY})$，那么两个扰动项 ε_X 和 ε_Y 相关，等等（参见第 5 章，5.4 节将进一步阐述）。

带帽符号所表达的区别澄清了结构方程的实证基础，可以使得因果模型更容易为实证科学家所接受。此外，由于大多数科学知识是围绕“保持 X 不变”而非“以 X 为条件”的操作组织的，因此本章提出的符号和演算应该可以为科学家提供一种有效的手段来交流实际信息并推断其逻辑结果。

97

㊀ 在经济学家努力为因果断言“X 和 ε_Y 不相关”（Aldrich，1993；参见 5.4.3 节）给出统计解释的过程中产生了大量关于“外生性（exogeneity）”的文献（例如，Richard，1980；Engle et al. 1983；Hendry，1995）。

㊁ Wermuth 坚持对结构方程中的零系数给出统计解释（参见 5.4.1 节），为此，Goldberger（1992）和 Wermuth（1992）展开了激烈争论。

3.6.3 从图转换到潜在结果

本章使用了因果信息的两种表示方法：图和结构方程，前者是后者的抽象。近一个世纪以来，这两种表示方法都饱受争议。一方面，经济学家和社会科学家已经接受了这些建模工具，但他们持续质疑和辩论他们所估计的参数的因果含义（详见 5.1 节和 5.4 节），因此，在决策制定情境中使用结构模型往往受到怀疑。总的来说，统计学家们拒绝这两种表示，并且认为它们即使不是毫无意义（Wermuth，1992；Holland，1995）也是有问题的（Freedman，1987），当需要表达因果信息时，他们有时会求助于 Neyman-Rubin 的潜在结果符号[⊖]（Rubin，1990）。第 7 章（7.4.4 节）给出了结构方法和潜在结果方法之间关系的详细形式化分析，并证明了它们在数学上的等价性，即一种方法中的定理蕴含了另一种方法中的定理。本节主要强调方法上的差异。

在潜在结果框架（potential-outcome framework）中，分析的原始对象是基于个体的响应变量，表示为 $Y(x, u)$ 或 $Y_x(u)$，即"如若 X 取值为 x，那么 Y 将在个体 u 中得到的值"。这种反事实表述在结构方程模型中有形式化解释。考虑包含如下类似式（3.4）中方程的结构模型 M：

$$x_i = f_i(pa_i, u_i), \quad i=1,\cdots,n \tag{3.50}$$

令 U 代表背景变量的向量 $(U_1,\cdots,U_n)$，X 和 Y 是观测变量的两个不相交子集，设 M_x 是用 $X=x$ 替换 X 中变量所对应方程后得到的子模型，如同定义 3.2.1。$Y(x, u)$ 的结构性解释（structural interpretation）为：

$$Y(x, u) \triangleq Y_{Mx}(u) \tag{3.51}$$

即 $Y(x, u)$ 是在 M 的子模型 M_x 中实现 $U=u$ 条件下 Y 的（唯一）解。虽然潜在结果文献中的术语个体（unit）通常代表群体中一个特定个体的识别，但一个个体也可能被认为是刻画该个体的属性集，例如研究中的实验条件，一天的时间等，这些都表示为结构建模中向量 u 的组成部分。事实上，对 U 的唯一要求是：它代表尽可能多的背景因素，以使内生变量之间的关系具有确定性，并且数据由服从 $P(u)$ 的独立样本组成。实验中个体人员的识别通常足以满足这个要求，因为它代表了这个人的解剖学和遗传学特性，这些通常足以确定这个人对治疗或其他目标方案的反应。

98

⊖ 计量经济学文献中提出了名为"转换回归"（switching regression）的并行框架（Manski，1995，p. 38），Heckman（1996）将其归因于 Roy（1951）和 Quandt（1958），但是由于缺乏式（3.51）的形式化语义，因此无法超越"框架"内涵。

式（3.51）定义了晦涩的短语“如若 X 取值为 x，那么 Y 将在个体 u 中得到的值”与实体过程“将 X 的变化转移到 Y 的变化”之间的重要形式化关系。子模型 M_x 的构造精确地说明了假设短语“如若 X 取值为 x”如何才能实现，以及必须放弃什么过程才能使 $X=x$ 成为现实。

鉴于对 $Y(x,u)$ 的这种解释，比较潜在结果和结构框架中的因果推断方法是有指导意义的。如果将 U 视为一个随机变量，那么反事实 $Y(x,u)$ 的值也是一个随机变量，记作 $Y(x)$ 或 Y_x。潜在结果分析将观察到的分布 $P(x_1,\cdots,x_n)$ 想象成定义在观测变量和反事实变量上的增广概率函数 P^* 的边缘分布来分析。因果效应（在结构分析中写作 $P(y\mid\hat{x})$）的问题表示为目标反事实变量的边缘分布问题，记为 $P^*(Y(x)=y)$。将新的假设实体 $Y(x)$ 视为普通的随机变量，例如，假定它们服从概率演算公理、取条件定律和条件独立性公理。此外，假定这些假设实体通过一致性约束（consistency constraints）（Robins，1986）与观测变量关联，例如[1]：

$$X=x\Rightarrow Y(x)=Y \tag{3.52}$$

该公式表明：对于每个 u，如果 X 的实际值变为 x，那么如若 X 取值为 x 时 Y 的值将等于 Y 的实际值。因此，结构方法将干预 $do(x)$ 看作改变模型（以及分布），但保持所有变量不变；潜在结果方法将干预 $do(x)$ 下的变量看作一个不同的变量 $Y(x)$，通过诸如公式（3.52）的关系与 Y 松散关联。在第 7 章中，我们将使用 $Y(x,u)$ 的结构解释说明将反事实视为随机变量确实在各方面都是合理的，此外，类似式（3.52）的一致性约束遵循结构解释的定理，不需要考虑其他约束。

为了表达实质性因果知识，潜在结果分析必须将因果假定表示为对 P^* 的约束，这些约束通常的形式为包含反事实变量的条件独立性声明。例如，在具有不完全依从性的随机临床试验中（见图 3.7b）需要声明：受试者对治疗方案（X）的反应（Y）在统计上独立于治疗方案的分配（Z），潜在结果会表示为 $Y(x)\perp\!\!\!\perp Z$。同样，还需要声明：治疗方案的分配是随机的，并且独立于受试者如何服从分配方案，潜在结果会使用独立约束 $Z\perp\!\!\!\perp X(z)$。

99

这种类型的约束集合有时可能足以确定目标问题的唯一解，在其他情况下，只能得到解的界限。例如，如果一个人可以合理地假定协变量集 Z 满足条件独立性：

$$Y(x)\perp\!\!\!\perp X\mid Z \tag{3.53}$$

---

[1] Gibbard 和 Harper（1976，p.156）将这个约束表示为 $A\supset[(A\Box\!\!\rightarrow S])\equiv S]$。

（Rosenbaum 和 Rubin（1983）提出的"条件可忽略性"（conditional ignorability）假定），那么因果效应 $P^*(Y(x)=y)$ 可以很容易地使用式（3.52）来评估，得到[㊀]：

$$\begin{aligned} P^*(Y(x)=y) &= \sum_z P^*(Y(x)=y \mid z)P(z) \\ &= \sum_z P^*(Y(x)=y \mid x,z)P(z) \\ &= \sum_z P^*(Y=y \mid x,z)P(z) \\ &= \sum_z P(y \mid x,z)P(z) \end{aligned} \tag{3.54}$$

最后一个表达式不包含反事实量值（因此允许我们从 P^* 中删除 *），并且恰好与由后门准则得到的校正公式（3.19）一致。然而，条件可忽略性的假定（式（3.53））——推导公式（3.54）的关键——并不容易直接理解或确定。用实验来比喻，这个假定是这样的：具有属性 Z 的个体对治疗方案 $X=x$ 的反应独立于该个体实际接受的治疗方案。

3.6.2 节解释了为什么这种方法可能吸引传统统计学家，尽管引发反事实相关性判断的过程极其困难而且容易出错。潜在结果框架不需要为因果表达式构造新的词汇和新的逻辑，该框架中的所有数学运算都在概率演算的安全范围内进行。缺点在于需要使用反事实变量之间的独立性来表达简单的因果知识。当反事实变量不被视为基于过程的更深层次的模型内容时，就很难确定是否所有相关的反事实独立性判断都明确表达了[㊁]，所有明确表达的判断是否有冗余，或者这些判断是否自洽。可以通过转换为以下图模型来系统化地获取对这种反事实的判断（附加关系参见 7.1.4 节）。

[100] 图模型将真实信息描述为方程和概率函数 $P(u)$，前者描述为缺失的有向边（箭头），后者描述为缺失的虚线弧。因果图 G 中的每个父子对 (PA_i, X_i) 对应于式（3.50）的模型 M 中的一个方程。因此，缺失的有向边描述了排除假定，即在方程中加入被排除的变量不会改变该方程所描述的假设实验的结果[㊂]。缺失的虚线弧描述了两个或多个方程的干扰项之间的独立性。例如，节点 Y 和节点集 $\{Z_1,\cdots,Z_k\}$ 之间缺失的虚线弧表明对应的背景变量 U_Y 和 $\{U_{Z_1},\cdots,U_{Z_k}\}$ 在 $P(u)$ 中独立。

这些假定可以通过两个简单的规则转换为潜在结果符号（Pearl，1995a, p. 704）。第

㊀ Gibbard 和 Harper（1976）使用"忽略性假定" $Y(x) \perp\!\!\!\perp X$ 来推导等式 $P(Y(x)=y)=P(y \mid x)$。

㊁ 在图 3.7b 的实例中，一个典型的疏忽是写出 $Z \perp\!\!\!\perp Y(x)$ 和 $Z \perp\!\!\!\perp X(z)$，而非 $Z \perp\!\!\!\perp \{Y(x), X(z)\}$，如式（3.56）所示。

㊂ 每一个缺失的有向边表示某种关联被排除（一个变量不会出现在含另一个变量的方程中），即使将该变量加到方程中，也不会改变实验的结果。——译者注

一个规则解释图中缺失的有向边，第二个规则解释缺失的虚线弧。

1. **排斥性约束**：对于每个父代为 PA_Y 的变量 Y 和与 PA_Y 不相交的变量集 S，有：

$$Y(pa_Y) = Y(pa_Y, s) \tag{3.55}$$

2. **独立性限制**：如果节点集 $Z_1, \cdots, Z_k$ 与 Y 无虚线弧相连，那么有[⊖]：

$$Y(pa_Y) \perp\!\!\!\perp \{Z_1(pa_{Z_1}), \cdots, Z_k(pa_{Z_k})\} \tag{3.56}$$

独立性限制将 U_Y 与 $\{U_{Z_1}, \cdots, U_{Z_k}\}$ 之间的独立性转换为相应的潜在结果变量之间的独立性。这遵从观察：一旦我们确定了它们的父代变量，$\{Y, Z_1, \cdots, Z_k\}$ 中的变量就与对应方程中的 U 项具有函数关系。

例如，图 3.5 展示的模型显示了如下的父代变量集合：

$$PA_X = \{\varnothing\}\,,\quad PA_Z = \{X\}\,,\quad PA_Y = \{Z\} \tag{3.57}$$

因此，转换为排斥性约束：

$$Z(x) = Z(y, x) \tag{3.58}$$

$$X(y) = X(x, y) = X(z) = X \tag{3.59}$$

$$Y(z) = Y(z, x) \tag{3.60}$$

Z 和 $\{Y, X\}$ 之间缺失的虚线弧转换为独立性限制：

$$Z(x) \perp\!\!\!\perp \{Y(z), X\} \tag{3.61}$$

如果对 P^* 有足够数量的这种限制，那么可以尝试使用标准的概率演算和将反事实变量与可测量的对应变量结合的逻辑约束（例如式（3.52））来计算因果效应 $P^*(Y(x) = y)$。当尝试将形如 $P^*(Y(x) = y)$ 的因果效应表达式转换为只包含可观测变量的表达式时，这些约束可用作公理或推断规则。如果发现这样的转换，那么对应的因果效应是可识别的，这样 P^* 约简为 P。 101

一个很自然的问题是：潜在结果所使用的约束条件是否是完备的，也就是说，它们是否足以推导出因果过程、干预和反事实的每一个有效陈述。为了回答这个问题，反事实陈述的有效性必须定义为更基本的数学对象，例如可能的世界（1.4.4 节）或结构方程（式（3.51））。然而，在标准的潜在结果框架中，完备性仍然是个开放问题，因为 $Y(x, u)$ 被当作一个基元概念，而且诸如式（3.52）的一致性约束不是从一个更深层次的

⊖ 实际上这个限制更强，可联合应用于 PA 变量的所有实例。例如，$X \perp\!\!\!\perp Y(pa_Z)$ 应该解释为 $X \perp\!\!\!\perp \{Y(pa'_Z), Y(pa''_Z), Y(pa'''_Z), \cdots\}$，其中 $(pa'_Z), (pa''_Z), (pa'''_Z), \cdots$ 是 PA_Z 可能的取值。

数学对象推导出来的，尽管对于表述“如若 X 取值为 x”这些约束似乎是可信的。第 7 章将通过式（3.51）从 $Y(x,u)$ 的结构语义中推导出了一组充分必要公理，来解决这个完备性问题。

在评估结构方程和潜在结果模型的历史发展时，怎么强调结构方程相对于潜在结果模型概念清晰度的重要性也不为过。读者可以通过尝试判断式（3.61）的条件在给定的熟悉场景中是否成立来理解这一重要性。这个条件写为：“如若 X 取值为 x，那么 Z 会获得的值联合独立于 X 和 X 取值为 x 时 Y 会获得的值。”（在结构性表示中，这句话写作：“除了 X 自身外，Z 与 X 和 Y 都没有共同原因，如图 3.5 所示。”）一想到不得不如此麻烦地表达、维护、管理反事实关系，就可以解释为什么目前众多的流行病学家和统计学家对于因果推断如此畏惧和毫无信心，以及为什么大多数经济学家和社会科学家继续使用结构方程而不是 Holland（1988），Angrist 等人（1996）以及 Sobel（1998）提倡的潜在结果模型。另一方面，一旦一个问题被适当地形式化，潜在结果符号所提供的代数机制就可以在细化假定、推导反事实概率、验证结论是否服从前提等方面表现出强大的能力，正如我们在第 9 章中所展示。式（3.51）～（3.56）给出的转换是统一这两个阵营的关键，应该有助于研究者结合两种方法的最佳特性。

3.6.4 与 Robins 的 G-估计的关系

在潜在结果框架下进行的研究中，在思想上与本章所描述的结构分析方法最接近的是 Robins 的“因果解释结构树图”（Robins，1986，1987）。Robins 是第一个意识到 Neyman 的反事实符号 $Y(x)$ 可作为因果推断的通用性数学语言潜力的人，他使用该符号扩展了 Rubin（1978）的“时间独立处理”模型来研究直接效应和间接效应、时变处理、伴生变量和结果。

Robins 考虑时间有序的离散随机变量集 $V=\{V_1,\cdots,V_M\}$（如图 3.3），并讨论在什么条件下可以识别控制策略 $g:X=x$ 对结果 $Y\subseteq V\setminus X$ 的效应，其中 $X=\{X_1,\cdots,X_K\}\subseteq V$ 是目标干预变量，该变量在时间上有序且潜在可操作。$X=x$ 对 Y 的因果效应可以表示为概率

102

$$P(y\mid g=x)\triangleq P\{Y(x)=y\}$$

其中，反事实变量 $Y(x)$ 表示，如若干预变量 X 取值为 x 时，结果变量 Y 的值。

Robins 表明，如果 X 的每个组成元素 X_k“在已知过去的条件下，是随机指定的”，

那么 $P(y \mid g=x)$ 可从分布 $P(v)$ 识别。这个概念解释如下。令 L_k 表示出现在 X_{k-1} 和 X_k 之间的变量，L_1 是 X_1 之前的变量，记 $\bar{L}_k=(L_1,\cdots,L_k)$，$L=\bar{L}_K$，以及 $\bar{X}_k=(X_1,\cdots,X_k)$，定义 $\bar{X}_0$、$\bar{L}_0$、$\bar{V}_0$ 等同于零。如果如下关系成立，

$$(Y(x) \perp\!\!\!\perp X_k \mid \bar{L}_k, \bar{X}_{k-1}=\bar{x}_{k-1}) \tag{3.62}$$

则认为干预 $X_k=x_k$ “在已知过去的条件下，是随机指定的”。

Robins 进一步证明，如果式（3.62）对每一个 k 均成立，则因果效应为

$$P(y \mid g=x)=\sum_{\bar{l}_K} P(y \mid \bar{l}_K, \bar{x}_K) \prod_{k=1}^{K} P(l_k \mid \bar{l}_{k-1}, \bar{x}_{k-1}) \tag{3.63}$$

Robins 将其称为“ G-计算的算法公式”。这个表达式可以通过迭代地运用条件（3.62）得到，如同式（3.54）的推导过程。如果 X 是单变量（即 $K=1$），则式（3.63）简化为标准的校正公式：

$$P(y \mid g=x)=\sum_{l_1} P(y \mid x, l_1) P(l_1)$$

类似于式（3.54）。同理，在图 3.3 的特殊结构中，公式（3.63）约简为式（3.18）。

为了把这个结果放在本章分析的情况中，我们需要关注条件（3.62），它启发了 Robins 对式（3.63）的推导，我们还需探寻这种形式的反事实独立性（independence of counterfactual）能否得到有意义的图模型（graph model）解释。第 4 章中将给出答案（定理 4.4.1）。在第 4 章中，我们为识别一组计划（即一组序贯行为）的效应推导了图模型条件。反过来，可将式（3.56）的转换规则应用于 X_k 与 $\{PA_k\}$ 之间无混杂弧的图，得到式（3.62）。然而，我们注意到，这种蕴含是单向的，Robins 的条件（3.62）并不表示图的结构，因为式（3.56）的转换要求反事实之间的联合独立性（见第 107 页的注㊀），而式（3.62）对此不做要求。

本章介绍的结构分析从一个新的理论角度支持和推广了 Robins 的研究结果。首先，在技术方面，这个分析提供了处理模型的系统化方法，而这是 Robins 的初始假定条件（3.62）无法做到的。举例见图 3.8d～图 3.8g。

其次，在概念方面，结构框架代表了从“反事实独立”词汇到“描述人类知识的过程和机制”词汇的根本提升。前者要求人们确认和肯定类似式（3.62）那样深奥的关系，而后者用链接缺失这一鲜明的图形化术语表达了同样的关系。Robins 的开拓性研究表明，为了使用时序干预恰当地处理多阶段问题，“可忽略性”的不透明条件（3.53）应该分解为它的序贯成分。这就引出了定理 4.4.5 的序贯后门准则。 103

个人评论和致谢

本章所述方法源于两个简单的想法，这两个想法完全改变了我对因果关系的态度。第一个想法出现在1990年夏天，当时我正和Tom Verma一起研究“因果推断理论”（Pearl and Verma，1991；参见第2章）。我们尝试将父子关系$P(x_i \mid pa_i)$替换为对应函数$x_i = f_i(pa_i, u_i)$的可能性，突然，一切开始变得合情合理：我们终于有一个可以将熟悉的物理机制性质归因于数学对象，而不是那些模糊的认知概率$P(x_i \mid pa_i)$，而对于后者，我们已在贝叶斯网络的研究中使用了如此长的时间。Danny Geiger当时正在写他的毕业论文，他惊讶地问道：“确定性方程？真的是确定性？”虽然我们知道确定性结构方程在计量经济学中有很长的历史，但我们仍将这种表示看作过去的遗物。20世纪90年代初，对于我们加州大学洛杉矶分校的人来说，把贝叶斯网络的语义置于确定性基础之上的想法，似乎是最糟糕的异端邪说。

第二个简单的想法来自Peter Spirtes在国际科学哲学大会上的演讲（Uppsala，Sweden，1991）。在他的一张幻灯片中，Peter演示了当变量被操作时，因果图会如何改变。对我来说，Peter的那张幻灯片——与确定性结构方程相结合——是揭开因果关系操纵解释的关键，并引出了本章所描述的大多数探索。

我确实还应该提到另一件对本章有帮助的事情。1993年年初，我读到了Arthur Goldberger和Nanny Wermuth关于结构方程意义的激烈辩论（Goldberger，1992；Wermuth，1992）。我突然想到，经济学家和统计学家之间几个世纪的紧张关系源于简单的语义混乱，统计学家将结构方程看作关于$E(Y \mid x)$的陈述，而经济学家将其看作$E(Y \mid do(x))$。这可以解释为什么统计学家声称结构方程没有意义，而为什么经济学家反驳说统计没有实质内容。我写了一篇名为《关于结构方程的统计学解释》（“On the Statistical Interpretation of Structural Equations”）的技术报告（Pearl，1993c），并且希望看到这两个阵营能够和解，但这样的事情并没有发生。这场辩论中，统计学家继续坚持不能解释为$E(Y \mid x)$的任何事物都缺乏意义。相比之下，经济学家仍在试图确定他们一直想要表达的是否就是$do(x)$。

对于同行的鼓励和支持可以产生巨大的影响，而官方渠道在这方面的作为令人失望。我必须借此机会向四位同行致谢，他们在$do(x)$受到普遍关注之前，就看到了$do(x)$操作的亮点，他们是Steffen Lauritzen、David Freedman、James Robins以及Philip Dawid。Philip表现出了非凡的勇气，将我的论文刊印在《生物统计学》（Pearl, 1995），该杂志由因

104

果关系最激烈的反对者 Karl Pearson 创办。

第 2 版附言

完整的识别结果

Jin Tian 推导出了一个关键的识别条件如下，它一般化了本章所建立的所有准则：

定理 3.6.1（Tian and Pearl，2002a）

识别因果效应 $P(y|do(x))$ 的充分条件是在 X 与其任何子节点之间不存在双向路径（即完全由双向弧组成的路径）[⊖]。

值得注意的是，这个定理断言：只要 X 的（到 Y 的路径上的）每个子节点不通过双向路径可达 X，那么无论多么复杂的图，因果效应 $P(y|do(x))$ 都是可识别的。本章讨论的所有识别准则都是这个定理所定义准则的特例。例如，在图 3.5 中，因为从 X 到 Z（X 的唯一子代）的两条路径不是双向的，所以 $P(y|do(x))$ 可被识别。另一方面，在图 3.7 中，有一条从 X 到 Z_1 的路径只由双向弧构成，因此违反了定理 3.6.1 的条件，$P(y|do(x))$ 不可识别。

注意，图 3.8 中所有图模型均满足这个条件，而图 3.9 中所有图模型均不满足这个条件。Tian 和 Pearl（2002a）进一步指出，这个条件对于识别 $P(v|do(x))$ 是充分必要的，其中 V 包括了除 X 外的所有变量。Shpitser 和 Pearl（2006b）给出了识别 $P(w|do(z))$ 的充分必要条件，其中 W 和 Z 是任意的两个集合。随后，研究者建立了一个完整的图模型准则判断条件干预下分布的可识别性，即形如 $P(y|do(x),z)$ 的表达式，其中 X，Y 和 Z 是任意的变量集（Shpitser and Pearl，2006a）。

这些结果构成了图模型中因果效应的完整刻画。它们为我们提供了多项式时间算法来确定一个涉及 $do(x)$ 操作的任意量值是否可在给定的半马尔可夫模型中识别，如果可识别，该量值的估计量是多少。值得注意的是，这些结果的一个推论也表明 do-演算是完备的，即当且仅当量值 $Q=P(y|do(x),z)$ 可以通过定理 3.4.1 的三个规则被约简为无

⊖ 应用这个准则之前，可以从因果图中删除所有不是 Y 祖代的节点。

do 的表达式，那么该量值是可识别的[⊖]。Tian 和 Shpitser（2010）提供了这些结果的一个全面总结。

应用和批评

105 Pearl（2003c）和 Pearl（2009a）简要介绍了本章讨论的概念。Robins（2001）、Hernán 等人（2002）、Hernán 等人（2004）、Greenland 和 Brumback（2002）、Greenland 等人（1999a，b）、Kaufman 等人（2005）、Petersen 等人（2006）、Hernández-Díaz 等人（2006）、VanderWeele 和 Robins（2007）以及 Glymour 和 Greenland（2008）介绍了因果图在流行病学中的应用。

前门准则（3.3.2 节）的有趣应用在社会科学（Morgan and Winship，2007）和经济学（Chalak and White，2006）中有所提及。

一些"潜在结果"方法的支持者一直激烈反对将图或结构方程作为因果分析的基础，但由于缺乏这些概念性工具，他们无法解决协变量选择的问题（Rosenbaum，2002，p. 76；Rubin，2007，2008a），因此以"不明确的""欺骗性的""令人困惑的"（Holland，2001；Rubin，2004，2008b），甚至更糟糕的（Rubin，2009）借口回避这些重要的科学概念。Lauritzen（2004）和 Heckman（2005）批评了这种态度，Pearl（2009a，b，2010a）阐明了它的破坏性后果。

同样令人困惑的是一些哲学家（Cartwright，2007；Woodward，2003）和经济学家（Heckman，2005）的担忧：*do*-操作（*do*-operator）过于局部，无法对于复杂的、现实生活中的政策干预进行建模，这些干预有时会同时影响多个机制，经常涉及条件决策、不完全控制和多种行为。这些担忧源自将关系（例如，因果效应）的数学定义与在物理世界测试这种关系的技术可行性混为一谈。虽然 *do*-操作的确是一个想象的数学工具（与微分学中的导数类似），但它允许我们详细说明和分析非常复杂的干预策略。读者将在第 4 章找到这些策略的例子，并在第 11 章（11.4.3 节～11.4.6 节和 11.5.4 节）中找到关于这个问题的进一步讨论。

主要结果的章节路线图

本章的三个主要结果是：1. 混杂控制；2. 策略评估；3. 反事实评估。

⊖ Huang 和 Valtorta（2006）独立地发现了该结果。

1. 混杂偏差控制问题可通过后门准则（定理 3.3.2）解决。该准则用于选择一组协变量，如果对这些协变量校正，会得到因果效应的无偏估计。

2. 策略评估问题，即从非实验数据中预测干预的效应，可通过 *do* 算子（定理 3.4.1）和它所需要的图模型准则（定理 3.3.4、定理 3.6.1）来解决。*do* 算子的完备性意味着，任何（非参数）策略评估问题，如果没有识别图或等价的因果假定集支持，那么可以证明是“不可解的”。

3. 最后，式（3.51）为反事实提供了一个形式化语义，通过该语义可在科学理论框架内定义和评估反事实的联合概率（见第 7 章）。这个语义使我们能够为反事实分析开发一些技术（第 8～11 章），包括中介公式（Mediation Formula）（式（4.17）～（4.18）），该公式是在非线性模型中评估因果路径的一个关键工具。

106

04
第 4 章

行动、计划和直接效应

行胜智者，其智长存。

——Rabbi Hanina ben Dosa（公元 1 世纪）

前言

到目前为止，我们对因果效应的分析都集中在 $do(x)$ 这种简单的干预，即将变量 X 的值设置为一个固定的常数 x，然后观察这一动作对某些响应变量 Y 的概率的效果（作用）。在本章我们将介绍这种分析的几种扩展。

首先（4.1 节），我们将分别讨论在概率、决策分析和因果模型中行动与观察之间的相互比较，并提出因果模型在其中的主要作用是帮助评估在模型构造中无法预料的新行动和决策的效应。

在 4.2 节中，我们将第 3 章的识别分析扩展为条件行动，即“如果观测到 z，则操作变量为 x”，或者扩展为随机决策形式，即“如果观测到 z，按概率 p 操作变量为 x”。我们将看到，可以通过单一干预的分析来获得复杂干预的评估和识别。在 4.3 节中，我们利用在第 3 章中提出的干预演算，定义一组半马尔可夫模型的图表示方法，以识别一个变量对另一个变量的因果效应。

我们在4.4节中将讨论序贯计划（sequential plan）效应评估的问题，即设计一系列随时间变化的序贯行动（有些是同时进行的），以产生某种特定的结果。我们提供了一种图表示方法，采用非试验研究来评估此类计划的效果。在非试验研究中，一些行动受当前观察结果和先前行动的影响，一些观察结果受已有行动的影响，另外还存在一些未测量的混杂变量。接下来，我们会看到，将一个计划分解成若干个子行动进行分析，相比简单地将一系列行动看成一个整体，更具优势。

最后，在4.5节中，我们讨论了直接效应和间接效应的区别问题。我们发现，可以通过4.4节中提出的图表示方法来识别直接效应。我们将以大学录取中所谓的性别歧视作为案例，来论证正确分析直接效应所需要的假设。 107

4.1 简介

4.1.1 行动、动作和概率

行动（action）有两种解释：反应式（reactive）行动和应变式（deliberative）行动。反应式行动是指行动者根据信念、性情和环境而自然产生的行动，就像“亚当吃了苹果是因为夏娃把苹果给了他。”应变式行动是指行动者在经过深思熟虑之后选择的行动，通常涉及对各种可能后果的比较，就像“亚当想知道如果他吃了苹果，上帝会怎么做。”为了区分两者，我们将第一种称为“动作”（act），第二种称为“行动”（action）。动作显于表面，而行动沉于内里。因此，一个动作可以被预测，并且预测依据[一]可以作为该动作者动机的证据（前提是该动作者是模型的一部分）。相反，行动不能被预测，因此也没有预测证据，因为（根据定义）它们只是尚在思考中的选择，一旦考虑成熟并实施才会变成动作[二]。

动作和行动之间的混淆导致了Newcomb悖论（Newcomb's paradox）（Nozick，1969）

㊀ 即预测时的环境变量值。——译者注

㊁ 这里作者把行动分为两类，一类是外部表现出来的，另一类是体现内在考虑的，所能预测的只是动作的结果，而不是如何选择动作，正如计算机只能感知程序员的手指动作，而不能感知程序员的内心，我们也不能决定行动者的考虑与选择，只能从选择之后实施的行为（即动作）来预测和分析。——译者注

以及所谓的证据决策理论（evidential decision theory）中的怪异之处。证据决策理论鼓励决策者将一个行动实施之后的环境作为证据纳入考虑。Jeffrey 的著作《决策的逻辑》（Jeffrey，1965）似乎笼罩着这种奇怪的理论，该书将行动视为普通事件（而非干预）。因此，行动的结果是通过条件化而不是通过像 $do(x)$ 这样的操作机制来获取的。（参见 Stalnaker，1972；Gibbard and Harper，1976；Skyrms，1980；Meek and Glymour，1994；Hitchcock，1996。）

常识决策理论[一]要求理性的决策者选择最优的 x 来最大化以下期望效用[二]，

$$U(x)=\sum_y P(y\mid do(x))u(y)$$

其中 $u(y)$ 是结果 y 的效用函数；相反，“证据决策理论”要求最大化条件期望

$$U_{\mathrm{ev}}(x)=\sum_y P(y\mid x)u(y)$$

其中，将 x（不恰当地）视为一个观测变量。

这种错误引起的悖论是显而易见的：患者应避免去看医生以减少患重病的可能性 108（Skyrms，1980）；工人切勿着急工作，以减少睡过头的可能性；学生不应该准备考试，以免证明他们在学习上落后了，等等。简而言之，所有的补救措施都应该摒弃，以免增加确实需要补救的可能性。

这种逻辑的奇怪之处在于，它将行动视为受过去相关环境支配的动作，而不是由 $do(x)$ 操作符所赋予的可自由选择的操作性。证据决策理论认为，人们永远都不应忽略真正的统计证据（在我们的案例中，一项行动提供证据（即环境变化）说明该行动是否必要），但是决策理论却提醒我们，根据行动的确切定义，这类证据与当前应该选择哪个行动无关，因为行动会改变概率，而动作一般只服从概率[三][四]。

这件事情的含义可以概括为以下的顺口溜：

行动之后看效果，

[一] 作者故意避免使用常见的标题“因果决策理论”（causal decision theory），目的是避免以为还有“非因果决策论”，哪怕是一丁点儿的暗示。

[二] 根据 Stalnaker (1972)、Gibbard 和 Harper (1976) 的建议，在 $U(x)$ 中使用 $P(x \mathrel{\Box\!\!\rightarrow} y)$，而非 $P(y\mid do(x))$，其中 $x \mathrel{\Box\!\!\rightarrow} y$ 代表假设条件“假设为 x，那么有 y”。这两个操作符的意义密切相关（参见 7.4 节），但是 $do(x)$ 操作符去掉了箭头形式，它的歧义性更少，并且明显排除了从结果到原因的推断。

[三] 在动作自身的概率空间内，这些证据被认为是不相关的。然而，在多决策者决策的情况下，每个决策者都应该明确地认识到其他决策者可能如何解释自身的每个待决策的“潜在”动作。

[四] 这段话的意思是，实施动作以后发生的变化，可以说明该行动是否合理，但是不能作为在此之前选择该动作的依据，因为这时变化还没有发生。——译者注

可以评价好与否，
但对事先做选择，
一点帮助也没有。

证据决策理论是哲学领域中一个短暂的插曲，当今没有一个哲学家会认真对待该理论的原始版本。尽管如此，最近还是有人做了一些尝试以重燃对Jeffrey提出的期望效用的兴趣：使用$P(y|x, K)$代替$P(y|x)$以抑制伪相关（spurious association）（参见式（3.13）），其中K代表各种相关的上下文环境（Price，1991；Hitchcock，1996）。这种尝试反映了一种过于严苛的经验主义传统。根据这种传统，理性决策者的生死都取决于一个信息来源——统计关联性。因此，效用函数只能够采用贝叶斯条件化。这种传统正迅速被一个更包容的概念所取代：理性决策者应该根据行动理论行事。当然，这种理论需要将行动条件化（例如$do(x)$），同时保留贝叶斯条件化以表达被动的观察（参见Goldszmidt and Pearl，1992；Meek and Glymour，1994；Woodward，1995）。

原则上，行动不是概率论的一部分，它们之间的关系可以这样理解：概率能够刻画世界上事件之间的分布关系，而行动则代表了能够扰动这些关系的干预措施。这也难怪在整个有关概率和统计的文献中，行动都被视为外在事件，它们既不作为概率表达式的参数，也不作为条件化此类表达式的事件。

即便在统计决策理论文献（例如，Savage, 1954）中，行为是分析的主要目的，赋予动作的符号只用于区分不同的概率函数，而不作为概率函数中变量之间的逻辑关系。Savage（1954，p.14）将“动作”定义为“将每个现实状态映射到结果的函数”，他将一系列决定链条（一个导致另一个）视为单个决定。然而，从更基本的事件中推断行动和策略结果的逻辑却被排除在形式方法之外。例如，考虑“提高税收”“降低税收”和“提高利率”。在分析之前，必须分别指定三个行动的所有后果，并且它们之间均不能互相推断。因此，当我们定义P_A和P_B分别表示行动A和行动B的概率时，我们无法推断出联合行动$A \wedge B$对应的联合概率$P_{A \wedge B}$，或行动A和行动B的任何布尔组合的概率。这意味着，原则上，所有预期的联合行动的结果都需要预先确定，然而这是一项难以完成的任务。 109

与观测变量相比，行动变量在概率论中的特殊地位显而易见。通过指定一个概率函数$P(s)$表示现实可能的状态，我们可以得到概率是如何随着每个可能的观测值e变化的，因为$P(s)$允许我们计算（以e为条件）每一组事件E和观测值e的后验概率$P(E|e)$。然而，$P(s)$并不能告诉我们，概率是如何随着行动$do(x)$而变化的。一般来说，如果将行

为 $do(A)$ 描述为将 $P(s)$ 转换为 $P_A(s)$ 的函数，那么 $P(s)$ 不会告诉我们 $P_A(s)$ 的性质，即使 A 是一个基本事件，且 $P(A)$ 是已定义（例如，“温度提高 1 度”或“打开洒水器”）。除了“对任意 $P(s)$，如果 s 蕴含 $\neg A$，则 $P_A(s)$ 为零”这一条平凡的要求之外，概率论并没有告诉我们 $P_A(s)$ 与 $P'_A(s)$ 的不同之处，其中 $P'(s)$ 是行动前的概率函数。正如我们在第 1 章和第 3 章的许多实例中所看到的那样（例如，参见 1.3.1 节），把 A 作为条件变量显然不足以刻画这种转换，因为条件变量仅能代表现实世界中的被动观测变量，而行动却改变了现实世界。

类似于视觉感知，我们可以说包含在 $P(s)$ 中的信息类似于对三维物体的精确描述。这足以预测从物体外的任何角度观察时，该物体所呈现的样子，但是不能预测如果受到外力操作和挤压时，这个物体会变成什么样子。要实现这样的预测，必须提供有关物体物理特性的附加信息。以此类推，描述从 $P(s)$ 到 $P_A(s)$ 的转换所需的附加信息，应该是由 $do(A)$ 行动下那些仍保持不变的元素来确定的。这些额外的信息是由因果知识提供的，并且 $do(\cdot)$ 操作符使我们能够通过局部修改图模型或结构方程的方式，得到那些不变的元素（从而定义 $P_A(s)$）。下一节将其与标准的决策理论中看待行动的方法进行比较。

4.1.2 决策分析中的行动

传统的方法并没有在概率论中引入新的操作符，而是将观察和操作之间的差异归因于可获取的证据上的差异。如以下的表述所示：“观察到的气压计读数为 x”和“设置气压计读数为 x”。前者帮助我们预测天气，后者则不能。第一个语句描述的证据仅限于气压计的读数，但第二个语句还告诉我们，气压计是被某种因素操作的。基于这一附加证据，气压计的读数与预测下雨无关。

110

该方法在实际应用时包括：将行动者作为变量包含在分析中，构建一个涵盖行动者决策的增广分布函数，并且通过将这些决策变量设置为特定值来推断行动结果。因此，操作气压计的操作员可能会作为“操作气压计”的决策变量进入系统，将这个变量纳入概率分布后，我们可以简单地通过增广分布来推断操作气压计的结果。例如，将“气压计受到外力 y 的挤压达到 x 的水平”这一事件作为约束条件。

为了使这种约束条件的方法能正确地评估行动的结果，操作员必须被视为一个具有自由意志的实验员，并且必须将相关的决策变量视为不受系统其他变量因果影响的外生变量。例如，如果增广概率函数刻画的是“当前气压计的所有者在每次感到关节疼痛时都会挤压气压计”这一事件，那么我们将无法使用该函数来评估故意挤压气压计的结果。即使是这个气压计所有者进行挤压的结果，我们也无法评估。回顾一下动作与行动之间的区别，每当我们着手计算某个行动的结果时，我们都必须忽略过去约束或触发该行动执行的所有变量或机制。因此，“挤压气压计”这一事件在增广概率函数的定义中，必须独立于在操作之前发生的所有事件，类似于图3.2中行动变量F进入增广网络的方式。

正如关于影响图（Influence Diagram，ID）文献中所描述的那样（Howard and Matheson，1981；Shachter，1986；Pearl，1988b，第6章；Dawid，2002），该解决方案与决策分析中处理行动的方式完全一致。每个决策变量都表示为一个外生变量（即图中的无父节点），它对其他变量的影响将根据条件概率进行评估和描述，类似于在图中任何其他父节点的影响[㊀]。

这种方法的困难在于，我们需要提前预测，并明确表达我们希望评估的所有行动。这一点即使不是完全无法运作，也会使建模过程变得过于烦琐。例如，在电路诊断中，将每个可能的元件替换操作（类似地，每一个可以想到的与电压源、电流源等的连接操作）都表示为图中的一个节点会十分烦琐。然而，这种替换的结果本身在电路图中是隐含的，并且可以在给出其因果解释的情况下从该图中推导出来。同样，在计量经济学建模中，将政策制定中每一个可能的干预措施表示为经济方程式中一个新的变量也会很棘手。相反，只要我们可以将每个政策的即时效果与方程式中相应的变量和参数进行关联，就可以通过解释方程式的结构推断此类干预措施的结果。例如，不需要在方程式中引入新变量来表达复合行动“提高税收和降低利率”，因为如果我们已经将“税收水平”和“利率”作为（外生或内生）变量列入方程式中，并且具有相应的数据，那么该行动的结果就可以推导出来。 111

因果模型的一个主要优点是，能够预测干预的结果，而无须事先枚举这些干预行动。这也是因果关系概念的主要功能之一。由于行动或行动组合的数量巨大，它们无法在模型中显式地进行表示，而必须通过“每个行动直接强制执行”的命题进行索引。这些“强制执行”命题的间接结果可以从模型中变量之间的因果关系中推断出来。我们

㊀ 有关ID的文献坚持将ID中的联系与任何因果关系的解释分开，这与当时的实践不一致（Howard and Matheson，1981；Howard，1990）。因果解释允许我们将决策变量作为根节点，并构建合适的决策树进行分析，参见11.6节的示例。

将在第 7 章（7.2.4 节）中回到这个主题，进一步探讨这个方法必须满足的不变性假设条件。

4.1.3 行动和反事实

哲学家（Lewis，1976；Gardenfors，1988）研究了另一种称为“成像”（imaging）的概率变换，作为贝叶斯条件化的替代方法。该变换在虚拟条件语句分析中十分有用，并且足以表示与行动相关的变换。利用 $P(s|e)$ 的贝叶斯公式，将被条件 e 排除的状态的概率质量整体上转移到未被排除的状态（与当前概率 $P(s)$ 成正比）[㊀]，但成像方法的原理却不同：每一个被条件 e 排除的状态 s 转移其概率质量到一组被认为最接近 s 的不被 e 排除的状态集合 $S^*(s)$ 中（参见 7.4.3 节）。虽然成像方法为行动设计提供了一个更充分和更通用的框架（Gibbard and Harper，1976），但是对于如何准确选择函数 $S^*(s)$ 却几乎未做任何说明。因此，列举未来行动这一问题转化为描述状态间距离的问题。这种描述应该既方便应用又符合对该领域因果规律的共同理解。第二个要求是必要的，并不是可有可无的，因为行动的间接后果往往会导致一个与现实世界完全不同的世界[㊁]（Fine，1975）。

在这本书所追求的结构方法中，通过将干预的概念直接建立在因果机制的基础上，并利用这些机制所具有的不变性和自主性，避免成像中“选择最接近的集合”这种方法需要符合因果机制这一难点（7.4 节）。我们可以将这种“机制修改”方法视为“选择最接近的集合”方法的一个特例，即适当定义一种邻近度以满足因果机制，相应的选择函数 $S^*(s)$ 在式（3.11）中进行了定义（请参见下面的讨论）。

这种“机制修改”方法的可运算性已经在第 3 章中得到了证明，实现了对行动结果的定量预测，包括那些在模型构建期间未经深思熟虑的行动和行动组合。在建模期间，模型构造者可以自由地设定事物是如何运作的，不受任何外部干预的影响。在第 7 章中，我们将进一步使用“机制修改”为反事实陈述提供语义上的解释，如 1.4.4 节所述。在本章中，我们将把 *do* 算子的应用扩展到复杂策略的分析以及结果的分解中。

112

㊀ 所有状态的概率总和为 1，因此任何概率变换只是改变了不同状态的分布，即概率质量。从这个角度讲，变换是状态概率质量的一种迁移。——译者注

㊁ 因此定义方法必须符合普适的和公认的因果规律，以使在不同的世界里这些因果规律同样适用。——译者注

4.2 条件行动与随机策略

我们在识别分析（3.3 节和 3.4 节）中考虑的干预措施是一种“仅限于强制设置一个变量或一组变量 X 为某个特定值 x”的行动。一般而言（请参见 3.2.3 节中的过程控制实例），干预可能涉及复杂的策略，其中变量 X 是以指定的方式对变量集合 Z 响应的结果，如通过函数关系映射 $x=g(z)$ 或者将 X 以概率 $P^*(x \mid z)$ 设置为 x。基于 Pearl（1994b）的工作，我们将证明识别此类策略的结果等同于识别表达式 $P(y \mid \hat{x}, z)$。

令 $P(y \mid do(X=g(z)))$ 代表策略 $do(X=g(z))$ 下 Y 的分布。为了计算 $P(y \mid do(X=g(z)))$，我们以 Z 作为条件，计算如下所示：

$$
\begin{aligned}
P(y \mid do(X=g(z))) &= \sum_z P(y \mid do(X=g(z)), z) P(z \mid do(X=g(z))) \\
&= \sum_z P(y \mid \hat{x}, z)|_{x=g(z)} P(z) \\
&= E_z[P(y \mid \hat{x}, z)|_{x=g(z)}]
\end{aligned}
$$

等式

$$P(z \mid do(X=g(z))) = P(z)$$

成立是因为 Z 不是 X 的后代，所以对 X 施加的任何控制都不会影响 Z 的分布。由此我们发现，策略 $do(X=g(z))$ 的因果效应可以直接通过表达式 $P(y \mid \hat{x}, z)$ 进行评估，其中用 $g(z)$ 代替 x，并取 Z 的期望值（使用观察到的分布 $P(z)$）。

条件策略的识别准则比无条件干预的识别准则更加严格。显然，如果策略 $do(X=g(z))$ 是可识别的，那么一个简单的干预 $do(X=x)$ 也是可识别的，因为我们可以通过设置函数 $g(z)=x$ 来实现。但是，反过来却不能成立，因为 Z 作为条件可能会产生与 X 的依赖关系，从而不能将 $P(y \mid \hat{x}, z)$ 改写为无 $\hat{x}$ 的表达式。Kuroki 和 Miyakawa（1999a，2003）给出了相关的图模型准则。

对 x 施加新的条件分布 $P^*(x \mid z)$ 的随机策略可以以类似的方式处理。我们将随机干预（stochastic intervention）视作一个随机过程，其中以概率 $P^*(x \mid z)$ 强制实施无条件干预 $do(X=x)$。因此，给定 $Z=z$ 的情况下，干预 $do(X=x)$ 的发生概率为 $P^*(x \mid z)$，并且产生概率为 $P(y|\hat{x}, z)$ 的因果效应。对 x 和 z 求平均，得到随机策略 $P^*(x \mid z)$ 在 Y 变量的因果概率（probability of causation），表示如下：　113

$$P(y)|_{P^*(x|z)} = \sum_x \sum_z P(y|\hat{x}, z) P^*(x|z) P(z)$$

由于$P^*(x|z)$是由外部指定的，因此$P(y|\hat{x},z)$的可识别性是任何随机策略（即“由Z的结果决定X分布”）可识别性的充要条件。

值得一提的是，类似STRIPS所定义的行动（Fikes and Nilsson，1971），直接结果$X=x$取决于变量集合W是否满足前提条件$C(w)$。为了描述这类行动，令$Z=W\cup PA_X$，并给出以下概率函数：

$$P^*(x|z)=\begin{cases}P(x|pa_X) & \text{当}C(w)=\text{假}\\ 1 & \text{当}C(w)=\text{真 且}X=x\\ 0 & \text{当}C(w)=\text{真 且}X\neq x\end{cases}$$

4.3 什么时候行动的结果是可识别的

在第3章中，我们给出了几种基于图的准则，用于识别存在无法观测变量的情况下，一个变量对另一变量的因果效应，即$P(y|do(x))$。这些准则都是半马尔可夫模型的特例，如后门（定理3.3.2）和前门（定理3.3.4）。对于这些模型，重复应用do算子的推理规则（定理3.4.1）可以将$P(y|\hat{x})$约简为无$\hat{x}$的表达式，从而使其可识别。在本节中，我们将描述一个更通用的模型，以实现因果效应$P(y|\hat{x})$的可识别性。该模型包含在由Tian和Pearl（2002a）在定理3.7所建立的类别中，并由Shpitser和Pearl（2006b）给出了完整的描述。接下来将详细讨论这个模型。

4.3.1 基于图的识别条件

定理4.3.1中给出了四种基于图的条件形式刻画的一类模型。任何一个条件都足以识别$P(y|\hat{x})$，其中X和Y为图中的节点。鉴于do算子的完备性，我们得出这样一个结论，即对于符合定义3.2.4的任何识别方法，必须满足四个条件之一。

定理4.3.1（Galles and Pearl, 1995）

令X和Y为半马尔可夫模型图G中的两个变量。$P(y|\hat{x})$可识别的充分条件是G满足以下四个条件之一。

114

1. 在G中不存在从X到Y的后门路径，即$(X \perp\!\!\!\perp Y)_{G_{\underline{X}}}$。

2. 在G中不存在从X到Y的有向路径。

3. 存在节点集合B，阻断从X到Y的所有后门路径，使得$P(b|\hat{x})$可识别。（特殊地，

当 B 完全由 X 的非后代组成时，$P(b\mid\hat{x})$ 可马上约简为 $P(b)$。）

4. 存在两个节点集合 Z_1 和 Z_2，满足：

（i）Z_1 阻断从 X 到 Y 的每一条有向路径（即 $(Y \perp\!\!\!\perp X \mid Z_1)_{G_{\overline{Z_1}\overline{X}}}$）。

（ii）Z_2 阻断所有 Z_1 和 Y 之间的后门路径（即 $(Y \perp\!\!\!\perp Z_1 \mid Z_2)_{G_{\overline{X}\underline{Z_1}}}$）。

（iii）Z_2 阻断所有 X 和 Z_1 之间的后门路径（即 $(X \perp\!\!\!\perp Z_1 \mid Z_2)_{G_{\underline{X}}}$）。

（iv）Z_2 不激活任何从 X 到 Y 的后门路径（即 $(X \perp\!\!\!\perp Y \mid Z_1, Z_2)_{G_{\overline{Z_1}\overline{X(Z_2)}}}$）。（如果满足条件（i）～（iii）且 Z_2 中没有节点是 x 的后代，则该条件成立。）

（条件 4 的一个特殊情况是，当 $Z_2=\varnothing$ 时，X 到 Z_1 或 Z_1 到 Y 之间没有后门路径。）

证明

条件 1　这个条件直接遵循规则 2（参见定理 3.4.1）。如果 $(Y \perp\!\!\!\perp X)_{G_{\underline{X}}}$ 成立，我们可以马上把 $P(y\mid\hat{x})$ 改为 $P(y\mid x)$，即行动结果 $(y\mid\hat{x})$ 可识别。

条件 2　如果在 G 中不存在从 X 到 Y 的有向路径，则 $(Y \perp\!\!\!\perp X)_{G_{\overline{X}}}$。因此，根据规则 3，$P(y\mid\hat{x})=P(y)$，即行动结果 $(y\mid\hat{x})$ 可识别。

条件 3　如果存在节点集合 B 阻断了所有从 X 到 Y 的后门路径（即 $(Y \perp\!\!\!\perp X \mid B)_{G_{\underline{X}}}$），那么我们可以将 $P(y\mid\hat{x})$ 扩展为 $\Sigma_b P(y\mid\hat{x},b)P(b\mid\hat{x})$，并根据规则 2，将 $P(y\mid\hat{x},b)$ 约简为 $P(y\mid x,b)$。如果 $(b\mid\hat{x})$ 可识别，则 $(y\mid\hat{x})$ 也一定可识别。请参见图 4.1 中的实例。

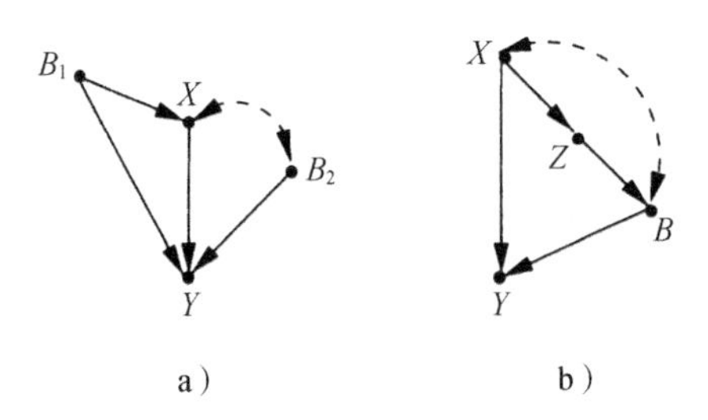

图 4.1　定理 4.3.1 中的条件 3：a）集合 $\{B_1, B_2\}$ 阻断了从 X 到 Y 的所有后门路径，所以 $P(b_1, b_2\mid\hat{x})=P(b_1, b_2)$。b）节点 B 阻断了从 X 到 Y 的所有后门路径，运用条件 4 可识别 $P(b\mid\hat{x})$

条件 4　如果在 $G_{\overline{X}}$ 中存在节点集合 Z_1 和 Z_2，其中 Z_1 阻断了所有从 X 到 Y 的有向路径，Z_2 阻断了所有 Y 和 Z_1 之间的后门路径，则 $P(y\mid\hat{x})=\sum_{z_1, z_2} P(y\mid\hat{x}, z_1, z_2)P(z_1, z_2\mid\hat{x})$。由于 Z_1 和 Y 之间的所有后门路径都被 $G_{\overline{X}}$ 中的 Z_2 阻断，则使用规则 2，可将 $P(y\mid\hat{x}, z_1, z_2)$ 写作 $P(y\mid\hat{x}, \hat{z}_1, z_2)$。因为 $(Y \perp\!\!\!\perp X \mid Z_1, Z_2)_{G_{\overline{Z_1}\overline{X(Z_2)}}}$，我们利用规则 3，将 $P(y\mid\hat{x}, \hat{z}_1, z_2)$ 约简为 $P(y\mid\hat{z}_1, z_2)$。如果 $(Y \perp\!\!\!\perp Z_1 \mid Z_2)_{G_{\underline{Z_1}}}$，则可将 $P(y\mid\hat{z}_1, z_2)$ 写作 $P(y\mid z_1, z_2)$。由于 $(Y \perp\!\!\!\perp Z_1 \mid Z_2)_{G_{\overline{X}\underline{Z_1}}}$，

115 仅当存在一条通过X从Y到Z_1的路径时，这种独立性无法成立。但是，我们可以通过对X的条件求和来阻断这条路径，即通过$\sum_{x'} P(y \mid \hat{z}_1, z_2, x')P(x' \mid \hat{z}_1, z_2)$[㊀]。现在，我们可以使用规则 2 将$P(y \mid \hat{z}_1, z_2, x')$写作$P(y \mid z_1, z_2, x')$。同时由于$Z_1$是$X$的子节点且图是无环图，因此可以使用规则 3 将$P(x' \mid \hat{z}_1, z_2)$写作$P(x' \mid z_2)$。目前为止，可以将问题写作

$$\sum_{z_1, z_2} \sum_{x'} P(y \mid z_1, z_2, x')P(x' \mid z_2)P(z_1, z_2 | \hat{x})$$

并且$P(z_1, z_2 | \hat{x}) = P(z_2 | \hat{x}) = P(z_1 | \hat{x}, z_2)$。由于$Z_2$不包含$X$的后代，因此可以使用规则 3 将$P(z_2 | \hat{x})$约简为$P(z_2)$。由于$Z_2$阻断了所有从$X$到$Z_1$的后门路径，因此可以使用规则 2 将$P(z_1 | \hat{x}, z_2)$约简为$P(z_1 | x, z_2)$。至此，整个计算公式可以写作

$$\sum_{z_1, z_2} \sum_{x'} P(y \mid z_1, z_2, x')P(x' \mid z_2)P(z_1 | x, z_2)P(z_2)$$

参见图 4.2 中的实例。 □

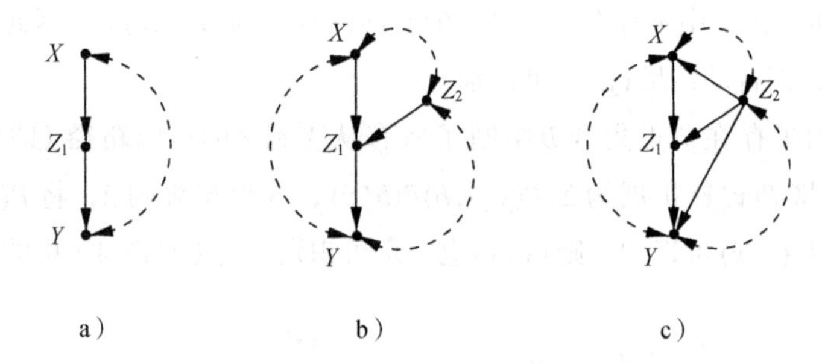

图 4.2 定理 4.3.1 中的条件 4。a) Z_1阻断了从X到Y的有向路径，空集阻断了$G_{\overline{X}}$中所有Z_1到Y的后门路径和G中所有Z_1到X的后门路径。在 b 和 c 中，Z_1阻断了所有从X到Y的有向路径，Z_2阻断了$G_{\overline{X}}$中所有Z_1到Y的后门路径和G中所有X到Z_1的后门路径

4.3.2 识别效率

实现定理 4.3.1 中的可识别性方法时，条件 3 和 4 似乎需要进行全局搜索。例如，为了证明条件 3 不成立，我们需要证明不存在任何阻断集合B。幸运的是，以下定理让我们能够大幅缩小搜索空间，使可识别性检验易于实践。

㊀ 这个公式表示通过平均值计算消除这条路径的影响。——译者注

定理 4.3.2

如果存在一个最小集合 B_i，$P(b_i|\hat{x})$ 是可识别的，那么对于任何其他最小集合 B_j，$P(b_j|\hat{x})$ 也是可识别的。

定理 4.3.2 允许我们用一个最小的阻断集合 B 来测试条件 3。如果 B 满足条件 3 的要求，那么对行动结果的是可识别的，否则不能满足条件 3。在证明这个定理时，我们使用下面的引理。

116

引理 4.3.3

如果 $P(y\,|\,\hat{x})$ 是可识别的，那么 $P(z\,|\,\hat{x})$ 是可识别的，其中 Z 是从 X 到 Y 的有向路径上的任意节点集合。

定理 4.3.4

假设 Y_1 和 Y_2 是两个节点子集，要么满足 Y_1 中不存在 X 的子节点，要么满足 Y_1 和 Y_2 中所有的节点都是 X 的子节点，且 Y_1 中任何节点都不是 Y_2 的子节点，那么存在 $P(y_1, y_2|\hat{x})$ 的约简，当且仅当 $P(y_1|\hat{x})$ 和 $P(y_2|\hat{x}, y_1)$ 都存在约简（依据推论 3.4.2）。

如果我们同时对 $P(y_2|\hat{x}, y_1)$ 和 $P(y_1|\hat{x})$ 实施这个过程，那么 $P(y_1, y_2|\hat{x})$ 可能会通过定理 4.3.1 的检验，但是如果我们试图对 $P(y_1|\hat{x}, y_2)$ 实施这个检验，那么我们找不到一个规则可以对此进行约简。图 4.3 就是这样一个例子。定理 4.3.4 保证，如果存在一个针对 $P(y_1, y_2|\hat{x})$ 的约简序列，那么我们总是能够通过正确选择 Y_1 找到针对 $P(y_1|\hat{x})$ 和 $P(y_2|\hat{x}, y_1)$ 的约简。

定理 4.3.5

如果存在满足条件 4 所有要求的集合 Z_1，那么 X 的子节点与 Y 的父节点的交集也将满足条件 4 的所有要求。

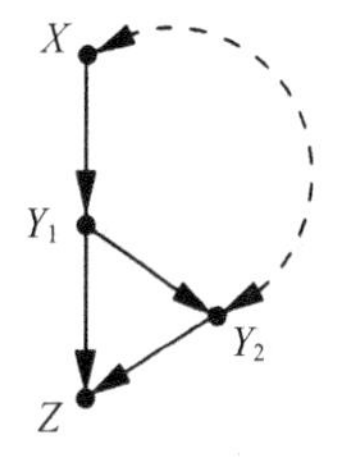

图 4.3　定理 4.3.1 虽然不能保证对 $P(y_1|\hat{x}, y_2)$ 进行约简，但确保了针对 $P(y_2|\hat{x}, y_1)$ 和 $P(y_1|\hat{x})$ 的约简

定理 4.3.5 去掉了定理 4.3.1 中条件 4 对 Z_1 搜索的要求。定理 4.3.2～4.3.5 的证明由 Galles 和 Pearl（1995）给出。

4.3.3 对控制问题解析解的推导

定理 4.3.1 中定义的算法不仅能够确定控制问题 $P(y|\hat{x})$ 的可识别性，而且（当存在控制问题的解析解时）根据观察到的概率分布还可以得到其解析解，如下所示。

函数： ClosеForm($P(y|\hat{x})$)

输入： 控制问题 $P(y|\hat{x})$

输出： $P(y|\hat{x})$ 的解析解（仅根据观察到的变量）或者（当问题无法识别时）返回 FAIL。

1. 如果 $(X \perp\!\!\!\perp Y)_{G_{\overline{X}}}$，则返回 $P(y)$。

117

2. 否则，如果 $(X \perp\!\!\!\perp Y)_{G_{\underline{X}}}$，则返回 $P(y|x)$。

3. 否则，设 $B = \text{BlockingSet}(X, Y)$，$Pb = \text{CloseForm}(P(b|\hat{x}))$；如果 $Pb \neq \text{FAIL}$，则返回 $\sum_b P(y|b,x)^* Pb$。

4. 否则，令 $Z_1 = \text{Children}(X) \cap (Y \cup \text{Ancestors}(Y))$，$Z_3 = \text{BlockingSet}(X, Z_1)$，$Z_4 = \text{BlockingSet}(Z_1, Y)$，以及 $Z_2 = Z_3 \cup Z_4$；如果 $Y \notin Z_1$ 且 $Y \notin Z_2$，则返回 $\sum_{z_1, z_2} \sum_x P(y|z_1, z_2, x') P(x'|z_2) P(z_1|x, z_2) P(z_2)$。

5. 否则，返回 FAIL。

步骤 3 和步骤 4 调用函数 $\text{BlockingSet}(X, Y)$，该函数选择一个能够将 X 从 Y 中 d-分离的节点集合 Z。集合 Z 可以在多项式时间内被找到（Tian et al., 1998）。步骤 3 包含了对算法 CloseForm($P(b|\hat{x})$) 本身的递归调用，以获得因果效应 $P(b|\hat{x})$ 的解析解。

4.3.4 总结

定理 4.3.1 的条件扩展了可识别模型（如图 3.8 中所示的模型）和不可识别模型（见图 3.9）之间的边界。这些条件引出了一种有效的算法，用于确定形式为 $P(y|\hat{x})$ 的行动控制问题的可识别性，其中 X 是个体变量。该算法进一步基于估计概率给出了因果效应 $P(y|\hat{x})$ 的解析解。

4.4　动态计划的可识别性

本节基于 Pearl 和 Robins（1995）的内容，讨论涉及存在无法观测（或不可测量）变量的情况下对计划的概率评估。其中，计划由若干个并发和序贯行动（concurrent or sequential action）组成，并且每个行动都可能受该计划中前一个行动的影响。我们建立了一套基于图的准则，用于识别在什么情况下可以仅从可测变量的观测值中预测计划的结果。当满足这个准则时，计划达到既定目标的概率将以解析解的方式给出。

4.4.1　动机

为了方便讨论，我们以文献（Robins，1993，附录 2）中的实例为切入点，如图 4.4 所示。变量 X_1 和 X_2 分别代表两个医生在不同阶段向患者提出的治疗方案。Z 表示第二个医生在确认方案 X_2 前患者的情况，Y 代表患者的存活情况。隐变量 U_1 和 U_2 分别代表病人的病史和康复趋势。艾滋病患者治疗的例子就符合这种简单的结构，其中 Z 代表 PCP 发病[㊀]。PCP 是一种艾滋病患者常见的感染。如图 4.4 所示，PCP 对存活情况 Y 没有直接影响，因为 PCP 可以治愈，但 PCP 是反应患者潜在免疫状态（U_2）的一个指标，而免疫状态（U_2）差可导致死亡。X_1 和 X_2 代表抗生素，这是一种能够治疗 PCP(Z) 的药物，也可以防止死亡。医生根据患者 PCP 病史（U_1）提出 X_1 方案，但并没有记录 U_1 的值，无法用于后续的数据分析。 118

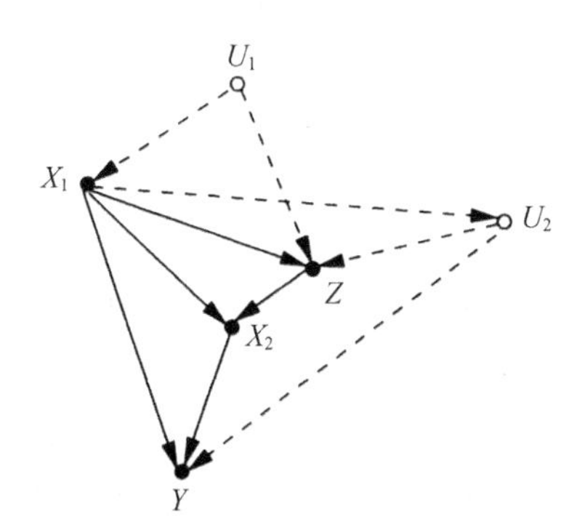

图 4.4　获取变量 X_1、Z、X_2 和 Y 的非实验数据[㊁]并评估计划 $(do(x_1), do(x_2))$ 对 Y 的因果效应

㊀ 卡式肺孢子虫肺炎，在艾滋病患者以及使用免疫抑制药物的病人中尤其常见。——译者注

㊁ 即观察数据。——译者注

我们面临的问题如下：假设我们已经收集了许多有关患者和医生行动的数据，并归纳为有关 4 个可测变量（X_1，Z，X_2，Y）的联合分布 P。当出现一位新的患者时，我们希望确定（无条件）计划（医疗方案）$(do(x_1), do(x_2))$ 对存活的影响，其中 x_1 和 x_2 是在预先指定的两个阶段内所使用的两种预定剂量的抗生素。

多数情况下，我们的问题相当于通过观察（已有的）其他计划的表现来评估一个新计划，其中其他计划的决策依据无从知晓。医生不会提供促使他们给出相应治疗方案的情况细节，他们只告知在确定 X_1 方案时参考了 U_1，在确定 X_2 方案时参考了 Z 和 X_1。但不幸的是，U_1 也没有被记录下来。在流行病学中，计划评估问题称为“带有时变混杂因子的时变治疗”（Robins, 1993）。在人工智能应用中，对这些计划的评估能够使一个主体（学习者）通过观察其他主体的表现进行学习从而完成行动，即使在其他主体行动原因未知的情况下也可以完成学习。如果允许学习者做出行动和观察，那么任务就变得容易得多。在这种情况下，因果图的拓扑结构可以被推断出来（至少部分可被推断出来），一些以前无法识别的行动结果也可以被确定。

与行动识别（第 3 章）一样，计划的识别（identification of plan）的主要问题是对“混杂因子”的控制，即那些能够触发行动并影响结果，但又不可观测的因素。但是，由于一些混杂因子（例如 Z）受控制变量的影响，使计划的识别变得更加复杂。如第 3 章所述，统计实验设计中最致命的一点（Cox, 1958, p.48）就是需要针对此类变量不停地进行调整。因为对这种介于行动与结果之间的变量进行调整会干扰我们对该行动结果的评估。故而，需要提出一种识别方法以避开这些问题。 119

图 4.4 中的另外两个特性也值得注意。首先，如果将控制变量 X_1 和 X_2 合成一个单一的复合变量 X，则无法计算 $P(y \mid \hat{x}_1, \hat{x}_2)$。在这种合成后的图中，$X$ 通过箭头和弧线（经过 U）连接到 Y，于是形成一个弓形模式（见图 3.9），因此无法识别。其次，孤立的因果效应 $P(y \mid \hat{x}_1)$ 是无法识别的，因为 U_1 在链接 $X \rightarrow Z$ 周围创建了一个弓形模式，它位于从 X 到 Y 的有向路径上（参见 3.5 节的讨论）。

$P(y \mid \hat{x}_1, z, \hat{x}_2)$ 的可识别性将促进 $P(y \mid \hat{x}_1, \hat{x}_2)$ 的可识别性，即仅识别单一行动 $do(X_2 = x_2)$ 的因果效应，以该行动实施后的观察结果为条件。这可以通过后门准则来验证，即 $\{X_1, Z\}$ 阻断了 X_2 和 Y 之间的所有后门路径。因此，$P(y \mid \hat{x}_1, \hat{x}_2)$ 的可识别性可以通过以下推导过程来证明：

$$P(y \mid \hat{x}_1, \hat{x}_2) = P(y \mid \hat{x}_1, \hat{x}_2) \tag{4.1}$$

$$= \sum_{z} P(y \mid z, x_1, \hat{x}_2) P(z \mid x_1) \qquad (4.2)$$

$$= \sum_{z} P(y \mid z, x_1, x_2) P(z \mid x_1) \qquad (4.3)$$

其中式（4.1）和式（4.3）符合规则2，式（4.2）符合规则3。应用这些规则所产生的子图如图4.5所示（见4.4.3节）。

这个推导过程还展示了如何评估条件计划。假设我们希望评估计划 $\{do(X_1 = x_1), do(X_2 = g(x_1, z))\}$ 的效果。根据4.2节的分析，假设 $U_1 = \{0\}$ ，有

$$\begin{aligned} P(y \mid do(X_1 = x_1),\ do(X_2 = g(x_1, z))) &= P(y \mid x_1, do(X_2 = g(x_1, z))) \\ &= \sum_{z} P(y \mid z, x_1, do(X_2 = g(x_1, z))) P(z \mid x_1) \\ &= \sum_{z} P(y \mid z, x_1, x_2) P(z \mid x_1) \big|_{x_2 = g(x_1, z)} \end{aligned}$$

同样，此条件计划的可识别性取决于表达式 $P(y \mid z, x_1, \hat{x}_2)$ 的可识别性，该表达式约简为 $P(y|z, x_1, x_2)$ ，因为 $\{X_1, Z\}$ 会阻断 X_2 和 Y 之间的所有后门路径（参见11.4.1节）。

在下一节中，我们将制定相关的准则，通过图模型的方法来识别提交的计划是否足以从观测值的联合分布中进行评估。如果可以，则需要确定应测量哪些协变量[㊀]以及如何对它们进行调整。

4.4.2 识别计划：符号和假设

以因果图为基础制定一个相应的知识规范框架，与图4.4类似，它定性地总结了对相关数据生成过程的理解[㊁]。 120

符号

一个控制问题（control problem）包括一个有向无环图（DAG） G ，其节点集合为 V 被划分为4个互不相交的子集合 $V = \{X, Z, U, Y\}$ ，其中

X = 控制变量的集合（暴露，干预，治疗等）

Z = 观测变量的集合，通常称为协变量

U = 不可观测的（或者潜在的）变量的集合

Y = 结果变量

㊀ 即观测变量。——译者注

㊁ Robins（1986，1987）采用了另一种反事实相关的规范方案，参见3.6.4节。

我们将控制变量排序为 $\{X = X_1, X_2, \cdots, X_n\}$，使每一个 X_k 在图 G 中是 $X_{k+j}(j>0)$ 的非后代节点，并且令结果节点 Y 为 X_n 的后代节点。令 N_k 代表观察节点集合，其中每个观察节点必须是 $\{X_k, X_{k+1}, \cdots, X_n\}$ 中任一节点的非后代节点。计划（plan）是一个有序序列 $(\hat{x}_1, \hat{x}_2, \cdots, \hat{x}_n)$，表示对控制变量的赋值，其中 $\hat{x}_k$ 表示"X_k 被设置为 x_k"。条件计划（conditional plan）是一个有序序列 $(\hat{g}_1(z_1), \hat{g}_2(z_2), \cdots, \hat{g}_n(z_n))$，其中每个 g_k 是从集合 Z_k 到 X_k 的映射函数。$\hat{g}_k(z_k)$ 表示"当 Z_k 的值为 z_k 时，将 X_k 的值设为 $g_k(z_k)$"。每个 $g_k(z_k)$ 函数中的变量 Z_k 不能包含图 G 中 X_k 的任何后代变量。

我们的目标是通过计算概率 $P(y \mid \hat{x}_1, \hat{x}_2, \cdots, \hat{x}_n)$ 来评估无条件计划[㊀]，这个概率代表计划 $(\hat{x}_1, \hat{x}_2, \cdots, \hat{x}_n)$ 对结果变量 Y 的影响程度。如果对于每个赋值 $(\hat{x}_1, \hat{x}_2, \cdots, \hat{x}_n)$，概率 $P(y \mid \hat{x}_1, \hat{x}_2, \cdots, \hat{x}_n)$ 可由变量 $\{X, Y, Z\}$ 组成的联合分布唯一确定，那么 $P(y \mid \hat{x}_1, \hat{x}_2, \cdots, \hat{x}_n)$ 在图 G 中可识别[㊁]。只要 $P(y \mid \hat{x}_1, \hat{x}_2, \cdots, \hat{x}_n)$ 可识别，控制问题就可识别。

我们将在定理 4.4.1 和定理 4.4.6 中给出重要的识别准则。它们在 G 的各个子图上调用了序贯后门测试（sequential back-door test），从中删除了指向目标行动的箭头。我们用 $G_{\overline{X}}$ 和 $G_{\underline{X}}$ 分别表示从 G 中删除所有指向 X 和由 X 指出的箭头所获得的图。我们定义了符号 $G_{\overline{X}\underline{Z}}$ 表示同时删除指向 X 和由 Z 指出的箭头所获得的图。最后，表达式 $P(y \mid \hat{x}, z) \triangleq P(y, z \mid \hat{x}) / P(z \mid \hat{x})$ 代表在观测到 $Z = z$ 且固定 X 的值为 x 的情况下 $Y = y$ 的概率。

4.4.3 识别计划：序贯后门准则

定理 4.4.1（Pearl and Robins, 1995）

对于每个 $1 \leqslant k \leqslant n$，存在满足以下（序贯后门）条件的协变量集合 Z_k：

$$Z_k \subseteq N_k \tag{4.4}$$

121 （即，Z_k 由 $\{X_k, X_{k+1}, \cdots, X_n\}$ 的非后代节点组成）并且

$$(Y \perp\!\!\!\perp X_k \mid X_1, \cdots, X_{k-1}, Z_1, Z_2, \cdots, Z_k)_{G_{\underline{X}_k, \overline{X}_{k+1}, \ldots, \overline{X}_n}} \tag{4.5}$$

则概率 $P(y \mid \hat{x}_1, \hat{x}_2, \cdots, \hat{x}_n)$ 可识别。当这些条件满足时，该计划的结果为：

㊀ 条件计划将在 11.4.1 节中进行分析，通过重复使用定理 4.4.1 予以识别。

㊁ 变量 X, Y, Z 都是可观测的。——译者注

$$P(y \mid \hat{x}_1, \cdots, \hat{x}_n) = \sum_{z_1, \cdots, z_n} P(y \mid z_1, \cdots, z_n, x_1, \cdots, x_n) \times \prod_{k=1}^{n} P(z_k \mid z_1, \cdots, z_{k-1}, x_1, \cdots, x_{k-1}) \tag{4.6}$$

在给出上述定理的证明之前，让我们演示一下如何使用定理4.4.1来检验如图4.4中所示的控制问题的可识别性。首先，我们将证明如果不观测变量Z，$P(y \mid \hat{x}_1, \hat{x}_2)$无法被识别。换句话说，序列$Z_1 = \varnothing, Z_2 = \varnothing$将不满足条件（4.4）～（4.5）。条件（4.5）中两个d-分离检验为

$$(Y \perp\!\!\!\perp X_1)_{G_{\underline{X}_1, \overline{X}_2}} \text{ 和 } (Y \perp\!\!\!\perp X_2 | X_1)_{G_{\underline{X}_2}}$$

与这些检验相关的两个子图如图4.5所示。我们可以看到$(Y \perp\!\!\!\perp X_1)$在$G_{\underline{X}_1, \overline{X}_2}$中成立，但（$Y \perp\!\!\!\perp X_2 | X_1$）在$G_{\underline{X}_2}$中不成立。因此，为了通过检验，我们必须有$Z_1 = \{Z\}$或$Z_2 = \{Z\}$。由于$Z$是$X_1$的后代，因此只有第二个选项满足（4.4）[⊖]。适用于$Z_1 = \varnothing, Z_2 = \{Z\}$序列的检验为$(Y \perp\!\!\!\perp X_1)_{G_{\underline{X}_1, \overline{X}_2}}$以及$(Y \perp\!\!\!\perp X_2 | X_1, Z)_{G_{\underline{X}_2}}$。图4.5显示了当前两种检验都满足条件，因为$\{X_1, Z\}$集合$d$-分离了$G_{\underline{X}_2}$中$X_2$到$Y$的路径。在满足条件（4.4）～（4.5）的情况下，公式（4.6）给出了计划$(\hat{x}_1, \hat{x}_2)$对Y因果效应的公式

$$P(y \mid \hat{x}_1, \hat{x}_2) = \sum_z P(y \mid z, x_1, x_2) P(z \mid x_1) \tag{4.7}$$

与公式（4.3）一致。

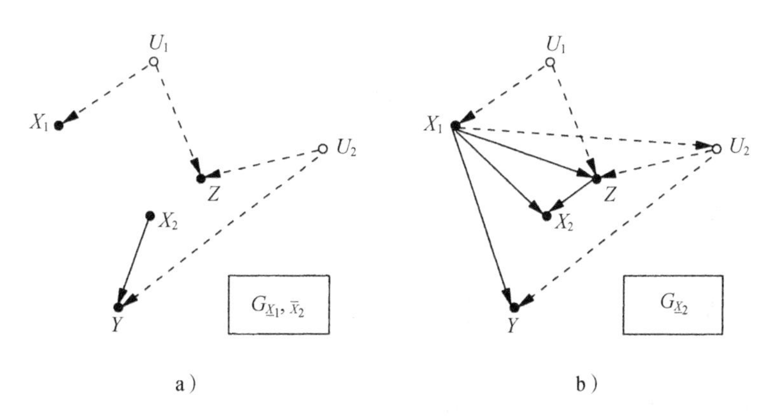

图4.5　图4.4中用于检验计划$(\hat{x}_1, \hat{x}_2)$可识别性的图G的两个子图

这样，必然会产生一个问题：如果不进行全局搜索，是否可以识别序列$Z_1 = \varnothing$,

⊖　即$Z_2 = \{Z\}$。——译者注

122 $Z_2=\{Z\}$。这个问题将在推论 4.4.5 和定理 4.4.6 中得到解答。

定理 4.4.1 的证明

此处给出的证明是基于 do 算子的推断规则（定理 3.4.1），这个规则便于因果效应公式约简为无帽表达式[㊀]。Pearl 和 Robins（1995）给出了基于潜在变量消除的另一种证明。

步骤 1 对于所有 $j \geqslant k$，条件 $Z_k \subseteq N_k$ 蕴含 $Z_k \subseteq N_j$。因此，我们可以得到

$$P(z_k|z_1,\cdots,z_{k-1},x_1,\cdots,x_{k-1},\hat{x}_k,\hat{x}_{k+1},\cdots,\hat{x}_n)$$
$$=P(z_k|z_1,\cdots,z_{k-1},x_1,\cdots,x_{k-1})$$

因为 $\{Z_1,\cdots,Z_{k-1},X_1,\cdots,X_{k-1}\}$ 中的任何节点都不可能是集合 $\{X_k,\cdots,X_n\}$ 中任何节点的后代节点。于是，规则 3 允许我们从表达式中删除带帽变量。

步骤 2 公式（4.5）中的条件允许我们引入规则 2 并写作：

$$P(y\,|\,z_1,\cdots,z_k,x_1,\cdots,x_{k-1},\hat{x}_k,\hat{x}_{k+1},\cdots,\hat{x}_n)$$
$$=P(y\,|\,z_1,\cdots,z_k,x_1,\cdots,x_{k-1},x_k,\hat{x}_{k+1},\cdots,\hat{x}_n)$$

因此，我们得到：

$$\begin{aligned}
&P(y\,|\,\hat{x}_1,\cdots,\hat{x}_n)\\
&=\sum_{z_1}P(y\,|\,z_1,\hat{x}_1,\hat{x}_2,\cdots,\hat{x}_n)P(z_1\,|\,\hat{x}_1,\cdots,\hat{x}_n)\\
&=\sum_{z_1}P(y\,|\,z_1,x_1,\hat{x}_2,\cdots,\hat{x}_n)P(z_1)\\
&=\sum_{z_2}\sum_{z_1}P(y\,|\,z_1,z_2,x_1,\hat{x}_2,\cdots,\hat{x}_n)P(z_1)P(z_2)\,|\,z_1,x_1,\hat{x}_2,\cdots,\hat{x}_n)\\
&=\sum_{z_2}\sum_{z_1}P(y\,|\,z_1,z_2,x_1,x_2,\hat{x}_3,\cdots,\hat{x}_n)P(z_1)P(z_2)\,|\,z_1,x_1)\\
&\vdots\\
&=\sum_{z_n}\cdots\sum_{z_2}\sum_{z_1}P(y\,|\,z_1,\cdots,z_n,x_1,\cdots,x_n)\\
&\quad\times P(z_1)P(z_2\,|\,z_1,x_1)\cdots(z_n\,|\,z_1,x_1,z_2,x_2,\cdots,z_{n-1},x_{n-1})\\
&=\sum_{z_1,\cdots,z_n}P(y\,|\,z_1,\cdots,z_n,x_1,\cdots,x_n)\prod_{k=1}^{n}P(z_k\,|\,z_1,\cdots,z_{k-1},x_1,\cdots,x_{k-1})
\end{aligned}$$

□

定义 4.4.2（容许序列和 G-可识别）

任何满足条件（4.4）～（4.5）的协变量序列 $Z_1,\cdots,Z_n$ 称为可容许的。任何通过定理 4.4.1 的准则检验可识别的表达式 $P(y\,|\,\hat{x}_1,\cdots,\hat{x}_n)$ 称为 G-可识别的[㊁]。123

㊀ 即无ˆ。——译者注

㊁ 注意，可容许性（4.5）要求每个子序列 $X_1,\cdots,X_{k-1},Z_1,\cdots,Z_k$ 阻断所有从 X_k 到 Y 的“无行动”的后门路径（参见 11.3.7 节）。

于是，可以立刻得出下面的推论。

推论 4.4.3

当且仅当一个控制问题有一个容许序列时，它是 G-可识别的。

值得注意的是，尽管 *do* 算子是完备的，G-可识别对于 4.4.2 节中定义的计划可识别性来说充分但不必要。原因在于式（4.6）的约简过程中，第 k 步阻碍了将 X_k 的后代变量 Z_k 作为条件——即那些可能受到行动 $do(X_k=x_k)$ 影响的变量。在某些因果结构中，因果效应的可识别性要求我们以这些变量为条件，如前门准则所证明的那样（见定理 3.3.4）。

4.4.4　识别计划：计算流程

定理 4.4.1 为识别计划提供了一个声明性条件。它只能用于确认一个公式对给定的一个计划是否有效，但它并不能为获得这些公式提供一个有效的计算流程，因为它并没有说明每个 Z_k 选择的过程。存在这样一种可能性，即对满足条件（4.4）和（4.5）的某些不恰当的 Z_k 选择可能会妨碍约简过程，即使存在另一种可行的约简序列。

如图 4.6 所示，W 是 Z_1 的一个容许选择，但是如果我们做这个选择，我们将不能完成约简，因为不存在任何集合 Z_2 可以满足条件（4.5）：$(Y \perp\!\!\!\perp X_2 | X_1, W, Z_2)_{G_{\underline{X}_2}}$。在这个例子中，更明智的选择是 $Z_1=Z_2=\varnothing$，它能够同时满足 $(Y \perp\!\!\!\perp X_1 | \varnothing)_{G_{\underline{X}_1, \overline{X}_2}}$ 和 $(Y \perp\!\!\!\perp X_2 | X_1, \varnothing)_{G_{\underline{X}_2}}$。

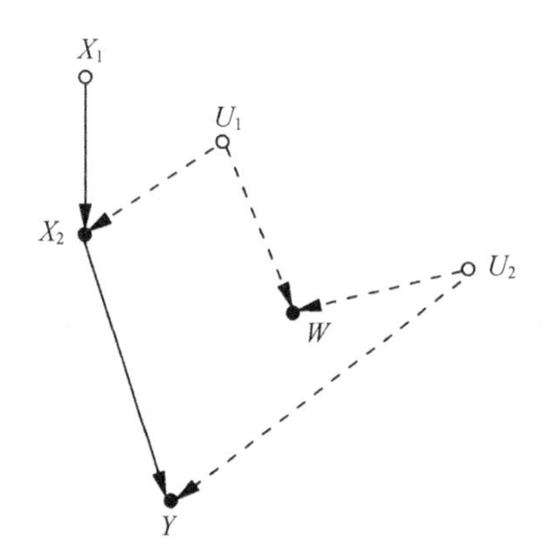

图 4.6　一个容许选择 $Z_1=W$ 排除了对 Z_2 的任何容许选择。选择 $Z_1=\varnothing$ 将使构造容许序列 $(\{Z_1=\varnothing, Z_2=\{Z\}\})$ 成为可能

避免错误选择协变量的一种明显方法是始终坚持选择“极小”的 Z_k，即满足条件（4.5）的一组协变量，其任何子集都不能满足（4.5），如图 4.6 所示。然而，由于通常存在很多这样的最小集（参见图 4.7），因此仍然存在每个极小 Z_k 的选择是否都是“可靠的”这样的问题：当存在某个容许序列 $Z_1^*, \cdots, Z_n^*$ 时，对当前极小子序列 $Z_1, \cdots, Z_k$ 的选择一定不会妨碍我们找到下一个可容许的 Z_{k+1} 吗？

124

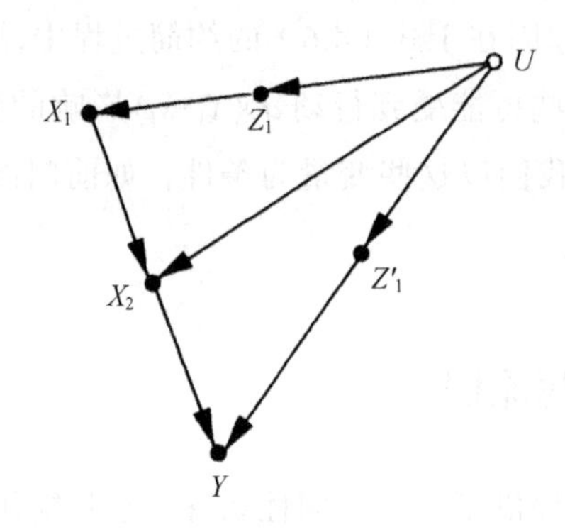

图 4.7　极小容许集的非唯一性：Z_1 和 Z_1' 都是极小容许集，因为 $(Y \perp\!\!\!\perp \overline{X}_1 | Z_1)$ 和 $(Y \perp\!\!\!\perp X_1 | Z_1')$ 在 $G_{\underline{X_1}, \overline{X}_2}$ 中都成立

接下来的定理保证了每个极小子序列 $Z_1, \cdots, Z_k$ 的可靠性，从而给出了一种有效的 G-可识别性的检验方法。

定理 4.4.4

如果存在一个容许序列 $Z_1^*, \cdots, Z_n^*$，那么对于每一个极小容许子序列 $Z_1, \cdots, Z_{k-1}$，都存在一个容许集合 Z_k。

Pearl 和 Robins（1995）给出了证明。

现在，定理 4.4.4 可以推出如下针对 G-可识别性的有效检验过程。

推论 4.4.5

一个控制问题是 G-可识别的，当且仅当以下算法执行成功。

1. 设 $k=1$。
2. 选择最小的 $Z_k \subseteq N_k$ 满足条件（4.5）。
3. 如果不存在这样的 Z_k，则执行失败；否则，设 $k=k+1$。
4. 如果 $k=n+1$ 则执行成功；否则，返回第 2 步。

定理4.4.4的另一个说法是：避免搜索最小集合 Z_k。因为，如果存在一个容许序列，那么我们可以将定理4.4.1中的协变量改成一个显式的协变量序列 $W_1, W_2, \cdots, W_n$，该序列在 G 中很容易识别。

定理 4.4.6

对每一个 $1 \leqslant k \leqslant n$，当且仅当以下条件成立时，概率 $P(y \mid \hat{x}_1, \cdots, \hat{x}_n)$ 是 G-可识别的：

$$(Y \perp\!\!\!\perp X_k \mid X_1, \cdots, X_{k-1}, W_1, W_2, \cdots, W_k)_{G_{\underline{X}_k, \overline{X}_{k+1}, \cdots, \overline{X}_n}}$$

其中，W_k 是 G 中满足以下条件的所有协变量的集合：（1）W_k 中的协变量都不是 $\{W_k, X_{k+1}, \cdots, X_n\}$ 的后代；（2）对每一个 W_k 中的协变量，在 $G_{\underline{X}_k, \overline{X}_{k+1}, \cdots, \overline{X}_n}$ 中 Y 或 X_k 是其后代。此外，如果满足此条件，则该计划的评估结果为：

$$P(y \mid \hat{x}_1, \cdots, \hat{x}_n) = \sum_{w_1, \cdots, w_n} P(y \mid w_1, \cdots, w_n, x_1, \cdots, x_n) \times \prod_{k=1}^{n} P(w_k \mid w_1, \cdots, w_{k-1}, x_1, \cdots, x_{k-1}) \tag{4.8}$$

125

在文献（Pearl and Robins，1995）和文献（Robins，1997）中可以找到定理4.4.6的证明以及几种推广形式。Kuroki（Kuroki et al.，2003；Kuroki and Miyakawa，1999a，b，2003；Kuroki and Cai，2004）提出了对 G-可识别性的扩展。

值得注意的是，从系统化检验的意义来说，尽管推论4.4.5和定理4.4.6提供了一套程序化的计划识别方法，但它们仍与顺序相关。很有可能出现这种情况：两组对控制变量的排序都与图 G 中的箭头方向一致，但容许序列出现在其中一种排序中而不在另一种排序中。图4.8描述了这种情况。两个子图可以通过从图4.4中删除箭头 $X_1 \to X_2$ 和 $X_1 \to Z$ 得到，从而两个控制变量（X_1 和 X_2）可以任意排序。如果进行（X_1, X_2）的排序，则仍会像之前一样接受容许序列（$\varnothing, Z$），但是如果进行（X_2, X_1）的排序，则找不到任何容许序列。这可以从图 $G_{\underline{X}_1}$ 中很容易看出，其中（根据条件（4.5），其中 k=1），我们需要找到一个集合 Z，使得集合 $\{X_2, Z\}$ 能够 d-分离 Y 与 X_1，但不存在这样的集合。

这种对顺序敏感的潜在含义是，只要 G 存在对控制变量的多种排序，就需要检查所有的排序，然后才能确定计划不是 G-可识别的。Shpitser 和 Pearl（2006b）提出的图模型准则避免了此类搜索。

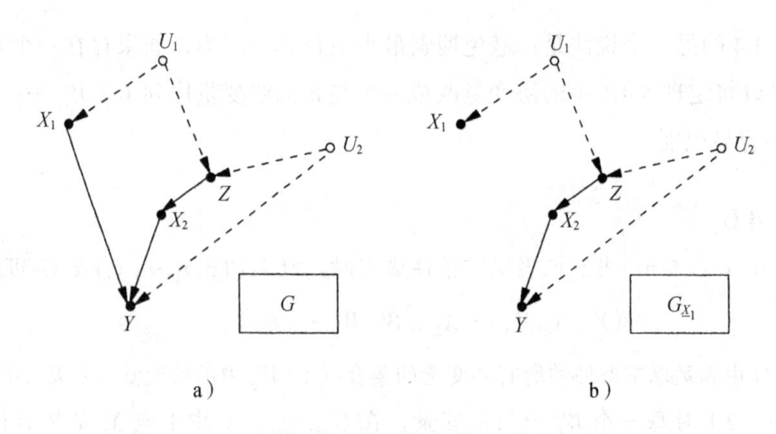

图 4.8　因果图 G，其中控制变量 X_1 和 X_2 的顺序很重要

4.5　直接效应和间接效应

4.5.1　直接效应与总效应

到目前为止，我们所作的因果效应 $P(y\,|\,\hat{x})$ 分析是衡量单个变量（或一组变量）X 对结果变量 Y 的总效应（total effect）。在许多情况下，此结果不足以满足应用目标的需求，还需要关注 X 对 Y 的直接效应。“直接效应”一词意味着量化一种不受模型中其他变量影响的效应。更准确地说，当分析中所有其他变量都保持不变时，Y 对 X 变化的敏感性。当然，固定这些变量将切断除 $X \to Y$ 之外所有从 X 到 Y 的因果路径，并且链接 $X \to Y$ 不会被任何中间变量切断。

126

直接效应是无处不在的，一个经典例子（Hesslow，1976；Cartwright，1989）是关于一种避孕药的故事。这种避孕药一直被怀疑会在女性体内形成血栓，同时，还会降低怀孕率，而这又对血栓的形成具有负面的间接效应（众所周知，怀孕会导致血栓形成）。在这个例子中，人们关注的是避孕药的直接效应，因为它代表了一种稳定的生理关系。与其产生的总效应不同，这种生理关系不会因为婚姻状况以及可能影响女性怀孕的其他社会因素而改变。

另一类例子涉及雇佣关系中的种族或性别歧视的法律纠纷。其中，性别或种族对申请人资格的影响，以及申请人资格对雇佣的影响都不是诉讼对象。被告必须证明性别和种族不会直接影响雇佣决定，不管性别和种族是否由于申请人的资格而对雇佣产生的间接影响[一]。

在所有这些例子中，保持中间变量固定的要求必须被解释为（假设地）通过物理上的干预将这些变量设置为常量，而不是通过条件化这些变量或调整变量的值（一种错误的认识，可追溯到文献（Fisher, 1935））。例如，对孕妇和非孕妇分别单独测量避孕药和血栓之间的关系，然后汇总结果，这是不够的。相反，我们必须对那些在使用避孕药之前就已经怀孕的，以及通过非药物手段进行避孕的女性进行研究。原因是，通过条件化中间变量（本例中为怀孕），即使 X 对 Y 没有直接效应，我们也可能在 X 和 Y 之间创建伪相关。这可以用模型 $X \rightarrow Z \leftarrow U \rightarrow Y$ 轻松地说明，其中 X 对 Y 没有直接效应。物理上保持 Z 恒定不变[二]，使 X 和 Y 之间不存在任何关联，这可以通过删除所有指向 Z 的箭头看出来。但是，如果我们以 Z 作为条件，就会通过 U（未观察到的变量）产生一个伪相关，而错误地理解认为 X 对 Y 有直接效应。

4.5.2　直接效应、定义和识别

如果可能的话，控制问题中的所有变量显然是一项巨大的工作。识别分析告诉我们，即使没有这种控制，在什么条件下仍可以从非实验数据中估计直接效应。应用 $do(x)$ 表示法（或简写为 $\hat{x}$），我们可以定义直接效应。

定义 4.5.1（直接效应）

X 对 Y 的直接效应记为 $P(y \mid \hat{x}, \hat{s}_{XY})$，其中 S_{XY} 是系统中除 X 和 Y 之外的所有内生变量的集合。

我们看到，对直接效应的测量更像是在做一个真实的实验。科学家可以控制所有可能的条件 S_{XY}，而无须了解图的结构或哪些变量是 X 和 Y 之间真正的中间变量。但是，如果我们知道图的结构，则可以省去许多需要实验控制的条件。事实上，没有必要将所有的变量保持不变，只需要将变量 Y 的直接父代变量（不包括 X）保持不变就足够了。因此，我们得到以下直接效应的等价定义。 [127]

[一] 即性别或者种族可能会影响申请人的资格，从而间接影响雇佣关系，例如在一些社会，女性由于受教育程度低而在申请资格上处于劣势。——译者注

[二] 通过干预，切断了 X 到 Z 的路径。——译者注

推论 4.5.2

X 对 Y 的直接效应记为 $P(y\mid\hat{x},\widehat{pa}_{Y\setminus X})$，其中 $pa_{Y\setminus X}$ 表示除去 X 之外的 Y 的父节点赋值的集合。

显然，如果 X 没有出现在 Y 的父节点集合中（即 X 不是 Y 的父节点），那么 $P(y\mid\hat{x},\widehat{pa}_{Y\setminus X})$ 是一个独立于 X 的常数分布，符合我们对"无直接效应"的理解。一般来说，假设 X 是 Y 的一个父节点，推论 4.5.2 意味着当 $P(y\mid\widehat{pa}_Y)$ 是可识别的，X 对 Y 的直接效应就是可识别的。此外，这个表达式的条件部分对应于一个计划，该计划中 Y 的父节点都是控制变量。因此，我们得出结论，只要可以识别 Y 的父节点计划效应，那么就可以识别 X 对 Y 的直接效应。现在，我们可以通过 4.4 节的分析，将定理 4.4.1 和 4.4.6 的图准则应用于直接效应的分析。我们通过以下定理对此进行表述。

定理 4.5.3

令 $PA_Y=\{X_1,\cdots,X_k,\cdots,X_m\}$，当在某些可容许的变量排序中，计划 $(\hat{x}_1,\hat{x}_2,\cdots,\hat{x}_m)$ 在推论 4.4.5 的条件下成立，那么任何 X_k 对 Y 的直接效应都是可识别的。直接效应的计算结果由式（4.8）给出。

定理 4.5.3 表明，如果 Y 的其中一个父节点的效应是可识别的，那么 Y 的其他任何父节点的效应也是可识别的。当然，效应的大小因不同的父节点而异，见式（4.8）。

直接可以得到下面的推论。

推论 4.5.4

假设 X_j 是 Y 的一个父节点。如果存在一条包含任何 $X_k\to Y$ 的混杂弧，那么 X_j 对 Y 的直接效应是不可识别的。

4.5.3 案例：大学录取中的性别歧视问题

为了说明这一结论如何应用，我们以伯克利大学研究生录取中出现的性别偏见问题作为案例（Bickel et al.，1975）。这个案例中，数据显示在总体上男性申请人的录取率更高，但当按院系进行细分时，却显示偏好录取女性申请人。对此的解释是，女性申请者倾向于申请竞争更激烈、拒绝率更高的院系。基于这一发现，伯克利大学避免了歧视指控。这是一种称为“辛普森悖论”的反转问题，我们将在第 6 章进行更全面的讨论。在这里，我们关注的问题是讨论对院系的选择是否适合用来评估大学录取中的性别歧视。传统观点认为，这样的评估调整是适当的，因为“我们知道申请一个受欢迎的院系（供少于求的院系）更容易被拒绝”（Cartwright，1983，p.38），但接下来我们很快就会发现应该还要考虑其他因素。

我们假设伯克利大学的案例中相关因素之间的关系如图 4.9 所示，变量解释如下：　128

X_1 = 申请人性别

X_2 = 申请人选择的院系

Z = 申请人（预注册）的学业目标

Y = 录取结果（接受 / 拒绝）

U = 申请人的能力（未记录）

请注意，U（例如，口头表达能力（未记录））将影响申请人的学业目标，也将影响录取结果 Y。

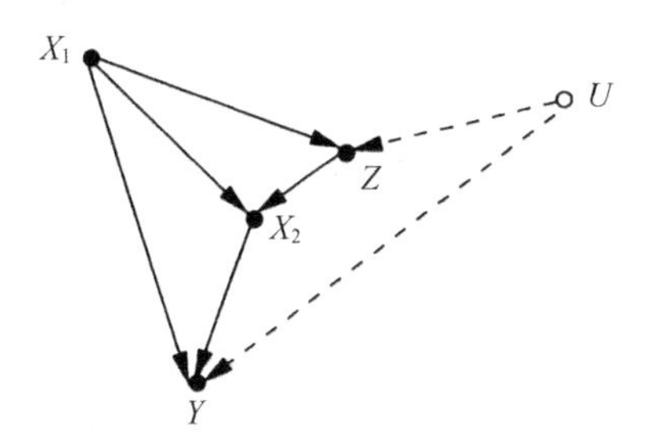

图 4.9　伯克利大学性别歧视研究中相关的因果关系。调整院系选择（X_2）或学业目标（Z）（或两者都调整）在估计性别对入学的直接效应时是不合适的。适当的调整见式（4.10）

调整院系选择相当于计算下列表达式：

$$E_{x_2} P(y \mid \hat{x}_1, x_2) = \sum_{x_2} P(y \mid x_1, x_2) P(x_2) \tag{4.9}$$

相反，X_1 对 Y 的直接效应如式（4.7）所示，记为：

$$P(y \mid \hat{x}_1, \hat{x}_2) = \sum_{z} P(y \mid z, x_1, x_2) P(z \mid x_1) \tag{4.10}$$

很明显，这两种表达式可能有很大的不同。第一个表达式检测申请人性别对某一院系的录取结果的（平均）效应。这个指标反映了一个事实，即某些“性别 – 院系”的组合可能与高录取率相关。这种伪相关性是由某种未被记录的能力（U）导致的。第二个表达式通过分别调整男女申请者的学业目标（Z）来消除这种伪相关。

为了验证式（4.9）不能合理地测量 X_1 对 Y 的直接效应，我们发现表达式依赖于 X_1 的值，即使在 X_1 和 Y 之间没有任何箭头的情况下也是如此。另一方面，式（4.10）在这种情况下对 X_1 变得不敏感。相关的证明留给读者去尝试[⊖]。

为了更好地说明，我们将给出一个具体的数字实例。想象一个由 A、B 两个系组成的大学，这两个系都只根据入学资格（Q）录取学生。进一步假设：（i）申请人由 100 名男生和 100 名女生组成；（ii）男女各有 50 名申请者的资格较高（因此被录取），另外各有 50 名的资格较低（因此被拒绝）。显然，这所大学不能被指控为性别歧视。

129

然而，如果我们在不考虑资格的情况下对院系进行调整，就会出现完全不同的结果，这相当于使用了式（4.9）来评估性别对入学的效应。假设所有合格的男生都申请了 A 系，而所有的女生都申请了 B 系（见表 4.1）。

表 4.1　各系男女生的录取率

	男性		女性		总计	
	录取	申请	录取	申请	录取	申请
A 系	50	50	0	0	50	50
B 系	0	50	50	100	50	150
未调整	50%		50%		50%	
调整后	25%		37.5%			

从表 4.1 中我们可以看出，对院系调整后，错误地出现了偏向支持女性申请者这个结论，即 37.5 : 25(=3 : 2)。在这个例子中，一个未经调整的（有时被称为粗糙的）分析碰巧给出了正确的结果，男女的入学率都为 50%，从而使学校免于性别歧视的指控。

我们的分析并不意味着 Bickel 等人（1975）的伯克利研究是有缺陷的，也不意味着在该研究中对院系进行调整是不合理的。我们这么做的目的是强调，如果不仔细检查可识别的因果关系的假设，就不能保证任何调整对直接或间接的因果效应做出公正的估计。定理 4.5.3 为我们提供了对这些假设的理解及其数学表达方法。我们注意到，如果申请人的资格没有被记录在数据中，就无法确定性别对录取结果的直接效应，除非我们能够测量出某些代理变量，这些变量与 Q 的关系与图 4.9 中 Z 与 U 的关系相同。

⊖ 提示：利用图中的独立节点进行 $P(y,u,z\mid\hat{x}_1,\hat{x}_2)$ 因式分解，并消除式（3.27）推导中的 u。Cole 和 Hernan（2002）给出了一些流行病学方面的例子。

4.5.4 自然直接效应

熟悉结构方程模型的读者会注意到，在线性系统中，直接效应 $E(Y \mid \hat{x}, \widehat{pa}_{Y \setminus X})$ 完全由 X 到 Y 的路径系数确定的。因此，直接效应与 $pa_{Y \setminus X}$ 的值无关，这个值是我们对 Y 的其他父节点进行控制产生的[㊀]。在非线性系统中，这些值通常会改变 X 对 Y 的效应，因此应该仔细选择它们以表示分析中的目标策略。例如，避孕药对血栓形成的直接效应对孕妇和非孕妇来说很可能有所不同。流行病学家称这种差异为“效应修正”，并一直坚持在每个亚群中分别分析各自的效应。

尽管直接效应对结果变量父节点的（变化）控制程度很敏感，但有时对直接效应关于 x 的平均值是有意义的。例如，如果我们希望在不参考特定院系的情况下评估某所学校的歧视程度，则应将院系之间的差异值 130

$$P(\text{admission} \mid \widehat{\text{male}}, \widehat{\text{dept}}) - P(\text{admission} \mid \widehat{\text{female}}, \widehat{\text{dept}})$$

替换为这种差异的某种平均值。这个平均值应该反映以下假设中录取率是否增长：所有的女性申请人保留她们的院系偏好，但将她们的性别一栏（在申请表上）从女性改为男性[㊁]。

从概念上讲，我们可以将平均直接效应 $\mathrm{DE}_{x,x'}(Y)$ 定义为：无论结果变量 Y 在 $do(x)$ 下得到什么值，将变量 X 从值 x 更改为值 x'，并且保持所有中间变量不变，所引起的结果变量 Y 的预期变化。Robins 和 Greenland（1991）将这种假设性的变化称为“纯粹的”，而 Pearl（2001c）称其为“自然的”，这正是立法者试图思考有关种族或性别歧视的情况：“任何雇佣歧视案件的核心问题是：如果更改了雇员的种族（或者年龄、性别、宗教、国籍等），但保持其他一切不变，雇主是否还会坚持与之前同样的决定？”（在 Carson 起诉伯利恒钢铁公司的案件中，第 70 卷第 7 期 FEP 921 案（1996））。

Pearl（2001c）利用公式（3.51）的括号，对“自然直接效应”给出了如下定义

$$\mathrm{DE}_{x,x'}(Y) = E[(Y(x', Z(x))) - E(Y(x))] \tag{4.11}$$

在此，Z 是除 X 外的所有 Y 的父节点集合，表达式 $Y(x', Z(x))$ 表示将 X 设置为 x'，并且 Z 设置为当 $X=x$ 得到的值时 Y 将得到的值。我们可以看到 $\mathrm{DE}_{x,x'}(Y)$ 是从 x 过渡到 x' 的自然直接效应，涉及有关嵌套反事实（nested counterfactual）的概率，而不能用 $do(x)$ 操作表示。因此，即使借助于理想的受控实验，自然直接效应一般也不能被识别（更直观的

㊀ 除 X 之外的 Y 的其他父节点。——译者注

㊁ 这反映了如果性别发生变化，是否不改变录取，即从平均意义上，是否存在录取的性别差异。——译者注

说明请参见文献（Robins and Greenland，1992）和 7.1 节）。然而，Pearl（2001c）指出，如果某些“无混杂”的假设被视为成立的[⊖]，那么自然直接效应就可以约简为

$$\mathrm{DE}_{x,x'}(Y)=\sum_z [E(Y\mid do(x',z))-E(Y\mid do(x,z))]P(z\mid do(x)) \qquad (4.12)$$

这个公式直观理解起来很简单，即自然直接效应是受控直接效应的加权平均，用因果效应 $P(z\mid do(x))$ 作为其权重函数。在这种假设下，可以应用 4.4 节中为识别某种控制相关的计划 $P(y\mid \hat{x}_1,\hat{x}_2,\cdots,\hat{x}_n)$ 提出的序贯后门准则。

特别地，表达式（4.12）在马尔可夫模型中是有效的和可识别的，其中所有的 *do*- 操作都可以通过推论 3.2.6 去除。例如，

131

$$P(z\mid do(x))=\sum_t P(z\mid x,pa_X=t)P(pa_X=t) \qquad (4.13)$$

4.5.5 间接效应与中介公式

值得注意的是，自然直接效应公式（4.11）很容易修改为间接效应公式，并为间接效应提供一个可运算的定义。间接效应（到目前为止）是一个笼罩在神秘和争议中的概念，因为使用 $do(x)$ 操作不可能做到禁止从 X 到 Y 的直接链接，而使 X 仅通过其他间接路径影响 Y。

从 x 到 x' 转化的自然间接效应（简写为 IE）定义为：通过保持变量 X 的值不变（$X=x$），并将变量 Z 的值设置为等效于 X 变化为 $X=x'$ 所引起的变化值，所得到的 Y 的预期变化。形式化的表述为（Pearl，2001c）：

$$\mathrm{IE}_{x,x'}(Y)\triangleq E[(Y(x,Z(x')))-E(Y(x))] \qquad (4.14)$$

我们看到，一般来说，一个变化的总效应等于这个变化的直接效应和反向变化的间接效应之差：

$$\mathrm{TE}_{x,x'}(Y)\triangleq E(Y(x')-Y(x))=\mathrm{DE}_{x,x'}(Y)-\mathrm{IE}_{x',x}(Y) \qquad (4.15)$$

在线性模型中，反向变化相当于变化所产生的效应的负值，式（4.15）可以写作以下标准加法公式

$$\mathrm{TE}_{x,x'}(Y)=\mathrm{DE}_{x,x'}(Y)+\mathrm{IE}_{x,x'}(Y) \qquad (4.16)$$

⊖ 一个充分条件是对某些可观测的协变量集合 W，$Z(x)\perp\!\!\!\perp Y(x',z)\mid W$ 成立。详情和图准则参见文献（Pearl，2001c, 2005a; Petersen et al., 2006）。

在无混杂中间变量的简单情况下，可以通过以下两个回归方程来估算自然直接效应和自然间接效应，这两个方程称为中介公式：

$$\mathrm{DE}_{x,x'}(Y)=\sum_{z}[E(Y\mid x',z)-E(Y\mid x,z)]P(z\mid x) \quad (4.17)$$

$$\mathrm{IE}_{x,x'}(Y)=\sum_{z}E(Y\mid x,z)[P(z\mid x')-P(z\mid x)] \quad (4.18)$$

这个方程式提供了两种调节效应的通用方法，适用于任何非线性系统、任何分布和任何类型的变量（Pearl，2009b，2010b）。

请注意，间接效应对决策有明显的作用。例如：在一个招聘歧视的环境中，如果消除了性别偏见，所有申请人都得到平等对待，就像目前对待男性的方式一样，那么策略制定者可能会关心性别比例的构成。这一比例将由性别对雇佣的间接效应来决定，即通过教育背景、工作能力等与性别有关的因素来调节。更多实例请参见文献（Pearl，2001c，2010b）。

一般来说，策略制定者可能对激励下属所产生的效应感兴趣，又或者在一个相互作用的代理网络中对控制消息发送所产生的效应感兴趣。这些应用需要对特定路径效应（path-specific effect）进行分析，即通过一条选定的路径分析 X 对 Y 的效应（Avin et al.，2005）。

在所有以上情况中，策略干预强调选择需要感知的信息，而不是固定不变的变量。因此，Pearl（2001c）提出，对于因果关系的概念而言，信息感知比操作行为更为基础。后者只是在实验中引发前者的一种简单的方式（见11.4.5节）。在第7、9、11章以及文献（Shpitser and Pearl，2007）中给出了可通过经验检验的反事实的一般特征。 132

05

第 5 章

社会学和经济学中的因果关系与结构模型

二人若不同心，岂能同行？

——Amos（旧约圣经）3:3

前言

自 20 世纪 50 年代以来，结构方程模型（Structural Equation Modeling，SEM）在经济学和社会科学的因果分析中一直占据主导地位。然而，对结构方程模型的主流解释在本质上与它的提出者的想法有很大偏差，同时也与本书中所阐述的解释不同。结构方程通常解释为概率（probabilistic）信息的载体，而不是实质性因果信息的载体。经济学家认为结构方程是密度函数的简洁描述，而社会科学家认为结构方程是协方差矩阵的概括。最终，导致许多 SEM 研究人员难以阐明 SEM 中的因果实质，而 SEM 最独特的功能目前没有得到充分理解和利用。

本章的目标在于重新明晰 SEM 的因果解释。我们将阐述随着图模型（graphical model）和干预逻辑的发展，结构方程如何走出当前的困境，并作为因果建模的主要语言。为此，我们以参数化方法（SEM 研究人员最熟悉的形式）重塑了第 3 章和第 4 章中的几个结果，并描述了如何通过图方法进行模型测试和参数识别的概念问题及实践问题。然后，我们回到非参数分析，从中我们将发展出一种操作语义，为结构方程是什么的问题提供一种连贯的解释（5.4 节）。特别地，我们将回答以下基本问题：结构方程关于这个世界声明了什么？这些声明中的哪些部分是可检验的？在什么条件下我们可以通过回归分析来估计结构参数（structural parameter）？

在 5.1 节中，我们将回顾 SEM 的发展历史，并对其在因果解释方面的忽视提出相应的解释（explanation）。结构模型的可检验的含义将在 5.2 节中给出。对于递归模型（本书称为马尔可夫模型），我们发现结构模型中的统计信息可以完全由一组零偏相关（zero partial correlation）来描述。这些零偏相关可以利用 *d*-分离准则从图看出来。同时，在线性模型中，该准则也适用于带有回路和关联误差（correlated error）的图（5.2 节）。5.2.2 节将讨论该准则在模型检验中的应用，并提出了局部优先于全局的检验策略。5.2.3 节提出了关于模型等价性（model equivalence）的简单图检验方法，从而阐明了结构模型的不可检验部分。

133

在 5.3 节，我们将讨论在收集任何数据之前，如何确定结构参数的可识别性问题。5.3.1 节提出了一种对线性马尔可夫模型和半马尔可夫模型（即具有相关误差的无环图）进行可识别性的简单图检验方法。这些检验能够通过简单的步骤判断，在什么情况下一个路径系数可以等同于回归系数，更一般地，在什么情况下结构参数能通过回归分析进行估计。5.3.2 节讨论了线性模型中的参数识别与非参数模型中因果效应识别（causal effect identification）之间的联系，5.3.3 节提供了后者作为前者的语义基础。

最后，在 5.4 节中，我们讨论了 SEM 的逻辑基础，并解决了一些过去遗留的问题，包括对结构方程、结构参数、误差项（error term）、总效应和直接效应的操作定义，以及计量经济学中外生性的形式化定义。

5.1　简介

5.1.1　寻找因果语言

“原因”这个词不存在于任何标准概率论的词汇中。概率论是许多经验科学的标准数学语言，但它不允许我们表达诸如“淤泥不会导致下雨”之类的句子，这是一个令人尴尬但又无法回避的事实。我们只能说，这两个事件是相互关联的，或者说这两个事件是相互依赖的，也就是说，如果我们发现其中一个的发生，就可以期待另一个的发生。因此，科学家如果想要寻找复杂现象的因果解释或者决策依据，就必须要把因果的词汇补充到概率论的语言中。在这种语言里，因果关系的符号化描述“淤泥不会导致下雨”与符号化描述“淤泥与下雨无关”是区别开来的。奇怪的是，这种区别一直没有被纳入标准的科学分析[㊀]。

目前提出了两种因果语言：路径分析或者结构方程模型（SEM）（Wright，1921；Haavelmo，1943），以及 Neyman-Rubin 潜在结果模型（Neyman-Rubin potential-outcome model)(Neyman，1923；Rubin，1974）。前者已被经济学家和社会科学家所采用（Goldberger，1972；Duncan，1975），而有些统计学家则支持后者（Rubin，1974；Holland，1988；Rosenbaum，2002）。这两种语言在数学上是等价的（参见 7.4.4 节），然而它们都没有成为因果的标准模型。结构方程是因为它被错误使用以及形式化不充分（Freeman，1987），潜在结果模型是因为它只是部分形式化，并且（更重要的是）它依赖于有关随机化实验和反事实变量的那些深奥难懂、抽象空洞的词汇。在非实验环境中，这些词汇与对因果过程的理解没有明显联系（参见 3.6.3 节）。134

目前，只有少数人能够理解潜在结果模型，应用就更少了。很多人使用结构方程模型，但是使用结构方程模型的人通常会质疑或者忽略其因果解释。在第 3 章和第 4 章中，我们描述了非参数形式的结构方程模型如何为干预理论提供语义基础。在 1.4 节和 3.6.3 节中，我们概述了这些模型如何为反事实理论提供语义基础。令人不解的是，这些鲜明的特征在现代 SEM 文献中很少被认识和利用。目前主流的思想认为 SEM 只是一种用来描述密度函数（经济学）或协方差（社会科学）的便利方法。具有讽刺意味的是，我们正在见证科学史上最奇特的怪圈之一：因果在寻找一种语言，与此同时，说这种语言的人在寻找它的意义。

本章节的目的是形式化因果解释，并概述结构方程模型的正确用法，从而恢复社会行为学因果分析中对 SEM 作为其主要形式化语言的信心。然而，我们首先根据 SEM 研究的历史发展，简要分析当前的危机。

5.1.2 SEM：它的意义怎么变模糊了

结构方程模型是由遗传学家（Wright，1921）和经济学家（Haavelmo，1943；Koopmans，1950，1953）提出的。由此，定性的因果关系与统计数据相结合来定量评估目标变量之间的因果关系。于是，对于“在什么条件下可以对结构系数进行因果解释？”这个经常

㊀ 第 7 章（7.5 节）总结了哲学家试图将因果简化为概率的尝试。

被问到的问题，Wright 和 Haavelmo 会回答说："始终都行！"根据 SEM 创始人的说法，使方程 $y=\beta x+\varepsilon$ 结构化的条件是断言"X 和 Y 之间的因果联系为 β"，并且 x 和 ε 之间的统计关系不能改变 β 的解释。但令人惊讶的是，这种对 SEM 的基本理解几乎从后来的文献中消失，留下现代计量经济学家和社会科学家对 β 左右为难。

如今大多数 SEM 研究人员的观点是，结构方程式需要额外的成分才有资格成为因果断言的载体。比如，社会科学家 James、Mulaik 和 Brett（1982，p.45）指出，一个称为"自包含"（self-containment）的条件是使方程 $y=\beta x+\varepsilon$ 具有因果关系的必要条件，这个自包含条件为 $\text{cov}(x,\varepsilon)=0$。根据 James 等人（1982）的结论，如果自包含条件不成立，那么"方程和函数关系都不具有因果关系。"Bollen（1989，p.44）重申了自包含条件的必要性（在"隔离"或"伪隔离"的规定下），这个结论与以下理解相反：在结构方程描述的内容中，对于因果解释的获取优先于或者独立于统计关系[1]。原始的 SEM 逻辑认为，β 定义了 $E(Y)$ 对于 X 的实验操作（或反事实变化）的敏感性；ε 是根据 β 定义的，而不是相反。此外，正交性条件 $\text{cov}(x,\varepsilon)=0$ 对 β 的因果解释既不充分也不必要（参见 3.6.2 节和 5.4.1 节）[2]。但是自 20 世纪 80 年代初以来，公开认可这一逻辑变得非常罕见了。因此，许多 SEM 教科书完全放弃因果解释也就不足为奇了。比如，"我们经常在研究文献中看到原因、结果以及因果模型这些术语。我们并不赞同这些说法，因此我们不使用这些术语"（Schumaker and Lomax，1996，p.90）。 135

计量经济学家对结构参数的因果解读也存在着同样的问题。Leamer（1985）发现："我的惊人结论是，经济学家在使用'外生''结构'和'原因'等术语时，非常清楚自己的意思，但没有哪一本教科书的作者能够给出它们确切的定义。"Leamer 发现了这些问题，但情况几乎没有改变。计量经济学教科书总是将大部分内容用于分析结构参数的估计，但很少讨论这些参数在策略评估中的作用。少数几本关于策略分析的书（如，Goldberger，1991；Intriligator et al.，1996，p. 28) 假设策略变量本身自然地满足正交条件，因而结构信息变得多余。例如，Hendry（1995，p.62）明确地将因果解释与正交条件联系起来，他的陈述如下：

在指定估计既定模型所需的条件之前，β 的状态可能是不清楚的。比如，以下模型：

---

[1] 自包含条件说明，因果解释的获取依赖于统计关系 $\text{cov}(x,\varepsilon)$，因此也不会优先于统计关系。——译者注

[2] 事实上，一旦 β 被解释，这个条件是没有必要的，甚至对 β 的可识别性来说也是没有必要的。（参见图 5.7 和图 5.9 中对 α 的可识别性）

$$y_t = z_t\beta + u_t \text{，其中 } u_t \sim \mathrm{IN}[0, \sigma_u^2]$$

在指定z_t和u_t之间的关系之前，β的含义是不确定的，因为根据所提供的信息，$E[z_t u_t]$可以为零，也可以不为零。

LeRoy（1995）进一步提出："在经济学的基础课程中，内生变量之间通常没有因果关系，这意味着'y_1对y_2会产生什么效应？'这个问题通常没有任何意义，其中y_1和y_2是内生变量。"根据LeRoy的观点，如果一个变量的原因对结果变量有独立于此变量的影响，那么因果关系不能归因于任何这样的变量。这一立场否认了大多数基于结构参数的因果解读，而这些结构参数是经济学家和社会科学家努力估算出来的。

著名的科学哲学家Cartwright（1995b）再次为这个折磨人的问题寻求答案，并反问："为什么我们能够假设从那些外生变量互不相关的方程参数中找到原因，包括因果顺序（causal order）？"与SEM的提出者一样，Cartwright意识到原因不能仅仅从统计学或者函数关系中得到，而因果假定（causal assumptions）是验证任何因果结论的先决条件。然而，与Wright和Haavelmo不同，Cartwright对回归方程$y = \beta x + \varepsilon$中参数$\beta$具有合理的因果意义这一假设进行了全面的研究，并努力证明她提出的假设确实是充分的。从Cartwright的分析中可以看出，她没有考虑Haavelmo提供的答案，即从参数中得到因果结论所需的假设是由那些宣称方程为"结构化"的科学家传达给我们的。这些假设已经描述在方程的语法之中，可以像阅读购物清单一样轻松地从对应的图中读出[㊀]。同样，Haavelmo的答案适用于任何大小和形状的模型，包括具有相关外生变量的模型。

136

这些例子表明，经济学家和社会科学家有一种令人担忧的倾向，即把结构方程看作带有函数和统计假设，但不含因果内容的代数对象。一位著名社会科学家说的这句话很有代表性："如果更多的研究人员放弃思考和使用诸如因果之类的术语，那将是非常有益的"（Muthen，1987）。也许，对这一趋势最为直白的表述是Holland（1995）所说："当然，我说的是方程$\{y = a + bx + \varepsilon\}$，它表达了什么？对于这个方程的意义，唯一可以确定

㊀ 5.4节对这些假设进行了说明和演示。简单来说，如果G是与因果模型对应的图，并使某个参数可识别，那么存在以下两个假设足以验证该参数的因果意义。首先，每个X和Y之间缺失的箭头代表了假设：一旦我们干预并固定设置Y的父节点，那么X对Y是没有效应的。其次，每个缺失的双向弧$X \leftarrow\rightarrow Y$代表了假设：所有影响$Y$的遗漏因子均未与影响$X$的遗漏因子进行修正。每个假设在干预可行的实验环境中都是可检验的（5.4.1节）。

是，它是描述在给定 $\{x\}$ 的情况下 $\{y\}$ 的条件分布的一种简明方法。”[㊀]

SEM 的提出者对结构和模型有着完全不同的概念。Wright（1923）在路径系数理论中宣称“因果关系的先验知识被假定为先决条件”。Haavelmo（1943）明确地将每个结构方程解释为一个假设的对照实验的描述。同样，Marschak（1950）、Koopmans（1953）和 Simon（1953）指出，假设概率分布隐含结构目的是应对策略可能带来的变化。因此，人们想知道：在过去的 50 年里，SEM 到底发生了什么？为什么 Wright、Haavelmo、Marschak、Koopmans 和 Simon 等人的关于 SEM 的基本（仍然有效的）教义被大家遗忘了？

一些经济学家把对结构方程理解的退化归因于 Lucas（1976）的评论。他认为，经济实体所预期的策略干预往往与 SEM 的预测相反，而 SEM 的预测往往忽略了这种预期。然而，由于这种批评仅仅将模型的不变量和建模工作从行为层次转移到了涉及实体动机和期望（expectations）的更深层次，但它并没有免除经济学家在某种程度上定义和描述结构方程因果关系的任务。

我认为 SEM 中的因果关系已经逐渐从 SEM 的实践者的意识中消失，主要有以下几个原因。

137

1. SEM 的实践者一直试图通过隐含的因果假定来获取对 SEM 的承认，因为受人尊敬的统计学家痛恨那些不能直接检验的假定。

2. 主导 SEM 的代数语言缺乏做出因果假定所需的符号表现，以区别于统计假定。由于未能赋予因果关系精确的数学符号，因此 SEM 的先驱们实际上把 SEM 的因果基础遗忘了。如今，他们的追随者正在别处寻找这个基本问题的答案。

让我更详细地说明第二点。SEM 的先驱们很清楚，在结构模型中，等式符号表达了不对称关系“X 导致 Y”。因此，其意义更像编程语言中的赋值符号（ :=），而不是代数中的等式。然而，也许是出于对数学纯粹性的考虑，他们没有提出任何一种符号来代表这种不对称。根据 Epstein（1987），在 20 世纪 40 年代，Wright 给 Cowles 委员会（Cowles Commission，SEM 的发源地）开了一个关于路径图的研讨会，但是双方都没有发现对方的方法有什么特殊优势。为什么？毕竟，图只不过是一种非参数化的结构方程，其中为

㊀ 几乎被忘记的是，对于方程的结构解释（Haavelmo，1943），只字未提给定 $\{x\}$ 的情况下 $\{y\}$ 的条件分布。套用我们的词汇，可以这么说：“在一个理想的实验中，我们控制 X 为 x，其他变量集合 Z 为 z（不包括 X 或者 Y），此时 Y 将通过 $a+bx+\varepsilon$ 得到一个值 y，其中 ε 是一个随机变量，与设置的值 x 和 z（两两）独立”（参见 5.4.1 节）。这个陈述表明 $E[Y \mid do(x), do(z)] = a+bx+c$，但是对于 $E(Y \mid X=x)$ 什么也没说。

了避免混淆，等式符号用箭头来代替。

对此，我的解释是：早期的计量经济学家是非常严谨的数学家，他们认为自己可以将数学保持在一种纯粹的“等式统计”形式中，并且只在头脑中对结构进行推理。事实上，他们在这方面做得令人惊奇的好，因为他们是能够在头脑中完成这些工作的真正了不起的人物。但是这样做所产生的后果在 20 世纪 80 年代初显现出来，他们的后继者把这个等式符号错误地理解为代数等式。最后的结局是，“所谓的干扰项”突然变得没有意义（Richard，1980）。我们为这个故事的结局感到遗憾。由于未能使用正确的数学符号描述他们的想法，SEM 的先驱们造成了目前关于结构方程解释的困境，正如 Holland 所总结的：“它到底表达了什么？”

5.1.3 图作为一种数学语言

图方法的最新发展有望将因果关系重新带入科学建模和分析的主流行列中。这些发展一方面包含了对图和概率之间关系的更好理解，另一方面，增强了对图和因果关系之间的理解。但最关键的改变是图作为一种数学语言的出现。这种数学语言不仅仅是一种描述代数关系的启发式助记符，就像 Blalock（1962）和 Duncan（1975）的著作中所写的那样。相反，图为概念和关系提供了一个基本的符号系统，而这些概念和关系却很难用代数方程和概率微积分这些标准数学语言进行表达。此外，图方法还提供一套强大的符号机制，用于推导基于统计数据的因果假定结果。

138

一个具体描述图语言的强大功能，并为 5.2 节和 5.3 节的讨论奠定基础的实例就是辛普森悖论。辛普森悖论在 3.3 节中讨论过，将在 6.1 节中进一步分析。这一悖论涉及当我们把一群人分成更细的组别（如学院）时，两个变量（如性别和入学率）之间关系就会发生反转。以辛普森命名的这种反转自 1899 年被发现以来，一直是统计学中的一个热点研究方向。这个研究方向关注的是避免反转的条件，而不是反转所带来的实际问题：“分组前后，哪种关联更正确？”在线性分析中，回归变量的选择引出了相关问题。例如，评估变量 Z 是否可以添加到回归方程中，而不使结果产生偏差。这种变量添加可以很容易地反转其他回归变量，这种现象称为“抑制效应”（suppressor effect）（Darlington，1990）。

尽管经过了一个多世纪的分析，回归变量的选择或协变量的校正问题仍在采用非形式化、就事论事的分析方法，最后取决于“民俗”或者直觉，而不是坚实的数学。传统的统计文献在这个问题上非常沉默。除了指出不应该对一个被假定原因（X）的协变量进行调整外[㊀]，文献中并没有给出什么协变量可以被校正，以及在做出调整决定时需要什么样的形式化的假设条件。这种沉默的原因很明显：辛普森悖论和协变量选择问题的解决取决于因果假定（正如我们在 3.3.1 和 4.5.3 节中所看到的），而这些假定无法用统计学的标准语言形式化地描述[㊁]。

相反，用图的语言描述协变量选择问题可以立即得到一个既自然又形式化的解决方案。研究者用熟悉的路径图定性表达因果知识（或假设），一旦路径图确定了，一个简单的过程就可以确定所提出的校正（或回归）对于被评估的对象是否合适。这个过程（我们在定义 3.3.1 中称为后门准则）适用于评估 X 对 Y 的总效应。如果要评估直接效应，可以用定理 4.5.3 的图准则。在定理 5.3.1 中将给出一个用于识别线性模型中直接效应（即路径系数）的改进模型。

这些例子并不是图方法提供清晰性和理解的孤例。事实上，SEM 的基础概念通过图方法达到了一个新的精准表达水平。什么使一组方程“结构化”？研究者通过一组方程想表达什么样的假设条件？这些假设的可检验性蕴含什么条件？以及一个结构方程组所宣扬的什么策略主张，能够借助图方法得到简单且数学上精确的答案？这些问题（即使被目前的 SEM 支持者回避（Heckman and Vytlacil，2007；参见 11.5.4 节））将在下面的章节中进行讨论。 139

5.2 图与模型检验

1919 年，Wright 提出了他的“路径系数法”，该方法允许研究人员从相关性分析中计算因果系数的大小，前提是路径图能够正确地描述数据背后的因果过程。Wright 的方法由一组方程组成，其中一个方程包含一对变量 (X_i, X_j)，并令（标准化的）相关系数 ρ_{ij} 等于连接 X_i 和 X_j 的不同路径上的路径系数和残差相关系数（residual correlation）乘积的总和。接着，可以根据观察到的相关性来求解这些路径系数方程。当方程关于路径系数 ρ_{mn} 存在唯一解时，就称该路径系数为可识别的，其中 ρ_{mn} 与（无法观察的）残差相

㊀ 这个寄托于因果关系“不被影响”的建议（据我所知）是唯一能够在统计学教科书中找到一席之地的因果概念。这个建议既不是必要的也不是充分的，读者能够从第 3 章的讨论中证实。

㊁ 只有当我们把因果关系和相关关系联系起来的时候，辛普森反转（也称为抑制效应）才是矛盾的。参见 6.1 节。

关系数无关。如果每一个相关系数集合 ρ_{ij} 都与某个路径系数的选择相兼容，那么该模型就称为不可检验的（untestable）或不可证伪的（unfalsifiable)(也称为饱和的、可识别的，等等)，因为它能够完美地拟合任何数据。

虽然 Wright 的方法部分是基于图的，部分是基于代数的，但是有向图的理论允许我们在数据收集之前，用纯粹的图语言来分析可检验性和可识别性的问题，并且允许我们将这些分析从线性模型扩展到非线性或非参数模型。本节将讨论线性模型和非参数模型的可检验性问题。

5.2.1 结构模型的可检验性含义

我们假设一个数据生成过程的模型，该模型通常对所收集的数据施加统计上的限制。在观测性研究中，这些限制提供了假设模型可以被检验或证伪的唯一途径。在许多情况下，这种限制可以用零偏相关的形式表示。更重要的是，这些限制仅由路径图的结构表示，与参数的值无关，正如 d-分离准则所揭示的那样。

预备符号

在讨论结构模型的可检验性含义之前，让我们先回顾 1.4 节中的一些定义，并将它们与 SEM 文献中所使用的标准符号联系起来。

这章讨论的图代表一组结构方程，如下：

$$x_i = f_i(pa_i, \varepsilon_i), \quad i = 1, \cdots, n \tag{5.1}$$

其中 pa_i（父节点）表示一组被判断为 X_i 的直接原因的变量（的值），ε_i 表示由遗漏因子[㊀]带来的误差。式（5.1）是针对以下标准线性方程的非线性、非参数的推广，

[140]

$$x_i = \sum_{k \neq i} \alpha_{ik} x_k + \varepsilon_i, \quad i = 1, \cdots, n \tag{5.2}$$

其中，pa_i 对应于上式等号右边中非零系数的变量。如果每个方程表示选择变量 X_i 的值（不仅仅是概率）的过程，那么式（5.1）中的这组方程称为因果模型（causal model)。从每个属于 pa_i 的节点到节点 X_i 都画一个箭头所得到的图 G 称为因果图（causal diagram)。除了箭头之外，因果图中还可能包含双向弧（即双向箭头)，表示任意一对相关的误差变量。

㊀ 忽略某种原因。——译者注

必须强调的是，因果图（以及传统的路径图）应该区别于统计文献中各种各样的图模型，因为那些图模型的建立和解释完全依赖于联合分布的性质（Kiiveri et al.，1984；Edwards，2000；Cowell et al.，1999；Whittaker，1990；Coxand Wermuth，1996；Lauritzen，1996；Andersson et al.，1998）。统计模型中节点之间没有连接代表条件独立性，而因果图中没有连接代表无因果关系（参见第 148 页的注㊀和 5.4 节），这时分布中既可能存在也可能不存在条件独立性。

如果一个因果模型的图不包含有向环，并且它的 ε_i 是相互独立的（即没有双向弧），那么这个模型就称为马尔可夫模型。如果一个模型的图是无环的，并且它包含相关的误差变量，那么这个模型就称为半马尔可夫模型。

如果 ε_i 是多元正态分布的（SEM 文献中常见的假设），那么式（5.2）中的 X_i 也是多元正态分布的，并将完全由相关系数 ρ_{ij} 表征。多元正态分布的一个重要性质是条件方差 $\sigma^2_{X|z}$、条件协方差 $\sigma_{XY|z}$ 和条件相关系数 $\rho_{XY|z}$ 都与值 z 独立。偏方差、偏协方差和偏相关系数，分别用 $\sigma_{X\cdot Z}$，$\sigma_{XY\cdot Z}$ 和 $\rho_{XY\cdot Z}$ 表示，其中 X 和 Y 是单一变量，Z 是变量组。此外，当且仅当 $(X \perp\!\!\!\perp Y \mid Z)$ 成立时，偏相关系数 $\rho_{XY\cdot Z}$ 为零。

偏回归系数（partial regression coefficient）由下式得出

$$r_{YX\cdot Z} = \rho_{YX\cdot Z}\frac{\sigma_{Y\cdot Z}}{\sigma_{X\cdot Z}}$$

上式等于 Y 对 X 和 Z 的回归方程中 X 的相关系数（下标的顺序很重要）。换句话说，回归方程

$$y = ax + b_1 z_1 + \cdots + b_k z_k$$

中 x 的系数为

$$a = r_{YX\cdot Z_1 Z_2 \cdots Z_k}$$

因此，这些系数可以用最小二乘法来估计（Cramer，1946）。

d-分离和偏相关系数

马尔可夫模型（SEM 文献中用的术语是递归模型㊀；Bollen，1989）满足定理 1.2.7 的马尔可夫性质。结果表明，马尔可夫模型的统计参数通过一般回归分析方法就可以进行估计。特别是，*d*-分离准则在此类模型中是有效的（参见定理 1.2.4）。 141

㊀ 术语递归是有歧义的。一些作者不考虑相关误差，但另一些作者又考虑相关误差。

定理 5.2.1（Verma and Pearl, 1988; Geiger et al.，1990）

如果在有向无环图（DAG）G 中节点集合 X 和 Y 被 Z d-分离，那么 X 和 Y 对于 Z 是条件独立的。相反地，如果在有向无环图 G 中 X 和 Y 不被 Z d-分离，那么在几乎所有基于 G 构造的马尔可夫模型中，X 和 Y 在条件 Z 下是相关的。

由于条件独立性意味着零偏相关，因此定理 5.2.1 得出一个图检验方法，用于识别那些一定在模型中消失的偏相关。

推论 5.2.2

在任何基于有向无环图 G 构造的马尔可夫模型中，当属于 Z 集合中的变量所对应的节点在 G 中将节点 X 和 Y d-分离时，无论模型的参数如何，偏相关 $\rho_{XY\cdot Z}$ 都会消失。此外，对于任何模型参数，其他偏相关都不会消失。

不受限制的半马尔可夫模型总是可以被包含潜变量的马尔可夫模型所模拟，后者可以解释误差项之间的所有相关关系。因此，如果我们把双向弧解释为来自潜在共同父节点，那么 d-分离准则在这类模型中仍然有效。在某些线性半马尔可夫模型中，这也许是无效的，因为每个潜变量最多只能影响两个观测变量（Spirtes et al.，1996）[⊖]。然而，已经证明 d-分离准则在这种受限系统中仍然有效（Spirtes et al.，1996）。而且，当图含有环时，该准则仍然有效（Spirtes et al.，1998；Koster，1999）。这些结论在以下定理中总结。

定理 5.2.3（广义线性模型中的 d-分离）

对于任何基于图 D 构造的，可能包括环和双向弧的线性模型，如果变量集合 Z 所对应的节点在 D 中将节点 X 和 Y d-分离，那么偏相关 $\rho_{XY\cdot Z}$ 将消失。（每个双向弧 $i \leftrightarrow j$ 解释为存在一个潜在父节点 L，满足 $i \leftarrow L \rightarrow j$。）

对于线性结构方程模型（参见 5.2 节），定理 5.2.3 表明，那些（而且只有那些）通过 d-分离检验得到的偏相关可以保证不受模型参数 α_{ik} 以及误差方差的影响而消失。这为模型检验提供了一种简单而直接的方法：我们可以直接检验任何模型中所存在的每个零偏相关，而不需要通过对模型参数进行最大似然估计，并对这些估计进行拟合评分的传统做法。Shipley（1997）指出了使用这种检验方法的优点，并且还对其进行了实现。

[142] 然而，问题来了，对一个给定的模型中所包含的大量零偏相关系数进行检验是否可

⊖ 当多个误差变量彼此相关时，不能使用一个共同父节点来解释。——译者注

行？幸运的是，这些偏相关并不是相互独立的，它们可以从一个相对较小的偏相关集合中推导出来，而这个集合是构成整个偏相关集合的基集合（Pearl and Verma，1987）。

定义 5.2.4（基集合）

设 S 为一组偏相关集合，一个基集合 B 是 S 中的一组零偏相关集合，其中 B 蕴含了（使用概率论法则）S 中每个元素为零，且 B 的任何子集都不能保持这种蕴含。

对于有向无环图 D 中的零偏相关，基集合的一个显而易见的选择为 $B=\{\rho_{ij\cdot pa_i}=0|i>j\}$，其中 i 的取值范围为 D 中所有节点的编号，j 的取值范围为 i 的所有父节点。事实上，这组等式 B 反映了马尔可夫模型的“父代筛选”这一特性（定理 1.2.7），这是有向无环图中所有概率信息的来源。因此，检验这些等式足以检验线性马尔可夫模型的所有统计要求。此外，当父节点集合 PA_i 较大时，可能会选择一个更经济的基集合，如以下定理所示[㊀]。

定理 5.2.5（图基集合）

设 (i, j) 是有向无环图 D 中不相邻的一对节点，Z_{ij} 为任何比 j 更接近 i 的一组节点[㊁]，并且满足 Z_{ij} d-分离 i 和 j。由每个这样的非相邻对组成的零偏相关系数 $B=\{\rho_{ij\cdot Z_{ij}}=0|i>j\}$，构成了 D 中所有零偏相关的基集合。

定理 5.2.5 指出，图中不相邻节点之间的任何分离所对应的零偏相关集合概述了线性马尔可夫模型中的所有统计信息。定理 5.2.5 的证明由 Pearl 和 Meshkat（1999）给出。

从图 5.1 可以看出，该模型的基集合由以下两个集合构成：

$$
\begin{aligned}
B_1 &= \{\rho_{32\cdot1}=0,\ \rho_{41\cdot3}=0,\ \rho_{42\cdot3}=0,\ \rho_{51\cdot43}=0,\ \rho_{52\cdot43}=0\} \\
B_2 &= \{\rho_{32\cdot1}=0,\ \rho_{41\cdot3}=0,\ \rho_{42\cdot1}=0,\ \rho_{51\cdot3}=0,\ \rho_{52\cdot1}=0\}
\end{aligned}
\tag{5.3}
$$

基集合 B_1 利用父节点集合 PA_i 将 i 与 j 分离（$i>j$）。而基集合 B_2 则采用了更小的分离集，因此只需要更少的回归函数进行检验。注意，基集合中的每个元素都对应于有向无环图中缺失的箭头。因此，验证一个有向无环图所需的检验数量等于它所缺失的箭头的数量。图越稀疏，对协方差矩阵的约束越大，验证这些约束就需要更多的检验。

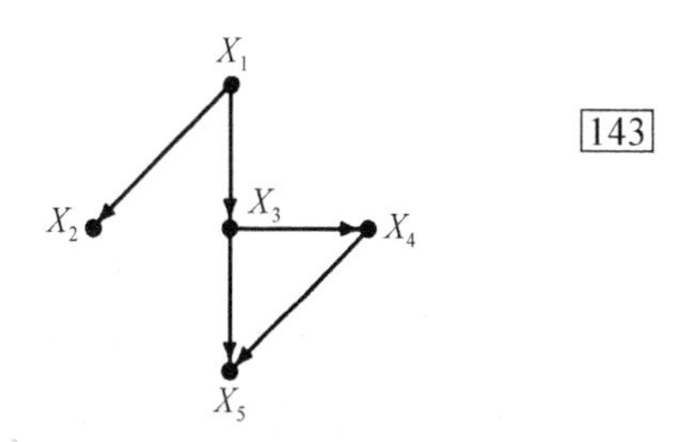

图 5.1　对每个缺失的链接使用两个回归函数可检验模型（式（5.3））

143

㊀ 我在与 Rod McDonald 的谈话中意识到，线性模型可能具有更经济的基集合。

㊁ 以图的路径距离衡量。——译者注

5.2.2 检验可检验性

在线性结构方程模型中，变量之间的因果关系可以用带系数的有向图表示，有些系数是固定的先验知识（通常为零），有些系数是自由变化的。基于数据来检验这类模型的传统方法包括两个阶段。首先，通过迭代方式极大化拟合度（如极大似然函数）来估计自由参数（free parameter）。其次，将估计参数所隐含的协方差矩阵与样本协方差进行比较，并使用统计检验来确定后者是否源自前者（Bollen，1989；Chou and Bentler，1995）。

这种方法主要有两个缺陷：

1. 如果某些参数不可识别，那么第一阶段可能无法获得稳定的参数估计值，必须放弃检验。

2. 如果模型未能通过数据拟合度检验（fitness test），那么对于哪些建模假设是错误的，得到的信息很少。

例如，图 5.2 所示的路径模型中，假设 $\text{cov}(\varepsilon_1, \varepsilon_2)$是未知的，则参数 α 是不可识别的，这意味着极大似然法可能无法为 α 找到一个合适的估计值，从而无法进入检验的第二阶段。尽管如此，如果这些模型对协方差矩阵附加限制条件——偏相关 $\rho_{XZ\cdot Y}$ 消失（$\rho_{XZ} = \rho_{XY}\rho_{YZ}$），该模型的可检验性并不比那些因为 $\text{cov}(\varepsilon_1, \varepsilon_2) = 0$ 、α 是可识别的进而检验可继续的模型的可检验性更差。但是，具有自由参数 $\text{cov}(\varepsilon_1, \varepsilon_2)$ 的模型，由于 α 是不可识别的，因此不能对这个限制条件进行检验。

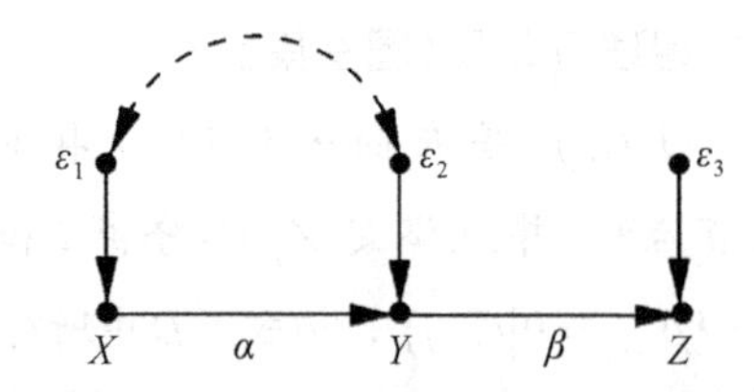

图 5.2 包含不可识别参数（α）的可检验模型

图 5.3 描述了与模型诊断相关的缺陷。假设真实的数据生成模型在 X 和 W 之间存在直接的因果关系，如图 5.3a 所示，而假设的模型（图 5.3b）不存在直接的因果关系。从统计学上看，两种模型的 $\rho_{XW\cdot Z}$ 存在差异，在图 5.3b 中的 $\rho_{XW\cdot Z}$ 应该消失，而图 5.3a 中 $\rho_{XW\cdot Z}$ 应该是自由参数。一旦清楚这种差异的本质，就必须确定在 X 和 W 之间添加一个链接或一个弧是否正确。然而，由于差异的影响将分散在几个协方差项上，因此全局拟[144]合度检验无法将这种差异轻松地分离出来。即使对模型的各种局部修改进行了多次拟合度检验（LISREL 给出了这样的测试），也不会有太大帮助，因为结果可能因模型不同部分的选择差异而有所偏差，例如以 Y 为根节点的子图[㊀]。因此，在模型调试中，对全局拟

㊀ 如果选取了以 Y 为根的子图，如图 5.3 所示，则 X 对于 Y 的影响被割断，这时对于该局部协方差的计算会出现差异，从而影响整个协方差的计算。——译者注

合度的检验通常很少使用。

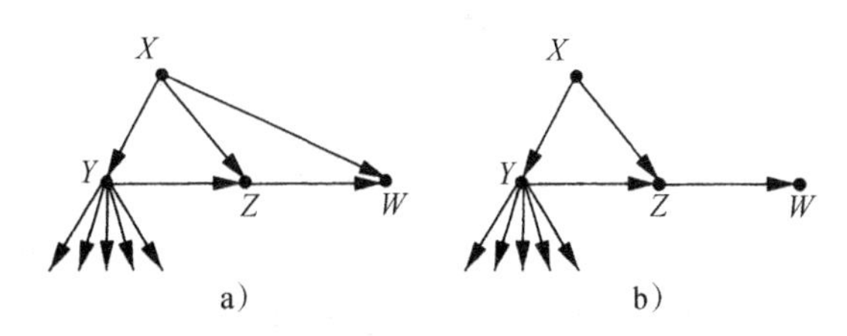

图 5.3　在局部检验中的不同模型，$\rho_{XW\cdot Z}=0$

一个很好的替代全局拟合度检验的方法是局部拟合度检验，它罗列出隐含在模型中的限制条件并且逐一检验。例如，像 $\rho_{XW\cdot Z}=0$ 这样的约束条件可以在不测量 Y 或其任何后代的情况下进行局部检验，从而防止那些与观测相关的误差干扰对 $\rho_{XW\cdot Z}=0$ 的检验，而这正是拟合度缺失的根本原因。更一般地，经典的 SEM 模型经常接近于"饱和"，它只声明了一些约束条件，比如从大型的、不受限制的图中缺失一些边（edge）。针对这些约束条件的局部且直接的检验比全局检验更可靠，因为它们涉及的自由度更少，并且不会受到不相关的观测错误的影响。5.2.1 节中所描述的边缺失方法提供了一种系统的方法，用于发现和枚举模型检验时所需的局部检验。

5.2.3　模型等价性

在 2.3 节（定义 2.3.3）中，我们定义了两个结构方程模型，如果其中一个模型生成的每个概率分布也可以由另一个模型生成，则这两个模型是观测等价的。在标准 SEM 中，假设模型是线性的，数据由协方差矩阵表示。因此，如果这样的两个模型是*协方差等价的*（covariance equivalent），即如果一个模型（通过某种参数选择）生成的每个协方差矩阵也可以由另一个模型生成，那么这两个模型在观测上是不可区分的。可以很容易地证明将定理 1.2.8 的等价准则推广到协方差等价。

定理 5.2.6

当且仅当两个马尔可夫线性正态模型包含相同的零偏相关集时，这两个模型是协方差等价的。此外，当且仅当这两个模型所对应的图具有相同的边集和 v-结构集时，这两个模型是协方差等价的。

定理 5.2.6 的前一部分定义了马尔可夫模型可检验性蕴含的内容。它表明，在非干预研究中，马尔可夫结构方程模型除了 d-分离检验所揭示的零偏相关外，不能对其他任何特征进行检验。它还提供了另一个简单的等价性检验方法，即不需要检查所有的 d-分离条件，只需比较相应的边及其方向。

145

在半马尔可夫模型（带关联误差的有向无环图）中，d-分离对于检验独立性仍然有效（参见定理 5.2.3），但独立性等价不再意味着观察等价（observational equivalence）[㊀]。两个包含观测变量之间的相同零偏相关系数的模型，可能会对（某些）协方差矩阵施加不同的不等式约束。尽管如此，定理 5.2.3 和 5.2.6 仍然为检验等价性提供了必要的条件。

生成等价模型

只要 v-结构集没有被破坏或新建，我们就可以基于定理 5.2.6，通过箭头反转生成任何马尔可夫模型的等价模型（equivalent model）。Meek（1995）和 Chickering（1995）证明了当且仅当 X 的所有父节点都是 Y 的父节点时，$X \rightarrow Y$ 可以被 $X \leftarrow Y$ 代替[㊁]。他们还证明了，对于任何两个等价模型，总存在某些边反转序列将一个模型变为另一个模型。这一简单的边反转规则与 Stelzl（1986）和 Lee 和 Hershberger（1990）所提出的一致。

在半马尔可夫模型中，生成等价模型的规则更复杂。尽管如此，定理 5.2.6 给出了一套基于图的实用方法以检验边替换规则的正确性。基本原理是，如果我们把每个双向弧 $X \leftarrow\rightarrow Y$ 看作存在一个潜在共因的 $X \leftarrow L \rightarrow Y$，那么定理 5.2.6 中的“当”部分仍然有效。也就是说，任何不破坏或创建 v-结构的边替换操作都是允许的。因此，例如，当 X 和 Y 没有其他潜在的或可观测的父节点时，可以用双向弧 $X \leftarrow\rightarrow Y$ 代替边 $X \rightarrow Y$。同样地，当 X 和 Y 没有潜在的父节点，并且任何一个 X 或 Y 的父节点都是这两个节点的父节点时，可以用双向弧 $X \leftarrow\rightarrow Y$ 来代替边 $X \rightarrow Y$。这样的替换不会引入新的 v-结构。然而，由于 v-结构当前可能包含潜在变量，因此我们容许某些 v-结构的创建或破坏，只要这不影响观测变量之间的偏相关性。图 5.4a 举出了可容许的某些 v-结构创建的例子。通过反转箭头 $X \rightarrow Y$，我们得到两个汇聚箭头 $Z \rightarrow X \leftarrow Y$，其两头尾部节点不是直接相连的，而是通过一个潜在的共同原因连接起来。这是可容许的，因为尽管在 X 处会截断路径 (Z, X, Y)，但 Z 和 Y 之间（通过弧 $Z \leftarrow\rightarrow Y$）的连接仍然是畅通的，更确切地说，它不能被任何一组观测变量所阻断。

㊀ Verma 和 Pearl（1990）基于非参数模型给出了一个例子。此外，Richardson 用不包含关联误差的线性模型设计了一个例子（Spirtes and Richardson，1996）。

㊁ 即边反转。——译者注

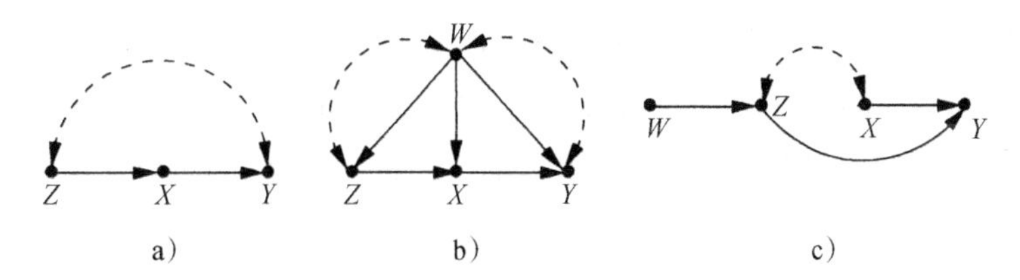

图 5.4　允许 (a 和 b) 和不允许 (c) 反转 $X \to Y$ 的不同模型示例

我们可以通过泛化 v-结构这一概念来进一步推广这一原则。在马尔可夫模型中，v-结构被定义为两个尾部节点没有连接的汇聚箭头，现在我们将 v-结构定义为任何两个尾部节点是“可分离的”汇聚箭头。我们所说的可分离是指存在一个条件集合 S，它能够 d-分离两个尾部节点。很明显，如果两个尾部节点用箭头或双向弧连接在一起，它们就无法分离。但是，半马尔可夫模型中的一对节点即使没有一条边连接，也可能是不可分离的（Verma and Pearl，1990）。针对这种泛化机制，我们可以对边替换的必要条件进行如下说明。

规则 1： 只有当 X 的每个邻居节点或父节点都与 Y 不可分离时，$X \to Y$ 才可以与 $X \leftarrow\rightarrow Y$ 互换。（X 的邻居节点是指，通过一条双向弧连接到 X 的节点。）

规则 2： 只有当 Y 的每一个邻居节点或父节点（不包括 X）都与 X 不可分离，并且 X 的每一个邻居节点或父节点都与 Y 不可分离时，$X \to Y$ 才能反转为 $X \leftarrow Y$。

例如，考虑模型 $Z \leftarrow\rightarrow X \to Y$。箭头 $X \to Y$ 不能被双向弧 $X \leftarrow\rightarrow Y$ 代替，因为 Z（X 的邻居）可以通过集合 $S = \{X\}$ 与 Y 分离。实际上，在 X 处创建的新 v-结构将会使 Z 和 Y 边缘独立，这与原来的模型相反。

另一个例子是图 5.4a 中的图模型。在这个图中，用 $X \leftarrow\rightarrow Y$ 或反向箭头 $X \leftarrow Y$ 替换 $X \to Y$ 是合理的，因为 X 没有邻居，并且 X 的唯一父节点 Z 与 Y 是不可分离的。这同样也适用于图 5.4b，变量 Z 和 Y 虽然不相邻，但它们是不可分离的，因为从 Z 通过 W 到 Y 的路径不可能被阻断。

图 5.4c 给出了一个更复杂的例子，说明规则 1 和规则 2 不足以确保变换的合法性。在图 5.4 中，用 $X \leftarrow\rightarrow Y$ 替换 $X \to Y$ 似乎是合理的㊀，因为在 X 处（潜在的）v-结构被箭头 $Z \to Y$ 分流了。然而，原模型中存在一条 Z 条件下从 W 到 Y 的 d-连接路径，而变换后的模型在 Z 条件下同样的路径被 d-分离了。因此，偏相关 $\rho_{WY \cdot Z}$ 在变换后的模型中消失了，而在变换前的模型中没有消失。偏相关 $\rho_{WY \cdot ZX}$ 也出现了类似的分化情况。原模型显示，

㊀ 看似不会改变 W 对 Y 的影响。——译者注

在 $\{Z, X\}$ 条件下，从 W 到 Y 的路径被阻断了；但是变换后的模型显示，在 $\{Z, X\}$ 条件下，该路径是 d-连接的。因此，偏相关 $\rho_{WY \cdot ZX}$ 在变换前的模型中消失，而在变换后的模型中不受约束[㊀]。显然，只对 X 的父节点和邻居节点进行约束是不够的，祖代节点（如 W）也应该考虑在内。

这些规则只是体现了 d-分离准则应用于半马尔可夫模型时的一些作用。Spirtes 和 Verma（1992）给出了检验两个半马尔可夫模型 d-分离等价性的充要条件。Spirtes 和 Richardson（1996）将该条件扩充到包含反馈环的模型。然而，我们应该记住，由于两个半马尔可夫模型可能是零偏相关等价，而不是协方差等价的，因此基于 d-分离的准则只能作为模型等价性的必要条件。

146～147

等价模型的显著性

定理 5.2.6 在方法论上意义重大，因为它阐明了结构模型是“可检验的”这一说法的含义（Bollen，1989）[㊁]。它断言，我们不会检验单个模型，而是检验一类观测等价的模型，这类模型与假设的模型无法用任何统计方法区分开来。它还断言，这个等价类可以（通过检验）从图中构造出来，从而提供了多种的描述形式，供人们选择。Verma 和 Pearl（1990）（参见 2.6 节）、Spirtes 等人（1993）和 Andersson 等人（1998）提出了一个等价类中所有模型的图表示方法。Richardson（1996）讨论了带环的模型等价类的表示方法。

虽然（过度识别的）结构方程模型确实具有可检验性的含义，但这些含义只是模型所表达内容的一小部分：一组断言、假定和蕴含。社会科学中，对量化方法产生怀疑和困惑的主要原因之一是无法将因果假定、统计含义和策略主张三者区分开来（Freeman，1987，p.112；Goldberger，1992；Wermuth，1992）。然而，由于图模型方法能够直观地对它们进行直接区分，因此图模型有望让 SEM 更容易被广大的科研人员所接受。

总的来说，SEM 文献忽略了对等价模型的显式分析。例如，Breckler（1990）发现，在社会心理学和人格心理学领域的 72 篇文章中，只有一篇文章承认存在等价模型。一般观点是，数据拟合度和模型可识别度的组合足以验证假设模型。然而，近年来，多个等价模型的存在似乎引起了一些 SEM 学者的不安。MacCallum 等人（1993，p.198）认为“等价模型这一现象的出现对使用 CSM 的实证研究人员来说是一个值得重视的问题”，以

㊀ 这个引人注意的例子来自 Jin Tian，还有一个类似的例子来自两个匿名评论者。

㊁ Freedman（1987，p.112）主张“路径分析不能从数据中得到因果理论（causal theory），也不会根据数据对其任何主要部分进行检验”。作为对此的回应，Bollen（1989，p.78）陈述道，“我们可以检验或拒绝结构模型……但由此断言这些模型不能被证伪是没有依据的。”

及“对 CSM 结果解释的有效性是一种威胁”（CSM 表示“协方差结构建模”，这与 SEM 没有区别，但是一些社会科学家使用这个术语委婉地掩饰了他们模型中的因果内容）。Breckler（1990）认为“如果一个模型得到支持，那么它的所有等价模型也应得到支持”，因此他大胆提出“因果模型这个术语用词不当”。

这种极端思想是不合理的。如果我们接受因果关系不能仅从统计数据推断的事实，那么从逻辑上来说等价模型的存在是不可避免的。正如 Wright（1921）所述，在 SEM 中，“因果关系的先验知识被假定为先决条件”。但这并不意味着 SEM 作为因果模型的工具毫无用处。从基于路径图结构的定性因果前提（参见第 148 页的注㊀）到基于图模型系数的量化因果结论的转变，都表明 SEM 既不是毫无用处的，也不是微不足道的。例如，考虑图 5.5 中所描述的模型，Bagozzi 和 Burnkrant（1979）使用该模型来说明与等价模型有关的问题。虽然这个模型是饱和的（即恰好识别），并且它有（至少）27 个半马尔可夫等价模型，但是情感对行为的影响几乎是认知对行为影响的三倍（在标准尺度上）。这一发现仍富有启发性，如果已知一些策略是影响情感的，另一些是影响认知的，那么该发现可以告诉我们不同的策略所带来的相对有效性。当路径系数变为负数且相关系数为正数时，这种定量分析对策略分析的意义更加重大，可能对决策产生深远的影响。了解这些定量结果逻辑上是由数据和图模型中的定性前提所蕴含的，可使得决策的基础更加清晰，更便于进行辩护或批评（参见 11.5.3 节）。

148

综上所述，社会科学家不需要完全放弃 SEM，他们只需放弃 SEM 是一种检验因果模型的方法这一观念。SEM 是一种检验构成因果模型前提的极小部分的方法，在发现该部分与数据相容的情况下，该方法阐明了这些前提和数据必要的量化结果。接下来，SEM 的使用者应该专注于检查模型中隐含的理论前提。我们将在 5.4 节中看到，图模型方法使这些前提变得生动而精确。

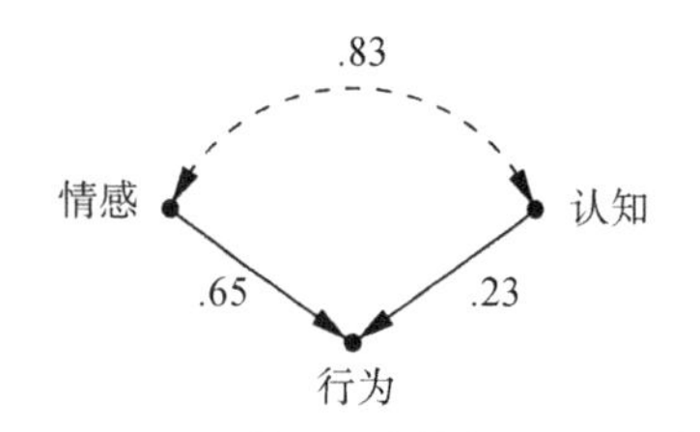

图 5.5 显示推导出来的定量因果信息的不可检验模型

5.3 图与可识别性

5.3.1 线性模型中的参数识别

考虑一个在路径图 G 中嵌入的有向边 $X \to Y$，令 α 为该边的相关路径系数。已知回

归系数 $r_{YX}=\rho_{XY}\sigma_Y/\sigma_X$ 能够分解为以下公式

$$r_{YX}=\alpha+I_{YX}$$

其中，I_{YX} 不是 α 的函数，因为它是由除了 $X\to Y$ 之外的其他连接 X 和 Y 的路径（这种路径既有单向弧也有双向弧）计算得出的（比如，利用 Wright 规则）。因此，如果我 [149] 们从路径图中移除边 $X\to Y$，并发现结果子图中 X 和 Y 之间零相关，那么我们会得到 $I_{YX}=0$ 且 $\alpha=r_{YX}$。因此，α 可识别。这种蕴含关系能够以图模型的方式，通过检验子图中 X 与 Y 是否 d-分离（通过空集 $Z=\{\varnothing\}$）来建立。图 5.6 演示了一个简单的识别检验：子图 G_α 中 X 和 Y 之间的任一路径都被汇聚箭头（converging arrow）截断，α 等于 r_{YX}。

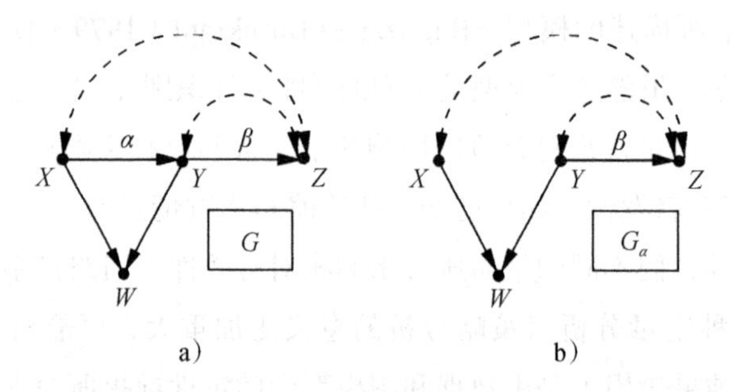

图 5.6　检验结构参数 α 是否与回归系数 r_{YX} 相等

我们可以将这一基本思想扩展到以下情况：I_{YX} 不为零，但可以通过调整任意 X 与 Y 之间 d-连接路径上的一组变量 $Z=\{Z_1,Z_2,\cdots,Z_k\}$ 使 I_{YX} 为零。考虑偏回归系数 $r_{YX\cdot Z}=\rho_{YX\cdot Z}\sigma_{Y\cdot Z}/\sigma_{X\cdot Z}$，它表示 Z 被“部分移除”后 X 与 Y 之间的残差相关性。如果 Z 不包含 Y 的后代，那么我们就能再次得到[⊖]

$$r_{YX\cdot Z}=\alpha+I_{YX\cdot Z}$$

其中，$I_{YX\cdot Z}$ 表示将 α 设为零之后的偏相关系数，即除了不存在边 $X\to Y$ 之外，其他与 G 相同的图模型 G_α 中的偏相关系数。如果在 G_α 中，Z d-分离了 X 与 Y，那么 $I_{YX\cdot Z}$ 在此类模型中确实会变为零。由此，我们得出，在原模型中 α 被识别并且 α 等于 $I_{YX\cdot Z}$。此外，因为 $r_{YX\cdot Z}$ 是由 Y 在 X 和 Z 上进行回归时 x 的系数给出的，所以 α 可以通过以下回归函数

⊖ 这个可以从以下情况看出来：当 $Y(Y=\alpha x+\sum_i\beta_i w_i+\varepsilon)$ 与其父节点的关系被替换到 $r_{YX\cdot Z}$ 的表达式时，该表达式得出 α 再加一个涉及变量 $\{X,W_1,\cdots,W_k,Z,\varepsilon\}$ 之间的偏相关表达式 $I_{YX\cdot Z}$。因为假定 Y 不是这些变量的祖代节点，它们的联合密度不受 Y 方程的影响。因此，$I_{YX\cdot Z}$ 独立于 α。

进行估计

$$y = \alpha x + \beta_1 z_1 + \cdots + \beta_k z_k + \varepsilon$$

此结果为在 5.1.3 节中提出的问题（什么构成了一组适当的回归变量（regressor）？什么情况下回归系数能够提供对路径系数的一致性估计？）给出了一个简单的基于图模型的答案。答案归纳为以下定理[⊖]。

定理 5.3.1（直接效应的单门准则）

令 G 为任意路径图，其中 α 为边 $X \to Y$ 的路径系数，并且设 G_α 为从 G 中删除 $X \to Y$ 后得到的路径图。如果存在一组变量 Z，满足（i）Z 不包含 Y 的后代节点，（ii）Z 在 G_α 中将 X 与 Y d-分离，则系数 α 是可识别的。如果 Z 满足这两个条件，那么 α 就等于回归系数 $r_{YX \cdot Z}$。反之，如果 Z 不满足这些条件，那么 $r_{YX \cdot Z}$ 就不是 α 的一致性估计（除了少数等于 0 的情况）。 150

定理 5.3.1 的使用方法如下所示。考虑图 5.7 中的图模型 G 和 G_α。在 G_α 中，连接 X 和 Y 的唯一路径是遍历 Z 的路径，由于该路径被 Z d-分离（阻断），因此 α 是可识别的，得到 $\alpha = r_{YX \cdot Z}$。当然，系数 β 是可识别的，因为 Z 在 G_β 中与 X（通过空集 $\varnothing$）d-分离，因此 $\beta = r_{XZ}$。请注意，这种“单门”检验与用于总效应检验的后门准则略有不同（定义 3.3.1）。这里的集合 Z 必须阻断所有从 X 到 Y 的间接路径，而不仅仅是后门路径。条件（i）对于这两种情况都是相同的，因为如果 X 是 Y 的父节点，那么 Y 的每个后代节点也必须是 X 的后代节点。

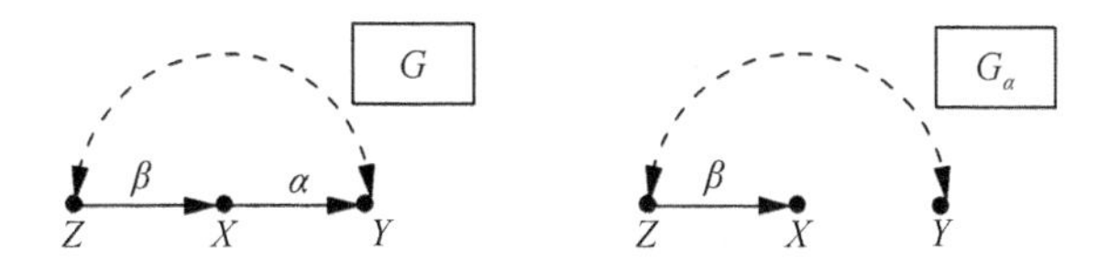

图 5.7　通过 G_α 识别得出 α 等于 $r_{YX \cdot Z}$（定理 5.3.1）

现在，我们通过对总效应（而不是直接效应）的识别延伸到对结构参数的识别。考虑图 5.8 中的图 G。如果我们通过删除链接 $X \to Y$ 形成图 G_α，那么我们会观察到不存在节点集合 Z d-分离所有从 X 到 Y 的路径。如果 Z 包含 Z_1，则路径 $X \to Z_1 \leftarrow\rightarrow Y$ 通过 Z_1

⊖ Pearl（1998a）和 Spirtes 等人（1998）提到了这个结果。

处的汇聚箭头而不会被阻断[⊖]。如果 Z 不包含 Z_1，则路径 $X \rightarrow Z_1 \rightarrow Y$ 不会被阻断。因此，我们得出结论：α 不能用我们之前的方法进行识别。但是，假设我们感兴趣的是 X 对 Y 的总效应，它由 $\alpha+\beta\gamma$ 得出（参见图 5.8）。对于这个由 r_{YX} 确定的和式，除了从 X 到 Y 的路径外，其他路径对 r_{YX} 没有影响。然而，我们在图中看到两条称为混杂或后门的路径，即 $X \leftarrow Z_2 \rightarrow Y$ 和 $X \leftarrow\rightarrow Z_2 \rightarrow Y$。幸运的是，这些路径被 Z_2 阻断，因此我们可以得出结论，调整 Z_2 将得到一个可识别的 $\alpha+\beta\gamma$。于是，我们得出

$$\alpha+\beta\gamma=r_{YX\cdot Z_2}$$

整个推理过程是基于定义 3.3.1 的后门准则完成的，为了完整性，我们在此重申该准则。

定理 5.3.2（后门准则）

对于因果图 G 中的任意两个变量 X 和 Y，如果存在一组观测变量 Z：

1. Z 中没有成员是 X 的后代节点。
2. 从 G 中删除所有从 X 引出的箭头得到子图 $G_{\underline{X}}$，在 $G_{\underline{X}}$ 中 Z d-分离 X 与 Y。

那么，X 对 Y 的总效应是可识别的。

此外，如果这两个条件同时满足，那么 X 对 Y 的总效应为 $r_{YX\cdot Z}$。

正如我们在 3.3.1 节中所看到的，定理 5.3.2 的两个条件在非线性非高斯模型以及带离散变量的模型中都是有效的。该检验确保在对 Z 校正后，变量 X 和 Y 无法通过混杂路径进行关联，即回归系数 $r_{YX\cdot Z}$ 等于总效应。事实上，我们可以把定理 5.3.1 和 5.3.2 看作以下形式的特例：为了识别任何一个*偏效应*（partial effect），其定义为所选择的一组从 X 到 Y 的因果路径，我们应该找得到一个观测变量集合 Z，它阻断了 X 和 Y 之间所有其他没有被选择的路径，那么偏效应将等于回归系数 $r_{YX\cdot Z}$。

图 5.8 表明，某些情况下总效应可以直接从图模型中确定，而不必识别其局部成分。标准的 SEM 方法（Bollen，1989；Chou and Bentler，1995）侧重于对单个参数的识别和估计，但可能忽略了对效应的识别和估计。如图 5.8 所示，尽管有些局部成分未被识别，但仍能可靠地对效应进行估计。

有些总效应不能作为一个整体直接确定，而需要分别对其每个局部成分进行确定。

⊖ 即 X 和 Y 之间产生了新路径。——译者注

例如，在图 5.7 中，Z 对 Y（$=\alpha\beta$）的效应不满足后门准则，但这种效应可以通过对其局部成分 α 和 β 来确定，它们分别满足后门准则，计算得到

$$\beta = r_{XZ}\text{，}\quad \alpha = r_{YX\cdot Z}$$

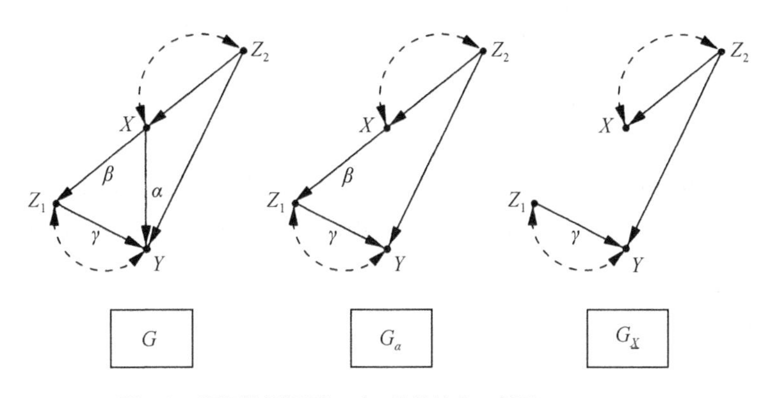

图 5.8　用图模型识别 X 对 Y 的总效应，得到 $\alpha+\beta\gamma=r_{YX\cdot Z_2}$

还存在第三种因果参数：它既不能直接确定，也不能通过它的局部成分来确定，而是需要对更大范围的因果效应进行评估。图 5.9 中的结构就是这种情况的一个例子。参数既不能直接确定，也不能从其局部成分确定（它没有局部成分），但可以从 $\alpha\beta$ 和 β 确定，它们分别代表 Z 对 Y 的效应和 Z 对 X 的效应。这两个效应都可以直接确定，因为 Z 到 Y 或 X 都没有后门路径。因此，$\alpha\beta=r_{YZ}$ 和 $\beta=r_{XZ}$，即 $\alpha=r_{YZ}/r_{XZ}$。这就是我们所熟悉的工具变量公式（Bowden and Turkington，1984；参见 3.5 节的式（3.46））。

151~152

图 5.10 中的示例结合了迄今为止所涉及的所有三种方法。X 对 Y 的总效应由 $\alpha\beta+\gamma\delta$ 给出，它是不可识别的，因为它不符合后门准则，也不是另一个可识别结构的一部分。然而，假设我们希望估计 β。在条件 Z 下，我们阻断所有经过 Z 的路径，并得到 $\alpha\beta=r_{YX\cdot Z}$，它是通过对 W 校正后 X 对 Y 的效应。因为从 X 到 W 没有后门路径，α 本身直接等于 $\alpha=r_{WX}$，所以我们得到

$$\beta = r_{YX\cdot Z}/r_{WX}$$

另一方面，可以通过在条件 X 下直接对 γ 评估（从而阻断所有通过 X 从 Z 到 Y 的后门路径），得到

$$\gamma = r_{YZ\cdot X}$$

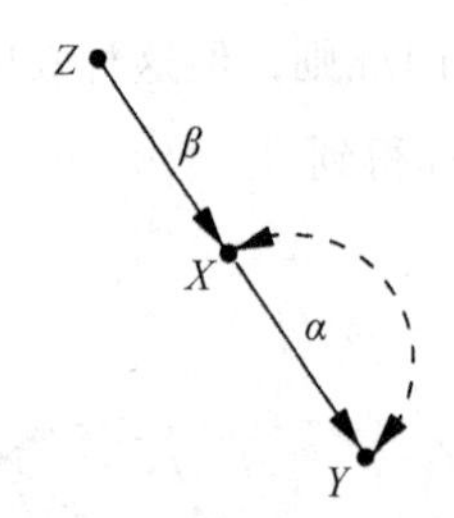

图 5.9 利用工具变量 Z 识别图模型参数 α

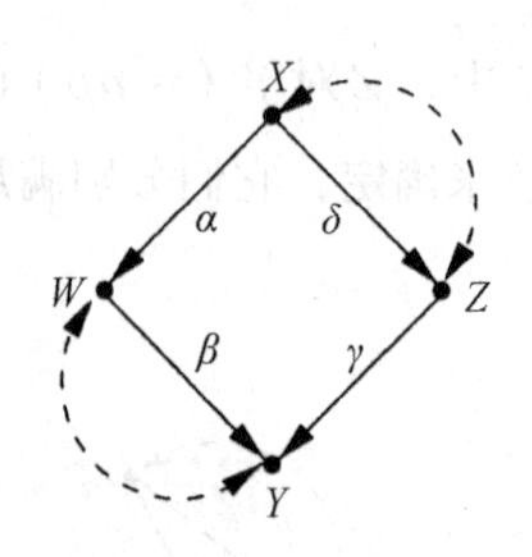

图 5.10 图模型中对参数 α，β 和 γ 的识别

针对上述使用的方法，我们给出了以下用于识别图模型中可识别的系数的完整过程。

1. 首先，使用后门准则和定理 5.3.1，在图中寻找每对变量之间可识别的因果效应。这些效应可以是直接效应、总效应或部分效应（即由特定变量集合校正的效应）。

2. 对于任何一个通过以上方式识别的效应，将其所涉及的路径系数保存至一个称为“桶”的集合中[⊖]。

3. 按照以下步骤对桶中的系数进行标记：

(a) 如果一个桶只含一个例项（singleton），则将其系数标记为 I（表示可识别）。

(b) 如果一个桶不止一个例项，但只包含一个未标记的系数（包括其他桶里已标记的），则将该系数标记为 I。

153

4. 重复这个过程，直到不再有新的标记出现。

5. 列出所有被标记的系数，它们都是可识别的。

刚才描述的过程是不完整的，因为我们一次只标记一个系数，这可能导致我们漏掉某些标记。如图 5.11 所示，从 (X,Z) 、(X,W) 、(X',Z) 和 (X',W) 变量对开始，我

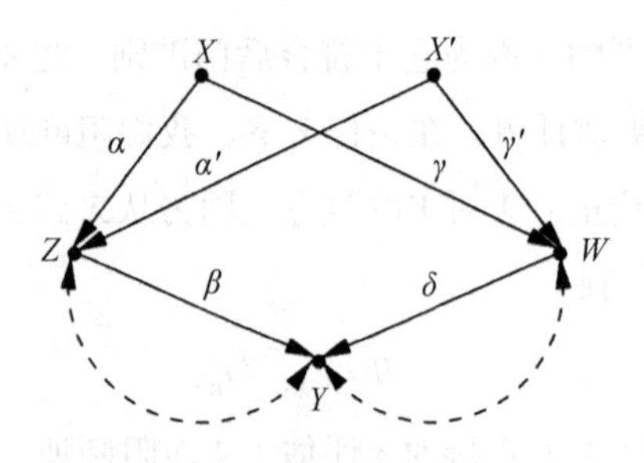

图 5.11 用两组工具变量识别 β 和 δ

⊖ 不同的路径系数保存至不同的桶。——译者注

们依次发现 α，γ，α' 和 γ' 都是可识别的。轮到 $(X.Y)$ 时，我们发现 $\alpha\beta+\delta\gamma$ 是可识别的。同样，从 (X',Y) 中我们可以得出 $\alpha'\beta+\gamma'\delta$ 是可识别的。通过我们设定的标记规则，不能直接标记 β 或 δ，但是我们可以通过这两个方程解出未知系数 β 和 δ，只要行列式 $\begin{vmatrix}\alpha & \gamma \\ \alpha' & \gamma'\end{vmatrix}$ 非零。由于我们不是对某个点上的可识别性感兴趣，而是对“几乎所有地方”的可识别性感兴趣（Koopmans et al.，1950；Simon，1953），因此我们不需要计算这个行列式。我们只需检查行列式中行的符号形式，以确保方程是非冗余的。每一行中都对未标记的系数增加一个新的约束条件，该约束条件中至少包含一个标记过的系数的值[⊖]。

利用冗余检测方法，我们可以通过添加以下规则来增强我们标记过程的能力：

3*. 如果存在 k 个非冗余桶，它们最多包含 k 个未标记的系数，则标记这些系数并继续。

另一种增强标记过程能力的方法是，根据 Wright 的规则，不仅列出可识别的效应，还列出由双向弧引起的相关性表达式。最终，可以尝试联合列出多个变量的效应，如 4.4 节所述。然而，这种增强方式会使过程变得更加复杂，并可能偏离我们的主要目标，即提供一种方法，能够快速检测给定模型中已识别的系数，并能够立刻发现模型中那些影响目标变量可识别性的特征。现在，我们将这些结果与（如 3.3 节中处理的那些）非参数模型中的识别联系起来。

5.3.2 与非参数识别的比较

对于非参数模型，前一节的识别结果比第 3、4 章的识别结果要强大得多。由于实践和概念上的原因，对非参数模型的研究是由参数模型的建模者提出来的。在实践方面，研究人员经常发现很难说明为什么要假设线性和正态分布（或其他函数分布假设），特别是涉及离散变量的时候。由于非参数结果对非线性函数和任何误差分布都是有效的，因此有了这些结果，我们就可以衡量标准技术对线性和正态性假设的敏感性。在概念方面，非参数模型阐明了结构方程和代数方程之间的区别。寻找类似于路径系数的非参数因子，就可以明确路径系数的真正含义，为什么人们应该努力识别它们，以及为什么结

154

⊖ 通过检查行符号来确定该方程可以解出 β 和 δ，但对具体计算不感兴趣。——译者注

构模型不仅仅是描述协方差信息的便捷方法。

在本节中，我们将非参数因果效应识别问题（第 3 章）映射到线性模型的参数识别环境中。

参数 vs 非参数模型：一个例子

考虑一组结构方程

$$x = f_1(u, \varepsilon_1) \quad (5.4)$$

$$z = f_2(x, \varepsilon_2) \quad (5.5)$$

$$y = f_3(z, u, \varepsilon_3) \quad (5.6)$$

其中X、Z、Y是观测变量，f_1、f_2、f_3是任意未知函数，U、ε_1、ε_2、ε_3是不可观测变量，我们可以把它们看作潜在变量或干扰变量。为了便于讨论，我们假设U、ε_1、ε_2、ε_3是相互独立和任意分布的。这些关系可以用图 5.12 中的路径图来表示。

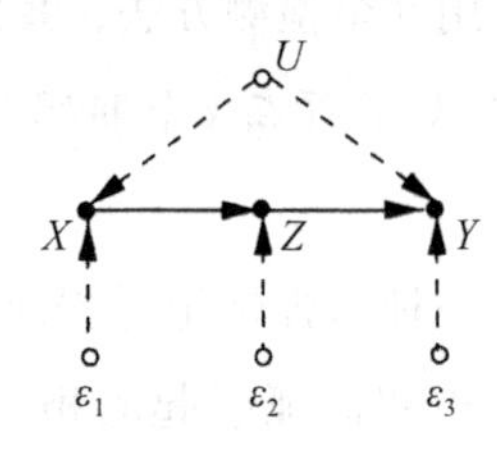

图 5.12 与式（5.4）～（5.6）对应的路径图，其中$\{X, Z, Y\}$都是可观测的，$\{U, \varepsilon_1, \varepsilon_2, \varepsilon_3\}$都不可观测

问题如下：我们已经得到了一系列由式（5.4）～（5.6）所定义的过程独立的样本，并记录了观测变量X、Z、Y的值。现在，我们希望尽可能地估计模型中未知的变量。

为了使问题的范围更明确，我们考虑一组线性结构方程，见下式：

$$x = u + \varepsilon_1 \quad (5.7)$$

$$z = \alpha x + \varepsilon_2 \quad (5.8)$$

155

$$y = \beta z + \gamma u + \varepsilon_3 \quad (5.9)$$

其中U、ε_1、ε_2、ε_3是不相关的，且零均值干扰[⊖]。不难看出，参数α、β和γ可以由观测变量X、Z和Y之间的相关性唯一确定。这种识别方法已经在图 5.7 的例子中展示了，利用后门准则得出

$$\beta = r_{YZ \cdot X}, \quad \alpha = r_{ZX} \quad (5.10)$$

并且，由此得出

$$\gamma = r_{YX} - \alpha\beta \quad (5.11)$$

⊖ 从式中消除U并允许ε_1和ε_3相关可以得到该模型的一个等价版本，如图 5.7 所示。

因此，回到模型的非参数版本，很容易得出这样的结论：要想识别模型，必须从数据中唯一确定函数 $\{f_1, f_2, f_3\}$。然而，这很难实现，因为函数和分布之间的映射是多对一的。换句话说，对于任何非参数模型 M，存在无穷多个与给定分布 $P(x, y, z)$ 相容的函数 $\{f_1, f_2, f_3\}$（参见图 1.6）。因此，似乎没有什么有用的信息可以从这种不明确的模型中推断出来，比如由式（5.4）～（5.6）给出的一个模型。

然而，即使在线性模型中，识别本身也不是最终目的。相反，它是用来回答预测和控制等实际问题的。关键问题不在于我们是否能够通过数据识别方程的形式，而在于我们是否能够通过数据对那些以往由参数模型解决的问题给出明确的回答。

当严格使用根据式（5.4）～（5.6）所定义的模型进行预测时（即以一组变量的观测值来确定另外一些变量取值的概率），识别问题则失去了很多（即使不是全部）重要意义。所有的预测值都可以直接从协方差矩阵或这些协方差样本估计中估算出来。如果进行降维（例如，改进估计精度），那么协方差矩阵可以用一组联立方程模型（simultaneous equation model）描述。例如，在式（5.7）～（5.9）所定义的线性模型 M 中，X、Y 和 Z 之间的相关性很可能由以下模型 M' 表示（图 5.13）：

$$x = \varepsilon_1 \tag{5.12}$$

$$z = \alpha' x + \varepsilon_2 \tag{5.13}$$

$$y = \beta' z + \delta x + \varepsilon_3 \tag{5.14}$$

156

该模型与式（5.7）～（5.9）所定义的模型 M 具有同样的紧凑性，就观测变量 X、Y、Z 而言，该模型与 M 是协方差等价的。设 $\alpha' = \alpha$、$\beta' = \beta$，以及 $\delta = \gamma$ 时，模型 M' 将得到与式（5.7）～（5.9）模型相同的概率预测值。尽管如此，当将这两个模型视为数据生成机制时，这两个模型并不等价。各自描述了一个关于生成 X、Y 和 Z 数据过程的不同的故事。因此，在这些过程中施加外部干预，对其所导致的变化的预测结果自然也是不同的。

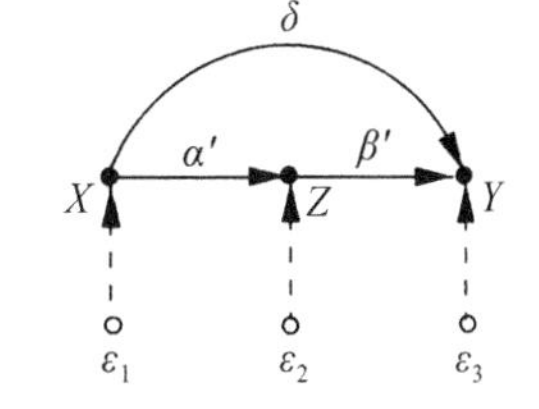

图 5.13　代表式（5.12）～（5.14）中模型 M' 的图

5.3.3　因果效应：SEM 的干预解释

模型 M 和 M' 之间的差异精确地说明了联立方程模型的结构解读在什么地方起作用，以及为什么即使是羞于谈论因果的研究人员也认为结构参数比协方差和其他统计参数更

“有意义”。由式（5.12）～（5.14）定义的模型 M' 将 X 作为决定 Y 值的直接因素，而由式（5.7）～（5.9）定义的模型 M 将 X 看作一个间接因素，它对 Y 的效应是通过 Z 来进行校正的。这种差异并不会在数据本身表现出来，而会表现在外部干预发生时数据的变化方式上。例如，假设对 X 进行干预并将其固定在某个常数 x 上，我们希望能够预测这时 Y 的期望值，记作 $E(Y|do(X=x))$。在 $X=x$ 代入式（5.13）和（5.14）后，模型 M' 得出

$$E[Y \mid do(X=x)] = E[\beta'\alpha'x + \beta'\varepsilon_2 + \delta x + \varepsilon_3] \quad (5.15)$$

$$= (\beta'\alpha' + \delta)x \quad (5.16)$$

模型 M 得出

$$E[Y \mid do(X=x)] = E[\beta\alpha x + \beta\varepsilon_2 + \gamma u + \varepsilon_3] \quad (5.17)$$

$$= \beta\alpha x \quad (5.18)$$

令 $\alpha'=\alpha$、$\beta'=\beta$，以及 $\delta=\gamma$（根据协方差等价性的条件，参见式（5.10）和式（5.11）），我们可以清楚地看到，这两个模型对于 X 在 Y 上的（总）因果效应赋予了不同的强度：模型 M 预测随着 x 变化一个单位量将使 $E(Y)$ 变化 $\beta\alpha$，而模型 M' 中这个变化量为 $\beta\alpha+\gamma$。

在这一点上，我们不禁要问，我们是否应该先用 $x-\varepsilon_1$ 代替式（5.9）中的 u，然后再考虑式（5.17）中的期望。如果我们允许将式（5.8）代入式（5.9），就像我们在推导式（5.17）时所做的那样，那么为什么不允许式（5.7）代入式（5.9）呢？毕竟（这是一个有争议的问题），建模者认为数学等式 $u=x-\varepsilon_1$ 是有效的，坚持这个等式没有坏处。然而，这种观点是错误的[⊖]。结构方程不应当被看作一成不变的数学等式。相反，它们意味着定义一种平衡状态，当外部干预扰乱这种平衡时，平衡状态就会被打破。事实上，结构方程模型的强大之处在于，它们不仅能够描述初始平衡状态，还能够描述对“确定哪些方程必须被改变以形成新的平衡状态”的问题所需的信息。例如，如果干预仅仅是让 X 保持在 x 处不变，那么方程 $x=u+\varepsilon_1$（代表干预前确定 X 的过程）应该被推翻，并用方程 $X=x$ 代替。新方程组的解代表新的平衡。因此，结构方程区别于普通数学方程的基本特征是，结构方程代表的不是一组方程，而是多组方程，每一组方程对应于一个原始模型中所表达的方程组的子集。每一个这样的子集代表在给定的干预下某种假设的物理现实。

157

如果我们觉得结构方程的价值不在于对分布函数的概括，而是在于描述策略效应预测中所需的因果信息（Haavelmo，1943；Marschak，1950；Simon，1953），那么我们自然会

⊖ 这样的观点导致了所谓的证据决策理论中的 Newcomb 悖论（参见 4.1.1 节）。

把这种预测看作对结构系数的泛化。例如，线性模型 M 中的系数 β 的泛化可以回答以下控制性问题（control query），“如果我们实施干预，将 Z 的值从 z 更改为 $z+1$，那么 Y 的期望值会发生什么变化？”。当然，这与观测性问题（observational query）不同，“如果我们发现 Z 等于 $z+1$ 而不是 z，那么 Y 的期望值会有什么不同？”正如我们在第 1 章中讨论的，观测性问题可以直接从联合分布 $P(x, y, z)$ 找到答案，而控制性问题还需要因果信息。结构方程通过将等式左边的变量视为结果，将右边的变量视为原因，从而将因果信息植入它们的语法中。在第 3 章中，我们用符号 $do(\cdot)$ 区分这两种类型的问题。比如，我们将受控期望（controlled expectation）写作

$$E(Y|do(x)) \triangleq E[Y|do(X=x)] \tag{5.19}$$

将标准的条件期望或观测期望（observational expectation）写作

$$E(Y \mid x) \triangleq E(Y \mid X=x) \tag{5.20}$$

在式（5.7）～（5.9）模型中，$E(Y \mid do(x)) = \alpha\beta x$，但是 $E(Y|x) = r_{YX}x = (\alpha\beta + y)x$，显然 $E(Y \mid do(x))$ 不等于 $E(Y \mid x)$。被动观测 $X = x$ 确实不会改变任何一个方程，这就是在取期望之前将式（5.7）和式（5.8）代入式（5.9）的理由。

在线性模型中，直接控制问题的答案可以从路径（或结构）系数中找到，这些系数可以推导出任何一个变量对另一个变量的总效应。例如，式（5.7）～（5.9）定义的模型中 $E(Y \mid do(x))$ 的值为 $\alpha\beta x$，即 x 乘以 $X \to Z \to Y$ 中所有路径系数的乘积。对 $E(Y \mid do(x))$ 的计算在非参数情况下会更复杂，即使我们知道函数 f_1、f_2 和 f_3。然而，这种计算很明确，它需要求解一组修改后的方程（以计算 Y 的期望值），其中 f_1 被“擦除”，X 被常数 x 替代：

$$z = f_2(x, \varepsilon_2) \tag{5.21}$$

$$y = f_3(z, u, \varepsilon_3) \tag{5.22}$$

158

因此，计算 $E(Y \mid do(x))$ 需要对下式进行估计

$$E(Y \mid do(x)) = E\{f_3[f_2(x, \varepsilon_2), u, \varepsilon_3]\}$$

其中，期望值由 U、ε_2 和 ε_3 确定。值得一提的是，图模型方法在不知道 f_2、f_3 和 $P(\varepsilon_2, \varepsilon_3, u)$ 的情况下就可以完成这种计算（3.3.2 节）。

这确实是非参数模型可识别性的本质。这种基于数据和图模型解决干预问题的独特能力，正是定义 3.2.3 中对因果效应 $P(y \mid do(x))$ 可识别性进行解释的方法。正如我们在

第 3 章和第 4 章中所看到的，这种能力几乎只需要看一眼，就能够从方程所对应的图模型中辨析出来。

5.4 部分概念基础

5.4.1 结构参数真实意味着什么

每一个 SEM 的学生都在他（或她）的职业生涯中遇到过这样的悖论。如果我们将方程

$$y = \beta x + \varepsilon$$

的系数 β 解释为当 X 单位变化时 $E(Y)$ 的变化量，那么，将方程重写为

$$x = (y - \varepsilon) / \beta$$

之后，我们应该把 $1/\beta$ 解释为当 Y 单位变化时 $E(X)$ 的变化量。但这既与直觉相悖，也与模型的预测值矛盾：如果 Y 在原来关于 X 的结构方程中没有作为自变量出现，那么当 Y 单位变化时，$E(X)$ 的变化应该为零。

讲解 SEM 的老师一般通过两种方法来回避这种困境。一种方法是否认 β 有任何因果意义，它只用于纯粹的统计解释，其中 β 度量了由 X 变化所导致的 Y 的变化（例如，参见文献（Muthen, 1987））。另一种方法只允许对那些满足“隔离”条件的系数进行因果解读（Bollen, 1989; James et al., 1982），即解释变量（explanatory variable）必须与方程中的误差不相关。由于 ε 不可能与 X 和 Y 都不相关（或者就像争论的那样），因此 β 和 $1/\beta$ 不可能都有因果意义，悖论也就消失了。

第一个方法是自洽的，但它违背了 SEM 提出者的意图（即 SEM 用于辅助策略的制定），并且也与大多数 SEM 使用者的直觉冲突。第二个方法在逻辑上有些问题。众所周知，每一对二元正态变量（bivariate normal variable）X 和 Y 都可以用两种等价的方式表示

$$y = \beta x + \varepsilon_1 \quad 和 \quad x = \alpha y + \varepsilon_2$$

其中，$\mathrm{cov}(X, \varepsilon_1) = \mathrm{cov}(Y, \varepsilon_2) = 0$ 以及 $\alpha = r_{XY} = \beta \sigma_X^2 / \sigma_Y^2$。因此，如果条件 $\mathrm{cov}(X, \varepsilon_1) = 0$ 赋予 β 因果意义，那么 $\mathrm{cov}(Y, \varepsilon_2) = 0$ 也应该赋予 α 因果意义。但是这也与直觉和 SEM 背后的意图矛盾。如果 Y 对于 X 没有因果关系，那么当 Y 单位变化时 $E(X)$ 应该是零，而不是 r_{XY}。

159

那么结构系数到底意味着什么呢？结构方程本身呢？误差项呢？因果效应的干预解

释加上 $do(x)$ 符号，为这些问题提供了清晰的答案。它们解释了结构方程的操作意义，因此，我希望，关于这些问题的争论和混乱的时代应该结束了。

结构方程：操作定义

定义 5.4.1（结构方程）

如果将一个方程 $y=\beta x+\varepsilon$ 理解为：在一个理想的实验中，控制变量 X 等于 x，其他变量 Z（不包括 X 或 Y）等于 z，Y 的值 y 由 $\beta x+\varepsilon$ 给出，其中 ε 不是关于 x 和 z 的函数，那么这个方程是结构化的。

尽管这个定义涉及控制操作，但却是可运算的，因为所有的量都是可观测的。虽然在大多数观测性研究中不能对变量进行操作，但这并不能否定该定义的可运算性，就像我们不能用肉眼观测到细菌，但并不能否定它们在显微镜下的可观测性一样。SEM 的挑战在于，从我们所能观测到的少量信息中，最大限度地提取我们所希望观测到的信息。

请注意，刚才给出的操作并没有说明，当我们控制 Y 时 X（或任何其他变量）会如何表现。这种不对称性使得结构方程中的等式符号与代数中的等式符号不同。前者在对 X 和 Y 进行观测时是对称的（例如，观察到 $Y=0$ 蕴含 $\beta x=-\varepsilon$），但在进行干预时是不对称的（例如，将 Y 设为零并不能告诉我们 x 和 ε 的关系）。路径图中的箭头明确了这一双重角色，这或许解释了通过使用图模型所获得的洞察力和推理能力。

方程 $y=\beta x+\varepsilon$ 的最强的经验结论是在等号右边排除其他变量，从而明确 X 是 Y 的唯一直接原因。这就转化成了一个可检验的不变性（invariance）声明：在 $do(x)$ 操作下 Y 的统计值不会因对模型中其他任何变量的操作而改变（参见 1.3.2 节）[一]。这个声明写成符号形式为：

$$P(y \mid do(x), do(z)) = P(y \mid do(x)) \tag{5.23}$$

该声明对所有与 $\{X \cup Y\}$ 不相交的集合 Z 都成立[二]。相反，回归方程没有任何类似的声明。 160

[一] 结构方程对系统中的某一改变保持不变性的基础概念可以追溯到 Marschak（1950）和 Simon（1953），并且它已经由 Hurwicz（1962）、Mesarovic（1969）、Sims（1977）、Cartwright（1989）、Hoover（1990）和 Woodward（1995）得出不同抽象程度的数学公式。然而，式（5.23）的简洁性、精确性和清晰性是最好的。

[二] 这个声明实际上只是该式所传递信息的一部分；其余部分由一个动态的或者反事实的声明组成：如果我们控制 X 为 x' 而不是 x，那么 Y 的值为 $\beta x'+\varepsilon$。换句话说，在对 X 进行不同的假设控制，以及保持相同的外部条件（ε）下，画出 Y 的曲线，那么结果应该是一个斜率为 β 的直线。这种关于连续控制条件下系统行为的声明，只能在 ε 的假设下被检验，ε 表示外部条件或者实验环境特征，当我们将 x 变为 x'，ε 保持不变。这种反事实声明组成了每个科学定律的经验性内容（参见 7.2.2 节）。

注意，这种不变性只适用于对Z的操作，而不是对Z的观测。已知观测值$Z=z$，在$do(x)$操作下Y的统计值记作$P(y \mid do(x), z)$。如果对Y的结果（如后代节点）进行测量，那么Y的统计值必然依赖于z。还要注意，一般的条件概率$P(y \mid x)$不具备如此强大的不变性，因为$P(y \mid x)$通常对除X以外的变量操作很敏感（除非X和ε是独立的）。然而，无论ε和X之间的统计关系如何，式（5.23）仍然有效。

若将其推广到一组结构方程，式（5.23）阐明了一个已知因果图背后的假设条件。如果G是一组结构方程所对应的图，那么G中的假设包括：（1）每一个缺失的箭头（比如X和Y之间）都代表这样一种假设，即当我们实施干预并使Y的父节点固定下来时，X不会对Y产生因果效应；（2）X和Y之间缺失的每一个双向弧都代表一个假设，即（直接）影响X的遗漏因子（omitted factor）与（直接）影响Y的遗漏因子之间是不相关的。我们将在式（5.25）～（5.27）中定义后一种假设的运算意义。

结构参数：运算定义

如果将结构方程解释为Y在干预条件下行为的描述，那么可以得到结构参数的一个简单的定义。方程$y=\beta x+\varepsilon$中β的意义为

$$\beta=\frac{\partial}{\partial x} E[Y \mid do(x)] \tag{5.24}$$

也就是表示在实验研究中，当外部控制将X固定为x时，Y（对于x）的期望变化率。无论ε和X在非实验研究中是否相关（比如，通过另一个方程$x=\alpha y+\delta$），这种解释都成立。

此时，我们几乎不需要补充诸如β与回归系数r_{YX}无关，或者β与条件期望$E(Y \mid x)$无关这些条件，这已经在许多教科书提到了。定理5.3.1给出了β与回归系数一致性的条件。

不过，重要的是，将式（5.24）中的定义与那些承认β不变性但又难以说明β对哪些变化是保持不变的理论进行比较。例如，Cartwright（1989，p.194）将β描述为一种称为“容量”的自然不变量。Cartwright正确地指出β在变化环境中保持不变，但却解释道，当X的统计值变化时，“无论方差如何变化，比率$[\beta=E(YX)/E(X^2)]$都保持不变。”这种描述在两个方面是不精确的。首先，β一般不等于上面的比率，也不等于任何其他统计参数的组合。第二点，也是定义5.4.1中的要点，结构参数对局部干预（系统中某个特定方程的变化）是不变的，并且对变量统计值的变化也是不变的。如果$\operatorname{cov}(X,\varepsilon)=0$，并且我们（或大自然）对$X$生成过程进行局部修改，导致$X$的方差变化，那么Cartwright

161

是正确的，比率 $[\beta = E(YX)/E(X^2)]$ 将保持不变。然而，如果 X 的方差因为其他原因而变化，比如，因为我们观测到某些证据 $Z=z$ 并且依赖于 X 和 Y，或者因为 X 生成过程依赖于更多的变量集合，那么这个比率将不会保持不变㊀。

神秘的误差项：运算定义

定义 5.4.1 和式（5.24）中给出的解释为神秘的误差项提供了一个可运算的定义，即

$$\varepsilon = y - E[Y \mid do(x)] \tag{5.25}$$

尽管这个误差项在非干预性研究中不能被观测到，但这与一些研究人员（如 Richard（1980）、Holland（1988，p. 460）、Hendry（1995，p. 62））提出的抽象玄奥的定义相去甚远。与回归方程中的误差不同，ε 测量的是 Y 与受控期望 $E[Y \mid do(x)]$ 的偏差，而不是与条件期望 $E[Y \mid x]$ 的偏差。因此，一旦控制了 X，就可以通过对 Y 的观测来测量 ε 的统计值。另一方面，因为不管 X 是被控制还是被观测，β 都是不变的，所以如果我们知道 β，那么 $\varepsilon = y - \beta x$ 的统计值就可以从观测性研究中测量出来。

同样，误差之间的相关性也可以通过经验值进行估计。对于任意两个不相邻的变量 X 和 Y，从式（5.25）中可以得出

$$E[\varepsilon_Y \varepsilon_X] = E[YX \mid do(pa_Y, pa_X)] - E[Y \mid do(pa_Y)]E[X \mid do(pa_X)] \tag{5.26}$$

一旦我们确定结构系数，那么受控期望 $E[Y \mid do(pa_Y)]$、$E[X \mid do(pa_X)]$ 和 $E[YX \mid do(pa_Y, pa_X)]$ 就成为已知的关于观测变量 pa_Y 和 pa_X 的线性函数。因此，对式（5.26）等号右边的期望可以通过观测研究进行估计。相反，如果系数不确定，则可以在干预研究中，通过固定 pa_X 和 pa_Y 的值（假设 X 和 Y 不是父子关系），并基于在这种情况下所获得的数据估计 X 和 Y 的协方差，来直接评估表达式（5.26）。

最后，我们通常感兴趣的不是评估值 $E[\varepsilon_Y \varepsilon_X]$，而是确定 ε_Y 和 ε_X 是否可以被认为是无须校正的。对于这个判定，只要检验

$$E[Y \mid x, do(s_{XY})] = E[Y \mid do(x), do(s_{XY})] \tag{5.27}$$

是否成立，其中 s_{XY} 表示模型中除 X 和 Y 外的所有变量的任意组合。该检验适用于模型中任意两个变量，但当 Y 是 X 的父代变量时除外，这时可采用其对称的方程（X 和 Y 互换）㊁。

㊀ 当有证据 $Z=z$ 依赖 X 和 Y 时，X 的方差变为条件方差 $var(X \mid z)$；当依赖更多变量时，X 的方差会受其他变量的影响。——译者注

㊁ “无须校正”说明 ε_Y 和 ε_X 没有公共原因，此时，条件 x 和 $do(x)$ 对于 Y 的影响是一样的；否则（即有公共原因）对于 Y 的影响是不一样的。——译者注

神秘的误差项：概念解释

162 SEM 教科书的作者通常把误差项解释为遗漏因子的作用。然而，许多 SEM 研究人员不愿意接受这种解释，部分原因是未指明的遗漏因子为难以实证的推测打开了大门，部分原因是基于这些因素的一些结论被不恰当地作为从路径图中省略双向弧通常用到空洞无意义的理由（McDonald，1997）。这些关心的问题可以通过对误差项（5.25）的运算解读进行回答，因为它说明了如何测量误差，而不是说明误差是如何产生的。

但是，需要注意的是，在决定是否可以假设每对误差项是未修正的时，这个操作性定义并不能代替遗漏因子的概念。由于在模型参数仍是“自由”的阶段需要这样的决定，因此它们不能基于相关性的数值评估，而必须建立在定性结构知识的基础上，即有关机制如何联系在一起以及变量如何相互影响这些定性结构知识。这类判断性的决定很难运用式（5.26）中的运算法则，该法则指导研究人员评估两种偏差，即在复杂的实验条件下两个不同变量之间的偏差是相关的还是未修正的。这种评估在认知上是不可行的。

相比之下，遗漏因子这一概念指导研究人员判断是否存在同时影响几个观测变量的因素。这样的判断符合认知，因为它们是定性的，并且依赖纯粹的结构知识，而这些知识在建模阶段是唯一可用的知识。

研究人员应该考虑*选择偏差*（selection bias）是误差的另一个相关来源。如果两个不可观测的因素有一个共同的效应，而此效应在分析中被遗漏，却影响了样本的选择，那么相应的误差项在样本总体中是相关的。因此，式（5.26）中的期望不会随着样本总体的增加而趋于 0（参见 1.2.3 节对 Berkson 悖论（Berkson’s paradox）的讨论）。

然而，我们应该着重指出，相比在图模型中出现的弧，图模型中缺失的弧更需要引起极大的关注以及细致的实质性论证。添加一个额外的双向弧在最坏的情况下会破坏参数的可识别性，但是删除一个现有的双向弧可能会产生错误的结论，以及对模型可检验性的错误认识。因此，在默认情况下，应该假定双向弧存在于图中的任意两个节点之间。只有在理由充分的情况下，才能删除它们，例如两个变量不太可能存在共同的原因，也不太可能存在选择偏差。虽然我们永远不可能认识所有可能影响给出变量的因素，但实质性的知识有时允许我们声明，一个潜在的共同因素可能并没有那么显著的影响。

因此，就像在科学中经常发生的那样，我们测量物理实体的方法并不一定是对它们进行分析的最好方式。在构建、评估和分析因果模型时，由于针对误差项提出的遗漏因子的概念依赖结构知识，因此它比运算定义更有价值。

5.4.2　效应分解的解释

结构方程模型以提供区分直接效应和间接效应的原则方法而自豪，这是得到认可的。在 4.5 节中，我们已经看到这种区分在许多应用中很重要，从过程控制到法律纠纷，SEM 确实提供了一套定义、识别和估计直接和间接效应的统一方法。然而，正如 Freedman（1987）和 Sobel（1990）所指出的那样，大多数 SEM 研究人员不愿承认结构参数的因果意义，加上他们专注于代数运算，导致了对直接和间接效应的定义不充分。在本节中，我们希望通过根据结构系数的运算含义来纠正这种混淆。

163

我们从定义 3.2.1 中因果关系 $P(y|do(x))$ 的基本概念开始，然后专门对直接效应进行定义，如 4.5 节所示，最后用结构系数来表达这些定义。

定义 5.4.2（总效应）

X 对 Y 的总效应由 $P(y|do(x))$ 给出，即当 X 的值固定为 x，并且其他变量保持原有状态时 Y 的分布。

定义 5.4.3（直接效应）

X 对 Y 的直接效应由 $P(y|do(x), do(s_{XY}))$ 给出，其中 s_{XY} 是系统中除 X 和 Y 之外的所有观测变量的集合。

在线性分析中，定义 5.4.2 和 5.4.3，在对 x 微分后，通常定义直接和间接效应的路径系数。然而，它们在几个重要的方面与传统的定义不同。首先，直接效应是根据假设实验来定义的，在这些实验中，中间变量是通过物理干预保持不变的，而不是通过统计校正（统计校正经常被认为与误导性的短语“控制”一样）。图 5.10 描述了一个简单的例子，其中对中间变量（Z 和 W）进行校正不会得到 X 对 Y 的直接效应的正确值，即零值，而 $\frac{\partial}{\partial_X}E(Y|do(x, z, w))$ 确实得出了正确值 $\frac{\partial}{\partial_X}(\beta w+\gamma z)=0$。4.5.3 节（表 4.1）提供了另一个这样的例子，它涉及二分变量（dichotomous variable）。

其次，没有必要将变量的控制仅限于中间变量，系统中的所有变量都可以固定不变（X 和 Y 除外）。假设，科学家控制了所有可能的条件 S_{XY}，测量也可以在不了解图结构的情况下开始。最后，我们的定义与传统定义不同，我们将总效应和直接效应分别解释为两个不同实验的结果。教科书（例如，Bollen，1989；Mueller，1996，p. 141；Kline，1998，p. 175）中的定义通常将总效应等同于路径系数矩阵的幂级数。此代数定义与递归（半马尔可夫）系统中运算定义（定义 5.4.2）一致，但它在带反馈的模型中会产生错误的表达式。比如，已知方程对 $\{y=\beta x+\varepsilon, x=\alpha y+\delta\}$ ，X 对 Y 的总效应为 β，而不是像 Bollen（1989）所得出的 $\beta(1-\alpha\beta)^{-1}$ 。后者不具备有关“x 的效应”的运算意义㊀。

164

我们在结束效应分解这部分之前，讲一点可能对那些研究二分变量的研究人员感兴趣的内容。二分变量之间的关系通常是非线性的，所以 4.5 节的结果应该是适用的。特别地，X 对 Y 的直接效应将取决于我们对 Y 的其他父节点的控制程度㊁。如果我们想求这些值的平均值，我们将得到式（4.11）中给出的表达式，该表达式调用嵌套反事实，并且该表达式可以约简为式（4.12）。

我们在定义结构方程（定义 5.4.1）的经验内容时所涉及的操作方式对于线性系统来说也是充分的。在线性系统中，大多数因果量可以从实验研究的总体层面上推断出来（参见 11.7.1 节）。在非线性和非参数模型中，我们偶尔需要深入单个单元，并激活（更基本的）结构方程的反事实含义，如式（3.51）和第 173 页的注㊁所述。间接效应分析就是一个很好的例子，其定义（式（4.14））基于嵌套反事实，不能用总体平均数表示。对间接效应的分析是必要的，可以使间接效应具有独立于总效应和直接效应之外的运算意义（参见 11.4.2 节）。然而，借助反事实语言，我们可以给出间接效应的一个简单的运算定义：X 对 Y 的间接效应是在保持 X 不变，并且增加中间变量 Z 以相当于 X 单位增加时的量的条件下，Y 的增加量（正式定义见 4.5.5 节）。在线性系统中，这一定义实际上与总效应和直接效应的差值是相等的。关于间接效应在社会科学和政策分析（Pearl，2005a）中的作用将进一步在第 11 章进行讨论。

5.4.3 外生性、超外生性及其他话题

经济学教科书总是告诫读者，外生变量和内生变量的区别。一方面，这种区别“对模型的构建来说是最重要的”（Darnell，1994，p.127）；另一方面，它是“一个微妙的，时常引起争议的复杂情况”（Greene，1997，p.712）。经济学专业的学生自然会希望本章所介绍的概念和工具能对这一问题有所帮助。接下来，我们将提供一个简单的外生性定义，其中包含文献中所出现的重要的细微差别，并且既让人接受又比较精确。

㊀ 这个错误由 Sobel（1990）指出，但是，也许因为路径系数的恒常性是一个新的无关紧要的假设，所以 Sobel 的校正并没有带来实践或者思想上的转变。

㊁ 即后门。——译者注

现在的主流研究将外生性分为三类：弱外生性、强外生性和超外生性（superexogeneity）（Engle et al.，1983）。前两个是基于统计的，最后一个是基于因果的。然而，外生性的重要性及其引起争议的原因在于其在政策干预中的含义。因此，一些经济学家认为，只有因果属性（超外生性）才配叫作“外生性”，而统计属性则是毫无根据的，容易将识别和解释问题与估计效率问题混淆（本人与Ed Leamer的交流中得出的）[㊀]。下面，将从因果外生性的一个简单定义开始，然后给出一个更通用的定义，其中因果和统计方面都将作为这个定义的特例。因此，这里的“外生性”对应着Engle等人所称的“超外生性”，这是一个反映了在政策干预中某些关系的结构不变性的概念。 165

假设我们考虑对一组变量X进行干预，并且希望描述在$do(X=x)$干预下结果变量Y的统计行为。用常规的表达式$P(y\mid do(x))$表示干预后Y的分布。如果我们对一组该分布的参数集合λ感兴趣，那么我们的任务是从可用的数据中估计$\lambda[P(y\mid do(x))]$的值。然而，可用的数据通常是在不同的条件下生成的：X不是固定不变的，而是允许随着经济压力和预期的变化而变化，即过去的经济压力和预期的变化促使决策者设定X。用M表示过去生成数据的过程，用$P_M(v)$表示与M相关的概率分布，我们想知道，已知关于M的背景知识T（表示“理论”），$\lambda[P_M(y\mid do(x)]$是否始终能够从服从$P_M(v)$分布的样本中估计出来。这个问题在本质上就是我们在这一章和前几章中分析过的识别问题，不过有一个重要的区别就是，我们现在要问的是$\lambda[P(y\mid do(x)]$是否可以单独从条件分布$P(y\mid x)$中识别出来，而不是从整个联合分布$P(v)$中识别出来。当识别在这个约束条件下成立时，X被认为是关于(Y,λ,T)的外生变量。

我们将此形式化地表述为以下定义。

定义5.4.4（外生性）

令X和Y为两组变量，设λ为干预后概率分布$P(y\mid do(x))$的任意一组参数集合。如果λ在条件分布$P(y\mid x)$下是可识别的，即对任意两个满足理论T的模型M_1和M_2，有

$$P_{M_1}(y\mid x)=P_{M_2}(y\mid x)\Rightarrow\lambda[P_{M_1}(y\mid do(x))]=\lambda[P_{M_2}(y\mid do(x))]\qquad(5.28)$$

那么我们称X是关于(Y,λ,T)外生的。

当λ构成一个干预后概率的完全描述的特殊情况下[㊁]，式（5.28）可约简为

㊀ 在与John Aldrich和James Heckman的交流中发现他们也持有类似的观点。可参见文献（Aldrich，1993）。
㊁ 即λ唯一确定了概率分布P。——译者注

$$P_{M_1}(y|x)=P_{M_2}(y|x)\Rightarrow P_{M_1}(y|do(x))=P_{M_2}(y|do(x)) \qquad (5.29)$$

如果我们进一步假设，对于每一个$P(y|x)$，理论T并不排除某些满足$P_{M_2}(Y|do(x))=P_{M_2}(y|x)$的模型$M_2$[㊀]，那么式（5.29）可约简为等式

$$P(y|do(x))=P(y|x) \qquad (5.30)$$

我们称之为“无混杂”的条件（参见3.3节和6.2节）。式（5.30）由式（5.29）推出，因为式（5.29）对理论T中的所有M_1都成立。注意，由于没有明确限定理论T的具体内容，式（5.30）可以应用于任何单一模型M，并且可以作为外生性的另一个定义，尽管对于X的要求比式（5.28）更强。

尽管边缘分布$P(x)$是可用的，但坚持仅通过条件分布$P(y|x)$识别λ的动机在于其对估计过程产生的影响。如式（5.30）所述，发现X是外生的，允许我们可以直接从被动观测中预测（对X）干预的效应，甚至不需要校正混杂因子。我们在3.3节和5.3节的分析中进一步给出了外生性的图模型检验：如果从X到Y没有一条后门路径，那么X是Y的外生变量（定理5.3.2）。这个检验用一个过程性定义补充了式（5.30）中的结论性定义，由此实现外生性的形式化。由于每个因果图代表一个结构模型，并且每个结构模型已经包含了政策预测所需的不变性假设（见定义5.4.1），因此，超外生性的不变性可以从因果图的拓扑结构中分辨出来，这一点也不奇怪。

166

Leamer（1985）将X定义为外生变量，前提是$P(y|x)$在“生成X的过程”中保持不变。这个定义与式（5.30）一致[㊁]，因为$P(y|do(x))$是由一个结构模型控制的，在该结构模型中决定X的方程被消去，所以$P(y|x)$必须对于这些方程变化不敏感[㊂]。相比之下，Engle等人（1983）则将外生性（即，他们所说的超外生性）定义为X“边缘密度”的变化。通常，从过程语言到统计语言的转换会导致歧义。根据Engle等人（1983, p. 284），外生性要求条件分布$P(y|x)$的所有参数“对于条件变量分布的任何变化都是不变的”[㊃]（即$P(x)$）。在$P(x)$可能发生任何变化的情况下，这种对不变性的要求过于强烈，因为改变条件或新的观测值可以很容易地改变$P(x)$和$P(y|x)$，即使X是完全外生的。（为了说明这一点，考虑将随机实验（其中X是外生的）转变为非随机实验的变化，我们不应该坚持$P(y|x)$在这种变化下保持不变。）如Leamer所述，变化必须仅限于为确定X的机制

㊀ 比如，如果T代表所有具有相同图结构的模型，那么M_2不会先验排除。

㊁ 前提是变化仅限于修改函数，而不更改每个函数中的参数集合（即父节点集合）。

㊂ 即对于X的被动变化和主动变化，$P(y|x)$都是相同的。——译者注

㊃ 这个要求在文献（Darnell，1994，p.131）和文献（Maddala，1992，p.192）中一字不差地重复。

（或方程）所需的局部修改操作，并且该限制条件必须纳入任何外生性的定义之中。但是，为了使这个限制条件更加精确，必须在 $P(y \mid do(x))$ 的定义中使用 SEM 的词汇。边缘密度和条件密度这些词汇太粗糙，无法恰当地定义那些使 $P(y \mid x)$ 保持不变的变化。

现在，我们准备定义一个更泛化的外生性概念，涵盖了术语“弱”外生性和“超”外生性[㊀]。为此，我们从定义 5.4.4 中删除约束条件，即 λ 必须代表干预后分布的特征。相反，我们让 λ 代表底层模型 M 的任意特征，包括路径系数、因果效应、反事实等结构特征，以及统计特征（当然，这需要单独从联合分布中确定）。通过这种泛化，我们可以得到一个更简单的外生性定义。

167

定义 5.4.5（广义外生性）

X 和 Y 代表两组变量集合，令 λ 为任意一组满足理论 T 的结构模型 M 的参数集合。如果 λ 在条件分布 $P(y|x)$ 下是可识别的，即对任意两个满足理论 T 的模型 M_1 和 M_2，有

$$P_{M_1}(y \mid x) = P_{M_2}(y \mid x) \Rightarrow \lambda(M_1) = \lambda(M_2) \tag{5.31}$$

那么我们称 X 是关于 (Y, λ, T) 外生的[㊁]。

当 λ 由结构参数（比如路径系数或因果效应）构成时，那么式（5.31）表示对各种干预的不变性，不仅仅是对 $do(X = x)$。虽然式（5.31）并没有明确提及干预本身，但通过 λ 的结构特征，等式 $\lambda(M_1) = \lambda(M_2)$ 反映了这些干预。特别地，如果 λ 代表因果效应函数 $P(y \mid do(x))$ 在 x 和 y 这个点上的值，那么式（5.31）可以约简为

$$P_{M_1}(y \mid x) = P_{M_2}(y \mid x) \Rightarrow P_{M_1}(y \mid do(x)) = P_{M_2}(y \mid do(x)) \tag{5.32}$$

这个式子等同于式（5.29）。因此就有了外生性的因果属性。

当 λ 由严格的统计参数构成——比如均值、众数、回归系数，或者其他分布特征——但不含有 M 的结构特征时，那么我们有 $\lambda(M) = \lambda(P_M)$，并且对任意两个与 T 一致的概率分布 $P_1(x, y)$ 和 $P_2(x, y)$，式（5.31）约简为

$$P_1(y \mid x) = P_2(y \mid x) \Rightarrow \lambda(P_1) = \lambda(P_2) \tag{5.33}$$

因此，我们得到了外生性的统计概念，它允许我们在估计 λ 时忽略边缘概率 $P(x)$，我们

㊀ 我们对“强”外生性不作讨论，它是弱外生性（适用于时间序列分析）的一个稍微复杂的版本。

㊁ 即 X 的变化唯一确定了参数 λ。——译者注

称之为“弱外生性”[⊖]。

最后，如果λ是由集合Y中变量之间（不含X）的因果效应组成，那么我们将得到一个广义定义的工具变量。例如，如果我们对因果效应$\lambda = P(w \mid do(z))$感兴趣，其中$W$和$Z$是$Y$中的两组变量，那么$X$关于参数$\lambda$的外生性确保了可以通过条件概率$P(z, w \mid x)$识别$P(w \mid do(z))$。这本身就是工具变量的一个重要作用，即在对不包括其自身的因果效应进行识别时有协助作用。（见图 5.9，Z、X、Y分别代表X、Z、W。）

需要注意的是，在大多数教科书中，外生性通常是通过参数是否“进入”条件密度或边缘密度函数来进行定义的。例如，Maddala（1992）将弱外生性定义为要求边缘分布$p(x)$“不包含”λ。这样的定义并不明确，因为一个参数是否“进入”一个密度函数或者一个密度函数是否“包含”一个参数，这个问题与代数表示方法相关。不同的代数表示方法可能使某些参数变得明确或者模糊。例如，如果X和Y为二分变量以及参数$\lambda = P(y_0 \mid x_0)$，那么边缘概率$P(x)$肯定“包含”参数$\lambda$。比如，

168

$$\lambda_1 = P(x_0, y_0) + P(x_0, y_1) \text{ 和 } \lambda_2 = P(x_0, y_0)$$

并且λ“包含”它们的比值：

$$\lambda = \lambda_2 / \lambda_1$$

因此，得到$P(x_0) = \lambda_2 / \lambda$，这个式子表明$\lambda$和$\lambda_2$都包含在边缘概率$P(x_0)$中。人们可能会得出这样的结论，即$X$关于$\lambda$不是外生的。但事实上，$X$关于$\lambda$是外生的，因为比值$\lambda = \lambda_2 / \lambda_1$等于$P(y_0 \mid x_0)$。因此，$X$是根据式（5.33）中的规则由$P(y_0 \mid x_0)$唯一确定的[⊜]。

式（5.31）中给出的定义的优点在于，它与密度函数的语法形式[⊜]不相关，只与它的语义内容相关。参数被视为从模型中计算出来的值，而不是描述模型的数学符号。因此，这个定义既适用于统计参数，也适用于结构参数。事实上，任何参数值λ都能够从结构模型M中计算得出，不管它是否用于（或可能用于）描述边缘密度或条件密度。

重新审视神秘的误差项

从发展历程上来看，外生性的定义中引起最多争议的是有关变量与误差之间相关性的问题，如下所述。

⊖ Engle 等人（1983）进一步增加了一个称为“无变化”（variation-free）的条件，当处理真正的结构模型M（在这种模型中，机制不相互约束）时，默认满足该条件。

⊜ Engle 等人（1983，p.281）和 Hendry（1995，pp.162-3）通过选择性的“再参数化”（reparameterization）来克服这种模糊性，这个必要步骤往往被教科书所忽略。

⊜ 即代数表示方法。——译者注

定义 5.4.6（基于误差的外生性）

如果变量 X 与所有影响 Y 的误差无关，除了那些由 X 传播的误差，那么 X（关于 $\lambda = P(y \mid do(x))$）是外生的。

这一定义由文献（Hendry and Morgan，1995）追溯到文献（Orcutt，1952），并在 1950～1970 年成为计量经济学文献中的标准定义（例如，Christ，1966，p.156；Dhrymes，1970，p.169），并仍然有助于大多数计量经济学者的研究工作（如工具变量的选择；Bowden and Turkington，1984）。但是，在 20 世纪 80 年代初期，它饱受批评，因为它对结构误差（式（5.25））和回归误差之间的区别变得模糊（Richard，1980）。（根据定义，回归误差与回归变量（回归元、回归子）是正交的。）Cowles 委员会的结构方程逻辑（参见 5.1 节）从数学的角度来说还不成熟，而且由于忽略了结构参数和回归参数之间在概念上的区别，使得所有基于误差项的概念都有可能产生歧义。由于大家希望构建一种全新的外生性定义，例如，不包括“错误”和“结构”等理论术语（Engle et al.，1983），这种意愿进一步使经济学家放弃了 Cowles 委员会的结构方程逻辑，对基于误差的外生性定义的批评也变得越来越多。诸如，Hendry 和 Morgan（1995）写道：“当一个可观测变量的属性与一个不可观测的误差不相关时，外生性的概念迅速演变为一种不受约束的概念”，而 Imbens（1997）也欣然同意这一概念“是不完整的”㊀。 169

如果我们使用正确的概念（例如，式（5.25））对结构误差进行精确地、清晰地定义，那么这些批评几乎是没有道理的。当外生性的误差判据应用于结构误差时，其与式（5.30）中所定义的完全一致，这可用定理 5.3.2 的后门检验（$Z = \varnothing$）进行验证。因此，标准定义中包含的信息与外生性定义中包含的信息相同，但外生性的定义更复杂，且更不易交流。因此，我相信，标准定义终将重新获得它理应得到的接受和尊重。

基于图模型和反事实的外生性定义和工具变量之间的关系将会在第 7 章（7.4.5 节）中进行讨论。

5.5　结论

如今，SEM 受到越来越多指责。SEM 的提出者已经退休，但他们的思想被遗忘。

㊀ Imbens 更偏向用实验隐喻来定义，比如“随机分配假设”，也许，他担心“研究人员通常不清楚这些干扰究竟代表了什么”（Angrist et al.，1996，p.446）。我不同意这种观点，“随机分配”是一个误导性的隐喻，而“遗漏因子”则清晰明了。

目前，相关的实践人员、教师和研究人员发现，他们继承的方法论既难以捍卫，也难以取代。现代 SEM 教科书偏重于参数估计，很少解释这些参数在因果解释或政策分析中的作用。例如，明显缺少有关干预效应的例子。现在 SEM 研究几乎都集中在模型拟合上，而与 SEM 模型的意义和用法有关的问题还不清晰，且具有争议。这些困惑也从我在读者那里收到的许多问题中反映出来（11.5 节），我专门为他们准备了“SEM 救生包”（11.5.3 节），这是一组为 SEM 因果意义及其科学原理辩护的论据。

我完全相信，SEM 的当代危机源于缺乏一种数学语言来处理涵盖于结构方程之中的因果信息。图模型为其提供了这样一种语言。因此，它们帮助我们回答了许多导致当前危机的悬而未决的问题：

1. 在什么条件下我们可以对结构系数进行因果解释？
2. 一个已知结构方程模型背后的因果假定是什么？
3. 任何已知结构方程模型的统计含义是什么？
4. 结构系数的运算含义是什么？
5. 任何已知结构方程模型的决策断言是什么？

170

6. 什么时候方程不是结构方程？

本章讲述了当前解决这些基本问题的概念发展（在 11.5.2 节和 11.5.3 节中将进一步阐述）。此外，我们还提出了一些工具，用于回答具有实际意义的问题：

1. 什么时候两个结构方程模型在观测上不可区分？
2. 什么时候回归系数代表路径系数？
3. 什么时候增加一个回归变量会导致偏差？
4. 在收集任何数据之前，我们如何确定哪些路径系数是可识别的？
5. 什么时候我们可以舍弃线性正态的假设条件（linearity-normality assumption），仍能从数据中发现因果信息？

我仍然希望研究人员能够认识到这些概念和工具的好处，并使用它们来重新激活社会科学和行为科学中对因果关系的分析。

5.6 第 2 版附言

5.6.1 计量经济学的觉醒

在对经济学领域的因果分析忽视了数十年之后，一股热潮似乎正在形成。在最近的一系列论文中，Jim Heckman（2000，2003，2005，2007（and Vytlacil））做出了巨大的努力来恢复和重申 Cowles 委员会对结构方程模型的解释，并使经济学家相信，最近在因果分析方面的进展是基于 Haavelmo（1943）、Marschak（1950）、Roy（1951）和 Hurwicz（1962）等人提出的观点。不幸的是，针对本章中所提出的问题，Heckman 仍然没有给计量经济学家明确的答案。特别是，由于过分关注实现问题，Heckman 反对将 Haavelmo 的“方程消去法”(equation wipe-out) 作为反事实定义的基础，同时也没有为计量经济学家提供另一种定义，即在一个适定的（well-posed）经济模型中，反事实 $Y(x, u)$ 的计算过程，其中 X 和 Y 为模型中的任意两个变量，如式（3.51）(见 11.5.4 节～11.5.5 节)。这种定义对于赋予“潜在结果”方法以基于 SEM 的形式化语义是至关重要的，从而统一目前处于孤立状态的两个计量经济学阵营。

另一个积极觉醒的标志来源于社会科学，通过 Morgan 和 Winship 的书 *Counterfactual and Causal Inference*（2007）的出版，SEM 的因果解读明显得到恢复[1]。

5.6.2 线性模型的识别问题

在一系列的论文中，Brito 和 Pearl (2002a,b, 2006) 建立了图模型法则，明显扩展了可识别的半马尔可夫线性模型的类别，已经超出了本章讨论的范围。他们首先证明了所有不包含弓形弧（bow-arcs）的图模型都可以识别，即在模型中，一个原因与它的直接效应之间不允许有任何误差相关性，而与间接原因相关的误差项不受任何约束（Brito and Pearl，2002b）。随后，他们将工具变量的概念推广到图 5.9 和图 5.11 所示的经典模式之外，建立了一个广义识别条件，该条件在多项式时间内可检验，并涵盖了文献中已知的所有条件。可参见 McDonald（2002a）中的代数方法，以及 Brito（2010）中的详细介绍和综述报告。

171

5.6.3 因果论断的鲁棒性

SEM 中的因果论断（causal claim）是通过观测数据与模型中内含的因果假定相结合建立起来的。比如，论断“图 5.9 中的因果效应 $E(Y \mid do(x))$ 由 $\alpha x = r_{YZ} / r_{XZ} x$ 给出”基于以下假设：$cov(e_Z, e_Y) = 0$ 和 $E(Y \mid do(x, z)) = E(Y \mid do(x))$，这两个假设条件都能从图中看

[1] 然而，不幸的是，反事实的 SEM 基础还没有阐明。

出来。当一个论断对模型中的某些假设不敏感时，它是鲁棒的。例如，上面的断言对模型中的假设 $cov(e_Z, e_Y) = 0$ 是不敏感的。

当几个不同的假设集合产生了 k 个关于参数 α 的不同估计时，这个参数 α 称为 k-识别的。k 值越高，基于 α 的论断的鲁棒性就越高。因为这些估计值之间的等价性给协方差矩阵施加了 $k-1$ 个约束条件。如果这个协方差矩阵与观测数据相符，则表明 k 个不同假设集合之间是一致的，从而证明了它们的有效性。一个典型的例子是，当若干个（独立的）工具变量 $Z_1, Z_2, \cdots, Z_k$ 对连接 $X \to Y$ 可用时，可得出等式 $\alpha = r_{YZ_1} / r_{XZ_1} = r_{YZ_2} / r_{XZ_2} = \cdots = r_{YZ_k} / r_{XZ_k}$。

Pearl（2004）给出了鲁棒性的形式化定义，并提出了在图模型上量化因果论断的鲁棒性程度的条件。k-识别泛化了标准 SEM 分析中自由度的概念，后者刻画的是整个模型，而前者适用于单一参数（更一般地说，适用于单一因果论断）。

致谢

本章的灵感来自一代又一代统计学家，他们带着既幽默又怀疑的态度提出了这样的问题：对于任何理性的人，尤其是那些（也许是无意中）拯救了传统 SEM 的社会科学家来说，SEM 的方法论怎样才有意义？Herman Ader、Peter Bentler、Kenneth Bollen、Jacques Hagenaars、Rod McDonald、Les Hayduk，以及 Stan Mulaik 的评论帮助我更好地理解 SEM 的应用和语言。John Aldrich、Nancy Cartwright、Arthur Goldberger、James Heckman、Kevin Hoover、Ed Leamer 和 Herbert Simon 帮助我走出了计量经济学中结构方程和外生性的迷宫。Jin Tian 对 5.2.3 节和 5.3.1 节的修订中发挥了积极的作用。

172

第6章

辛普森悖论、混杂与可压缩性

谁能够直面矛盾，谁就能触摸现实。

——Friedrick Durrenmatt(1962)

前言

混杂（confounding）被认为是从经验数据解释因果推断最主要的障碍之一。因此，在那些极其依赖因果推断的领域中，包括流行病学、计量经济学、生物统计学以及社会科学，对于混杂的考虑是许多讨论的基础。然而，除了随机化实验的标准分析之外，在大多数统计学教科书中，很少甚至根本没有讨论过这个话题。原因很简单：混杂是一个因果概念，因此无法在标准的统计模型中表达。当使用常规的统计分析时，往往会导致问题混乱或复杂化，使非专业的研究人员很难理解，更不用说掌握了。

这本书的主要目的之一就是解决这些混杂问题，将混杂控制问题约简为简单的数学方程。在第3章中介绍的数学方法已经实现了简单的图模型计算方程，用于检测混杂的存在，并识别出哪些变量应被控制，以得出无混杂（no-confounding）的效应估计。在本章中，我们将解决使用统计准则来定义和控制混杂时遇到的困难。

我们将从分析辛普森悖论的有趣历史（6.1节）开始，并将其作为放大镜来审视几代统计学家试图以统计语言刻画因果概念时遇到的困难。在6.2节和6.3节中，我们验证了用仅基于频率数据和可测量的统计关联的统计准则，取代混杂的因果定义的可行性。我们将说明，尽管这种取代通常是不可行的（6.3节），但一种称为稳定（stable）的无混杂条件具有统计或半统计特性（6.4节）。这种特性使得类似于可压缩性（collapsibility）检验的运算成为可能，可以提示研究人员在效应估计中存在不稳定性或偏差（6.4.3节）。最后，6.5节澄清可压缩性与无混杂性、混杂因子（confounder）与混杂性之间的区别，173 以及表示混杂问题的结构性方法和可交换性（exchangeability）方法之间的区别。

6.1 剖析辛普森悖论

辛普森悖论中的反转效应在本书中已经被简要地讨论过两次：第一次与协变量选择问题有关（3.3节），第二次与直接效应的定义有关（4.5.3节）。在本节中，我们将分析为什么反转效应一直被认为是（现在仍然是）自相矛盾的，以及它的解决方法来得这么晚的原因。

6.1.1 一个有关悖论的示例

辛普森悖论（Simpson，1951；Blyth，1972）是Pearson在1899年首次发现的（Aldrich，1995），它说的是这么一个现象：在已知人群p中，一个事件C增加了E发生的概率，但同时在p的每个亚群（子群组）中却减小了E发生的概率。换句话说，如果F和$\neg F$分别描述两个亚群中互补的属性，那么我们很可能会遇到以下不等式：

$$P(E \mid C) > P(E \mid \neg C) \tag{6.1}$$

$$P(E \mid C, F) < P(E \mid \neg C, F) \tag{6.2}$$

$$P(E \mid C, \neg F) < P(E \mid \neg C, \neg F) \tag{6.3}$$

尽管这种顺序颠倒可能不会让研究概率的学生感到惊讶，但当进行因果解释时，它是矛盾的。例如，如果C（表示原因）代表服用某种药物，E（表示效果）代表已康复，F代表女性，则对式（6.2）～（6.3）的因果解释是：该药物对男性群体和女性群体均有害，但对总体人群是有利的（式（6.1））。直觉上，我们觉得这样的结果是不可能发生的，但从公式来看是正确的。

图 6.1 给出了一个实际的例子，通过具体数值描述了辛普森反转。我们可以看到，总体而言，服用药物（C）患者的痊愈率（50%）超过了未服用药物（$\neg C$）患者的痊愈率（40%），因此显然应该选择药物治疗。但是，当我们分别检查男性患者和女性患者的表格时，发现无论男性还是女性，未服用药物患者的痊愈率比服用药物的患者高 10 个百分点。

	总体	E	$\neg E$		痊愈率
a)	服用药物（C）	20	20	40	50%
	未服用药物（$\neg C$）	16	24	40	40%
		36	44	80	
	男性	E	$\neg E$		痊愈率
b)	服用药物（C）	18	12	30	60%
	未服用药物（$\neg C$）	7	3	10	70%
		25	15	40	
	女性	E	$\neg E$		痊愈率
c)	服用药物（C）	2	8	10	20%
	未服用药物（$\neg C$）	9	21	30	30%
		11	29	40	

图 6.1　治疗组（C）和对照组（$\neg C$）中男性、女性和总体的痊愈率

对于本书的读者来说，关于辛普森悖论的解释应该是很清楚的，因为我们一直都非常注意区分观测（seeing）和干预（doing）。在概率论中，条件操作符代表证据条件“当我们观测到”，而 $do(\cdot)$ 操作符表示因果条件“当我们干预为”。因此，对于描述“C 对 E 产生有益效果”的陈述，不应该使用不等式

$$P(E \mid C) > P(E \mid \neg C)$$

而应该写成

$$P(E \mid do(C)) > P(E \mid do(\neg C))$$

这才是“C 对 E 产生有益效果”的正确表达方式。产生上述问题可能是 C 和 E 的伪混杂因子造成的。在本例中，看起来药物在总体上是有效的，因为男性（不管是否服用药物）比女性更容易痊愈，也比女性更有可能服用药物。事实上，对一个服用药物（C）但性别未知的患者，我们可以容易地推断出该患者更有可能是男性，并且更有可能痊愈，这与式（6.1）～（6.3）完全一致。

处理此类潜在的混杂因子的标准方法是“使它们固定不变”㊀，也就是说，对于可能同时导致C和E变化的任何因素，计算其相应的条件化概率㊁。在这个例子中，如果男性（$\neg F$）被认为是痊愈（E）和服用药物（C）的原因，那么需要分别对男性和女性进行药效评估（即式（6.2）～（6.3）)，然后再求平均值。因此，假设F是唯一的混杂因子，式（6.2）～（6.3）合理地描述了服用药物在各自亚群中的效果，而式（6.1）只代表了在缺乏性别信息的情况下服用药物与否相关的证据权重，由此悖论消失了。

6.1.2 统计学中苦恼的事情

到目前为止，我们已经描述了当前学习因果论的学生所理解或应该理解的悖论（参见 Cartwright，1983㊂；Holland and Rubin，1983；Greenland and Robins，1986；Pearl，1993b；Spirtes et al.，1993；Sciences et al.，1993；Meek and Glymour，1994）。然而，统计学家不愿意接受这样一种观点，即辛普森悖论是由因果关系引起的。大多数观点认为这种反转是真实发生的，并且令人烦扰，因为它确实在数值计算中出现了，可能会误导统计学家得出错误的结论。如果某件事确实如此，那么它就不可能是因果关系，因为因果关系是一种尚未明确定义的智力构造㊃。因此，这种悖论必须是一种统计现象，并且能够通过统计分析工具来发现、解释和避免。例如，《统计科学百科全书》（*The Encyclopedia of Statistical Sciences*）严厉地警告我们，辛普森悖论潜藏极大的危机，却没有提到“原因”或“因果性”（Agresti，1983）。此外，《生物统计学百科全书》（*The Encyclopedia of Biostatistics*）（Dong，1998）和《剑桥统计医学词典》（*The Cambridge Dictionary of Statistics in Medical Sciences*）(Everitt，1995）都持有相同的观点。

174～175

据我了解，在统计学文献中，只有两篇文章明确地将辛普森反转归因于因果解释。第一个发现这一现象㊄的是 Pearson 等人（Pearson et al.，1899），他们对此做了如下阐述：

㊀ 哲学家（如 Eells，1991）和统计学家（如 Pratt and Schlaifer，1988）使用的两个术语“固定F不变”和“对F进行控制”，都意味着外部干预，因此可能具有误导性。在统计分析中，我们所能做的是，通过考虑F相等的情况对“保持F不变”进行模拟，即以$\neg F$和F作为“条件”——一种我称之为“对F进行调节”的操作。

㊁ 即将这种因子的值固定，计算C和E在此条件下的概率关系。——译者注

㊂ 然而，Cartwright 指出，当且仅当第三个因子F与E有因果关系时，F应“固定不变”。正确的（后门）准则复杂得多（见定义 3.3.1）。

㊃ 即这种现象不符合常识中关于因果关系的理解。——译者注

㊄ Pearson 等人（Pearson et al.，1899）和 Yule（1903）提出了一个较弱版本的悖论，其中式（6.2）～（6.3）满足等号条件。后来 Cohen 和 Nagel（Cohen and Nagel，1934，p.449）发现了这种反转。

对于那些坚持认为所有的相关关系都是因果关系的人来说，通过人为地将两个密切相关的人群混合在一起，可以使两个完全不相关的特征 A 和 B 之间产生相关性，这一事实确实令人震惊[⊖]。

受 Pearson 毕生学术观点的影响，统计学家尽可能避免谈论因果关系，并且在半个多世纪的时间里，这种反转现象一直被视为 2×2 表格中的一种独特的数学性质，剥离了它的因果起源。最终，Lindley 和 Novick（1981）从一个新的角度出发分析了这个问题，并第二次将其与因果关系联系起来：

在最后一段中，已经介绍了“因果”这个概念。一种可能性是使用因果关系的语言，而不是使用（统计学中）可交换或公认的语言。我们既没有选择这样做，也没有讨论因果关系，因为这个概念虽然被广泛使用，但似乎仍然没有明确定义。

令人惊奇的是，在辛普森反转的这段历史中，从 Pearson 等人到 Lindley 和 Novick，撰写过这一主题的许多学者都不敢问为什么这一现象值得我们关注，为什么它会令人惊讶。毕竟，在不同的概率条件下，观测到概率发生巨大变化很常见，甚至出现符号反转也并不少见（通过对这些概率进行区分和混合）。因此，如果不是因为某种执拗的错误观念，那么不等式符号反转这种现象又有什么可令人震惊的呢？

Pearson 明白，这种震惊源于扭曲的因果解释，他试图通过统计相关性和列联表（contingency table）来修正这种解释（见第 10 章）。他的追随者也相当虔诚地信奉他，有些人甚至断言因果关系只是一种特殊的相关关系（Niles，1922）。在这种否定因果直觉的氛围下，研究人员通常别无选择，只能将辛普森反转归因（attribution）于数据的某些邪恶特征，而这不是一个严谨的研究人员应有的态度。自 20 世纪 50 年代以来，已有数十篇论文就辛普森反转统计方面的研究进行了论述。其中，一些研究了结果的变化程度（Blyth，1972；Zidek，1984），一些确定了其消除的条件（Bishop et al.，1975；Whittemore，1978；Good and Mittal，1987；Wermuth，1987），甚至有人提议采用激进的补救方式，例如用 $P(C|E)$ 代替 $P(E|C)$ 作为治疗效果的衡量标准（Barigelli and Scozzafava，1984）。总之，目标是必须不惜一切代价避免反转。 [176]

Bishop、Fienberg 和 Holland（1975）的著作中有关于这个问题的典型处理方法。

⊖ 即通过男性和女性之间数据的混合，可以产生有关性别 A 和服药效果 B 之间的关联性，而性别和服药效果之间孤立来看是不相关的，服药并不会改变性别。——译者注

Bishop 等人（1975）给出了一个示例，当对参与研究的每个诊所分别进行考虑时，产前护理量和婴儿存活率之间明显的相关性消失了。他们得出结论："如果我们只看这个（合成）表，就会错误地得出存活率与所接受的护理量相关的结论。"具有讽刺意味的是，实际上存活率的确与所接受的护理量相关。其实，Bishop 等人的意思是，如果不加批判地去看合成后的总表，我们会错误地得出存活率与所接受的护理量有因果关系的结论。然而，由于在 20 世纪 70 年代人们不得不避免使用因果关系词汇（causal vocabulary），像 Bishop 这样的研究人员被迫使用诸如"相关"或"关联"之类的统计替代词，因此自然而然成为语言局限性的牺牲品，因为统计词汇无法表达研究人员想要表达的因果关系。

辛普森悖论有助于我们了解这一代统计学家的苦恼，同时也感叹于他们的成就。在良好的因果直觉（causal intuition）的驱动下，尽管在文化上不被承认，在数学上也无法被表达，他们仍然设法从枯燥无味的表格中探寻其中的内在意义，并使统计方法成为经验科学的标准。但最终将证明，辛普森悖论的新奇之处并不在统计方面。

6.1.3 因果关系与可交换性

Lindley 和 Novick（1981）首先阐述了辛普森悖论的非统计特征（nonstatistical character of Simpson's paradox），即不存在任何统计方法可以防止研究人员得出错误结论，也不存在任何统计标准可以指出哪个表格才真正代表了正确答案。

在传统的贝叶斯决策理论中，他们首先把注意力转移到这个现象的实际应用方面，并大胆地提出问题：对一个新的患者，我们是否应该使用药物？也就是说：我们到底要参考哪一张表，总体表还是性别表？Novick（1983，p.45）回答得很直白："答案很明确，当我们知道患者的性别是男性或女性时，我们就不使用这种药物。但是，如果性别是未知的，我们就应该使用该药物进行治疗！"显然，这个结论是荒谬的。然后，Lindley 和 Novick 进行了一段冗长的非正式讨论，得出结论（正如我们在 6.1.1 节中所做的那样），我们应该参考性别表，不使用药物。

接下来的一个问题是，是否存在一些额外的统计信息可以帮助我们选出正确的表格。对于这个问题，Lindley 和 Novick 的回答是否定的。他们表示，对于同样的数据，我们有时会做出相反的决定，并参考总体表。他们问道：假设我们将数据保持不变，仅仅改变数据背后的故事，会发生什么？想象一下，如果 F 代表一些受 C 影响的属性，比

177

如低血压，如图6.2b所示[⊖]。通过查看图6.2b中的关系，我们可以立即得出结论：总体表就是我们想要的答案。我们不应该将F作为条件，因为它位于我们想要评估的因果路径上。（如果以F为条件，那么相当于我们对治疗后血压相同的患者进行比较，这样就会掩盖药物通过另一条路径实现康复的作用。）

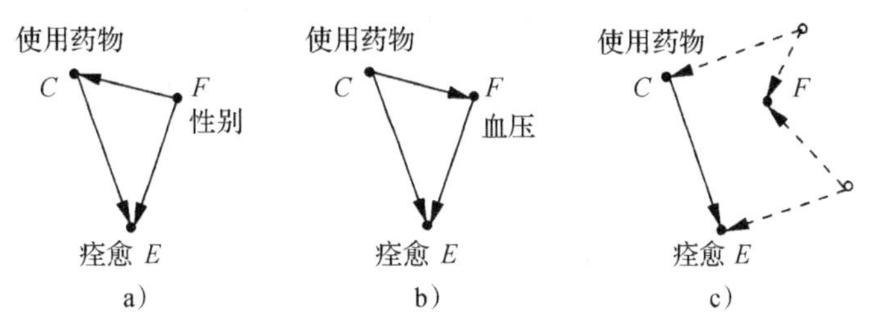

图6.2　三个因果模型分别生成图6.1中的数据。模型a）使用按性别分类的表格，b）和c）使用总体表格

当两个因果模型生成相同的统计数据（图6.2a和图6.2b在观测上是等价的），并且在一个模型中我们决定使用药物，而在另一个却不使用药物时，我们的决定很明显是由因果而不是统计驱动的。一些读者可能会怀疑时间信息与决定有关，并且注意到性别是在治疗前就确定的，而血压是在治疗后确定的。但事实并非如此。图6.2c表明，F可能出现在C之前或之后，正确的决定仍然应该是参考总体表（即不以F为条件，这从后门准则中可以看出）。

我们刚才用例子说明了在6.1.1节中提到的内容，即与行动效果（effect of actions）有关的每一个问题都必须根据因果关系决定，仅凭统计信息是不够的。此外，选择哪一张表格作为决策依据其实是协变量选择问题的一个特例，在3.3节中通过因果演算已经给出了一个针对该问题的通用解决方案。然而，Lindley和Novick没有意识到这一点，而是将这两个示例之间的差异归因于De Finetti（1974）首次提出的称为可交换性的元统计[⊜]概念。

可交换性涉及如何选择一个合理的参考类或亚群，以实现对个体的预测。例如，保险公司希望利用与新客户特征最为相似的一类人的死亡记录来估计这个新客户的预期寿命。De Finetti通过将关于相似性的判断转化为对概率的判断，对这个问题进行了形式化 178

⊖ Lindley和Novick（1981）的例子取自农业，没有提及C和F之间的因果关系，但其结构与图6.2b中的结构相同。

⊜ 我所说的“元统计”是指一种准则，其本身并不能从统计数据中识别出来，但可用于判断某些统计方法是否合理。

的定义。根据这个准则，如果联合概率分布 $P(X_1, \cdots, X_n, X_{n+1})$ 在 X_{n+1} 的值被改变的情况下仍然保持不变，则 X 中的第（$n+1$）个变量相对于其他 n 个变量来说是可交换的。对 De Finetti 来说，如何建立这种不变性（invariance）在他心中是一个次要的目标，更重要的是将心中的目标定义为形式化的数学表达式，以便大家可以用科学的术语进行交流和讨论。Lindley 和 Novick 试图将这一概念应用到辛普森反转现象中，并希望以此证明当"F = 性别"时，合理的选择是分别考虑男性患者和女性患者两个亚群，而当"F = 血压"时，则应该考虑整个患者群体。

Lindley 和 Novick 论文的读者很快就会意识到，尽管他们通过可交换性和亚群来粉饰自己的讨论，但实际上他们所做的都是为了给直觉提供了一种非形式化的因果论证。Meek 和 Glymour（1994）敏锐地观察到，Lindley 和 Novick 在关于可交换性的讨论中唯一可理解的部分是有关因果关系的讨论，这意味着"需要明确解释因果和概率之间的相互关系，以理解什么时候应该或者不应该进行可交换性的假设，这是非常必要的。"（Meek and Glymour，1994）。

情况的确如此，实验研究中的可交换性取决于对数据生成机制的因果理解。一个新事件的结果是否应该由一组已知的事件结果来判断，取决于新事件所涉及的实验条件是否与观测已知事件时的条件相同。我们不能使用总体表（图 6.1a）确定新患者（性别未知）的结果，因为实验条件已经发生了改变。之前已知的患者自己选择治疗方案，而新患者可能被迫接受某种治疗，这可能违背了他的自然选择倾向。因此，当新实验中的一个机制发生改变时，如果不首先对其所涉及的概率是否会改变做出因果假定，就不可能判断可交换性。我们可以在图 6.2b 的血压示例中使用总体表的原因是，假设在该实验环境中更改治疗选择对条件概率 $P(E|C)$ 没有影响。也就是说，假定 C 是外生的。（在图中没有任何后门路径的情况下，可以清楚地看到这一点[⊖]。）

注意，如果下一个患者是分组实验中的成员（假设治疗和效果可以重复，并且下一个患者的性别和身份未知），那么这个准则同样是成立的。如果我们将样本置于新的实验条件下，群体中随机选择的样本与该群体可能是不可交换的。为了确定在新的情况下是否具有可交换性，必须考虑因果机制的变化。然而，一旦考虑了因果机制，就不再需要单独判断可交换性。

但是，为什么 Lindley 和 Novick 选择如此隐晦地（通过可交换性）谈论这个问题？179 他们本可以通过公开谈论因果关系来直接表达自己的观点。他们对这个问题的部分回答

⊖ 即是否服用药物对于药物的疗效（无论男性还是女性）没有影响。——译者注

如下："'因果关系'这个术语虽然被广泛使用，但似乎并没有一个很好的定义。"人们自然想知道，如何才能更明确地给出可交换性的定义，而不仅仅是判断它。我们仔细回想一下 1981 年统计学家可使用的数学工具有哪些，才能够真正理解他们这个回答的含义。当 Lindley 和 Novick 说因果关系没有很好的定义时，他们真正的意思是因果关系不能通过当时他们所惯用的任何数学形式描述出来。基于 5.1 节和 7.4.3 节中所述的原因，在 1981 年那个时代，人们普遍没有意识到路径图、结构方程式以及 Neyman-Rubin 表示法作为因果数学语言的潜力。事实上，如果 Lindley 和 Novick 想用因果关系来表达他们的观点，他们就无法用数学语言来表达性别不受药物影响这一简单又关键的事实，更不用说从这个事实中得出不那么明显的结论[⊖]。他们唯一熟悉的形式化语言是概率演算，但是正如我们已经在一些案例中看到的那样，如果没有合理的扩展，概率演算无法充分处理因果关系。

幸运的是，在过去十年中发展起来的数学工具对于这个问题提供了更系统、更友好的解决方法。

6.1.4　悖论已解决（或者，人是什么类型的机器）

悖论就像幻觉一样，经常被心理学家用来揭示思维的内在运作，因为悖论源于（并放大了）隐含的假定之间潜在的冲突。以辛普森悖论为例，我们在"因果关系由概率演算法则支配"的假设和"驱动因果直觉"的一组隐含假设之间存在冲突。第一个假设告诉我们式（6.1）～（6.3）中的三个不等式是一致的，它甚至为我们提供了一个概率模型来证实这一论断（图 6.1）。第二个假设告诉我们，没有一种神奇的药物既能分别对男性和女性都有害，但又能同时对整体有益。

为了解决这个悖论，我们必须要么证明因果直觉是误导性的或不合逻辑的，要么否认因果关系受标准概率演算法则支配的假设。正如读者现在肯定会怀疑的那样，我们将选择第二种假设。我们在这里以及本书其余部分的立场是，因果关系受其自身逻辑的支配，而这种逻辑需要对概率演算法则进行大规模扩展。我们有必要阐明支配因果直觉的

⊖ Lindley 和 Novick（Lindley and Novick，1981，p.50）确实试图利用概率表示法来表达这个事实。但是由于没有 $do(\cdot)$ 操作符，他们错误地将 $P(F\mid do(C))$ 写成了 $P(F\mid C)$，并且无法令人信服地认为，应该将 $P(F\mid C)$ 和 $P(F)$ 等同起来："相反，你可能会断定接受治疗或控制的决定不受未知性别的影响，因此 F 和 C 是独立的。"奇怪的是，这个决定也不受未知血压的影响，然而，如果我们将图 6.2b 的例子写为 $P(F\mid C)=P(F)$，我们将会得到错误的结果。

逻辑，并从形式上证明，这种逻辑排除了这种神奇药物的存在。

$do(\cdot)$操作符的逻辑完全适用于此目的。我们先把这种神奇药物C对男性和女性都是

180 有害的这种说法，翻译成因果演算中的形式化描述：

$$P(E \mid do(C), F) < P(E \mid do(\neg C), F) \tag{6.4}$$

$$P(E \mid do(C), \neg F) < P(E \mid do(\neg C), \neg F) \tag{6.5}$$

我们必须证明C对总体人群也是有害的，也就是说，必须证明不等式

$$P(E \mid do(C)) > P(E \mid do(\neg C)) \tag{6.6}$$

与我们对药物和性别（之间的关系）的认知不一致。

定理 6.1.1（确实原理）[⊖]

假设行动C不改变亚群分布，如果C提高了每个亚群中事件E发生的概率，那么C也必定会提高在整个群体（总体）中事件E发生的概率。

证明

我们将通过给出的例子来证明定理 6.1.1，其中总体被划分为男性和女性两个亚群（这很容易推广到多个亚群）。在这种情况下，我们要证明式（6.4）～（6.6）中不等式的反转现象与药物对性别没有影响的假设不一致：

$$P(F|do(C)) = P(F|do(\neg C)) = P(F) \tag{6.7}$$

展开$P(E \mid do(C))$并使用式（6.7）得出

$$\begin{aligned} P(E|do(C)) &= P(E| \ do(C), F)P(F \mid do(C)) + P(E \mid do(C), \neg F)P(\neg F \mid do(C)) \\ &= P(E \mid do(C), F)P(F) + P(E \mid do(C), \neg F)P(\neg F) \end{aligned} \tag{6.8}$$

同样，对于$do(\neg C)$，得出

$$P(E \mid do(\neg C)) = P(E| do(\neg C), F)P(F) + P(E \mid do(\neg C), \neg F)P(\neg F) \tag{6.9}$$

181 由于式（6.8）中右边的每一项都小于式（6.9）中对应的项，因此得出以下结论：

$$P(E \mid do(C)) < P(E \mid do(\neg C))$$

证毕。 □

⊖ Savage（1954，p.21）提出了确实原理（sure-thing principle）作为（关于行动）偏好的基本假设，并默认定理中的无变化约定。Blyth（1972）利用这一漏洞设计了一个显而易见的反例。定理 6.1.1 表明，确实原理不需要作为一个单独的假设来陈述，作为结构方程（或机制）的附加性质，它从逻辑上遵循行动的语义。有关反事实分析方面的内容，请参见 Gibbard 和 Harper（1976）。值得注意的是，无变化约定是概率性的，只要亚群的相对大小保持不变，它允许行动改变单一个体的类别。

因此，我们可以看到因果直觉的来源：在人的直觉逻辑中，一个显而易见但又至关重要的假设是药物不会影响性别。这就解释了为什么当F成为受药物影响的中间事件时，人的直觉会发生如此剧烈的变化，如图6.2b所示。在这种情况下（即F受C的影响），我们的直觉逻辑告诉我们，找到一种药物，同时满足式（6.4）～（6.6）三个不等式完全可能，并且校正F也是不合适的。如果F受C的影响，则不能得出式（6.8），而且$P(E \mid do(C)) - P(E \mid do(\neg C))$的值可以是正的，也可以是负的，这取决于$P(F \mid do(C))$和$P(F \mid do(\neg C))$的大小。如果$C$和$E$没有共同的原因，我们应该直接从总体表（式（6.1））而不是从F相关的亚群表（式（6.2）～（6.3））来评估C的疗效。

请注意，在我们的分析中，没有假设数据必须来源于随机化实验（即$P(E \mid do(C)) = P(E \mid C)$）或平衡实验（即$P(C|F) = P(C \mid \neg F)$）。相反，根据图6.1中的表格，我们的因果逻辑能够处理不平衡数据，但不会得出式（6.4）～（6.6）是一致的。同样，人们可以从表格中清楚地看到，男性比女性更有可能服用药物。然而，当出现反转现象时，人们"吃惊"地发现，通过总体表可以反转痊愈率。

我们从这些观察中得出的结论是，人类通常对（易变的）比率和比例置之不理，他们不断地寻求（不变的）因果关系。一旦人们把比例理解为因果关系，他们就应该继续用因果演算而不是比例演算来处理这些关系。假若我们的思维被比例计算所束缚，图6.1就不会引起任何惊讶，辛普森悖论也不会引起如此大的关注。

6.2　为什么没有关于混杂的统计检验，为什么许多人认为应该有，为什么他们是正确的

6.2.1　简介

混杂是一个简单的概念。如果我们通过检查一个变量（X）与另一个变量（Y）之间的统计关联来估计X对Y的效应[㊀]，那么我们应该确保这种关联不是由其他因素产生的。这种伪相关（spurious association）的存在，例如由于外生变量的影响，称为混杂，因为它往往会混淆我们的观测，并使我们对效应的估计产生偏差。因此，从概念上讲，当存在第三个变量Z同时影响X和Y时，我们可以说X和Y是混杂的，这样的变量Z称为X

182

㊀ 我们将"效应""影响"和"作用"等术语的使用范围限于因果解释。"关联"一词将用于统计相关性。

和Y的混杂因子。

尽管这个概念很简单，但几十年以来一直没有形式化的描述，而且看似理由很充分：对于这些“效应”和“影响”的概念，必须定义什么是“伪相关”，但无法利用现有的数学方式表达。在随机化对照实验中，关联关系通常作为效应的实证定义，但这种实证定义并不容易用标准的概率语言来描述，因为概率理论只适用于静态条件，如果条件发生了变化（即从观测研究变为对照研究），即使给出了完整的总体密度函数，也无从知道什么样的关系适合作为效应的实证定义。这种预测需要以因果假设或反事实假设的形式提供额外的信息，而这些信息无法从密度函数中分辨出来（参见1.3节和1.4节）。本书中使用的$do(\cdot)$操作是专门为区分和处理这类额外信息设计的。

尽管存在这些困难，流行病学家、生物统计学家、社会科学家和经济学家[㊀]已经多次尝试用统计学术语来定义混杂，这么做的部分原因是统计定义不含“效应”或“影响”等理论术语，可以用传统的数学形式表达，还有部分原因是这样的定义可以对混杂进行实际检验，从而提醒研究人员可能存在的偏差以及需要进行的调整。这些尝试都汇总在以下基本准则中。

关联性准则（associational criteria）

两个变量X和Y是无混杂的，当且仅当不受X影响的每个变量Z，要么（U1）与X不相关，要么（U2）在X条件下，与Y无关。

这一准则及其变形和推论（通常回避了“仅当”部分），几乎可以在每一本流行病学教科书（Schlesselman，1982；Rothman，1986；Rothman and Greenland，1998）和每一篇涉及混杂的文献中找到。[㊁]事实上，这一准则在文献中已经根深蒂固，以至于作者（例如，Gail，1986；Hauck et al.，1991；Becher，1992；Steyer et al.，1996）经常把它当作无混杂的定义，却忘记了混杂只有在谈到效应偏差时才有用[㊂]。

本节和下一节将强调关联性准则及其推论的几个基本限制。我们将证明，关联性准则既不能保证无偏效应估计，也不能满足无偏的要求。我们先举例说明混杂的统计概念

183

㊀ 在计量经济学中，这种困难集中在“外生性”的概念上（Engle et al.，1983；Leamer，1985；Aldrich，1993），它基本上代表了“无混杂”（参见5.4.3节）。

㊁ 在这些书中，大多数将这一准则作为充分条件来应用，即只关注“当”部分，而忽略或回避了“仅当”部分。

㊂ Hauck等人（1991）将基于效应的混杂定义斥为“哲学的”，并将两种关联性度量之间的差异视为一种“偏差”。Grayson（1987）甚至指出，参数校正方法是关联性准则的衍生物，是混杂的唯一基本定义（参见Greenland等人（1989）对Grayson立场的批评）。

和混杂的因果概念之间没有逻辑联系，然后定义一个无偏性的更强的概念，称为“稳定无偏”。基于这个概念，我们将证明一个修正后的统计准则是充分且必要的。其中，必要部分可以对稳定无偏进行实际检验，而不需要知道所有潜在的混杂因子。最后，我们将说明，用统计方法替代基于效应的混杂定义的普遍做法并非完全错误，因为稳定无偏实际上是研究人员旨在（或者应该）实现的目标，并且可以用统计方法进行检验。

6.2.2 因果定义和关联定义

为了便于讨论，我们首先以数学形式给出无混杂的因果定义和统计定义[⊖]。

定义 6.2.1（无混杂的因果定义）

假设 M 为一个数据生成机制的因果模型，即一种确定每个观测变量值的形式化描述。令 $P(y\mid do(x))$ 表示在假设干预 $X=x$ 下的响应事件 $Y=y$ 的概率，该概率在 M 下进行计算。对于 X 和 Y 各自域中的所有 x 和 y，我们说，X 和 Y 在 M 中无混杂，当且仅当

$$P(y|do(x))=P(y\mid x) \tag{6.10}$$

其中 $P(y\mid x)$ 是由 M 生成的条件概率。如果式（6.10）成立，则称 $P(y\mid x)$ 是无偏的。

为了此处讨论的目的，我们将以上因果定义作为“无混杂”的意义。在第3章中已经定义了概率 $P(y\mid do(x))$（定义3.2.1，也简写为 $P(y\mid \hat{x})$），它可以解释为对照实验中的条件概率 $P^{*}(Y=y\mid X=x)$，其中 X 为随机变量。通过模拟干预操作 $do(X=x)$，或者（当 $P(x,s)>0$ 时）通过校正公式（式（3.19）），这个概率可以从一个因果模型 M 中直接计算出来：

$$P(y|do(x))=\sum_{s}P(y\mid x,s)P(s)$$

其中，S 表示任何满足后门准则（定义3.3.1）的可观测的或非观测的变量集合。$P(y\mid do(x))$ 同样可以写作 $P(Y(x)=y)$，其中 $Y(x)$ 是式（3.51）或 Rubin（1974）定义的潜在结果变量。我们需要记住，$do(\cdot)$ 操作以及因此产生的效应估计和混杂，必须相对于具 184

⊖ 为了简单起见，我们将把讨论限制在无须校正的混杂上，涉及辅助变量测量的扩展是直接的（即需要对辅助变量进行校正的混杂），这可以从3.3节中得出。我们也可以使用表述“X 和 Y 无混杂”，尽管“X 对 Y 的效应无混杂”更加准确。

体的因果或数据生成模型M进行定义，因为这些概念不具有统计性质，不能用联合分布来定义。

定义 6.2.2（无混杂的关联性准则）

令T为不受X影响的变量集合。如果T中的每个变量Z至少满足下列条件之一，则称X和Y无混杂：

（U_1）Z与X无关（即$P(x|z)=P(x)$）。

（U_2）在X条件下，Z与Y无关（即$P(y|z,x)=P(y|x)$）。

反过来说，如果T中的任何一个元素Z同时违反了（U_1）和（U_2），则称X和Y混杂。

需要注意的是，定义 6.2.2 中的关联性准则不是纯粹的统计定义，因为它使用了谓语“受……影响”，这个谓词无法通过概率进行辨认，而需要依赖因果信息。排除受X影响的变量是无法回避的，并且长期以来，人们一直认为它是观察和实验研究中进行效应分析时必要的判断输入（Cox，1958，p.48；Greenland and Neutra，1980）。我们将自始至终假设研究人员具备区分受X影响和不受X影响所需的知识。然后，我们将试着找出需要什么额外的因果知识，如果有的话，我们将这些知识用于混杂检验。

6.3 关联性准则如何失效

我们说，如果一个无混杂的定义将任何变量归为无混杂时从未出错，那么这个定义是*充分的*；如果这个定义将任何变量归为混杂时从未出错，那么这个定义是*必要的*。定义 6.2.2 中的关联性准则与定义 6.2.1 中的因果定义在很多方面都不匹配。我们将依次介绍关联性准则在充分性和必要性方面存在的问题。

6.3.1 凭借边缘化使充分性失效

定义 6.2.2 中的关联性准则基于对T中的每个变量分别进行检验。很可能会存在这样一种情况：Z_1和Z_2这两个因子共同混杂了X和Y（在定义 6.2.2 的意义上），但每个因子却分别满足（U_1）或（U_2）。这可能是因为在统计上，X与T中的某个元素之间的独

立性不能确保 X 与 T 中的变量组之间的独立性。例如，令 Z_1 和 Z_2 为两个独立的、质量均匀的硬币的抛掷结果，每个硬币都影响 X 和 Y。假定当 Z_1 和 Z_2 相等时发生 X，当 Z_1 和 Z_2 不相等时发生 Y。显然，$T=(Z_1,Z_2)$ 这对变量高度混杂了 X 和 Y。事实上，X 和 Y 是完全（负）相关的，没有因果关系。另外，Z_1 和 Z_2 与 X 或 Y 都无关，发现其中任何一枚硬币的抛掷结果都不会改变 X（或 Y）的初始值为 $\frac{1}{2}$ 的概率。 185

可以尝试修正定义 6.2.2，即通过（U_1）和（U_2）中 T 的任意子集来代替 Z，但这种方法的局限性太大，因为当把 X 和 Y 的所有原因集合作为一个组来处理时，几乎肯定无法满足（U_1）和（U_2）的检验。在 6.5.2 节中，我们给出了在（U_1）和（U_2）中应该用哪些子集替换 Z，以确保充分性。

6.3.2　凭借封闭世界假定使充分性失效

所谓“封闭世界”假定（closed-world assumption）指的是，假设我们的模型能够解释所有相关的变量，特别是假设在定义 6.2.2 中的变量集合 T 包含了所有潜在的混杂因子。为了正确分辨出每一种无混杂的情况，关联性准则要求每一个潜在的混杂因子 Z 都必须满足条件（U_1）或（U_2）。在实际应用中，由于研究人员永远无法确定已知的潜在混杂因子集合 T 是否完整，因此关联性准则会错误地将某些混杂情况归类为无混杂的情况。

实际上，这种缺陷意味着任何统计检验都注定是不充分的。由于在实际应用中检验总是涉及 T 的子集，因此我们最希望通过统计手段检验*必要性*。也就是说，当 T 中的任意子集不满足条件（U_1）和（U_2）时，可以正确地将其标记为混杂。正如我们接下来所说的那样，定义 6.2.2 在必要性检测方面也无法完成。

6.3.3　凭借无益代理使必要性失效

例 6.3.1

设想这样一种情况：暴露史（X）受教育程度（E）影响，疾病（Y）受暴露史和年龄（A）影响，汽车类型（Z）受年龄（A）和教育程度（E）影响。这些关系如图 6.3 所示。

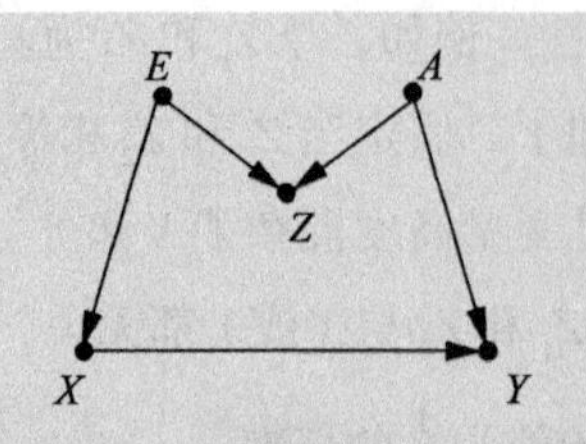

X=暴露史
Y=疾病
Z=病人拥有的汽车类型
E=教育
A=年龄

图6.3　X和Y无混杂，尽管Z与两者都关联

汽车类型变量（Z）不满足定义6.2.2中的两个条件，因为：（1）汽车类型反映了一个人受教育的程度，因此与暴露史这个变量相关；（2）汽车类型反映了年龄，因此与暴露史和无暴露史人群的疾病有关。然而，在本例中，X对Y的影响并不是混杂的。一个人拥有的汽车类型无论对其暴露史还是疾病都没有影响，这仅仅是众多无关属性中的一个，这些无关属性通过某个中间变量与暴露史和疾病相关。第3章的分析表明，实际上，在该模型[⊖]中确实满足式（6.10），而且，对Z的校正通常会产生一个有偏差的结果：

186

$$\sum_z P(Y=y \mid X=x, Z=z)P(Z=z) \neq P(Y=y \mid do(x))$$

因此，我们可以看到，传统的统计关联性准则无法识别无混杂的效应，并且会误导人们错误地对变量进行校正。当我们将（U_1）和（U_2）应用于称为无益代理的变量Z时，即这个变量本身对X或Y没有影响，但它却是具有这种影响的因子的代理，就会出现这种错误。

读者可能不会认为这种错误有多严重，因为经验丰富的流行病学家很少会把一个变量看成混杂因子，除非怀疑它对X或Y有影响。尽管如此，在流行病学中，对代理变量的校正是一种普遍做法，应该对此非常谨慎（Glandland and Neutra，1980；Weinberg，1993）。为了解决这一问题，必须修正关联性准则，将无益代理排除在检验集T之外。这就产生了以下修正的准则，其中T只包含（可能通过X）影响Y的变量。

定义6.3.2（无混杂，修正的关联性准则）

设T为不受X影响但可能影响Y的变量集合。当且仅当T中的每个元素Z满足定义6.2.2中的条件（U_1）或（U_2）时，称X和Y在T存在的情况下无混杂。

⊖　因为（后门）路径$X \leftarrow E \rightarrow Z \leftarrow A \rightarrow Y$在Z处被对撞箭头截断（请参见定义3.3.1）。

Stone（1993）和 Robins（1997）对定义 6.2.2 提出了另一种修正，既不需要判断变量是否对 Y 有影响，又避免了由无益代理产生的问题。他们没有将集合 T 限制为 Y 的潜在原因，而是令 T 为不受 X 影响的所有变量的集合㊀，由两个不相交的子集 T_1 和 T_2 组成，并满足以下条件：

（U_1 *）T_1 与 X 无关。

（U_2 *）在 X 和 T_2 条件下，T_2 与 Y 无关。

例如，在图 6.3 的模型中，当 $T_1 = A$ 和 $T_2 = \{Z, E\}$ 时，满足条件（U_1 *）和（U_2 *），因为（使用 d-分离检验得出）A 与 X 无关，并且在 { X，A } 条件下，{ E，Z } 与 Y 无关。

对关联性准则的这种修正也纠正了边缘化相关的问题（请参见 6.3.1 节），因为（U_1 *）和（U_2 *）将 T_1 和 T_2 视为联合变量。然而，这种修正并没有解决必要性问题。由于集合 $T = (T_1, T_2)$ 必须包含不受 X 影响的所有变量（见附注 13），并且在实际应用中只能检验 T 的真子集，因此如 6.3.2 节所述，我们就不能得出结论：混杂只是由于（U_1 *）和（U_2 *）失败引起的㊁。因此，这一定义也不足以作为实际应用中检验混杂的判断依据。 187

通过统计手段检验混杂这个方法的能力是有限的，下面我们将讨论另一个局限性。

6.3.4　凭借偶然抵消使必要性失效

接下来，我们给出一个没有无益代理的情况，其中 X 对 Y 的效应基于式（6.10）的定义是无混杂的，但根据定义 6.3.2 中修正后的关联性准则是混杂的。

例 6.3.3　考虑由一组线性方程定义的因果模型

$$x = \alpha z + \varepsilon_1 \tag{6.11}$$

$$y = \beta x + \gamma z + \varepsilon_2 \tag{6.12}$$

其中，ε_1 和 ε_2 是两个相关的未观测变量满足 $cov(\varepsilon_1, \varepsilon_2) = r$，并且 Z 是一个外生变量与 ε_1 或 ε_2 不相关，如图 6.4 所示。X 对 Y 的影响可以通过路径系数进行量化，路径系数是 X 单位变化时 $E(Y \mid do(x))$ 的变化率㊂。

㊀ 或者，T 被限制在任何可以充分控制混杂的变量集合 S 中：$P(y \mid do(x)) = \sum_s P(y \mid x, s)P(s)$。然而，我们永远也无法确定模型中测量的变量是否包含这样一个集合，或者 T 的哪些子集具有这个属性。——译者注

㊁ 当 T 的变量没有包含所有的变量（包括潜在变量）时，即使（U_1 *）和（U_2 *）成立，也不能认为无混杂）

㊂ 请参见 3.5～3.6 节，或者 5.4.1 节的式（5.24）。

不难看出，（假设标准化变量）Y在X上的回归方程为

$$y=(\beta+r+\alpha\gamma)x+\varepsilon$$

其中，$cov(x,\varepsilon)=0$。因此，当$r=-\alpha\gamma$成立时，$r_{YX}=\beta+r+\alpha\gamma$的回归系数是对$\beta$的无偏估计，也就是说$X$对$Y$的效应是无混杂的（不需要校正）。而变量$Z$导致无法满足条件（$U_1$）和（$U_2$），因为$Z$与$X$相关（当$\alpha\neq 0$），同时在给定$X$的条件下，$Z$与$Y$相关（除了$\rho_{yz\cdot x}=0$时$\gamma$的特殊值）。

188

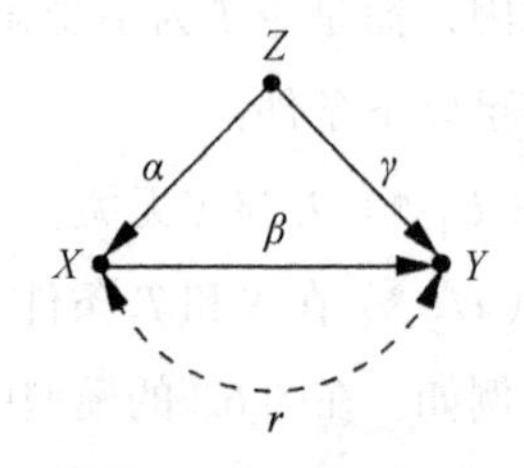

图 6.4　Z与X和Y都相关，但是X对Y的效应无混杂（当$r=-\alpha\gamma$）

这个例子证明了无偏条件（定义 6.2.1）并没有蕴含定义 6.3.2 中的修正准则。关联性准则可能会将一些无混杂的情况错误地分类为混杂，更糟糕的是，对伪混杂因子（在本例中为Z）进行校正反而会在效应估计中引入偏差[⊖]。

6.4 稳定无偏与偶然无偏

6.4.1 动机

之前的例子中，关联性准则的失败要求我们重新审视式（6.10）中定义的混杂和无偏的概念。在例 6.3.3 中，将X和Y归类为无混杂的原因是，通过设置$r=-\alpha\gamma$，我们能够让r所表示的伪关联抵消Z带来的伪关联。在实际应用中，这种抵消完全是偶然发生的情况，特定于某种实验条件的组合，当实验参数（例α,γ和r）发生轻微变化，例如，在不同地点或不同时间重复进行实验时，该情况将不会持续。相比之下，在例 6.3.1 中表示的无混杂情况则不存在这种波动性，在该例中，不管教育程度和暴露史之间的关联强度如何，也不管教育程度和年龄如何影响患者所拥有的汽车类型，式（6.10）表示的无偏性总是存在。我们称这种无偏是稳定的，因为它对参数的变化是稳定的，并且只要模型中因果关系的结构保持不变，它就不会受到影响。

鉴于稳定无偏和偶然无偏之间的区别，我们需要重新审视，如果一个准则将那些仅仅由于偶然抵消而变得无混杂的情况分类为混杂，那么我们是否应该认为这个准则是不

⊖ 注意，在本例中，对定义 6.3.2 进行 Stone-Robins 修正也会失败，除非我们能够度量导致ε_1和ε_2之间相关性的因素。

充分的。更根本的是，我们是否应该坚持将这种特殊情况纳入无偏性的定义中[一]（在这些情况下，可以得到满足式（6.10）的不稳定性条件）。尽管这些问题的答案在一定程度上是一个选择问题，但有充分的证据表明，我们关于混杂的理解是基于稳定无偏考虑的，而不仅仅是偶然无偏。否则，我们怎么能解释为什么几代流行病学家和生物统计学家会提倡对混杂进行定义，而这些定义在涉及偶然抵消时会失效呢？就实用性而言，偶然无偏这种情况不应在观测性研究中造成明显的误差，因为这些情况是短暂的，并且很可能在稍有不同的条件下就会被随后的实验推翻[二]。

假设我们准备将无偏的情况归类为对参数的变化保持鲁棒无偏性的情况，仍然存在两个问题：（1）我们如何给"稳定无偏"这个新概念一个形式化的、非参数化的公式？（2）是否有实用的统计方法来检验稳定无偏？这两个问题都可以用结构模型来回答。 189

第 3 章描述了一个图模型的准则，称为"后门准则"，用于识别因果图中的无偏条件[三]。在（对可观测的协变量）不进行校正的简单情况下，如果 X 和 Y 之间包含指向 X 的箭头的每条路径也包含了两个头对头的箭头（如图 6.3 所示），则 X 和 Y 是无混杂的。当图中两个变量之间没有连接就表示它们之间没有因果关系时，这个准则是有效的。由于缺失连接的因果假设非常明确，因此后门准则有两个显著特点。首先，不需要统计信息，图模型的拓扑结构足以可靠地判断一个效应是否是无混杂的（基于定义 6.2.1），以及当某种混杂存在时，对一组变量进行校正是否足以消除混杂。其次，不管什么样的模型（或情况），只要是通过对图模型中的因果关系指定不同的参数生成的，任何满足后门准则的模型实际上都会满足式（6.10）。

为了说明这一点，请思考图 6.3 中所示的图模型。后门准则把 (X,Y) 标识为无混杂，因为唯一指向 X 箭头的路径是一个遍历路径 (X, E, Z, A, Y)，并且该路径包含指向 Z 的头对头的两个箭头。此外，由于该准则仅基于图模型上的关系，因此很明显，(X,Y) 将被归类为无混杂，不论图中所表示的因果关系的强度或类型如何。相比之下，在例 6.3.3 的图 6.4 中，两条路径均有指向 X 的箭头。由于这些路径均不包含头对头的箭头，因此后门准则无法将 X 对 Y 的效应归类为无混杂，因为等式 $r=-\alpha\gamma$（如果存在）并不代表稳定无偏。

[一] 事实上作者是在否定将偶然无偏分类为无混杂。——译者注

[二] 正如我们在例 6.3.3 中所看到的，任何能够识别这种情况的统计检验都需要对 T 中的所有变量进行测量。

[三] Greenland 等人（1999a）对后门准则在流行病学中的应用进行了简要介绍。

后门准则易受因果假设的影响，这可以在图 6.3 中得到证明。假设研究人员怀疑变量 Z（汽车类型）对结果变量 Y 有一定的影响，这相当于在图模型中添加一个从 Z 到 Y 的箭头，此时将被分类为混杂，并建议需要对 E（或 $\{A, Z\}$）进行校正。然而，如果研究中某些特定的实验条件确认 Z 实际上对 Y 没有影响，那就无须进行校正。诚然，后门准则所建议的校正不会产生偏差，但是如果在没有混杂的情况下进行多余的测量，这种校正可能代价高昂⊖。如果有鉴于已有的因果信息（例如，Z 可能会影响 Y）和确保稳定无偏（即避免在与已有信息相符的所有情况下出现偏差），那么这时增加成本是合理的。

190

6.4.2 形式化定义

为了在形式化上区分稳定无偏和偶然无偏，我们使用以下通用定义。

定义 6.4.1（稳定无偏）

设 A 为数据生成过程中的一组假设（或约束），设 C_A 为满足 A 的一类因果模型。如果对 C_A 中每一个模型 M，$P(y \mid do(x)) = P(y \mid x)$ 都成立，那么称在 A 条件下 X 对 Y 的效应估计是稳定无偏的。相应地，在 A 条件下，(X, Y) 是稳定无混杂的。

通常，因果模型的假设条件可以是参数化的，也可以是拓扑的。例如，社会科学和经济学中使用的结构方程模型通常受到线性假设条件和正态假设条件的约束。在这种情况下，C_A 将包含所有以下模型，即那些通过方程和误差项协方差矩阵中非特定参数指定不同的值而产生的模型。当我们只指定因果图的拓扑结构，而不明确误差分布和方程的函数形式时，会出现较弱的非参数假设。我们接下来探讨这些非参数假设的统计影响。

定义 6.4.2（图结构上的稳定无混杂）

设 A_D 是因果图 D 中的假设集合。如果对于任何 D 的参数化设置，$P(y|do(x)) = P(y \mid x)$ 都成立，那么称在 A_D 条件下，X 和 Y 是稳定无混杂的。我们所说的“参数化”是指将函数赋予图模型中的链接，将先验概率赋予图模型中的背景变量。

在第 3 章和第 5 章中明确解释了因果图中所包含的假设。简而言之，如果 D 是与因

⊖ 从表面上看，Stone-Robins 准则似乎可以正确地识别出在这种情况下不存在混杂，因为它是基于实际数据的概率分布中所存在的关联（根据这种关联，在 $\{A, X\}$ 条件下，$\{E, Z\}$ 应该独立于 Y）。但是，这些关联在决定是否可以避免某些测量时并无帮助，这些决定必须在收集数据之前做出，因此必须依赖于条件相关性消失的主观假设。此类假设通常由因果知识而非关联知识支撑（参见 1.3 节）。

果模型相对应的图，那么，

1. 每一个缺失的箭头（比如在 X 和 Y 之间）都代表了这样一种假设，即一旦人为干预并保持 Y 的父节点不变，X 对 Y 没有因果效应。

2. X 和 Y 之间每一个缺失的双向链接都代表了一个假设，即除了 D 中给出的原因之外，X 和 Y 没有其他共同原因。

当 D 为无环图时，给定 A_D，后门准则为稳定无混杂提供了一种必要且充分的检验方法。在对协变量不进行校正的简单情况下，该准则约简为 X 和 Y 不存在一个共同的祖代节点，无论该节点是可观测的还是潜在的[⊖]。因此，我们得出下一个定理。 191

定理 6.4.3（共因原则）

令 A_D 为无环因果图 D 的一组假设。当且仅当变量 X 和 Y 在 D 中没有共同的祖代时，X 和 Y 在 A_D 条件下是稳定无混杂的。

证明

"当"部分的证明遵循后门准则的有效性（定理 3.3.2）。"仅当"部分的证明要求构建一个特定的模型（反例），在该模型中，X 和 Y 在 D 中有一个共同的祖代，且式（6.10）不成立。使用线性模型和 Wright 路径系数规则很容易做到这一点。 □

定理 6.4.3 提供了一种在不借助统计数据的情况下，稳定无混杂的必要且充分的条件，因为它完全依赖于图模型中的信息。当然，图模型本身具有可检验的统计含义（1.2.3 节和 5.2.1 节），但是这些检验并没有唯一指定图模型（参见 2 章和 5.2.3 节）。

然而，假设我们并不知道构建因果图所需的所有信息，而只知道对于每个变量 Z 来说，是否可以明确假设 Z 对 Y 没有影响，以及是否 X 对 Z 没有影响。现在的问题是，这些更加一般化的信息以及统计数据是否足以认定 (X, Y) 是稳定无混杂的。答案是肯定的。

6.4.3　稳定无混杂的运算检验

定理 6.4.4（关于稳定无混杂的准则）

设 A_Z 表示以下假设：（i）数据是由某种（未指定的）无环模型 M 生成的；（ii）Z 是

⊖ 术语"共同祖代"应该排除那些只是通过 X 与 Y 连接的节点（例如，图 6.3 中的节点 E），包含可能会产生相关误差的潜在节点。例如，在图 6.4 中，X 和 Y 被理解为有两个共同的祖代，第一个是 Z，第二个是一个（隐式）潜在变量，表示为 X 和 Y 之间的双向箭头弧（例如，ε_1 和 ε_2 之间的相关性）。

M中不受X影响但可能影响Y的变量[㊀]。如果定义 6.2.2 中的关联性准则（U_1）和（U_2）都不能被满足，那么(X,Y)在A_Z条件下不是稳定无混杂的。

证明

当X和Y是稳定无混杂时，定理 6.4.3 排除与基本模型关联的图中存在X和Y的共同祖代。反之，如果没有共同的祖代，意味着当Z满足A_Z时，条件（U_1）或（U_2）也被满足。这是d-分离规则（1.2.3 节）的一个结果，用于发现图中所包含的条件独立关系[㊁]。 □

定理 6.4.4 意味着传统的关联性准则（U_1）和（U_2）可以用于对稳定无混杂的简单运算检验，这种检验不需要我们知道变量之间的因果结构，甚至不需要列出相关的变量集合。只要找到满足A_Z且违反（U_1）和（U_2）的任何变量Z，我们就可以取消(X,Y)作为稳定无混杂变量的资格（虽然(X,Y)可能在某个特定实验条件下是偶然无混杂的）。

192

定理 6.4.4 描述了统计关联与混杂之间的一种形式化上的联系，而这种联系不是基于封闭世界假设的[㊂]。值得注意的是，这种联系可以在这样一组薄弱的附加假设下形成：一个变量可能对Y有影响而不受X影响的定性假设，足以进行针对稳定无混杂的必要性统计检验[㊃]。

6.5 混杂、可压缩性和可交换性

6.5.1 混杂与可压缩性

定理 6.4.4 同时也建立了混杂和“可压缩性”之间的形式化联系。“可压缩性”是一种准则，在这个准则下，关联性度量在忽略某些变量的情况下保持不变。

㊀ 我们说“可能影响Y”指的是：A_Z不包含“Z不影响Y”的假设，换句话说，与M相关联的图必须包含一条从X到Y的有向路径。

㊁ 它也遵循文献（Robins，1997）中的定理 7（a）。

㊂ 我不知道其他文献中是否存在这种联系。

㊃ 这里作者多次提到，判断(X,Y)是否稳定无混杂依赖于是否存在共同祖代。不要狭义地理解这个条件，当（可测的）共同祖代存在时，将共同祖代设置为条件（即条件化共同祖代），于是在修改后的图中，X与Y没有共同祖代。因此定理 6.4.3 和定理 6.4.4 实际上是应用很广的定理。——译者注

定义 6.5.1（可压缩性）

设 $g[P(x, y)]$ 为测量在联合分布函数 $P(x, y)$ 中 Y 和 X 之间关联性的任意泛函[㊀]。如果

$$E_Z g[P(x, y \mid z)) = g[P(x, y)]$$

则称 g 在变量 Z 上是可压缩的。

不难证明，如果 g 代表 $P(y \mid x)$ 的任何线性泛函，例如，风险差 $P(y \mid x_1) - P(y \mid x_2)$，那么当 Z 与 X 无关或在 X 条件下与 Y 无关时，可压缩性成立。因此，任何不满足可压缩性的情况都意味着不满足定义 6.2.2 中的两个统计条件，这可能就是为什么许多人认为不可压缩性与混杂紧密相关的原因。但是，本章中的例子已经表明，不满足这两个条件对混杂来说既不充分也不必要。因此，不可压缩性与混杂通常是两个不同的概念，两者互不蕴含。

一些研究人员倾向于认为，这种区别是非线性效应度量 g 的一个特殊性质，例如概率或似然比，并且"当效应度量是对总群个体的期望时，混杂和可压缩性在代数上是等价的"（Greenland，1998）。本章指出，即使在线性泛函中，混杂和不可压缩性也不需要对应。例如，图 6.3 中的效应度量 $P(y \mid x_1) - P(y \mid x_2)$（风险差）在 Z 上是不可压缩的（对图模型中几乎每个参数化设定来说），但效应度量是无混杂的（对每个参数化设定来说）。 193

混杂和可压缩性之间的逻辑联系是通过定义 6.4.2 和定理 6.4.4 中所表述的稳定无混杂的概念形成的。因为任何不满足可压缩性的情况都意味着不满足定义 6.2.2 中的条件（U_1）和（U_2），也就意味着（根据定理 6.4.4）不满足稳定无偏（或稳定无混杂）。因此，我们可以得出以下推论。

推论 6.5.2（稳定无混杂蕴含可压缩性）

设 Z 为不受 X 影响且可能影响 Y 的任何变量。设 $g[P(x, y)]$ 为测量 X 和 Y 之间关联性的任何线性泛函。如果 g 在 Z 上是不可压缩的，那么 X 和 Y 不是稳定无混杂的。

这一推论为广泛采用参数变换法（change-in-parameter method）检验混杂提供了理论基础，也就是说，当关联性的"粗略"度量 $g[P(x, y)]$ 不等于在 Z 条件下的平均关联度量时，就将变量 Z 标记为混杂因子（Breslow and Day，1980；Kleinbaum et al.，1982；

㊀ 泛函是对一组函数集合中任意一个函数的实数赋值。例如，均值 $E(X) = \sum_x xP(x)$ 是一个泛函，因为它为每个概率函数 $P(x)$ 指定了一个实数 $E(X)$。

Yanagawa，1984；Grayson，1987）。定理 6.4.4 表明，这种做法源自寻求一种稳定无混杂的条件，而不仅仅是偶然无混杂的条件。此外，定理 6.4.4 中的条件 A_Z 证实了一些作者提出的一个必要条件，即混杂因子必须是结果变量 Y 的因果确定因素，而不仅仅是与结果变量 Y 相关的因素。

6.5.2 混杂与混杂因子

本章讨论的焦点是混杂现象，我们将其等同于效应偏差（定义 6.2.1）。关于这一问题，许多文献都是围绕是否存在混杂因子的主题进行研究，假定一些变量具备混杂的能力，而另一些则不具备。如果从字面上理解这个概念，可能会产生误导，在我们将一个变量标记为混杂因子之前，应该保持谨慎。

例如，Rothman 和 Greenland（1998，p.120）给出以下定义："造成暴露者和未暴露者之间疾病发生频率差异的外部因素称为混杂因子"。他们接着提出："一般来说，混杂因子必须与研究中的暴露史和疾病有关，才能使其混杂"。Rothman 和 Greenland 用"一般"这个词来约束他们的陈述，这是有充分理由的：我们已经看到（在 6.3.1 节两枚硬币的例子中），一个问题中的每个个体变量都可能与研究中的暴露史（X）和疾病（Y）不相关，而 X 对 Y 的效应仍然是混杂的。在图 6.5 的线性模型中也可以看到类似的情况。尽管 Z 显然是 X 对 Y 的效应的混杂因子，因此必须加以控制，但 Z 和 Y 之间的关联关系实际上可能会消失（在 X 的每个水平上）。同样，Z 和 X 之间的关联关系也可能会消失。当由 $Z \leftarrow A \rightarrow Y$ 路径所产生的关联恰好（偶然）抵消了 $Z \rightarrow Y$ 所产生的直接关联时，会发生这种情况。这种抵消并不意味着不存在混杂，因为 $X \leftarrow E \rightarrow Z \rightarrow Y$ 路径是畅通的，而 $X \leftarrow E \rightarrow Z \leftarrow A \rightarrow Y$ 是阻断的。因此，Z 是一种与疾病（Y）无关的混杂因子。

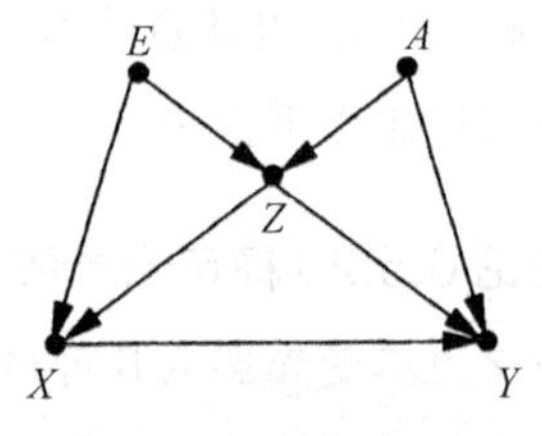

图 6.5 Z 可能与 X 和 Y 都无关联，但它仍然是一个混杂因子[⊖]（即，每个充分集（sufficient set）中的一个元素）

194

Rothman 和 Greenland 的说明背后的直觉可以通过稳定性的概念来形式化解释：对那些与 X 或 Y 稳定无关的变量可以放心地不进行校正。或者，Rothman 和 Greenland 的说明也可以通过使用非平凡充分集（3.3 节）的概念进行描述（而不需要使用稳定性）。非平凡充分集是一组变量，通过校正能够消除混杂偏差。可以看出（参见本节末尾），每

⊖ 虽然 Z 到 X 和 Y 都有直接路径，但是这种关联可能被 E 或者 A 抵消。——译者注

个这样的集合S，作为一个整体，必定与X相关，并且在X条件下与Y条件相关。因此，Rothman和Greenland的方法对于非平凡充分集（即可容许集）是有效的，但并不适用于集合中的单个变量。

这种方法所带来的实际后果如下。如果我们给定一个声称是充分的变量集S（为了通过校正消除偏差），则可以对该集合进行必要性统计检验：S作为一个联合变量必须同时与X和Y（在X条件下）相关。例如，在图6.5中，$S_1 = \{A, Z\}$和$S_1 = \{E, Z\}$是充分且非平凡的，两个集合都必须满足上述条件。

然而，需要注意的是，尽管这种检验方法可以筛选明显不好的但却声称是充分的集合S，但它与充分性或混杂无关，它只满足非平凡性。当我们找到一个非平凡集S时，对S进行校正会改变X和Y之间的关联性，但不能确定该关联从一开始就是无偏的（如图6.3所示），还是在校正后才变成无偏的。

必要性证明

为了证明当一个非平凡充分集S为Z时必定不能够满足条件（U_1）和（U_2），我们考虑X对Y没有影响的情况。在这种情况下，混杂相当于X和Y之间的非零关联（nonvanishing association，即不会被抵消的关联）。假定S满足（U_1），即$X \perp\!\!\!\perp S$，再结合充分性，即$X \perp\!\!\!\perp Y | S$，利用条件独立性中一个众所周知的性质——收缩（contraction）（1.1.5节），可以推导出S不满足非平凡性，即$X \perp\!\!\!\perp Y$[㊀]。

$$X \perp\!\!\!\perp S \;\&\; X \perp\!\!\!\perp Y | S \Rightarrow X \perp\!\!\!\perp Y$$

同样，假定S满足（U_2），即$S \perp\!\!\!\perp Y | X$，再结合充分性，即$X \perp\!\!\!\perp Y | S$，利用条件独立性的另一个性质——交叉（intersection），也可推导出S不满足非平凡性，即$X \perp\!\!\!\perp Y$。

$$S \perp\!\!\!\perp Y | X \;\&\; X \perp\!\!\!\perp Y | S \Rightarrow X \perp\!\!\!\perp Y$$

因此，任何非平凡充分集S都必定无法满足（U_1）和（U_2）。

但是，请注意，交叉仅适用于严格的正概率分布，这意味着如果一个问题中某些变量之间存在确定性关系[㊁]，可能会违反Rothman-Greenland条件。这可以从一个简单的例子中看出，其中X和Y都与第三个变量Z呈一一对应的函数关系，一旦知道X的值，就可以确定Y的概率，Y的概率不会随着Z值的改变而发生改变。显然，Z是一个非平凡

195

㊀ 这说明，S并没有改变X与Y之间的独立性，因此是平凡的。——译者注

㊁ 在这种情况下，一旦知道了其中一个变量的值，另一个变量的值完全确定，也就是该变量取其他值的概率为0。——译者注

充分集，并且在X条件下与Y没有关联[㊀]。

6.5.3 可交换性与混杂结构分析

流行病学专业的学生对文献中混杂这一基本概念的表述方式经常困惑不已，怨声载道。一些作者发现了混杂（例如，Greenland and Robins，1986；Wickramaratne and Holford，1987；Weinberg，1993），并提出了新的方法来解决这个问题，以便更加系统地对其进行分析。特别是 Greenland 和 Robins（GR），他们已经认识到与 6.2 和 6.3 节中阐述的基本原理和结果。他们的分析代表了众多混杂因子文献中为数不多的亮点之一，因为他们将混杂因子视为一种无法从观测数据中直接测量的未知因果变量。他们进一步发现（正如 Miettinen 和 Cook（1981）所做的那样），混杂存在与否不应等同于可压缩性存在与否，并且混杂也不应被视为与参数相关的问题。

然而，本章介绍的结构分析在根本上不同于 GR 方法，后者采用基于“可交换性”判断的方法。在 6.1 节中，我们遇到过一个有关可交换性的概念，Lindley 和 Novick（1981）试图用它来解释辛普森悖论。GR 的可交换性概念则更加具体，适用范围也更明确。从概念上讲，混杂和可交换性之间的联系如下：如果我们要评估某些治疗的效果，我们应该确保治疗组和对照组之间的任何结果差异都是由治疗本身造成的，而不是由与治疗无关的一些组间内在差异引起的。换言之，这两个组的所有特征，只要与结果变量有关，都必须彼此相似。原则上，我们可以在这一点上完成混杂的定义，简单地声明：如果治疗组和对照组在所有相关特征上都相似，那么治疗效果是无混杂的。然而，这个定义过于口头化，因为它非常依赖“相似性”（resemblance）和“关联性”（relevance）这两个术语的含义。为了更正式一些，GR 使用了 De Finetti 的假设置换法（twist of hypothetical permutation），而不是去判断两个组是否相似。研究人员假设交换两个组（治疗组变为对照组，对照组变为治疗组），然后判断交换后的观测数据是否与实际数据有区别。

相对于直接判断这两组群体是否完全相同，人们可以有理由问，通过这种思维方式能够有什么收获。收获是双重的。首先，人们非常善于设想动态过程，并且通过对支配治疗效果的过程，以及对影响治疗方案所选择的因素的基本理解，人们能够从中模拟这

196

㊀ 即满足 U_2。——译者注

种交换场景的结果。其次，从对相似性的判断变为对概率的判断，这使人们能够将这些判断用概率方式进行描述，从而借助概率演算的能力和威严。

Greenland 和 Robins 朝着这种形式化迈出了重要的第一步，他们让表示法更接近于这种判断的起源，即人类对因果过程的理解。本书所介绍的结构方法自然而然地向前再跨了一步：将因果过程本身形式化。

令 A 、B 分别代表治疗组和对照组，设 $P_{A1}(y)$ 和 $P_{A0}(y)$ 分别代表 A 组在治疗和未治疗两种假设条件下的响应分布[一]。如果我们对响应分布的某个参数 μ 感兴趣，可以用 μ_{A1} 和 μ_{A0} 分别表示 $P_{A1}(y)$ 和 $P_{A0}(y)$ 中该参数的值。同样地，μ_{B1} 和 μ_{B0} 代表 B 组中对应的参数值。在实际情况中，我们会度量 (μ_{A1}, μ_{B0})，在假设交换之后，又将度量 (μ_{B1}, μ_{A0})。如果这两对变量是没有区别的，即

$$(\mu_{A1}, \mu_{B0}) = (\mu_{B1}, \mu_{A0})$$

那么称这两个组相对于参数 μ 是可交换的。特别地，如果用差值 $CE = \mu_{A1} - \mu_{A0}$ 来定义因果效应，那么可交换性允许我们用 μ_{B0} 代替 μ_{A0}，从而得到 $CE = \mu_{A1} - \mu_{B0}$，这是可以度量的，因为可以同时观测到这两个量。因此，如果 $\mu_{A0} = \mu_{B0}$，那么 Greenland 和 Robins 就会说因果效应 CE 是无混杂的。

如果我们将这个定义与式（6.10）中的定义（即 $P(y|do(x)) = P(y|x)$）进行比较，我们就会发现当把后者改写为 $\mu[P(y|do(x)] = \mu[P(y|x)]$ 时，两者吻合，其中 μ 为响应分布中的参数。然而，结构方法与 GR 方法的主要区别在于分析层面。结构建模从两个重要的方面扩展了对混杂的形式化。首先，式（6.10）不是直接进行判断，而是从关于因果过程的基本判断中进行数学推导出来的[二]。其次，结构模型所需输入的判断是定性且稳定的。

一个简单的例子就能说明这些特点的优点。考虑以下说法（Greenland，1998）：

（Q *）“如果效应度量是响应概率的差值或比率，那么上述现象（无混杂的不可压缩性）不可能发生，不可压缩的混杂也不可能发生。”

在本章中，我们已经看到，命题（Q *）应以多种方式加以限定，就一般情况而言，不可压缩和混杂是两个截然不同的概念——无论效应度量如何（6.5.1 节），两者都不意 197

[一] 在 $do(\cdot)$ 表示法中，我们将写为 $P_{A1}(y) = P_A(y|do(X=1))$。

[二] 回想一下，在数学表达上，$do(\cdot)$ 算子是以删除结构方程模型中的方程进行定义的。因此，对一个已知模型中，对于无混杂条件 $P(y|do(x)) = P(y|x)$ 的验证不是一个判断问题，而是数学分析问题。

味着另一个。然而，我们想在这里讨论的问题是方法论：什么形式化方法适合于验证、否定或者限定这类命题？显然，由于（Q^*）对所有实例都做了一般性论断，因此一个反例足以否定它。但是我们应该如何构造这样一个反例？更通俗地说，我们该如何构建实例，以包含混杂、效应偏差、因果效应、实验与非实验数据、反事实以及其他因果概念的特性？

在概率论中，如果想否定一个关于参数及其关系的一般性陈述，那么只需要给出一个密度函数 f，而这个函数关系对它来说是不成立的。在命题逻辑中，为了证明一个句子是假的，只需要给出一个满足前提且违背结论的真值表 T。那么，当我们想要否定像语句（Q^*）那样的因果陈述时，应该用什么数学方式来替换 f 或 T？Greenland 和 Robins 提出的可交换性框架中所使用的方法是反事实列联表（参见 Greenland et al., 1999b, p.905；1.4.4 节中的图 1.7）。例如，为了说明混杂，我们需要两张这样的表格：一个描述治疗组 A 对治疗和未治疗的假设结果，另一个描述对照组 B 对治疗和未治疗的假设结果。如果表格显示，根据治疗组对未治疗的假设结果所计算出的参数 μ_{A0}，与对照组的实际结果所计算出的参数 μ_{B0} 不同，那么我们就可以得到存在混杂这一结论。

对于只涉及一种治疗和一个结果变量的简单问题，可以构造该类型的表格，但当涉及多个协变量或我们希望对这些协变量施加某些约束时，就会变得很棘手了。例如，我们可能希望纳入标准假设，即协变量 Z 不在治疗和结果变量之间的因果路径上，或者 Z 对 Y 有因果影响，此类假设就很难用反事实列联表来表示。因此，被否定的命题总是可以辩称，反例中所使用的表格可能与约定好的假设不一致㊀。

用结构方法来描述混杂不会出现这样的困境。在结构模型这种形式化方法中，因果模型能够合理地例证或否定某个因果命题，这种模型已经在第 3 章中定义，并且在本书中使用。在该模型中，假设响应（μ_{A0} 和 μ_{B0}）和列联表都不是原始变量，而是从一组方程中推导得出的，而这组方程体现了我们所希望遵守的假设。结构模型的每一种参数化设定都蕴含（使用式（3.51）或 $do(\cdot)$ 算子）一组特定的反事实列联表集合，该集合满足输入假设，并体现了图模型中的统计特征。例如，图 6.3 中图模型的任何参数化设定都会生成一组反事实列联表，这些列联表体现了 Z 不在 X 和 Y 的因果路径上且 Z 对 Y 没有因果效应等假设，并且几乎每一次这样的参数化设定都会生成一个反例来否定命题（Q^*）。

198 此外，我们还可以对图进行因果检查来证明（Q^*）是错误的，而无须在数值上生成反

㊀ 如果有人试图利用反事实列联表构造反例语句（Q^*），那么肯定会感受到这种困难。

例。例如，图 6.3 生动地描绘了风险差 $P(y|x_1)-P(y|x_2)$ 在 Z 上是不可压缩的，同时，X 和 Y 是（稳定）无混杂。

当我们对混杂的一般性命题进行证实而不是否定时，这两种表述之间的差异就更加明显了。在这里，仅仅提供一个列联表是不够的。相反，我们必须证明，对于所有可能按照输入假设进行构造的表格来说，命题是有效的。正如我们所意识到的那样，在列联表这种框架内完成这项任务是毫无希望的，它需要一种形式化方法，在这种方法中，假设可以很简洁地表述出来，结论可以通过数学推导得出。结构模型提供了这种形式化方法，正如本书中给出的许多一般性命题所证明的那样（包括定理 6.4.4 和推论 6.5.2 的例子）。

尽管我很钦佩 Greenland 和 Robins 通过可交换性框架进行分析时的严谨性，但我坚信，反事实列联表的不透明性和不灵活性在很大程度上是阻碍流行病学家接受 GR 框架的原因，同时也是在统计文献中有关混杂的困惑挥之不去的原因。我同样相信，用结构模型的语言来描述命题和假设，能够让普通研究人员对因果关系进行数学分析，从而最终对混杂这一概念轻松理解，完全不存在困惑。

6.6　结论

过去试图在统计关联（或可压缩性）与混杂之间建立某种理论联系的努力都失败了，原因有三。首先，由于缺乏数学语言来表达关于因果关系和效应偏差的命题，因此难以评估效应无偏性的必备条件（定义 6.2.1）与刻画这种无偏性的统计准则之间的差别[⊖]。其次，排除无益代理（图 6.3）的必要性在某种程度上没有引起研究人员的注意。最后，稳定无偏和偶然无偏之间的区别没有得到应有的重视，正如我们在例 6.3.3 中所发现的，如果不定义稳定性这一概念，就无法在关联性准则（或可压缩性）与混杂之间形成任何联系。这种定义的关键依赖于因果模型的概念，即一个自治机制的集合，这些机制可以相互独立地变化（Aldrich，1989）。只有对这种独立变化有所期望，我们才不满足于偶然无偏，而去寻求稳定无偏的条件。这一概念的数学形式化产生了有向无环图同构（Pearl，1988b，p.128）、稳定性（Pearl and Verma，1991）、忠实性（faithfulness）（Spirtes et al.，

199

⊖ 大多数关于可压缩性的论文（例如，Bishop，1971；Whittemore，1978；Wermuth，1987；Becher，1992；Geng，1992）都通过引用辛普森悖论和计算混杂效应估计的风险来推动这一研究主题。其中，只有少数人致力于研究混杂或效应估计，多数人则更倾向于将更容易处理的可压缩性作为一个独立的目标进行分析。有些人甚至将可压缩性命名为“无混杂性”（Grayson，1987；Steyer et al.，1997）。

1993）等相关概念，这有助于从稀疏的统计关联关系中阐明因果图（见第 2 章）。显然，这些概念也同样被那些渴望将关联性准则与混杂联系起来的研究人员们所认同。

借助于图模型方法，结构模型分析的出现为更有效地定义和处理混杂因子，提供了一种数学框架。利用这一框架，本章阐述了稳定无偏的准则，并表明该准则已间接地成为流行病学和生物统计学中许多研究的目标，并且可以进行类似于可压缩性检验时所运用的统计运算检验。我们进一步证明（6.5.3 节），结构框架克服了主要的认知障碍和方法论障碍，这些障碍使混杂成为文献中最令人头疼的主题之一。因此，我们很自然地预测该框架将成为未来混杂研究中的初级数学基础。

致谢

与 James Robins 和 Sander Greenland 的讨论极具价值。特别是，Sander 对早期的两份草稿给出了许多建设性的意见，并使它们能够被流行病学家所理解。Jan Koster 提醒我们注意 Stone 与 Robins 的无混杂准则之间的联系，并在较早的一份草稿中发现了几处疏漏。提供帮助的其他讨论者还有 Michelle Pearl、Bill Shipley、Rolf Steyer、Stephen Stigler 和 David Trichler。

第 2 版附言

读者会很惊讶地发现，本章的第一次印刷并没能阻止统计学家对辛普森悖论的迷恋。教科书继续对这一现象感到惊奇（Moore and McCabe，2005），研究人员继续延续着 20 世纪 70 年代至 20 世纪 90 年代的激情，追逐着它的数学复杂性（Cox and Wermuth，2003）和可视化方法（Rücker and Schumacher，2008），但不曾提及“原因”一词，也不曾停下来追问“到底有什么意义”。一个明显的例外是 Larry Wasserman 的《统计学大全》（*All of Statistics*）（Wasserman，2004）。这是第一本在正确的因果语境中处理辛普森反转的统计学教科书。流行病学文献中发表的一篇文章也坚定了我对这种悖论的因果理解会最终胜利的信心，这篇文章的结论不言而喻：“解释方法和解决方案存在于因果推理中，它依赖于背景知识，而不是统计准则（Arah，2008）。”看来，随着我们进入因果关系时代，我们应该向流行病学家寻求更多的指导和智慧。

200

第 7 章

结构化反事实的逻辑

耶和华说，我若在所多玛城里见到五十个好人，我就为他们的缘故饶恕那地方的众人。

——创世纪 第 18 章 26 篇

前言

本章主要是对结构化反事实进行形式化分析，在第 1 章和第 3 章中已经简要介绍了反事实的概念，我们将在本书的其余部分对它进行讨论。通过形式化分析，我们将对前面章节中介绍的部分概念赋予更清晰的数学定义，包括因果模型、行动、因果效应、因果关联、误差项和外生性。

用形式化的数学术语表述因果模型和反事实的概念，通过实例说明如何从确定性和概率性因果模型中回答反事实问题（7.1 节）。在 7.2.1 节中，我们将论证策略分析是反事实推断的一个很好的应用，并用计量经济学中的一个简单例子来证明这一论点。这将为 7.2.2 节中的讨论奠定基础。在 7.2.2 节中，我们根据策略预测来阐述反事实的实证性内容。7.2.3 节讨论了反事实在因果解释和产生因果解释中的作用。7.2 节中最后讨论了如何从行动和机制中产生因果关系（7.2.4 节），以及如何从对称方程中得出因果方向性(causal directionality)(7.2.5 节)。

在 7.3 节中，我们根据结构模型语义给出了反事实和因果关联关系的公理化特征。7.3.1 节将确定一组属性或公理（axiom），这些属性或公理依据某些假设能够推导新的反事实关系，7.3.2 节演示了在因果效应的代数推导中如何使用这些公理。7.3.3 节介绍了因果关联关系的公理，并利用它们与图公理的相似性来验证图模型中的因果关联关系。

利用 7.3 节中的公理化特征，我们可以对结构模型方法与其他因果关系和反事实方法进行比较，尤其是基于 Lewis 最邻近世界语义（Lewis's closest-world semantics）的方法（7.4.1～7.4.4 节）。7.4.4 节讨论了结构化方法和 Neyman-Rubin 潜在结果框架，这两种方法在形式化语义中是相等的。最后，在 7.4.5 节中，我们再次讨论外生性的问题，201 对 5.4.3 节中的相关内容进行扩展，讨论外生变量和工具变量的反事实定义。

本章的最后部分（7.5 节）对因果关系的结构性解释与概率性解释进行了比较。我们阐述了结构性解释的优势，也强调了概率性解释目前面临的困难。

7.1 结构模型语义学

科学家是如何利用已知实验结果来预测另一个条件完全不同的实验结果呢？这样的预测需要我们设想，在不同的假设条件下事物会发生什么变化，这就引出了反事实推断（counterfactual inference）。尽管反事实推断是科学思想的基础，但它很难用逻辑、代数方程或概率等标准数学语言进行形式化。因此，反事实推断需要一种形式化语言，在这种语言中，表示世界（规律）的恒常关系（invariant relationship）与表示一个人对于世界信念的短暂关系（transitory relationship）是有区别的，而这种区别无法用标准代数（例如，方程代数，布尔代数和概率演算）来表示。结构模型可以表示这种区别，本节介绍了 Balke 和 Pearl（1994a，b）、Galles 和 Pearl（1997，1998），还有 Halpern（1998）[㊀] 定义的反事实结构模型语义，这与 Rubin（1974）的实证观点形成了鲜明的对比。此外，Simon 和 Rescher（1966）以及 Ortiz（1999）也提出了相关方法。

我们从因果模型的确定性定义入手，（正如我们在前几章所讨论的）该定义包括了目标变量之间的函数关系，每个函数关系又代表了一种自治机制。在此模型中，因果关系和反事实关系是根据这些机制对于局部修改所做出的反应来进行定义的。概率关系是通过给背景条件[㊁]赋予概率而自然产生的。接下来，我们通过一些实例演示了该模型如何

㊀ 类似的模型称为“神经元图”（Lewis，1986，p.200；Hall，2004），哲学家利用这个模型非形式化地描述因果过程链。

㊁ 也叫作外生条件。——译者注

在确定性和概率性情景中进行反事实计算（7.1.2 节），并提出了基于因果图的反事实表达式概率计算的一般性方法（7.1.3 节）。

7.1.1　定义：因果模型、行动与反事实

“模型”常用于对现实的理想化描述，它往往突出了现实中的一部分而忽略了其他部分。然而，在逻辑系统中，模型是一个数学对象，它为给定语言中的句子赋予真值，每个句子代表现实的某个方面。例如，真值表是命题逻辑中的模型，它为每个布尔表达式分配一个真值，布尔表达式表示目标域中的一个事件或一组条件。联合概率函数是概率逻辑中的模型，这个模型将真值赋予任何形式为 $P(A|B)<p$ 的语句，其中 A 和 B 是表示事件的布尔表达式。顺理成章地，一个因果模型应该能够为描述因果关系的语句赋予真值，这些语句包括行动语句（例如，“如果我们做 B，那么 A 将是正确的”）、反事实语句（例如，“如若不是 B，那么 A 将会有所不同”），以及简单的因果语句（例如，“A 可能导致 B”或“由于 A 而发生 B”）[㊀]。这些语句不能用标准的命题逻辑或概率演算来解释，因为它们描述的是外部世界发生的变化，而不是我们对静态世界信念的变化。因果模型通过改变机制的显式表示来表示和区分外部变换的信息。 [202]

定义 7.1.1（因果模型）

因果模型是一个三元模型

$$M=\langle U, V, F\rangle$$

其中：

（i）U 是一组背景变量集（也称为外生变量）[㊁]，由模型外部因素决定。

（ii）V 是由变量 $\{V_1, V_2, \cdots, V_n\}$ 组成的集合，称为内生变量，这些变量由模型中的变量（即 $U\cup V$）决定。

（iii）F 是由 $\{f_1, f_2, \cdots, f_n\}$ 组成的函数集合，每个 f_i 都是从 $U_i \cup PA_i$ 到 V_i 的映射，其中 $U_i \subseteq U$，$PA_i \subseteq V \setminus V_i$，并且全集 F 形成从 U 到 V 的映射。换句话说，每个函数

㊀ 我们在中文中用“如若”一词来表示反事实陈述。——译者注

㊁ 在提及背景条件时，我们将尽量避免使用“外生”一词，因为这个术语已经有更精确的技术含义（参见 5.4.3 节和 7.4 节）。在计量经济学文献中使用“前定变量”一词。

$$v_i = f_i(pa_i, u_i),\quad i = 1, \cdots, n$$

为内生变量 V_i 指定了一个值，该值取决于 $V \cup U$ 中选择的变量子集（的值）[一]，并且全集 F 具有唯一的解 $V(u)$[二][三]。

每个因果模型 M 与有向图 $G(M)$ 相关联，其中每个节点对应一个变量，有向边是从 PA_i 和 U_i 中的节点指向 V_i。我们称 $G(M)$ 是因果模型 M 的因果图。因果图 $G(M)$ 仅识别对每个节点 V_i 来说有直接影响的内生变量和外生变量。$G(M)$ 未指定 f_i 的函数形式。将节点 V 的父节点限制为 PA_i 的主要原因是：V 的子集这一惯例源于这样一个事实——外生变量通常是不可观测的。然而，一般情况下，我们可以扩展父节点集合来包含集合 U 中的可观测变量。

203

定义 7.1.2（子模型）

令 M 为一个因果模型，X 为 V 中的一组变量集合，x 是 X 的一个具体赋值。M 的子模型 M_x 为

$$M_x = \langle U, V, F_x \rangle$$

它是一个因果模型，其中

$$F_x = \{f_i : V_i \notin X\} \cup \{X = x\} \tag{7.1}$$

换句话说，F_x 是通过删除 F 中与集合 X 的变量相应的所有函数 f_i，并将其替换为常数函数 $X=x$ 的集合而组成的。

子模型（submodel）用于表示局部行动和假设变化的效应，包括那些由反事实的前提（antecedent）所隐含的效应。如果我们将 F 中的每个函数 f_i 分别解释为一个独立的物理机制，并将行动 $do(X=x)$ 定义为在任意 u 下 M 的最小变化使 $X=x$ 成立，那么 M_x 表示这个最小变化所对应的模型，因为 M_x 与 M 的区别仅在于 M_x 直接确定了指向 X 的机制（f）。从 M 到 M_x 的转换修改了 F 的代数表示，Galles 和 Pearl（1998）将其命名为“可修改的结构方程”[四]。

[一] 即 $\{PA_i, U_i\}$。——译者注

[二] PA_i（父节点）的选择并非是任意的，而是代表建模者对于决定 V_i 的值之前必须参考哪些变量的理解。

[三] 在递归（即无环图）系统中确保唯一性。Halpern（1998）允许在非递归系统中存在多重解。

[四] 结构修改可以追溯到 Haavelmo（1943）、Marschak（1950）和 Simon（1953）。Strotz 和 Wold（1960）首先提出了将干预转化为从模型中“消除”方程，后来 Fisher（1970）、Sobel（1990）、Spirtes 等人（1993）和 Pearl（1995a）等使用了这个方法。Fine（1985）也提出了类似的子模型概念，但不是专门用于表示行动和反事实。

定义 7.1.3（行为效应）

令 M 为一个因果模型，X 为 V 中的一组变量集合，x 是 X 的一个具体赋值。子模型 M_x 定义了行动 $do(X=x)$ 对 M 的效应。

定义 7.1.4（潜在响应）

令 X 和 Y 为 V 的任意两个变量子集。Y 对行动 $do(X=x)$ 的潜在响应表示为 $Y_x(u)$，是方程组 F_x 中 Y 的解[㊀]，即 $Y_x(u)=Y_{M_x}(u)$。

接下来，我们将主要考虑形式为 $do(X=x)$ 的行动。其中，条件行动“当 $Z=z$，$do(X=x)$”可以通过使用 Z 的函数替换方程的方式进行形式化，而不是用常量 x 替换方程（4.2 节）。我们也不会考虑形式为“$do(X=x \text{ or } Z=z)$”的行动，因为这种析取行动（disjunctive action）会使反事实的概率计算复杂化。

定义 7.1.5（反事实）

令 X 和 Y 为 V 的任意两个变量子集，反事实语句“在条件 u 下，如若 X 为 x，则 Y 为 y”，记作 $Y_x(u)=y$，其中 $Y_x(u)$ 为 Y 对 $X=x$ 的潜在响应。

204

因此，定义 7.1.5 将反事实语句“如若 X 为 x”解释为对模型中方程的假设性修改，它模拟了一种外部行动（或自发变化），这种行动改变了原有的实际过程，并以最小的机制变化强制执行条件“$X=x$”。这是反事实语义学中的关键（Balke and Pearl，1994b），因为它允许 x 与 $X(u)$ 的值不同，而不会造成逻辑上的矛盾。同时，它还避免了从反事实的前提 $X=x$ 进行反演推断（或回溯法）[㊁㊂]。在第 3 章（3.6.3 节）中，与 Neyman-Rubin 潜在结果模型中所定义的条件类似，我们使用符号 $Y(x,u)$ 来表示基于特例条件的反事实“如若 X 为 x，则 Y 在特例条件 u 下的值”。在本书其余的部分中，我们将使用符号 $Y_x(u)$ 来表示反事实，这与定义 7.1.5 中的结构模型密切相关（与式（3.51）一致）。$Y(x,u)$ 这个符号留给一般虚拟条件语句，不受任何特定语义的约束。

定义 7.1.5 对原子机制 $\{f_i\}$ 本身赋予了干预——反事实解释，因为 $v_i=f_i(pa_i,u_i)$ 是子模型 $M_{v\backslash v_i}$ 中 V_i 的值。换句话说，当我们干预 V 中所有其他变量时，$f_i(pa_i,u_i)$ 表示 V_i 的

㊀ 如果 Y 是一组变量集合 $Y=(Y_1, Y_2, \cdots)$，则 $Y_x(u)$ 代表一组函数向量 $(Y_{1_x}(u), Y_{2_x}(u), \cdots)$。

㊁ Simon 和 Rescher（1966，p.339）没有将此步骤包含在他们的反事实描述中，并指出由前提出发的逆向推理方法会导致模棱两可的解释。

㊂ 即不能从前提出发回推 $X(u)$ 的情况。——译者注

潜在响应。

这个公式可以推广到概率系统，如下所示。

定义 7.1.6（概率的因果模型）

概率的因果模型是一个二元组

$$\langle M, P(u) \rangle$$

其中 M 是因果模型，$P(u)$ 是定义在域 U 上的概率函数。

函数 $P(u)$（加上“每个内生变量都是 U 的函数”的事实）定义了内生变量的概率分布。也就是说，对于每一组变量 $Y \subseteq V$，有

$$P(y) \triangleq P(Y=y) = \sum_{\{u|Y(u)=y\}} P(u) \tag{7.2}$$

反事实语句的概率可以通过子模型 M_x 导出的函数 $Y_x(u)$ 以相同的方式进行定义：

$$P(Y_x=y) = \sum_{\{u|Y_x(u)=y\}} P(u) \tag{7.3}$$

同样，因果模型定义了反事实语句的联合分布，也就是说，对变量 Y、X、Z 和 W 的任何集合（不一定不相交），定义了 $P(Y_x=y, Z_w=z)$。特别地，对于 $x \neq x'$，$P(Y_x=y, X=x')$ 和 $P(Y_x=y, Y_{x'}=y')$ 的定义由下式给出：

205

$$P(Y_x=y, X=x') = \sum_{\{u|Y_x(u)=y \ \& \ X(u)=x'\}} P(u) \tag{7.4}$$

和

$$P(Y_x=y, Y_{x'}=y') = \sum_{\{u|Y_x(u)=y \ \& \ Y_{x'}(u)=y'\}} P(u) \tag{7.5}$$

如果 x 和 x' 不相容[⊖]，那么无法同时得出 Y_x 和 $Y_{x'}$，这时谈论联合语句“如果 $X=x$ 时 Y 为 y，如果 $X=x'$ 时 Y 为 y'”似乎毫无意义。这种担忧是最近反对将反事实视为联合分布随机变量的一个原因（Dawid，2000）。Y_x 和 $Y_{x'}$ 在两个不同的子模型中关于 Y 的解的定义，受到 U 上的概率空间约束，但这可以通过将看起来相互矛盾的联合语句解释为 U 空间中的一个正常事件来抵消这些矛盾。

我们感兴趣的是，根据实际观测到的变量来计算反事实的概率。例如，“事件 $X=x$ 是事件 $Y=y$ 的原因”的概率可以解释为：假设 $X=x$ 且 $Y=y$ 实际上已经发生，如若 X 不为 x，那么 Y 不等于 y 的概率（有关因果关系概率的深入讨论，请参见第 9 章）。在刚刚

⊖ 不能同时出现。——译者注

描述的模型中很好地定义了这种概率，即需要评估形式为 $P(Y_{x'}=y'|X=x,Y=y)$ 的表达式，其中 x' 和 y' 分别与 x 和 y 不相容。式（7.4）可以通过以下方式计算该概率值：

$$
\begin{aligned}
P(Y_{x'}=y'|X=x,Y=y) &= \frac{P(Y_{x'}=y', X=x, Y=y)}{P(X=x,Y=y)} \\
&= \sum_u P(Y_{x'}(u)=y')P(u|x,y)
\end{aligned} \tag{7.6}
$$

换句话说，我们首先需要更新 $P(u)$ 以得到 $P(u|x,y)$，然后使用更新后的分布 $P(u|x,y)$ 计算等式 $Y_{x'}(u)=y'$ 的期望值。

这证实了 1.4 节中介绍的三个步骤，我们现在将其总结为一个定理。

定理 7.1.7

已知模型 $\langle M, P(u)\rangle$，给定事实 e 的情况，可以使用以下三个步骤来评估反事实语句“如若 A 发生，那么 B 会发生”的条件概率 $P(B_A|e)$。

1. 溯因——利用事实 e 更新 $P(u)$ 以得到 $(u|e)$。
2. 行动——通过行动 $do(\mathrm{A})$ 修改 M，以获得子模型 M_A，其中 A 是反事实的前提。
3. 预测——通过修改后的模型 $\langle M_A, P(u|e)\rangle$ 计算 B 的概率，即为反事实的结果。　206

为了实现此部分，我们将引入另外两个对象，它们将在随后的讨论中被证明是有用的：因果世界[1]和因果理论。

定义 7.1.8（因果世界和因果理论）

因果世界（causal world）w 是一个二元组 $\langle M,u\rangle$，其中 M 是因果模型，u 是背景变量 U 的一个具体赋值。因果理论（causal theory）是一组因果世界的集合。

因果世界 w 可以被看作 $P(u)=1$ 的退化概率模型（degenerate probabilistic model）[2]。因果理论将用于描述因果模型的部分规范，例如，一组具有相同的因果图的模型，或者一组函数 f_i 是线性且系数待定的模型。

7.1.2　评估反事实：确定性分析

在 1.4.1 节中，我们给出了一些示例，演示了在结构模型中对行动和反事实的解释。

[1] Adnan Darwiche 提醒我注意因果世界的重要性。

[2] 单一的数值向量（看作变量的一组具体取值）w 也是一个因果世界。——译者注

现在使用 7.1.1 节的定义来说明如何使用形式化的结构模型回答有关反事实的问题，包括确定性和概率性的问题。

实例 1：刑法执行

考虑如图 7.1 所示的一个两人行刑组，其中 A、B、C、D 和 U 分别代表以下命题。

U = 法院下令执行死刑

C = 队长发出指令

A = 行刑警察 A 开枪

B = 行刑警察 B 开枪

D = 囚犯死亡

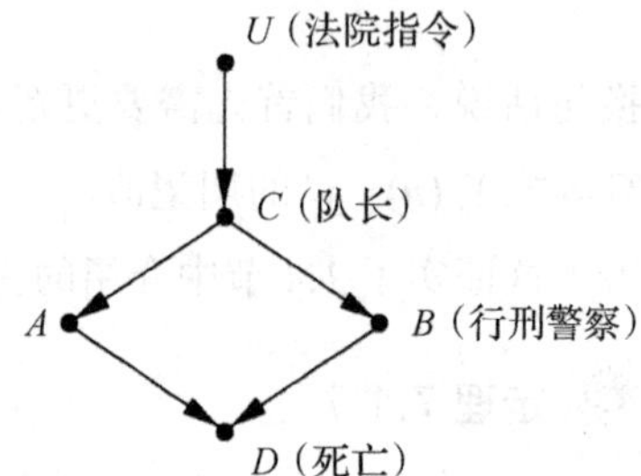

图 7.1　以两人行刑组为例的因果关系

假定法院的判决是未知的，两个行刑警察都是枪法准确、敬业和守法的，同时囚犯不太可能死于恐惧或其他外生原因。我们希望构建这个实例的形式化描述，以便可以按部就班地对以下语句进行评估。

207

S1　预测——如果行刑警察 A 没有开枪，那么该囚犯还活着：

$$\neg A \Rightarrow \neg D$$

S2　溯因——如果囚犯还活着，那么队长没有发出指令：

$$\neg D \Rightarrow \neg C$$

S3　延导——如果行刑警察 A 开枪，那么 B 也开枪：

$$A \Rightarrow B$$

S4　行动——如果队长没有发出任何指令，但行刑警察 A 决定开枪，那么囚犯必死，并且 B 不会开枪：

$$\neg C \Rightarrow D_A \,\&\, \neg B_A$$

S5　反事实——如果发现囚犯已经死了，那么即使行刑警察 A 没有开枪，囚犯也会死：

$$D \Rightarrow D_{\neg A}$$

评估标准语句

为了证明前三句话，我们不需要引入因果模型。这些句子包含标准的逻辑连接词，因此可以使用标准逻辑推断进行处理。这个实例可以很方便地用任何逻辑理论（一组命题语句）来描述，例如，

$$T_1 : U \Leftrightarrow C,\ C \Leftrightarrow A,\ C \Leftrightarrow B,\ A \vee B \Leftrightarrow D$$

或者

$$T_2 : U \Leftrightarrow C \Leftrightarrow A \Leftrightarrow B \Leftrightarrow D$$

其中，任何一个理论都承认以下两个逻辑模型

$$m_1 : \{U, C, A, B, D\} \text{ 和 } m_2 : \{\neg U, \neg C, \neg A, \neg B, \neg D\}$$

也就是说，任何描述这个实例的逻辑理论 T 都意味着，所有 5 个命题要么全部为真，要么全部为假，模型 m_1 和 m_2 明确展示了这两种可能性。因此，S1～S3 的有效性很容易得到验证：要么从 T 中推导得出，要么注意到每个语句中的前提和结果都是同一模型的一部分。

在继续分析语句 S4 和 S5 之前，有两点值得考虑。首先，T_1 和 T_2 中的双向蕴含对于溯因是非常必要的。如果我们使用单向蕴含（例如，$C \Rightarrow A$），那么将无法从 A 中推断出 C。在标准逻辑中，这种对称性消除了预测（正向推断）、溯因（从证据到解释的推断）和延导（从证据到解释，然后从解释到预测的推断）之间的所有区别。在使用双向蕴含时，这三种推断模式的区别仅仅在于它们对条件语句的前因后果的解释，而不是它们的推断方法。在非标准逻辑（例如，逻辑编程）中，如果蕴含符号表示推断的方向，并且不存在矛盾，则必须利用元逻辑推断机制来实现溯因（Eshghi and Kowalski，1989）。 208

其次，在标准逻辑中，S1～S3 都涉及*认知推断*，即在静态世界中从信念到信念的推断，这一特性使得 S1～S3 易于把握。例如，语句 S2 可以解释为：如果我们发现囚犯还活着，那么我们就有理由相信队长没有发出指令。逻辑学上的蕴含符号（$\Rightarrow$）并没有超出这个范围，接下来将与反事实蕴含进行对比。

评估行为语句

语句 S4 中出现了一个有意的行动——“行刑警察 A 决定开枪”。根据我们对行动的讨论（例如，参见第 4 章或定义 7.1.3），任何此类的行动都必须违反原有理论（设定）中的某些前提或机制。如果需要形式化地确定在某个行动下什么保持不变，我们必须把因果关系纳入这个理论中，仅靠逻辑关系是不够的。与我们的实例相对应的因果模型如下所示。

模型 M

	(U)
$C = U$	(C)
$A = C$	(A)
$B = C$	(B)
$D = A \vee B$	(D)

在这里，我们使用方程而不是蕴含，以便允许双向推断，并且与逻辑语句不同，强调每个方程都代表一种自治机制（数据库语言中的“完整性约束”）——除非被明确修改，它都会保持不变。我们进一步在每个方程的右边加上括号内容，以便在方程中明确标识等式的因变量（等式左边），从而表示在图 7.1 中以箭头为标识的因果不对称性。

为了评估 S4，我们遵循定义 7.1.3 并以此形成子模型 M_A，其中将方程 $A=C$ 替换为 A（模拟行刑警察 A 忽略指令而做出开枪的决定）。

模型 M_A

	(U)
$C = U$	(C)
A	(A)
$B = C$	(B)
$D = A \vee B$	(D)

事实：$\neg C$

结论：$A, D, \neg B, \neg U, \neg C$

我们可以看出，已知 $\neg C$，可以轻松地推导 D 和 $\neg B$，并由此确定 S4 的有效性。

209 值得注意的是，像 S4 这样的“问题”语句，其前提（即 A）违反了实例的一个基本事实（即两个行刑警察都敬业），而被处理成为该实例中确定的情况。传统的逻辑学家和概率学家倾向于拒绝像 S4 这样自相矛盾的语句，并坚持用概率的方式重新表述问题，以容许规则 $A=C$ 之外的情况[⊖]。这种重新表述是没有必要的。结构方法允许我们能够在确定性环境中处理常见的因果关系，而无须先将因果关系放在不确定性的环境中。在这个框架中，所有规则都应默认理解为“可改变”的表达式，即受到故意干预的破坏。当然，物理学中的基本定律仍然是不变的，但是它们的适用性在某个情景中可能会因行动或外部干预而发生改变。

评估反事实

现在我们准备评估反事实语句 S5。按照定义 7.1.5，反事实 $D_{\neg A}$ 代表子模型 $M_{\neg A}$ 中 D 的值。该值是不确定的，因为它取决于 U 的值，而这个值在 $M_{\neg A}$ 中未明确。观测值 D 可以消除这种不确定性。在发现囚犯死亡后，我们可以推断出法院已下达命令（U），因此，如果行刑警察 A 没有开枪，那么行刑警察 B 便会开枪杀死该囚犯，从而证实 $D_{\neg A}$ 的说法。

⊖ 我推测，这个问题是 20 世纪 60 年代概率因果关系（probabilistic causality）出现的主要推动力之一（请参见 7.5 节）。

我们可以使用定理 7.1.7 中的步骤通过形式化的方式推导出 $D_{\neg A}$（尽管不涉及任何概率）。我们首先将事实 D 添加到原始模型 M 中，对 U 求值，然后建立子模型 $M_{\neg A}$，并使用第一步中得到的 U 值，重新评估 $M_{\neg A}$ 中 D 取真值的情况。这些步骤解释如下。

步骤 1

模型 M

$$
\begin{array}{lr}
 & (U) \\
C = U & (C) \\
A = C & (A) \\
B = C & (B) \\
D = A \vee B & (D) \\
\hline
\text{事实：} D & \\
\hline\hline
\text{结论：} U, A, B, C, D &
\end{array}
$$

步骤 2

模型 $M_{\neg A}$

$$
\begin{array}{lr}
 & (U) \\
C = U & (C) \\
\neg A & (A) \\
B = C & (B) \\
D = A \vee B & (D) \\
\hline
\text{事实：} U & \\
\hline\hline
\text{结论：} U, \neg A, C, B, D &
\end{array}
$$

210

注意，只有背景变量 U 从步骤 1 转移到了步骤 2。所有其他命题都必须根据修改后的模型重新评估。这反映了一种认识，即背景因素 U 不受模型 $\{f_i\}$ 中的变量或机制的影响。因此，反事实结果（在我们的例子中为 D）必须在与现实世界中普遍存在的相同背景条件下进行评估。事实上，背景变量是从现实世界到假设世界的主要信息载体，在将前者转变为后者的动态过程中，它们充当了“不变性（或恒常性）的守护者”（本人与 David Heckerman 交流中得出的）。

还需要注意的是，评估反事实的两个步骤可以组合为一个过程。如果我们使用星号来区分修改前和修改后的变量，则可以将 M 和 M_x 结合为一个逻辑理论，并通过组合理论中的逻辑推断证明 S5 的有效性。为了说明这一点，我们将 S5 写为 $D \Rightarrow D^*_{\neg A^*}$.（读作：如果 D 在现实世界中为真，那么 D 在修改为 $\neg A^*$ 后的假设世界中也将为真），并在组合理论中证明 D^* 的有效性，如下所示。

组合理论

$$
\begin{array}{lll}
 & & (U) \\
C^* = U & C = U & (C) \\
\neg A^* & A = C & (A) \\
B^* = C^* & B = C & (B) \\
D^* = A^* \vee B^* & D = A \vee B & (D)
\end{array}
$$

事实：D

结论：$U, A, B, C, D, \neg A^*, C^*, B^*, D^*$

注意，U不必加注“星号”，以反映背景条件保持不变的假设。

在这一点上，值得反思的是S4和S5之间的差异。这两句话在语法上看起来完全相同，因为两句话都包含了一个隐含反事实的事实，然而我们将S4标记为“行动”语句，将S5标记为“反事实”语句。它们的区别在于已知事实与反事实的前提（即“行动”部分）之间的关系。在S4中，已知事实（$\neg C$）不受前提（A）的影响；在S5中，已知事实（D）可能会受前提（$\neg A$）的影响。从它们的评估方法可以看出，这两种情况之间有根本的区别。在评估S4时，我们预先知道C不会受到对模型的修改$do(A)$的影响。因此，我们能够将C直接添加到修改后的模型M_A中。另一方面，在评估S5时，我们会考虑修改$do(\neg A)$所造成的从D到$\neg D$的反转问题[⊖]。因此，我们首先必须将事实D添加到行动前的模型M中，通过U评估其影响，并在对模型的修改$do(\neg A)$发生之后重新评估D。因此，尽管行动的因果关系可以用反事实语句来表示，但反事实需要通过U来传递已知事实的影响，这使得反事实不同于行动（参见1.4节）。

211 我们还应该强调，在自然语言中，大多数反事实的话语往往都隐含对受前提影响的事实的认知。例如，当我们说“如若不是因为A，B就会有所不同”，这意味着我们知道B的实际值是什么，并且B易受A影响。正是这种关系赋予了反事实独特的特征，这与行动语句不同，正如我们在1.4节中所看到的，这样的语句需要更详细的说明以对其进行评估：一些有关函数机制$f_i(pa_i, u_i)$的知识是必要的。

7.1.3 评估反事实：概率分析

为了说明反事实的概率评估（式（7.3）～（7.5）），让我们稍微修改一下行刑组的实例，假设，

⊖ 即由$do(\neg A)$修改为$\neg A$可能会造成D到$\neg D$的反转。——译者注

1. 法院下令执行死刑的可能性为 $P(U)=p$ 。

2. 行刑警察 A 因为紧张而扣动扳机的概率是 q 。

3. 行刑警察 A 的紧张与 U 无关。

根据这些假设，我们希望计算 $P(\neg D_{\neg A}|D)$ 的值，即已知囚犯已经死亡的事实，如若 A 没有开枪，囚犯存活的概率是多少。

直观来看，我们可以通过"当且仅当法院未签发命令时 $\neg D_{\neg A}$ 为真"的线索找出答案。因此，我们的任务相当于计算 $P(\neg U|D)$ ，其结果为 $q(1-p)/[1-(1-q)(1-p)]$ 。然而，我们的目标是在式（7.4）的基础上，给出一种推导这类概率的通用形式化方法，这种方法几乎不能依靠直觉。

与新实例相关的概率因果模型（定义 7.1.6）包含两个背景变量 U 和 W ，其中 W 代表行刑警察 A 的紧张情绪。该模型如下所示。

模型 $\langle \boldsymbol{M}, \boldsymbol{P}(\boldsymbol{u}, \boldsymbol{w})\rangle$

$$(U, W) \sim P(u, w)$$

$$
\begin{aligned}
C &= U && (C)\\
A &= C \vee W && (A)\\
B &= C && (B)\\
D &= A \vee B && (D)
\end{aligned}
$$

在此模型中，背景变量分布为

$$P(u, w)=\begin{cases} pq & u=1, w=1 \\ p(1-q) & u=1, w=0 \\ (1-p)q & u=0, w=1 \\ (1-p)(1-q) & u=0, w=0 \end{cases} \tag{7.7}$$

根据定理 7.1.7，我们第一步（溯因）需要计算后验概率 $P(u,w|D)$ ，因为发现囚犯已死的事实。这很容易得到：

212

$$P(u, w|D)=\begin{cases} \dfrac{p(u, w)}{1-(1-p)(1-q)} & u=1\text{或}w=1 \\ 0 & u=0\text{且}w=0 \end{cases} \tag{7.8}$$

第二步（行动）是在保留后验概率式（7.8）的基础上，形成子模型 $M_{\neg A}$ 。

模型 $\langle \boldsymbol{M}_{\neg A}, \boldsymbol{P}(\boldsymbol{u}, \boldsymbol{w}|\boldsymbol{D})\rangle$

$$(U, W) \sim P(u, w|D)$$

$$C = U \qquad (C)$$

$$\begin{array}{ll} \neg A & (A) \\ B = C & (B) \\ D = A \vee B & (D) \end{array}$$

最后一步（预测）是在此概率模型中计算 $P(\neg D)$。注意，$\neg D \Rightarrow \neg U$，(期望）结果为

$$P(\neg D_{\neg A} | D) = P(\neg U | D) = \frac{q(1-p)}{1-(1-q)(1-p)}$$

7.1.4 孪生网络法

上述过程中，一个主要的实际困难是需要计算、存储和使用后验分布 $P(u|e)$，其中 u 表示模型中所有背景变量的集合。如前述示例，即使我们从背景变量相互独立的马尔可夫模型开始，条件 e 通常也会破坏这种独立性，因此有必要在条件 e 下对 U 的联合分布进行完整描述。如果以表格的形式，那么这样的描述可能就会非常庞大，就像我们在式（7.8）中所做的那样。

Balke 和 Pearl（1994b）给出图模型方法，解决了这个困难。他们使用了两个网络，一个代表现实世界，另一个代表假设世界。图 7.2 展示了在行刑组的例子中这种结构的表示方法。

这两个网络在结构上是相同的，除了指向 A^* 的箭头被删除，这是为了表达从孪生网络（twin network）$M_{\neg A}$ 中删除的方程。像连体双胞胎（Siamese twins）一样，这两个网络共享背景变量（在我们的例子中为 U 和 W），因为它们在修改后保持不变。内生变量被复制并被明确标记，因为它们在假设世界和真实世界中可能会得出不同的值。因此，在模型 $\langle M_{\neg A}, P(u,v|z)\rangle$ 中计算 $P(\neg D)$ 的任务就简化为在孪生网络中计算 $P(\neg D^*|D)$ 的任务，其中 A^* 被赋值为假。

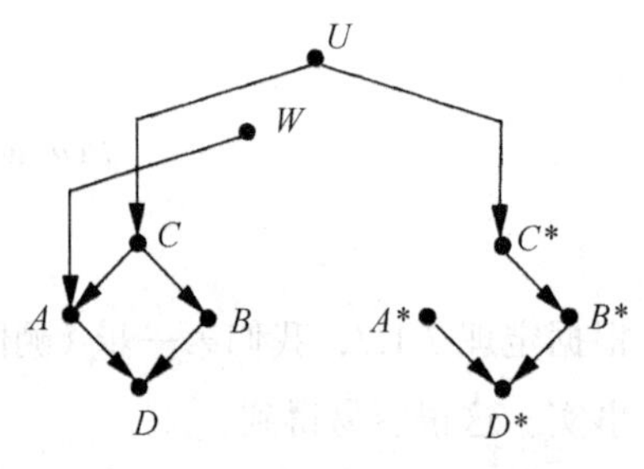

图 7.2 行刑组示例中的孪生网络表示

一般来说，如果我们想计算反事实概率 $P(Y_X = y|z)$，其中 X、Y 和 Z 是任意变量集（不一定互不相交），定理 7.1.7 给出了在子模型 $\langle M_x, P(u|z)\rangle$ 中计算 $P(y)$ 的方法，该方法将其简化为计算增强贝叶斯网络中常见的条件概率 $P(y^* | z)$。这种计算可以用标准证据传播技术（standard evidence propagation technique）来实现。将这种计算变为贝叶斯网络中推断的优点是不需要说明分布概率 $P(u | z)$，可以利用条件独立性，以及可以采用局部计算方法（如 1.2.4 节中总结的方法）。

孪生网络表示法还提供了一种检验反事实变量之间独立性的有效方法。为了说明这一点，假设存在一个链式因果图 $X \to Z \to Y$，我们想检验在 Z 条件下，Y_x 是否独立于 X（即 $Y_x \perp\!\!\!\perp X \mid Z$）。与该链相关的孪生网络如图 7.3 所示。为了检验 $Y_x \perp\!\!\!\perp X \mid Z$ 在原始模型中是否成立，我们检验在孪生网络中 Z 是否将 X 从 Y^* 中 d-分离。可以很容易地看到（通过定义 1.2.3），以 Z 为条件使得 X 与 Y^* 之间的路径通过 Z 的对撞结构 d-连接，因此 $Y_x \perp\!\!\!\perp X \mid Z$ 在模型中不成立。这个结论很难从链式模型本身或从该模型方程中得出。以同样的方式，我们可以看出，只要以 Y 或 $\{Y, Z\}$ 为条件，就会在 Y^* 和 X 之间形成一个连接。因此，Y_x 和 X 并不条件独立于这些变量。但是，如果不以 Y 或 Z 为条件，连接就会中断，于是 $Y_x \perp\!\!\!\perp X$。

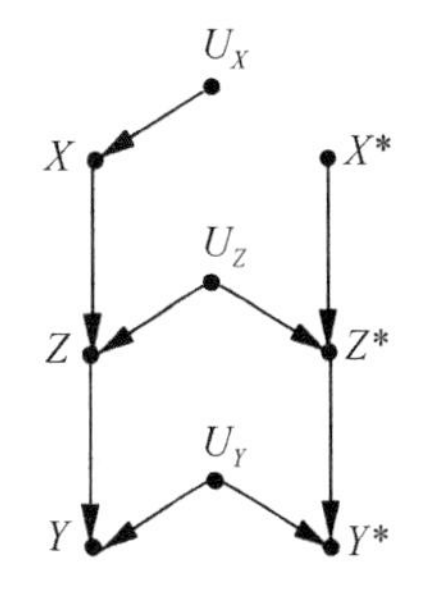

图 7.3　在模型 $X \to Z \to Y$ 中反事实 Y_x 的孪生网络图

孪生网络揭示了形如 Z_{pa_Z} 的反事实的有趣解释，其中 Z 是任何变量，PA_Z 代表 Z 的父节点集合。考虑以下问题：在图 7.3 的模型中，Z_x 是否独立于某些给定的变量集。这个问题的答案取决于 Z^* 是否与该变量集 d-分离。但是，任何与 Z^* d-分离的变量也将与 U_Z d-分离，因此节点 U_Z 可作为反事实变量 Z_x 的单向代理（one-way proxy）变量。考虑到 Z 由方程 $z = f_Z(x, u_Z)$ 控制，所以这不是巧合。根据定义，Z_x 的概率等于 X 固定为 x 时 Z 的概率。在这种情况下，仅当 U_Z 变化时，Z 才可能变化。如果 U_Z 服从某种独立关系，那么 Z_x（更广泛而言，Z_{pa_Z}）也必须服从该关系。因此，就所谓的“误差项”U_Z 而言，我们得到了形式为 Z_{pa_Z} 的任何反事实变量的简单图模型表示。利用该图模型表示法，我们很容易从图 7.3 验证 $(U_Y \perp\!\!\!\perp X \mid \{Y^*, Z^*\})_G$ 和 $(U_Y \perp\!\!\!\perp U_Z \mid \{Y, Z\})_G$ 在孪生网络中都成立，因此，214

$$Y_Z \perp\!\!\!\perp X \mid \{Y_x, Z_x\} \text{ 和 } Y_Z \perp\!\!\!\perp Z_x \mid \{Y, Z\}$$

在模型中也都成立。Shpitser 和 Pearl（2007）报告了涉及孪生网络的更多考量，包括对多网络的推广（描述不同前提下的反事实）。参见 11.3.2 节和 11.7.3 节。

7.2　结构模型的应用与解释

7.2.1　线性经济计量模型政策分析：示例

在 1.4 节中，我们利用供需均衡的典型经济问题说明结构方程建模的性质（参见

图 7.4）。在本章中，我们将使用该问题来回答与策略相关的问题。

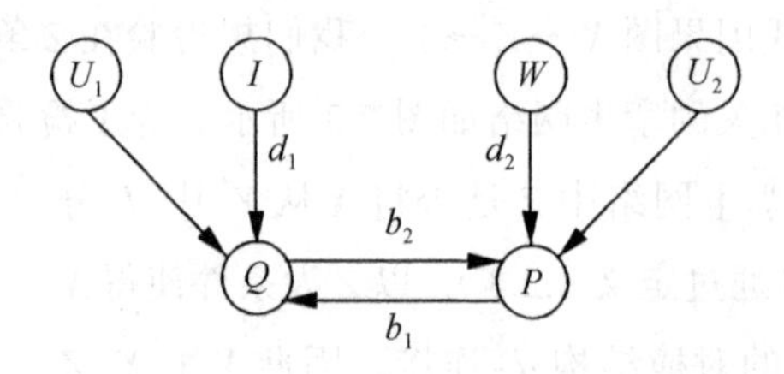

图 7.4　描述价格（P）与需求（Q）之间关系的因果图

回想一下，这个示例由两个方程组成

$$q = b_1 p + d_1 i + u_1, \tag{7.9}$$

$$p = b_2 q + d_2 w + u_2 \tag{7.10}$$

其中，q 是家庭对产品 A 的需求量，p 是产品 A 的单价，i 是家庭收入，w 是生产产品 A 的工资标准，而 u_1 和 u_2 是误差项，分别代表了影响需求量和价格的遗漏因子（Goldberger, 1992）。

如果我们定义 $V = \{Q, P\}$ 以及 $U = \{U_1, U_2, I, W\}$，并且基于定义 7.1.3，假设每个方程代表一个自治过程，那么这个方程组构成一个因果模型（定义 7.1.1）。通常，假设 I 和 W 是可观测变量，而 U_1 和 U_2 是不可观测的且独立于 I 和 W 的变量。由于误差项 U_1 和 U_2 是不可观测的，因此模型的一个完整规范中必须包括这些误差项的分布，这些分布通常被认为是协方差矩阵为 $\sum_{ij} = cov(u_i, u_j)$ 的高斯分布。众所周知，在经济学中（可以追溯到文献（Wright，1928）），对 $\{I, W\}$ 和 $\{U_1, U_2\}$ 的线性、正态性和独立性的假设，使得我们可以对所有模型参数（包括协方差矩阵 $\sum_{ij}$）进行一致性估计。但是，本书的重点不是参数估计，而是参数在策略预测中的作用。因此，我们将说明如何评估以下三个问题。

215

问题一：如果价格被控制在 $P = p_0$，需求 Q 的期望值是多少？

问题二：如果价格被报告为 $P = p_0$，需求 Q 的期望值是多少？

问题三：假设当前价格为 $P = p_0$，如果价格被控制在 $P = p_1$，需求 Q 的期望值是多少？

读者应该认识到这些问题分别代表了行动、预测和反事实，即我们所提出的三级层次结构。问题二在文献中是一个标准的预测问题，可以利用协方差矩阵直接进行回答，不涉及因果关系、结构或者不变性。问题一和问题三取决于方程的结构性质，正如预料，在有关结构方程的文献中没有提及这两个问题的处理方法[⊖]。

为了回答问题一，我们将式（7.10）替换为$p=p_0$，得到

$$p=b_1p+d_1i+u_1, \tag{7.11}$$

$$p=p_0, \tag{7.12}$$

其中，保留U_1和I的统计信息不变。那么，受控条件下需求为$q=b_1p_0+d_1i+u_1$，其期望值（以$I=i$为条件）为

$$E[Q\mid do(P=p_0),i]=b_1p_0+d_1i+E(U_1|i) \tag{7.13}$$

由于U_1独立于I，因此最后一项的计算结果为

$$E(U_1\mid i)=E(U_1)=E(Q)-b_1E(P)-d_1E(I)$$

将其代入式（7.13），得出

$$E[Q|do(P=p_0),i]=E(Q)+b_1(p_0-E(P))+d_i(i-E(I))$$

问题二的答案是通过以当前观测值$\{P=p_0,I=i,W=w\}$为式（7.9）的条件，并取期望值，得到

$$E(Q\mid p_0,i,w)=b_1p_0+d_1i+E(U_1|\,p_0,i,w) \tag{7.14}$$

一旦已知$\sum_{ij}$，对$E[U_1\mid p_0,i,w]$的计算就是一个标准过程（Whittaker, 1990）。注意，尽管假设U_1独立于I和W，但是只要观测到$P=p_0$，这种独立性就不再成立。还要注意，式（7.9）和式（7.10）都参与了这个求解过程，并且即使$b_1=0$，观测值p_0也会（通过$E(U_1\mid p_0,i,w)$）影响期望需求Q，但问题一并非如此。 216

问题三是以当前观测值$\{P=p_0,I=i,W=w\}$为条件，计算反事实需求量$Q_{p=p_1}$的期望值（请参见11.7.1节）。根据定义7.1.5，$Q_{p=p_1}$由子模型控制

$$q=b_1p+d_1i+u_1 \tag{7.15}$$

$$p=p_1 \tag{7.16}$$

此外，u_1的概率密度应以观测值$\{P=p_0,I=i,W=\omega\}$为条件。于是得到

$$E(Q_{p=p_1}|\,p_0,i,w)=b_1p_1+d_1i+E(U_1|\,p_0,i,w) \tag{7.17}$$

期望值$E(U_1\mid p_0,i,w)$与问题二中得出的期望值相同，后者仅在b_1p_1项有所不同。Balke和Pearl（1995a）描述了一种用于评估线性高斯模型中反事实问题的通用矩阵方法。

⊖ 我已经向美国各地的一百多位计量经济学学生和教师展示了这个例子。受访者在回答问题二时没有任何问题，一人能回答问题一，没有人能回答问题三。第5章（5.1节）给出了解释，在11.5.4节中提供了一种基于Heckman和Vytlacil（2007）的最新评估方法。

在这一点上，值得强调的是，计算反事实期望的问题并不是一个学术习题。实际上，它代表了几乎所有决策情况中的典型案例。无论何时，当我们着手预测策略的效应时，需要考虑两个方面。首先，策略变量（例如，经济学中的价格和利率，过程控制中的压力和温度）很少是外生的。当我们观测一个正在运行的系统时，策略变量是内生的。在计划阶段，当我们付诸实施行动和变化时，策略变量变成了外生变量。其次，很少对策略变量进行抽象评估。相反，它们是由某些情况所引起的，而这些情况需要进行补救性修正。例如，在故障排除过程中，我们观测到受其他条件 $X=x$ 影响的不良情况 e，并希望预测一种引起 X 发生变化的行动是否可以补救这种情况。e 提供的信息非常有价值，在我们能够预测某个行动的效应之前，必须对其进行处理（利用溯因）。正如我们在对问题三的式（7.17）的评估中所看到的那样，溯因这一步使得在解决实际问题的过程中，行动具备了反事实特征。

当前价格 p_0 反映了决策时普遍的经济状况（如 Q），假定这些经济状况在不同的策略下是可变化的。因此，价格 P 代表一个内生决策变量（如图 7.4 所示），而该变量在规划审议过程中变成了外生变量，并由子模型 $M_{p=p_1}$ 决定。我们将问题三中的假设性语句转化为策略分析中的一个实际应用问题，即“已知当前价格为 $P=p_0$，如若我们今天将价格更改为 $P=p_1$，那么需求的期望值（Q）是多少。”在下一节以及 11.7.2 节中将讨论在实际决策中使用假设性语句的原因。

7.2.2 反事实的实证性内容

“反事实”这个词用词不当，因为它指的是一种与事实相反的说法，或者至少是一种逃避实证性验证的说法。反事实不属于这两类，它是科学思想的基础，与任何科学规律一样具有明确的实证性信息。

217

考虑欧姆定律 $V=IR$。该定律的实证性内容可以用以下两种形式进行描述。

1. 预测形式：如果在时间 t_0 测得电流 I_0 和电压 V_0，那么在任何将来的时间 $t>t_0$，如果电流为 $I(t)$，则电压为

$$V(t)=\frac{V_0}{I_0}I(t)$$

2. 反事实形式：如果在时间 t_0 处测得电流 I_0 和电压 V_0，那么，如若在时间 t_0 的电流是 I' 而不是 I_0，则电压应为

$$V' = \frac{V_0 I'}{I_0}$$

从表面上看，预测形式提出了有意义且可检验的实证性内容，而反事实形式则仅仅是对没有（也不可能）发生的事件进行推测，因为不可能同时将两种不同的电流加到同一个电阻上。但是，如果我们将反事实形式恰恰解释为预测形式的简记方式，则反事实的实证性内容就很会很清晰地展现出来。这两种方法都使我们能够仅根据一个测量值 (I_0, V_0) 进行无限次的预测，并且都能从一个科学定律中得出它们的有效性，该定律将随时间不变的特性（比率 V/I）归因于任何导电物体都存在的现象。

但是，如果反事实语句仅仅是一种用于表达预测的迂回的方式，那么为什么我们要求助于这种复杂的表达方式而不直接使用预测模式呢？一个显而易见的答案是，我们经常使用反事实来表达的不是预测本身，而是这些预测的逻辑结果。例如，“如若 A 不开枪，那么囚犯仍将活着”这句话的意图可能仅仅是传达 B 没有开枪的事实信息。在这种情况下，反事实语气表达的是对一般规律的逻辑论证进行事实补充。此外，一个不太明显的答案在于预测要求其余情况均相同（或均保持不变），而这并非完全没有歧义。当我们改变电阻器中的电流时，应保持什么条件恒定呢？温度？实验室设备？一天中的时间？当然不是电压表上的读数！

当我们对预测的要求做出判断时，必须仔细说明一些条件并认真对待。当我们使用反事实表达式时，有许多条件都是隐含的（因此是多余的），特别是当我们利用潜在因果模型时。例如，我们不需要指明在什么温度和压力下，这些预测才是正确的。这是由语句“在时间 t_0 处的电流是 I' 而不是 I_0”所蕴含的。换句话说，我们所指的是在时间 t_0 处实验室中普遍存在的条件。这句话还暗示，我们并不是真正想让任何人维持电压表的读数不变。电压应该按照其自然过程运行，根据我们的因果模型，我们所能设想的变化取决于当前决定电流的机制。 218

总而言之，反事实语句可以很好地被解释为在一系列明确定义的条件下所做出的预测，这些条件存在于该语句中的事实部分。为了使这些预测有效，必须保持两个组成部分不变：定律（或机制）以及边界条件。用结构模型语言来说，定律对应于方程 $\{f_i\}$，边界条件对应于背景变量 U 的状态（值）。因此，对一个反事实语句进行预测性解释，其有效性的前提条件是假设当我们的预测在应用或检验时，U 不会改变。

博彩（下注）的实例能最好地说明这一点。我们必须对抛硬币的结果（正面或者反面）下赌注。如果我们猜对了，赢一美元；否则，输一美元。假设我们下注正面，不看硬币的结果，赢了一美元。考虑反事实的表述："如若我以不同的方式下注，我会输一美元。"这句话的解释可能变成了一种令人难以置信的说法："如果我下一次赌注是反面，我将输一美元。"为了使该说法有效，必须假设两个不变因素：输赢规则和硬币结果。前者在博彩业中是一个貌似合理的假设，而后者只有在极少数特殊的情况下才能保持不变。正因为如此，"如若我以不同的方式押注，我就会输一美元"这句话的预测效果相当低，甚至有人认为这是在事后胡说八道。正是 U 和 $f(x,u)$ 在时间上的恒常性才赋予反事实表达式预测能力。如果没有这种不变性，反事实将明显失去预测效果。

然而，在反事实中有一种效用因素，它不能立刻转化为预期的输赢回报，但可以用来解释反事实在人类话语中无处不在。此时，我所考虑的是其在解释方面的价值。假设在博彩的例子中，每次下注都重新抛硬币。"如若我以不同的方式下注，我会输一美元"这句话没有任何价值吗？我相信有。它告诉我们，我们面对的不是一个异想天开的赌徒，而是一个至少会看一眼赌局，拿它与某个标准进行比较，并一直坚持某种策略来决定输赢的人。这些信息对于我们这些玩家来说可能不是很有用，但对那些经常校准赌博机以确保政府能从中获利的检察官来说是有用的。更重要的是，如果我们冒险稍微作弊，比如说，操纵硬币的轨迹，或者安装一个微型发射器来告诉我们硬币落在哪边，这对我们这些玩家来说可能也很有用。为了使这种作弊方式奏效，我们应该知道输赢规则 $y=f(x,u)$，而"如若我以不同的方式下注，我会输一美元"这句话则说明了该规则的重要性。

通过假设不太可能发生的情况（比如玩家作弊、规则被打破）来论证反事实的价值是否会很牵强？我认为，这种不太可能的操作恰恰是衡量语句在解释方面价值的标准。任何因果解释的本质是，它的效用不是在常规情况中证明的，而是在需要进行非常规操作中体现出来。了解电视工作原理的作用不在于是否能够正确地旋转按钮，而是在电视机发生故障时能够修复它。回想一下，每个因果模型都包含许多子模型，未必只有一个子模型，每个子模型都是通过违反某些规则创建的。因此，因果模型中机制的自治性（autonomy）代表取消或替换这些机制的开放性，而且很自然，一个语句的解释价值是对替换后的结果的预测程度来判断的。

219

反事实的内在不确定性

重新回顾一下我们的讨论，我们发现反事实可以在两种情况下具有预测价值：（1）当不可观测的产生不确定性的变量（U）保持不变时（直到我们下一次预测或行动）；（2）当导致不确定性的变量有可能在未来某个时候（在我们的下一次预测或采取行动之前）被观测到时。在这两种情况下，我们还需要确保结果生成机制 $f(x, u)$ 保持不变。

当在微观现象中使用反事实，这些结论会出现有趣的问题，因为以上两种情况都不适用于在量子理论中遇到的不确定性问题。海森堡的骰子每秒会滚动数十亿次，我们对 U 的测量永远无法精确到足以消除反应方程 $y = f(x, u)$ 中的所有不确定性。因此，当我们把量子级过程纳入分析中时，我们会面临一种两难的境地：要么摒弃所有关于反事实的讨论（一些研究人员所建议的策略，包括 Dawid（2000）)，要么继续使用反事实，但其使用范围仅限于假设在经验上被认可的情况。这相当于在我们的分析中只保留满足第（1）项和第（2）项条件的变量 U。不假设 U 完全消除了所有不确定性，而是只接受那些（1）保持不变的变量 U，或（2）潜在可观测的变量 U。

显然，不对背景变量进行细分是有代价的：机制描述方程 $v_i = f_i(pa_i, u_i)$ 失去了确定性，因而变得随机。我们应该考虑随机函数 $\{f_i^*\}$ 组成的模型，而不是从一组确定性方程 $\{f_i\}$ 中构建因果模型，其中每个 f_i^* 是从 $V \cup U$ 到 V 的某个内在概率分布 $P^*(v_i)$ 的映射，这种方式会得到一个因果贝叶斯网络（1.3 节），其中条件概率 $P^*(v_i \mid pa_i, u_i)$ 表示内在不确定性（有时称为“客观机会”；Skyrms, 1980），根节点集合表示背景变量 U，这些背景变量是不受影响的或潜在可观测的。在这种表示法中，反事实概率 $P(Y_x = y \mid e)$ 仍然可以使用定理 7.1.7 的三个步骤（溯因、行动和预测）来计算。在溯因阶段，根据事实 e 确定根节点的先验概率 $P(u)$，从而得到 $P(u \mid e)$。在行动阶段，删除那些指向集合 X 中变量的箭头，并将 X 的值设为 $X = x$。最后，在预测阶段，计算在操纵后的网络中 $Y = y$ 的概率。

当然，这种评估可以在普通的因果贝叶斯网络中实现（即不仅限于内在不确定性的网络）。但在这种情况下，计算的结果并不代表反事实 $Y_x = y$ 的概率。这样的评估相当于假设个体之间都是同质的，每个个体都具有总体的随机性质，即 $P(v_i \mid pa_i, u) = P(v_i \mid pa_i)$[㊀]。这样的假设在量子级现象中可能是合理的，因为一个个体代表某个特定的实验条件，但在宏观现象中就不适合了，因为宏观中各个体之间可能存在明显的差异。在第 1 章的示例中（1.4.4 节的图 1.6），随机归因（stochastic attribution）相当于假设没有人会受到药物的影响（如模型 1 所述），忽略了某些人可能实际上比其他人对药物更敏感的可能性（如模型 2 所示）。 220

㊀ 该公式表示每个个体 v_i 的状态只依赖于父节点且与背景变量无关，这意味着抹杀了个体状态之间可能的实际差异，即在某些背景条件下（例如，基因或者生理条件），有些个体可能表现出特别的差异。——译者注

7.2.3 因果解释、表达及其理解

众所周知，解释能增进理解力，懂得多的人能更有效地推断和学习。同时，人们普遍认为，解释的概念不能脱离因果的概念。例如，症状可以解释我们对某种疾病的看法，但不能解释疾病本身。但是，原因和解释之间的确切关系仍然是一个值得讨论的话题（Cartwright，1989；Woodward，1997）。在确定性和概率性的背景下，因果关系和反事实的形式化理论对于已经充分解释的问题提供了一种新的视角，同时也为机器自动生成解释提供了全新的可能性（Halperm and Pearl，2005a，b）。

生成解释的一个很自然的出发点是使用因果贝叶斯网络（1.3 节），其中需要解释的事件（待解释事实）由网络中实例化节点的某种组合 e 组成，任务是找到 e 的祖代子集中的实例 c（即原因），使得“解释力”在某种程度上最大化，即 c 解释 e 的程度。但是，这种度量方法的正确性尚未确定。许多哲学家和统计学家认为，似然比 $L=\dfrac{P(e|c)}{P(e|c')}$ 是一种度量 c 在多大程度上比 c' 更好地解释 e 的合理标准。Pearl（1988b，第 5 章）以及 Peng 和 Reggia（1986）通过最大化后验概率 $P(c\,|e)$ 找到了最佳解释。这两种方式都有缺陷，并且受到一些研究人员的批评，包括 Pearl（1988b）、Shimony（1991，1993）、Suermondt 和 Cooper（1993），以及 Chajewska 和 Halpern（1997）。为了弥补这些缺陷，人们提出更复杂的概率参数组合 $[P(e|c), P(e\,|c'), P(c), P(c')]$，但是这些参数似乎都没有很好地描述人们对“解释”一词的理解。

概率的度量问题在于无法表述 c 和 e 之间的因果关系的强度。只要稍加想象，任何命题 h 都可以被认为对 e 有某种影响，无论这个影响多么微弱。这使得 h 成为因果网络中 e 的祖代，并允许 h 与 e 存在强伪相关，从而使 h 在与真正解释的竞争中胜出。

为了解决这一难题，我们必须跨过概率的度量，专注于因果参数，例如，因果效应 $P(y\,|do(x))$ 和反事实概率 $P(Y_{x'}=y'|\,x,y)$，作为定义解释力的基础。其中，x 和 x' 的范围包含在可选解释的集合内，Y 是反应变量的集合，由观测得到，反应变量的值为 y。表达式 $P(Y_{x'}=y'|\,x,y)$ 读作“如若 X 为 x'（代替实际值 x），则 Y 取不同值 y' 的概率”。（注意 $(P(y|do(x))\triangleq P(Y_x=y)$。）当前，随着因果效应和反事实概率计算模型的发展，有可能将因果参数与标准概率参数结合起来，从而整合出一种更可靠的解释力的度量方法，以帮助选择和生成合理的解释。

221

这些可能性引出一个重要的本质问题：“解释”到底是一个基于一般因果的概念（例如，“喝毒药导致死亡”），还是基于特例因果（singular cause）的概念（例如，“苏格拉

底喝毒药导致他死亡”）？因果关系表达式 $P(y \mid do(x))$ 属于一般因果，而反事实表达式 $P(Y_{x'} = y' \mid x, y)$ 则属于特例因果，因为以 x 和 y 为条件将会使一般情况被缩小为与当前已知最特定的信息相一致的情况，即 $X = x$ 和 $Y = y$[㊀]。

将因果语句分为一般和特例两种类别，一直是哲学领域深入研究的主题（参见 Good，1961；Kvart，1986；Cartwright，1989；Eells，1991；另请参见 7.5.4 节和 10.1.1 节中的讨论）。这项研究在认知科学和人工智能领域很少受到关注，一部分原因是它没有实际的推断过程，另一部分原因是它建立在有问题的概率语义上（参见 7.5 节中讨论的概率因果关系）。在机器生成的解释中，这种分类同时具有认知意义和计算意义。我们在第 1 章（1.4 节）中讨论了两种因果问题之间的明确界线，这些因果问题可从 $\langle P(M), G(M)\rangle$ 得到答案（分别与模型 M 相关联的概率和图模型），并且需要以函数形式表达的额外信息。一般因果关系语句（例如，$P(y \mid do(x))$）通常属于第一类（如第 3 章中所述），而反事实表达式（例如，$P(Y_{x'} = y \mid x, y)$）属于第二类，因此，需要更详细的说明和更多的计算资源。

如何将解释合理地分类为一般性类别还是特例性类别，取决于原因 c 是否产生对于效应 e 的一般性趋向（与 c 的导致其他效应的较弱趋向相比），而获得 c 对于效应 e 的解释力，还是由于 c 触发一系列特定事件的必要条件，从而在特定情况下导致 e 的发生（例如，满足 e 也许还包含其他事实和观测的特征）。从形式上讲，两者的区别在于，在评估各种假设的解释力时，我们是否应该根据实际发生的事件 c 和 e 来确定我们的信念[㊁]。

第 9 章和第 10 章给出了形式化分析方法，讨论了因果关系的必要和充分条件以及特例事件因果关系的概念。在本节的其余部分中，我们将以必要条件为准则，诠释和生成解释性语句。

下面的列表主要摘自文献（Galles and Pearl，1997），给出了在 7.1.1 节中描述的可修改的结构模型方法中用于解释性语句及其相关语义的实例。

- 如果存在两个 X 的值 x 和 x'，以及一个 U 的值 u，使得 $Y_x(u) \neq Y_{x'}(u)$，那么“X 是 Y 的原因”。
- 如果存在两个 X 的值 x 和 x'，以及一个 U 的值 u，使得 $Y_{xz}(u) \neq Y_{x'z}(u)$，那么“在

㊀ 即使分为一般因果和特例因果两种解释，其分界仍然是十分模糊的，“苏格拉底喝毒药导致他死亡”看起来应是特例因果解释。如果并没有用到苏格拉底这个个体的特殊性质（背景变量），那么这个解释也适用于“一般的”人，因此实际上这也是一般性解释。——译者注

㊁ 即根据 c 产生 e 的情况来区分一般性解释还是特例性解释。——译者注

$Z=z$ 的情况下 X 是 Y 的原因”。

- 如果存在两个 X 的值 x 和 x'，以及一个 U 的值 u，使得 $Y_{xr}(u) \neq Y_{x'r}(u)$（其中 r 是变量集 $V\setminus\{X,Y\}$ 的具体赋值），那么“X 是 Y 的直接原因”。
- 222 如果 X 是 Y 的原因并且 X 不是 Y 的直接原因，那么“X 是 Y 的间接原因”。
- 如果以下情况成立，那么“事件 $X=x$ 总会导致 $Y=y$”：

  (i) 对于所有 u，$Y_x(u)=y$。

  (ii) 存在一个 U 的值 u'，对于某些 $x' \neq x$，满足 $Y_{x'}(u') \neq y$。
- 如果以下情况成立，那么“事件 $X=x$ 可能会导致 $Y=y$”：

  (i) $X=x$ 和 $Y=y$ 为真。

  (ii) 存在一个 U 的值 u，对于某些 $x' \neq x$，满足 $X(u)=x$、$Y(u)=y$、$Y_{x'}(u) \neq y$。
- 如果以下情况成立，那么“不可观测的事件 $X=x$ 可能是 $Y=y$ 的一个原因”：

  (i) $Y=y$ 为真。

  (ii) 对于所有 $x' \neq x$，$P(Y_x=y, Y_{x'} \neq y \mid Y=y)$ 较大。
- 如果以下情况成立，那么“尽管 $X=x$，事件 $Y=y$ 仍会发生”：

  (i) $X=x$ 和 $Y=y$ 为真。

  (ii) $P(Y_x=y)$ 较低。

以上列表展示了可修改的结构模型在因果表达的细微差别上展示的灵活性。其他细微差别（例如，激活、防止、维持、产生等概念）将在第 9 章和第 10 章中进行分析。相关表达方式包括：“事件 A 解释了事件 B 的发生”；“如果 C 发生，A 将解释 B”；“不管 A 是否发生，B 还是会发生，因为 C 发生了”。解释和生成此类解释性句子，或者选择最适合上下文的表达方式，是人机对话研究中最有趣的挑战之一。

7.2.4 从机制到行动再到因果

7.1.1 节中描述的结构模型语义为认知科学和人工智能中的两个问题提出了解决方案：行动的表示和因果顺序的作用。由于第二个问题建立在第一个问题的基础上，因此我们将依次讨论这些问题。

行动、机制和手术

无论我们采用概率范式（即行动是概率分布之间的转换）还是采用确定性范式（即行动是状态之间的转换），这些转换在原则上都可能是无限复杂的。在实践中，人们很快就可以相互传授行动的结果，并且可以毫不费力地预测大多数行动的后果。这是怎么做到的呢？

结构模型回答了这个问题，它假设在一般推断过程中将施加的行动表述为*局部手术*（local surgery）。世界由大量自主的、不变的联系或机制组成，每一个联系或机制都对应一个物理过程，这个过程约束一组相对较少的变量集合的行动。如果我们理解了这些联系是如何相互作用的（通常这种相互只是共享变量），那么我们也应该能够理解任何行动的结果：只需简单地重新指定那些少数被行动干扰的机制，然后让这些修改后的机制进行相互作用，看看在平衡状态下会演化成什么状态。如果规范说明是完全的（即如果给定 M 和 U），那么将演化为单一状态。如果规范说明是概率性的（即如果给定 $P(u)$），那么将会出现一个新的概率分布。如果规范说明是不完全的（即如果一部分 f_i 未给定），那么将会生成一个新的局部的理论。在这三种情况下，我们都能够回答关于行动发生之后的状态问题，尽管准确性会依次降低。

223

使这种方式具有可操作性的因素是行动的*局部性*。单独来看，局部性是一个模糊的概念，因为在一个空间中可能是局部的，但在另一空间中则可能不是局部的。例如，一个杂音在时频（或傅里叶）表示中显得非常分散，相反，单纯乐声需要将时间拉长后才能被欣赏[㊀]。结构语义学强调行动在机制空间中是局部的，而不是在变量空间、语句或时间段中。例如，一组多米诺骨牌中最左边的物体倒了，在物理空间中似乎不是“局部”的，但在机制空间中却是局部的：只有一种机制受到扰动，即通常使骨牌保持稳定直立的重力支撑力；所有其他机制则都保持不变，如上述说明服从物理方程。局部性使我们可以很容易地指定这种行动，而无须枚举该行动的所有影响。假设读者和我们一样，对多米诺骨牌的物理特性有着相同的理解，那么读者可以自己得出该行动或任何类型行动的后果：“将第 i 个多米诺骨牌向右倾斜”。通过以稳定机制的集合形式表示域，我们实际上已经创造了一个预言能力器，它能够回答大量有关行动和行动组合所产生的效应的问题，而无须详细地解释这些效应[㊁]。

定律与事实

在结构方程模型中，这种手术过程听起来微不足道。然而，当人们试图以经典逻辑

㊀ 作者在这里试图说明，杂音和单纯乐声都是对于原状态空间的干预（修改），但是杂音是局部的，而乐声是非局部的。——译者注

㊁ 即对于任何违反某个稳定机制的行动或行动组合，都是局部地改变了这个域（只修改了其中的某些稳定机制），因而能够回答这种改变的后果。——译者注

方法来实现这些方案时，就会遇到很大困难。为了在机制空间中实施手术，我们需要一种语言，其中某些语句被赋予不同于其他语句的重要地位。描述机制的语句应该与描述其他事实（例如，观察、假设和结论）的语句区别对待，因为前者通常被认为是稳定的，而后者只是暂时的。实际上，即使多米诺骨牌本身的状态可以随环境而变化，描述多米诺骨牌之间相互作用的方程式保持不变。

承认这种区别一直是从逻辑方法过渡到行动和因果关系艰难的一环，这也许是因为经典逻辑的强大之处在于表述的统一性和句法的不变性，在这种情况下，没有语句要求特殊的地位。概率学家不太愿意接受定律与事实之间的区别，因为贝叶斯在1763年就已经把这种区别纳入了概率语言：事实表示为普通命题，因此可以指定概率值，并且能够加以条件约束；另一方面，定律表示为条件概率语句（例如，P（事故 | 粗心驾驶）= 高），因此不应该被赋予概率，也不能再以条件约束。正是由于这一传统，概率学家总认为条件语句（例如，鸟会飞）不具有命题性质，拒绝接受基于结构的嵌套条件语句（Levi，1988），并坚持将对于条件语句的信任程度解释为条件概率认定（Adams，1975；也参见Lewis，1976）。值得注意的是，这些被一些哲学家视为局限性的约束条件，恰恰是防止概率学家混淆定律和事实的保障措施，使他们免于重蹈某些逻辑方法的覆辙[⊖]。

224

机制与因果关系

从目前的讨论来看，我们似乎可以构建一种有效的表示方法来计算行动的后果，而无须使用任何因果关系的概念。在物理学和工程学的许多领域中，这确实是可行的。例如，我们有一个由电阻和电源组成的大型电路，如果想要计算电路中改变一个电阻的影响，那么几乎不会使用因果关系。只需将电阻修改后的值代入欧姆方程和基尔霍夫方程中，然后针对目标变量求解一组（对称）方程。这种方式可以有效地计算结果，而无须考虑电流和电压之间的任何因果关系。

为了理解因果关系的作用，我们应该注意到（与以上电路的例子不同）大多数机制在日常语言中没有专业的术语。我们说："增加税收"，或"逗他笑"，或"按一下按钮"，即一般来说，$do(q)$，其中 q 是命题，而不是机制。在电路示例中，"增加这个电流"或"如果这个电流更高……"这种说法是毫无意义的，因为有很多种（最小限度地）增加电

⊖ Poole（1985）和Geffner（1992）将定律与事实之间的区别作为非单调推理的基本原理。在数据库理论中，定律由称为完整性约束的特殊语句表达（Reiter，1987）。这种区别似乎在人工智能领域得到了更广泛的支持，因为这是形式化描述行动的必要条件（Sandewall，1994；Lin，1995）。

流的方法，每种方法都会有不同的结果。显然，常识知识并不像电路那样错综复杂。再举一个例子，在 STRIPS 语言[㊀]（Fikes and Nilsson, 1971）中，一个行动不是由它所修改的机制的名称刻画的，而是由行动的直接效应（添加和删除数组）刻画的，这些效应都表示为普通命题。事实上，如果我们的知识是按因果关系组织的，那么此规范就足够了，因为每个变量都有且仅由一个机制控制（请参见定义 7.1.1）。因此，我们需要弄清楚，在实现某个指定的结果时，必须扰动哪种机制，使我们能够预测接下来的情况。

这种语言的缩略语形式定义了事件之间的一种新关系，我们通常将这种关系称为“因果关系”：如果实现事件 A 所需的扰动导致了事件 B 的实现，则事件 A 导致事件 B[㊁]。这种因果缩略语在描述领域知识时非常有效。关于什么样的关系是稳定的，以及机制之间如何相互作用的复杂描述很少明确地依据机制来传达，而是依据事件或变量之间的因果关系来传达。例如，我们说：“如果骨牌 i 向右倾斜，那么骨牌 i+1也会向右倾斜”。我们不会根据每块多米诺骨牌如何保持其物理形状、如何反应重力，以及如何遵守牛顿力学来传达这些知识。

225

7.2.5 Simon 因果顺序

我们直接谈论一个事件导致另一个事件的能力在计算上非常有用（而不是一个行动改变一种机制，然后再产生影响），但同时它要求问题领域中的机制集合满足一定的条件，以适应因果方向性。实际上，7.1.1 节中给出的因果模型的正式定义假定了每个方程都指定了一个不同的特权变量，位于方程等号左边，作为“因变量”或“输出”。但是，通常，一个机制可以被指定为一个函数约束条件

$$G_k(x_1, \cdots, x_l; u_1, \cdots, u_m) = 0$$

而不需要识别任何“因变量”。

Simon（1953）设计了一个程序，判定一组对称函数 G 是否为每个机制（不包括背景变量，因为它们是由系统外部确定的）选择一个内生因变量提供了唯一的方式。Simon

㊀ STRIPS 语言是 Fikes 和 Nilsson 于 1971 年提出的描述规划的形式语言，其中一个规划被定义为达到一定目的的序贯行动。——译者注

㊁ “所需”一词隐含最小化的意思，可以翻译为：“……如果实现 A 的每一个最小扰动都导致了 B。”在第 9 章（9.2 节）中，形式化地确定了这种蕴含关系的必要性和充分性。

问到：我们什么时候才可以对变量 $(V_1, V_2, \cdots, V_n)$ 进行排序，这样就可以求解每个 V_i，而不必先求解 V_i 的任何后续变量？如果存在这样的顺序，那么就可以确定因果关系的方向。这个标准一开始听起来像是人为的，因为求解方程的顺序是为了计算的便利，而因果方向性是物理现实中的一个客观属性。（有关此问题的讨论，请参见 De Kleer and Brown，1986；Iwasaki and Simon，1986；Druzdzel and Simon，1993。）为了证明这个标准的正确性，我们用行动和机制来重新阐述 Simon 的问题。假定可以独立地修改每种机制（即方程），并设 A_k 为能够修改 G_k 方程的行动集合（同时保持其他方程不变）。想象一下，我们从 A_k 中选择了一个行动 a_k，并且对 G_k 进行修改，使得整个方程组的解 $(V_1(u), V_2(u), \cdots, V_n(u))$ 与实施行动前的解不同。如果 X 是直接被 G_k 约束的变量集，我们可以问：X 中是否存在一个元素（如 X_k），该元素可以说明所有其他解的变化。如果对于所有可选择的 a_k 和 u，X_k 总是能做出这样的说明，那么 X_k 指定为 G_k 中的因变量。

从形式化角度讲，这个性质意味着更改 a_k 导致了从 X_k 域到 $\{V \setminus X_k\}$ 域的函数映射，系统中的所有变化（由 a_k 生成）都可以归因于 X_k 的变化。在这种情况下，将 X_k 指定为机制 G_k 的“代表”是有道理的，我们有理由将语句“行动 a_k 导致事件 $Y=y$”替换为“事件 $X_k=x_k$ 导致 $Y=y$”（其中，Y 是系统中的任何变量）。X_k 对于所有可选择的 a_k 保持不变是将一个行动视为 $do(X_k=x_k)$ 的基础（定义 7.1.3）。它允许通过直接结果来表征行动，与产生这个结果的过程无关，这种不变性实际上定义了“局部行动”或“局部手术”的概念。

226

可以证明（Nayak，1994），X_k 的唯一性可以通过一个简单的准则来确定，该准则涉及方程组的纯拓扑性质（即变量如何组合到方程中）。这个准则能够使方程和变量之间形成一对一的对应关系，并且这种对应关系是唯一的。这可以通过解出方程和变量之间的“匹配问题”（Serrano and Gossard，1987）来确定。如果匹配是唯一的，那么每个方程中因变量的选择也是唯一的，并且因变量选择所引起的方向性定义了一个有向无环图（DAG）。例如，在图 7.1 中，箭头的方向无须从外部指定，它可以从刻画某个具体问题中的对称约束（即逻辑命题）集合中指定出来：

$$S = \{G_1(C, U), G_2(A, C), G_3(B, C), G_4(A, B, D)\} \tag{7.18}$$

读者可以很容易地验证，从每个方程中选择一个特权变量是唯一的，因此图 7.1 中所示箭头的因果方向性是必然的。

因此，根据 Simon 的观点，我们看到因果方向性来自两个假设：（1）将变量划分为背景变量集（U）和内生变量集（V）；（2）模型中机制的整体配置。因此，当将相同机制嵌入不同的模型时，在已知机制中指定为“因变量”的变量很可能被标记为“自变量”。

事实上，当火车上坡时，发动机使车轮转动，但在下坡时发动机的作用却发生了改变。

当然，如果我们无法确定背景变量，那么可能会出现不同的因果顺序。例如，在式（7.18）中，如果不知道 U 是背景变量，那么可以选择 $\{U, A, B, C\}$ 中的任何一个作为背景变量，不管选择哪一个变量都会导致其余变量的排序不同（有些排序会与常识冲突，例如，队长的信号会影响法院的判决）。然而，在所有这些排序中，方向 $A \rightarrow D \leftarrow B$ 都保持不变。在对称约束系统中，变量是否存在一个划分 $\{U, V\}$ 的问题也可以通过拓扑方法（在多项式时间内）来解决（Dechter and Pearl，1991）。

当我们无法一次求解一个方程，而必须同时求解一组 k 个方程时，Simon 的排序标准就失效了。在这种情况下，由该方程组确定的所有 k 个变量之间将是相互无序的，即使它们与其他方程之间仍然是有序的。例如，在图 7.4 的经济模型中，P 和 Q 需要同时求解式（7.9）和式（7.10），因此方程和变量之间的对应关系并不唯一。Q 或者 P 都可以在这两个方程中被指定为“自变量”。实际上，将式（7.9）归为“需求”方程（并将式（7.10）归为“价格”方程）所需的信息不是来自方程中的变量形式，而是来自对问题本身的考虑。我们对家庭收入直接影响家庭需求（而不是价格）的理解在此分类中发挥重要作用。

227

如果我们倾向于明确断言：因果关系在反馈回路环中的方向是顺时针的，那么这种说法通常基于解释力的相对大小程度。例如，打开水龙头会降低水箱中的水位，但我们无法利用水箱中的水打开水龙头。当这些信息可用时，因果方向性再次诉诸假设干预的概念，以及一个变量的外部控制是否会影响其他变量这样的问题进行确定的。因此，这种考虑方式构成了用于识别非递归因果模型中因变量 V_i 的操作语义（定义 7.1.1）。

因果关系的不对称性与物理方程的对称性完全不冲突。“X 导致 Y，而 Y 不会导致 X”的意思是，更改一个机制（其中“X 是因变量”）与更改另一个机制（其中“Y 是因变量”）对结果的影响不同。由于涉及两种不同的机制，因此该语句与我们在物理方程中发现的对称性是完全一致的。

Simon 的因果顺序理论对 Hume 的因果归纳问题产生了深远的影响，即如何从经验中获得因果知识（请参见第 2 章）。从一组对称机制中推断出因果方向性（以及对一组内生变量的选择）意味着因果关系的发现与常见物理定律的发现（例如，通过实验）没有什么不同，如胡克定律的悬挂弹簧或牛顿定律的加速度。这并不意味着发现物理定律是一项平凡的任务，没有方法论和哲学上的微妙之处。然而，这确实意味着，可以将因果归纳这一哲学史上最棘手的问题约简为更熟悉的科学归纳问题。

7.3 公理刻画

公理在形式化系统的描述中起着重要作用。它们对系统的基本性质给出了一个简洁的描述，从而允许在不同的公式之间进行比较，并易于对这些公式之间的等价性或包容性进行测试。此外，公理通常作为推断规则，从已知前提集合中推导（或验证）新的关系。在下一小节中，我们将建立一套公理，描述在递归和非递归系统中，形式为 $Y_x(u)=y$ 的反事实语句之间的关系。利用这些公理，我们将证明如何用符号化的方法来识别因果效应（7.3.2 节），这与第 3 章（3.4 节）中的推论一致。最后，7.3.3 节针对因果相关性的概念建立了公理，并与描述信息相关性的公理进行对比。

7.3.1 结构反事实的公理

我们提出反事实的三个性质：合成性（composition）、有效性（effectiveness）和可逆性（reversibility），它们在所有的因果模型中都适用。

228

性质 1（合成性）

对于因果模型中任意三组内生变量 X、Y 和 W，有

$$W_x(u)=w \Rightarrow Y_{xw}(u)=Y_x(u) \tag{7.19}$$

合成性表明，如果我们强制将一个变量（W）的值设置为 w，与没有干预的情况相同（W 的值也是 w），那么这个干预将不会对系统中的其他变量产生影响。这种不变性适用于所有的固定条件 $do(X=x)$。

由于合成性允许删除下标（即将 $Y_{xw}(u)$ 简化为 $Y_x(u)$），因此我们需要解释下标为空集的变量，当然我们无须干预也可识别出该变量。

定义 7.3.1（空行动）

$$Y_{\varnothing}(u) \triangleq Y(u)$$

推论 7.3.2（一致性）

对于因果模型中的任何变量 Y 和 X，有

$$X(u)=x \Rightarrow Y(u)=Y_x(u) \tag{7.20}$$

证明

在式(7.19)中，用X代替W，用$\varnothing$代替X，我们得到$X_{\varnothing}(u)=x \Rightarrow Y_{\varnothing}(u)=Y_x(u)$。空行动的定义（定义7.3.1）允许去掉$\varnothing$，剩下$X(u)=x \Rightarrow Y(u)=Y_x(u)$。 □

Robins(1987)将式(7.20)中的含义称为“一致性”[一]。

性质2(有效性)

对于所有变量X和W，$X_{xw}(u)=x$。

有效性说明了干预对变量本身的影响，即如果强制将变量X的值设置为x，那么X的取值肯定为x[二]。

性质3(可逆性)

对于任意两个变量Y和W以及任意一组变量X，有

$$(Y_{xw}(u)=y) \,\&\, (W_{xy}(u)=w) \Rightarrow Y_x(u)=y \tag{7.21}$$

可逆性防止了由于反馈回路所产生的多种结果。如果将W的值设置为w导致Y的值为y，并且如果将Y设置为y将导致W值为w，那么W和Y自然会得到w和y，而无须任何外部条件[三]。在递归系统中，可逆性可以直接从合成性推出。这很容易看出，在递归系统中，要么$Y_{xw}(u)=Y_x(u)$，要么$W_{xy}(u)=W_x(u)$[四]。因此，毫无疑问，可逆性可以简化为$Y_{xw}(u)=y \,\&W_x(u)=w \Rightarrow Y_x(u)=y$（可逆性的另一种结构形式）或者$Y_x(u)=y \,\&W_{xy}(u)=w \Rightarrow Y_x(u)=y$（这是平凡的）。 [229]

可逆性反映了“无记忆”的行为：系统状态V只依据U的状态，而不考虑U的历史状态。不可逆性的一个典型例子是双方坚持“针锋相对”的策略（例如“囚徒困境”）。这样的系统在相同的外部条件U下具有两个稳定的结果，即合作与背叛，因此不满足可逆性条件[五]。强迫其中的一个合作会导致另一个也合作($Y_w(u)=y, W_y(u)=w$)，但这不能保证从一开始他们就合作($Y(u)=y, W(u)=w$)。在这样的系统中，这种不可逆性[六]是因

㊀ 经济学(Manski, 1990；Heckman, 1996)和统计学(Rosenbaum, 1995)经常在潜在结果框架内使用一致性和合成性(3.6.3节)。一致性由Gibbard和Harper(1976, p.156)与Robins(1987)正式提出（请参见式(3.52))。合成性由Holland(1986, p.968)提出，并在J. Robins的文献中引起了我的注意。

㊁ 与其他变量W上的干预无关。——译者注

㊂ 即通过干预之后反推原来的值，所以称为可逆性($X=\varnothing$)。——译者注

㊃ 当W是Y的后代或同一层变量时是前一种情况，当W是Y的祖先时是后一种情况。——译者注

㊄ 即$(Y_{xw}(u)=y) \,\&(W_{xy}(u)=w)$不会被自然满足。——译者注

㊅ 即无法断定原来是否合作。——译者注

为以过于粗糙的方式对状态进行描述，在这种描述方式中，决定系统最终状态的所有因素并不一定都包含在 U 中。在一个针锋相对的系统中，一个完整的状态描述还应包括诸如囚徒先前的行动等因素，并且一旦包含了缺失的因素，可逆性就恢复了。

通常，合成性、有效性和可逆性这三个性质相互之间是独立的，其中任何一个都不是其他两个的结果。这可以通过构建特定的模型来证明（Galles and Pearl，1997），在这些模型里，其中两个性质成立，而另一个性质不成立。在递归系统中，合成性和有效性是相互独立的，而可逆性是平凡的，如前面所示。

接下来的定理将证明性质 1～3 的可靠性（soundness）[⊖]，即正确性。

定理 7.3.3（可靠性）

合成性、有效性和可逆性在结构模型语义中是可靠的，也就是说，它们适用于所有因果模型。

Galles 和 Pearl（1997）证明了定理 7.3.3。

我们接下来的定理证明了在公理系统或推断规则中这三个性质的完备性（completeness）。完备性等价于充分性，即反事实语句中的所有其他性质均来自这三个性质。完备性的另一种解释如下：假设任何反事实语句集合 S 与性质 1～3 一致，那么存在一个因果模型 M，其中 S 为真。

完整性的证明需要解释因果模型定义（定义 7.1.1）中隐含的两个技术方面的性质，即存在性（existence）和唯一性（uniqueness）。

性质 4（存在性）

对于任何变量 X 以及任何一组变量集合 Y，有

230

$$\exists x \in X，满足\ X_y(u)=x \tag{7.22}$$

性质 5（唯一性）

对于任何变量 X 以及任何一组变量集合 Y，有

$$X_y(u)=x \,\&\, X_y(u)=x' \Rightarrow x=x' \tag{7.23}$$

定义 7.3.4（递归性）

设 X 和 Y 为模型中的单个变量，$X \rightarrow Y$ 表示对于某些值 x、w 和 u，不等式

⊖ 术语可靠性和完备性有时分别称为必要性和充分性。

$Y_{xw}(u) \neq Y_w(u)$ 成立。对于任意序列 $X_1, X_2, \cdots, X_k$，如果

$$X_1 \to X_2, X_2 \to X_3, \cdots, X_{k-1} \to X_k \Rightarrow X_k \nrightarrow X_1 \quad (7.24)$$

那么模型 M 是递归的。

显然，对于任何模型 M，如果其对应的因果图 $G(M)$ 是无环图，那么 M 必然是递归的。

定理 7.3.5（递归完备性）

合成性、有效性和递归性是完备的（Galles and Pearl，1998；Halpern，1998）[⊖]。

定理 7.3.6（完备性）

对于所有因果模型，合成性、有效性和可逆性是完备的（Halpern，1998）。

当我们试图检验某一组条件是否足以识别反事实量 Q 时，可靠性和完备性的重要地位就显现出来。在这种情况下，可靠性保证：如果我们使用三个公理以符号运算的方式来操作 Q，并设法将其简化为一个包含普通概率的表达式（不包含反事实术语）时，那么 Q 是可识别的（依据定义 3.2.3）。完备性保证了相反的情况：如果我们不能成功地将 Q 简化为概率表达式，那么 Q 是不可识别的。这三个公理是非常强大的。

下一节我们将以有效性和分解性（decomposition）作为推断规则，来说明可识别性的一个证明方法。

7.3.2 反事实逻辑中的因果效应：示例

我们回顾一下 3.4.3 节中所分析的吸烟 – 癌症这个示例。假设此示例相关的模型结构如下（参见图 7.5）：

$$V = \{X(\text{吸烟}), Y(\text{肺癌}), Z(\text{焦油})\}$$

$$U = \{U_1, U_2\}, U_1 \perp\!\!\!\perp U_2$$

231

⊖ Galles 和 Pearl（1997）证明了递归完备性，假设对于任意两个变量，我们知道这两个变量中的哪一个变量是另一个变量的父节点（如果有）。Halpern（1998）在没有这个假设的情况下证明了递归完备性，只需要假设对模型中的任意两个变量，式（7.24）均成立。Halpern 进一步针对 $Y_x(u)$ 的解不是唯一的或不存在的情况提供了一组公理。

$$x = f_1(u_1)$$
$$z = f_2(x, u_2)$$
$$y = f_3(z, u_1)$$

该模型包含了几个假设，如图 7.5 所示。X 和 Y 之间缺失的链接代表了一种假设，即吸烟（X）对肺癌（Y）的效应完全由肺部焦油沉积物来调节。U_1（基因类型）和 U_2 之间缺失的链接表示一种假设，即，即使 U_1 加重了肺癌，但是除了间接链接之外（通过吸烟），U_1 对肺中的焦油量没有影响。我们希望利用模型中包含的假设，推导出基于联合分布 $P(x, y, z)$ 的因果关系 $P(Y = y \mid do(x)) \triangleq P(Y_x = y)$ 的估计表达式。

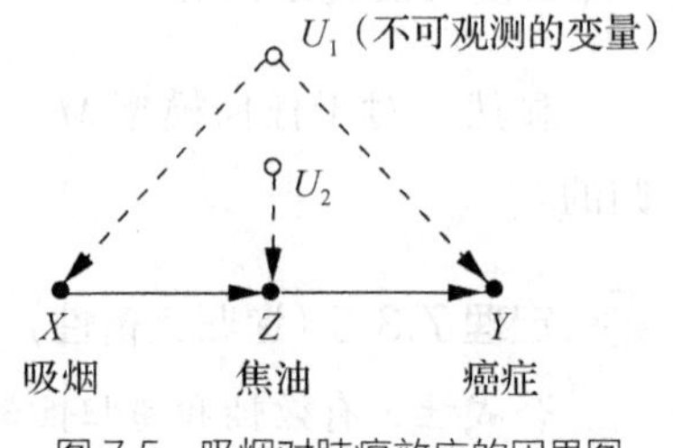

图 7.5　吸烟对肺癌效应的因果图

该问题在 3.4.3 节中通过图模型方法解决，并使用了 do 算子公理（定理 3.4.1）。我们将演示如何通过纯粹的符号运算（不涉及反事实）将反事实表达式 $P(Y_x = y)$ 简化为概率表达式，在这里，我们仅使用概率演算和两个推断规则：有效性和合成性。为此，我们首先需要将图模型中所包含的假设转换为反事实语言。3.6.3 节表明，利用两个简单的规则可以完全实现反事实语句的转换（Pearl，1995a，p.704）。

规则 1（排斥性约束）：对每个变量 Y（父节点集合为 PA_Y）以及每个变量集 $Z \subset V$（与 PA_Y 不相交），有

$$Y_{pa_Y}(u) = Y_{pa_Y, z}(u) \tag{7.25}$$

规则 2（独立性约束）：令 $Z_1, \cdots, Z_k$ 为 V 中的任意节点集合，如果该集合无法通过只包含 U 变量的路径与 Y 连通，那么

$$Y_{pa_Y} \perp\!\!\!\perp \{Z_{1 pa_{Z_1}}, \cdots, Z_{k pa_{Z_k}}\} \tag{7.26}$$

等价地，如果相应的 $U = (U_{Z_1}, \cdots, U_{Z_k})$ 联合独立于 U_Y，则式（7.26）也成立。

232　规则 1 反映了一旦其直接原因 PA_Y 保持不变，则 Y 对 V 的任何操作都不敏感。它服从定义 7.1.1 中的等式 $v_i = f_i(pa_i, u_i)$。规则 2 将 U 中变量之间的独立性解释为变量 V 所对应的反事实之间的独立性，其中它们的父节点保持不变。实际上，PA_Y 的统计值由等式 $Y = f_y(pa_Y, u_Y)$ 决定。因此，一旦我们固定了 PA_Y，Y 的残余变化完全受 U_Y 控制。

将以上两条规则应用到我们的示例中，我们可以看到图 7.5 中的因果图包含了以下假设：

$$Z_x(u) = Z_{yx}(u) \tag{7.27}$$

$$X_y(u)=X_{zy}(u)=X_z(u)=X(u) \tag{7.28}$$

$$Y_z(u)=Y_{zx}(u) \tag{7.29}$$

$$Z_x \perp\!\!\!\perp \{Y_z, X\} \tag{7.30}$$

式（7.27）～（7.29）来自式（7.25）的排斥性约束，使用

$$PA_X=\varnothing \text{、} PA_Y=\{Z\} \text{ 和 } PA_Z=\{X\}$$

例如，式（7.27）表示从 Y 到 Z 不存在因果链接，而式（7.28）表示 Z 到 X 或 Y 到 X 不存在因果链接。相反，式（7.30）遵循式（7.26）的独立性约束，因为 U_1 和 U_2 之间没有连接（即 U_1 和 U_2 独立）排除了 Z 和 $\{X,Y\}$ 之间仅包含 U 变量的任何路径。

现在，我们使用这些假设（包含递归性），与合成性和有效性一起，来计算 3.4.3 节中分析的任务。

任务 1

计算 $P(Z_x=z)$（即吸烟对焦油的因果效应）。

$$\begin{aligned} P(Z_x=z) &= P(Z_x=z \mid x) && \text{依据式（7.30）} \\ &= P(Z=z \mid x) && \text{通过合成性} \\ &= P(z \mid x) \end{aligned} \tag{7.31}$$

任务 2

计算 $P(Y_z=y)$（即焦油对肺癌的因果效应）。

$$P(Y_z=y)=\sum_x P(Y_z=y \mid x)P(x) \tag{7.32}$$

由于式（7.30）蕴含 $Y_z \perp\!\!\!\perp Z_x \mid X$，所以写成

$$\begin{aligned} P(Y_z=y \mid x) &= P(Y_z=y \mid x, Z_x=z) && \text{依据式（7.30）} \\ &= P(Y_z=y \mid x, z) && \text{通过合成性} \\ &= P(y \mid x, z) && \text{通过合成性} \end{aligned} \tag{7.33}$$

将式（7.33）代入式（7.32），得到

$$P(Y_z=y)=\sum_x P(y \mid x, z)P(x) \tag{7.34}$$

233

任务 3

计算 $P(Y_x=y)$（即吸烟对肺癌的因果效应）。

对于任意变量 Z，根据合成性，有

$$Y_x(u)=Y_{xz}(u) \quad \text{当 } Z_x(u)=z \text{ 时}$$

由于 $Y_{xz}(u)=Y_z(u)$（依据式（7.29）），因此

$$Y_X(u)=Y_{xz_x}(u)=Y_z(u)\text{，其中 } z_x=Z_x(u) \tag{7.35}$$

所以

$$\begin{aligned} P(Y_x=y) &= P(Y_{zx}=y) && \text{依据式（7.35）} \\ &= \sum_z P(Y_{zx}=y \mid Z_x=z)P(Z_x=z) \\ &= \sum_z P(Y_z=y \mid Z_x=z)P(Z_x=z) && \text{通过合成性} \\ &= \sum_z P(Y_z=y)P(Z_x=z) && \text{依据式（7.30）} \end{aligned} \tag{7.36}$$

分别计算式（7.34）和式（7.31）中的概率 $P(Y_z=y)$ 和 $P(Z_x=z)$，得到

$$P(Y_x=y)=\sum_z P(z \mid x)\sum_{x'} P(y \mid z,x')P(x') \tag{7.37}$$

可以从 $P(x,y,z)$ 计算式（7.37）的右边项，并与 3.4.3 节（式（3.42））中得出的前门公式一致。

因此，$P(Y_x=y)$ 可以简化为关于观测变量的概率表达式，从而是可识别的。更一般地，我们的完备性结果（定理 7.3.5）意味着，任何可识别的反事实量都可以通过重复运用合成性和有效性（假设递归性），简化为适当的表达式。

7.3.3 因果相关性公理

在 1.1.5 节中，我们提出了一类称为图胚（graphoid）关系的公理集合（Pearla and Paz, 1987; Geiger et al., 1990），用于描述信息相关性[㊀]。现在，我们对于因果相关性提出一套平行的公理，即在物理世界中，某些事件如何影响其他事件的发生与观察者、推断者无关。信息相关性涉及以下问题："假设我们知道 Z，获得有关 X 的信息会给我们带来有关 Y 的新信息吗？"因果相关性涉及以下问题："假设 Z 是固定的，改变 X 会改变 Y 吗？"我们证明了在有向图中，因果相关性满足除了传递性外的所有路径截获公理（axioms of path interception）。

234

因果相关性的概念起源于 Suppes（1970）和 Salmon（1984）的哲学著作，他们试图给出因果关系的概率性解释，并认为有必要将因果相关性与统计相关性区分开来（参见 7.5 节）。虽然这些尝试并未给出因果相关性的概率定义（definition），但找到了在已知概率

㊀ "相关性"一词主要作为相关关系或无关关系的通用名称。当"相关性"意在否定"无关性"时，从上下文中就可以清楚地看出来。

分布和变量之间时间顺序的情况下，检验相关性语句一致性的方法（参见 7.5.2 节）。在这里，我们的目标是将相关性语句本身公理化，而不涉及任何潜在的概率分布或时间顺序。

对于那些不存在精确的因果模型的领域，因果相关性的公理化可能是十分有用的，特别是对于这些领域中的实验研究人员。如果我们通过实验知道，在一个系统中，某些变量对其他变量没有因果关系，那么我们可能希望确定其他变量之间是否会产生因果关系（在不同的实验条件下），或者还有哪些其他的实验可以提供这样的信息。例如，假设我们发现，当运动量保持不变时，老鼠的饮食情况对肿瘤生长没有影响；反之，当饮食情况保持不变时，运动对老鼠的肿瘤生长没有影响。我们希望能够推断出，仅控制饮食（不注意运动）仍然不会影响肿瘤的生长。另一个更微妙的推论问题是，笼中的环境温度是否会对老鼠的身体活动产生影响，因为我们已经确定了保持饮食不变时，温度对身体活动没有影响，并且当身体活动保持不变时，温度对（老鼠的）饮食选择没有影响。

Galles 和 Pearl（1997）分析了因果无关性的概率性解释和确定性解释。概率性解释将因果无关性等同于（原因变量）无法改变结果变量的概率，直觉上这一解释很合理，但在推断上却显得很无力。除非对潜在的因果模型做进一步的假设，否则它不支持一组表达能力较强的公理集。如果我们加上稳定性假设（即不可能通过改变系统中单个过程的性质来改变任何无关性），那么对于概率因果无关性，我们将在有向图中得到一组相同的公理集，该公理组支配一个节点集合的路径阻断特性。

在本节中，我们将分析确定性解释，该解释将因果无关性等同于在任何状态 u 的情况下都无法改变结果变量。这种解释由一组丰富的公理决定，我们没有对因果模型做任何假设：有向图中的许多路径阻断特性都具有确定因果无关性。

定义 7.3.7（因果无关性）

如果对于每个与变量 $X \cup Y \cup Z$ 不相交的集合 W，有

$$\forall(u, z, x, x', w), \quad Y_{xzw}(u) = Y_{x'zw}(u) \tag{7.38}$$

其中，x 和 x' 是 X 的两个不同的值，那么在 Z 的条件下，变量 X 与 Y 因果无关，记为 $X \nrightarrow Y \mid Z$。

235

这个定义描述了直觉“如果 X 与 Y 因果无关，那么在任何情况 u 下，或者在对包含 $do(Z=z)$ 的模型做任何修改的情况下，X 都不会影响 Y。”

为了理解为什么我们要求等式 $Y_{xzw}(u) = Y_{x'zw}(u)$ 在任何背景 $W=w$ 的情况中都成立，请

思考图 7.6 中的因果模型。在这个示例中，$Z=\varnothing$，W 在 X 之后发生，因此 Y 也在 X 之后发生，即 $Y_{x=0}(u)=Y_{x=1}(u)=u_2$。但是，由于 $y(x,w,u_2)$ 是 x 的一个非平凡函数，因此 X 被认为与 Y 因果相关。只有固定 W 不变，才能揭示 X 对 Y 的因果影响。为了描述这种直觉，我们必须对定义 7.3.7 中的所有 $W=w$ 的情况进行考虑。

$V=\{X,W,Y\}$ 二值变量
$U=\{U_1,U_2\}$ 二值变量

$$x=u_1$$
$$y=\begin{cases}u_2 & x=w\\ x & \text{其他}\end{cases}$$
$$w=x$$

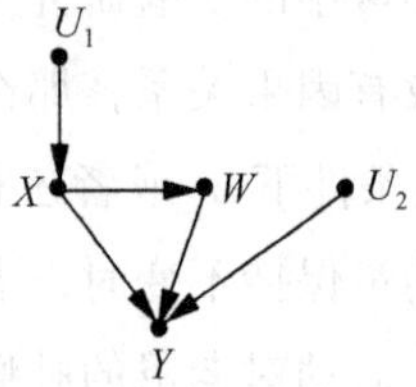

图 7.6　一个因果模型的示例，其中需要检查子模型以确定因果相关性

利用因果无关性的定义，我们得到以下定理。

定理 7.3.8

对于任何因果模型，以下情况都成立。

弱右分解[⊖]：

$$(X \nrightarrow YW \mid Z) \,\&\, (X \nrightarrow Y \mid ZW) \Rightarrow (X \nrightarrow Y \mid Z)$$

左分解：

$$(XW \nrightarrow Y \mid Z) \Rightarrow (X \nrightarrow Y \mid Z) \,\&\, (W \nrightarrow Y \mid Z)$$

强联合：

$$(X \nrightarrow Y \mid Z) \Rightarrow (X \nrightarrow Y \mid ZW) \forall W$$

右相交：

$$(X \nrightarrow Y \mid ZW) \,\&\, (X \nrightarrow W \mid ZY) \Rightarrow (X \nrightarrow YW \mid Z)$$

左相交：

$$(X \nrightarrow Y \mid ZW) \,\&\, (W \nrightarrow Y \mid ZX) \Rightarrow (XW \nrightarrow Y \mid Z)$$

236　这组公理与有向图中的路径阻断特性非常相似。Paz 和 Pearl（1994）证明了在有向图 G 中，当从 X 到 Y 的每条路径都至少包含了 Z 中的一个节点时，定理 7.3.8 中的公理加上传递性和右分解，组成了关系 $(X \nrightarrow Y \mid Z)_G$ 的完整描述。（也可参见 Paz et al.，1996）

⊖ Galles 和 Pearl（1997）使用了更强的右分解形式：$(X \nrightarrow XW \mid Z) \Rightarrow (X \nrightarrow Y \mid Z)$。但是，Bonet（2001）指出必须削弱它才能使公理系统变得更可靠。

Galles 和 Pearl(1997) 指出，尽管缺乏传递性，但定理 7.3.8 允许从有向图的性质中推断出因果无关的某些性质。假设我们希望验证一般性的语句，例如，“如果 X 对 Y 有影响，但是当我们固定 Z 时就不起作用了，那么 Z 一定会对 Y 有影响。”这个语句可以从以下事实中得到证明：在任何有向图中，如果从 X 到 Y 的所有路径都被 Z 截断，并且没有从 Z 到 Y 的路径，那么就没有从 X 到 Y 的路径。

因果相关传递性的讨论

从图 7.6 可以清楚地看到，因果相关是不可传递的。在 (U_1, U_2) 的任何状态下，X 都可以改变 W 的状态，W 可以改变 Y 的状态，但是 X 不能改变 Y 的状态。Galles 和 Pearl（1997）给出了一些例子，其中在较弱意义上定义的因果相关性（定义 7.3.7）也是不可传递的，即使对二元变量也是如此。那么，自然而然就会产生了疑问，为什么可传递性经常被认为是因果相关的固有属性？或者更确切地说，当认为因果相关可传递时，我们默认做了哪些假设？

一个貌似合理的答案是，我们通常将传递性解释为：“如果 X 导致 Y，Y 导致 Z 且与 X 无关，那么 X 导致 Z。”关于传递性的问题会让人联想到链式过程，其中 X 影响 Y，Y 影响 Z，但 X 对 Z 没有直接影响。有了这个条件，可以通过合成性（式（7.19））证明二元变量的传递性，如下所示。

假设将语句“$X=x$ 导致 $Y=y$”（记作 $x \to y$）表示为联合条件 $\{X(u)=x, Y(u)=y, Y_{x'}(u)=y' \neq y\}$（换句话说，$x$ 和 y 保持不变，但将 x 变为 x' 会使 y 变为 y'）。现在我们可以证明，如果 X 对 Z 没有直接效应，即如果

$$Z_{y'x'} = Z_{y'} \tag{7.39}$$

则

$$x \to y \,\&\, y \to z \Rightarrow x \to z \tag{7.40}$$

证明

式（7.40）的等号左边项包括

$$X(u)=x,\ Y(u)=y,\ Z(u)=z,\ Y_{x'}(u)=y',\ Z_{y'}(u)=z'$$

我们可以把式（7.39）重写为 $Z_{y'x'}(u)=z'$。通过合成性，可进一步写作

$$Y_{x'}(u)=y' \,\&\, Z_{y'x'}(u)=z' \Rightarrow Z_{x'}(u)=z'$$

其中，与 $X(u)=x$ 和 $Z(u)=z$ 结合起来可以得到 $x \to z$。 □

较弱的因果传递性形式在第 9 章（引理 9.2.7 和引理 9.2.8）中进行了讨论。

237

7.4 基于结构化和相似性的反事实

7.4.1 与 Lewis 反事实的关系

反事实的因果性

在 David Hume 最引人注目的一句话中，他将因果关系的两个方面联系在一起，即顺序的规律性和反事实的依赖性：

> 我们可以将一个原因定义为一个对象后面跟着另一个对象，并且所有与第一个对象相似的对象后面都跟着一个与第二个对象相似的对象，或者换句话说，如果第一个对象不存在，那么第二个对象也就不存在。（Hume，1748/1958，第 7 节）。

涉及以上两个问题的定义在几个方面令人费解。第一，顺序的规律性和现代术语中的“相关性”都不足以解释因果关系，即便不是统计学家也知道这个问题。第二，考虑到规律性依赖于客观观察，而反事实依赖于主观想法，“换句话说”这种表达过于强烈。第三，Hume 早在九年前就提出了规律性准则[㊀]，人们不禁要问，是什么促使他用反事实来进行补充。显然，Hume 对规律性的解释并不是十分满意，他一定觉得反事实的准则问题较少，且更具启发性。但是，“如果第一个对象不存在，那么第二个对象也就不存在”这种复杂的表达式如何解释“A 导致 B”这样简单常见的表达式呢？

John Stuart Mill（1843）进一步回应了基于反事实的因果关系的观点，并在 David Lewis（1973b，1986）的著作中得以体现。Lewis 呼吁完全放弃规律性解释，将“A 导致 B”解释为“如果 A 不发生，那么 B 就不会发生。”Lewis（1986，p.161）问道：“为什么不以事实为依据来看待反事实：作为对实际情况的另一种可能的陈述方式……？”

在这个提议中隐含着这样一种主张，即反事实表达比因果表达更清晰。否则，为什么“如果 A 不发生，那么 B 就不会发生”这样的表述会被认为是对“A 导致了 B”的解释，而不是相反的意思呢？除非我们有比因果表达更好的方式，以更大的把握来辨别反事实表达的对错。从字面上看，辨别反事实的对错需要生成和检查在实际情况中可替代的方案，以及检验某些命题在这些替代方案中是否成立，这是一项巨大的脑力工程。尽管如此，Hume、Mill 和 Lewis 都认为，进行这种脑力工作比直接凭直觉判断是否由 A 导

㊀ Hume 在《人性论》中写道：“我们记得有很多客体对象存在的实例，而且还知道，另一种客体对象的个体一直伴随着它们，并在连续性和继承性方面都是以有规律的顺序存在”（Hume，1739，p.156）。

致了 B 简单得多。如何才能做到这一点呢？什么样的思维表达方式才能使人类如此迅速且可靠地处理反事实，又是什么逻辑支配着这一过程，从而在一致性和合理性上保持统一标准呢？ 238

结构化与相似性

根据 Lewis 的观点（1973b），反事实评估涉及相似性的概念：通过某种相似性的度量对可能存在的世界进行排序，并且反事实 $A \square\!\!\rightarrow B$（读作："如若 A，则 B"）在 w 世界中被声明为真，以防在那些所有最接近 w 的 A-世界中 B 也都真（参见图 7.7）[⊖]。

这种语义仍然没有解决反事实表达的问题。选择什么样的相似性度量才能让反事实推断与普通的因果概念相容？什么样的思维表达形式在世界排序中才会让反事实的计算（在人和机器上）变得可控和实用？

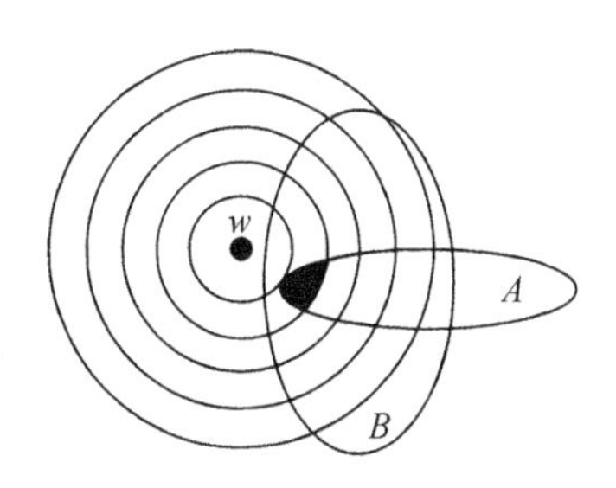

图 7.7　Lewis 的最邻近世界语义的图形表示。每个圆形区域对应于一组与 w 相似的世界。阴影区域表示最邻近的 A-世界的集合。由于所有这些世界都满足 B，因此反事实语句 $A \square\!\!\rightarrow B$ 在 w 中为真

在最初的提议中，Lewis 小心翼翼地保持形式化尽可能地通用。除了要求每个世界都离自己最近之外，他没有在相似性度量上强加任何结构。然而，在进行简单的观察后，我们发现，相似性度量不能随心所欲。人们用反事实进行交流的事实已经表明，他们共享一种相似性度量，这种度量方式在头脑中的描述方式十分简洁，因此它肯定是高度结构化的。Kit Fine（1975）进一步证明了表面上相似是不够的。他举出了"如若尼克松按下按钮，就会爆发核战争"这种反事实，但人们普遍认为这是事实的。显然，与发生核爆炸的世界相比，一个按钮碰巧失效的世界与我们现在的世界更加相似。因此，相

⊖ 在人工智能领域中，提出了一个相关的概念（即可能世界语义（possible-world semantics））来表示行动和数据库更新操作（Ginsberg，1986；Ginsberg and Smith，1987；Winslett，1988；Katsuno and Mendelzon，1991）。

似性度量不仅不能是随心所欲的，而且它们还必须遵循因果法则[㊀]。随后，Lewis（1979）建立了一个复杂的包含权重和优先级的系统来描述相似性的各个方面——“奇迹”（违反法则）的程度、事实匹配、时间顺序，等等——试图使相似性更接近因果直觉。但是，这些优先级可能是因果颠倒的，仍然会产生违反因果直觉（causal intuition）的推断（本人与 J. Woodward 的交流中得出）。

这种难题并不会出现在结构化解释中。与 Lewis 的理论不同，反事实并不是建立在假设世界之间相似性的抽象概念上。相反，它们直接取决于生成这些世界的机制（或者更喜欢称为“定律”），以及这些机制的不变属性。Lewis 深奥难懂的“奇迹”理论被原则化的最小手术方法（principled minisurgeries）所取代，即 $do(X=x)$，它表示（对于所有 u）建立前因 $X=x$ 时所必需的最小变化（对一个模型来说）。因此，如果需要的话，相似性和优先级可以事后作为补充，加入 $do(\cdot)$ 操作中（参见式（3.11）以及 Goldszmidt 和 Pearl（1992）的讨论），但是它们并不是因果分析的基础。

239

结构解释通过简洁的知识描述来回答思维表达的问题，通过有效的算法可以从中推导出原因、反事实以及反事实的概率。但是，这种有效性一部分是通过将反事实的前提限制在命题语句合取的基础上而得到的。在析取假设中，例如“如果 Bizet 和 Verdi 是同胞”，通常会有多种理解，从而导致概率结果不唯一[㊁]。

7.4.2 公理系统的比较

如果我们根据因果知识来评估世界之间的距离，那么就会出现一个问题：因果知识是否会将自己的结构附加在距离上，这种结构并未在 Lewis 的逻辑中得到体现。换句话说，接受了利用因果关系来衡量世界的邻近程度的方法，是否限制了我们认为有效的反事实语句集合呢？这个问题不仅仅是一个理论问题。例如，Gibbarda 和 Harpe（1976）使用 Lewis 的一般性框架来描述决策条件语句（即形式为“如果我们做 A，则有 B”的语句），然而，我们定义的 $do(\cdot)$ 操作却表示基于因果机制的函数。这两种形式是否相同目前还不确定[㊂]。

现在我们证明这两种形式在递归系统中是相同的。换句话说，当存在递归时，合成

㊀ 在这个方面，Lewis 把原因归结为反事实多少有点循环论证。

㊁ 这句话隐含一个析取假设，即他们可能是血缘同胞，或者民族同胞，或者籍贯同胞。——译者注

㊂ Ginsberg 和 Smith（1987）以及 Winslett（1988）也提出了基于最邻近世界语义的行动理论。他们没有对距离度量施加任何特殊结构来反映因果关系。Pearl（2010c）讨论了 do（A 或 B）的反事实解释。

性和有效性都与 Lewis 的最邻近世界的框架保持一致。首先，我们提供一种 Lewis 的逻辑方法，用于描述反事实语句（摘自 Lewis（1973c））。

规则

（1）如果 A 和 $A \Rightarrow B$ 都是定理，那么 B 也是定理。

（2）如果 $(B_1 \ \& \cdots) \Rightarrow C$ 是定理，那么 $((A \square\!\!\rightarrow B_1) \square\!\!\rightarrow B_2) \cdots) \Rightarrow (A \square\!\!\rightarrow C)$ 也是定理。

公理

（1）所有真值函数的重言式（永真式）

（2）$A \square\!\!\rightarrow A$

（3）$(A \square\!\!\rightarrow B) \ \& \ (B \square\!\!\rightarrow A) \Rightarrow (A \square\!\!\rightarrow C) \equiv (B \square\!\!\rightarrow C)$

（4）$((A \vee B) \square\!\!\rightarrow A) \vee ((A \vee B) \square\!\!\rightarrow B) \vee$
$(((A \vee B) \square\!\!\rightarrow C) \equiv (A \square\!\!\rightarrow C) \ \& (B \square\!\!\rightarrow C))$

（5）$A \square\!\!\rightarrow B \Rightarrow A \Rightarrow B$

（6）$A \ \& \ B \Rightarrow A \square\!\!\rightarrow B$

240

语句 $A \square\!\!\rightarrow B$ 表示“在所有最邻近世界中，如若 A 成立，则 B 也成立。”为了将 Lewis 公理与因果模型的公理联系起来，我们必须对 Lewis 的语言进行翻译。首先，我们将把 Lewis 世界等同于因果模型中所有变量的一个实例化，包括 U 中的变量。然后，Lewis 命题将由因果模型中指定给变量子集的值代表（例如，在规定的规则和公理中的 A 和 B）。因此，令 A 代表合取 $X_1 = x_1, \cdots, X_n = x_n$，$B$ 代表合取 $Y_1 = y_1, \cdots, Y_m = y_m$，则

$$\begin{aligned} A \square\!\!\rightarrow B \equiv & Y_{1_{x_1, \cdots, x_n}}(u) = y_1 \\ & \& \ Y_{2_{x_1, \cdots, x_n}}(u) = y_2 \\ & \vdots \\ & Y_{m_{x_1, \cdots, x_n}}(u) = y_m \end{aligned} \qquad (7.41)$$

反过来，我们将因果语句（例如 $Y_x(u) = y$）翻译为 Lewis 的表达方法。那么，令 A 代表命题 $X = x$，B 代表命题 $Y = y$，则

$$Y_x(u) = y \equiv A \square\!\!\rightarrow B \qquad (7.42)$$

公理（1）～（6）遵循最邻近世界理论的解释，对距离度量没有任何限制，除非要求每个世界 w 与自己的距离不得超过与其他世界 $w' \neq w$ 的距离。由于结构语义定义了一个明确的度量世界之间的距离 $d(w, w')$，即等于将 w 转换为 w' 所需局部干预的最少数量。因此，在因果模型中，所有 Lewis 公理都成立，并在逻辑上满足有效性、合成性和（对于非递归系统）可逆性。这些能够明显地看出来。但是，为了保证结构语义不会引入新

的约束，我们需要证明相反的情况：结构语义中的三个公理服从 Lewis 公理。接下来，将这证明这个问题。

为了证明公理（1）～（6）在结构语义上成立，我们依次验证每个公理。

（1）该公理肯定是正确的。

（2）该公理与有效性等同：如果强制将一组变量 X 的值设置为 x，则 X 的结果值就是 x。即 $X_x(u)=x$。

（3）该公理是可逆性的一种较弱形式，仅与非递归因果模型相关。

（4）因为结构模型中的行动仅限于合取，所以该公理与结构模型是不相关的。

（5）该公理可从合成性得到。

（6）该公理可从合成性得到。

为了证明合成性和有效性可由 Lewis 公理得到，我们注意到，合成性是公理（5）以及 Lewis 形式化表达中规则（1）的结果，而有效性与 Lewis 公理（2）相同。

241

总的来说，对于递归模型，因果模型框架除了 Lewis 框架所强加的限制条件之外，对反事实语句不加任何限制，因此，最邻近世界理论的一般性概念就足够了。换句话说，递归性假设非常强大，以至于它已经包含了结构语义所施加的其他限制条件。然而，当我们考虑非递归系统时，我们发现 Lewis 框架并没有强制要求系统具有可逆性。Lewis 公理（3）与可逆性相似，但不如可逆性强。也就是说，即使 $Y=y$ 在所有最邻近 w 的世界中都成立，并且 $W=w$ 在所有最邻近 y 的世界中都成立，但 $Y=y$ 在现实世界中仍不成立。尽管如此，我们还是可以有把握地得出结论，在采用反事实（与可修改的结构方程模型的表示方法和算法机制一起）进行因果解释时，我们并未对递归系统中有效的反事实语句集合施加任何限制。

7.4.3 成像与条件

如果行动是一种从一个概率函数到另一个概率函数的转换，那么人们可能会问，是否每个这样的转换都对应一个行动，或者是否存在某些源自行动本身的转换所特有的约束呢？ Lewis（1976）的反事实公式可以识别这种约束条件：转换必须是一个成像（imaging）算子。

贝叶斯条件 $P(s|e)$ 将整个概率质量从被 e 排除的状态转移到其余状态（与当前的 $P(s)$ 成比例）。而成像的工作方式却不同：每个被排除的状态 s 分别将其质量转移到另

一组状态 $S^*(s)$，这组状态被认为与 s “最邻近”。确实，我们在式（3.11）中看到，由 $do(X_i = x_i)$ 定义的转换可以解释为这种质量的转移过程。每个排除状态（即当 $X_i \neq X_i'$ 时的状态）将其质量转移到一组共享相同 pa_i（即 X_i 的父节点取值）的非排除状态[一]。这种最邻近状态集合 $S^*(s)$ 的简单表述对于马尔可夫模型来说是有效的，然而一般来说，成像允许选择任何这样的集合。

成像为什么可以更充分地表述与行动相关的转换呢？原因可以从 Gardenfors 的一个表示定理中得到答案（Gardenfors，1998，p113；奇怪的是，成像与行动之间的关联从未出现在 Gardenfors 的分析中）。Gardenfors 定理指出，当且仅当一个概率更新操作 $P(s) \to P_A(s)$ 满足幺组合可交换时，它才是成像算子，即对于所有常数 $1 > \alpha > 0$，所有命题 A，以及所有概率函数 P 和 P'，有

$$[\alpha P(s) + (1-\alpha)P'(s)]_A = \alpha P_A(s) + (1-\alpha)P_A'(s) \tag{7.43}$$

也就是说，对任何幺组合的更新就是更新的幺组合[二]。

这一性质称为同态，它使我们能够根据转移概率来指定行动，正如通常在随机控制和马尔可夫决策过程（Markov Decision Process，MDP）中所做的那样。令 $P_A(s \mid s')$ 为已知状态 s' 的情况下完成行动 A 后的概率，那么，同态（7.43）有

242

$$P_A(s) = \sum_{s'} P_A(s \mid s')P(s') \tag{7.44}$$

这表示当 s' 未知时，$P_A(s)$ 可由在 s' 上对 $P_A(s \mid s')$ 进行加权和得到，其中权重为当前的概率函数 $P(s')$。

但是，这种性质过于宽泛了。尽管它允许任何基于行动的转换都可以用转换概率描述，但它也需要接受任何有关概率转换的规范，无论这些规范看起来多么啰唆复杂和不切实际。该性质忽略了行动只是*局部手术*的有价值的信息。例如，与原子行动 $A_i = do(X_i = x_i)$ 相关的转换概率仅是从一组机制中删除其中的一个机制。因此，一组与原子行动关联的转换概率之间通常会相互约束。当对变量 U 的状态赋予概率时，这种约束就从有效性、合成性和可逆性这些公理中体现出来（Galles and Pearl，1997）。

[一] *do*-操作将排除状态 s 的第 i 个分量 X_i' 变换为 X_i（X_i 的子代变量作出相应的变化），成为非排除状态 s^*，再由 $P(s^*) = \sum_{v \in V} P(s^* \mid v)P(v) = \sum_{pa_i} P(s^* \mid pa_i)P(pa_i)$ 实现质量转移，其中 V 是非 X_i 子代的变量集合。——译者注

[二] Katsuno 和 Mendelzon（1991）的（U8）假设条件反映了属性（7.43）：$(K_1 \vee K_2)o\mu = (K_{1o\mu}) \vee (K_{2o\mu})$，其中 o 是更新操作符，和 $do(\cdot)$ 操作类似。

7.4.4 与 Neyman-Rubin 框架的关系

一种模型搜索语言

我们用来表示反事实变量的符号 $Y_x(u)$，借用了 Neyman（1923）和 Rubin（1974）的潜在结果框架，3.6.3 节简要介绍了这一框架，该框架是为评估因果效应统计分析而设计的[⊖]。在该框架中，$Y_x(u)$（通常写为 $Y(x,u)$）代表在假设实验条件 $X=x$ 下受试个体 u 的结果（例如，个人或农田）。然而，与结构化建模不同的是，这个变量不是从因果模型或任何科学知识中推导出来的，而是作为一个原始变量，即一个不可观测变量，根据一致性规则 $X=x \Rightarrow Y_x=Y$（式（7.20）），它只在 x 与实际接受的治疗一致的情况下才能反映出它的值。因此，潜在结果框架无法提供一个数学模型，从中可以推导出这些规则，也无法在这个框架的基础上进行公理刻画，以确定诸如“是否应该配置额外的规则”，或者“一个给定的潜在结果表达式集合是冗余的还是矛盾的”这些问题。

实际上，7.1 节中提出的结构方程模型给出了潜在结果框架中缺乏的形式化语义。因为每个结构方程模型为潜在结果框架中的反事实变量都指定了一致的真值。从结构的角度来看，反事实变量 $Y_x(u)$ 不是一个基本变量，而是对一组方程 F 进行数学推导出来的，这些方程 F 清晰地表达对于某个问题的知识程度。这些知识是通过方程中的变量定性地表达出来的，而不拘泥于它们的函数形式。变量 U 代表一组背景因素集合，而不一定非要代表群体中的某个特定个体。

243

利用这种语义，在 7.3 节中，我们建立了潜在结果函数 $Y_x(u)$ 及其与观测变量 $X(u)$ 和 $Y(u)$ 关系的公理化特征。这些基本公理包含或者蕴含了一些约束条件，如一致性规则（式（7.20）），这些约束条件是由潜在结果框架的研究人员所给出的。

完备性进一步保证，在递归模型中，涉及反事实关系的推导过程可以通过两个公理来实现：有效性和合成性。结构方程语义隐含的所有真命题也可以用这两个公理推导出来。同样，在对递归模型构建假设列联表时（参见 6.5.3 节），我们可以确定，一旦一个列联表满足有效性和合成性，那么至少存在一个因果模型可以生成该表。从本质上讲，这在形式化上建立了经济学和社会学中流行的结构方程模型（Goldberger，1991）与统计

⊖ 经济学中有一个相关的（如果不是完全相同的话）框架叫作转换回归（switching regression）模型。有关此类模型的简要说明，请参见 Heckman（1996）（另请参见文献（Heckman and Honoré，1990）以及文献（Manski，1995））。Winship 和 Morgan（1999）对这两种流派进行了很好的概述。

学中常用的潜在结果框架（Rubin，1974；Holland，1986；Robins，1986）之间的等价性[㊀]。然而，在非递归模型中，情况却并非如此。仅利用合成性和有效性来评估反事实语句，可能无法证明某些有效结论（即在所有因果模型中都是真的），这些结论只能通过可逆性来确认。

图分析与反事实分析

结构框架和潜在结果框架之间的这种形式化上的对等性涵盖了语义和描述的问题，但并不意味着在概念上或实际应用中的等价性。结构方程及其相关的图模型作为表达因果关系的假设时特别有用。这些假设建立在先验经验知识的基础上，正如大量证据所表明的那样，这些知识在人类大脑中被描述为相互关联的自主机制的集合。因此，这些机制是判断反事实的基础。结构方程 $\{f_i\}$ 及其图模型 $G(M)$ 直接反映了这些机制，因此构成了描述或验证因果知识或假设的语言。潜在结果框架的主要缺点在于，它要求将假设表述为包含反事实变量的条件独立关系。比如，式（7.30）中所表达的假设，即便是专家也很难理解，但它所对应的结构模型 $U_1 \perp\!\!\!\perp U_2$ 却很容易理解[㊁]。 244

7.3.2 节举例说明了图模型与反事实概念之间良好的共生关系。在这个例子中，假设以图模型表示，然后转换为反事实表示（使用式（7.25）和式（7.26）的规则），最后进行代数推导。与那些坚持将假设直接表达为反事实的方法相比，这种共生关系提供了一种更有效的分析方法。在第 9 章中将给出更多的例子，以分析因果概率。值得注意的是，在 7.3.2 节的推导过程中，图模型显示了它可以通过条件独立关系辅助推导过程，而这些关系仅通过代数方法不容易推导出来。例如，很难直接证明式（7.27）～（7.30）中的假设蕴含条件独立性（$Y_z \perp\!\!\!\perp Z_x \mid \{Z, X\}$），而不是（$Y_z \perp\!\!\!\perp Z_x \mid Z$）。但是，这些蕴含关系却很容易通过图 7.5 中的图模型以及 7.1.3 节中的孪生网络（参见图 7.1.3）检验出来。

用图模型语言可以很好地描述因果假定，最重要的原因是这些假设在数据采集之前就提出来了，即在这个阶段，模型参数仍然是“未知的”（仍需依据观测数据确定）。通常错误的做法是用统计独立性语言来描述那些假设，这种语言具有可检验性，因此在数

㊀ 在 Holland（1988）、Pratt 和 Schlaifer（1988）、Pearl（1995a），以及 Robins（1995）的文献中，这种等价性被认为是一种数学事实，通过式（3.51）的显式转换以及定理 7.3.6 的完备性结论可以得出。

㊁ 这些观点与 Angrist 等人（1996）所表达的观点截然相反，他们说：“通常情况下，研究人员并不确定这些干扰真正代表了什么。”那些在各自学科有着渊博知识的研究人员非常清楚这些干扰代表什么，而那些不清楚干扰意义的研究人员当然不能对其与反事实的相关性做出实际的判断。事实上，那些回避结构方程或图模型的研究人员往往倾向于在分析中避开学科知识（例如，Rubin，2009）。

学上是可行的（第6章证明了这种错误做法是徒劳的）。然而，不管统计独立性的条件是否与变量 V、变量 U 或反事实有关，通常它们对模型参数值很敏感，而这些参数在模型构建阶段是未知的。在建模阶段已知的知识不足以支撑这些假设，除非这些假设是稳定的，即对模型中的参数值不敏感。图模型的含义完全取决于机制之间的相互关系，满足了这种稳定性要求，因此可以在数据采集之前从常识中确定。例如，对于 $\{f_i\}$ 中的任何函数替换，或者 U_1 和 U_2 的先验概率赋值来说，图7.5中的图模型隐含的断言（$X \perp\!\!\!\perp Y \mid Z, U_1$）都是有效的。

这种方法不仅适用于因果假定的表述，同时也可作为定义和交流因果概念的语言。社会科学和医学中的许多概念是根据不可观测变量 U 之间的关系来定义的，也称作“误差”或“扰动项”。我们已经在第5章（5.4.3节）中看到，对于一些重要的计量经济学概念，例如外生性和工具变量，传统的方法是根据某些观测变量与某些误差项之间无关进行定义的。自然而然，这样的定义会招致严谨的经验主义者的批评，他们认为不可观测的事物是玄奥的或者只是为定义而定义的（Richard，1980；Engle et al.，1983；Holland，1988）。最近，潜在结果分析人员也错误地认为，使用结构模型是对一类特定函数形式的不必要的迁就（Angrist et al.，1996）。下一节将详细讨论这种看法。

7.4.5 外生性和工具变量：反事实定义和图模型定义

245 本章分析了结构方程模型中误差项的反事实解释，补充了式（5.25）的运算定义。我们已经知道，方程 $Y = f_Y(pa_Y, u_Y)$ 中误差项 u_Y 的含义可以通过反事实变量 Y_{pa_Y} 进行描述。换句话说，变量 U_Y 可以解释为 PA_Y 到 Y 的函数映射的修正因子。当 pa_Y 固定时，这种修正的统计信息是可观测的。这种反事实表示方法有利于 U_Y 的代数运算，而不必迁就 f_Y 的函数形式。但是，从模型规范的角度来看，误差项仍应视为所有遗漏因子的总和。

有了这种解释，我们就可以得到因果概念的图模型定义和反事实定义，这些因果概念最初是基于误差项定义的。这种概念的例子包含因果影响、外生性和工具变量（5.4.3节）。在阐明这些概念的定义依赖于误差项、反事实和图模型之间的关系时，我们应首先注意到，这三种描述方式可以组织为一个简单的顺序层次结构。由于图分离意味着独立性，但独立性并不意味着图分离（定理1.2.4），因此基于图分离的定义应该隐含基于误差项独立性的定义。同样，由于对于任意两个变量 X 和 Y，独立性关系 $U_X \perp\!\!\!\perp U_Y$ 蕴含

反事实独立性 $X_{pa_X} \perp\!\!\!\perp Y_{pa_Y}$（但反过来不成立），因此基于误差项独立性的定义应该隐含基于反事实独立性的定义。总的来说，存在以下层次顺序：

图模型准则→基于误差项的准则→反事实准则

外生性的概念可以用来解释这种层次关系。在实际应用中，外生性的定义最好用反事实或干预的术语进行表述，如下所示。

外生性（反事实准则）

当且仅当 X 对 Y 的效应与 X 条件下 Y 的概率相同时，变量 X 相对于 Y 是外生的，即

$$P(Y_x = y) = P(y \mid x) \tag{7.45}$$

或者

$$P(Y = y \mid do(x)) = P(y \mid x) \tag{7.46}$$

反过来，这等价于被 Rosenbaum 和 Rubin(1983) 称为“弱可忽略性”（weak ignorability）的独立性条件 $Y_x \perp\!\!\!\perp X$[㊀]。

这种定义是实用的，因为它强调了经济学家应关注外生性的原因，解释了发现一个外生变量对于策略分析的好处。但是，这一定义不能帮助研究人员从某个领域的常识中，验证这种独立性条件是否适用于给定的系统，尤其是在涉及多个方程式时（参见 11.3.2 节）。为了便于做出这样的判断，经济学家（比如，Koopmans，1950；Orcutt，1952）采用了基于误差项的准则（定义 5.4.6）。 246

外生性（基于误差项的准则）

如果在模型 M 中，X 独立于所有不经 X 而影响 Y 的误差项，那么变量 X 相对于 Y 是外生的[㊁]。

这种定义更有利于我们的判断，因为使用误差项的表述时，更容易将注意力集中在可能会潜在影响 Y 的那些特定因素上，而这些因素往往是科学家所熟悉的。不过，判断这些因素在统计上是否独立是一项艰巨的智力任务，除非独立性是由确保其稳定性的拓扑所决定的。事实上，最通俗易懂的外生性概念包含在“共同原因”的概念中，形式化

㊀ 我们在本节中重点讨论外生性的因果成分。计量经济学文献不幸地将其更名为“超外生性”（参见 5.4.3 节）。流行病学者将式（7.46）称为“无混杂”（见式（6.10））。我们将“强可忽略性”的讨论推迟到第 9 章（定义 9.2.3），其被定义为联合独立性 $\{Y_X, Y_{X'}\} \perp\!\!\!\perp X$。

㊁ 有时在文献中提到相对于所有误差项的独立性（例如，Dhrymes，1970，p.169），但这种条件显然太过于强了。

表述如下。

外生性（图准则）

如果X和Y在$G(M)$中没有共同祖代，或者等价地，如果X和Y之间的所有后门路径（通过对撞箭头）都被阻断，那么变量X相对于Y是外生的[㊀]。

很容易看出，图模型条件蕴含基于误差项的条件，而后者又蕴含式（7.46）的反事实（或实用性）条件。反之，则不成立。例如，图 6.4 给出了一种情况，即基于误差项和反事实的准则都将X归类为外生变量，而图准则认为X不是外生的。我们在 6.4 节指出，这种外生性（这里称为“无混杂”）是不稳定的或偶然的，并且我们提出了这样一个问题，即是否应该将这种情况包括在定义之内？如果我们将不稳定的情况排除在外，那么我们的三级顺序层次结构将会失效，所有这三个定义都将重合。

工具变量：三个定义

工具变量的概念具有类似的三级层次结构（Bowden and Turkington，1984；Pearl，1995c；Angrist et al.，1996），如图 5.9 所示。如果（i）Z独立于所有不经X影响Y的变量（包括误差项），（ii）Z不独立于X，那么在传统定义中，变量Z被定义为工具变量（相对于(X,Y)）。 247

反事实定义[㊁]将条件(i)替换为(i')，即Z独立于Y_x。图模型定义将(i)代替为条件(i'')，即任何连接Z到Y的路径都必须包含一个指向X的箭头（也就是说，$(Z \perp\!\!\!\perp Y)_{G_{\overline{X}}}$）。图 7.8 通过示例说明了这一定义。

当一组协变量S被测量出来时，这些定义概括如下。

㊀ 与第 6 章（第 207 页的注㊀）中一样，“共同祖代”一词应排除除通过X之外与Y没有其他连接的节点，并应该包含每对相关误差的潜在节点。在所有这三个定义中，将条件外生性泛化到相对于可观测的协变量都是很简单的。

㊁ 事实上，将工具变量推广到非线性系统并没有达成一致的意见。这里的定义摘自文献（Galles and Pearl, 1998），然后将基于误差项的定义转换为反事实词汇。Angrist 等人（1996）明确拒绝了有关图模型或误差项的引用，并假定了两个不必要的限制：Z是可忽略的（即随机的，这违反了图 7.8b 和图 7.8c）和Z影响X（违反了图 7.8c）。Heckman 和 Vytlacil（1999）也做出了类似的假设，他们同时使用了反事实模型和结构方程模型，回避图模型会带来严重的缺陷。注意一个变量影响另一个变量与这两个变量不独立的区别，前者意味着后者，但后者不一定意味着前者。

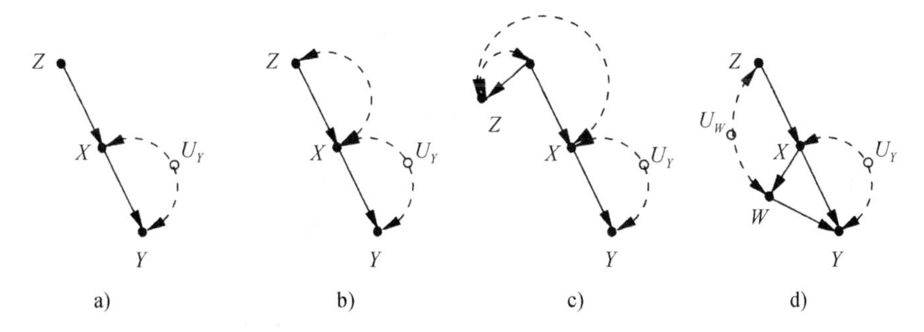

图 7.8　Z 是 a、b、c 模型中的工具变量，因为它满足 $Z \perp\!\!\!\perp U_Y$。在 d 中，Z 不是的工具变量，因为它与 W 相关，从而影响了 Y

定义 7.4.1（工具变量）

如果存在一组不受 X 影响的测量值 $S=s$，满足以下准则中的其中一项，

1. 反事实准则：

（i）$Z \perp\!\!\!\perp Y_x \mid S=s$

（ii）$Z \not\perp\!\!\!\perp X \mid S=s$

2. 图准则：

（i）$(Z \perp\!\!\!\perp Y \mid S)_{G_{\overline{X}}}$

（ii）$(Z \not\perp\!\!\!\perp X \mid S)_G$

那么，变量 Z 是相对于 X 对 Y 的总效应的一个工具变量。

在结束本节前，需要再次强调的是，由于图定义对模型参数的取值不敏感，因此图模型可以很好地用于描述我们的直觉假设，包括因果效应、外生性、工具变量、混杂等，甚至（我推测）还可以描述更多的技术概念，例如随机性和统计独立性。 248

7.5　结构因果与概率因果

概率因果是哲学的一个分支，它试图用概率关系来说明因果关系。这一尝试是由某些想法和期望引起的。首先（也是最重要的一点），概率因果有望解决数百年来有关因果发现的难题，即人类如何只从纯粹的经验观察中发现真正的因果关系，而不需要任何先验的因果关系知识。借鉴休谟论者（Humean）的格言，即所有知识都源于人类的经验，并且假设人类的经验都是以概率函数的形式进行描述的（这一假设不是那么令人信服，但后来也被普遍接受），人们很自然地期望因果知识可简化为某种概率分布上的一组关系，而这种概率是定义在相关变量上的。其次，与因果关系的确定性解释不同，概率因果提供了实质性的认知结构。物理状态和物理定律无须详细说明，因为它们可以用宏观状态之间的概率关系来概括，以便与自然语言描述的程度匹配。最后，概率因果还可以处理现代理论（即量子理论）中的不确定性问题，根据这一概念，决定论只是认识论的一种假想形式，而不确定性是物理现实世界的基本特征。

概率因果正式起源于 Reichenbach（1956）以及 Good（1961）。随后，Suppes（1970）、Skyrms（1980）、Spohn（1980）、Otte（1981）、Salmon（1984）、Cartwright（1989），以及 Eells（1991）对这一概念进行了推动。考虑到它最初的愿景，目前现状令人失望，但回顾我们在 1.5 节中的讨论，这并不奇怪。Salmon 完全放弃了这一努力，他认为“因果关系不能依据统计相关关系进行合理地分析”（1984）。相反，他提出了一套分析方法，其中“因果过程”是基本的组成部分。在 Cartwright 和 Eells 最近的著作中解决了 Salmon 遇到的一些难题，但代价是要么使理论复杂化，难以辨认，要么违背了最初的目标。下面简要介绍了 Cartwright（1989）和 Eells（1991）在概率因果问题上的主要成就、困难以及在哪些方面进行了妥协。

7.5.1 对时序的依赖性

在标准的因果概率假设中，除了已知概率函数 P，还已知变量之间的时间顺序。这很好理解，因为因果关系不是对称关系，而统计相关性是对称的。如果缺乏时间信息，就不可能确定两个因变量中的哪一个是原因，哪一个是结果，因为由“X 是 Y 的原因”模型所产生的任何联合概率分布 $P(x, y)$ 也可以通过模型“Y 是 X 的原因”产生。因此，任何推断出“X 是 Y 的原因”的方法都会对应地推断出“Y 是 X 的原因”。在第 2 章中，[249] 我们证明至少需要三个变量来确定有向无环图中箭头的方向，但更糟糕的是，如果不附加任何（因果）稳定性或极小条件的假设，仅凭概率信息无法确定箭头的方向。通过施加约束“结果不能先于原因”，这种对称性就被打破了，因果推断就可以开始了。

对时间信息的依赖是有代价的，因为它事先排除了对时间顺序未明确定义的情况。这种情况要么因为事件的发生在时间上重叠，要么因为它们（几乎）是瞬时发生的。例如，我们必须放弃（通过不受控制的方法）回答以下这类问题：持续的体育锻炼是否有助于降低胆固醇水平，或者反过来，低胆固醇是否会增强体育锻炼的积极性。同样，概率因果理论在哲学上也不会试图区分“旗杆高会造成阴影长”和“阴影长会导致旗杆高”。从实际应用的角度来讲，在这两种说法中，原因和结果是同时发生的。

我们在第 2 章中已经看到，如果假设极小条件或稳定性，那么可以不用时间统计信息来确定因果关系中的某些方向性。但是，这些假设隐含地反映了物理过程的一般属性，即不变性和自治性（参见 2.9 节），它们构成了因果关系结构方法的基础。

7.5.2　死循环风险

尽管因果关系依赖于时间顺序，哲学家为确定因果关系而设计的标准却存在明显的死循环：为了确定一个事件 C 是否是另一个事件 E 的原因，必须预先知道其他因素与 C 和 E 的因果关系。这种死循环源于在因果评估中对“背景变量”的定义，因为我们认为，“原因应该增加其结果发生的可能性”的直觉必须通过“假设其他变量保持不变”的条件来限定。例如，“学习算术”增加了通过科学测验的可能性，但前提是保持学生年龄不变。否则，实际上随着学生年龄的减小，学习算术可能会降低通过测验的可能性。因此，自然地抛出了以下定义。

定义 7.5.1

如果在某些背景变量 K 中存在至少一个条件 F，满足 $P(E|C,F)>P(E|\neg C,F)$，那么事件 C 对 E 因果相关[㊀][㊁]。

但是，我们应该在背景变量中包括哪些条件呢？一方面，坚持对物理环境的完整描述会将概率因果关系约简为确定性物理定律（除非考虑量子级）。另一方面，完全忽略背景因素（或过于粗略地描述背景因素）会导致伪相关和其他混杂效应。一种比较自然的折中办法是，要求背景变量本身与所讨论的变量“因果相关”，但这正是概率因果中死循环的根源。

250

如何选择合理的背景变量的问题类似于如何为混杂找到一个合理的校正方法，前几章中有关辛普森悖论的讨论中已经涉及（例如，3.3 节、5.1.3 节和 6.1 节）。我们发现（例如在 6.1 节中），选择一组合理的协变量进行校正的准则不能仅仅基于概率关系，还必须依赖于因果信息。尤其是，我们必须确保作为背景的变量满足后门条件，因为总是可以

㊀ 读者可以将 K 理解为一组变量，将 F 理解为对这些变量的一个特定的取值。

㊁ 这类似于 Granger 的因果定义。——译者注

在某些假想因子 F（这些因子 F 使 C 和 E 之间伪相关）的条件下，满足定义 7.5.1 中的不等式（如图 6.2c）。此时，死循环出现了：为了确定 C 对 E 的因果作用（例如，药物对痊愈的效应），必须首先确定每个变量 F（例如性别）对 C 和 E 的因果作用[⊖]。

人们可能尝试通过以 C 之前的所有因素为条件来避免这种死循环，但不幸的是，其他无法通过时间顺序来确定的因素也需要斟酌。回顾 7.2.2 节中下赌注的例子。我必须在掷硬币后对正面或反面下注：猜对了我就赢，猜错了我就输。当然，一旦掷出硬币（尽管结果仍然未知），下注就被认为与赢钱有因果关系，尽管无论下注正面还是反面，赢的概率总是一样的。为了揭示下注（C）的因果关系，即使硬币（F）不符合共同原因的准则，F 不会影响下注（C），也对赢钱（E）没有因果作用（除非我们事先声明下注与赢钱有关），我们也必须在背景中包括 F 的结果。更糟糕的是，虽然 F 出现的时间早于 C，但是我们无法证明在背景变量中包含 F 是否合理，因为无论在我下注之前还是之后掷出硬币，都与当前的问题完全无关。我们的结论是，时间顺序不足以确定哪些背景变量是合理的，即使我们利用了 Eells(1991) 所谓的“相互作用的原因”，即（简化的）因子 F 不受 C 的因果影响，并且与 C（或 $\neg C$）一起增加 E 的概率。

由于因果相关性的所有定义都具有死循环性，因此不能将概率因果视为从时间顺序概率信息中提取因果关系的方法。相反，它应该被视为一种用于“验证一组因果关系是否与已知的时间概率信息一致”的方法。更形式化地，假设已知在一个（完整的）变量集合 V 上的概率分布 P 和时间顺序 O。此外，对 V 中的任何一对变量集（比如，X 和 Y）用符号 R 或 I 进行标注，其中 R 代表“因果相关”，I 代表“因果无关”。概率因果用于检验标注后的 R 和 I 标签是否与 $\langle P, O \rangle$ 一致，以及是否符合“原因应先于结果，并且增加了结果的概率”。

目前，最新的一致性检验方法是基于 Eells(1991) 的相关性准则的一致性检验，可以定义为如下过程。 251

一致性检验

对于任何标记为 $R(X,Y)$ 的变量对 (X,Y)，检验是否同时满足以下条件：

（i）在 O 中，X 先于 Y。

（ii）存在 x、x'、y，使得对变量 Z 的某些取值 z，$P(y \mid x, z) > P(y \mid x', z)$ 成立，其中，Z 是背景 K 中的一组变量，满足 $I(X,Z)$ 和 $R(Z,Y)$。

⊖ 这可能涉及 C 的后代变量或与 C 相关的变量。——译者注

这又导致了其他问题：

（a）每对 $\langle P, O\rangle$ 都有一致的标注吗？

（b）什么情况下标注唯一？

（c）如果这种一致性标注存在，是否有一种方法能够找出这种一致性标注？

尽管图模型方法（Pearl，1996）提供了对这些问题的一些见解，但关键在于，由于死循环的特性，概率因果的使命已经发生了改变：从发现因果变为一致性检验。

还应该指出的是，从条件化的角度来定义因果关系的基本方法，即使最终证明是成功的，但也与“因果关系作为干预的预言”的自然概念背道而驰。该方法首先混淆了因果关系 $P(E \mid do(C))$ 与认知条件化 $P(E \mid C)$，然后（对于 $P(E \mid C)$）通过补救性的条件化步骤去除伪相关，从而得到 $P(E \mid C, F)$。相比之下，结构化方法直接根据自然不变性来定义因果关系（即定义 7.1.2 中的子模型 M_x）。参见定理 3.2.2 之后的讨论。

7.5.3　与孩子们一起挑战封闭世界假定

到目前为止，概率因果中最关键和最不可辩驳的范式是基于这样一种假定：问题域中所有相关变量的概率函数已经悉知。这种假设使研究人员不用担心无法衡量的虚假原因，这些原因（从物理上）可能会影响问题分析中的若干个变量，并且对研究人员来说仍然是模糊的。众所周知，这种“混杂因子”的存在可能会逆转或否定从概率中得出的任何因果结论。例如，如果人们不了解蚊子的作用，可能会认为“不良空气”是疟疾的原因，或者气压计读数下降是下雨的原因，或者工作效率高是迟到的原因，等等。因为以上那些因素是无法衡量的（甚至是完全未曾想到的），所以无法通过条件化或“固定它们”来抵消这些示例中的混杂因子。因此，仔细思考 Hume 关于从原始数据中提取因果信息的目标，需要解决这样一个问题：任何因果信息的有效性都必须建立在一个不可检验的假定之上，即所有相关因素都已被考虑在内。

这就出现了一个问题：人们如何从环境中获取因果信息。更具体地说，儿童如何从经验中提取因果信息。概率因果的支持者试图通过统计学中的学习理论来解释这一现象，但他们不能忽视这样一个事实：儿童从来没有在一个封闭、孤立的环境中生活过。那些未被关注过的外部条件控制着每一个学习环境，这些条件往往有可能以意想不到的隐秘的方式来混杂因果关系。 252

幸运的是，儿童不会在封闭、单调枯燥的环境中成长，这的确是有优点的。除了被动观察之外，儿童还拥有两个统计学家无法获得的有价值的因果信息来源：操控实验和语言指导。操控将假定的因果事件归结于已知机制的唯一影响，从而否定了那些不可控制的（可能产生假定因果效应的）因素的影响。"当然，独立操控的好处在于，其他因素可以保持不变，而不必加以识别"（Cheng，1992）。独立性是通过使相关对象服从自己的意志来实现的，以确保操控不受任何可能产生假定因果效应的环境因素的影响。因此，例如，儿童可以推断出摇晃玩具会发出卡嗒卡嗒的声音，因为正是由孩子的手进行操控，完全由孩子的意志支配，从而引起了玩具的摇晃和随后的声音。自由操控的随意性取代了随机化实验（randomized experimentation）的统计概念，并有助于将儿童行动产生的声音从不受控制的环境因素产生的声音中区分开来。

但是，我们所在环境中的大多数变量是不能够直接被操控的，所以操控实验无法解释人类目前已知的所有因果知识。那么，因果知识的第二个重要来源是语言指导。我们从父母、朋友、老师以及书籍中获得关于事物运作的明确的因果语句，这些语句记录了前人的操控经验。尽管这种因果信息的获取方式似乎看起来很明显，也很乏味，但它可能占据了我们的因果知识中的大部分，理解这种因果信息传递方式并非易事。为了理解和掌握因果语句，比如"因为你推翻了玻璃杯，所以玻璃杯碎了"，儿童必须在脑海中已经具有一个因果分析模式，并且这些因果语句是有意义的。如果需要进一步推断，打碎玻璃杯会让某人对你生气，而不是对你弟弟生气，虽然是他把最后一个玻璃杯打碎的，这需要一套复杂的推断机制。大多数儿童天生就具备这种机制（Gopnik et al.，2004）。

但是，值得注意的是，语言指导大多数都是定性的。我们很少听到家长向孩子们解释说，把玻璃杯放在桌子边上会使玻璃杯打碎的概率增加 2.85 倍。概率因果方法将这种定性嵌入到人工计算的框架中，而结构因果方法（7.1 节）则直接建立在我们通过语言获得和传播的定性知识之上。

7.5.4 特例因果与一般因果

在 7.2.3 节中，我们发现，一般因果（例如，"服用毒芹导致死亡"）和特例因果（例如，"苏格拉底服用毒芹导致死亡"）之间的区别在理解解释的本质方面起着重要作用。我们还注意到，在因果关系的概率解释中，特例因果关系（也称为"特殊性"或"单一事件"因果关系）的概念化或形式化还不够充分。在本节中，我们将详细说明这些问题的性质，并得出结论——它们主要源自概率方法中的基本缺陷。

253

在第 1 章（图 1.6）中，我们证明了对特例因果关系的评估需要以反事实或函数关系描述的知识，并且这些知识不能从纯粹的统计数据中提取，即使这些数据是在受控实验条件下获得的。这种局限性在 7.2.2 节中被归因于维持反事实陈述所需信息在时间上的恒常性（或不变性）。这种恒常性在使用统计语言进行陈述时（通过平均）会消失，即使在时间和因果相关信息十分丰富的情况下也是如此。这种局限性的影响在概率因果的文献中引起了人们的兴趣，并导致了关于特例因果和一般因果之间关系的激烈辩论（比如，参见 Good，1961；Cartwright，1989；Eells，1991；Hausman，1998）。

根据概率因果的一个基本原则，原因应该增加结果的概率。然而，通常情况下，当条件概率 $P(y\mid x)$ 小于 $P(y\mid x')$ 时，我们会将事件 x 判断为 y 的原因。例如，疫苗（x）通常会降低疾病发生的概率（y），但是我们发现（并且可以在医学上证实）疫苗本身会导致某个特例 u 的疾病发生。这种反转对于了解结构模型的学生来说不会有什么问题，他们可以将特例因果陈述解释为“如果 u 没有接种疫苗（x'），那么 u 仍然保持健康（y'）”。这种反事实陈述的概率 $P(Y_{x'}=y'\mid x,y)$ 可能很高，而条件概率 $P(y\mid x)$ 和 $P(y|do(x))$ 都很低，虽然所有概率值都是从同一结构模型中评估的（9.2 节给出了这三个量之间的精确关系）。然而，这种反转对概率因果关系的学生造成了困惑，因为各种原因，他们开始不信任反事实。其中，部分原因是反事实具有决定论的特质（Kvart，1986）。另外一部分原因是反事实被认为是建立在不稳定的形式化基础上的，“因为我们只有一个语义的起点（通过对可能世界的测量手段）[⊖]”（Cartwright，1983）。

为了使概率增长与特例因果这两个概念一致，概率论者声称，如果我们足够仔细地研究任何给定的场景，发现 x 是 y 的原因，那么我们总能够找到一个子群 $Z=z$，在此条件下，x 增加 y 的概率，即

$$P(y\mid x,z)>P(y\mid x',z) \tag{7.47}$$

在上面疫苗的例子中，我们可以确定该子群是由对疫苗产生过敏的人群组成的。根据定义，疫苗无疑会增加这类群体中疾病发生的概率。奇怪的是，只有少数哲学家注意到，诸如“产生过敏”之类的定义是反事实的，在允许对这些因素进行条件化的过程中，人们打开了一扇秘密的后门，将决定论和反事实信息偷偷带回分析中去。

也许在避孕药的例子（Hesslow，1976）中，反事实的表现可能不太明显，这在 4.5.1 节中讨论过。假设我们发现琼斯夫人没有怀孕，并询问服用避孕药是否是她患有血栓的

⊖ 这句话认为，我们只能通过测量来认识世界，而反事实是基于一种不可测量的假想世界，因此语义上难以验证，从而其基础是不稳定的。——译者注

[254] 原因。事实证明，没有怀过孕的女性的人口过于庞大，无法明确回答这个问题。如果琼斯夫人属于那些若不吃药就可能怀孕的女性，那么这种药实际上可以通过防止怀孕来降低血栓形成的概率。另一方面，如果她属于那些不管服不服药都不会怀孕的女性，那么服用这种药肯定会增加血栓形成的概率。这个例子很有启发性，因为这两类测试人群没有专门的名称（与疫苗例子中的“易感性”（susceptibility）不同），必须在反事实词汇中明确定义。一名女性是属于前一类还是后一类取决于许多社会和环境上的偶然因素，这些通常都是未知的，并且不太可能定义为个体的不变属性。不过，我们意识到，在评估避孕药是否是琼斯夫人血栓形成的原因时，有必要分别考虑这两个类别。

因此，我们发现，处理特例因果关系时，无法回避反事实。概率论者在定义特例因果时，坚持不用反事实语法，这反而导致了只能用反事实进行描述子群：在疫苗例子中的“产生过敏”以及琼斯夫人例子中的“不会怀孕”[㊀]。

概率论者当然可以争辩说，没有必要将子群 $Z=z$ 细化到确定性的极端，因为只要找到一个子群增加 y 的概率，就可以停止细化，正如式（7.47）中所要求的那样。然而，除非有一种形式化的方法来识别子群 $Z=z$，并根据某种合理的知识模型（无论假设与否）来计算式（7.47），否则这种论点近似同义重复。不幸的是，没有关于概率因果的文献提到这样的方法[㊁]。

特别是，概率论者在解释以下问题时面临窘境：人类如何如此迅速且一致地找出子群 z，以及人们当被问到 x 是否导致 y 时，为什么大多数人的答案都是相同的。例如（在文献（Suppes，1970）中对 Debra Rosen 的引用），一个偶然使高尔夫球偏转的树枝（x）立刻被一致认为是球最终进洞的“原因”，尽管这种碰撞通常会降低球进洞（y）的概率。显然，如果在这个例子中有一个满足式（7.47）的子群 z（我怀疑有人考虑过这个问题），那么它必须至少具有两个特征：

（1）z 必须包含 x 之前和 x 之后发生的事件。例如，球撞击树枝的角度以及球撞击

[255] 树枝后反弹的草地质地都应该是 z 的一部分。

（2）z 必须依赖 x 和 y。因为，如果我们要测试树枝是否会引起其他后果 y'——比如，球停在距离洞口两码远的地方，那么在式（7.47）中，肯定还需要另一个条件 z'。

㊀ Cartwright（1989，第 3 章）认识到可观测的类别划分（例如怀孕）不足以支持概率增长的论点，但她没有强调更精细的划分不可避免具有反事实性质。这并非偶然，Cartwright 极力主张将反事实排除在因果分析之外（Cartwright，1983，pp.34-5）。

㊁ 甚至 Eells（1991）和 Shafer（1996）都尽力揭示在现实世界中导致 y 概率增长的划分模式，但他们并没有具体说明需要什么信息，要么可以用于选择合适的划分，要么可以用于计算某个划分相关的概率。

这引出了概率因果方法论的一个重大的矛盾：如果对 x 和 y 的忽略导致了错误的 z，以及如果对 x 和 y 的关注导致对 z 的正确选择，那么一定存在某个过程，人们通过这个过程将 x 和 y 的发生融入他们的意识。这个过程到底是什么？根据概率认识论的标准，证据通过条件化的方式纳入一个人的知识语料库。那么，我们如何才能证明导致 z 被选中的那些证据（即 x 和 y 的发生）被排除在外了呢[㊀]？

对式（7.47）的检验表明，从 z 中排除 x 和 y 是出于语法上的不得已，因为这会导致 $P(y\mid x', z)$ 未定义，而且使 $P(y\mid x, z)=1$。实际上，在概率演算的语法中，在 y 已经发生的条件下，我们不能问事件 y 发生的概率会是多少——答案就是（简单的）1。我们能做的最好的事情就是暂时脱离现实世界，假装对 y 的发生一无所知，并在这种状态下计算 y 的概率。这恰好对应于评估 $P(Y_{x'}=y'\mid x, y)$ 的三个步骤（溯因、行动和预测）（参见定理 7.1.7），通过该步骤将得出一个较高的概率值（在我们的示例中），并最终正确地将树枝（x）确定为进洞（y）的原因。正如我们看到的，概率值可以通过对 x 和 y 的条件化来表示和评估，而无须明确找出任何子群 z[㊁]。

具有讽刺意味的是，通过否认反事实条件，概率论者剥夺了自己使用标准条件语句权力（这正是他们试图去保留的），并被迫以迂回的方式来表达那些简单的证据信息。概率论者围绕因果关系所建立的这种句法栅栏，在特例因果和一般因果之间制造了一种人为的对立，但这种对立在结构模型中消失了。在 10.1.1 节中，我们指出，通过同时满足标准条件和反事实条件（即 Y_X），特例因果和一般因果不再需要单独进行分析。这两类原因的区别仅仅在于引起问题的场景特定信息在层次上有所不同，即 $P(Y_x=y\mid e)$ 中证据 e 的特异性程度[㊂]。

7.5.5　总结

Cartwright（1983, p.34）列出采用概率方法与反事实方法进行因果分析的几个原因：

反事实方法要求我们评估反事实的概率，对于这种概率，我们只有一个语义的起点（通过对可能世界的测量手段），而没有方法论，更不用说解释为什么方法论适合于语义了。我们如何检验关于反事实概率的论断？我们没有答案，更没有符合我们新生语义学

256

㊀ 以避免得到特例因果关系。——译者注

㊁ 期望的子群 z 等于所有满足 $X(u)=x$、$Y(u)=y$ 和 $Y_{x'}(u)=y'$（原文似有误，应是 x'）的 u 的集合。

㊂ 即 e 是特例事件的证据，也是一般事件的证据。——译者注

的答案了。最好有一种有效性的度量方法，它只需要事件的概率，而这些事件可以用常规的方式在现实世界中进行检验。

回顾过去 30 年来概率方法的进展，Cartwright 的想法明显不是在她所倡导的框架中实现的，而是在反事实的竞争框架中实现的，如结构模型。在 Simon (1953) 以及 Strotz 和 Wold(1960) 提出的可修改结构模型的概念中，以“可检验的事件”的角度，对“有效性”（在我们的词汇中是“因果效应”）进行了完整的描述，最终形成了后门准则（定理 3.3.2）以及更为泛化的定理 3.6.1 和定理 4.4.1，其中概率准则（如式（3.13）所示）只是一种粗略的特例。根据反事实概率 $P(Y_{x'} \neq y|x, y)$ 对特例因果关系的解释，可以得到有意义的形式化语义（7.1 节）和有效的评估方法（定理 7.1.7 和 7.1.3 节～7.2.1 节）的支撑，而式（7.47）的概率准则还徘徊在模糊和毫无头绪的争辩之中。随着不可测量的实体（例如，世界状态、背景语境、因果相关性、易感性）允许被加入分析中，因果论断可检验的最初梦想在概率框架中被放弃了，而回答可检验性问题的方法已经转移到结构化反事实框架中（参见第 9 章和 11.9 节）。

与不确定性物理学的教义保持一致的理想，似乎是概率因果的唯一出路，本节质疑了维持这一理想是否值得。我们进一步表明，概率因果的基本目标应该重新进行严谨的评估。如果这种方法是一种认识论的体现，那么“概率”一词就是自相矛盾的：人类对因果关系的理解是准确定性的（quasi-deterministic），而我们这些易犯错误的人类仍然是因果关系的主要使用者。如果这种方法是现代物理学中的一种体现，那么“因果关系”一词就不那么重要了：量子级的因果关系遵循其自身的规则和直觉，而使用另一个名称（也许是“量子因果性”）可能更适合一些。然而，关于人工智能和认知科学，我大胆地预测，编程上模拟拉普拉斯（Laplace）和爱因斯坦（Einstein）所提出的“准确定性宏观近似”（quasi-deterministic macroscopic approximations）的机器人，其性能将远胜于 Born、Heisenberg 和 Bohr 提出的“正确但有违直觉理论”（correct but counterintuitive theories）的机器人。

致谢

本章的各节基于 Alex Balke 和 David Galles 的博士研究工作。这项研究工作得益于 Joseph Halpern 的大量投入。

257

第 8 章

不完美实验：边界效应和反事实

但愿我能像揭露谎言一样容易发现真相。

——Cicero（公元前 44 年）

前言

在本章中，我们将描述图模型（graphical model）和反事实（counterfactual）模型（3.2 节和 7.1 节）如何与不完美（imperfect）实验（实验偏离了理想的随机控制）结合，并从中得出因果信息。例如，当随机临床试验中的受试者未完全遵守指定的治疗方法时，通常会发生偏差，从而影响因果效应的识别。当不满足识别条件时，最好的办法就是得出目标值的边界（bound），即在数据生成过程中我们所忽略的值可能范围，而且这个范围不会随着样本量的增加而改进。本章将阐述（i）可以通过简单的代数方法推导出这些边界；（ii）尽管实验的不完美，但从中推导出来的边界是有意义的，有时甚至包含策略对总体及特定个体影响的精确信息；（iii）可以有效利用先验知识来获得这些影响的贝叶斯估计。

8.1 简介

8.1.1 不完美与间接实验

在生物学、医学和行为科学领域，标准实验研究经常会使用随机控制，即将受试者随机分配到各个小组（或治疗、方案），并且将不同分组中受试者之间的平均差异视为相关方案有效性的度量标准。在这种理想的实验设置中，无法满足实验要求或有意放宽实验要求可能会造成偏差。*间接实验*就是一种针对随机控制不可行或有害时的研究方式。在这样的实验中，仍将受试者随机分配到各个小组，但只鼓励（而不是强迫）每个小组成员参与该小组相关的方案，最终还是由个人对这些方案进行选择。

258～259

近年来在社会学和医学实验中，对使用严格的随机化方法提出了质疑，主要有以下三个原因。

1. 完全控制难以实现，也难以确认。“假设治疗是随机化的”这一研究中常用的方式可能会遭到不受控制的*不完全依从性*（imperfect compliance）的影响。例如，对实验药物出现不良反应的受试者可能会自行决定减少剂量。或者，如果一个实验正在测试一种治疗晚期疾病的药物，某个受试者可能会怀疑自己属于对照组，那么他可能会从其他渠道获得这种药物。这种不完全依从性使实验变为间接实验，研究人员从这些数据中得出的结论会存在偏差。除非构建更加详细的依从性模型，否则无法纠正这种偏差（Efron and Feldman，1991）。

2. 拒绝将药物分配给对照组中的受试者，让他们无法享受最佳治疗方案，这违背道德和法律。例如，在艾滋病研究中，很难证明安慰剂方案的合理性，因为那些被分配到安慰剂组的患者将无法获得可能挽救生命的治疗方法（Palca，1989）。

3. 随机化的存在可能会影响受试者的参与程度和行动方式（Heckman，1992）。例如，合格的考生一旦发现学校故意将录取标准随机化，那么他们在申请该学校时可能会变得谨慎。同样，正如 Kramer 和 Shapiro（1984）所指出的那样，与参与非实验研究相比，已经接受药物实验的受试者更不愿意参与随机实验，即使在所有治疗方法都无害的情况下。

总之，研究人员开始意识到，强制进行随机化可能会破坏实验证据的可靠性，同时也意识到，在以人作为受试者的实验中通常涉及（有时应涉及）自我选择这一要素。

本章主要涉及从分析研究中进行推导，在这些研究中，受试者有最终方案（计划）

的选择权。随机化仅被当作一种间接工具变量（或分配），仅仅鼓励或劝阻受试者参与各式各样的项目。例如，在评估某个培训计划的效果时，可以随机向一组学生发送合格通知，也可以随机选择一组合格的候选人，颁发奖学金，以奖励他们参加该计划。同样，在药物实验中，受试者可以随机选择医生建议的剂量水平，但是最终的剂量选择将由受试者根据个人需求决定。

不完美依从性带来了一个问题，因为简单地利用治疗组和对照组之间差异的比率可能会导致错误估计，即如果将治疗方案统一应用于总体人群，那么治疗效果将会如何？例如，如果那些拒绝服药的受试者恰好是那些会产生不良反应的受试者，那么实验可能会得出结论：这种药物比实际效果更有效。在第 3 章中（参见 3.5 节的图 3.7b），我们发现这些研究的治疗效果实际上是无法识别的。也就是说，在没有其他模型假设的情况下，即使实验中受试者的数量接近无穷大，甚至记录每个受试者的行动和反应，也无法从数据中无偏差地估计治疗效果。 260

在本章中，我们试图回答以下问题：间接随机化是否可以提供一种信息，允许对一个计划的内在价值进行近似评估，例如，度量某个计划是否需要在总体人群中进行推广和实施。分析表明，在一组最小的假设条件下，对于计划或治疗方案的因果效应进行推断确实是可能的，尽管这种推断会以边界的形式给出，而不是精确的值估计。研究人员可以使用这些边界来确定一个已知计划的因果效应势必会高于某一个可度量的值，而低于另一个可度量的值[㊀]。

最关键的假设是，对于任何一个特定的人，激励方式会影响其对治疗方案的选择，但对其所选治疗的反应没有影响（参见 7.4.5 节中工具变量的定义）。第二个假设是，受试者对治疗的反应是相互独立的，这个假设在实验研究中经常用到。除了这两个假设，我们的模型对治疗反应的倾向与治疗方案的选择之间的相互作用没有任何限制。

8.1.2　不依从性与治疗意愿

对于不完美依从性问题，研究人员采用了一种普遍的折中方法，即进行“治疗意愿”分析。在这个分析中，将对照组和治疗组进行比较，但不考虑他们是否真的接受了治疗[㊁]。这种分析的结果是度量治疗方案的分配对疾病的影响程度，而不是度量治疗本身

㊀ 因果效应在一个可度量的区间。——译者注

㊁ 某些 FDA 机构目前使用这种方法来批准新药。

对疾病的影响程度。只要实验条件完全模拟最终使用该治疗方法时普遍存在的条件，那么基于治疗意愿分析的估计值就是有效的。实验尤其应该模拟受试者接受每种治疗的激励措施。在现实激励比实验激励更具吸引力的情况下（例如，通常在药物获得政府机构批准时），治疗效果可能与分配效果有很大差异。例如，设想一项研究，其中药物对大部分人群有不良副作用，并且只有那些从某种治疗方案中退出的患者（亚群体）才能康复。治疗意愿分析会将这些康复病例溯因于药物的作用，因为它们是治疗意愿的一部分，尽管实际上这些病例是通过避免治疗而康复的。

解决这种问题的另一种方法是，使用基于工具变量公式的修正因子（Angrist et al.，1996），根据该公式，治疗意愿度量应除以依从所分配治疗方案的受试者的比例。Angrist 等人（1996）研究表明，在某些条件下，修正后的公式对“反应型”受试者亚群体有效，也就是那些如果分配不同的方案，其治疗状态也会改变的受试者。不幸的是，这一亚群体无法确定，更糟糕的是，它不能作为涉及总体人群策略的基础，因为它依赖于工具变量。由于在群体中获得治疗的意愿与实验中的意愿可能不同，因此在实验中反应敏感的个体，在群体中未必反应敏感。因此，我们将分析的重点放在治疗方案的稳定性方面，即不随依从程度的变化而变化。

261

8.2 利用工具变量界定因果效应的范围

8.2.1 问题的形式化表述：约束优化

与间接实验相关的基本实验设置如图 8.1 所示，它与图 3.7b 和图 5.9 同构。尽管在通常情况下，这种分析方式适用于任何利用工具变量（定义 7.4.1）激励受试者选择某种方案的实验研究，但为了突出讨论重点，我们将考虑一个具有部分依从性的临床试验原型。

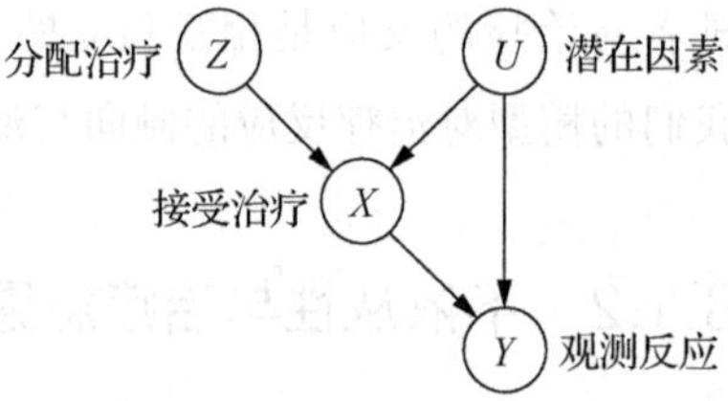

图 8.1 具有部分依从的随机临床试验的因果相关性图模型表示。其中，Z 为工具变量

我们假设 Z、X、Y 是观察到的二值变量，其中 Z 代表（随机）分配的治疗方案，X 是实际接受的治疗方案，Y 是可观测的反应。U 代表影响受试者治疗反应的所有因素，包括观测到的和未观测到的因素。因此，画一个从 U 指向 Y 的箭头。从 U 到 X 的箭头表示 U 也可能影响受试者对治疗方案 X 的选择。这

种依赖关系可能代表一个介于分配（Z）和实际治疗（X）之间的复杂决策过程。

为了便于表示，我们令 z、x、y 分别表示变量 Z、X、Y 的值，解释如下：

$z \in \{z_0, z_1\}$，z_1 表示已经分配治疗方案（z_0，没有分配）。

$x \in \{x_0, x_1\}$，x_1 表示已经进行治疗（x_0，没有进行治疗）。

$y \in \{y_0, y_1\}$，y_1 表示观测到正（好的）反应（y_0，负（不好的）反应）。

U 的值域未指定，但通常可以由几个随机（离散和连续）变量的空间组合而成。

图模型反映以下两个假设：

1. 分配的治疗方案 Z 不会直接影响 Y，而会影响实际的治疗方案 X。事实上，Z 可能对 Y 产生的任何直接影响都可以通过使用安慰剂进行校正。

2. 变量 Z 和 U 是边缘独立的，这可以通过对 Z 的随机化来确保，它排除了 Z 和 U 的共同原因。　262

基于这些假设，联合分布可以分解为

$$P(y, x, z, u) = P(y \mid x, u) P(x \mid z, u) P(z) P(u) \tag{8.1}$$

当然，这并不能直接观测到，因为 U 是不可观测的。然而，边缘分布 $P(y, x, z)$ 和条件分布是可观测的[⊖]，尤其是条件分布

$$P(y, x \mid z) = \sum_u P(y \mid x, u) P(x \mid z, u) P(u), z \in \{z_0, z_1\} \tag{8.2}$$

难点在于从这些分布中评估由治疗方案所引起的 Y 的平均变化。

治疗效果由 $P(y \mid do(x))$ 决定，通过截断因子分解公式（3.10），得出

$$P(y \mid do(x)) = \sum_u P(y \mid x, u) P(u) \tag{8.3}$$

此处，$P(y \mid x, u)$ 和 $P(u)$ 与式（8.2）相同。因此，如果我们对由治疗方案所引起的 Y 的平均变化感兴趣，那么应计算平均因果效应（average causal effect）$\text{ACE}(X \to Y)$（Holland，1988），由以下公式给出

$$\begin{aligned}\text{ACE}(X \to Y) &= P(y_1 \mid do(x_1)) - P(y_1 \mid do(x_0)) \\ &= \sum_u [P(y_1 \mid x_1, u) - P(y_1 \mid x_0, u)] P(u)\end{aligned} \tag{8.4}$$

现在，我们的任务是，已知观测概率 $P(y \mid x, z_0)$ 和 $P(y \mid x, z_1)$（参见式（8.2）），估计或界定式（8.4）中的表达式。此任务相当于做一道在式（8.2）约束条件下找出式（8.4）的最大值和最小值的约束优化问题的练习题，其中，最大化以下所有满足约束条件的函数：

$$P(u), P(y_1 \mid x_0, u), P(y_1 \mid x_1, u), P(x_1 \mid z_0, u), P(x_1 \mid z_1, u)$$

⊖ 当然，在实际应用中，只有有限的样本 $P(y, x \mid z)$ 会被观测到。但是我们的任务之一是识别，而不是估计，因此我们在已知 $P(y, x \mid z)$ 的情况下进行大样本假设。

8.2.2 正则划分：有限响应变量的演化

8.2.1 节中描述的边界问题可以使用传统的数学优化方法来解决。但是，所涉及的函数的连续性，以及未指定 U 的值域，使得这种表示形式不便于计算。相反，我们发现，U 总是能够被一个有限状态变量所代替，这样得到的模型对于 Z、X 和 Y 的所有观察和操作都是等价的（Pearl，1994a）。

263

考虑因果模型中连接两个二值变量 Y 和 X 的结构方程：

$$y = f(x, u)$$

对于任何给定的 u，X 和 Y 之间的关系必然为以下四个函数之一：

$$\begin{array}{c} f_0 : y = 0, f_1 : y = x \\ f_2 : y \neq x, f_3 : y = 1 \end{array} \tag{8.5}$$

当 u 随其域值变化时，不管变化有多复杂，它对模型的唯一影响就是 X 和 Y 之间的关系在这四个函数之间进行切换。如图 8.2 所示，这将 U 的域划分为四个等价类，其中每个类都包含一组与相应函数对应的 u 值。因此，我们可以用一个四值状态变量 $R(u)$ 替换 U，其中每个状态都代表四个函数之一。概率 $P(u)$ 将自动转换为概率函数 $P(r)$，其中 $r = 0, 1, 2, 3$，该函数值等于与 r 对应的等价类的总权重。Balke 和 Pearl（1994a，b）将像 R 这样的状态最小变量称为“响应”变量，Heckerman 和 Shachter（1995）则将其称为“映射”变量，但是“正则划分”一词的更具有描述性[⊖]。

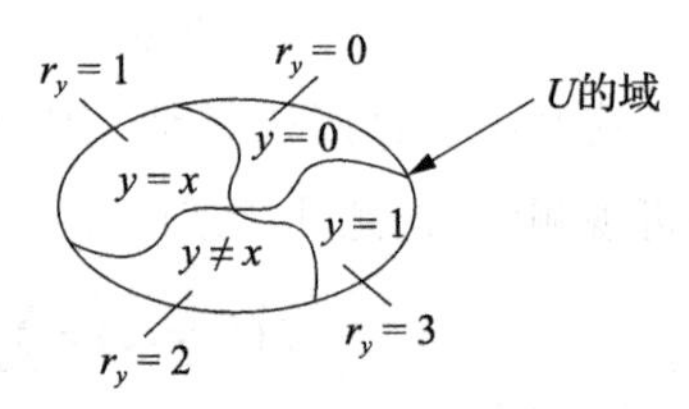

图 8.2 正则划分将 U 分为四个等价类，对任何已知函数 $y = f(x, u)$，每个等价类分别代表从 X 到 Y 的不同函数映射

因为 Z、X 和 Y 都是二值变量，所以 U 的状态空间可分为 16 个等价类，每个类代表两个函数映射：一个从 Z 到 X，另一个从 X 到 Y。为了描述这些等价类，可以简单地将每一个类都看作由两个四值变量 R_x 和 R_y 组成的联合空间中的一个点。通过以下映射

⊖ 在实验框架中，这些划分可以追溯到 Greenland 和 Robins（1986），并被 Frangakis 和 Rubin（2002）称为“主分层”。在此框架中（参见 7.4.4 节），u 代表一个实验单元，$R(u)$ 为单元 u 对治疗 x 的潜在响应。假设每个单元（例如，单个受试者）具有一个内在的、看似“与生俱来”的响应函数遭到了一些反对（Dawid，2000），因为许多因素固有的不可观察性可能决定个体对治疗的反应。$R(u)$ 的等价类公式减少了这些异议（Pearl，2000，2011），它表明了 $R(u)$ 能够从任何存在随机潜在变量的复杂系统中顺理成章地计算出来，前提是我们要通过方程 $y = f(x, u)$ 确认它们的存在。那些之后对量子力学产生异议的人（例如，Salmon，1998）也应将函数关系 $y = f(x, u)$ 视为抽象的数学结构，表示满足约束（8.1）和（8.2）的条件概率 $P(y \mid x, u)$ 中的极值点（顶点）。

函数，变量 R_x 决定了受试者的依从程度。 264

$$x = f_X(z, r_x) = \begin{cases} x_0 & r_x = 0 \\ x_0 & r_x = 1, z = z_0 \\ x_1 & r_x = 1, z = z_1 \\ x_1 & r_x = 2, z = z_0 \\ x_0 & r_x = 2, z = z_1 \\ x_1 & r_x = 3 \end{cases} \tag{8.6}$$

Imbens 和 Rubin（1997）根据依从程度 $r_x = 0,1,2,3$ 将受试者分别称为绝不接受者（never-taker）、依从者（compiler）、抵触者（defier）和绝对接受者（always-taker）。类似地，变量 R_y 通过以下映射函数决定受试者的反应：

$$y = f_Y(x, r_y) = \begin{cases} y_0 & r_y = 0 \\ y_0 & r_y = 1, x = x_0 \\ y_1 & r_y = 1, x = x_1 \\ y_1 & r_y = 2, x = x_0 \\ y_0 & r_y = 2, x = x_1 \\ y_1 & r_y = 3 \end{cases} \tag{8.7}$$

Heckerman 和 Shachter（1995）将响应程度 $r_y = 0,1,2,3$ 分别称为永不康复（never-recover）、有益（helped）、有害（hurt）和绝对康复（always-recover）。

变量 R_y 的状态值与在 7.1 节（定义 7.1.4）中定义的反事实变量 Y_{x_0} 和 Y_{x_1} 之间的对应关系如下：

$$Y_{x_1} = \begin{cases} y_1 & r_y = 1 或 r_y = 3 \\ y_0 & 其他 \end{cases}$$

$$Y_{x_0} = \begin{cases} y_1 & r_y = 2 或 r_y = 3 \\ y_0 & 其他 \end{cases}$$

通常，响应和依从性可能不是独立的，因此用图 8.3 中的双箭头 $R_x \leftarrow\!-\!-\!\rightarrow R_y$ 表示。$R_x \times R_y$ 上的联合分布包含 15 个独立参数，这些参数足以表达图 8.3 中的模型。$P(y, x, z, r_x, r_y) = P(y \mid x, r_y)P(x \mid r_x, z)P(z)P(r_x, r_y)$，因为在图模型中，$Y$ 和 X 与它们的父节点是固定的函数关系。现在，可以直接从式（8.7）得出治疗方案的因果效应：

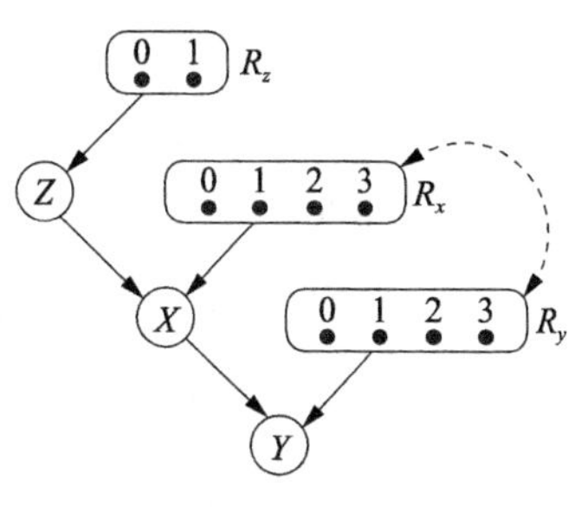

图 8.3　一种与图 8.1 等价的结构，其中利用有限状态响应变量 R_z、R_x 和 R_y

$$P(y_1 \mid do(x_1)) = P(r_y = 1) + P(r_y = 3) \tag{8.8}$$

$$P(y_1 \mid do(x_0)) = P(r_y = 2) + P(r_y = 3) \tag{8.9}$$

265

$$\text{ACE}(X \to Y) = P(r_y = 1) - P(r_y = 2) \tag{8.10}$$

8.2.3 线性规划公式

通过阐述 $P(y,x\mid z)$ 参数和 $P(r_x, r_y)$ 参数之间的关系，我们得到了一组线性约束。在已知 $P(y,x\mid z)$ 的情况下，这组线性约束可用于 $\text{ACE}(X \to Y)$ 最小化或最大化的求解。

观测变量上的条件分布 $P(y,x\mid z)$ 完全由以下 8 种参数指定。

$$\begin{aligned}
p_{00.0} &= P(y_0, x_0 \mid z_0),\ p_{00.1} = P(y_0, x_0 \mid z_1) \\
p_{01.0} &= P(y_0, x_1 \mid z_0),\ p_{01.1} = P(y_0, x_1 \mid z_1) \\
p_{10.0} &= P(y_1, x_0 \mid z_0),\ p_{10.1} = P(y_1, x_0 \mid z_1) \\
p_{11.0} &= P(y_1, x_1 \mid z_0),\ p_{11.1} = P(y_1, x_1 \mid z_1)
\end{aligned}$$

以下概率约束

$$\sum_{n=00}^{11} p_{n.0} = 1 \ \text{且}\ \sum_{n=00}^{11} p_{n.1} = 1$$

进一步蕴含了 $\vec{p} = (p_{00.0}, \cdots, p_{11.1})$ 可以由六维空间中的一个点来指定。该空间记为 P 。

联合概率 $P(r_x, r_y)$ 有 16 种参数：

$$q_{jk} \triangleq P(r_x = j, r_y = k) \tag{8.11}$$

其中 $j, k \in \{0, 1, 2, 3\}$ 。以下概率约束

$$\sum_{j=0}^{3}\sum_{k=0}^{3} q_{jk} = 1$$

表示 $\vec{q}$ 在 15 维空间中指定了一个点。该空间记为 Q 。

现在可以将式（8.10）重写为包含 Q 参数的线性组合式：

266

$$\text{ACE}(X \to Y) = q_{01} + q_{11} + q_{21} + q_{31} - q_{02} - q_{12} - q_{22} - q_{32} \tag{8.12}$$

结合式（8.6）和式（8.7），我们可以得出从 Q 中点 $\vec{q}$ 到 P 中点 $\vec{p}$ 的线性变换公式：

$$\begin{aligned}
p_{00.0} &= q_{00} + q_{01} + q_{10} + q_{11},\quad p_{00.1} = q_{00} + q_{01} + q_{20} + q_{21} \\
p_{01.0} &= q_{20} + q_{22} + q_{30} + q_{32},\quad p_{01.1} = q_{10} + q_{12} + q_{30} + q_{32} \\
p_{10.0} &= q_{02} + q_{03} + q_{12} + q_{13},\quad p_{10.1} = q_{02} + q_{03} + q_{22} + q_{23} \\
p_{11.0} &= q_{21} + q_{23} + q_{31} + q_{33},\quad p_{11.1} = q_{11} + q_{13} + q_{31} + q_{33}
\end{aligned}$$

上式也可以写成矩阵形式 $\vec{p} = \boldsymbol{R}\vec{q}$ 。

已知 P 空间中的一个点 $\vec{p}$，可以通过解决以下线性规划问题来确定 $\mathrm{ACE}(X \to Y)$ 的严格下界。

最小化：$q_{01}+q_{11}+q_{21}+q_{31}-q_{02}-q_{12}-q_{22}-q_{32}$

满足：

$$\begin{aligned}&\sum_{j=0}^{3}\sum_{k=0}^{3} q_{jk}=1\\&\boldsymbol{R}\vec{q}=\vec{p}\\&\text{对于} j,k\in\{0,1,2,3\},\ q_{jk}\geqslant 0\end{aligned} \tag{8.13}$$

对于以上问题，可以使用已有的方法推导解决此类优化问题的符号表达式（Balke, 1995），从而得出治疗效果的下界：

$$\mathrm{ACE}(X \to Y)\geqslant \max\left\{\begin{matrix} p_{11.1}+p_{00.0}-1\\ p_{11.0}+p_{00.1}-1\\ p_{11.0}-p_{11.1}-p_{10.1}-p_{01.0}-p_{10.0}\\ p_{11.1}-p_{11.0}-p_{10.0}-p_{01.1}-p_{10.1}\\ -p_{01.1}-p_{10.1}\\ -p_{01.0}-p_{10.0}\\ p_{00.1}-p_{01.1}-p_{10.1}-p_{01.0}-p_{00.0}\\ p_{00.0}-p_{01.0}-p_{10.0}-p_{01.1}-p_{00.1} \end{matrix}\right\} \tag{8.14a}$$

同样地，上界为

$$\mathrm{ACE}(X \to Y)\leqslant \min\left\{\begin{matrix} 1-p_{01.1}-p_{10.0}\\ 1-p_{01.0}-p_{10.1}\\ -p_{01.0}+p_{01.1}+p_{00.1}+p_{11.0}+p_{00.0}\\ -p_{01.1}+p_{11.1}+p_{00.1}+p_{01.0}+p_{00.0}\\ p_{11.1}+p_{00.1}\\ p_{11.0}-p_{00.0}\\ -p_{10.1}+p_{11.1}+p_{00.1}+p_{11.0}+p_{10.0}\\ -p_{10.0}+p_{11.0}+p_{00.0}+p_{11.1}+p_{10.1} \end{matrix}\right\} \tag{8.14b}$$

267

我们还可以（在相同的线性约束条件下）分别推导出式（8.8）和式（8.9）的边界：

$$P(y_1\mid do(x_0))\geqslant \max\left\{\begin{matrix} p_{10.0}+p_{11.0}-p_{00.1}-p_{11.1}\\ p_{10.1}\\ p_{10.0}\\ p_{01.0}+p_{10.0}-p_{00.1}-p_{01.1} \end{matrix}\right\} \tag{8.15}$$

$$P(y_1 \mid do(x_0)) \leqslant \min \begin{Bmatrix} p_{01.0} + p_{10.0} + p_{10.1} + p_{11.1} \\ 1 - p_{00.1} \\ 1 - p_{00.0} \\ p_{10.0} + p_{11.0} + p_{01.1} + p_{10.1} \end{Bmatrix}$$

$$P(y_1 \mid do(x_1)) \geqslant \max \begin{Bmatrix} p_{11.0} \\ p_{11.1} \\ -p_{00.0} - p_{01.0} + p_{00.1} + p_{11.1} \\ -p_{01.0} - p_{10.0} + p_{10.1} + p_{11.1} \end{Bmatrix}$$

$$P(y_1 \mid do(x_1)) \leqslant \min \begin{Bmatrix} 1 - p_{01.0} \\ 1 - p_{01.1} \\ p_{00.0} + p_{11.0} + p_{10.1} + p_{11.1} \\ p_{10.0} + p_{11.0} + p_{00.1} + p_{11.1} \end{Bmatrix} \tag{8.16}$$

以上公式给出在无假设情况下最严格的量化边界值[⊖]。

8.2.4 自然边界

$\mathrm{ACE}(X \to Y)$ 的边界（式（8.4））可以由以下两个简单的公式进行描述，每个公式由式（8.14a）和式（8.14b）中的前两项组成（Robins，1989；Manski，1990；Pearl，1994a）：

$$\begin{aligned} \mathrm{ACE}(X \to Y) &\geqslant P(y_1 \mid z_1) - P(y_1 \mid z_0) - P(y_1, x_0 \mid z_1) - P(y_0, x_1 \mid z_0) \\ \mathrm{ACE}(X \to Y) &\leqslant P(y_1 \mid z_1) - P(y_1 \mid z_0) + P(y_0, x_0 \mid z_1) + P(y_1, x_1 \mid z_0) \end{aligned} \tag{8.17}$$

由于其简单性和广泛适用性，式（8.17）给出的边界称为自然边界（Balke and Pearl，1997）。自然边界保证了实际治疗的因果效应不可能比激励因素下的因果效应 $(P(y_1 \mid z_1) - P(y_1 \mid z_0))$ 还要小 $(P(y_1, x_0 \mid z_1) + P(y_0, x_1 \mid z_0))$。它们同时也保证了治疗的因果效应不可能比激励的因果效应还要大 $(P(y_0, x_0 \mid z_1) + P(y_1, x_1 \mid z_0))$。毫无疑问，自然边界的宽度由不依从率给出，即 $(P(x_1 \mid z_0) + P(x_0 \mid z_1))$。

268

但是，式（8.14a）和式（8.14b）中的严格边界宽度可以大大缩小。Balke（1995）和 Pearl（1995b）的研究证明，即使在 50% 不依从的情况下，这些边界也可能压缩至某一点，因此可以对 $\mathrm{ACE}(X \to Y)$ 进行一致性估计。当依从方案 z_0 的受试者的百分比与依

⊖ “假设透明化”可能是一个更好的术语。我们对决定受试者依从性的因素不作任何假设，但是我们依赖于假设随机分配和无副作用，如图 8.1 所示。

从方案 z_1 的受试者的百分比相同，且 Y 和 Z 在至少一个治疗方案 x 中完全相关（见 8.5 节的表 8.1）时，就会发生这种情况。

尽管式（8.14a）和式（8.14b）中的严格边界比式（8.17）中的自然边界更复杂，但是一旦我们有了 $P(y,x|z)$ 八种情况的频率数据，就很容易估计严格边界。还可以证明（Balke，1995），当我们有把握假设没有受试者是*抵触治疗*的方案时，即没有受试者会坚决选择与所分配完全相反的治疗方案，那么自然边界是最优的。

请注意，如果响应变量 Y 是连续的，那么可以将 y_1 和 y_0 与二值事件 $Y>t$ 和 $Y\leqslant t$ 分别关联，并令 t 在 Y 的范围内连续变化。式（8.15）和式（8.16）将给出治疗效果 $P(Y<t|do(x))$ 整体分布的边界。

8.2.5　对于处理（治疗）者的处理效应（ETT）

许多文献都假设 $\text{ACE}(X\to Y)$ 是目标参数，因为 $\text{ACE}(X\to Y)$ 可以预测在总体人群中均匀（或随机）应用治疗方案的影响。但是，如果策略制定者对引入新的治疗方案不感兴趣，而只是在现行激励机制下决定维持或终止现有计划，那么目标参数应评估治疗方案对*被治疗者*的影响，即接受治疗的受试者的平均反应与未接受治疗的相同受试者的平均反应的比较（Heckman，1992）。计算此参数较为合适公式为：

$$\begin{aligned}\text{ETT}(X\to Y)&=P(Y_{x_1}=y_1|x_1)-P(Y_{x_0}=y_1|x_1)\\&=\sum_u[P(y_1|x_1,u)-P(y_1|x_0,u)]P(u|x_1)\end{aligned}\tag{8.18}$$

上式与式（8.4）相似，只是对 u 的期望变成了条件 $X=x_1$ 下的期望。

对 $\text{ETT}(X\to Y)$ 的分析表明，在*无干扰*的情况下（即在大多数临床试验中 $P(x_1|z_0)=0$），可以精确地识别 $\text{ETT}(X\to Y)$（Bloom，1984；Heckman and Robb，1986；AngristImbens，1991）。一般情况下，$\text{ETT}(X\to Y)$ 的自然边界可以通过类似的方法获得（Pearl，1995b），其结果如下：

$$\begin{aligned}\text{ETT}(X\to Y)&\geqslant\frac{P(y_1|z_1)-P(y_1|z_0)}{P(x_1)/P(z_1)}-\frac{P(y_0,x_1|z_0)}{P(x_1)}\\\text{ETT}(X\to Y)&\leqslant\frac{P(y_1|z_1)-P(y_1|z_0)}{P(x_1)/P(z_1)}+\frac{P(y_1,x_1|z_0)}{P(x_1)}\end{aligned}\tag{8.19}$$

269

Balke（1995，p.113）给出严格边界。显然，在只有受激励的人（即通过分配）才能获得治疗的情况下，我们有 $P(x_1|z_0)=0$，以及

$$\text{ETT}(X \to Y) = \frac{P(y_1 \mid z_1) - P(y_1 \mid z_0)}{P(x_1 \mid z_1)} \tag{8.20}$$

与 $\text{ACE}(X \to Y)$ 不同，$\text{ETT}(X \to Y)$ 并不是治疗方案的内在属性，因为它随着激励手段变量的不同而变化。因此，它的意义在于研究如何评估现有方案对当前参与者的有效性。

8.2.6 示例：消胆胺的作用

我们以脂质医学研究所冠状动脉一级预防试验数据（1984 年项目）为例，说明如何利用 $\text{ACE}(X \to Y)$ 边界来提供有意义的因果效应信息。Efron 和 Feldman（1991）对该数据集中的一部分（包括 337 名受试者）进行了分析。将受试者随机分为数量大致相等的两个治疗组。在其中一组中，所有受试者均服用消胆胺（z_1），而另一组作为对照组，受试者服用安慰剂（z_0）。在数年的治疗过程中，对每个受试者的胆固醇水平进行多次测量，并将这些测量的平均值作为治疗后的胆固醇水平（连续变量 C_F）。每个受试者的依从性是通过跟踪处方中开具的剂量（连续数量）来确定的。

为了将式（8.17）的边界公式应用于本次研究中的实验数据，首先利用阈值将连续数据转换二值变量，分别代表分配的治疗方案（Z）、实际接受的治疗方案（X）和治疗反应（Y）。药物剂量的阈值大约选择为最小和最大处方剂量之间的中位值。胆固醇水平降低的阈值设置为 28 个单位。在完成这些“阈值设置”之后，数据样本将呈现出以下 8 个概率[⊖]：

$$\begin{aligned}
P(y_0, x_0 \mid z_0) &= 0.919, \quad P(y_0, x_0 \mid z_1) = 0.315 \\
P(y_0, x_1 \mid z_0) &= 0.000, \quad P(y_0, x_1 \mid z_1) = 0.139 \\
P(y_1, x_0 \mid z_0) &= 0.081, \quad P(y_1, x_0 \mid z_1) = 0.073 \\
P(y_1, x_1 \mid z_0) &= 0.000, \quad P(y_1, x_1 \mid z_1) = 0.473
\end{aligned}$$

从这些数据中，可以计算出依从率：

270

$$P(x_1 | z_1) = 0.139 + 0.473 = 0.61$$

平均差异（令 $P(z_1) = 0.50$）：

$$P(y_1 \mid x_1) - p(y_1 \mid x_0) = \frac{0.473}{0.473 + 0.139} - \frac{0.073 + 0.081}{1 + 0.315 + 0.073} = 0.662$$

⊖ 我们采用大样本假设，并将样本频率表示为 $P(y, x \mid z)$。为了说明样本的多样性，所有边界都应该用置信区间和显著性水平来完善，就像在传统的受控实验分析中一样。8.5.1 节使用吉布斯采样（Gibbs sampling）评估样本的多样性。

激励措施的效应（治疗意愿）：

$$P(y_1 | z_1) - P(y_1 | z_0) = 0.073 + 0.473 - 0.081 = 0.465$$

根据式（8.17），$\mathrm{ACE}(X \to Y)$ 的边界为：

$$\mathrm{ACE}(X \to Y) \geqslant 0.465 - 0.073 - 0.000 = 0.392$$
$$\mathrm{ACE}(X \to Y) \leqslant 0.465 + 0.315 + 0.000 = 0.780$$

这些边界包含大量信息：尽管 38.8% 的受试者偏离了他们的治疗方案，但实验人员仍可以明确保证，当统一应用于总体人群时，该治疗方案至少增加 39.2% 的概率，使胆固醇水平降低 28 个单位以上。

“被治疗者”的治疗效果同样显著。使用式（8.20），可以精确评估 $\mathrm{ETT}(X \to Y)$（因为 $P(x_1 | z_0) = 0$）：

$$\mathrm{ETT}(X \to Y) = \frac{0.465}{0.610} = 0.762$$

换句话说，那些接受治疗方案的受试者比在他们未接受治疗的情况下的治疗效果要好得多：在这些受试者中，76.2% 的受试者的胆固醇水平降低了至少 28 个单位，说明这种治疗方法有效。

8.3　反事实和法律责任

在某些法律案件中，原告声称被告的行为是造成原告伤害的原因，这对反事实概率的评估可能会有所启发。如果对反事实的处理不当，很容易做出错误的判决（Robins and Greenland，1989）。考虑以下假设性的虚构案例，这个案例是由 Balke 和 Pearl（1994a）精心构建的，用以说明因果效应与归因之间的差异。

胃肽（PeptAid）的销售商随机将产品样品邮寄给加利福尼亚州压力之城中 10% 的家庭。在后续研究中，研究人员针对每个人确定他们是否接受了胃肽样品，是否服用了胃肽，以及在接下来的一个月中是否患有胃溃疡。

这种情况的因果结构与图 8.1 中给出的部分依从模型相同，其中 z_1 表示从销售商那里收到了胃肽，x_1 表示服用了胃肽，y_1 表示发生了胃溃疡。调查数据显示以下分布：　271

$$P(y_0, x_0 | z_0) = 0.32, \quad P(y_0, x_0 | z_1) = 0.02$$
$$P(y_0, x_1 | z_0) = 0.32, \quad P(y_0, x_1 | z_1) = 0.17$$
$$P(y_1, x_0 | z_0) = 0.04, \quad P(y_1, x_0 | z_1) = 0.67$$
$$P(y_1, x_1 | z_0) = 0.32, \quad P(y_1, x_1 | z_1) = 0.14$$

这些数据表明，服用胃肽的人与患有胃溃疡的人之间存在高度相关性：

$$P(y_1 \mid x_1) = 0.50, P(y_1 \mid x_0) = 0.26$$

此外，治疗意愿分析表明，收到胃肽的人患胃溃疡的概率增加了 45%：

$$P(y_1 \mid z_1) = 0.81, P(y_1 \mid z_0) = 0.36$$

原告史密斯先生听说了这项研究，对销售公司和胃肽生产商提起诉讼。原告的律师对生产商提出异议，声称服用胃肽会导致其客户患胃溃疡，并因此产生医疗费用。同时，原告的律师也对该销售商提出了异议，声称如果销售商未分发产品样品，他的客户也不会患上胃溃疡。

代表胃肽生产商和销售商的辩护律师驳斥了这一论点，他指出胃肽的服用量与患胃溃疡之间存在高度相关性可以归因于一个共同因素，即患胃溃疡之前本身胃肠不适，胃肠不适的人更有可能会服用胃肽，同时胃肠不适也更有可能会发展为胃溃疡。为了证明他们的论点，辩护律师介绍了专家对数据的分析，结果表明，平均而言，服用胃肽实际上可以将一个人患胃溃疡的概率降低至少 15%。

事实上，利用式（8.14a）和式（8.14b）可以计算出，服用胃肽对胃溃疡的平均因果效应具有以下边界：

$$-0.23 \leqslant \mathrm{ACE}(X \to Y) \leqslant -0.15$$

这也证明对于总体人群来说，胃肽是有益的。

但是，原告的律师强调，应该注意总体人群和亚人群之间平均治疗效果的区别，这些人和他的委托人一样，接受并服用胃肽，然后出现了胃溃疡。对总体人群数据的分析表明，在不考虑任何混杂因素（如胃溃疡前疼痛等）的影响下，如果不分发胃肽样品，原告史密斯先生最多有 7% 的概率患上胃溃疡。同样，如果原告史密斯先生没有服用胃肽，那么他最多有 7% 的概率患上胃溃疡。

已知原告实际上收到且服用了胃肽样品，并患上了胃溃疡，那么通过评估“如若原告没有收到胃肽样品，也会患上胃溃疡”的反事实概率边界，我们可以得出对销售商不利的统计数据。该反事实概率可以用参数 q_{13}、q_{31} 和 q_{33} 表示为

272

$$P(Y_{z_0} = y_1 \mid y_1, x_1, z_1) = \frac{P(r_z = 1)(q_{13} + q_{31} + q_{33})}{P(y_1, x_1, z_1)}$$

这是由于只有组合 $\{r_x = 1, r_y = 3\}$、$\{r_x = 3, r_y = 1\}$、$\{r_x = 3, r_y = 3\}$ 满足联合事件 $\{X = x_1, \{Y = y_1, Y_{z0} = y_1\}$，参见式（8.6）、式（8.7），以及式（8.11）。因此，

$$P(Y_{z_0} = y_1 \mid y_1, x_1, z_1) = \frac{q_{13} + q_{31} + q_{33}}{P(y_1, x_1 \mid z_1)}$$

以 q 为参数，该表达式是线性的，可以使用线性规划得出边界：

$$P(Y_{z_0}=y_1\mid z_1,x_1,y_1)\geqslant\frac{1}{p_{11.1}}\max\begin{Bmatrix}0\\ p_{11.1}-p_{00.0}\\ p_{11.0}-p_{00.1}-p_{10.1}\\ p_{10.0}-p_{01.1}-p_{10.1}\end{Bmatrix}$$

$$P(Y_{z_0}=y_1\mid z_1,x_1,y_1)\leqslant\frac{1}{p_{11.1}}\min\begin{Bmatrix}p_{11.1}\\ p_{10.0}+p_{11.0}\\ 1-p_{00.0}-p_{10.1}\end{Bmatrix}$$

同样，通过评估反事实概率边界，可以得出对胃肽生产商不利的数据：

$$P(Y_{x_0}=y_1\mid y_1,x_1,z_1)=\frac{q_{13}+q_{33}}{p_{11.1}}$$

我们以式（8.13）为约束条件最小化和最大化以上公式中的分子，得出

$$P(Y_{x_0}=y_1\mid y_1,x_1,z_1)\geqslant\frac{1}{p_{11.1}}\max\begin{Bmatrix}0\\ p_{11.1}-p_{00.0}-p_{11.0}\\ p_{10.0}-p_{01.1}-p_{10.1}\end{Bmatrix}$$

$$P(Y_{x_0}=y_1\mid y_1,x_1,z_1)\leqslant\frac{1}{p_{11.1}}\min\begin{Bmatrix}p_{11.1}\\ p_{10.0}+p_{11.0}\\ 1-p_{00.0}-p_{10.1}\end{Bmatrix}$$

将观察到的分布 $P(y,x\mid z)$ 代入这些公式，可得到以下边界：

$$0.93\leqslant P(Y_{z_0}=y_0\mid z_1,x_1,y_1)\leqslant 1.00$$

$$0.93\leqslant P(Y_{x_0}=y_0\mid z_1,x_1,y_1)\leqslant 1.00$$

因此，如若原告这一亚人群不被分发胃肽（z_0），或者类似地，如果他们不服用胃肽（x_0），则他们中至少有 93% 的人不会患上胃溃疡。这为原告提供了非常有力的支持，即原告声称销售商和生产商的行为和产品对他产生了有害影响。273

在第 9 章中，我们将继续分析特定事件中的归因，并给出从实验数据和非实验数据中正确识别归因概率的条件。

8.4　工具变量测试

根据 8.2 节的定义，不完美实验模型依赖于两个假设：Z 是随机的，Z 对 Y 没有额外效应。这两个假设意味着 Z 与 U 无关，经济学家称之为“外生性”（exogeneity）的一个条件，并将 Z 定义为相对于 X 和 Y 之间关系的工具变量（参见 5.4.3 节和 7.4.5 节）。

长期以来，人们一直认为不可能通过实验来验证变量 Z 是外生的还是工具变量（Imbens and Angrist，1994），因为定义涉及像 U 这样的不可观测的因素（或通常称为干扰）[⊖]。与因果关系本身一样，外生性的概念被视为主观的产物，无须进行非实验数据的核证。

式（8.14a）和式（8.14b）中提出的边界方法给出了不同的见解。尽管外生性具有难以捉摸的性质，但可以对它进行实验测试。这种检验方式不能保证检测出所有违反外生性的情况，但可以（在某些情况下）筛选掉非常不好的可能工具变量。

通过限制式（8.14b）中的每个上界都大于式（8.14a）中相应的下界，我们可以得到可检验的观测数据分布的约束条件：

$$\begin{aligned} P(y_0, x_0 \mid z_0) + P(y_1, x_0 \mid z_1) &\leqslant 1 \\ P(y_0, x_1 \mid z_0) + P(y_1, x_1 \mid z_1) &\leqslant 1 \\ P(y_1, x_0 \mid z_0) + P(y_0, x_0 \mid z_1) &\leqslant 1 \\ P(y_1, x_1 \mid z_0) + P(y_0, x_1 \mid z_1) &\leqslant 1 \end{aligned} \tag{8.21}$$

如果违反了这些不等式中的任何一个，则可以推断出，我们模型的基础假设中至少有一个也被违反了。如果随机分配方案是精心设计的，那么任何违反这些不等式的现象都必然会被归因于分配方式对受试者反应（例如，创伤经历）存在直接影响。或者，如果 Z 对 Y 的直接效应可以消除（例如，通过有效使用安慰剂），那么任何违反不等式的现象都可以有把握地归因于 Z 和 U 之间存在伪相关性，即分配偏差，并因此丧失了外生性。Richardson 和 Robins（2010）讨论了这些测试的作用。

工具变量不等式

将式（8.21）中的不等式推广为多值变量时，采用如下形式。

274

$$\max_x \sum_y [\max_z P(y, x \mid z)] \leqslant 1 \tag{8.22}$$

称为工具变量不等式（instrumental inequality）。Pearl（1995b，c）给出了证明。将工具变量不等式扩展到 Z 或 Y 连续的情况也不困难。如果 $f(y \mid x, z)$ 是在 X 和 Z 条件下 Y 的条件密度函数，则不等式变为

$$\int_y \max_z [f(y \mid x, z) P(x \mid z)] \mathrm{d}y \leqslant 1 \ \forall x \tag{8.23}$$

⊖ 经济学家（Wu，1973）提出的检验方法仅仅比较了基于两个或两个以上的工具变量的估计值，在出现不一致的情况下，并不能客观地告诉我们哪个估计值是错误的。

但是，扩展至 X 连续的情况在行为上会发生很大的变化，Pearl（1995c）推测图 8.1 的结构对所观察到的密度没有任何约束。该猜想由 Bonet（2001）证明。

从式（8.21）中我们看到，当受控的工具变量 Z 设法在保持 X 不变的同时，使响应变量 Y 产生显著变化，这不满足工具变量不等式。尽管原则上可以通过 U、X 和 Y 之间的强相关性来解释这种变化（因为 X 没有将 Z 与 Y 隔开），但工具变量不等式限制了变化的幅度。

工具变量不等式与量子物理学中的贝尔不等式相似（Suppes，1988；Cushing and McMullin，1989），这并非偶然。这两个不等式描绘了一类观察到的相关性，这些相关性无法通过假设潜在的共同原因来解释。从某种意义上说，工具变量不等式可以看作贝尔不等式的推广，允许在相关的观测值 X 和 Y 之间有直接因果关系。

如果我们愿意对受试者的行为做出额外的假设，那么工具变量不等式会明显收紧。例如，没有人会因为激励工具而气馁，或者（从数学上）对于所有的 u，我们都有

$$P(x_1 \mid z_1, u) \geqslant P(x_1 \mid z_0, u)$$

这样的假设等于受试者中没有抵触者，也就是说，没有一个受试者会始终选择与分配给他们的相反的治疗方案。在这种假设下，可能会收紧式（8.21）中的不等式（Balke and Pearl，1997），对于所有的 $y \in \{y_0, y_1\}$，有

$$\begin{aligned} P(y, x_1 \mid z_1) &\geqslant P(y, x_1 \mid z_0) \\ P(y, x_0 \mid z_0) &\geqslant P(y, x_0 \mid z_1) \end{aligned} \tag{8.24}$$

现在，违反这些不等式意味着要么存在选择偏差（selection bias），要么 Z 对 Y 有直接效应，要么存在抵触的受试者。

8.5 解决不依从性的一种贝叶斯方法

8.5.1 贝叶斯方法和吉布斯采样

本节介绍从有限样本中，结合先验知识，估计因果效应和反事实概率的通用方法。由 Chickering 和 Pearl（1997）[㊀]提出的方法适用于贝叶斯框架，利用该框架可以为任何未知的统计参数指派先验概率，并且可以在采样数据的条件下进行参数值的估计，计算其 [275]

㊀ Imbens 和 Rubin（1997）提出了一种类似的方法，尽管缺乏图形化的表示。

后验分布。在我们的问题中，参数为概率 $P(r_x, r_y)$（或简写为 $P(r)$），从中我们可以推断出 $\text{ACE}(X \to Y)$。

如果我们不将 $P(r)$ 视为一种概率，而是把它看作总群体中具有响应特征 $R=r$ 的个体的占比 v_r，那么将概率指派一个值的想法符合贝叶斯分析的标准原理。v_r 是一个潜在可度量（尽管未知）的物理值，因此可以接受先验概率，即描述了我们对这个量的不确定程度。

假设实验中有 m 个受试者。我们使用 z^i、x^i、y^i 分别表示第 i 个受试者在变量 Z、X、Y 上的观测值。同样，我们使用 r^i 表示受试者 i 的（未观测的）依从（r_x）和响应（r_y）的组合。我们使用 χ^i 表示 $\{z^i, x^i, y^i\}$。

已知实验观测数据 χ 以及未知占比 v_r 的先验分布，我们的目标是推导 $\text{ACE}(X \to Y)$ 的后验分布。v_R 和 $\text{ACE}(X \to Y)$ 的后验分布可以使用图 8.4 中所示的图模型导出，该模型明确表示关于变量 $\{\chi, v_R, \text{ACE}(X \to Y)\}$ 的联合（贝叶斯）分布中具有独立性。该模型可以理解为响应变量模型的 m 维实现（图 8.3），每一维实现都对应于 χ 中的一个三元组，它们通过未知占比 $v_R = (v_{r_1}, v_{r_2}, \ldots, v_{r_{16}})$ 将相应的节点连接在一起。该模型明确表示了这样一个假设：在已知占比 v_R 的情况下，一个受试者属于 16 个子群（依从 – 响应）中任何一个的概率独立于实验中其他受试者的依从和响应行为。根据式（8.10），$\text{ACE}(X \to Y)$ 是 v_R 的确定性函数，因此一旦已知这些占比，$\text{ACE}(X \to Y)$ 就与所有其他变量无关。

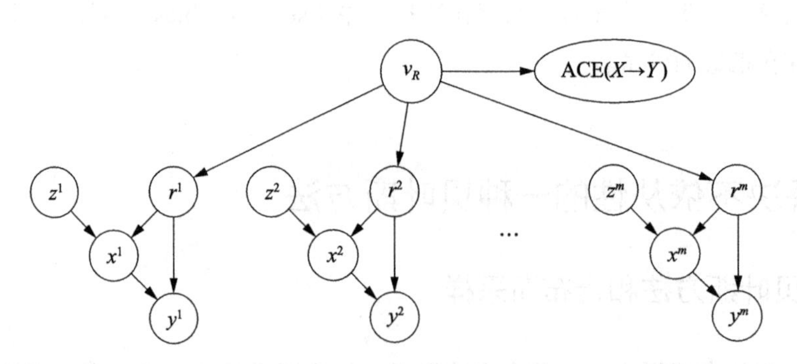

图 8.4　用于表示 $P(\{\chi\} \cup \{v_R\} \cup \{\text{ACE}(X \to Y)\})$ 中独立性的模型

因此，原则上，估计 $\text{ACE}(X \to Y)$ 可以简化为标准的推理任务，即在完全指定的贝叶斯网络中计算变量的后验概率。（在 1.2.4 节中简要总结了这种推理计算的图模型技术）。在大多情况下，可以利用图模型中所包含的独立性来提高推理任务的效率。不幸的是，由于 r^i 从未被观察到，因此即使在已知独立性的情况下，在我们的模型中也不容易推导出 $\mathrm{ACE}(X \to Y)$ 的后验分布。为了获得 $\mathrm{ACE}(X \to Y)$ 的后验分布估计值，可以使用吉布斯采样的近似技术（Robert and Casella，1999）。Pearl（1988b）描述了这种技术的图模型表示，并称之为“随机模拟”。有关细节（如图 8.4 所示），请参见文献（Chickering and Pearl，1997）。在这里，我们以直方图的形式呈现了具有代表性的结果，证明了这种技术对因果推断问题的普遍适用性。 276

8.5.2　样本量和先验分布的效应

以上方法将以下两个变量作为输入：（1）观测数据 χ，即观测到的有关 $\{z, x, y\}$ 的 8 种实现中的每一种实现的个数；（2）未知占比 v_R 的狄利克雷先验（Dirichlet prior），用 16 个参数表示。系统输出 $\mathrm{ACE}(X \to Y)$ 的后验分布，用直方图表示。

为了说明先验分布对输出的影响，我们用两个不同的先验表示所有的结果。第一种是在 16 维向量 v_R 上的平坦（均匀）分布，通常用于表达对该问题域一无所知。第二种先验偏向于表示受试者的依从性和反应性之间的强相关性。图 8.5 显示了由这两个先验分布（在没有任何数据的情况下）得出的 $\mathrm{ACE}(X \to Y)$ 分布。我们看到图 8.5b 的偏态先验几乎都集中在 $\mathrm{ACE}(X \to Y)$ 的负值区间。

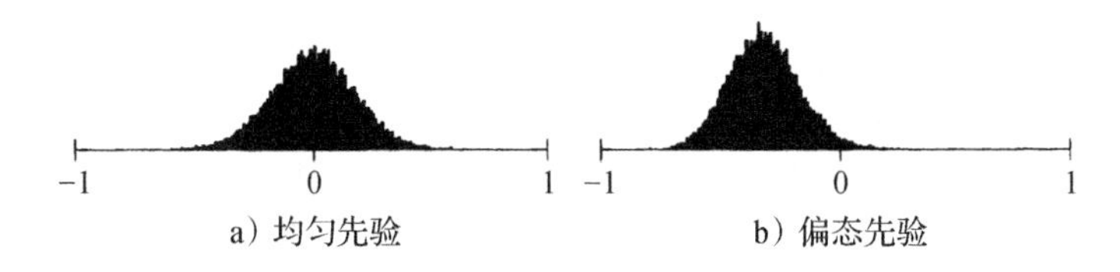

图 8.5　参数 V_{CR} 上不同的先验得出的 $\mathrm{ACE}(X \to Y)$ 先验分布

为了说明增加样本量是如何消除先验分布影响的，我们将该方法应用于从分布 $P(x, y \mid z)$ 中采样出来的模拟数据。通过此分布可识别 ACE，参见表 8.1，并且式（8.14a）和式（8.14b）的上界和下界重叠为一个点：$\mathrm{ACE}(X \to Y) = 0.55$。

表 8.1　一种 $\mathrm{ACE}(X \to Y)$ 可识别的分布情况

z	x	y	$P(x, y, z)$
0	0	0	0.275
0	0	1	0.0

（续）

z	x	y	$P(x, y, z)$
0	1	0	0.225
0	1	1	0.0
1	0	0	0.225
1	0	1	0.0
1	1	0	0.0
1	1	1	0.275

图 8.6 显示了利用吉布斯采样法进行采样后的不同大小的数据集，该采样法使用均匀先验和偏态先验，依从表 8.1 中的分布。正如预期的那样，随着病例数的增加，后验分布越来越集中在 0.55 附近。通常，由于 $\mathrm{ACE}(X \to Y)$ 的偏态先验比均匀先验更集中于 0.55，因此在后验分布收敛至 0.55 之前，均匀先验需要更多样本。

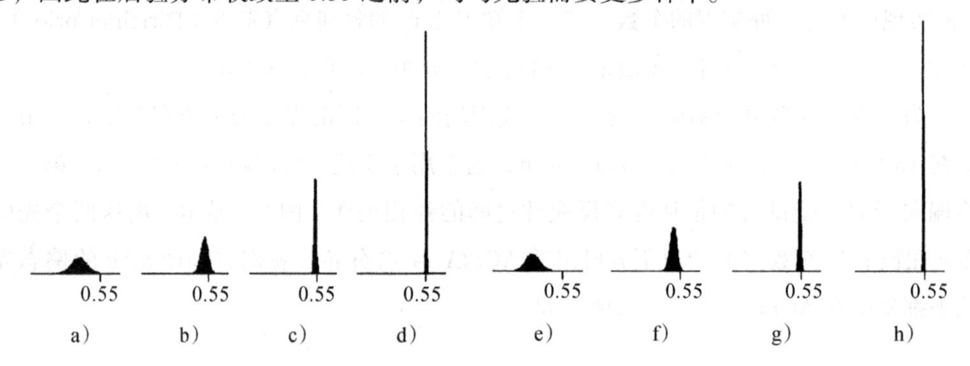

图 8.6　直方图显示了利用两个不同的先验得到的治疗效果。a、b、c 和 d 分别为利用均匀先验在样本集为 10、100、1000、10 000 时确定的 $\mathrm{ACE}(X \to Y)$ 后验分布。e、f、g 和 h 分别为使用相同数据集时，利用偏向先验得出的 $\mathrm{ACE}(X \to Y)$ 后验分布。（横轴间隔为（−1，+1））

8.5.3　从不完全依从的临床数据中估计因果效应

在本节中，我们将分析在不完全依从条件下收集到的两个临床数据集。首先考虑 8.2.6 节中描述的脂质医学研究所冠状动脉一级预防试验数据。表 8.2 为经过阈值处理之后收集到的数据集。基于大样本假设，式（8.14a）和式（8.14b），可得出边界 $0.39 \leqslant \mathrm{ACE}(X \to Y) \leqslant 0.78$。

277

表 8.2　脂质研究和维生素 A 研究中的观察数据

z	x	y	脂质研究观察	维生素 A 研究观察
0	0	0	158	74
0	0	1	14	11 514

（续）

z	x	y	脂质研究观察	维生素 A 研究观察
0	1	0	0	0
0	1	1	0	0
1	0	0	52	34
1	0	1	12	2385
1	1	0	23	12
1	1	1	78	9663

图 8.7 显示了基于这些数据的 $\text{ACE}(X \to Y)$ 的后验密度。值得注意的是，即使数据集中只有 337 个样本，两个后验分布都高度集中在边界 0.39～0.78 的范围内。

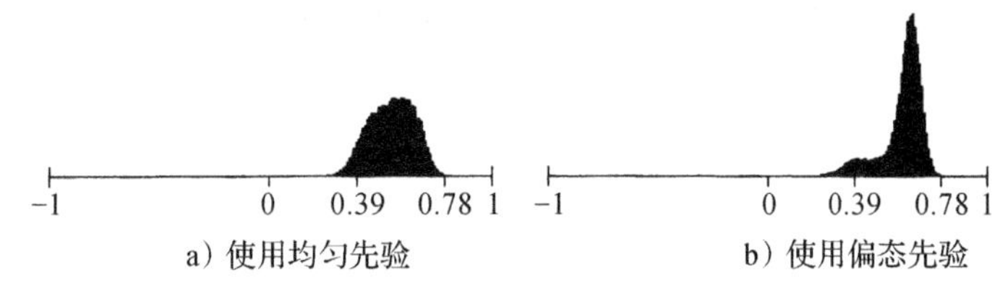

a）使用均匀先验　　b）使用偏态先验

图 8.7　脂质数据的直方图

第二个例子是由 Sommer 等人（1986）提出的实验，旨在确定补充维生素 A 对儿童死亡率的影响。在这项持续一年的研究中，苏门答腊北部的 450 个村庄被随机分配参加维生素 A 补充计划或作为对照组。治疗组的儿童接受服用两次大剂量的维生素 A（x_1），而对照组的儿童则未接受任何治疗（x_0）。一年后，计算两组的死亡人数 y_0。研究结果在表 8.2 中显示。

在大样本假设下，通过式（8.14a）和式（8.14b）中的不等式，得到边界：$-0.19 \leqslant \text{ACE}(X \to Y) \leqslant 0.01$。图 8.8 分别显示了给定数据后两个先验的 $\text{ACE}(X \to Y)$ 后验密度。有趣的是，对于本研究，先验分布的选择对后验有显著影响。这表明，如果临床医生对先验知识不太确信，则应进行敏感性分析（sensitivity analysis）。

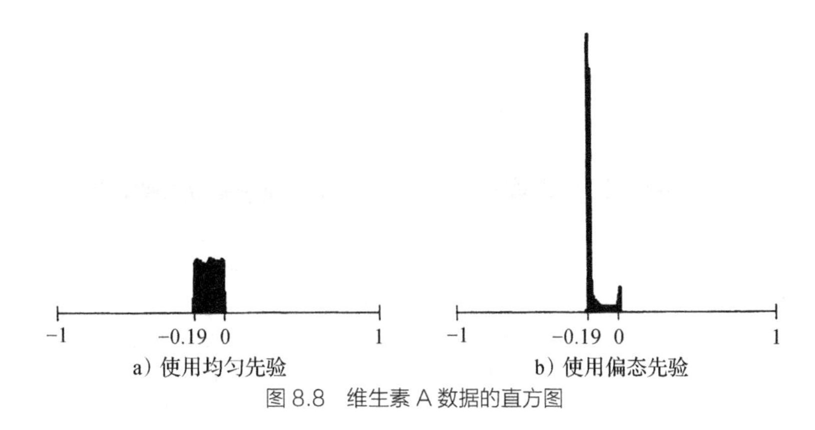

a）使用均匀先验　　b）使用偏态先验

图 8.8　维生素 A 数据的直方图

278～279

在这种情况下，近似边界比贝叶斯估计更具参考意义，吉布斯采样的主要作用是给出这些边界的近似程度。

8.5.4 特例事件因果关系的贝叶斯估计

除了评估因果效应外，刚刚描述的贝叶斯方法也能够（仅需稍加修改）回答与具有特定特征的个体有关的各种反事实问题。在大样本假设下，8.3 节中对此类问题进行了分析和界定。在本节中，我们将演示以下问题的贝叶斯分析过程。已知乔在脂质研究中属于对照组，乔按处方服用安慰剂，并且乔的胆固醇指数没有改善，那么如若乔服用了消胆胺，那么他的胆固醇指数有改善的概率是多大。

这个问题可以通过利用吉布斯采样来回答，与图 8.4 所示的模型类似，只是函数 $\text{ACE}(X \to Y)$（式（8.10））被另一个描述该问题的 v_R 的函数所代替。如果乔在对照组中并服用了安慰剂，那就意味着他要么是依从者，要么是总是不接受者。此外，由于乔的胆固醇指数没有改善，因此乔的响应程度要么是永不康复，要么是有益。因此，他必定属于以下四个依从－响应群体之一：

$$\{(r_x = 0, r_y = 0), (r_x = 0, r_y = 1), (r_x = 1, r_y = 0), (r_x = 1, r_y = 1)\}$$

当且仅当乔的响应程度为有益（$r_y = 1$），如若他服用消胆胺，那么他的情况会得到改善。下面的函数描述了这个问题：

$$f(v_R) = \frac{v_{01} + v_{11}}{v_{01} + v_{02} + v_{11} + v_{12}}$$

图 8.9a 和图 8.9b 分别显示了 $f(v_R)$ 的两个先验分布，即均匀先验和偏态先验。图 8.9c 和图 8.9d 分别显示了当使用均匀先验和偏态先验时，从脂质数据中得出的后验分布 $P(f(v_R \mid \chi)$。在大样本假设下，所计算出的边界为 $0.51 \leqslant f(v_R \mid \chi) \leqslant 0.86$。

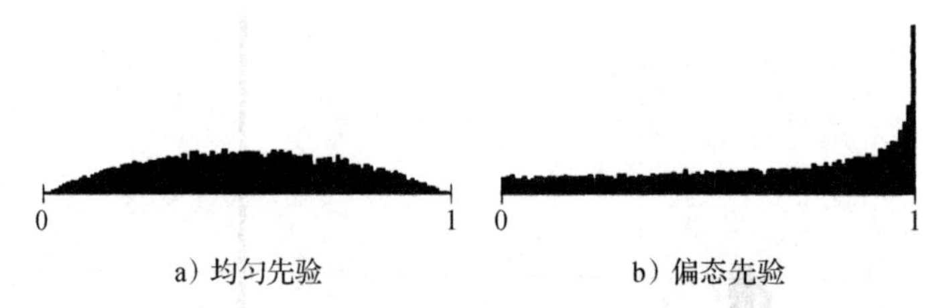

图 8.9 反事实问题“如若乔服用了这种药物，那么情况会有所改善吗？如若没有，那么情况不会改善吗？”。由反事实问题所指定的亚群体 $f(v_R)$ 的先验分布（图 8.9a 和图 8.9b）和后验分布（图 8.9c 和图 8.9d）确认。其中，图 8.9a 对应于均匀先验，图 8.9b 对应于偏态先验

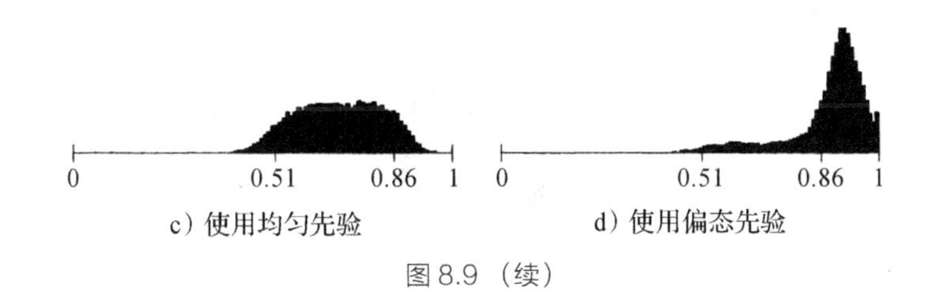

c）使用均匀先验　　d）使用偏态先验

图 8.9（续）

因此，尽管治疗组中有 39% 的患者不依从，并且只有 337 名受试者，但该研究强烈支持以下结论：在乔的特定情况下，乔服用该药会更好。此外，对于两种先验，该结论都成立。

8.6　结论

本章提出了因果分析技术用于处理临床试验中的主要问题之一，即在不完全依从的情况下治疗效果的评估。仅基于治疗意愿分析或者工具变量公式估计可能会产生误导，甚至可能完全超出理论边界。本章中建立的一般公式为策略分析提供了独立于工具变量的保证，此外，还可以使分析人员能够确定强制依从在多大程度上可以提高总体治疗效果。

间接实验和工具变量的重要性不仅局限于人类受试者。每当我们试图评估这些变量（不能被直接操纵，但可能会受到间接影响）的因果效应时，就会出现与不完全依从等价的实验条件。典型的应用包括对正在进行的某个实验过程的诊断，对于这些过程，必须使用间接方式来识别错误行为的来源，因为对可疑来源进行直接操纵在物理上是不可能的，或者成本太高。

从方法论上讲，本章要证明的是，即使在因果量不可识别的情况下，也可以对定义域内的因果关系结构进行合理假设，从而得出对这些关系强度有用的定量信息。一旦将这些假设以图模型形式表达出来，并根据正则划分进行重新描述，就可以利用代数方法进行计算，从而得出我们感兴趣的信息边界。正则划分使我们能够利用研究对象的先验知识来补充结构假设，并通过吉布斯采样技术实现贝叶斯方法对目标参数的估计。

致谢

本章的内容基于与 Alex Balke 和 David Chickering 的合作，并从与 Phil Dawid、James Heckman、Guido Imbens、Steve Jacobsen、Steffen Lauritzen、Charles Manski 和 James Robins 的研讨中受益。

280
~
281

第 9 章

因果关系概率：解释和识别

来吧！我们掣签，看看这灾临到我们是因谁的缘故。

——Jonah 1:7（约拿书，1：7）

前言

评估一个事件导致另一个事件的可能性，在很大程度上可以指导我们对世界的理解（以及我们如何行动）。例如，根据常用的司法标准，当且仅当被告的行为“很可能是”原告受伤（或死亡）的原因时，才应做出有利于原告的判决。但是因果关系有两个方面：必要和充分。这两个方面中哪一个是立法者需要考虑的呢？如何评估它们的概率呢？

本章为事件 x 是另一事件 y 的必要或充分原因（或两者都有）的概率提供了形式化语义。然后，我们阐述了从统计数据中学习必要（或充分）因果关系概率的条件，并说明了如何将实验和非实验方法的数据结合起来，以生成两种方法都不能独立提供的信息。

9.1　简介

因果关系的标准反事实定义（即如若不是 C，E 就不会发生）抓住了“必要原因”的概念。诸如“充分原因”和“必要充分原因”等相互区别的概念在许多应用中都很重要，这些概念也可以在结构模型语义中给出简明的数学定义（7.1 节）。尽管必要原因和充分原因之间的区别可以追溯到 J. S. Mill（1843），但直到在 20 世纪 60 年代通过条件概率（Good，1961）和逻辑含义（Mackie，1965；Rothman，1976）才得到半形式化的解释。这些解释都有基本的语义表达困难[㊀]，而且它们并没有像结构解释（7.1.3 节和 8.3 节）那样给出如何计算原因概率的程序。

282～283

在本章中，我们探讨了必要原因和充分原因的反事实解释，说明了结构模型语义在识别原因概率问题上的应用，并通过实例介绍了从统计数据计算原因概率的新方法。此外，我们认为必要性和充分性是因果关系的两个不同方面，这两个方面都应该参与因果解释的构建。

我们的研究成果在流行病学、法律推理、人工智能和心理学等领域都有应用。流行病专家长期以来一直致力于估计某一疾病“归因于”某一特定暴露的概率，这通常被反事实地解释为“在疾病和暴露确实发生的情况下，如若没有暴露，那么疾病不会发生的概率”。Robins 和 Greenland（1989）称这种反事实概率为“因果关系概率”，用来衡量产生结果的*必要性*[㊁]。它经常用于法律责任（legal responsibility）处于争议焦点的诉讼中（参见 8.3 节）。我们将用符号 PN 来表示这个概念，PN 是必要性概率（probability of necessity）的缩写。

另一方面，因果关系的概念刻画了一个原因对于产生这种结果的*充分性*，并发现其在策略分析、人工智能和心理学中的应用。政策制定者很可能对某些暴露可能给健康人群带来的危险感兴趣（Khoury et al.,1989）。从反事实角度说，这个概念可以表示为“如若一个健康的未暴露的个体被暴露，那么他将染上疾病的概率”，这将用 PS（probability of sufficiency，充分性概率）表示。一个自然的延伸是探究 PNS（probability of necessary

---

㊀ 7.5 节讨论概率论的局限性。10.1.4 节讨论逻辑解释的局限性。

㊁ Greenland 和 Robins（1988）进一步区分了两种衡量因果关系概率的方法：第一种方法（称为“额外部分”）仅关注在特定时间是否发生了效应（例如疾病）；第二种方法（称为“病因学部分”（etiological fraction））要求考虑何时发生效应。在这里，我们将讨论限制在特定时间段内发生的事件，或者是那些“要么全部要么没有”的结果（例如出生缺陷），对于这些结果，重要的是发生的概率，而不是发生的时间。

and sufficient，必要性和充分性因果关系概率)，也就是说，一个给定的个体同时受到两种方式影响的概率有多大。

如示例所示，PS 评估是否存在能够主动产生结果的原因，而 PN 强调在其他原因缺失的情况下（不包含所讨论的原因)，这个原因是否仍然能够解释结果。在法律环境中，如果原因（x）和结果（y）的发生是已经被充分确定的，则 PN 是引起最多关注的焦点，原告必须证明，如若 x 没有发生，y 不会发生（Robertson，1997）。然而，缺乏足够的充分性可能会削弱基于 PN 的论证（Good，1993；Michie，1999）。

众所周知，PN 通常是无法识别的，也就是说，它无法从涉及暴露和疾病的频率数据中估计得出（Greenland and Robins，1988；Robins and Greenland，1989）。这种识别受到两个因素的阻碍。

1. 混杂——暴露和未暴露的受试者可能在几个相关因素上有所不同，或者更一般来说，原因和结果都可能受到第三个因素的影响。在这种情况下，我们认为，相对于结果而言，原因不是外生的（参见 7.4.5 节）。

284

2. 对生成过程的易感性——即使在没有混杂的情况下，某些反事实关系的概率也无法从频率信息中识别出来，除非我们明确指出连接原因和结果之间的函数关系。只要手头的事实（如疾病）可能受到反事实的前因（如暴露）的影响，就需要这种函数描述（参见 1.4 节、7.5 节和 8.3 节中的示例）。

尽管 PN 在一般情况下不可识别，但是仍有人提出了几个公式，根据流行病学研究中获得的频率来计算各种类型的归因（Breslow and Day，1980；Hennekens and Buring，1987；Cole，1997）。当然，任何这样的公式都必须基于关于数据生成过程的某些隐含假设。9.2 节解释了其中一些假设，并探讨了在何种条件下可以放宽这些假设[⊖]。它为 PN 和 PS 提供了新公式，在原因（与结果）混杂的情况下，其结果仍然可以计算（例如，通过临床试验或辅助测量）。9.3 节举例说明了这些公式在法律和流行病学背景下的使用，而 9.4 节提供了当函数关系仅部分已知时可识别 PN 和 PS 的一般条件。

必要原因和充分原因之间的区别在人工智能中具有重要意义，特别是在自动生成会话解释的系统中（参见 7.2.3 节）。从流行病学的例子可以看出，必要因果关系是一个专门针对所考虑的特定事件的概念（特例因果关系），而充分因果关系是基于某类事件产生其他事件的一般趋势。完备的解释应该同时考虑这两个方面。如果我们仅仅根据一般趋

⊖ Robins 和 Greenland（1989）给出了一组识别病因学部分的充分条件。然而，这些条件对于识别 PN 过于严格，以至于忽略了与病因学相关的时间部分。

势（即充分因果关系）进行解释，那么我们就失去了重要的特定信息。例如，用枪瞄准并在1000米外射击一个人，不能作为对该人死亡的解释，因为从如此远的距离发射子弹击中目标的可能性非常低，这与常识相悖。然而如果真的在某一天，子弹确实击中了目标，那么不管是什么原因，开枪者都是造成这一结果的罪魁祸首[1]。另一方面，如果我们仅仅基于单个事件的考虑（即必要因果关系）来进行解释，那么通常存在于各种事件的背景因素就会尴尬地成为解释。例如，房间里有氧气的存在可以解释为发生火灾的原因，因为如果没有氧气，火灾就不会发生。事实上，我们会判断是火柴而不是氧气是引发火灾的实际原因，这表明我们应该超出看到的单个事件（每个这样的事件引发了结果，因此相对于背景因素都是必要和充分的），进而考虑同样问题的一般情况，在这些情况下，氧气显然不是引发火灾的原因。在因果解释的必要成分和充分成分之间必须达到某种平衡[2]。接下来，本章通过形式化地阐述这两个成分之间的基本关系来说明这种平衡。

285

9.2 充分必要原因：识别条件

9.2.1 定义、符号和基本关系

使用7.1节中介绍的反事实符号和结构模型语义，我们对前言中讨论的因果关系的三个方面给出以下定义。

定义 9.2.1（必要性概率，PN）

设 x 和 y 是因果模型 M 中的两个二值变量，x 和 y 分别代表命题 $X=\text{true}$ 和 $Y=\text{true}$，x' 与 y' 表示它们的反值。必要性概率定义为

$$\begin{aligned} PN &\triangleq P(Y_{x'}=\text{false} \mid X=\text{true}, Y=\text{true}) \\ &\triangleq P(y'_{x'} \mid x, y) \end{aligned} \tag{9.1}$$

换言之，假设 x 和 y 实际上确实已经发生，PN 代表 $y'_{x'}$（如若没有事件 x，事件 y 不会发生）的概率。

---

[1] 即不能因为概率低而减责。——译者注

[2] 即不能把每个导致结果发生的事件都解释为实际原因，尽管这些事件在一定条件下的确是引起结果的必要原因和充分原因。——译者注

与7.1节中使用的符号相比，这里的符号有些细微的变化。小写字母（例如x和y）在7.1节中表示变量的值，但现在表示命题（或事件）。还要注意y_x表示$Y_x=\text{true}$的缩写，y'_x表示$Y_x=\text{false}$的缩写[㊀]。习惯于将反事实“如若A发生，则B发生”写成“$A>B$”的读者可以把式（9.1）翻译成$PN \triangleq P(x'>y' \mid x,y)$[㊁]。

定义 9.2.2（充分性概率，PS）

$$PS \triangleq P(y_x \mid y', x') \tag{9.2}$$

PS度量x产生y的能力，并且“产生”意味着x和y从不存在到存在的变换，因此我们对概率$P(y_x)$设置了x和y不存在的条件。于是，PS给出了在x和y不存在的情况下“如若x发生，那么产生y”的概率，这也反映了x的某种必要性（由PN度量）。

定义 9.2.3（充分必要性概率，PNS）

286

$$PNS \triangleq P(y_x, y'_{x'}) \tag{9.3}$$

PNS代表y在两种情况下对x做出响应的概率，因此可以度量x产生y的充分性和必要性。

与这三个基本概念相联系的其他反事实的量化值引起了应用或概念上的兴趣。我们将提到两个这样的量化值，但不会详细讨论它们的分析过程，因为这些可以从PN、PS和PNS中推出。

定义 9.2.4（禁阻概率，PD（Probability of Disablement））

$$PD \triangleq P(y'_{x'} \mid y) \tag{9.4}$$

PD度量y在没有x的情况下被禁阻的概率，因此，希望评估各种预防计划的社会问题决策者对此很感兴趣（Fleiss，1981，p.75-6）。

定义 9.2.5（启开概率，PE（Probability of Enablement））

$$PE \triangleq P(y_x \mid y')$$

㊀ 这些都是由Peyman Meshkat（课堂作业）提出的，大大简化了推导过程。

㊁ 定义9.2.1自然地推广到X和Y是多值的情况，比如$x \in \{x_1, x_2, \cdots, x_k\}$和$y \in \{y_1, y_2, \cdots, y_l\}$。我们说事件$C=\vee_{i\in I}(x=x_i)$对于$E=\vee_{j\in J}(y=y_j)$是“反事实必要的”，写成$\bar{C}>\bar{E}$。如果当$X=x$不是$C$时$Y_x$不是$E$，相应地，$C$是$E$的必要原因的概率定义为$PN \triangleq P(\bar{C}>\bar{E} \mid C, E)$。然而，为了简单起见，我们将继续在二值情况下分析。

PE 与 PS 类似，只是不以 x' 为条件。例如，当我们希望评估整个健康人群（包括已经暴露的人群）暴露的危险时，它是适用的。

尽管这些量都不足以充分确定其他量，但它们并不是完全独立的，如以下引理所示。

引理 9.2.6

因果关系的概率（PNS、PN 和 PS）满足以下关系：

$$PNS = P(x, y)PN + P(x', y')PS \tag{9.5}$$

证明

用我们的符号可以将式（7.20）的一致性条件 $X = x \Rightarrow Y_x = Y$ 翻译成

$$x \Rightarrow (y_x = y), x' \Rightarrow (y_{x'} = y)$$

因此我们可以写出

$$\begin{aligned} y_x \wedge y'_{x'} &= (y_x \wedge y'_{x'}) \wedge (x \vee x') \\ &= (y \wedge x \wedge y'_{x'}) \vee (y_x \wedge y' \wedge x') \end{aligned}$$

利用两边的概率和 x 和 x' 的互斥性，我们得到

$$\begin{aligned} P(y_x, y'_{x'}) &= P(y'_{x'}, x, y) + P(y_x, x', y') \\ &= P(y'_{x'} \mid x, y)P(x, y) + P(y_x \mid x', y')P(x', y') \end{aligned}$$

至此，证明了引理 9.2.6。 □

287

为了专注于 PN 和 PS 所得的因果关系的各个方面的描述，在因果模型中描述那些使这两个量保持不变的变化是有帮助的。接下来的两个引理表明 PN 对抑制 y 的其他原因不敏感，而 PS 对引起 y 的其他原因不敏感。

引理 9.2.7

设 $\mathrm{PN}(x, y)$ 表示 x 是 y 的一个必要原因的概率。设 $z = y \wedge q$ 是 y 的一个结果，它可能被 q' 所抑制。如果 $q \perp\!\!\!\perp \{X, Y, Y_{x'}\}$，那么

$$PN(x, z) \triangleq P(z'_{x'} \mid x, z) = P(y'_{x'} \mid x, y) \triangleq PN(x, y)$$

将过程 $Y_x(u)$ 与 $z = y \wedge q$ 连起来相当于用概率 $P(q')$ 来抑制过程的结果。引理 9.2.7 断言，如果 q 是随机的，我们可以在不影响 PN 的情况下添加这样的链接。原因很清楚：在所考虑的场景中，x 和 z 的条件设置意味着添加的链接没有被 q' 所抑制。

证明

我们有

$$PN(x,z)=P(z'_{x'}\mid x,z)=\frac{P(z'_{x'},x,z)}{P(x,z)}$$
$$=\frac{P(z'_{x'},x,z\mid q)P(q)+P(z'_{x'},x,z\mid q')P(q')}{P(z,x,q)+P(z,x,q')} \tag{9.6}$$

使用$z=y\wedge q$，它遵循

$$q\Rightarrow(z=y),q\Rightarrow(z'_{x'}=y'_{x'})\ \text{且}\ q'\Rightarrow z'$$

因此

$$PN(x,z)=\frac{P(y'_{x'},x,y\mid q)P(q)+0}{P(y,x,q)+0}$$
$$=\frac{P(y'_{x'},x,y)}{P(y,x)}=P(y'_{x'}\mid x,y)=PN(x,y)$$

□

引理 9.2.8

设$PS(x,y)$表示x是y的一个充分原因的概率。设$z=y\vee r$是y的一个结果，它可能被r触发。如果$r\perp\!\!\!\perp\{X,Y,Y_x\}$，那么

$$PS(x,z)\triangleq P(z_x\mid x',z')=P(y_x\mid x',y')\triangleq PS(x,y)$$

引理 9.2.8 断言，可以在不影响 PS 的情况下添加其他（独立）原因（r）。理由同样很清楚：对事件x'和y'的条件设置意味着添加的原因（r）没有激活。引理 9.2.8 的证明与引理 9.2.7 的证明相似。

288

由于到目前为止定义的所有因果度量都引用了对y的条件化，并且假定y受x的影响。即使在没有混杂的情况下，我们知道这些量也不能仅从因果图$G(M)$和数据$P(v)$中识别。此外，通常情况下，这些量中没有一个能够决定其他量。然而，在没有混杂的假设下，这些量可以推导出简单的相互关系和有用的界限，我们称之为外生性假设。

9.2.2 外生性下的界限与基本关系

定义 9.2.9（外生性）

在模型M中，变量X是相对于Y外生的，当且仅当

$$\{Y_x,Y_{x'}\}\perp\!\!\!\perp X \tag{9.7}$$

换句话说，Y对条件x或x'的潜在响应的方式与X的实际值无关。

式（9.7）是第5章（式（5.30））和第6章（式（6.10））中使用的公式的一个强化版本，因为它涉及联合变量$\{Y_x, Y_{x'}\}$。Rosenbaum和Rubin（1983）将这种定义命名为“强可忽略性”(strong ignorability)，它与经典的基于误差的外生性标准（Christ, 1966, p.156；参见7.4.5节）和后门定义准则3.3.1一致。式（5.30）的弱定义对于本章中的所有结果都是充分的，但式（9.11）、式（9.12）和式（9.19）除外，因为式（9.11）、式（9.12）和式（9.19）需要强外生性（式（9.7））。

外生性的重要性依赖于允许识别$\{P(y_x), P(y_{x'})\}$，即X对Y的因果效应，因为（使用$x \Rightarrow (y_x = y)$）

$$P(y_x) = P(y_x \mid x) = P(y \mid x) \tag{9.8}$$

对于$P(y_{x'})$也有类似的归约。

定理9.2.10

在外生性条件下，PNS的界限如下

$$\max[0, P(y \mid x) - P(y \mid x')] \leqslant PNS \leqslant \min[P(y \mid x), P(y' \mid x')] \tag{9.9}$$

这两个边界都是严格的，因为对于每个联合分布$P(x, y)$，都存在一个模型$y = f(x, u)$（其中u独立于x），满足该界限范围内的任意PNS值。

证明

对于任何两个事件A和B，我们都有严格的界限

$$\max[0, P(A) + P(B) - 1] \leqslant P(A, B) \leqslant \min[P(A), P(B)] \tag{9.10}$$

289

式（9.9）根据式（9.3）和式（9.10），使用$A = y_x$、$B = y'_{x'}$、$P(y_x) = P(y \mid x)$和$P(y'_{x'}) = P(y' \mid x')$得到。 □

显然，如果不能确定外生性，那么PNS被类似于式（9.9）的一个不等式约束，其中使用$P(y_x)$和$P(y'_{x'})$分别代替$P(y \mid x)$和$P(y' \mid x')$。

定理9.2.11

在外生性条件下，概率PN、PS和PNS之间的相互关联如下所示：

$$PN = \frac{PNS}{P(y \mid x)} \tag{9.11}$$

$$PS = \frac{PNS}{P(y' \mid x')} \tag{9.12}$$

因此，式（9.9）中 PNS 的界限为 PN 和 PS 提供了相应的界限。

那么，PN 的界限为

$$\frac{\max[0, P(y \mid x) - P(y \mid x')]}{P(y \mid x)} \leqslant PN \leqslant \frac{\min[P(y \mid x), P(y' \mid x')]}{P(y \mid x)} \tag{9.13}$$

在外生性存在的实验研究中，该界限限制了我们识别 PN 的能力。

推论 9.2.12

如果 x 和 y 发生在实验研究中，同时 $P(y_x)$ 和 $P(y_{x'})$ 是该研究中测量得到的因果效应，那么，对于下述范围内的任何 P 值

$$\frac{\max[0, P(y_x) - P(y_{x'})]}{P(y_x)} \leqslant p \leqslant \frac{\min[P(y_x), P(y'_{x'})]}{P(y_x)} \tag{9.14}$$

存在一个与 $P(y_x)$ 和 $P(y_{x'})$ 一致且 $PN = p$ 的因果模型 M。

如果我们有实验研究和观察研究的数据（如 9.3.4 节），那么可以为非实验性事件建立其他边界。这些边界的非零宽度意味着因果关系的概率不能在随机（非拉普拉斯）模型中唯一定义，其中对于每个 u，$y_x(u)$ 需要通过概率 $P(Y_x(u) = y)$ 来确定，而不是具体的数字来确定[⊖]。

定理 9.2.11 的证明

290

使用 $x \Rightarrow (y_x = y)$，我们可以写作 $x \wedge y_x = x \wedge y$，从而得到

$$PN = P(y'_{x'} \mid x, y) = \frac{P(y'_{x'}, x, y)}{P(x, y)} \tag{9.15}$$

$$= \frac{P(y'_{x'}, x, y_x)}{P(x, y)} \tag{9.16}$$

$$= \frac{P(y'_{x'}, y_x) P(x)}{P(x, y)} \tag{9.17}$$

⊖ Robins 和 Greenland（1989）使用 $Y_x(u)$ 的随机模型（stochastic model），将因果关系的概率定义为

$$PN(u) = [P(y \mid x, u) - P(y \mid x', u)] / P(y \mid x, u)$$

而不是式（9.1）中的反事实定义。

$$=\frac{PNS}{P(y|x)} \tag{9.18}$$

这就证明了式（9.11）。式（9.12）同理可证。 □

为了完整起见，我们给出 PNS 与禁阻概率和启开概率之间的关系：

$$PD=\frac{P(x)PNS}{P(y)}, \quad PE=\frac{P(x')PNS}{P(y')} \tag{9.19}$$

9.2.3 单调性和外生性下的可识别性

在讨论式（9.1）～（9.3）中识别反事实量的一般问题之前，讨论一个特殊条件是有指导意义的，该条件称为单调性（monotonicity）。这种单调性通常在实践中是被假定的，并且使这些量是可识别的。由此产生的概率表达式被认为是文献中常见的因果关系度量。

定义 9.2.13（单调性）

在因果模型 M 中，当且仅当函数 $y_x(u)$ 在 x 中对所有 u 是单调时，称变量 Y 相对于变量 X 是单调的。等价地，Y 相对于 X 是单调的，当且仅当

$$y'_x \wedge y_{x'}=\text{false} \tag{9.20}$$

单调性表示这种假设：在任何情况下，从 $X=\text{false}$ 到 $X=\text{true}$ 的变化都不能使 Y 从 true 变为 false[⊖]。在流行病学中，这一假设常常被表达为“无预防”，也就是说，人群中的任何个体都不能通过暴露危险而避免疾病。

定理 9.2.14（外生性和单调性下的可识别性）

如果 X 是外生的，Y 相对于 X 是单调的，那么 PN、PS 和 PNS 概率都是可识别的，由式（9.11）和式（9.12）给出，其中

$$PNS=P(y|x)-P(y|x') \tag{9.21}$$

291

式（9.21）的等号右边在流行病学中被称为“风险差”，也被误称为“归因风险”

⊖ 我们的分析对于 x 或 y（或两者）的互补保持不变。因此，单调性的一般条件应为：$y'_x \wedge y_{x'}=\text{false}$ 或者 $y'_{x'} \wedge y_x=\text{false}$。然而为了简单起见，我们将遵循式（9.20）中的定义。注意：单调性意味着式（5.30）蕴含式（9.7）。

(attributable risk)(Hennekens and Buring，1987)。

从式（9.11）中我们可以看出，必要性概率是可识别的，并由超额风险率（Excess Risk Ratio，ERR）给出

$$PN = \frac{P(y \mid x) - P(y \mid x')}{P(y \mid x)} \tag{9.22}$$

这个概率通常被误称为“归因分数”(Schlesselman，1982)、“归因率百分比”(Hennekens and Boring，1987）或“归因比例”(Cole，1997)。从字面上看，式（9.22）中的比率与归因无关，因为它由统计术语组成，而不是由因果关系或反事实关系组成。然而，外生性和单调性的假设使我们能够将PN定义中的归因概念（式（9.1））转化为纯统计关联的比率。这表明，许多作者提出或推导式（9.22）作为“归因于暴露因素的暴露疾病比例”的度量都默认了外生性和单调性。

Robins和Greenland（1989）在随机单调性假设下（即 $P(Y_x(u)=y) > P(Y_{x'}(u)=y)$）分析了PN的识别，并表明该假设太弱，无法进行这种识别。实际上，它产生的界限与式（9.13）中的界限相同。这表明随机单调性对介于 X 和 Y 之间的函数机制没有任何约束。

PS（式（9.12））的表达式（如下）同样能够说明问题。

$$PS = \frac{P(y \mid x) - P(y \mid x')}{1 - P(y \mid x')} \tag{9.23}$$

因为它与流行病学家所称的“相对差”(Shep，1958）吻合，后者用于测量人群对暴露 x 的易感性。易感性被定义为具有“足以使人在暴露后感染疾病的潜在因素”的人群比例（Khoury et al.，1989）。PS提供了对易感性的形式化反事实解释，这种解释使定义更加清晰，使易感性易于系统分析。

Khoury等人（1989）通过三个假设：无混杂、单调性[⊖]和独立性（即假设暴露易感性与背景易感性无关）认识到易感性一般是不可识别的，也不能推导出式（9.23）。最后一个假设常常被批评为站不住脚，定理9.2.14向我们证明了独立性实际上是不必要的。仅需要外生性和单调性，式（9.23）就具备有效性。

式（9.23）也与Cheng（1997）所称的“因果力”一致，即在抑制“y的所有其他原因”后，x对y的效应。PS的反事实定义（即 $P(y_x \mid x', y')$）表明了对该量的另一种解释。它度量了在实际上不存在x和y的情况下假设x产生y的概率。对y'的条件作用相当

292

⊖ Khoury等人（1989）未提及单调性，但必须隐含地假定单调性以使推导有效。

于选择了（或假设）那些“y的所有其他原因”被抑制的世界。

然而，需要注意的是，三个因果关系概念（式（9.11）～（9.12））之间的简单关系仅在外生性假设下成立。在一般情况下，是式（9.5）这种较弱的关系。此外，所有这些因果关系的概念都是根据全局关系 $Y_x(u)$ 和 $Y_{x'}(u)$ 来定义的，这对于完整描述因果关系的许多细节来说过于粗糙。从 x 到 y 的因果模型的详细结构往往需要提供更精确的概念，如“实际原因”(见第 10 章)。

定理 9.2.14 的证明

记 $y_{x'} \vee y'_{x'} = \text{true}$，我们有

$$y_x = y_x \wedge (y_{x'} \vee y'_{x'}) = (y_x \wedge y_{x'}) \vee (y_x \wedge y'_{x'}) \tag{9.24}$$

且

$$y_{x'} = y_{x'} \wedge (y_x \vee y'_x) = (y_{x'} \wedge y_x) \vee (y_{x'} \wedge y'_x) = y_{x'} \wedge y_x \tag{9.25}$$

因为单调性意味着 $y_{x'} \wedge y'_x = \text{false}$，所以将式（9.25）代入式（9.24）得到

$$y_x = y_{x'} \vee (y_x \wedge y'_{x'}) \tag{9.26}$$

取式（9.26）中的概率并利用 $y_{x'}$ 与 $y'_{x'}$ 的互斥性，得到

$$P(y_x) = P(y_{x'}) + P(y_x, y'_{x'})$$

或

$$P(y_x, y'_{x'}) = P(y_x) - P(y_{x'}) \tag{9.27}$$

式（9.27）与外生性假设（式（9.8））一起推出了式（9.21）。□

9.2.4　单调性和非外生性下的可识别性

定理 9.2.10～定理 9.2.14 中建立的关系是基于外生性假设的。在本节中，我们放宽了这一假设，并考虑 X 对 Y 的影响有混杂的情况，即 $P(y_x) \neq P(y|x)$。在这种情况下，$P(y_x)$ 仍然可以通过辅助手段（例如，通过校正某些协变量或通过实验研究）来估计，但问题是，这些附加信息是否能够使因果关系的概率变得可识别。答案是肯定的。

定理 9.2.15

如果 Y 相对于 X 是单调的，那么当因果效应 $P(y_x)$ 和 $P(y_{x'})$ 可识别时，PNS、PN 和 PS 可识别：

293

$$PNS = P(y_x, y'_{x'}) = P(y_x) - P(y_{x'}) \tag{9.28}$$

$$PN = P(y'_{x'} \mid x, y) = \frac{P(y) - P(y_{x'})}{P(x, y)} \tag{9.29}$$

$$PS = P(y_x \mid x', y') = \frac{P(y_x) - P(y)}{P(x', y')} \tag{9.30}$$

为了理解式（9.29）和式（9.22）之间的差异，我们可以展开 $P(y)$ 并得到

$$\begin{aligned} PN &= \frac{P(y \mid x)P(x) + P(y \mid x')P(x') - P(y_{x'})}{P(y \mid x)P(x)} \\ &= \frac{P(y \mid x) - P(y \mid x')}{P(y \mid x)} + \frac{P(y \mid x') - P(y_{x'})}{P(x, y)} \end{aligned} \tag{9.31}$$

式（9.31）右边的第一项是我们熟悉的超额风险率（如式（9.22）所示），表示在外生性下的 PN 值。第二个术语表示解释混杂所需的校正，也就是 $P(y_{x'}) \neq P(y \mid x')$。

因此，式（9.28）～（9.30）提供了更精确的因果关系度量，可用于因果关系 $P(y_x)$ 通过辅助手段识别的情况（参见 9.3.4 节）。也可以证明，式（9.28）～（9.30）中的表达式为 PNS、PN 和 PS 提供了一般非单调情况下的下界（Tian and Pearl，2000，11.9.2 节）。

值得注意的是，由于 PS 和 PN 必须是非负的，因此式（9.29）～（9.30）为单调性假设提供了一个简单必要的检验：

$$P(y_x) \geqslant P(y) \geqslant P(y_{x'}) \tag{9.32}$$

它收紧了标准不等式（从 $x' \wedge y \Rightarrow y_{x'}$ 和 $x \wedge y' \Rightarrow y_{x'}$）

$$P(y_{x'}) \geqslant P(x', y), \qquad P(y'_x) \geqslant P(x, y') \tag{9.33}$$

J. Tian 已经证明了事实上这些不等式是严格的：满足这些不等式的实验和非实验数据的每种组合都可以从某些因果模型中产生，其中 Y 在 X 中是单调的。“无预防措施”的一般性假设并不能完全免除实验性的工作，这应该让许多流行病学家感到宽慰[⊖]。换言之，如果无预防措施假设在理论上是不可辩驳的，那么式（9.32）可用于测试实验数据和非实验数据的一致性，即临床试验中的受试者是否代表了以联合分布 $P(x, y)$ 刻画的目标人群。

定理 9.2.15 的证明

式（9.28）由式（9.27）推出。为了证明式（9.30），我们写作

⊖ 即仅通过非实验数据进行处理。——译者注

$$P(y_x \mid x', y') = \frac{P(y_x, x', y')}{P(x', y')} = \frac{P(y_x, x', y'_{x'})}{P(x', y')} \qquad (9.34)$$

294

因为 $x' \wedge y' = x' \wedge y'_{x'}$（一致性）。为了计算式（9.34）的分子，我们将式（9.26）与 x' 结合得到

$$x' \wedge y_x = (x' \wedge y_{x'}) \vee (y_x \wedge y'_{x'} \wedge x')$$

然后，我们取两边的概率，得出（因为 $y_{x'}$ 和 $y'_{x'}$ 是互斥的）

$$\begin{aligned} P(y_x, y'_{x'}, x') &= P(x', y_x) - P(x', y_{x'}) \\ &= P(x', y_x) - P(x', y) \\ &= P(y_x) - P(x, y_x) - P(x', y) \\ &= P(y_x) - P(x, y) - P(x', y) \\ &= P(y_x) - P(y) \end{aligned}$$

代入式（9.34），最终得到

$$P(y_x \mid x', y') = \frac{P(y_x) - P(y)}{P(x', y')}$$

即证明了式（9.30）。式（9.29）同理可证。 □

第 3 章举例说明了一类允许在非外生性条件下识别 $P(y_x)$ 的模型。3.2 节（式（3.13））表明，在正马尔可夫模型 M[⊖]中，任意两个变量 X 和 Y 的因果效应 $P(y_x)$ 是可识别的，并可由下式得出。

$$P(y_x) = \sum_{pa_X} P(y \mid pa_X, x) P(pa_X) \qquad (9.35)$$

其中 pa_X 是与 M 相关的因果图中 X 的（实际的）父代变量。因此，我们可以将式（9.35）与定理 9.2.15 结合起来，获得确定因果概率的具体条件。

推论 9.2.16

对于任何正马尔可夫模型 M，如果函数 $Y_x(u)$ 是单调的，则 PNS、PS 和 PN 的因果概率是可识别的，并由式（9.28）～（9.30）给出，其中 $P(y_x)$ 如式（9.35）所示。

通过使用后门准则和前门准则（3.3 节）可以获得更广泛的识别条件，这些准则适用于半马尔可夫模型。Galles 和 Pearl（1995）（参见 4.3.1 节）与 Tian 和 Pearl（2002a）（定理 3.6.1）中有进一步的推广，并得出以下推论。

⊖ 所有联合分布是大于 0 的正值。——译者注

推论 9.2.17

设 GP 是一类满足定理 3.6.1 的半马尔可夫模型。如果 $Y_x(u)$ 是单调的，则 PNS、PS 和 PN 的因果概率在 GP 中是可识别的，并由式（9.28）～（9.30）给出，其中 $P(y_x)$ 由 $G(M)$ 的拓扑通过 Tian 和 Pearl（2002a）提出的算法确定。

295

9.3 实例与应用

9.3.1 实例 1：公平硬币下注

我们必须对掷硬币的结果下正面或反面的赌注：猜对就赢一美元，猜错就输了。假设我们猜正面朝上，赢了一美元，而不看硬币的实际结果。我们的赌注是获胜的必要原因（或充分原因，或两者都有）吗？

本例与 1.4.4 节（见图 1.6）讨论的临床试验是同样的。令 x 代表“我们下注正面”，y 代表“我们赢了一美元”，u 代表“硬币正面朝上”。y，x，u 之间的函数关系是

$$y = (x \wedge u) \vee (x' \wedge u') \quad (9.36)$$

这不是单调的，但是，由于模型是完全确定的，因此允许我们从它们的定义（式（9.1）～（9.3））计算因果关系的概率。例如，因为 $x \wedge y \Rightarrow u$ 且 $Y_{x'}(u) = \text{false}$，所以有

$$PN = P(y'_{x'} \mid x, y) = P(y'_{x'} \mid u) = 1$$

换句话说，已知当前的赌注（x）和当前的输赢（y）可以让我们推断硬币的结果一定是正面朝上（u）。由此我们可以进一步推断，猜反面朝上而不是正面朝上会导致赌输。同样地，

$$PS = P(y_x \mid x', y') = P(y_x \mid u) = 1$$

（因为 $x' \wedge y' \Rightarrow u$）且

$$\begin{aligned} PNS &= P(y_x, y'_{x'}) \\ &= P(y_x, y'_{x'} \mid u)P(u) + P(y_x, y'_{x'} \mid u')P(u') \\ &= 1(0.5) + 0(0.5) = 0.5 \end{aligned}$$

我们看到下注正面有 50% 的机会成为获胜的充分必要原因。不过，一旦我们赢了，我们可以 100% 肯定赌注是赢局的必要条件，一旦我们输了（比如说，下注反面），我们可以 100% 肯定下注正面对产生赢局是充分的。7.2.2 节讨论了这些反事实的经验性内容。

在不知道式（9.36）中的函数关系的情况下，很容易验证这些反事实量不能从 X 和 Y 的联合概率计算得到，因为这个函数关系告诉我们决定胜负的（确定性）策略（1.4.4 节）。例如，从这个例子的条件概率和因果效应可以看出，

$$P(y \mid x)=P(y \mid x')=P(y_x)=P(y_{x'})=P(y)=\frac{1}{2}$$

296

因为相等的概率是由一个随机的收益策略产生的，在这个策略中，y 在函数中独立于 x。比如，一个只看硬币而不管我们下注的庄家产生的收益[㊀]，在这种随机策略中，PN、PS 和 PNS 的因果概率都为零。因此，根据我们对可识别性的定义（定义 3.2.3），如果两个模型在 P 上一致，而在 Q 上不一致，那么 Q 是不可识别的。事实上，定理 9.2.10（式（9.9））中所描述的界限是 $0 \leqslant PNS \leqslant 1/2$，这意味着三种因果关系的概率不能仅由 X 和 Y 的统计数据来确定，即使在对照实验中也是如此。如（9.36）所述，需要解理其中的函数机制。

值得注意的是，硬币是在下注之前还是之后投掷，与刚才定义的因果关系的概率没有关系。这与一些概率因果关系理论（例如，Good，1961）形成鲜明对比，后者试图通过将所有概率条件化为“在所述原因（x）发生之前的世界状态”来避免某些确定性关系。当应用于我们的投注场景时，其目的是将所有的概率都限定在硬币的状态（u）上，但如果在下注后掷硬币，则不满足所要求的条件[㊁]。试图用在原因之后发生的事件来扩大条件集，导致了涉及反事实变量的某些确定性关系（参见 Cartwright，1989；Eells，1991；7.5.4 节中的讨论）。

当然，有人可能会争辩说，如果我们在下注后掷硬币，那么我们根本不知道以不同的方式下注将获得什么收益，只有说出我们的下注，才可能想象也许会影响硬币的抛掷结果（Dawid，2000）。这种异议可以通过将 x 和 u 放置在两个遥远的地方，并在下注后的一瞬间，在任何光线从投注室到达投币室之前投掷硬币，就可以消除这种异议。在这种假设的情况下，即使条件事件（u）发生在原因（x）之后，反事实陈述“如果我们下注不同，我们的胜负也会有所不同”也是相当令人信服的[㊂]。我们的结论是，诸如“x 之前的世界状态”之类的时间描述不能用来正确地识别问题中的适当条件事件集（u），为了形成“因果概率”的概念，需要一个所涉机制的确定性模型。

㊀ 在这种情况下，庄家的收益独立于我们的下注。——译者注

㊁ 即在 x 变化之前的概率。——译者注

㊂ 注意作为反事实陈述，其前提是一个相反的结果已经发生，因此对于硬币下注的问题，上面的陈述总是对的。——译者注

9.3.2 实例 2：刑法执行

再次考虑 7.1.2 节中的刑法执行（见图 9.1），A 和 B 是行刑警察，C 是队长（等待法庭命令 U），T 是死刑犯。设 u 为法院已经下令执行死刑，x 为 A 扣动了扳机，y 为 T 死亡。我们再次假设 $P(u)=1/2$，A 和 B 枪法准确、遵纪守法，T 不太可能死于恐惧或其他无关原因。我们希望计算 x 是 y 的必要原因（或充分原因，或两者兼而有之）的概率（即我们希望计算 PN、PS 和 PNS）。

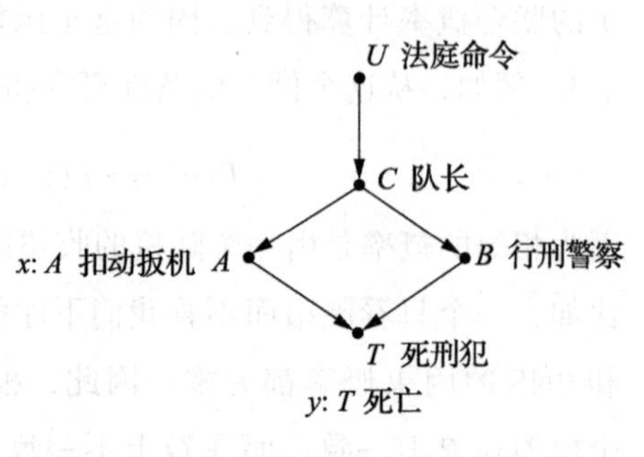

图 9.1 两人在刑法执行中的因果关系

297

定义 9.2.1～定义 9.2.3 允许我们直接从给定的因果模型计算这些概率，因为所有函数和所有概率都是确定的，每个变量的真值都追溯到 U 的真值。因此，我们可以写为[㊀]

$$P(y_x)=P(Y_x(u)=\text{true})P(u)+P(Y_x(u')=\text{true})P(u') \\ =\frac{1}{2}(1+1)=1 \tag{9.37}$$

同理，我们有

$$P(y_{x'})=P(Y_{x'}(u)=\text{true})P(u)+P(Y_{x'}(u')=\text{true})P(u') \\ =\frac{1}{2}(1+0)=\frac{1}{2} \tag{9.38}$$

为了计算 PNS，我们必须评估联合事件 $y'_{x'}\wedge y_x$ 的概率。假设这两个事件只有当 $U=\text{true}$ 时才是联合为真，那么我们有[㊁]

$$PNS=P(y_x, y'_{x'}) \\ =P(y_x, y'_{x'}\mid u)P(u)+P(y_x, y'_{x'}\mid u')P(u') \\ =\frac{1}{2}(0+1)=\frac{1}{2} \tag{9.39}$$

PS 和 PN 的计算同样简单，因为每个条件事件（$x\wedge y$ 表示 PN，$x'\wedge y'$ 表示 PS）只在 U 的一个状态下是真的。因此我们有

$$PN=P(y'_{x'}\mid x, y)=P(y'_{x'}\mid u)=0$$

㊀ 回想一下，$P(Y_x(u')=\text{true})$ 涉及子模型 M_x，其中 X 独立于 U 并设置为“true”。因此，尽管在条件下队长未给出信号，潜在结果 $(Y_x(u')$ 假设行刑警察 A 不恰当地扣动了扳机（x）。

㊁ $P(y_x, y'_{x'}\mid u)=0$ 是因为在命令下达的情况下（$u=\text{true}$），A 开枪 T 死，A 不开枪 T 不死是不可能的，因为这时 B 也会开枪。——译者注

再强调一下，一旦法院下令执行死刑（u），即使A不开枪（x'），T也会死于B的枪杀（y）。事实上，在得知T的死亡后，我们可以明确地指出，行刑警察A开枪并不是死亡的必要原因。

同理，

$$PS = P(y_x \mid x', y') = P(y_x \mid u') = 1$$

298

与我们的直觉相吻合的是，无论法庭判决如何，一名专业射手开枪是导致T死亡的充分原因。

注意，定理9.2.10和定理9.2.11不适用于本例，因为x不是外生的。事件x和y有一个共同的原因（队长的信号），即$P(y \mid x') = 0 \neq P(y_{x'}) = 1/2$[㊀]。然而，$Y$（在$x$上）的单调性允许我们从联合分布$P(x, y)$和因果效应（使用式（9.28）～式（9.30））中计算PNS、PS和PN，而不是参考函数模型。实际上，可以写作

$$P(x, y) = P(x', y') = \frac{1}{2} \tag{9.40}$$

且

$$P(x, y') = P(x', y) = 0 \tag{9.41}$$

我们可以得到

$$PN = \frac{P(y) - P(y_{x'})}{P(x, y)} = \frac{\frac{1}{2} - \frac{1}{2}}{\frac{1}{2}} = 0 \tag{9.42}$$

且

$$PS = \frac{P(y_x) - P(y)}{P(x', y')} = \frac{1 - \frac{1}{2}}{\frac{1}{2}} = 1 \tag{9.43}$$

正如预期的一样。

9.3.3 实例3：辐射对白血病的影响

考虑以下数据（表9.1，改编[㊁]自文献（Finkelstein and Levin，1990）），比较犹他州南部儿童白血病死亡情况与内华达州核试验辐射的高低。鉴于这些数据，我们希望估计高辐射暴露是白血病死亡的必要（或充分，或两者都有）原因的概率。

299

㊀ $P(y \mid x')$表示观察到A没有开枪，这意味着C没有下达射击命令，而$P(y_{x'})$表示A自己决定不开枪，而不管C是否下达命令。

㊁ Finkelstein和Levin（1990）的数据以“人年”为单位。为了便于说明，我们将数据转换为假设10年观察期的绝对数字（死亡和非死亡人数）。

表 9.1

	暴露	
	高（x）	低（x'）
死亡（y）	30	16
存活（y'）	69 130	59 010

假设单调性，即在本研究中核辐射暴露对任何个体都没有治疗作用，这个过程可以用一个简单的析取公式表示

$$y = f(x, u, q) = (x \wedge q) \vee u \tag{9.44}$$

其中 u 代表 y 的“所有其他原因”，q 代表 x 触发 y 必须具有的所有“激活”机制。假设 q 和 u 都是不可观测的，我们要问的问题是：在什么条件下，我们可以从 x 和 y 的联合分布中确定因果关系的概率（PNS、PN 和 PS）。

由于式（9.44）关于 x 是单调的，因此定理 9.2.14 指出，如果 x 是外生的，所有三个量都是可识别的；也就是说，x 应该独立于 q 和 u 。在这个假设下，式（9.21）～（9.23）进一步允许我们从频率数据计算因果关系的概率。以分数表示概率，表 9.1 中的数据表示以下数值结果：

$$PNS = P(y \mid x) - P(y \mid x') = \frac{30}{30 + 69\,130} - \frac{16}{16 + 59\,010} = 0.000\,162\,7 \tag{9.45}$$

$$PN = \frac{PNS}{P(y \mid x)} = \frac{PNS}{30/(30 + 69\,130)} = 0.375\,14 \tag{9.46}$$

$$PS = \frac{PNS}{1 - P(y \mid x')} = \frac{PNS}{1 - 16/(16 + 59\,010)} = 0.000\,162\,7 \tag{9.47}$$

从统计学上讲，这些数字意味着：

1. 一个随机选择的儿童有万分之 1.627 的概率如果暴露则会患白血病死亡，如果不暴露则存活。

2. 因白血病死亡的暴露儿童如果没有暴露，存活的概率为 37.514%。

3. 有万分之 1.627 未暴露的存活儿童在暴露后将死于白血病。

Glymour（1998）分析了这个例子，目的是确定概率 $P(q)$（Cheng 的“因果力”），它与 PS 一致（参见引理 9.2.8）。Glymour 得出的结论是 $P(q)$ 是可识别的，并由式（9.23）给出，前提是 x 、u 和 q 是相互独立的。我们的分析表明，Glymour 的结果可以用几种方法加以推广。首先，由于 Y 在 X 上是单调的，因此即使 q 和 u 是相互依赖的，也可以保证式

（9.23）的有效性，因为外生性仅仅要求 x 和 $\{u, q\}$ 之间的联合独立。这在流行病学环境中很重要，因为个体对核辐射的易感性可能与白血病的其他潜在病因（如自然类型的辐射）的易感性有关。

其次，定理 9.2.11 使我们确信，即使 u 和 q 是相互依赖的，Glymour 为独立的 q 和 u 推导出的 PN、PS 和 PNS（式（9.11）～（9.12））之间的关系也仍然有效。

300

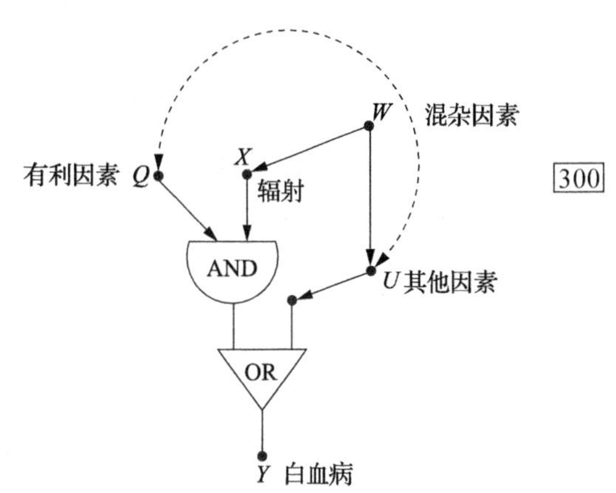

图 9.2　辐射 - 白血病的因果关系的例子，其中 W 代表混杂因素

最后，定理 9.2.15 使我们确信，即使 x 不独立于 $\{u, q\}$，PN 和 PS 也是可识别的，只要将式（9.44）的机制嵌入一个更大的可以识别 $P(y_x)$ 和 $P(y_{x'})$ 的因果结构中。例如，假设核辐射暴露（x）被怀疑与地形和海拔有关，这也是确定暴露于宇宙辐射的因素。反映这种考虑的模型如图 9.2 所示，其中 W 表示影响 X 和 U 的因素。校正 X 对 Y 的因果效应中可能存在的混杂偏差的自然方法是校正 W，即计算 $P(y_x)$ 和 $P(y_{x'})$，并使用标准校正公式（式（3.19））

$$P(y_x)=\sum_w P(y \mid x, w)P(w)\text{，}\ P(y_{x'})=\sum_w P(y \mid x', w)P(w) \tag{9.48}$$

（不是 $P(y \mid x)$ 和 $P(y \mid x')$），其中对所有 W 的值进行计算求和。这个从式（9.35）得出的校正公式，无论调节 X 和 Y 的机制是什么，就是正确的，只要 W 代表影响 X 和 Y 的所有共同因素（参见 3.3.1 节）。

定理 9.2.15 告诉我们，通过将式（9.48）分别代入式（9.29）和式（9.30）可以评估 PN 和 PS，并且确保由此得到的表达式构成 PN 和 PS 的一致性估计。这种一致性由单调性假设和因果图的（假定）拓扑共同保证。

注意式（9.20）中定义的单调性是 x 和 y 之间所有路径的全局性质。因果模型可以包括沿着这些路径的一些非单调机制，这并不影响式（9.20）的有效性。然而，关于单调性的有效论证必须基于实际信息，因为它一般是不可检验的。例如，Robins 和 Greenland（1989）认为，暴露于核辐射可能对某些人有益，因为临床上经常使用这种辐射治疗癌症患者。式（9.32）中的不等式构成了基于实验和观测研究的单调性（尽管是弱单调性）统计检验。

301

9.3.4 实例 4：来自实验数据和非实验数据的法律责任

在一起针对制药公司的诉讼中，指控药物 x 可能导致 A 先生死亡，A 先生服用该药是为了缓解与疾病 D 相关的症状 S。

制药公司声称，关于症状 S 的病人的实验数据确凿地表明，药物 x 可能只会导致死亡率轻微上升。然而，原告辩称，实验研究与本案关系不大，因为它代表了药物对所有患者的影响，而不是像 A 先生这样在使用药物 x 时实际死亡的患者的影响。此外，原告认为，A 先生的独特之处在于他是自愿服用药物的，这与实验研究中的受试者不同，他们服用药物是为了遵守实验协议。为了支持这一论点，原告提供了非实验数据，表明如果不是药物 x，大多数选择药物 x 的病人都会活着。制药公司反驳称：（1）关于病人是否会死亡的反事实推测纯粹是纯理论和空洞的，应该避免（Dawid，2000）；（2）非实验性数据应该首先被排除，因为这些数据可能会被外部因素严重混杂。法院现在必须根据实验性和非实验性的研究来决定药物 x 是 A 先生死亡原因的概率有多大。

与两项研究相关的（假设）数据如表 9.2 所示。对实验数据进行估算

$$P(y_x)=16/1000=0.016 \tag{9.49}$$

$$P(y_{x'})=14/1000=0.014 \tag{9.50}$$

对非实验数据进行估算

$$P(y)=30/2000=0.015 \tag{9.51}$$

$$P(y,x)=2/2000=0.001 \tag{9.52}$$

表 9.2

	实验性		非实验性	
	x	x'	x	x'
死亡（y）	16	14	2	28
存活（y'）	984	986	998	972

将这些估计值代入式（9.29）中，得到了 PN 的一个下界（见式（11.42））

$$PN \geqslant \frac{P(y)-P(y_{x'})}{P(y,x)}=\frac{0.015-0.014}{0.001}=1.00 \tag{9.53}$$

因此，原告是正确的。除抽样误差外，这些数据为我们提供了 100% 的保证，该药物 x 实际上是 A 先生死亡的原因。请注意，直接使用实验性的超额风险率将产生更低（和不

302

正确）的结果：

$$\frac{P(y_x)-P(y_{x'})}{P(y_x)}=\frac{0.016-0.014}{0.016}=0.125 \tag{9.54}$$

显然，实验研究没有揭示的是，如果有选择的话，晚期患者会避免使用药物 x。事实上，如果有任何晚期患者会选择服用 x（给定选择），那么对照组（x'）也会包括一些这样的病人（由于随机化），因此对照组中的死亡比例 $P(y_{x'})$ 会高于未服用 x 的晚期患者人数比例 $P(x', y)$。然而，等式 $P(y_{x'})=P(y,x')$ 告诉我们，对照组中没有这类病人，这意味着（由于样本的随机化）在整个人群中不存在这样的病人，因此自由选择药物 x 的病人没有一个是晚期患者，所有的患者都易受 x 的影响[⊖]。

表 9.2 中的数字显然是为表示一种极端情况而设计的，因此有助于对式（9.29）的有效性进行定性解释。然而，值得注意的是，实验研究和非实验研究的结合可能会解开仅靠实验研究无法揭示的问题，此外，这种结合可能会为实验步骤的充分性提供必要的检验。例如，如果表 9.2 中的数字稍有不同，则对于式（9.53）中的 PN，很容易产生大于 1 或其他违反式（9.33）的基本不等式的情况。这种违反可能表明，由于采样不充分，实验组和非实验组的数据不相容。

最后一点可能需要解释一下，让读者们都知道，为什么在不同的实验条件下从两个不同的组中提取的数据集会相互约束。解释是，如果两个亚群体是从整个总群中合理取样的，那么这两个亚群体中的某些数值预计将保持不变，不受这些差异的影响。这些不变量就是因果效应概率 $P(y_{x'})$ 和 $P(y_x)$。尽管这些反事实概率无法在观察组中进行测量，但它们必须（通过定义）与在实验组中所测量得到的概率相同。这些量的不变性是受控实验的基本公理，没有这个公理，就不可能从实验研究中推断出群体的一般行为。这些量的不变性意味着不等式（9.33），并且如果单调性成立，那么必然会出现式（9.32）。

9.3.5　结果总结

我们现在总结 9.2 节和 9.3 节的结果。这些结果在实践应用中对流行病学家和决策者有价值。这些结果如表 9.3 所示，其中列出了在各种假设和各种类型的数据下 PN（对于非实验性事件）的最佳估计值，即假设越强，估计值的信息量越大。

⊖ 即服用 x 增加了死亡比例。——译者注

表 9.3 PN 作为假设和可用数据的函数

假设			可用数据		
外生性	单调性	附加条件	实验数据	观测数据	组合数据
+	+		ERR	ERR	ERR
+	−		边界	边界	边界
−	+	控制协变量	—	修正的 ERR	修正的 ERR
−	+		—	—	修正的 ERR
−	−		—	—	边界

注：ERR 代表超额风险率 $1-P(y|x')/P(y|x)$，修正的 ERR 的含义见式（9.31）。

我们发现，流行病学家通常将超额风险率（ERR）等同于因果关系的概率，只有当两个假设（外生性（即无混杂）和单调性（即无免疫））成立时，它才是 PN 的有效度量。当单调性不成立时，ERR 仅提供 PN 的下界，如式（9.13）所示（上界通常是统一的）。表 9.3 右侧的横线（—）表示空白边界（即 $0 \leqslant PN \leqslant 1$）。在存在混杂的情况下，ERR 必须使用式（9.31）中所述的附加项 $[P(y|x')-P(y_{x'})]/P(x,y)$ 进行校正。换言之，当（因果效应的）混杂偏差为正时，PN 比传统的（即未修正的）ERR 要高出该附加项的值。显然，由于除以 $P(x,y)$，PN 偏差可能比因果效应 $P(y|x')-P(y_{x'})$ 要高出很多倍。然而，由于混杂仅来自暴露与影响结果的其他因素之间的关联，因此人们不必担心这些因素与暴露易感性之间的关联（参见图 9.2）。

303

表 9.3 中的最后一行与任何假设都不对应，除非我们有组合数据，否则会导致 PN 的边界为空。然而，这并不意味着除了单调性和外生性之外，其他合理的假设在 PN 可识别方面没有帮助。下一节将探讨这些假设的使用。

9.4 非单调模型的可识别性

在本节中，我们讨论在不做单调性假设的情况下对因果概率的识别。假设我们得到了一个因果模型 M，其中所有的函数关系都是已知的，但是由于背景变量 U 没有被观察到，其分布是未知的，并且模型的说明是不完整的。

我们的第一步是研究在什么条件下可以识别函数 $P(u)$，从而使整个模型可识别。如果 M 是马尔可夫模型，那么可以通过分别考虑每对节点之间的父子关系对来分析这个问题。考虑 M 中的任意等式

$$y = f(pa_Y, u_Y) \\ = f(x_1, x_2, \cdots, x_k, u_1, \cdots, u_m) \tag{9.55}$$

304

其中，$U_Y = \{U_1, \cdots, U_m\}$ 是 Y 的等式中出现的背景（可能是因变量）变量集。通常，U_Y 的域可以是任意的、离散的或连续的，表示模型中遗漏的未观测的因子。然而，由于观测变量是二值的，因此从 PA_Y 到 Y 只有有限多个函数 $(2^{(2^k)})$，并且对于任何点 $U_Y = u$，仅对应其中一个函数。这定义了将 U_Y 的域正则划分为一组等价类集合 S，其中每个等价类 $s \in S$ 都从 PA_Y 到 Y 产生相同的函数 $f^{(s)}$（参见8.2.2节）。因此，当 u 在其域上变化时，可以得到对应的函数集 S，我们可以将 S 视为一个新的背景变量，其值对应于在 U_Y 中从 PA_Y 到 Y 的可实现的函数集合 $\{f^{(s)} : s \in S\}$，这些函数的数量通常小于 $2^{(2^k)}$ [㊀]。

例如，考虑图9.2中描述的模型。由于背景变量 (Q, U) 在其各自的域中变化，X 和 Y 之间的关系由以下三个不同的函数组成：

$$f^{(1)} : Y = \text{true}, f^{(2)} : Y = \text{false}, \text{以及 } f^{(3)} : Y = X$$

第四个可能的函数 $Y \neq X$ 永远不会实现，因为 $f_Y(\cdot)$ 是单调的。(q, u) 和 (q', u) 在 X 和 Y 之间产生了相同的函数，因此它们属于相同的等价类。

如果我们得到分布 $P(u_Y)$，那么我们就可以计算分布 $P(s)$。由此，可以通过对所有函数 $f^{(s)}$ 对应的 $P(s)$ 求和来确定条件概率 $P(y \mid pa_Y)$，其中 $f^{(s)}$ 将 pa_Y 映射为 true，

$$P(y \mid pa_Y) = \sum_{S: f^{(s)}(pa_Y) = \text{true}} P(s) \tag{9.56}$$

为了确保模型的可识别性，我们可以对这个过程求逆，并从 $P(y \mid pa_Y)$ 中确定 $P(s)$。如果我们令条件概率 $P(y \mid pa_Y)$ 由向量 $\vec{p}$（维度 2^k）表示，$P(s)$ 由向量 $\vec{q}$ 表示，那么式（9.56）定义了 $\vec{p}$ 和 $\vec{q}$ 之间的线性关系，可以表示为矩阵乘法（如式（8.13）），

$$\vec{p} = \boldsymbol{R}\vec{q} \tag{9.57}$$

其中，$\boldsymbol{R}$ 是一个 $2^k \times |S|$ 的矩阵，该矩阵每个元素的值为0或1。因此，可识别性的一个简单的充分条件是 $\boldsymbol{R}$ 可逆且 $\sum_j \vec{q}_j = 1$。

一般来说，$\boldsymbol{R}$ 是不可逆的，因为 $\vec{q}$ 的维度比 $\vec{p}$ 的维度大得多。然而，在许多情况下，如“含噪或门”(noisy OR) 函数[㊁]

$$Y = U_0 \bigvee_{i=1,\cdots,k} (X_i \wedge U_i) \tag{9.58}$$

305

㊀ Balke 和 Pearl（1994a, b）将这些 S 变量称为“响应变量”，如8.2.2节所述。Heckerman 和 Shachter（1995）称之为“映射变量”。

㊁ 即含有一个不确定影响因子的或门函数。——译者注

即使外生变量 $U_0, U_1, \cdots, U_m$ 不是独立的，对称性仍允许 $\vec{q}$ 从 $P(y \mid pa_Y)$ 中识别出来。这可以通过使 $U_0 = \text{false}$ 的每个点 u 定义一个唯一的函数 $f^{(s)}$ 看出来，因为如果 T 是 U_i 为 true 的一组下标 i，那么 PA_Y 和 Y 之间的关系就变成

$$Y = U_0 \bigvee_{i \in T} X_i \tag{9.59}$$

并且，对于 $U_0 = \text{false}$，这个方程为每个 T 定义了一个不同的函数。生成的函数数目是 $2^k + 1$，这需要 2^k 个独立的等式来确定它们，正好是 PA_Y 的不同函数实现的数目。此外，很容易证明关联 $\vec{p}$ 和 $\vec{q}$ 的矩阵是可逆的。因此，我们得出结论，无论每个背景变量族中的变量是否相互独立，在由"含噪或门"函数组成的任何马尔可夫模型中都可以识别每个反事实语句的概率。当然，对于"含噪与门"（noisy AND）函数[1]或其任何组合（包括否定）也是如此，前提是每个背景变量族由一种类型的函数组成。

为了将此结果推广到除"含噪或门"和"含噪与门"以外的函数，我们注意到，尽管本例中的 $f_Y(\cdot)$ 是单调的（在每个 X_i 中），但确保可识别性的是 $f_Y(\cdot)$ 的冗余性[2]，而不是其单调性。以下是 $\boldsymbol{R}$ 矩阵不可逆的单调函数的例子：

$$Y = (X_1 \wedge U_1) \vee (X_2 \wedge U_1) \vee (X_1 \wedge X_2 \wedge U_3)$$

当 $U_3 = \text{false}$ 时，此函数表示一个"含噪或门"，当 $U_3 = \text{true}$ 和 $U_1 = U_2 = \text{false}$ 时，它变成一个"含噪与门"。生成的等价类的数量是 6，这需要 5 个独立的等式来确定它们的概率，而 $P(y \mid pa_Y)$ 只提供 4 个这样的等式。

相反，由下列函数控制的函数，虽然不是单调的，却是可逆的。

$$Y = \text{XOR}(X_1, \text{XOR}(U_2, \cdots, \text{XOR}(U_{k-1}, \text{XOR}(X_k, U_k))))$$

其中 $\text{XOR}(\cdot)$ 代表异或门函数。该公式仅导出从 PA_Y 到 Y 的两个函数：

$$Y = \begin{cases} \text{XOR}(X_1, \cdots, X_k) & \text{XOR}(U_1, \cdots, U_k) = \text{false} \\ \neg\text{XOR}(X_1, \cdots, X_k) & \text{XOR}(U_1, \cdots, U_k) = \text{true} \end{cases}$$

因此，一个条件概率，比如 $P(y \mid x_1, \cdots, x_k)$，就足以计算可识别所需的一个参数 $P[\text{XOR}(U_1, \cdots, U_k) = \text{true}]$。

我们用一个定理来总结这些考虑。

定义 9.4.1（局部可逆性）

已知一个模型 M，当每个变量 $V_i \in V$，$2^k + 1$ 个方程的集合

[1] 即含有一个不确定影响因子的与门函数。——译者注

[2] 即大量的可能函数是不存在的。——译者注

$$P(y \mid pa_i) = \sum_{S:f^{(s)}(pa_i)=\text{true}} q_i(s) \tag{9.60}$$

306

对于 $q_i(s)$，

$$\sum_S q_i(s) = 1 \tag{9.61}$$

有唯一解，那么模型 M 称为局部可逆的。其中，每个 $f_i^{(s)}(pa_i)$ 对应于等价类 s 中 u_i 生成的函数 $f_i(pa_i, u_i)$。

定理 9.4.2

给定一个马尔可夫模型 $M = \langle U, V, \{f_i\} \rangle$，其中函数 $\{f_i\}$ 是已知的，外生变量 U 是不可观测的。如果 M 是局部可逆的，那么每个反事实语句的概率都可以从联合概率 $P(v)$ 中识别出来。

证明

如果式（9.60）对 $q_i(s)$ 有唯一解，那么我们可以用 S 代替 U，得到如下等价模型：

$$M' = \langle S, V, \{f'_i\} \rangle, \text{其中} f'_i = f_i^{(s)}(pa_i)$$

模型 M' 和 $q_i(s)$ 完全指定了一个概率因果模型 $\langle M', P(s) \rangle$（由于马尔可夫性质），从中可以通过定义推导反事实的概率。□

定理 9.4.2 为确定因果关系的概率提供了一个充分条件，但它没有详细讨论有助于实现可识别性的假设范围。在许多情况下，我们可以假设模型的附加结构，例如，变量 U 之间是独立的。在这种情况下，对概率 $P(s)$ 添加附加约束，即使 S 的规模远远超过条件概率 $P(y|pa_Y)$ 的维度，也是有可能计算出式（9.60）的。

9.5　结论

本章阐述并分析了因果关系的必要性和充分性之间的相互关系。利用基于结构模型语义的反事实解释，我们展示了如何使用计算反事实概率的简单方法来计算原因概率，确定可识别性问题，揭示从统计数据中估计原因概率的条件，以及为分析人员和调查人员通常（一般是无意间）做出的假设进行检验的方法。

在实践方面，我们为流行病学家和卫生领域的专家提供了一些有用的工具（部分总结见表 9.3）。本章阐述并提醒大家注意一些必须需要确定的，存在细微差别的假设条件，然后才能使用超额风险率等统计指标表示归因风险或原因概率等因果关系（定理

307 9.2.14）。我们展示了如何将实验研究和非实验研究的数据结合起来，产生两项研究都不能单独揭示的信息（定理 9.2.15 和 9.3.4 节）。最后，它为通常假定的“无预防”假设以及临床研究是否代表对应的目标人群这些常见问题提供了检验（式（9.32））。

在概念方面，我们已经看到必要性概率（PN）和充分性概率（PS）在我们理解因果关系中发挥的作用，它们都有自己相应的逻辑和计算规则。虽然必要原因的反事实概念（即“若非”某个行动的话，那么结果就不会发生）在法律环境和日常谈话中起主导地位（Robertson，1997），但因果关系的充分性部分对因果思想也具有一定的影响。

在必要性部分处于默认或者得到保证的情况下，可以看出充分性部分的重要性。为什么我们认为划火柴比氧气的存在更能解释着火？用 PN 和 PS 的语言重述这个问题，我们注意到，由于这两种解释对于着火来说都是必要的，因此每种解释都会得到一个相同的 PN。（事实上，如果我们允许使用其他点燃火花的方式，氧气的 PN 实际上还会更高。）于是，只有用充分性部分才能够得出划火柴比氧气有更强的解释力。如果划火柴和存在氧气的概率分别表示为 p_m 和 p_o，那么与这些解释相关的 PS 值估算为 $PS(\text{划火柴}) \approx p_o$ 和 $PS(\text{有氧}) \approx p_m$，当 $p_o \gg p_m$ 时，显然划火柴更具有解释力。因此，一个机器人被要求解释为什么会引起火灾，除了在讨论中同时考虑 PN 和 PS 之外别无选择。

PS 是否应该纳入刑法和侵权法的法律考虑？我认为应该，正如 Good（1993）所提到的，因为充分性的关注意味着对一个人行动后果的关注。划火柴的人应该预料到氧气的存在，而提供或能够消除氧气的人（事实上不存在这样的人）一般不会预料到划火柴的行为。

然而，法律应该给因果关系的必要性与充分性赋予多少权重？这个问题显然超出了我们的研究范围，而且根本不清楚谁有资格处理这个问题，也不清楚我们的法律制度是否准备接受这项建议。然而，我希望，无论谁负责考虑这些问题，本章的分析都会对其有所帮助。下一章将必要性和充分性结合起来，阐述一个更为明确的概念——“实际原因”。

致谢

感谢 Sander Greenland 在流行病学文献中对归因疗法以及我们的成果在实际流行病学研究中的潜在应用提出的许多宝贵建议和讨论。Donald Michie 和 Jack Good 把我的注意力从 PN 转移到了 PS 和 PNS。Clark Glymour 和 Patricia Cheng 帮助我解开了一些因果力理论的谜团，Michelle Pearl 为流行病学文献提供了有用的指导。Blai Bonet 修正了

308 早期版本中引理 9.2.7 和引理 9.2.8 中的遗漏，Jin Tian 将其与紧致边界值进行了结合。

10

第 10 章

实 际 原 因

现在的问题仍然是，我们要找出这个结果的原因，或者说，

这个缺陷的原因，因为这个结果的缺陷是由原因造成的。

——莎士比亚（《哈姆雷特》II.ii.100–4）

前言

本章对“实际原因”的概念进行了形式化解释，即在特定场景中产生已知结果的原因，如“苏格拉底喝了毒药是其死亡的实际原因”。人类的直觉在发现和确定这类因果关系方面极为敏锐，因此被认为是构建解释的关键（7.2.3 节），也是确定法律责任的最终准则（称为“事实上的原因”）。

然而，尽管因果关系在自然观中无处不在，但它并不是一个容易表述的概念。一个典型的例子（由 Wright 在 1988 年提出）是考虑两团火正朝着一间房屋蔓延。如果火团 A 在火团 B 之前烧毁了房屋，那么我们（以及全国许多陪审团）肯定会认为火团 A 是造成房屋损失的“实际原因”，尽管任何一种火灾都足以（两者都不是必要的）烧毁房屋。显然，实际因果关系（actual causation）所需要的信息超出了必要性和充分性的范围，必须考虑在原因和结果之间实际发生的过程。但在结构模型语言中的“过程”到底是什么？

因果过程的哪些方面定义了实际因果关系？我们如何将有关场景不确定的证据拼接起来，从而计算实际因果关系的概率？

在本章中，我们提出了一种用结构模型语义形式化解释实际因果关系的方法，这种方法看起来是合理的，其主要依据 10.2 节中定义的“维持”的概念。该概念具有结合必要性和充分性两个方面来衡量原因保持其结果的能力，尽管模型存在某些结构性变化。我们通过实例说明了这种方法如何避免与 Lewis（1986）所定义的反事实解释相关的问题，以及如何生成特定场景的解释和如何计算这种解释事实上是正确的概率。

10.1 引言：必要因果关系的不充分性

10.1.1 重新探讨特例原因

相对于一个特定的场景，“车祸是导致乔死亡的原因”这种类型的陈述被归类为“特例”“特例事件”或“特殊层级”(token-level）的因果陈述。相对于一类事件或一类个体，“车祸导致死亡”类型的陈述被归类为“通常”或“普遍层级”（type-level）的因果论断（参见 7.5.4 节）。我们将特例事件语句中的原因称为特例原因，而普遍层级语句中的原因称为一般原因[㊀]。

在哲学文献中（Woodward，1990；Hitchcock，1995），关于普遍因果和特殊因果之间的关系一直存在争议，诸如“哪个优先？”和“可以将一个层级归约到另一个层级吗？”[㊁]（Cartwright，1989；Eells，1991；Hausman，1998）已经转移了人们对于更基本问题的注意力：“普遍性论断和特殊性论断对我们的世界提出了什么样的具体构想，以及如何组织因果知识来证实这种构想？”这个辩论引出了一些理论，认为普遍性和特殊性是两种不同类别的因果关系（如 Good，1961，1962），每种都有自身的哲学阐述（例如，参见 Sober，1985；Eells，1991，第 6 章）即“不完全幸福的困境”(Hitchcock，1997)。相比之下，结构化描述将普遍性论断和特殊性论断视为同一种论断的实例，仅在涉及特定场景信息的细节上存在差异。因此，结构化描述为两个层级论断的剖析研究提供了一个形式化基础，需要什么样的信息来支持每个层级，以及为什么哲学家解开它们之间的

㊀ 特殊层级的原文是 token-level，现根据上下文并参考哲学上的习惯术语翻译，在第 7 章中，特殊层级的因果关系称为特例因果关系（singular causation）。——译者注

㊁ 这就是哲学上常说的特殊规律与普遍规律之间的关系。——译者注

关系如此艰难。

结构化描述的基本构件是函数 $\{f_i\}$，它表示类似定律那样的机制，并为普遍层级和特殊层级的论断提供信息。这些函数在表示变量之间的一般关系和反事实关系上是普遍层级的，这些变量适用于每种假设场景，而不仅仅是现实的场景。同时，这些关系的任意特定实例都表示特殊层级的论断。可通过背景变量 U 区分一种场景与另一种场景，当所有因素都已知时，$U=u$，我们手上就有一个“世界”（定义 7.1.8），即一个理想的、对特定情景完整的描述，在这个描述中，所有相关的细节都被阐明，没有留下任何侥幸或猜测。在全域水平上提出因果论断是特殊因果论断的极端案例，一般而言，我们不具备指定具体世界 $U=u$ 所必需的详细知识，我们使用概率 $P(u)$ 概括我们对这些细节的无知。这将我们引入概率因果模型 $\langle M, P(u)\rangle$（定义 7.1.6）的层级。在不涉及实际场景的情况下，基于此类模型提出的因果论断将被归类为普遍层级的论断。因果效应论断（例如 $P(Y_x=y)=p$）是此类论断的示例，因为它们表达了在所有潜在场景中 x 引起 y 的普遍趋势[⊖]。然而，在大多数情况下，我们只能掌握当前场景的部分信息，例如，乔死了，他出了车祸，也许他开跑车导致头部受伤。这种特定情节信息的总和称为“证据”（e），可用于将 $P(u)$ 更新为 $P(u|e)$。从模型 $\langle M, P(u|e)\rangle$ 得出的因果论断表示了各种各样的特殊论断，具体取决于 e 的特殊性。

310

因此，普遍论断和特殊论断之间的区别是结构化描述中的度量问题。我们收集的针对特定场景的证据越多，就越接近特殊论断和实际原因的目标。PS 和 PN 的概念（第 9 章的重点）代表了两者之间的中间点。充分性概率（PS）接近普遍层级的论断，因为未考虑实际场景，实际上也没有打算考虑。必要性概率（PN）对于实际场景做了一些参考，尽管只是基本场景（即 x 和 y 为真）。在本节中，我们将试图通过考虑额外的信息来接近实际原因。

10.1.2 抢占和结构信息的作用

在 9.2 节中，我们提到了这样一个事实，即 PN 和 PS 都是因果模型的全局特征（即输入 - 输出），仅与函数 $Y_x(u)$ 相关，而不依赖原因（x）和结果（y）中间过程的结构。

⊖ 有时，因果效应论断甚至可以建立在不完全概率模型的基础上，其中仅给定 $G(M)$ 和 $P(v)$——这就是识别问题（第 3 章）。但是，如果没有 $\{f_i\}$ 或 $P(u)$ 的一些知识（当然，假设 x 和 y 已知发生），就不能仅基于这种基础做出特殊层级的论断。

在下面的示例中可以看到这种结构在因果解释中扮演的角色。

考虑一个由一个灯泡和两个开关组成的电路，如图 10.1 所示。从用户的角度来看，灯对两个开关的响应是对等的，任何一个开关都足以把灯打开。但是，在内部，当开关 1 接通时，它不仅会打开灯，而且会断开开关 2 与电路之间的连接，从而使开关 2 无法工作。因此，在两个开关都打开的情况下，我们会毫不犹豫地宣称开关 1 是灯泡中电流流动的“实际原因”，因为我们知道，在这种特定状态下，开关 2 不会对电流通路产生任何影响。由于 PN 和 PS 中每个都基于响应函数 $Y_x(u)$，而忽略了电路的内部工作原理，因此无法解释这种不对等性。

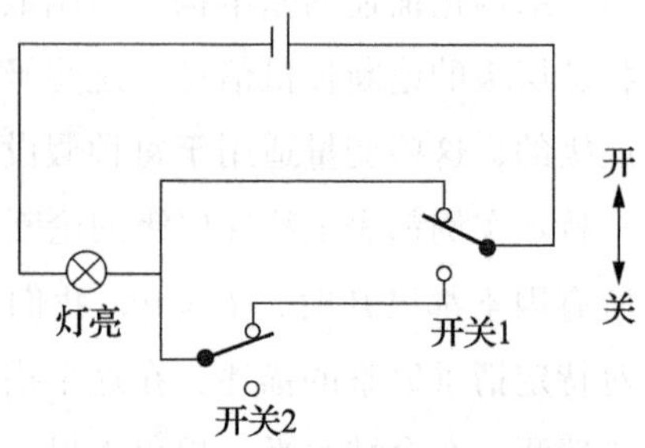

图 10.1 开关 1（而不是开关 2）被认为是导致灯亮的原因，但两者中的任何一个都不是必要的

这个例子代表了一类反例，涉及“抢占”（preemption）的概念。这些反例是针对 Lewis 关于因果关系的反事实陈述提出的。它说明了一个事件（例如，开关 1 接通）是如何被认为是原因的，尽管结果在它不存在时已经存在。Lewis（1986）对这种反例的回答是修改反事实准则，只要存在 x 到 y 之间变量的反事实相关链，就使 x 成为 y 的原因，也就是说，链中每一个输出都反事实地依赖于其输入。对于开关 2，不存在这样的链，因为考虑到当前的情况（即两个开关均处于接通状态），接通或断开开关 2，电路的任何部分都不会受到（电气）影响。在下面的示例中可以更清楚地说明这一点。

311

例 10.1.1

（沙漠旅行者，由 P. Suppes 提供）沙漠旅行者 T 有两个敌人。敌人 1 对 T 的水壶下毒，而敌人 2 不知道敌人 1 的行动，射击并打漏水壶。一周后，发现 T 死了，两个敌人承认了行动和意图。陪审团必须审判谁的行动是 T 死亡的实际原因。

设 x 和 p 分别表示命题“敌人 2 开枪射击”和“敌人 1 投毒”，并设 y 表示“T 死亡”。除了这些事件外，我们还将使用中间变量 C（表示氰化物）和 D（表示脱水），如图 10.2 所示。函数 $f_i(pa_i, u)$ 在图 10.2 中未明确显示，但是根据对事件的通常理解[㊀]，假定它们可以根据图中的父节点

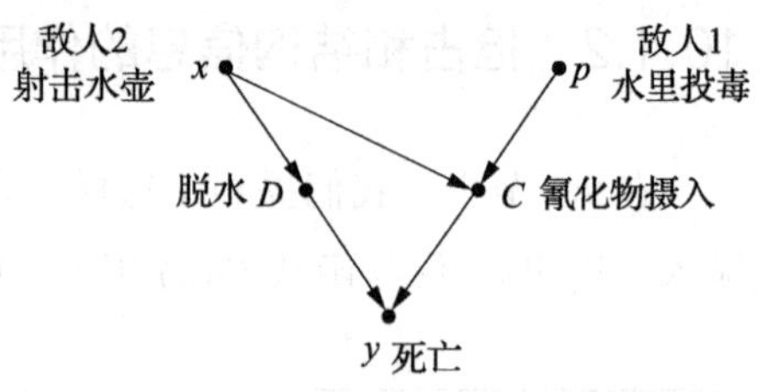

图 10.2 沙漠旅行者案例中的因果关系

㊀ 为了简单起见，我们在本章的其余部分省略了“∧”符号。

确定每个子节点的值：

$$c = px' \\ d = x \\ y = c \vee d \tag{10.1}$$

当我们把 c 和 d 代入 y 的表达式时，得到一个简单的析取

$$y = x \vee px' \equiv x \vee p \tag{10.2}$$

不要被上述式子的对称性所欺骗。

在这些符号中，我们可以看到结构信息所起的作用。虽然在逻辑上 $x \vee x'p$ 等价于 $x \vee p$，但在结构上它们并不等价，$x \vee p$ 相对于 x 和 p 的交换来说是完全对称的，而 $x \vee x'p$ 也告诉我们，当 x 为真时，p 不起作用，不仅对 y 没有影响，而且对任何可能潜在影响 y 的中间变量都没有影响。正是这种不对称性使得我们可以宣称 x 是死亡的原因，而不是 p[㊀]。

根据 Lewis 的观点，x 和 p 之间的区别在于它们与 y 的链路（路径）的性质。从 x 开始，存在因果链 $x \to d \to y$，使得每个元素都反事实地依赖于它的前因。但是不存在从 p 到 y 的链，因为当 x 为真时，该链 $p \to c \to y$ 被抢占（在 c 处）。也就是说，无论 p 为何值，c 都为假。换句话说，虽然 x 不满足成为 y 原因的反事实检验，但 x 的后果之一（d）满足，即已知 x 和 p 为真，如若 d 为假，那么 y 将为假[㊁]。 312

Lewis 的链式标准保留了因果关系和反事实之间的联系，但它是相当特殊的。毕竟，为什么把反事实相关链的存在作为对“实际原因”这一至关重要概念的定义性检验，从而判定被告在法庭上有罪或无罪呢？基本反事实准则确实体现了实用主义的基本原理。我们不希望因某些无法避免的损害而惩罚一个人，我们希望鼓励人们注意其行动可能产生实质性差异的情况。然而，一旦行动和结果之间的反事实相关链被另一个原因的出现破坏，那么仍坚持链之间的反事实相关性又有什么好处呢？

10.1.3 过度确定和准依赖性

Lewis 链的另一个问题是它无法处理同时发生的并列原因的情况。例如，考虑图 9.1 中的刑法执行案例，假定行刑警察 A 和 B 一起射击并杀死了死刑犯。我们的直觉认为，

㊀ 当 p 为真时，要认定 p 是原因，还需依赖 x 的值，因为如果 x 也为真，则打漏了水壶，从而中止了投毒的后果，因此 x 与 p 并不对等。——译者注

㊁ 即脱水是 y 死亡的必要原因。——译者注

任何一名行刑警察都是造成死亡的实际原因，尽管两个行刑警察都没有满足反事实检验，也没有在对方在场的情况下支持反事实的相关链[㊀]。

这个例子代表了一种称为“过度确定”的情况，它对反事实方法提出了严峻的挑战。Lewis 提供了反事实准则的另一种修正来应对这一挑战。他提出反事实相关链应视为该过程的内在因素（例如，子弹从 A 到 D 的飞行），并且由于特殊环境导致的外在相关性消失（例如，子弹从 B 到 D 的飞行）不应被视为内在的相关性消失，“如果仅仅因为环境不同”，我们仍然应该把这种过程视为准依赖的过程（Lewis，1986，p.206）。

Hall（2004）发现准依赖概念中的一些困难的问题：“首先，过程究竟是什么？第二，一个过程的内在特征‘恰好像’另一个过程意味着什么？第三，我们究竟如何‘准确测量周围环境的变化’？”我们将使用一个称为因果束（causal beam）的对象来回答这些问题（10.3.1 节），这可以看作对“过程”概念的结构语义解释。我们首先对 Mackie 的方法进行一个简短的探讨，它从不同的角度处理了实际因果关系的问题，之后我们将在 10.2 节中回到链和束，以及抢占和过度确定这两个问题的讨论。

10.1.4 Mackie 的 INUS 条件

在上一节中，我们遇到的问题是典型的，哲学家试图对单个事件的因果关系（这里是“实际因果关系”）的概念给出令人满意的逻辑解释。这些尝试看起来始于 Mill 的发现，即没有任何原因对于结果是真正充分或必要的（Mill，1843，p.398）。随后提出的许多说明——基于更详细的充分性和必要性的结合——都遇到了无法克服的困难（Sosa and Tooley，1993）。Mackie（1965）的描述似乎是最早尝试在此逻辑框架内对“实际因果关系”进行半形式化的解释。他的解决方案（称为 INUS 条件）非常流行。

313

INUS 条件指出，如果 C 是一个“对于结果的不必要但充分条件中的不充分但必要部分”，则事件 C 被认为是事件 E 的原因（Mackie，1965）[㊁]。尽管赋予 INUS 精确的表述（包括文献（Mackie，1980）中的一些表述）的尝试并未产生一致的看法（Sosa and Tooley，1993，pp.1-8），但 INUS 背后的基本思想仍具有吸引力：如果我们将 $\{S_1, S_2, S_3, \cdots\}$ 看作（对于 E 的）所有极小充分条件集，那么如果事件 C 是某些 S_i 的合取，

㊀ 即通过“若非”准则的检验，如若 A（B）不射击，则死刑犯不会死。——译者注

㊁ 两个否定（“I 和 U”）加上两个转折（“but”）使得 INUS 成为哲学文献中最难记忆的缩写符号之一。简化后应改为“一个充分条件集合中的必要因素（a necessary element in a sufficient set of conditions，NESS）”（Wright，1988）。

则事件 C 是 E 的 INUS 条件。在这种情况下，如果 C 关于某个 S_i 是充分的[1]，则事件 C 被认为是导致 E 的原因。因此，例如，如果 E 可以写成析取范式

$$E = AB \vee CD$$

那么由于 C 是析取 CD 的成员，而 CD 对 E 来说是极小且充分的，因此 C 是 INUS 条件。于是，如果 D 已在问题中出现，那么 C 被认为是导致 E 的原因[2]。

许多学科的研究人员都有这种基本直觉。例如，法律学者提倡一种叫作 NESS（Wright，1988）的关系，表示"充分集合（sufficient set）的必要元素"，这是对 Mackie 的 INUS 条件的一种更简单的重新表述。在流行病学中，Rothman（1976）提出了类似的标准，称为"充分成分"，用于识别何时暴露是导致疾病的原因——"我们认为，如果一些原因是添加 E 后构成第一个充分原因，则这时暴露 E 就会导致疾病"（Rothman and Greenland，1998，p.53）。Hoover（1990，p.218）将 INUS 条件与计量经济学的因果关系联系起来："在 Simon 的意识中，任何引起另一个变量的变化的变量都可以被视为另一个变量的 INUS 条件。"

然而，所有这些方法都存在一个基本缺陷：逻辑必要性和充分性的语言不足以解释这些直觉（Kim，1971）。在 Cartwright（1989，pp.25-34）的分析中也隐含了类似的结论，她一开始对 INUS 的直觉着迷，但最终不得不纠正 INUS 的错误。

这种逻辑解释的基本缺陷在于，在表示稳定机制的公式（或者用 Mackie 的术语来说是"倾向关系"）和表示环境条件的公式之间缺乏语法上的区别。这个局限性最简单的表现可以从换质位法看出："A 意味着 B"在逻辑上等同于"非 B 意味着非 A"，这使非 B 成为非 A 的 INUS 原因。这是反直觉的，从"疾病会导致症状"，我们不能推断消除症状会导致疾病消失。换质位法的失败进一步带来切换问题（通过共同原因进行推断）：如果疾病 D 导致 A 和 B 这两种症状，那么治愈症状 A 将（根据 INUS 的逻辑解释）会导致症状 B 消失。 314

另一组问题源于语法敏感性。假设我们将 Mackie 的 INUS 条件应用于图 9.1 的刑法执行案例。如果我们将死刑犯的死亡条件 D 写成：

$$D = A \vee B$$

---

[1] 即 C 与 S_i 形成充分条件。——译者注

[2] Mackie（1965）还要求 E 中每一个不包含 C 的析取项都不能作为合取出现，但这会使 Mackie 的定义与 Lewis 的反事实检验相同。我们这里使用了更广泛的定义，允许同时的原因和过度确定，参见 Mackie（1980）。如果 A 和 B 是同时原因，则 A 和 B 可能出现在不同的析取项里，而不必同时出现在每一个析取项里，这与 Mackie 的要求矛盾。

则 A 满足 INUS 准则，我们可以合理地得出结论 A 是 D 的原因。然而，我们将模型中已知的 $A=C$ 代入，我们得到

$$D = C \vee B$$

突然间，A 不再作为 D 表达式中的合取部分出现。我们是否可以得出结论，A 不是 D 的原因？当然，我们可以通过禁止这种替换，并且保持 A 与 B 和 C 之间的析取形式来避免这种消失[⊖]。但是，更糟糕的问题随之而来：在队长发出指令（C）并且两个行刑警察都没有射击的情况下，死刑犯仍将被视为死亡。简言之，事件中结构信息流动的表达不能用标准的逻辑语法进行描述——Mackie、Rothman 和 Wright 的直觉必须重新表述。

最后，让我们考虑沙漠旅行者的例子，旅行者死亡在式（10.2）中表示为

$$y = x \vee x'p$$

该表达式不是极小析取范式，因为它可以重写为

$$y = x \vee p$$

从中可以得出 x 和 p 在导致 y 时是对等的，这个结果是反直觉的。另一方面，如果我们允许像 $y = x \vee x'p$ 这样的非极小表达式，那么我们也可能允许等价表达式 $y = xp' \vee p$，从中我们可以很荒谬地得出结论：如果有人向旅行者射击（x），那么不投毒（p'）成为旅行者死亡的原因。

现在我们回到结构分析，在结构分析中不会出现这样的句法问题。外在信息是通过结构或反事实描述的（例如，$v_i = f_i(pa_i, u)$），其中 u 是一般变量，而间接信息是通过特定条件 $U=u$ 的介词表达式（例如，$X(u)=x$）传递的。即使保留了真实值，结构模型也不允许任意转换和替换。例如，如果将 c（氰化物摄入）理解为由独立的机制控制，而与控制 y 的机制无关，则不允许用其他表达式代替 $y = d \vee c$ 中的 c。

现在，使用结构分析，我们将提出一个描述 Mackie 和 Lewis 的直觉的形式化方法。[315] 我们的分析将基于因果关系的一个称为“维持”的性质，它结合了充分性和必要性的因素，还考虑了结构信息。

10.2 产生、依赖和维持

因果充分性的概率概念 PS（定义 9.2.2）给出了一种解救反事实的因果解释的方法。

⊖ 即 $A \vee B \vee C$。——译者注

我们回顾刑法执行实例中的对等性过度确定的问题。每个行刑警察的射击都具有等于1的PS值（参见式（9.43）），因为每次射击都会在死刑犯还活着的状态u'下导致死刑犯死亡[⊖]。较高的PS值符合我们的直觉，尽管PN值很低（PN=0），但每次射击都是造成死亡的实际原因。因此，似乎有理由认为我们的直觉考虑了充分性，并且我们可以通过对PN和PS的正确组合为实际因果关系制定适当的标准。

Hall（2004）也表达了类似的期望。在分析反事实方法所面临的问题时，Hall发现存在两个因果关系概念，其中第一个概念可通过反事实进行描述，而第二个概念则不行，第二个概念可能很好地解释了与直觉的冲突。Hall将第一个概念称为"依赖"，第二个概念称为"产生"。在刑法执行的例子中，我们在直觉上认为每次射击都是对等的死亡"产生者"。相反，反事实解释仅检验"依赖"，但却失败了，因为死刑犯的状态不"依赖"于任何一个单独的射击。

依赖和产生的概念分别与必要性和充分性的概念密切相关。因此，我们对PS的表述可以很好地为Hall的产生的概念提供形式化基础，并向实际因果关系的形式化迈出一步。但是，要使该描述方式成功，首先必须克服一个基本障碍：产生性因果关系忽略了特定场景中的信息（Pearl，1999），这可以从以下考虑中看出。

因果关系的*依赖性*（dependence）反映了原因x在面对某些意外情况时仍然保持结果y的必要性，否则就会否定y（定义9.2.1）：

$$X(u)=x, Y(u)=y, Y_{x'}(u)=y' \tag{10.3}$$

另一方面，*产生性*（production）反映了在u'的环境中，x和y都未出现的前提下，原因（x）产生结果（y）的能力（定义9.2.2）：

$$X(u')=x', Y(u')=y', Y_x(u')=y \tag{10.4}$$

比较这两个定义，我们注意到产生的一个特殊性质：为了检验产生，我们必须暂时走出现实的世界，想象一个没有x和y的新世界u'，应用x，看看y是否成立。因此，句子"x产生y"仅在x和y为假的世界里才可能是真的，由此看来（a）似乎没有任何事情可以解释（从产生的角度）在现实世界中发生过什么，并且（b）收集到的关于现实世界u的证据不能用于定义产生的假设世界u'。

为了克服这一障碍，我们求助于一种叫作"维持"的因果关系性质，它通过产生所具有的特征来丰富依赖的概念，同时又保留了x和y均为真的现实世界u。维持不同 [316]

⊖ 注意到$u'=d'$。——译者注

于依赖之处在于，x 可能会针对偶然事件保护 y，鉴于式（10.3）中考虑的偶然性是“间接的”——也就是说，从当初一个特定情况 $U=u$ 演变而来——在这种情况下，我们坚持认为 x 仍然维持 y，以防止由于模型本身的结构修正而产生的偶然情况（Pearl, 1998b）。

定义 10.2.1（维持）

设 W 为 V 中的一组变量，令 w、w' 为这些变量的具体取值。我们说，x 相对于 W 中的偶然性在 u 上因果维持 y，当且仅当

$$
\begin{aligned}
&\text{(i)}\ X(u)=x\\
&\text{(ii)}\ Y(u)=y\\
&\text{(iii)}\ 对于所有 w, Y_{xw}(u)=y。\\
&\text{(iv)}\ 存在 x'\neq x 和 w', 使得 Y_{x'w'}(u)=y'\neq y。
\end{aligned}
\tag{10.5}
$$

式（10.5）的维持特征在条件（iii）$Y_{xw}(u)=y$ 中表现出来，这要求 x 自己可以充分地维持 y。读作：如果我们在 u 中将 X 设置为它的实际值（x），那么，即使 W 设置为与其实际值不同的任何值（w），Y 仍将在 u 中保留其实际值（y）。条件（iv）$Y_{x'w'}(u)=y'$ 可以解读为在相反的条件下 $X=x$ 维持 $Y=y$ 的“责任”。如果我们将 X 设置为其他值（x'），则至少存在一个集合 $W=w'$，使 Y 放弃了实际值（y）。条件（iii）和条件（iv）联合起来表明，存在一种设置 $W=w'$，其中 x 是 y 的充分必要条件。

维持是强加给“实际原因”的合理要求吗？再次考虑图 9.1 中导致死刑犯死亡的两颗子弹。在这种情况下，我们认为 A 是导致 D 的一个实际原因，因为即使在没有 B 的情况下，A 也会“单独”维持 D。但是，我们如何形式化表示在 $U=u$ 中未出现 B，而事实上 B 确实出现了呢？如果我们想（假设）在 u 的上下文中抹掉 B，那么我们必须使用结构偶然性，并想象 B 是由于某种违反规则 $B=C$ 的外部干预（intervention）（或“奇迹”）而变为假的。例如，由于某些机械故障，行刑警察 B 无法射击。我们非常清楚这种失误并没有发生，但是我们努力通过以多级因果模型的形式来描述这一设想中的动作，用以讨论和思考这种失误导致的后果，如图 9.1 所示。

回顾一下，由于 *do*-操作的每个可能状态都代表一个模型，因此每个因果模型不仅代表一个模型，还代表整个模型集，考虑干预的偶然性是每个此类模型的固有特征。换句话说，模型中机制的自主性意味着每种机制都会表现出可能的故障，并且这些故障标志着因果解释的偶然性。因此，我们有理由将这种偶然性纳入实际因果关系的定义中，这也是一种解释形式。

在定义 10.2.1 中，选择 W 时应谨慎。显然，我们不允许 W 包含 X 和 Y 之间的中间变量，因为这将使 x 永远无法维持 y。更严重的是，如果不限制 W，我们就有可能消除实际的抢占，并将非原因变成原因。例如，在沙漠旅行者事件中，通过选择 $W=\{X\}$ 和 $w'=0$（见图 10.2），我们将敌人 1 变成了实际的死亡原因，这与直觉和实际情况相反（排除了氰化物的摄入）。设计“因果束”的概念（Pearl，1998b）是为了选择合理的 W 使对实际场景干扰最小[⊖]。 317

10.3 因果束和基于维持的因果关系

10.3.1 因果束：定义及其含义

我们首先考虑 7.1 节中定义的因果模型 M，然后为每个家族和每个 u 选择维持其父代变量的子集 S。回想一下，因果模型中函数 $\{f_i\}$ 的参数在某种意义上被认为是极小的，因为我们已经从每个 f_i 中修剪了所有冗余的参数，仅保留那些使 $f_i(pa_i,u)$ 变得非平凡的、记作 pa_i 的自变量（定义 7.1.1）。但是，在这个定义中，我们关注的是相对于所有可能的 u 的非平凡性，但是对于某些特定状态 $U=u$，进一步修剪是可行的。

为了说明这一点，考虑函数 $f_i=ax_1+bux_2$。这里是 $PA_i=\{X_1,X_2\}$，因为总有某些 u 值使 f_i 对 X_1 或 X_2 中的变化敏感。但是，假设我们处于 $u=0$ 的状态，则可以放心地将 X_2 视为平凡的参数，将 f_i 替换为 $f_i^0=ax_1$，并将 X_1 视为 f_i^0 的唯一必要参数。我们称 f_i^0 为 f_i 在 $u=0$ 上的投影。更一般地，我们将考虑整个模型 M 的投影，将 $\{f_i\}$ 中的每个函数替换为相对于特定 u 及其非必要部分的特定值的映射。这就产生了一个新的模型，我们称之为因果束。

定义 10.3.1（因果束）

已知模型 $M=\langle U,V,\{f_i\}\rangle$ 和状态 $U=u$，因果束是一个新的模型 $M_u=\langle u,V,\{f_i^u\}\rangle$，其中函数集 f_i^u 通过 $\{f_i\}$ 构造如下：

1. 对于每个变量 $V_i\in V$，将 PA_i 分为两个子集，$PA_i=S\cup\bar{S}$，其中 S（表示“维

⊖ Halpern 和 Pearl（1999）允许选择任意集合 W，使得 x 维持其补集 $Z=V-W$，也就是说，对于所有 w，$Z_{xw}(u)=Z(u)$。

持集”）是 PA_i 的任何子集，且对于所有 $\bar{S}$ 的具体赋值 $\bar{s}$ 和 $\bar{s}'$，满足[⊖]

$$f_i(S(u), \bar{s}, u) = f_i(S(u), \bar{s}', u) \tag{10.6}$$

换句话说，S 是 PA_i 的子集，无论我们如何设置 PA_i 的其他变量都不影响 $V_i(u)$ 的实际值。

2. 对于每个变量 $V_i \in V$，存在一个 $\bar{S}$ 的子集 W 及其赋值 $W = w$，使得函数 $f_i(s, \bar{S}_w(u), u))$ 关于 s 是非平凡的，也就是说，对于某些 S 的赋值 s'，

318

$$f_i(s', \bar{S}_w(u), u) \neq V_i(u)$$

这里，$\bar{S}$ 不应与任何其他变量 $V_j(j \neq i)$ 的维持集相交。（同样，设置 $W = w$ 不应与其他设置矛盾。）

3. 将 $f_i(s, \bar{s}, u)$ 替换为其投影 $f_i^u(s)$，由下式给出

$$f_i^u(s) = f_i(s, \bar{S}_w(u), u) \tag{10.7}$$

因此，V_i 新的父代变量集合变为 $PA_i^u = S$，并且每个 f^u 函数都只对 S 作出响应。

定义 10.3.2（自然束）

如果定义 10.3.1 中的条件 2 对所有 $V_i \in V$ 都满足 $W = \varnothing$，则称因果束 M_u 是自然的。

换句话说，自然束是通过“冻结”维持集之外的所有变量的实际值 $\bar{S}(u)$ 而形成的，从而产生投影 $f_i^u(s) = f_i(s, \bar{S}(u), u)$。

定义 10.3.3（实际原因）

事件 $X = x$ 是在状态 u 下 $Y = y$ 的实际原因（简称“x 引起 y”），当且仅当存在自然束 M_u 使得

$$\text{在} M_u \text{中}, Y_x = y \tag{10.8}$$

以及

$$\text{在} M_u \text{中}, \text{对于某个} x' \neq x \text{有} Y_{x'} \neq y \tag{10.9}$$

注意式（10.8）等价于

⊖ Pearl（1998b）要求 S 是极小的，但就我们的目标而言，此限制不是必要的（尽管我们所有的示例都会采用极小充分集）。通常，我们使用小写字母（例如 s，s'）表示相应变量（例如 S，S'）的具体实现，并使用 $S_x(u)$ 表示在 $U=u$ 和 $do(X=x)$ 下 S 的实现。当然，每个父代变量 PA_i 将具有不同的划分 $PA_i = S_i \cup \bar{S}_i$，但是为了清晰起见，我们删除了下标 i。

$$Y_x(u)=y \tag{10.10}$$

这可以通过$X(u)=X$和$Y(u)=Y$得出。但是式（10.9）保证了在冻结$\bar{S}$所表示的“无关大局的环境”之后，X的某个值x'不能维持$Y=y$[一]。

定义 10.3.4（主要原因）

在状态u下x是y的主要原因，当且仅当存在满足式（10.8）和式（10.9）的因果束但不满足自然束时。

综上所述，因果束可以被解释为这样一种理论：在通过do-操作冻结了某些变量（$\bar{S}$）的假设下，为每个实际事件$V_i(u)=v_i$提供了充分而非平凡的解释。利用这一新理论，我们对事件$X=x$进行了反事实检验，如果X不是x，Y是否会发生变化。如果当冻结发生在所有$\bar{S}$的赋值（即$W=\varnothing$）时，Y都发生变化，那么我们说“x是y的实际原因”。如果变化仅发生在所有$\bar{S}_w(u)$的赋值情况下（$W\neq\varnothing$）[二]，那么我们说“x是y的主要原因”[三]。

注解：尽管选择W使V_i只对S作出响应，但这不能保证$S(u)$对于$V_i(u)$是必要和充分的，因为局部响应并不排除存在另一个状态$s''\neq S(u)$，使得$f_i''(s'')=V_i(u)$。因此，式（10.8）并不能保证x对于y既是必要的又是充分的。这就是式（10.9）要对反事实进行检验的理由。如果要求w使f''对S中的每一个s都是非平凡的，那么限制性太强了，这样的w可能不存在。如果满足式（10.8）～（10.9），那么$W=w$表示对模型做了某些假设性限制，使得x对y来说既是充分的又是必要的。

319

关于多变量事件的注解：尽管定义10.3.3和定义10.3.4适用于单变量因果以及多变量因果，但是当X和Y由变量集组成时，某些细化计算是按顺序进行的[四]。如果结果E是变量集$Y=\{Y_1,\cdots,Y_k\}$的任意布尔函数，则式（10.8）应该应用于Y的每个成员Y_i，并且式（10.9）应该修改为$Y_{x'}\Rightarrow\neg E$而不是$Y_{x'}\neq y$。另外，如果X由多个变量组成，则要求X极小是合理的，换句话说，要求这些变量的任何子集都不能通过式（10.8）～（10.9）的检验。这要求从X中删除不相关的、过度指定的细节。例如，如果喝毒药符合乔死亡的实际原因，那么尴尬的是，喝毒药和打喷嚏也会通过式（10.8）～（10.9）的检验，并符合乔死亡的原因。极小化将“打喷嚏”从因果事件$X=x$中移除。

[一] 这表示$X=x$的确是引起$Y=y$的原因，当$\bar{S}=\varnothing$时，实际原因就是通常的原因。——译者注

[二] 即$\bar{S}$的部分变量W被固定。——译者注

[三] 主要原因表示在某些限制下（即$W=w$时），$X=x$可以对所有$\bar{S}_w(u)$的赋值通过反事实检验，说明在大部分情况下，$X=x$的确是$Y=y$的原因。——译者注

[四] 这些是 Joseph Halpern 根据 Halpern 和 Pearl（1999）提出的定义制定的。

概率与证据的结合

假设状态 u 是不确定的，并且它的概率为 $P(u)$。如果 e 在这种情况下是可用的证据，那么 x 导致 y 的概率可以通过对断言“x 导致 y”为真时，所有状态 u 下的证据 $P(u|e)$ 的权值求和来获得。

定义 10.3.5（实际因果概率）

设 U_{xy} 是断言“x 是 y 的实际原因”为真的状态集（定义 10.3.2），令 U_e 是与证据 e 兼容的状态集。根据证据 e，x 导致 y 的概率表示为 $P(\text{caused}(x, y|e))$，给出的表达式为

$$P(\text{caused}(x,\ y\,|\,e)) = \frac{P(U_{xy} \cap U_e)}{P(U_e)} \qquad (10.11)$$

10.3.2 实例：从析取式到通用公式

过度确定和主要原因

主要因果关系的典型例子是两个行动共同导致一个事件，且其中任何一个行动仍然会导致该事件。在这种情况下，模型仅由一种机制组成，该机制通过简单的析取关系将结果 E 与两个行动联系起来：$E = A_1 \vee A_2$。不存在自然束可以使 A_1 或 A_2 成为 E 的实际原因。如果我们将 A_1 或 A_2 固定为其当前值（即 true），则 E 将成为另一个行动的平凡函数[⊖]。但是，如果我们离开当前的状态，并将 A_2 设置为 false（即用 $W = \{A_2\}$ 形成束，并将 W 设为 false），则 E 将根据 A_1 的不同而做出不同的反应，从而通过式（10.9）的反事实检验。

320

这个例子说明了束准则包含 Lewis 准依赖性的含义。如果我们同意在由 $do(A_2 = \text{false})$ 产生的假设子模型（submodel）中检验这种相关关系，则可以认为事件 E 准依赖于 A_1。在 10.2 节中，我们认为这种假设检验，尽管它与当前场景 u 冲突，但还是在每个因果模型中被隐含地许可。因此，因果束可以被认为是 Lewis 关于准依赖过程概念的形式化解释，并且集合 W 代表这个过程的“特殊环境”（在适当修改后），使得 $X = x$ 对于 $Y = y$ 是必要的。

析取范式

考虑由布尔函数刻画的单一机制

⊖ 即 E 的值不依赖该行动。——译者注

$$y = f(x,z,r,h,t,u) = xz \vee rh \vee t$$

其中（为了简单起见）假设变量X、Z、R、H、T之间是相互因果独立的（即在因果图$G(M)$中没有一个是另一个的后代）。接下来，我们说明在哪些条件下x可以作为y的主要原因。

首先，考虑状态$U = u$，其中所有变量都为真

$$X(u) = Z(u) = R(u) = H(u) = T(u) = Y(u) = \text{true}$$

在这种状态下，每个析取表示一组极小的维持变量。特别地，取$S = \{X, Z\}$，我们发现投影$f^u = f(x, z, R(u), H(u), T(u))$总为真。这时，自然束$M_u$不存在，于是$x$不能成为$y$的实际原因。可以使用$w = \{r', t'\}$或$w = \{h', t'\}$得到可行的因果束，其中符号$'$表示补值。这两个选择中任何一个都会产生投影$f^u(x,z) = xz$。显然，$M_u$满足式（10.8）和式（10.9）的条件，因此证明x是y的主要原因。

利用相同的参数很容易得出，对于

$$X(u') = Z(u') = \text{true}, R(u') = T(u') = \text{false}$$

的状态u'下，存在自然束。也就是说，通过将冗余（$\bar{S}$的）变量R、H和T设为u'中的实际值，可以得到非平凡投影$f^{u'}(x,z) = xz$。因此，x是y的实际原因。

这个例子说明了如何在结构框架中解释Mackie对于INUS条件的直觉。它还说明了结构（或“倾向性”）知识（如$f_i(pa_i, u)$）和环境知识（$X(u) = \text{true}$）所起的准确作用，而严格的逻辑解释并没有明确区分这些作用。

321

下一个例子说明INUS条件如何推广到任意布尔函数，尤其是具有某些极小析取范式的函数。

一般布尔形式的单一机制

考虑函数

$$y = f(x,z,h,u) = xz' \vee x'z \vee xh' \tag{10.12}$$

具有等价形式

$$y = f(x,z,h,u) = xz' \vee x'z \vee zh' \tag{10.13}$$

如前所述，假设我们考虑一个状态u，其中X，Z和H为真，并且询问事件$x: X = \text{true}$是否导致事件$y: Y = \text{false}$。在这种状态下，唯一的维持集是$S = \{X, Z, H\}$，因为选择其中任何两个变量（固定状态$U = u$），如果不考虑第三个变量如何取值，那么不会必然得到$Y = \text{false}$。

由于$\bar{S}$为空，因此束的选择是唯一的：$M_u = M$，其中$y = f^u(x, z, h) = xz' \vee x'z \vee xh'$。因为$f^u(x', z, h) = \text{true}$，所以$M_u$通过式（10.9）的反事实检验，因此，我们得出结论，x是y的实际原因。同样，我们可以看到事件$H = \text{true}$是$Y = \text{false}$的实际原因。这直接来自反事实检验。

$$Y_h(u) = \text{false} \text{ 以及 } Y_{h'}(u) = \text{true}$$

因为定义10.3.3和定义10.3.4基于语义考虑，所以任何逻辑上等价的f形式（不一定是极小析取形式）可以得到相同的结论，只要f代表单一机制。因此，在简单的单一机制模型中，束准则可以被视为INUS直觉背后的语义基础。束准则在结构变化上的问题将在接下来的两个例子中出现，其中考虑了多层模型。

10.3.3 束、抢占以及特例事件因果关系的概率

在本节中，我们将束准则应用于沙漠旅行者的一个概率化版本。这将说明在涉及抢占的问题中如何利用结构信息，以及在已知一组观测值的情况下，我们如何计算一个事件“是另一个事件的实际原因”的概率。

我们考虑修改一下沙漠旅行者示例，不知道旅行者在水壶漏空之前是否喝了有毒的水。为了对这种不确定性进行建模，我们添加了一个二值变量U，该变量表示喝水（$U = 0$）或没有喝水（$U = 1$）。由于U同时影响D和C，我们得到如图10.3所示的结构。为了完成模型的详细说明，我们需要为图中的每一个家族指定函数$f_i(pa_i, u)$和概率分布$P(u)$。为了形式化描述模型，我们引入了假设的背景变量U_X和U_P，它们表示敌人行动背后的因素。

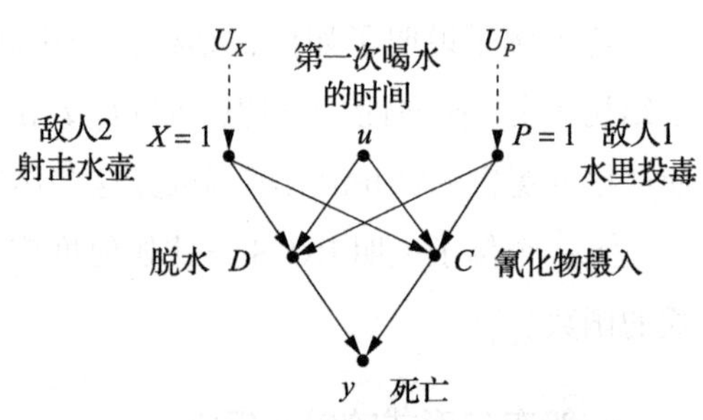

图10.3 概率化版本的沙漠旅行者因果关系图

322

通常对这个示例的理解会产生以下函数关系：

$$c = p(u' \vee x')$$
$$d = x(u \vee p')$$
$$y = c \vee d$$

连同证据信息

$$X(u_X) = 1, \quad P(u_P) = 1$$

（我们假设即使在射击前喝完无毒的水（$p'u'$），T也无法借助空水壶（x）存活）。

为了构造因果束 M_u，我们检查了这三个函数中的每一个，并在 u 上形成了它们各自的投影。例如，对于 $u=1$ 的投影，我们得到式（10.1）中所示的函数，其（极小）维持父代变量集分别为：X（对于 C）、X（对于 D）和 D（对于 Y）。投影函数变为

$$\begin{aligned} c &= x' \\ d &= x \\ y &= d \end{aligned} \tag{10.14}$$

束模型 $M_{u=1}$ 是自然束，其结构如图 10.4 所示。为了检验 x（或 p）是否是 y 的原因，我们应用式（10.8）～（10.9）并得出

$$\begin{aligned} &\text{在 } M_{u=1} \text{ 中}, Y_x = 1, Y_{x'} = 0 \\ &\text{在 } M_{u=1} \text{ 中}, Y_p = 1, Y_{p'} = 1 \end{aligned} \tag{10.15}$$

因此，敌人 2 向水壶（x）射击被归因为 T 死亡的实际原因（y），而敌人 1 投毒（p）并不是 y 的实际原因[㊀]。

接下来，考虑状态 $u=0$，这表示旅行者在敌人 2 向水壶射击之前拿壶喝水的事件。$M_{u=0}$ 对应的图模型如图 10.5 所示，得出

323

$$\begin{aligned} &\text{在 } M_{u=0} \text{ 中}, Y_x = 1, Y_{x'} = 1 \\ &\text{在 } M_{u=0} \text{ 中}, Y_p = 1, Y_{p'} = 0 \end{aligned} \tag{10.16}$$

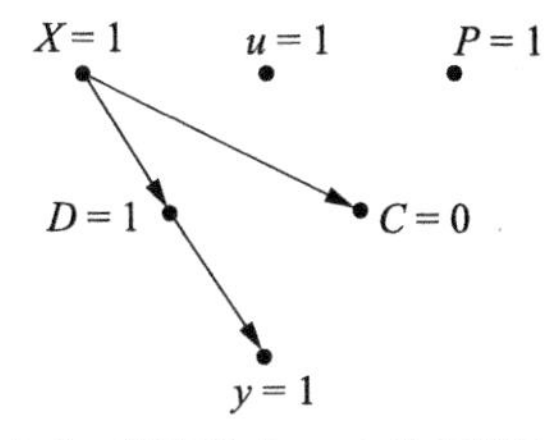

图 10.4 代表状态 $u=1$ 的自然因果束

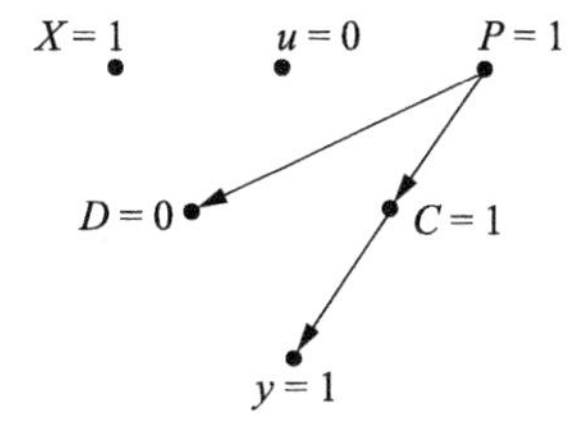

图 10.5 代表状态 $u=0$ 的自然因果束

因此，在这种情况下，我们将敌人 1 的行动归类为 T 死亡的实际原因，而敌人 2 的行动则不被视为死亡原因。

如果我们不知道哪个状态占优，$u=1$ 还是 $u=0$，那么我们必须确定 x 导致 y 的概率。同样，如果我们观察到一些反映概率 $p(u)$ 的证据 e，那么这些证据会得出（参见式（10.11））

㊀ 式（10.15）的第二个公式说明，在 $u=1$ 的前提下（没有喝水），那么在证据 $X(u_X)=1$ 下，无论投毒与否，旅行者都会因射击而死。——译者注

$$P(\text{caused}(x, y \mid e)) = P(u = 1 \mid e)$$

和

$$P(\text{caused}(p, y \mid e)) = P(u = 0 \mid e)$$

例如，法医报告确认“体内没有氰化物”将排除状态 $u = 0$ 而支持 $u = 1$，并且 x 是 y 的原因的概率变为 100%。Pearl（1999）分析了更详细的概率模型。

10.3.4 路径切换因果关系

例 10.3.6

设 x 为双位开关的状态。在位置 1（$x = 1$）时，开关打开灯（$z = 1$）并关闭手电筒（$w = 0$）。在位置 0（$x = 0$）时，开关打开手电筒（$w = 1$）并关闭灯（$z = 0$）。令 $Y = 1$ 表示命题“房间被照亮了”。

324 与开关位置相应的因果束 M_u 和 $M_{u'}$ 如图 10.6 所示。与上面同理，在 M_u 中 $Y_x = 1$ 和 $Y_{x'} = 0$。同样，在 $M_{u'}$ 中 $Y_x = 1$ 和 $Y_{x'} = 0$。因此，“开关在位置 1”和“开关在位置 2”都被认为是“房间被照亮了”的实际原因，尽管两者都不是一个必要的原因。

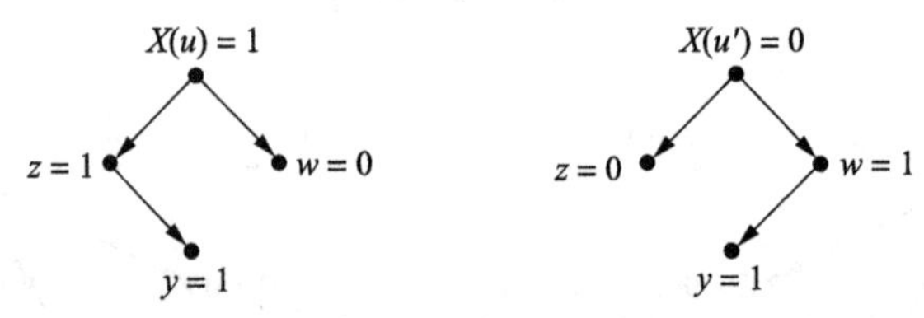

图 10.6 例 10.3.6 中路径切换的自然束

这个例子进一步强调了“实际原因”概念的微妙之处。将 X 从 1 更改为 0 只会改变因果路径的过程，而其来源和结果保持相同。是否应将当前的开关位置（$X = 1$）视为室内灯亮的实际原因（或一种“解释”）呢？尽管 $X = 1$ 使电流能够通过灯，并且实际上是当前维持光亮的唯一机制，但有人可能会辩称，在日常生活中它不应该被称为“原因”。例如，$X = 1$ 可能是阻止入室盗窃企图的原因，这就很奇怪了。然而，回顾因果性解释的价值，正在于结构性偶然造成的异常情况，当我们将手电筒故障的可能性指定为一个单独的机制时，它就引起我们的注意。考虑这种偶然性，将开关位置看作阻止入室盗窃企图的原因不应太奇怪。

10.3.5 时序抢占

考虑本章前言中提到的例子，其中有两团火正在朝着一间房屋蔓延。如果火团 A 在火团 B 之前烧毁了房屋，那么我们将火团 A 视为造成损失的“实际原因”，即使火团 B 在没有火团 A 的情况下也会造成同样的损失。简单地将结构模型写为 $H = A \vee B$，其中 H 代表“房屋烧毁”，那么束方法会将每种火团归类为同等贡献的原因，这与直觉相反——看起来火团 B 不被视为对 H 有任何贡献。

这个例子与沙漠旅行者相似，但又有所不同。在这里，一个原因优先于另一个原因抢占的方式更加微妙，因为第二个原因仅在结果已经发生后才变得无效。Hall（2004）认为这种抢占等同于普通抢占，他通过因果图对其进行建模，在这种因果图中，H 一旦被激活，就会抑制自己的父节点。与定义 7.1.1 中的唯一解假设相反，这种抑制性反馈回路导致不可逆行为。

一种更直接的方式是动态因果模型，用于表达这样一个事实：房屋一旦被烧毁，即使火团这一原因消失，也仍然被烧毁（如图 3.3 所示），其中变量是有时间标记的。实际上，使用 7.1 节中定义的静态因果模型是不可能描述诸如“先到”之类的时序关系，相反，必须使用动态模型。

325

令处于地点 x 和时间 t 的火团状态 $V(x,t)$ 取三个值：g（绿色）、f（着火）和 b（烧毁）。然后，以火势传播为特征的动态结构方程可以写为（简化形式）[⊖]：

$$V(x,t)=\begin{cases} f & V(x,t-1)=g\text{且}V(x-1,t-1)=f \\ f & V(x,t-1)=g\text{且}V(x+1,t-1)=f \\ b & V(x,t-1)=b\text{或}V(x,t-1)=f \\ g & \text{其他} \end{cases} \tag{10.17}$$

与该模型相关的因果图如图 10.7a 所示，每个变量 $V(x,t)$ 指定了三个父代变量：其北面邻居的先前状态 $V(x+1,t-1)$、其南面邻居的先前状态 $V(x-1,t-1)$ 和地点 x 处的先前状态 $V(x,t-1)$。从火团 A 开始和火团 B 相隔一个时间单位（对应于动作 $do(V(x^*+2,t-2)=f)$ 和 $do(V(x^*-2,t^*-1)=f)$），如图 10.7b 所示。黑色和灰色的圆点分别代表状态 f（着火）和 b（燃烧）的时空区域，这个束既自然又唯一，从式（10.17）中可以看出。图 10.7b 中的箭头表示由每个家族的（唯一）极小充分集 S 构造的自然束，该束赋予每个变量的父代状态构成一个事件，这个事件对于该变量的实际状态既是必要的

⊖ 绿色（g）表示平安，既没有着火（f），也没有烧毁（b）。——译者注

也是充分的（假定在 $\bar{S}$ 中的变量被冻结为它们的实际值）。

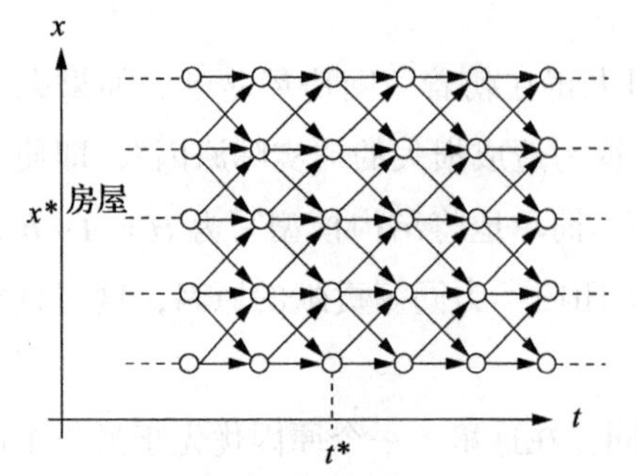

a）与如式（10.17）所示的动态模型相关的因果关系图

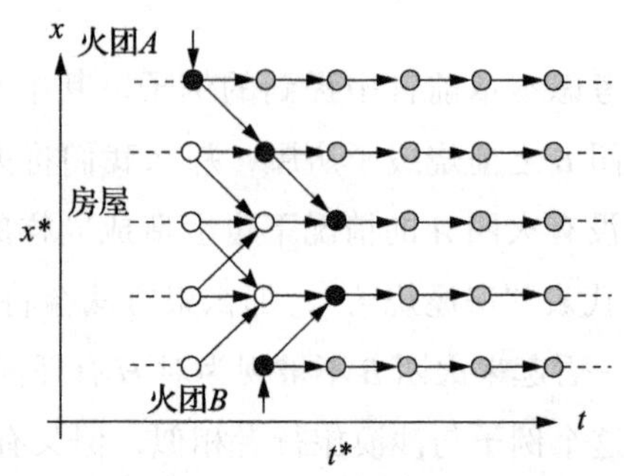

b）在不同时间点引起火团A和火团B的因果束，表明火团B与房屋在x = x*处的状态之间没有联系

图 10.7

将式（10.9）中的检验方法应用于这个束上，我们发现事件（$V(x^*-2,t^*-2)=f$）(代表火团 A 的开始）和序列（$V(x^*,t), t>t^*$）（表示房屋在一段时间内的状态）之间存在反事实依赖（counterfactual dependence）关系。火团 B 则不存在这种依赖性。在此基础上，我们将火团 A 归类为房屋火灾的实际原因。值得注意的是，将因果关系归因于促使结果发生的事件，这种通常的直觉被视为事件的时空表征中束检验的必然结果。但是，正如 Paul（1998）所建议的，这种直觉不能作为实际因果关系的定义原则。例如，在我们的示例中，单独发生的每场火灾都没有促成（或延迟或改变）以下事件的发生：$E=$ 房屋的所有者第二天不吃早餐。然而，正如束准则所预测的那样，我们仍然认为火团 A（而不是 B）是 E 的实际原因。

326

通过检查图 10.7b 所示的极小束的构造，可以阐明这一准则的概念基础。在这个构造中，关键步骤在于时空区域 (x^*,t^*)，该区域代表火团到来时的房屋。变量 $V(x^*,t^*)$ 代表当时房屋的状态，具有双父节点维持集 $S=\{(x^*+1,t^*-1)\text{and}V(x^*,t^*-1)\}$，取值分别为 f 和 g。利用式（10.17），我们看到南面的父节点 $V(x^*-1,t^*-1)$ 是多余的，因为 $V(x^*,t^*)$ 的值是由（关于 f）其他两个父节点的当前值确定的。因此，可以将南面的父节点从束中排除，使 $V(x^*,t^*)$ 依赖于火团 A。此外，由于南面父节点的值为 g，不能成为任何最小维持集的一部分，因此确保了 $V(x^*,t^*)$ 与火团 B 无关。（当然，我们可以将此父节点添加到 S，但是 $V(x^*,t^*)$ 仍独立于火团 B。）下一个要检查的变量是 $V(x^*,t^*+1)$，其父节点 $V(x^*+1,t^*)$、$V(x^*,t^*)$ 和 $V(x^*-1,t^*)$ 的值分别为 b、f 和 f。从式（10.17）开始，中间的父节点（即 $V(x^*,t^*)$）的值 f 充分确保了子节点的值是 b，因此，这个父节点有资格作为一个单独维持集 $S=(x^*,t^*)$，这使我们可以从束中排除其他两个父节点，从而使子节点

依赖于火团 A（通过 S）而不是火团 B。南北两个父节点本身不足以维持子节点的当前值（b）（相邻区域的火团可能使房屋着火，但不会立即被“烧毁”），因此，我们必须将中间的父节点保持在 S 中，这样就使所有变量 $V(x^*, t), t > t^*$ 与火团 B 无关。

我们看到维持考虑通过两个关键步骤得出了直观的结果：（1）允许排除每个变量 $V(x^*, t), (t > t^*)$ 的南面父节点（从束中排除），从而保持 $V(x^*, t)$ 对火团 A 的依赖性；（2）要求（在任何束中）包含每个变量 $V(x^*,t),(t > t^*)$ 的中间的那个父节点，从而防止 $V(x^*, t)$ 对火团 B 的依赖性。步骤（1）对应于从因果中选择内在过程，然后抑制其非内在过程的影响，步骤（2）防止因果过程超出其内在边界。

10.4 结论

我们已经看到，束检验（定义 10.3.3）所体现的维持性质（定义 10.2.1），这一性质是阐明实际因果关系（或法律术语中的“事实原因”）概念的关键。在涉及具有多个潜在原因的多步骤场景的情况下，此性质可以代替“若非”（but for）检验。维持给出原因在面对结构化偶发事件时，维持其效应值的能力，包括在特殊条件下对事实的必要性进行反事实检验，并抑制结构化偶发事件（即 $W = \varnothing$）。我们认为（a）传递因果论断真实意义的是结构化偶然事件而不是间接的偶发事件，因此（b）这些结构化偶然事件应作为因果关系解释的基础。我们进一步论证了基于这种偶然性的解释如何解决诸多问题，这些问题困扰单一事件因果关系的反事实解释，主要是与抢占、过度确定、时序抢占和切换因果关系相关的困难。

327

然而，维持并不能完全代替产生，产生是充分性的第二个组成部分，也就是说，在结果未知的情况下，假定原因产生结果的能力。例如，在火柴－氧气示例（参见 9.5 节）中，氧气和点燃的火柴均满足定义 10.3.3 中的维持检验（$W = \varnothing$ 和 $\bar{S} = \varnothing$），因此，每个因素都可以视为观察到火灾的实际原因。在这种情况下，氧气成为一个尴尬的解释，并不是因为它在偶发事件时维持火灾无能为力（偶发集合 W 为空），而是因为在我们遇到的最常见的 $U = u'$ 情况下（即没有划火柴的情况下）无法起火。

这个论点仍然没有告诉我们，为什么我们应该在火柴－氧气的示例中考虑假设情况（$U = u'$），而不是对本章中那些维持性良好的任何例子中进行分析。尽管一个没有划火柴（$U = u'$）的世界是有其变化规律的常态性世界，但现在的世界却与此背道而驰，因为确实发生了火灾。那么，在对实际世界中的事件（火灾）进行解释时，为什么要跑到另一个可能的世界呢[1]？

我认为，答案在于寻求解释时所使用的语用学。在火柴－氧气的事件中，人们默认解释对象是这样一个问题："如何才能防止火灾？"鉴于这一目标，我们别无他选，只能罔顾现实世界（火灾已经发生），设想一个有能力阻止这场火灾的世界（$U=u'$）[2]。

在开关灯示例（例 10.3.6）中，因果解释出于不同的语用学理由。在此示例中，人们可能更关心保持房间的照明，而目标问题是："我们如何确保在不可预见的意外情况下，房间仍保持明亮？"基于这个目标，我们还不如留在现实的世界 $U=u$，利用维持准则，而不是产生准则。

看来，围绕我们寻求解释的语用问题的关键是使用哪方面的因果关系，而这种语用的数学描述是迈向自动生成充足解释的关键一步[3]。遗憾的是，我现在必须将这个任务留待以后研究。

致谢

328

我对实际因果关系这个话题的兴趣是由 Don Michie 引起的，他发了很多电子邮件试图说服我：（1）这个问题并非平凡的；（2）Good（1961，1962）对因果趋势的度量可以扩展到处理个体事件。他在（1）方面取得了成功，这一章是基于 1998 年春天在加州大学洛杉矶分校举行的一次研讨会，其中"实际因果关系"是主题。我要感谢研讨会的参与者：Ray Golish、Andrew Lister、Eitan Mendelowitz、Peyman Meshkat、Igor Roizen 和 Jin Tian，感谢他们推翻了关于束和维持的两次早期的尝试，也感谢他们激烈的讨论，才有了现在的内容。与 Clark Glymour、Igal Kvart、Jim Woodward、Ned Hall、Herbert Simon、Gary Schwartz 和 Richard Baldwin 的讨论加深了我对相关哲学和法律问题的理解。随后与 Joseph Halpern 的合作帮助我进一步完善了这些想法，并提出了在 Halpern 和 Pearl（2000）中更一般和更清晰的关于实际原因的定义。

---

[1] 即如果没有划火柴的世界。——译者注

[2] Herbert Simon 曾跟我说过，在事故责任案件中，通常适用于铁路道口事故的一个共同标准是"最后明确机会"原则：对碰撞负有责任的人是有最后明显机会避免碰撞的人。

[3] 这两个例子反映了对于解释不同的语用，第一个例子（火柴－氧气）解释的任务被默认为如何不发生当前的事实（起火），而后一个例子（房间照明）则是默认如何保持当前的现实，所以前一个需要找到产生当前事实的原因，而后一个是要找到维持当前事实的原因。——译者注

第2版附言

Halpern 和 Pearl（2001a，b）发现需要完善 10.3.3 节的因果束定义。他们保留了在偶发事件所扰动的世界中通过反事实依赖关系来定义实际因果关系的想法，但允许使用范围更广的偶发事件。

因果束定义需要细化，请考虑以下示例。

例 10.4.1

投票由两人参加。如果他们中至少有一人投赞成票，Y项议案就通过。事实上，他们两人都投了赞成票，这项议案通过了。

这个故事的版本与 10.1.3 节中讨论的析取场景相同，在此我们要声明每张赞成票 $V_1=1$ 和 $V_2=1$，都是促成 $Y=1$ 的一个主要原因。

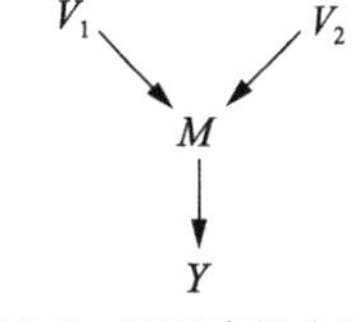

图 10.8 显示束的定义需要细化的一个示例

但是，假设有一个投票机来统计选票。设 M 为机器记录的总票数。显然 $M=V_1+V_2$，$Y=1$，当且仅当 $M\geqslant 1$。图 10.8 代表了这个示例的更精细的版本。

在这种情况下，束准则不再将 $V_1=1$ 限定为 $Y=1$ 的主要原因，因为相对于 M 不能将 V_2 标记为“无效”，因此我们不能像在简单析取情况下那样，自由设置偶发性 $V_2=0$，并测试 Y 对 V_1 的反事实依赖性。

Halpern 和 Pearl（2001a，b）提出了一种合理地处理此类反例的改进方案，但不幸的是，Halpern 和 Pearl（2002）指出，对偶发事件的限制过于宽松。这引起了（Halpern and Pearl，2005a，b）进一步改进，并给出了以下定义：329

定义 10.4.2（实际因果关系）

如果满足以下三个条件，则 $X=x$ 是条件 $U=u$ 中 $Y=y$ 的实际原因。

AC1. $X(u)=x, Y(u)=y$

AC2. 将 V 分为两个子集 Z 和 W，其中 $X\subseteq Z$，并且分别将 X 和 W 中的变量设置为 x' 和 w，使得如果 $Z(u)=z^*$ 则以下两个条件都成立：

（a）$Y_{x',w}\neq y$

（b）对于 W 的所有子集 W' 以及 Z 的所有子集 Z'，有 $Y_{x,w,z^*}=y$，其中 W' 的值和 Z' 的值分别等于 $W=w$ 和 $Z=z^*$ 中这些变量的值。

AC3. W 是极小的，没有 X 的子集满足条件 AC1 和 AC2。

如 AC2（a）所示，赋值 $W=w$ 充当了偶发事件，对 $X=x$ 进行反事实检验。

AC2（b）限制了偶发事件的选择。粗略地说，它表示如果将 X 中的变量重置为其原始值 x，那么 $Y=y$ 必须保持不变，甚至在偶发事件 $W=w$ 下，或者即使 Z 中的某些变量被赋予了它们的原始值（即 z^*），也保持不变。

在投票机的例子中，如果我们将 $W=w$ 定义为 $V_2=0$，而将 $Z=z^*$ 定义为 $V_1=1$，则可以看到根据 AC2，$V_i=1$ 是一个原因。我们不再要求 M 对偶发性 $V_2=0$ 保持不变，$Y=1$ 不变就足够了。

这个定义虽然可以正确地解决文献中提出的大多数问题（Hiddleston，2005；Hall，2007；Hitchcock，2007，2008），但仍然存在一个缺陷。它必须排除某些不合理的偶然事件。Halpern（2008）通过在缺省逻辑中引入“常态化”（normality）的概念，为这个问题提供了解决方案（Spohn，1988；Kraus et al.，1990；Pearl，1990b），但仅考虑了那些与真实世界中处于相同“正常”水平的偶发事件。

Halpern 和 Hitchcock（2010）总结了实际因果关系结构方法的研究现状，并讨论了其对变量选择的敏感性。330

第 11 章

对读者的回应、阐述和讨论

图之于因果关系，就如同 X 射线之于外科医生。

——Judea Pearl

在本章中，我回顾了第 1 章到第 10 章的内容，讨论了需要进一步阐述的问题，介绍了过去 8 年里取得的新的成果，并且回答了第 1 版中读者向我提出的具有普遍兴趣的问题。这些问题既包括书中某些具体段落的说明，也包括目前尚有争议的因果关系概念和哲学问题，以及如何在课堂上讲授和如何在教材和论文中阐述这些问题。

讨论大体上按照这些问题在书中出现的次序，并且指出所在的相应章节。

11.1 因果、统计和图的术语

11.1.1 区分因果和统计是必要的吗

给作者的问题（来自许多读者）

第 1 章（1.5 节）强调统计和因果概念之间的明显区别，前者可以根据（观测变量的）联合概率分布函数来定义，而后者则不能。考虑到本书中有关“因果”的许多概念（诸如随机化、混杂、工具变量）在统计学书籍中经常被讨论，这种区别是清楚的吗？必要的吗？有用的吗？

作者的回答

331 这种区别是清楚的[⊖]、必要的、有用的。正如我在所有的演讲中告诉听众，“如果你听了演讲之后，除了记住统计概念与因果概念的区别是重要的，什么也没有得到，那么演讲就是成功的。”在这里我敢于进一步说，“如果人们记不起我有什么贡献，只是坚持因果和统计的区别，那么我的科学研究也是值得的。”

这种区别说起来竟是如此清楚和简单，甚至有些令人难以启齿，实际上就是静态与动态之间的根本区别。以回归、估计和假设检验技术为代表的标准统计分析，旨在从抽样中评估静态的分布参数。借助这些参数，人们可以推导变量之间的相关关系，估计过去与未来事件之间的似然性，以及根据新的证据和测量方法更新事件的似然性。只要实验条件保持不变，通过标准的统计学分析可以很好完成任务。而因果分析则更近一步，它不仅推断静态条件下事件的似然性，还要推断条件变化下事件发生的动态。例如，由某些措施和外部干预引起的变化，或者由新政策和新实验设计引起的变化。

这种区别意味着因果概念与统计概念不能混为一谈。症状与疾病的联合分布并不能告诉我们，消除症状就能治愈或者不能治愈疾病。更一般地，分布函数并不能告诉我们如果外部发生变化，例如从观察结果变为实验结果时，分布是否会不一样，因为概率论的定理没有说明当一个分布属性被修改时，另一个属性应该如何变化。这些信息必须由外部假定来提供，这些假定明确说明当指定的变化发生时，分布中的哪些东西保持不变。这些外部假定的总和就是我们所说的“因果知识”。

这就意味着“关联关系不能推出因果关系”可以解释为一条有用的原则：每个因果结论的背后必须具备一些在分布函数中无法识别的因果假定。

我们用随机化的概念来解释因果为什么不是统计。假设我们有一个二元密度函数 $f(x, y)$，并且其中一个变量是随机的，我们能够通过测试 $f(x, y)$ 来判断这个变量是哪一个吗？当然不行。根据我们的定义，随机化是因果概念，而不是统计概念。的确，每一个随机化的实验都涉及外部的“干预”，受试者根据实验协议被“强迫”接受一种或者另一种实验方案，而不考虑他们自己的选择。干预的存在决定了实验的结果，以及从这

⊖ 基本的区别通过各种专门的术语给出，例如，病症和病因、关联和因果、经验和理论、观察和实验，以及许多其他的。但是仅用这样的词汇替代是不够的，其中一部分原因是这些不是清晰的定义，一部分原因是这些年来这些词汇的含义变得模糊不清，一部分原因是与“非统计的”联系引出了新的看法。

些结果推出的各种关系，例如因果关系。

然而，在因果和统计之间划分界线（如 1.4 节所述）并不是要从统计分析中排除因果概念，而是鼓励研究人员使用适当的数学和推理工具明确地处理因果概念。事实上，统计学家首先提出了随机实验的概念，并且从费希尔时代（1926）开始就成功地运用它们。然而在那些研究中，无论是因果假设还是因果结论，在研究人员聪明的头脑里都是隐含的，没有把它们用数学表示出来。例如，人们很难找到一本哪怕是研究生水平的统计学教材，从数学上证明，随机化的确能够为希望估计的量给出无偏估计，即治疗或者决策的效果。

332

作为一个相关的例子，现在很少有统计学教师能写出一个公式来描述“随机试验证明药物 x_1 的有效性是药物 x_2 的两倍”。当然他们能够写出“$P(y|x_1)/P(y|x_2)=2$”（y 表示有效性)，但是他们必须记住这个比率只适用于特定的（实验设置下的）随机化条件，而不应与观察研究中普通存在的似然比混淆[㊀]。科学的进步要求用数学表示这种区别[㊁]。

在过去 20 年中，因果分析最重要的贡献是数学语言的出现，不仅仅是数据，实验设计本身也能够用数学描述。事实上，如果人们希望将一个实验的结果作为另一个实验的前提，或者用一个设计中得到的数据预测另一个设计的结果，或者仅判断是否具有充分的知识做出这样交叉预测的可能，那么数学描述本质上都是必不可少的。

区别是必要的吗

科学的发展在于区别概念和事物，特别是对那些不能混为一谈的概念。例如，有理数和无理数的区别在数论中是非常重要的，它可以使我们不必通过前者的算术运算来定义后者。相同的道理表现在素数、合数、代数数和超越数的区别上。包括 George Boole（1815—1864）和 Augustus De Morgan（1806—1871）在内的逻辑学家花费了半个世纪的时间，试图使用命题逻辑来证明一阶逻辑的三段论（例如，所有人都会死)。这两件事情之间的区别直到 19 世纪末才弄清楚。

在因果性研究的历史上也发生过类似的情况，半个世纪以来，哲学家试图把因果性归结于概率论（7.5 节）。但是除了诸如“证据决策理论”（4.1 节）这样的陷阱，他们一无所获。流行病学专家花了半个世纪的努力使用关联的语言定义混杂（第 6 章)，其中

㊀ 实际上，实验中设置的条件与观察中看到的条件是不一样的，参见本书的注。

㊁ Neyman（1923）和 Rubin（1974）的潜在结果方法确实提供了表示上的区别，实验研究的结果写作 $P(Y_{x_1}=y)/P(Y_{x_2}=y)=2$，观察研究的结果写作 $P(Y=y|x_1)/P(Y=y|x_2)=2$。然而，这种表示的含糊性和语义上的不完全性（参见 3.6.3 节和 11.3.2 节）妨碍了它进入课堂、教材和实验室。

一些人现在还在继续努力（参见 11.6.4 节）。这些努力试图绕过一条基本原理：如果混杂是统计学概念，我们就能够从非实验数据的特征中识别混杂因子，并对混杂因子进行校正，从而得到因果效应的无偏估计。这将违反我们的黄金法则：任何因果结论的背后一定有未经观察研究证实的因果假定。流行病学专家以前为何没有认识到这种尝试的徒劳，这是一个谜题，只能有两个解释，要么他们没有认真对待因果和统计的区别，要么害怕把“混杂”这样一个简单而直观的概念归类为“非统计学的”。

将简单的概念从统计学领域（经验主义科学家所知的最有力的形式语言）割裂开来，的确可能产生缺陷。半个世纪以来，社会学家一直在努力利用统计分析来评估公共政策，基本上是回归分析，直到最近才非常失望地承认，其中的问题在 20 世纪 60 年代已经很明显了：“回归分析除了从数据集合中产生一些条件均值和条件方差，什么也没有做”（Berk，2004, p. 237）。经济学家在处理外生性概念的时候也同样具有类似的缺陷（5.4.3 节），即使那些认识到外生性（或超外生性）具有各种因果变化形式的人，也回过头来试图用分布定义它（Maddala，1992；Hendry，1995）。然而，无论如何，跨过因果和统计之间的界限是迟早会发生的，其中的原因我们已经理解。根据先验的和有条件的分布来定义概念（经验知识的终极天条），被认为是科学审慎性的标志，对于这一点我们现在更加清楚了。

333

区别是有用的吗

我现在相当有信心地认为，从哲学、流行病学和经济学的失败实验中得到教训，任何一个正统的学科，再也不会受严密性和直观性的诱惑，浪费半个世纪的时间去追求一个基于分布的因果概念定义。今天，区别的用处主要在于帮助研究人员追溯各种需要的假设条件，用以支持各种各样的科学论断，因为每一个引用因果概念的论断都必须依赖于一些前提假定，而因果词汇只能用专门的与统计不同的符号描述。这种区别提供了一些符号工具，用来识别每一个因果论断中容易受到混淆的前提假定。

即使统计假设未经检验，只要给定充分多的样本和足够细致的测量，原则上这些假设都是可以检验的。相反，因果假定甚至在原则上也无法得到验证，除非人们诉诸严格的实验控制。这个区别在贝叶斯分析中很突出。虽然贝叶斯主义者不检验统计参数的先验指定值，但是当增大样本规模后，这些先验值的敏感性会减少[⊖]。相反，先验因果假设

⊖ 先验指定的值可能会由于抽样的不同而偏离实际值，这是先验指定关于样本的敏感性问题，但是当样本数量充分多后，这种偏离会减小。这在统计学中是常见的问题。但是因果假设不具有这个性质，因果假设一般表述一个事实，这个事实不会随着样本增加而改变。——译者注

的敏感性（例如，治疗不改变性别）却与样本规模无关。

这些性质具有双重重要性。既可以使我们用来表达因果假设的符号有意义且明确，又可以使我们能够清楚地判断假设链条的合理性和必然性。

如何在统计学文献中识别因果关系符号

熟悉潜在结果（Neyman，1923；Rubin，1974；Holland，1988）符号的读者能够从有关反事实事件或者变量的描述中识别因果表达式，例如，$Y_x(u)$ 或者 Z_{xy}。（有些作者使用括号形式的表达式，例如，$Y(x,u)$ 或者 $Z(x,y)$。）（语义参见 3.6.3 节。）

作为另一种选择，本书也使用形如 $P(Y=y\mid do(X=x))$ 或者 $P(Y_x=y)$ 的公式表示：如果将措施 $X=x$ 施加于总体上，那么事件 $(Y=y)$ 将会发生的概率（明显地，$P(Y=y\mid do(X=x))$ 等价于 $P(Y_x=y)$）。图模型提供了第三种表示形式，其中箭头表示如定义 1.3.1 的因果影响，或者表示如图 1.6c 的函数关系（即反事实）。

这些符号系统对于检测和追溯因果前提是非常有用的，这些前提是因果推断的出发点。任何表示标准概率表达式、无效的图形、无效的反事实标记，或者无效的 $do(*)$ 操作符表示的因果前提都被认为是不充分的。因此，任何一篇描述实证研究的文章，如果不以正确的图、反事实标记、或者 $do(*)$ 的表达式开头，都可以被认为其研究结果是不充分的。 334

然而，虽然这种严格的规定可能将许多有价值的实证研究文献被认为是不够充分，但可以为研究人员节省很多时间，在确定一个研究中的因果要求是否与另一个研究有关时，避免陷入无休止的困惑和争论。更重要的是，这样的规定可以使研究人员明确地指出因果前提，从而在研究人员之间进行无歧义的交流，并展开专业的审查、评议和改进。

11.1.2　无须担心的 *d*-分离（第 1 章）

应许多对从代数思维转换到图论思维感到困难的读者的要求，我在此对 *d*-分离进行一个通俗的介绍，以补充第 1 章给出的正式定义。（也可参见文献（Hayduk et al.，2003）。）

介绍

d-分离是一个准则，在给定第三个集合 Z 的条件下，从给定的因果图中判定变量的集合 X 关于另一个集合 Y 是否独立。这个想法是将“相关性”与“连通性”（即存在连通路径），或者将“独立”与“无连通性”或“分离”联系起来。这个简单想法中仅有的弯

子就是如何定义所谓的“连通路径”，其中有些 Z 中的节点是可测的变量，它们的值是准确可知的。我们使用“ d-分离”和“ d-连通”（d 表示有向的）这样的术语说明箭头的方向。我们首先考虑两个单变量 x 和 y 的分离，然后直接扩展到变量的集合（即两个集合是分离的，当且仅当它们之间任何两个变量是分离的）。

无条件分离

规则 1：如果 x 和 y 之间有一条非阻断路径，那么 x 和 y 是 d-连通的。

我们所说的“路径”是指连续的边的序列，而不考虑方向。我们所说的“非阻断的路径”是指一条没有两个箭头“头对头”对撞的路径。换句话说，“头对头”的箭头不能构成传递信息的连接，这种情况称为“对撞点”。

例 11.1.1

在图 11.1 包含了一个对撞点 t，路径 x-r-s-t 是非阻断的，因此 x 和 t 是 d-连通的。路径 t-u-v-y 也是非阻断的，因此 t 和 y 是 d-连通的，同理，u 和 y，t 和 v，x 和 s 等都是 d-连通的。然而，x 和 y 不是 d-连通的，没有一条路径可以绕过对撞点 t 从 x 到 y。由此，x 和 y 是 d-分离的，同样，x 和 v，s 和 u，r 和 u 等也是 d-分离的。（在线性模型中，对于模型参数的每一个选择，对应到这些变量对的协方差项为 0。）

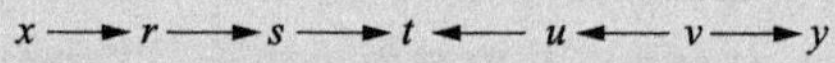

$x \rightarrow r \rightarrow s \rightarrow t \leftarrow u \leftarrow v \rightarrow y$

图 11.1　包含一个对撞点 t 的图

335

条件阻断

目的：当测量一组变量 Z，并取其值为给定值时，其余变量的条件分布将发生改变，原来相关的变量可能变成独立的，而原来独立的变量可能变成相关的。为了用图表示这种动态，我们需要一个概念“条件 d-连通性”，或者更具体地说，“关于集合 Z 条件下的 d-连通性”。

规则 2：如果 x 和 y 之间有一条不经过 Z 中节点的无对撞路径，那么 x 和 y 在集合 Z 条件下是 d-连通的。如果这样的路径不存在，则称 x 和 y 是被 Z d-分离的，也称 x 和 y 之间的每一条路径被 Z“阻断”。

例 11.1.2

令 Z 是集合 $\{r, v\}$（图 11.2 中用圆圈标记），规则 2 告诉我们，x 和 y 是被 Zd-分离的。同样的还有 x 和 s，u 和 y，s 和 u 等等。路径 x-r-s 被 Z 阻断，同样的还有路

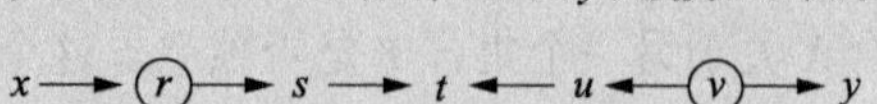

$x \rightarrow (r) \rightarrow s \rightarrow t \leftarrow u \leftarrow (v) \rightarrow y$

图 11.2　集合 $Z = \{r, v\}$ d-分离 t 和 x d-分离 y 和 t

径 u-v-y 和 s-t-u。在这个例子中，在 Z 条件下 d-连通的节点对只有 s 和 t 、u 和 t。注意，虽然 t 不在 Z 中，但是路径 s-t-u 仍然被 Z 阻断，因为 t 本身是对撞节点，因此根据规则 1，该路径是阻断的。

对撞条件

目的：当我们测量两个独立原因的共同效果时，这两个原因就变得相关，因为其中一个原因成立时，另一个原因的可能性会减少（即解释移除[㊀]），而排除一个原因则使另一个原因成立。这个现象（称为伯克森悖论，或解释移除）说明在以对撞节点（表示共同效果）或者它的后代（表示共同效果的证据）为条件时，需要（对于因果性）进行另外的特殊处理。

规则 3：如果一个对撞节点在条件集合 Z 中，或者有一个后代在 Z 中，则该节点不再阻断任何通过它的路径。

例 11.1.3

令 Z 是集合 $\{r, p\}$（在图 11.3 中仍用圆圈标记），规则 3 告诉我们，s 和 y 在 Z 条件下是 d-连通的，因为对撞节点 t 有一个后代 (p) 在 Z 中，所以打开了路径 s-t-u-y-y。然而，x 和 u 被 Z d-分离的，虽然 t 的连接已经打开，但是根据规则 2，节点 r 仍然阻断了路径（因为 r 在 Z 中）。

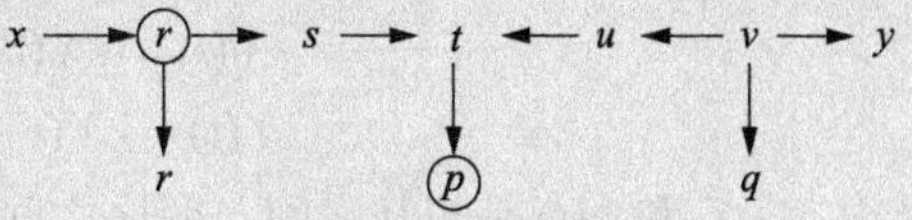

图 11.3　给定对撞点 t 的后代节点 p，s 和 y 是 d-连通的

这就完成了对于 d- 分离的定义，读者可以尝试更复杂的图，例如第 1 章的图 1.3。　336

典型应用：考虑例 11.1.3。假设已经有了 y 关于 p 、r 和 x 的回归方程

$$y = c_1 p + c_2 r + c_3 x + \epsilon$$

希望预测回归方程中哪个系数为 0。从前面的讨论可以直接指出 $c_3 = 0$，因为给定 p 和 r，y 与 x 是 d-分离的，因此在此条件下，y 与 x 是独立的，也就是说，一旦知道了 p 和 r 的值，x 不能给 y 提供任何信息（形式化地，在条件 p 和 r 下，x 和 y 之间的偏相关性消失）。另一方面，c_1 和 c_2 一般不等于 0，这可以从图中看出：$Z = \{r, z\}$ 不能 d-分离 y 和 p，$Z = \{p, x\}$ 不能 d-分离 y 和 r。

㊀ 解释移除是指当一个原因已经发生时，另一个原因对于结果的效应被移除了。——译者注

关于相关误差的注记：相关的外生变量（或误差项 ϵ）不需要特殊处理，它们使用双向的弧（双箭头）表示，这些箭头也和其他箭头一样用于指示路径。例如，如果我们在图 11.3 的 x 和 t 之间加上一个双向弧[㊀]，那么 y 与 x 不再是 d-分离的（通过条件 $Z=\{r, p\}$），因为 t 的后代 p 在 Z 中，路径 x-t-u-v-y 是 d-连通的。

11.2 逆转统计时间（第 2 章）

给作者的问题

Keith Markus 求解改变坐标系实现统计时间逆转的一般方法，或者在式（2.3）的特定例子里，求解参数 a 、b 、c 和 d，以使统计时间与物理时间运行相反。

作者的回答

考虑任意两个时间变量 $X(t)$ 和 $Y(t)$，它们可以表示两个粒子在一维空间的位置、温度和压力、销售量和广告预算等。

假设 $X(t)$ 和 $Y(t)$ 的时序变化由下面的方程描述：

$$
\begin{aligned}
X(t) &= \alpha X(t-1) + \beta Y(t-1) + \epsilon(t) \\
Y(t) &= \gamma X(t-1) + \delta Y(t-1) + \eta(t)
\end{aligned}
\tag{11.1}
$$

其中，$\epsilon(t)$ 和 $\eta(t)$ 是相互之间与顺序之间都不相关的噪声项[㊁]。

在这个坐标系下，我们发现两个当前状态分量 $X(t)$ 和 $Y(t)$ 在过去状态分量 $X(t-1)$ 和 $Y(t-1)$ 的条件下是不相关的。同时，当前状态分量 $X(t)$ 和 $Y(t)$ 在未来状态分量 $X(t+1)$ 和 $Y(t+1)$ 的条件下是相关的。因此根据定义 2.8.1，统计时间与物理时间重合[㊂]。

现在我们通过变换来旋转坐标：

337

$$
\begin{aligned}
X'(t) &= aX(t) + bY(t) \\
Y'(t) &= cX(t) + dY(t)
\end{aligned}
\tag{11.2}
$$

相应的物理方程仍然与式（11.1）是相同的，只是在新的坐标系下，式（11.1）写作：

$$
\begin{aligned}
X'(t) &= \alpha' X'(t-1) + \beta' Y(t-1) + \epsilon'(t) \\
Y'(t) &= \gamma' X'_i(t-1) + \delta' Y'(t-1) + \eta'(t)
\end{aligned}
\tag{11.3}
$$

㊀ 即把 x 看作是外生变量。——译者注

㊁ 即 $\epsilon(t)$ 和 $\eta(t)$ 之间不相关，$\epsilon(t)$ 和 $\epsilon(t+k)$ 也不相关。——译者注

㊂ 因为 $\epsilon(t)$ 和 $\eta(t)$ 的存在使得我们无法从 $X(t-1)$ 和 $Y(t-1)$ 知道 $X(t)$ 和 $Y(t)$，但是可以从 $X(t)$ 和 $Y(t)$ 以及 $\epsilon(t)$ 和 $\eta(t)$ 知道 $X(t-1)$ 和 $Y(t-1)$。——译者注

带撇号的系数可以从原来（不带撇号）的系数经过矩阵乘法得到。类似地，我们有

$$\epsilon'(t) = a\epsilon(t) + b\eta(t)$$
$$\eta'(t) = c\epsilon(t) + d\eta(t)$$

由于 $\epsilon(t)$ 和 $\eta(t)$ 是不相关的，然而 $\epsilon'(t)$ 和 $\eta'(t)$ 却是相关的，因此当前状态 $X'(t)$ 和 $Y'(t)$ 在过去状态分量 $X'(t-1)$ 和 $Y'(t-1)$ 的条件下不相关的事实不再成立。于是统计时间（如果存在）不再沿着物理时间运行。

现在我们需要证明，可以选择参数 a、b、c 和 d，使得统计时间与物理时间相反，也就是说，使当前状态分量 $X'(t)$ 和 $Y'(t)$ 与未来状态分量 $X'(t+1)$ 和 $Y'(t+1)$ 不相关。

通过逆转式（11.3），我们能够根据 $X'(t)$、$Y'(t)$、$\epsilon'(t)$ 和 $\eta'(t)$ 的线性组合表示 $X'(t-1)$ 和 $Y'(t-1)$。由于新的误差项 $\epsilon(t)$ 和 $\eta(t)$ 是不相关的，因此可以进一步选择 a、b、c 和 d，使得在 $X'(t-1)$ 方程中的误差项 $e(t)$ 与 $Y'(t-1)$ 方程中的误差项 $h(t)$ 不相关（这一点最好用矩阵计算展示）。

根据上面的说明，选择坐标系的一般原则是沿着相反方向对角化噪声相关矩阵[⊖]。

我希望读者能够接受挑战，验证时间偏移猜想：

在大多数自然现象中，物理时间至少与一个统计时间吻合。

Alex Balke 试图在经济时间序列中解决这一猜想，但由于缺乏足够的数据，结果不是很确定。我仍然相信猜想是对的，并且希望读者有更好的运气。

11.3　估计因果效应

11.3.1　后门准则背后的直观理解（第 3 章）

给作者的问题

在后门条件的定义中（定义 3.3.1），将 X 的后代排除在外（条件（i））看起来是一个善后之举，只是因为如果不这样做会引起麻烦。为什么我们不能从第一原理中得到它，首先根据消除偏差的目标定义 Z 的充分性，然后说明为了实现这个目标，我们既不希望

⊖ 为了得到与物理时间相反的统计时间，需要进行两次线性变换，第一次变换将 $X'(t-1)$ 和 $Y'(t-1)$ 用 $X'(t)$、$Y'(t)$、$\epsilon'(t)$ 和 $\eta'(t)$ 表示（时间反转），第二次变换将误差项矩阵对角化（消相关），第一个变换要求矩阵可逆，第二个变换要求矩阵可对角化，因此这样的变换可能不存在。如果要对连续的 $X'(t-1), t=1,2,\cdots$，同时反转，并对新产生的误差项逐个消相关，那么这样变换存在的条件更加苛刻。——译者注

[338] 也不需要 X 的后代在 Z 中。

作者的回答

就消除偏差的目标而言，在后门准则中将后代排除在外确实是基于第一原理。该原理如下：我们希望度量某个确定的值（因果效应），但是实际度量的却是图中所有路径引起的相关值 $P(y \mid x)$，有些是伪路径（后门路径），有些是真路径（从 X 到 Y 的直接路径）。因此为了消除偏差，需要修改度量的值，使其等于所要求的值。为了系统地做到这一点，我们设置了一组条件变量 Z，从而确保

1. 阻断所有从 X 到 Y 的伪路径。

2. 保留所有未经改变的直接路径。

3. 不产生新的伪路径。

原则 1 和原则 2 用于阻断所有的后门路径，仅保留条件（ii）中描述的路径。原则 3 要求不能把 X 的后代作为条件，即使这些后代并没有阻断直接路径，因为这样的后代可能在 X 和 Y 之间产生新的伪路径。为了解释这一点，考虑下面的图：

$$X \to S_1 \to S_2 \to S_3 \to Y$$

中间变量 $S_1, S_2, \cdots$（包括 Y）被噪声因子 $e_0, e_1, e_2, \cdots$（未在图上明确标注）影响，这个图放大后如图 11.4 所示。

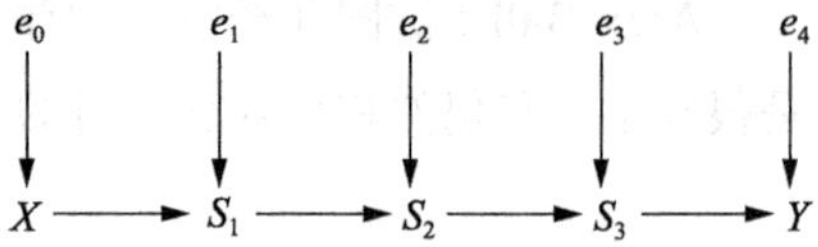

图 11.4　显示 X 到 Y 路径上的噪声因素

现在假设将 S_1 的后代 Z 设置为条件，如图 11.5 所示。由于 S_1 是虚拟对撞点，这就产生了 X 与 e_1 之间的相关性，其作用如同一条后门路径

$$X \leftrightarrow e_1 \to S_1 \to S_2 \to S_3 \to Y$$

根据原则 3，这样的路径不应该产生，因为它会引起 X 和 Y 的伪相关。

[339] 请注意，X 的后代 Z 不是其他 S_i（或者 e_i，$i>1$）的后代，排除了 X 与 Y 之间伪相关的可能，因此将 Z 作为条件仍然是安全的，不会引起偏差（但是会降低 X 与 Y 之间因果效应估算的效率㊀）。11.3.3 节提供了关于后门准则的另一个证明，更清楚地说明需要排除 X 的后代。

同样重要的是，对于错误的变量进行校正有产生新偏差的危险，这样也会破坏随机试验。在这样的试验中，研究人员希望对于协变量进行校正，尽管事实上这些协变量最终会以随机方式逐步抹平可测的或者不可测的各种混杂。校正的目的是改善精度（Cox，

㊀ 因为 X 与 e_1 之间的新路径会增加 X 与 Y 之间的估算难度。——译者注

1958)，或者是匹配不均衡样本，或者是得到协变量特有的因果效应。在试验前校正协变量引起的偏差时，随机试验不受这种校正的影响，但是对试验之后进行校正则可能通过图 11.5 的机制引起偏差，或者更严重地，当校正变量 Z 与某些与影响结果的变量之间存在相关性时，可能会引起这种偏差（例如图 11.5 中的 e_4）。

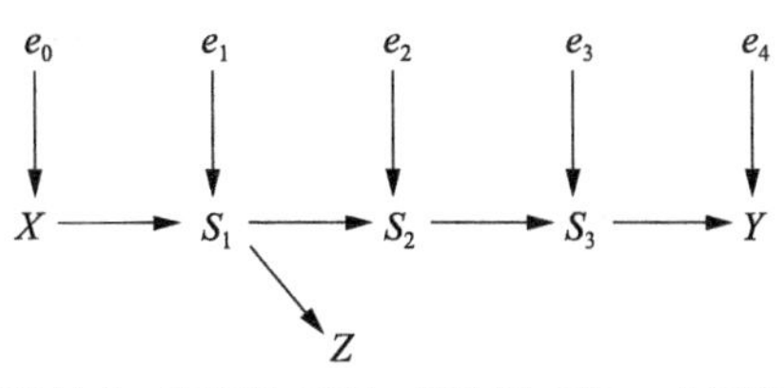

图 11.5 在条件 Z 下，产生了 X 与 e_1 之间的相关性，给估计 X 对于 Y 的效果带来偏差

例如，假设对于疑似疾病 Y 的病人，治疗有一个副作用（例如头疼），如果我们希望对疾病治疗方案进行校正，就不能对于附加症状（头疼）进行校正，因为这会产生伪路径“治疗 → 头疼 ← 症状 → 疾病”而导致偏差[㊀]。然而，如果我们小心谨慎，不对打开伪路径的治疗后果（不仅是那些指向疾病的因果路径）进行校正，随机试验就不会出现偏差。

这位读者的进一步问题

这个关于排除 X 的后代的解释是合理的，但有两个瑕疵：

1. 没有提到如下的情况：

$$X \leftarrow C \rightarrow Y \rightarrow F$$

   这在流行病学中经常出现，传统的方法允许对于 $Z=\{C, F\}$ 进行校正。

2. 这种解释看起来重新定义了混杂和充分性，以表示与过去几十年流行病学家所理解的不同的东西。我们能在图论中找到更接近传统意义的东西吗？

作者的回答

1. 流行病学传统上允许对 $Z=\{C, F\}$ 进行校正，是为了检测 X 对 Y 有因果效应，而不是估计因果效应的量值。在前一种情况下，以 F 为条件在 C 与影响 Y 的噪声因子之间产生了一条伪路径[㊁]，这条路径被 C 阻断。于是将 $Z=\{C, F\}$ 设置为条件使得 X 与 Y 独立。如果碰巧在 Z 的某个水平值上测量到 X 与 Y 的相关性，那就说明该模型是错误的，即要么 X 对于 Y 有直接的因果效应，要么 X 和 Y 之间有图上未显示的另外路径。

   因此如果我们要检验（零）假设，即 X 对于 Y 没有因果关系，那么对于 $Z=\{C, F\}$ 进行校正是非常合理的，上图也说明了这一点（即 C 与 F 不是 X 的后

㊀ 对治疗后的变量值（头疼）进行校正（例如强制设置为 0），会影响治疗对于疾病影响的正确判断。——译者注

㊁ 图上未标出。——译者注

340 代)。但是当怀疑 X 与 Y 之间有因果关系时，用校正 Z 的方法进行评估就不合理，因为这时应该采用的图是图 11.6，其中 F 成为 X 的后代，并且根据后门准则被排除。

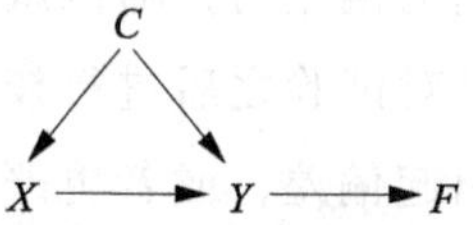

C
X → Y → F

图 11.6 评估 X 与 Y 之间因果关系应采用的图

2. 如果混杂和充分性的解释听起来有些与传统的流行病学不同，那只是因为传统的流行病学并没有真正意义上表达阻断和产生相关性的运算。他们可能对于相关性有一个正确的直觉，但图将这种直觉转化为关闭和打开一条路径的形式系统。

我们还应该注意到，在 1985 年以前，流行病学中的因果分析处于混乱状态，由于一些顶级流行病学专家的直觉，因果关系使用了相关性的语言来表达，但这是不可能的。即使试图将混杂表示为“差别”，即“两个相关性之间的差别，一个我们希望去度量，另一个我们已做度量”，这种想法也受到很多人的抵制（参见第 6 章），因为他们无法数学地表示混杂[⊖]。

因此不是要去寻找“图论语言中与传统更贴近的东西”，我们能够做到更好，阐明“传统意义”应该是什么。

换句话说，传统意义是非形式的，有时会产生误导，而图的准则是形式的，并且已被数学证明。

第 6 章描述了流行病学中一些直觉的悠久历史，其中一些是由杰出的流行病学家提出的，这些直觉在面对混杂和校正问题时误入歧途（参见 Greenland and Robins，1986；Wickramaratne and Holford，1987；Weinberg，1993）。虽然今天大多数主要的流行病学专家都非常熟悉因果分析的当前发展（例如，Glymour and Greenland，2008），但是流行病学界仍然弥漫着传统的直觉，这些直觉是高度可疑的。（参见 6.5.2 节）

总之，图的准则（包括上面的原则 1～原则 3）给了我们关于“流行病学概念的传统意义”一个合理的、通俗的和准确的解释。

11.3.2 揭开神秘的“强可忽略性”

341 用“潜在结果”语言进行工作的研究人员使用称为“强可忽略性”的独立关系来表

⊖ 回想一下，Greenland 和 Robins（1986）曾经多年来一直是孤独的真理灯塔，甚至他们也不得不求助于用“可交换性”这样的“黑箱语言”去定义“偏差”，这阻碍了对于混杂的直观解释（参见 6.5.3 节）。的确，又过了 6 年，流行病学专家才发现校正对原因有影响的因素（见图 11.5）会引进“偏差”。

达“零偏差”或者“非混杂”(Rosenbaum and Rubin，1983)。形式上，如果X是一个二元处理（或动作），强可忽略性写作

$$\{Y(0), Y(1)\} \perp\!\!\!\perp X \mid Z \tag{11.4}$$

其中 $Y(0)$ 和 $Y(1)$ 分别是在动作 $do(X=0)$ 和 $do(X=1)$ 下（不可观察的）潜在结果[一]（定义见式（3.51）），Z是可测的协变量的集合。如果强可忽略性成立，则Z是可容许的，或者消混杂的，也就是说，通过校正Z的值可以消除估计偏差，正如式（3.54）推导的那样。

式（3.54）的推导显示，强可忽略性是描述反事实公式的一种方便的语言工具，也是无须检验即可认定（Z的）可容许性的一种简便方法。然而，正如我们本书中多次指出的，几乎没有人知道如何在实际问题中应用它，因为反事实变量 $Y(0)$ 和 $Y(1)$ 是不可观测的，当前的科学知识并不能够在形式上可靠地判断反事实的条件独立性。因此并不奇怪，强可忽略性几乎只是用来作为假设“Z是可容许的”的替代说法而已，也就是

$$P(y \mid do(x)) = \sum_z P(y \mid z, x) P(z) \tag{11.5}$$

而且很少（如果有的话）作为一条准则来防止我们选择坏的Z[二]。

深谙图模型的读者立刻可以认出，式（11.4）就是后门准则（定义 3.3.1）的翻版[三]，因为后者实际上就是“可容许性”所需要的。这个认识使我们不仅可以把式（11.5）作为一种要求或假定，而且可以有效地进行因果关系的推理。

然而这引起一个问题，变量 $Y(0)$ 和 $Y(1)$ 是否能够用某种方式在因果图上表示，使得我们可以在图上通过 d-分离检测式（11.4）。换句话说，寻找一个节点集合W，使得Z d-分离X和W，当且仅当Z满足式（11.4）。

答案直接从图与潜在结果之间的转化规则得到，根据规则，$\{Y(0), Y(1)\}$ 表示所有外生变量（潜在的或者被观察的）作用之和，这些变量通过一条不经过X的路径影响Y。理由如下：根据 $\{Y(0), Y(1)\}$ 的结构定义（式（3.51）），$Y(0)$（类似的 $Y(1)$）表示切断所有指向X的箭头，X被设置在 $X=0$ 下的常数。因此在这个移走指向X箭头的残留图

㊀ 即可能的结果，该式说明在条件Z下，Y的两种可能结果与X的当前值无关。——译者注

㊁ 事实上，少数将“强可忽略性”用于指导协变量选择的案例中，发布的指南是错误且失准的，这使其更加神秘化，例如“没有理由避免在治疗前对描述受试者的变量进行校正”“混杂因子是任何一个与治疗和疾病同时相关的变量”，以及“强可忽略性要求测量所有与治疗和结果有关的变量”。（为免难堪匿名不具）

㊂ 式（11.4）说明，Z阻断了X与Y之间的所有间接路径。——译者注

中，$Y(0)$ 的统计变化受所有 Y 的外生祖代变量的支配。

在图 11.4 的例子中，$\{Y(0), Y(1)\}$ 被外生变量 $\{e_1, e_2, e_3, e_4\}$ 表示。在作为另一个例子的图 3.4 中，$\{Y(0), Y(1)\}$ 被影响 X_4、X_1、X_2、X_5 和 X_6 的噪声因子（图中未标出）表示。然而，由于变量 X_4 和 X_5 综合了（相对于 Y）它们祖代变量的变化，因此一个表示 $\{Y(0), Y(1)\}$ 的充分集合是 X_4 和 X_5，加上影响 Y 和 X_6 的噪声因子。

342

综上所述，潜在结果 $\{Y(0), Y(1)\}$ 可以被 X 到 Y 路径上所有节点的父节点表示，无论这些父节点是已观测的还是未观测的[⊖]。我们可以像图 11.7a 那样按图索骥地表示父节点。容易看出，借助 $\{Y(0), Y(1)\}$ 的这个解释，一个协变量集合 Z 能够 d-分离 X 和 W，当且仅当 Z 满足后门准则。

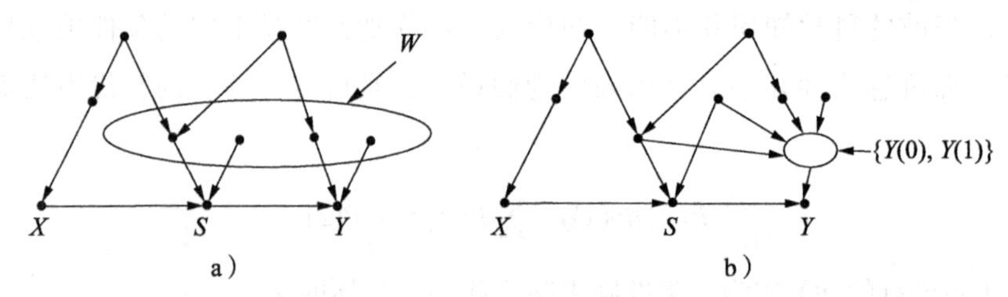

图 11.7　反事实 $\{Y(0), Y(1)\}$ 在“强可忽略性”条件下的图解释

需要注意的是，图 11.7 中可观测变量集合 W 是不可观测的反事实 $\{Y(0), Y(1)\}$ 的替代，其目的是（借助 d-分离）确定因果图中的条件独立性（例如式（11.4））。对 $\{Y(0), Y(1)\}$ 的更精确的处理在图 11.7b 中给出，其中 $\{Y(0), Y(1)\}$ 被表示为 Y 的（虚拟）父节点，虽然与 Y 和 S 实际的（可观察）父节点不是一回事，但却是它们的函数。

精通结构方程模型的读者可以看出，$\{Y(0), Y(1)\}$ 的图表示正是经济学概念“干扰”或者“误差项”的细化（关于 Y 的方程），并且在 X 作为外生变量时，“强可忽略性”要求 X 独立于干扰（参见 5.4.3 节）。在 20 世纪 70 年代，这个概念与计量经济学方程的因果解释一起声名狼藉（Richard，1980），然而图结构的研究驱散了结构方程形式化的阴影，使其具有明确性和清晰性。鉴于这一点，我曾经预言到这些概念将会被重新接受，图 11.7 进一步促进了这些概念的接受。

在一个描述实际过程的知识模型中，将“强可忽略性”转换成这样一种简单的分离条件，应该可以解开“强可忽略性”这一朦胧概念的神秘面纱，并使谈论“可忽略性”的研究人员从图形化的解释中获益。

⊖　必须包含潜在父节点的理由在 11.3.1 节中解释。

这些解释使研究人员能够理解在消除偏差之前，协变量必须满足什么条件，在选择协变量时，应该注意和考虑什么，以及做哪些实验来检测（至少部分的）我们是否具有选择协变量的知识。11.3.4 节举例说明了这样的考虑。

在图和反事实的共同框架下，这些概念的一个应用是估计治疗组的治疗效应：$\mathrm{ETT}=P(y_{x'}\mid x)$（参见 8.2.5 节和 11.9.1 节）。这种反事实量（例如，一个治疗康复的人如果不治疗仍然康复的概率，或者在照射疾病的人群中，如果避免照射仍然得病的比率。）难以用 *do*-演算的记号进行分析。但是，使用反事实的记号可以得出有用的结论：只要满足后门准则的协变量集合 Z 存在，ETT 就可以从观察研究中估计。这可直接从

343

$$(Y \perp\!\!\!\perp X \mid Z)_{G_{\underline{X}}} \Rightarrow Y_{x'} \perp\!\!\!\perp X \mid Z$$

得到，上式可以写作

$$\begin{aligned}\mathrm{ETT} &= P(Y_{x'}=y \mid x)\\ &= \sum_z P(Y_{x'}=y \mid x,z)P(z \mid x)\\ &= \sum_z P(Y_{x'}=y \mid x',z)P(z \mid x)\\ &= \sum_z P(y \mid x',z)P(z \mid x)\end{aligned}$$

图形化解开了“强可忽略性”的神秘面纱，也帮助解释了因果关系概率 $P(Y_{x'}=y' \mid x,y)$ 的原因。事实上任何关于条件 y 的反事实表达式都不允许这样的推导（如果没有前面的独立性条件），因此一般来说是不可识别的（参见第 9 章；Shpitser and Pearl, 2007）。

11.3.3　后门准则的另一种证明

后门准则原来的证明（定理 3.3.2）使用了一个辅助干预节点 F（见图 3.2），因此是一个比较间接的证明。下面给出了另一种证明，其中 Z 不能包含 X 的后代节点的需要是显然的。

后门准则的证明

考虑一个马尔可夫模型 G，其中 T 是 X 的父节点集合。从式（3.13），我们知道 X 对于 Y 的因果效应由下面公式给出。

$$P(y \mid \hat{x}) = \sum_{t \in T} P(y \mid x,t)P(t) \tag{11.6}$$

现在假设 T 的某个成员是不可观测的，寻找另一个可观测变量的集合 Z 来替代 T，于是

$$P(y\mid\hat{x})=\sum_{z\in Z}P(y\mid x,z)P(z) \tag{11.7}$$

容易验证，如果 Z 满足

$$\text{(i) } (Y\perp\!\!\!\perp T\mid X,Z)$$
$$\text{(ii) } (X\perp\!\!\!\perp Z\mid T)$$

则式（11.7）可以从式（11.6）中推出。只需注意到在 Z 的条件下，上述条件（i）可以将式（11.6）重新写作

$$P(y\mid\hat{x})=\sum_{t}P(t)\sum_{z}P(y\mid z,x)P(z\mid t,x)$$

由上述条件（ii）进一步推出 $P(z|t,x)=P(z\mid t)$，由此推出式（11.7）。

现在只需要证明后门准则推出条件（i）和条件（ii），这纯粹是一道图形练习题。的确，Z 由 X 的非后代节点组成直接推出条件（ii），而所有的后门路径被 Z 阻断可推出 $(Y\perp\!\!\!\perp T\mid X,Z)_G$，也就是条件（i）。这可以从图 G 看出，G 中任何一条未被 $\{X,Z\}$ 阻断的从 Y 到 T 的路径都可以延伸为一条未被 Z 阻断的从 Y 到 X 的后门路径[⊖]。

344

关于识别消混杂的可容许集

条件（i）和条件（ii）使我们可以从某个可容许集合 T 出发，不一定是 X 的父节点，识别另一个集合 Z 也是可容许的（即满足式（11.7））。T 的父节点身份仅用于建立式（11.6），在用 Z 替换 T 得到式（11.7）时没有作用。不过从父节点集合 T 出发可以借助条件（i）和条件（ii）识别每一个可容许集，这是其唯一的优点。从任何其他集合 T 出发，就可能存在不满足条件（i）和条件（ii）的可容许集 Z，例如这时选择 X 的父节点作为 Z 就显然不满足条件（i）和条件（ii），因为没有集合能够 d-分离 X 和它的父节点，而这却是条件（ii）所要求的。

同时也注意到，条件（i）和条件（ii）是纯统计学的，不要求具有图的知识和因果假设。因此人们有兴趣问道，是否有一般的独立性条件联系两个可容许集合 S_1 和 S_2，类似于条件（i）和条件（ii）。当 S_1 是 S_2 的子集合时，答案由 Stone-Rubin 准则给出。另一个答案如下。

如果下面等式成立，定义两个子集合 S_1 和 S_2 是 c-等价的（“c”意味着混杂）。

$$\sum_{s_1}P(y\mid x,s_1)P(s_1)=\sum_{s_2}P(y\mid x,s_2)P(s_2) \tag{11.8}$$

⊖ 也就是说，因为 Z 阻断所有 Y 到 X 的路径，因此必然阻断所有 Y 到 T 的路径。——译者注

该公式保证，关于 X 和 Y 的因果效应估计对 S_1 和 S_2 校正产生相同的偏差。

申明：下面两个条件中任何一个都是 S_1 和 S_2c- 等价的充分条件：

$$C_1: X \perp\!\!\!\perp S_2 \mid S_1 \text{ 且 } Y \perp\!\!\!\perp S_1 \mid S_2, X$$
$$C_2: X \perp\!\!\!\perp S_1 \mid S_2 \text{ 且 } Y \perp\!\!\!\perp S_2 \mid S_1, X$$

C_1 使我们可以从式（11.8）的左边推导右边，而 C_2 使我们可以从另一个方向推导。因此，如果 S_1 已知是可容许的，根据 C_1 或 C_2 可以确认 S_2 也是可容许的。这个宽松的条件可以对任何可容许集合 S_1，确保例如 $S_2 = PA_X$ 这样的集合是可容许的，因为这时无论 S_1 如何选择，条件 C_2 总是满足的。

这个宽松的条件并没有刻画所有的 c-等价集合对 S_1 和 S_2。例如，考虑图 11.8a，其中 $S_1 = \{Z_1, W_2\}$ 和 $S_2 = \{Z_2, W_1\}$ 都是可容许的（由于都满足后门准则），因此 S_1 和 S_2 是 c-等价的，但是 C_1 和 C_2 都不成立。 345

一个自然的想法是利用这个条件得到这样的 S_1 和 S_2，它们都与 $S_1 \cup S_2 c$-等价，从而得到 Stone（1993）和 Rubin（1997）所要求的关于集合 – 子集合等价准则。这种方法虽然是有效的，但仍是不完全的。存在这样的情况：S_1 和 S_2 是 c-等价的，但不与它们的并集 c-等价。这是 Pearl 和 Paz（2008）使用不可约集合放宽这个条件得到的定理。

当然，即使有了 c-等价的独立性条件刻画，也不能解决可容许性的识别问题，因为后者是因果概念，不能给出统计学的刻画。

图 11.8b 显示了在社会学和卫生科学中共同面临的问题。假设给定了 $\{X, Y, Z_1, Z_2, W_1, W_2, V\}$ 的值，我们的任务是估计 $P(y \mid do(x))$，然而不知道基本的图结构。一个聪明的方法是从所有可使用的协变量 $C = \{Z_1, Z_2, W_1, W_2, V\}$ 出发，检测是否有一个真子集能够产生等价的校正估计。这种归约的统计学方法已被 Greenland 等人（1999b），Geng 等人（2002）和 Wang 等人（2008）阐述。例如，连续应用条件 C_1 和 C_2，可以从 C 中移走 V 和 Z_2，从而得到不可约子集 $\{Z_1, W_1, W_2\}$，c-等价于原来的协变量集合 C，然而这个子集合对于校正并不是可容许的，因为它与 C 一样并不满足后门准则。Tian 等人（1998）有一个定理，任何一个与 C 是 c-等价的子集合都可以从 C 出发，一次移走一个变量，经历一系列 c- 等价归约过程得到。但是（初始）协变量集合选择的问题是，由于缺乏图的结构，因此我们并不知道 C 的许多子集合中哪一个是可容许的（如果有）[㊀]。下一小节讨论如何利用外部知识，以及更仔细的数据分析来解决这个问题。

㊀ 因此不知道归约过程中的子集合是否是可容许的。——译者注

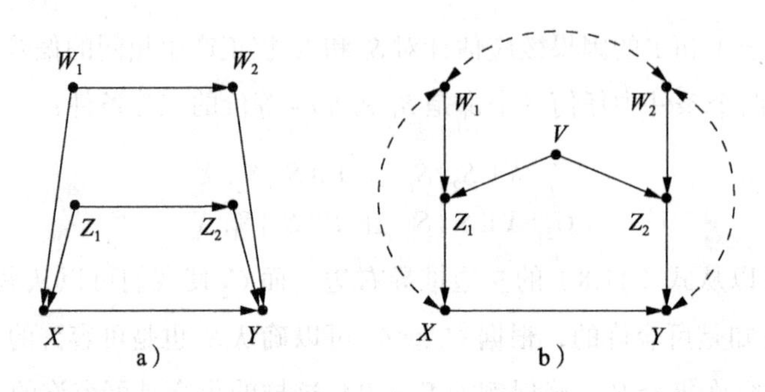

图 11.8 a 中 $S_1=\{Z_1,W_2\}$ 和 $S_2=\{Z_2,W_1\}$ 都是可容许的，但却不满足 C_1 或 C_2。b 中 $C=\{Z_1,Z_2,W_1,W_2,V\}$ 的任一子集合都不是可容许的

11.3.4 协变量选择中的数据与知识

当缺少因果图时，我们应该做些什么呢？一个方法是根据领域知识，假设一个合理的图，然后检验数据是否反驳图的统计性质。在图 11.8b 中就有这样一些性质，作为条件独立约束，每一条都与丢失的箭头有关：

$$
\begin{array}{ll}
V \perp\!\!\!\perp \{W_1,W_2\} & X \perp\!\!\!\perp \{V,Z_2\} \mid \{Z_1,W_2,W_1\} \\
Z_1 \perp\!\!\!\perp \{W_2,Z_2\} \mid \{V,W_1\} & V \perp\!\!\!\perp Y \mid \{X,Z_2,W_2,Z_1,W_1\} \\
Z_2 \perp\!\!\!\perp \{W_1,Z_1,X\} \mid \{V,W_2\} & V \perp\!\!\!\perp Y \mid \{Z_2,W_2,Z_1,W_1\}
\end{array}
$$

当然，满足这些条件并不能得到假设因果模型的有效性，正如第 2 章中所说，因为可能存在其他满足这些约束条件却有明显不同的因果结构的模型，所以具有明显不同的可容许集合与效应估算。一个平凡的例子是完全图，选择恰当的参数和箭头方向可以模拟任何其他的图。一个稍微复杂的例子是等价结构类中的图，它们对于参数的选择不敏感，所有条件独立性来自图中节点的分层[㊀]。第 2 章介绍的搜索技术提供了获取所有等价模型的系统方法，这些模型都与给定的条件独立关系相容[㊁]。

346

图 11.9 是图 11.8b 的有力竞争者，它满足后者所有的独立性条件，再增加一个不易发现和检测的独立性条件，$Z_1 \perp\!\!\!\perp Y \mid X, W_1, W_2, Z_2$。与图 11.8b 不同，图 11.9 有三个集合 $\{Z_1,W_1,W_2\}$、$\{V,W_1,W_2\}$、$\{Z_2,W_1,W_2\}$ 是可容许的，因此也是 c-等价的。检测这三个集

㊀ 参考第 2 章，在等价结构的图中，其节点和边是相同的，因此参数的变化只反映了因果效应数值上的变化，而关键是边的定向，不同的定向决定了节点的不同分层，于是也决定了不同的因果结构。——译者注

㊁ 半马尔可夫模型也可以通过无法表达条件独立性的函数关系来识别。（Verma and Pearl，1990；Tian and Pearl，2002b；Shpitser and Pearl，2008），在本例中，我们未考虑这类有用的约束。

合的 c-等价性就可以在这两个竞争模型之中做出判断。

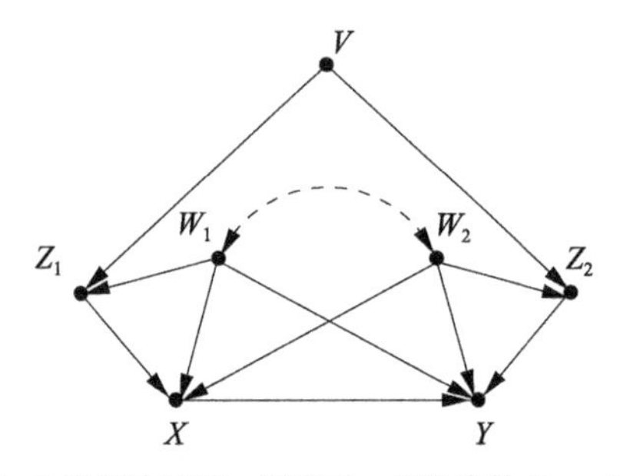

图 11.9　这个模型与图 11.8b 几乎无法区别，仅多了一个独立性 $Z_1 \perp\!\!\!\perp Y|X, W_1, W_2, Z_2$，它有三个集合是可容许的（因此是 c-等价的）：$\{V, W_1, W_2\}$、$\{Z_1, W_1, W_2\}$、$\{W_1, W_2, Z_2\}$。因此，如果其中任何两个不能通过 c-等价性检验，将拒绝该模型

已被确认的因果知识可以对这样的判断提供有价值的信息，例如，如果我们有充分的理由相信变量 W_2 不会影响 X（比如迟于 X 出现），或者 W_1 对于 Y 不可能有直接效果，那么图 11.9 的模型可以排除。

图的力量在于给研究人员提供了关于推理的清晰语言，讨论某些假定的合理性，并且在无法达成共识的情况下，区别各种意见的差异，确定解决分歧需要哪些条件观察。这些手段是潜在结果方法所缺乏的，对于大多数研究人员来说，“强可忽略性”仍然是一个神秘的黑箱。

图模型除了提供正面的性质判断之外，还具有无须逐个检验就可以排除大量模型的能力。例如，在所有 V 和 W_1 是 X 仅有父节点的模型中，$\{V, W_1\}$（当然也就包括 $C=\{Z_1, Z_2, W_1, W_2, V\}$）是可容许的，一旦数据中条件 $X \perp\!\!\!\perp Z_1 | V, W_1$ 不成立，该模型立刻就可以排除。

例如，第 3 章中，我们演示了介于 X 和 Y 之间的附加变量的测量，为何对于确认 X 对 Y 的因果效应是充分的。图 11.8b 也说明了此事。X 和 Y 之间的路径上的变量 Z 的测量，可以通过式（3.29）来实现 $P(y|do(x))$ 的可识别性和可估计性。这就说明图 11.8b 是正确的数据生成模型[⊖]。另一方面，如果图 11.9 表示正确的模型，则因果关系由下式给出：

⊖　在图 11.8b 中，位于 X 和 Y 之间的路径上的变量正是 $C=\{Z_1, Z_2, W_1, W_2, V\}$，通过测量这些变量，自然可以知道 X 对于 Y 的因果效应。——译者注

$$
\begin{aligned}
p(y \mid do(x)) &= \sum_{pa_X} P(y \mid pa_X, x) P(pa_X) \\
&= \sum_{z_1, w_1, w_2} P\big(y \mid x, z_1, w_1, w_2\big) P(z_1, w_1, w_2)
\end{aligned}
$$

347

这与式（3.29）可能一致，也可能不一致。如果是后者，我们可以用不一致的充分理由拒绝图 11.9 的模型，转而寻找另外的测量来肯定或者反驳图 11.8b。

辅助实验可能比辅助观察能提供更有力的识别工具。考虑图 11.8b 中的变量 W_1，如果我们能够进行一个 W_1 的（而不是 X 的）随机对照实验，得到的数据将能够用于 X 对于 Y 的因果效应的估计无偏差（见 3.4.4 节）。至少，能够分辨 W_1 是 X 的父代变量（见图 11.9），还是 X 的间接祖代变量（见图 11.8b）。

一些因果分析专家试图坚持传统的统计学，采用称为“敏感性分析”的方法（例如，Rosenbaum，2002，pp.105-7），给人一种该方法似乎不需要因果假定的印象，这当然是错觉。该分析不是通过假定模型中没有某些因果关系来进行推断，而是尝试假设有这样的因果关系，并且估算这种因果关系达到多强才能解释观察的数据，然后将结果提交给合理的判断，其本质与图 11.9 中的模型所引用的判断没有什么不同。在更丰富的背景下，敏感性分析相当于放置了一个因果关系图表，它的强度受到合理判断的限制，试图在不违反这些约束的条件下根据数据得出结论。这是一种脱离实际的做法，到目前为止只局限于处理变量非常少的问题。图表的出现预示着这一方法将可能扩展到更现实的问题。

11.3.5 理解倾向得分

倾向得分（Rosenbaum and Rubin，1983）法，或者倾向得分匹配（PSM）法，是观察研究中最成熟和最流行的数据因果分析方法。该方法在本书中没有特别强调，因为这是用于处理有限样本的估计方法，对于渐进的大样本极限并没有增加更多的理解，而这才是本书的重点。然而，由于倾向得分法在因果分析中的显著地位，以及当前围绕其使用的各种争论，我们专设一节解释它在图模型、可容许性、可识别性、偏差降减，以及统计与因果的区分这个庞大体系中的位置。

倾向得分法是建立在一个简单而巧妙的纯统计学特点的想法上。假设有一个二元行动（或者处理）X，以及一个可测量的协变量集合 S，倾向得分 $L(s)$ 是具有特征 $S=s$ 的参与者选择行动 X=1 的概率，即

$$L(s) = P(X=1 \mid S=s) \tag{11.9}$$

正如 Rosenbaum 和 Rubin 所阐释的，将 $L(s)$ 看作 S 的函数，从而 $L(s)$ 是一个随机变量。给定 $L(s)$，X 和 S 是独立的，即 $X \perp\!\!\!\perp S \mid L(s)$。换句话说，所有映射到相同值 $L(s)$ 的个体都是可比较的，或“平衡的”[㊀]，这意味着，对于 L 的每一个层面，处理或者不处理的个体具有相同的特征 S 分布[㊁]。

348

为了说明该结果的意义，简单起见，假设 $L(s)$ 的各个值能够被分别估计，并且近似地分划为离散的取值层面，$L=\{l_1, l_2, \cdots, l_k\}$。依据 11.3.3 节的定义和式（11.8），条件独立性 $X \perp\!\!\!\perp S \mid L(s)$ 连同函数映射 $S \to L$，推出 S 与 L 是 c-等价的。即对于任何 Y，

$$\sum_s P(y \mid s, x) P(s) = \sum_l P(y \mid l, x) P(l) \tag{11.10}$$

这可以直接从下面的式子得到[㊂]：

$$\begin{aligned}\sum_l P(y \mid l, x) P(l) &= \sum_s \sum_l P(y \mid l, s, x) P(l) P(s \mid l, x) \\ &= \sum_s \sum_l P(y \mid s, x) P(l) P(s \mid l) \\ &= \sum_s P(y \mid s, x) P(s)\end{aligned}$$

到目前为止，我们尚未提到任何因果关系，也没有提到 Y 是结果变量，而我们最终的任务是估计 X 对于 Y 的因果效应。S 和 L 的 c-等价性仅仅意味着，如果出于任何原因，希望对于任意的两个变量集合 S 和 Y，估计“校正值” $\sum_s P(y \mid s, x) P(s)$，那么无须对高维的 S 求和，只需要对于 1 维的 $L(s)$ 求和即可。在超大样本数量的情况下，两种方法在大样本极限下的渐进估计是相同的。

c-等价性还进一步指出，如果选择校正值 $E_s P(y \mid s, x)$ 逼近因果效应 $P(y \mid do(x))$（这是因果推断第一次被牵扯进来），那么可以通过估算值 $E_l P(y \mid l, x)$ 得到相同的渐近，其中对 L 的取值层面进行校正。后者有一个优点，对于有限样本来说，$L(s)$ 的每个取值层面不太可能是空的，都包含处理和不处理的个体。

因此倾向得分法可以看作有效的估计算子，由任意协变量集合 S 形成。它既不要求 S 满足某些适当性条件，也不要求修正任何混杂偏差，更不担心产生原本没有的新偏差。

㊀ 具有不同的特征 s_1 和 s_2 的个体，也可能有相同的 L 值，即 $L(s_1) = P(X=1 \mid S=s_1) = P(X=1 \mid S=s_2) = L(s_2)$，这两个子群体对于 X 有相同的选择倾向。——译者注

㊁ 独立性源于函数 $L(s)$ 的特别性质，但这种性质未在图上表示出来，即如果将 L 作为 S 的子节点，则 L 一般不能 d-分离 X 和 S。

㊂ 这也可以从条件 C_2 推出，其中需要替换 $S_1 = S$，$S_2 = L(S)$。

在 S 是可容许的特殊情况下，即

$$P(y|do(x))=E_sP(y|s,x) \tag{11.11}$$

L 也是可容许的，这样，我们就可以通过下面公式的右边做出对于因果效应的无偏估计㊀

$$P(y|do(x))=E_lP(y|l,x)$$

反之，如果 S 不是可容许的，L 也不是可容许的，这时能保证的只是前者产生的偏差后者也能够一模一样的。

349

围绕倾向得分的争论

到目前为止，关于倾向得分的表述没有产生误解。本书读者可能会疑惑，如此简单明了的估计方法怎么会出现争论，这个方法仅仅提供了一个统计量的估计。根据 S 的选择，该统计量有时与感兴趣的因果效应相符，有时不相符。

但最近出现了一场争论，最有可能的原因是这种方法越来越受欢迎，并得到了著名统计学家（Rubin，2007）、社会学家（Morgan and Winship，2007；Berk and de Leeuw，1999）、卫生科学家（Austin，2007）和经济学家（Heckman，1992）的强烈支持。实际上，这种方法的普及程度已经上升到一些联邦机构希望项目评估员使用这种方法代替实验设计的地步（Peikes et al.，2008）。这一举动反映了研究人员普遍倾向于淡化关于 S 可容许性的要求，并将 Rosenbaum 和 Rubin 的数学证明解释作为保证，在 L 的每个层面中，适当地匹配试验组和对照组的受试者能以某种方式消除数据中的混杂，从而有助于整体偏差的减少。这种趋势在实证研究中（Heckman et al.，1998；Dehejia and Wahba，1999）被进一步强化，在倾向得分分析和随机试验之间发现了一致性，并且认为前者能够在重要特征上"平衡"实验组和对照组。Rubin 鼓励这样的解释，他说："这个应用使用倾向得分法来创建实验个体和对照个体的子组……仿佛它们被随机化了。采取这样的分组，然后对于已观测的协变量进行'近似'随机区组实验"（Rubin，2007）。

然而，后续的实证研究对于倾向得分采取了更多批评的观点，令人失望的是，在仔细比较临床研究的结果时，有时测量会出现本质性的偏差（Smith and Todd，2005；Luellen et al.，2005；Peikes et al.，2008）。

但是，为什么有人会淡化 Rosenbaum 和 Rubin 的警告，这样做将违反因果分析的黄金法则：因果论断不可能建立在纯粹的统计方法上，无论是倾向得分、回归、分层或者

㊀ 不幸的是，Rosenbaum 和 Rubin（1983）只对可容许的 S 证明了 S 和 L 的 c-等价性。这给读者留下了印象，倾向得分匹配法在某种程度上有助于减少偏差。

还是其他基于分布的设计。我相信答案在于 Rosenbaum 和 Rubin 描述可容许性条件的语言，即式（11.11）。这个条件是用潜在结果的含糊语言描述的，要求集合 S 必须使 X 是"强可忽略的"，也就是 $\{Y_1, Y_0\} \perp\!\!\!\perp X \mid S$。正如本书多次提到的，"可忽略性"概念的不透明性是潜在结果方法的阿喀琉斯之踵。即使对于所有因果关系都明确的简单问题，也没有一个凡人能够使用该条件判断"可忽略性"是否成立，更不用说对于因果关系只是部分明确，并且涉及几十个变量的问题[1]。

350

大多数研究人员在理解"可忽略性"的意义以及在实际中判断它们的困难性，导致人们假定当分析过程中包含了尽可能多的协变量时，这个条件是自动满足的，或者至少像是满足的。普遍的看法是增加更多协变量没有害处（Rosenbaum，2002，p.76），却能够让人们免于考虑各种因素之间因果关系（Rubin，2009）。这些因素包括协变量、处理、结果以及（最重要的）未测量的混杂因子等。

但是这种看法与图模型的学生学到的内容相反，也与本书讲授的内容相反。S 的可容许性只能通过研究者可获得的因果知识来确定。正如我们从图论或者后门准则中学到的，这些知识认为，减偏是一个非单调的算子，即消除一个混杂因子带来的偏差（或不平衡）可能会唤醒和释放另一个蛰伏的、未测量的混杂因子带来的偏差。这样的例子很多（例如图 6.3），在分析中增加一个变量可能带来不可挽回的偏差（Pearl，2009b，2010a；Shrier，2009；Sjölander，2009）。

另一个引发争论的因素是，人们普遍相信倾向得分法的减偏潜力能够通过实验性的案例研究，并将倾向得分和随机试验得到的效果进行比较来评价（Shadish and Cook，2009）[2]。然而这个想法并未证明是正确的，因为倾向得分减少偏差的潜力严重依赖于 S 的特殊选择，或者更准确地，依赖 S 的内部变量和外部变量之间的因果关系。在一个问题实例（例如，在俄克拉荷马州的教育计划）中测量出的有效偏差并不能阻止在其他例子（例如，在阿肯色州的犯罪控制）中的零偏差，即使两者之间有相同的统计分布 $P(x. s. y)$。

带着这样的考虑，人们自然有理由问一个社会学类型的问题：对于倾向得分，是什么原因抑制了对其所带来的期待，以及限制了更加广泛的理解？

Richard Berk 在《回归分析：一个建设性批判》（Berk，2004）一书中，回顾了社会学中类似的现象，那些完美的思想被科学界曲解："我回忆了与 Don Campbell 的交谈，

---

[1] 潜在结果传统的拥护者寄托于检查图 11.8b（或者所选择的任何模型、故事、小例子）是否有某个子集合 C 使得 X 是"强可忽略的"。当然，这通过后门准则是容易确定的，但不幸的是，潜在结果阵营中某些拥护者的领袖人物仍然对于图怀有恐惧和误解（例如，Rubin，2004，2008b，2009）。

[2] 这种信念被豪言煽动，例如："激动人心的证据表明，这种分析可以达到与完全平行的随机试验相同的结论，见文献（Shadish and Clark，2006（未发表）"（Rubin，2007）。

他公开表示希望自己从未写过《研究中的实验与准实验设计》（Campbell and Stanley, 1966），这本著作将随机实验与准实验近似之间进行对比，并强烈反对后者。然而这本书的巨大影响是使大量应用社会科学的准实验设计合法。Dudley Duncan 在职业生涯晚年认为他那本很有影响的关于路径分析的书《结构方程模型导论》是一个大错误。读完这本书的研究人员相信，关于社会不平等的基本政策问题可以通过路径分析快速且简单地得到答案。”

351

我相信，围绕着倾向得分，一个类似的文化现象正在逐步形成。

Rosenbaum 和 Rubin 在说明成功的条件时并没有掉以轻心，反而很清楚告诫实际工作人员倾向得分仅在“强可忽略性”的条件下才有效，失败之处在于没有足够地告诫人们如何躲开不能识别的危险。为了防止盲目冒险，我们必须戴上眼镜以认出风险，使用有意义的语言来解释风险。目前尚未给读者提供工具（例如图）去识别“强可忽略性”是如何违背或者成立的。Rosenbaum 和 Rubin 已经鼓励一代研究人员（包含联邦机构）去假设“强可忽略性”在大多数情况下或者成立，或者通过巧妙的设计使之成立。

11.3.6 *do*-算子背后的直观性

给作者的关于定理 3.4.1 问题

在 *do*-算子的推理规则中，由于 X 的所有直接原因被移走，子图 $G_{\overline{X}}$ 表示在运算 $do(X=x)$ 下的现行分布，这个分布是什么？

作者的回答

图 $G_{\underline{X}}$ 表示 X 的所有子节点假设“保持常值”，这阻断了所有从 X 到 Y 的有向路径，同时完整地保留了后门路径。如果 X 和 Y 在图上是 d-连通的，那么这些路径必然也是两者之间（未阻断）的混杂路径。反之，如果我们在图上找到一个 d-分离 X 和 Y 的节点集合 Z，Z 必然阻断原图上所有的后门路径。如果进一步以变量集 Z 作为条件，那么根据后门准则，必然抵消了所有混杂因素，因此在以 Z 为条件之后，无论测量到什么样（X 与 Y 之间）的相关性，都归结到 X 与 Y 的因果效应，与混杂无关。

11.3.7 *G*-估计的有效性

在 3.6.4 节中，介绍了 G-估计公式（3.63），以及反事实的独立性 $(Y(x) \perp\!\!\!\perp X_k \mid \overline{L}_k, \overline{X}_{k-1} = \overline{x}_{k-1})$，Robin 证明了这是（3.63）的充分条件。一般而言，条件（3.62）既限制过多，又

缺乏直观基础，（3.63）的更加一般和直观的条件在式（4.5）中给出，该公式内容如下：

（3.62*）关于 **g**-估计的一般条件（贯序后门）

如果每一个从 X_k 到 Y 的行动回避（action-avoiding）的后门路径都被某个 $X_k, \cdots, X_n$ 的非后代子集合 L_k 阻断，那么 $P(y \mid g = x)$ 是可识别的，并由（3.63）给出。（所谓行动回避指的是在变量的某种拓扑顺序下，不含指向迟于 X_k 的变量 X。）

这种情况比起（3.62）有几个改进，如下面三个例子所示：

例 11.3.1

图 11.10 描述了一种情形，g-公式（3.63）对于部分过去变量的子集合 L_k 是有效的，而非所有的过去变量。假设 U_1 和 U_2 是未观察的，时间顺序为 U_1, Z, X_1, U_2, Y，我们来看（3.62）和（3.62*），因此（3.63）关于 $L_1 = 0$ 是满足的，而对于全部的过去变量 $L_1 = Z$，则（3.62）和（3.62*）都不成立。

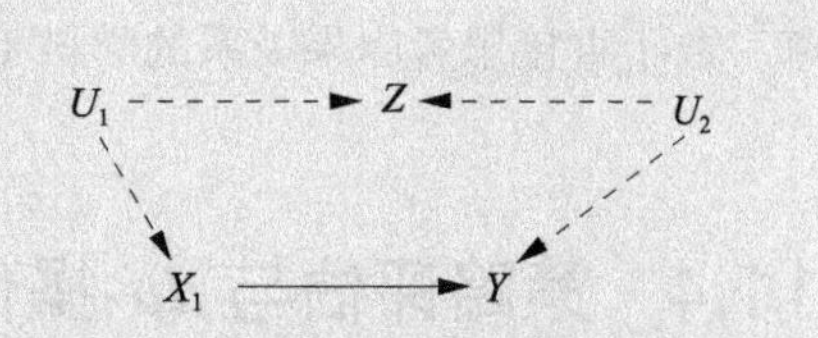

图 11.10　以所有的过去 $L_1 = Z$ 作为条件使得 g-估计失效

例 11.3.2

图 11.11 描述了一种情形，扩展了（3.62），定义 L_k 为 X_k 的非后代节点的集合（与 X_k 的时序祖代相反），假设时间顺序为 U_1, X_1, S, Y，则当 $L_1 = S$ 时，（3.62）和（3.62*）都满足，当 $L_1 = 0$ 时，两者都不满足。

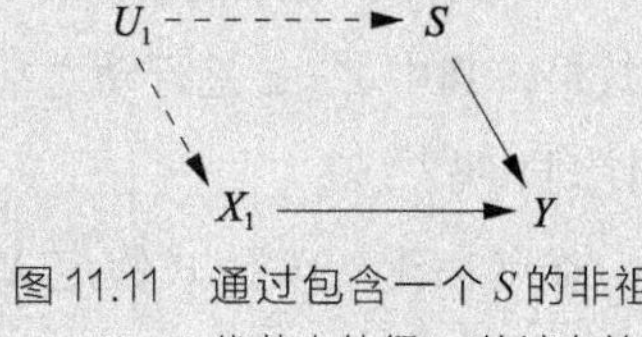

图 11.11　通过包含一个 S 的非祖代节点使得 g-估计有效

例 11.3.3

（该例子由 Ilya Shpitser 回答 Eliezer Yudkowsky 的问题时给出）图 11.12 描述了一种情形，即使 L_k 的新解释下不能满足（3.62），却可以满足图条件（3.62*），容易看出（3.62*）是满足的。所有的动作回避后门路径都被 $\{X_0, Z\}$ 阻断。同时也可以证明（孪生网络方法），给定 Z 和 X_0，$Y(x_0, x_1)$ 不独立于 X_1。（在孪生世界网络模型中，有一条从 X_1 到 $Y(x_0, x_1)$ 的 d- 连通路径，即 $X_1 \leftarrow Z \leftrightarrow Z^* \rightarrow Y^*$，因此对于 $Y(x_0, x_1)$ 和 X_1，（3.62）不能被满足。）

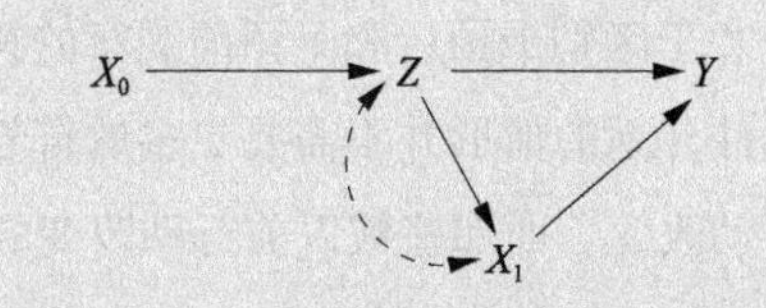

图 11.12　Robins 条件（3.62）不成立时，G-估计也是有效的

这个例子再次证明了 Robins 在推导（4.63）时，采用潜在结果语言的弱点。g-估计公式中使用反事实条件（3.62）的合法化是模糊的，无法得到直观的支持。流行病学家在应用这个公式时得不到基本的医学知识指导。幸运的是，随着越来越多研究者开始理解 g-估计背后的假定，图的方法迅速进入了流行病学的实践（Greenland et al.，1999a；Robins，2001；Hernán et al.，2002；Greenland and Brumback，2002；Kaufman et al.，2005；Petersen et al.，2006；VanderWeele and Robins，2007）。随着对于结构方程模型与图、反事实、潜在结果，以及因果关系充分成分方法（Rothman，1976）的融合统一，并对于其基础的进一步理解[⊖]，流行病学有机会成为第一个从过去的教条中完全解放出来，敢于直接思考因果关系的学科（Weinberg，2007）。”

352 ~ 353

11.4 策略评估与 *do*-操作

11.4.1 识别附条件计划（4.2 节）

给作者的问题

本书的 4.2 节给出了条件行动效果的识别条件和估计公式，即一个行动 $do(X = g(z))$ 的效果，其中 $Z = z$ 是行动之前的测量值。这个方程能够推广到多个行动的情况（即附条件计划）吗？

难点在于，该公式假定 X 不改变 Z 的值，然而在多行动计划中，X 的某些行动可能改变确定下一步行动 Z 的观测值。我们没有符号区别干预后和干预前的观察。由于缺少这样的符号，因此尚不清楚附条件计划如何能够形式化地表示并使用 *do*-操作符来分析。

作者的回答（与 Ilya Shpitser）

关于区别干预后和干预前观察的符号已经在第 7 章中使用反事实语言进行介绍。然而附条件计划的情形并不需要更多的符号即可处理。理由是决定当前行动选择的观察值不被该行动改变，而那些被以前行动改变的观察值已经在符号 $P(y \mid do(x), z)$ 中得到反映。

⊖ 这个统一性既没有被领军的流行病学家（Greenland and Brumback，2002）、经济学家（Heckman and Vytlacil，2007）以及社会科学家（Morgan and Winship，2007）充分重视，也没有被统计学家提起（Cox and Wermuth，2004；Rubin，2005）。在此我无意冒犯多元文化主义地说一句，所有关于因果关系的方法都是本书所呈现的结构理论的变形和抽象（第 7 章）。

为了进一步弄清这种情况，我们首先介绍反事实符号，然后说明该符号可以从表达式中消除。使用黑体字母表示集合，普通字母表示单个元素。同时，大写字母表示随机变量，小写字母表示这些变量的可能取值。用 Y_x 表示“如若令变量 X 的值为 x 时，Y 的值”。类似地，用 Y_{X_g} 表示“如若在随机策略 g 下，X 所取的值为 X_g 时，Y 的值”。注意，Y_x 和 Y_{X_g} 与变量 Y 一样，都是随机变量。

假设我们有 K 个行动变量的集合 $\boldsymbol{X}$，它们依照某种时间顺序出现，用上标表示（行动）变量被实施的时间，即当 $i<j$ 时，变量 X^i 先于 X^j 出现。对于给定的 X^i，用 $\mathrm{X}^{<i}$ 表示先于 X^i 的所有行动变量集合。

我们感兴趣的是一组结果变量 Y 的概率分布。在一个策略下，设置每一个 $X^i \in \boldsymbol{X}$ 的值为函数 g_i 的输出（g_i 事先已知），该输出依赖于先前变量 Z_i 和先前干预 $\boldsymbol{X}^{<i}$，同时变量 Z^i 自身也受先前干预的影响。为了适当定义 X_g 取值的递归性，我们采用了归纳定义，基本起点是 $X_g^1 = g_1(Z_1)$，归纳步骤是 $X_g^i = g_i(Z^i_{X_g^{<i}}, X_g^{<i})$，其中下标 g 表示使用的策略，即 $g=\{g_i \mid i=1,2,\cdots,K\}$。现在可以写出量化公式：[354]

$$P(Y_{X_g}=y)=P(Y=y \mid do(X^1=X_g^1), do(X^2=X_g^2), \cdots, do(X^K=X_g^K))$$

令 $Z_g=\cup_i Z^i_{X_g^{<i}}$。这里的关键是，由于 X_g 是 Z_g 的函数，如果观察 Z_g 取定的某个值，X_g 也会归咎为唯一的值。我们假设在 Z_g 被观察的值是 $z=\{z_1, z_2, \cdots, z_K\}$ 时，X_g 的值是 $x_z=\{x_z^1, x_z^2, \cdots, x_z^K\}$。由于函数 g_i 是固定的，并且我们事先已知，因此我们知道 z 就可以提前计算 x_z，但是我们不知道 Z_g 可能获取的值，于是考虑所有情况的组合，从而

$$\begin{aligned}P(Y_{X_g}=y)=&\sum_{z^1,\cdots,z^K} P(Y=y \mid do(X=x_z), Z^1=z^1, \cdots, Z^K_{x_z<K}=z^K)\times \\ &P(Z^1=z^1, \cdots, Z^K_{x_z<K}=z^K \mid do(X=x_z))\end{aligned}$$

请注意，Z_i 不会与后续的干预相关。于是得到

$$\begin{aligned}&\sum_{Z} P(Y=y \mid do(X=x_z), Z^1_{x_z}=z^1, \cdots, Z^K_{x_z}=z^K)\times \\ &P(Z^1=z^1, \cdots, Z^K=z^K \mid do(X=x_z))\end{aligned}$$

这两个式子中的下标是多余的，因为 $do(x_z)$ 已经对表达式中的所有变量蕴含了这样的下标，于是重写上面的式子得到最终的形式：

$$\sum_{z} P(Y=y \mid do(X=x_z), Z^1=z^1, \cdots, Z^K=z^K) P(Z^1=z^1, \cdots, Z^K=z^K \mid do(X=x_z))$$

或者更简明地

$$\sum_z P(y \mid do(x_z), z) P(z \mid do(x_z))$$

我们能够通过 $P(y \mid do(x), z)$ 和 $P(y \mid do(x))$ 计算上式，其中 Y、X、Z 是不相交的集合[⊖]。

综上所述，尽管附条件计划自然地由嵌套的反事实表达式来表示，但它们仍然可以约简为对形如 $P(y \mid do(x), z)$（Z 可能为空集）的条件干预分布的识别，Shpither 和 Pearl（2006a，b）给出了从给定图 G 的联合分布中识别这些量的完整条件。

11.4.2 间接效应的意义

给作者的问题

我正在教授一门关于潜在变量模型的课程（面向生物统计学和公共卫生学专业的学生），昨天恰好介绍了路径分析的概念，包括直接效应和间接效应。

我说明了如何通过直接路径的乘积计算间接效应，然后一个学生提问如何解释间接效应，我一如往常地给出回答，间接效应 ab（在图 11.13 的简单模型中）是 X 的改变借助 Z 对 Y 产生的效应。

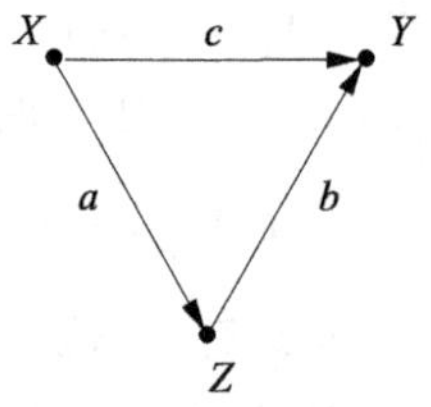

355

图 11.13　X 借助 Z 对 Y 产生的间接效果

经过几秒钟的琢磨，学生问了如下的问题：

学生：“b 路径的解释是，当固定 X 的值，Z 的值增加一个单位，Y 的增加量是 b，对吗？”

我：“是的。”

学生：“那么在解释间接效果时，什么是固定一个常数？”

我：“我不明白你的意思。”

学生：“你说过，ab 是在给 X 增加一个单位值后，借助与 Z 的因果效应在 Y 上看到的增加值。但是既然计算 b（从 Z 到 Y 的直接效应）要求 X 的值固定，那么如何要求 X 变化一个单位值呢？”

我：“嗯，这是一个很好的问题。我不敢保证给你一个好的答案。如果 X 到 Y 的直接路径是 0，我想这没有问题，因为这时 Z 和 Y 之间的关系与 X 无关。但是当 c 不等于 0 时，必须将 b 解释为，在固定 X 的值时，Z 对于 Y 的效应。这一点你是对的，我知道这听起来似乎与间接效应 ab 的解释矛盾，我们先测试一下 X 的变化会引起什么，然后我再

⊖　Y、X、Z 分别是行动的结果、行动，以及决定下一步行动的观察值。——译者注

回答你。正如之前告诉你的，计算并不困难，困难的是真正理解模型的意义。”

作者的回答

赞赏你的学生的求知欲，答案可以相当简单地叙述（参见 4.5.5 节，这是第 2 版里添加的）：

X 对于 *Y* 的间接原因是，固定 *X* 为常数，然后对 *Z* 增加一个量值，这个量值是 *X* 增加一个单位量值时 *Z* 增加的量值，在这个条件下我们所看到的 *Y* 增加的量值。

这个反事实的定义导致了中介公式（4.18），它将路径分析扩展到非线性模型，并使用通常的回归来估计变量的间接效应。

作者的后续想法

这个问题说明了在一些领域中，标准结构方程模型的教育是需要改革的地方。虽然一些 SEM 教科书粗略地提到了结构参数作为影响系数的解释，但这种解释并没有被作者、教师和学生非常认真地对待。在 2008 年的文章中，我发现大部分的 SEM 教育仍然侧重于统计估计和模型拟合技术，只要模型能够拟合和估算，就很难找到关于模型意义的认真讨论（参见 11.5.3 节关于 SEM 的救生包）[㊀]。

356

当好奇心强的学生提出的问题稍微偏离标准的 LISREL 套路时，这种教育传统的弱点就会显露出来，这些问题的答案取决于结构系数和结构方程的因果解释。例如：

1. 为什么我们要用这种方式定义总效应（即一些直接效应的乘积之和）？这是随意而为，还是路径系数的因果解释必须如此？

2. 为什么我们定义间接效应为总效应和直接效应之差？

3. 如何在非线性或者涉及二分变量的系统中定义直接效应？

4. 如何使用一种有意义的方式在包括反馈回路（即互为因果关系）的系统中定义效应？以避免在 SEM 教科书中使用的错误定义的陷阱？

5. 如果在实施试图评估其影响的行动之前采取一些措施，我们对直接效应和总效应的估计会保持不变吗[㊁]？

请读者注意，这些问题在 4.5.4 节、4.5.5 节、11.5.2 节、11.5.3 节，以及 11.7.1 节中给出了正式答案。

就我个人而言，我对于直接效应和间接效应的兴趣是被 Jacques Hagenaars 的一段话

㊀ 我已经检查过，名词“因果”并没有出现在 2000 年后任何 SEM 教科书的索引中。

㊁ 即因果关系是否会与原因发生的环境有关。——译者注

引起的，他写道（2000年9月15日）："在各种理论中，间接效应的确占据了重要的位置。许多社会学理论在输入（背景特征）和输出（行动）变量上是一致的，但是对于干预机制的考虑却完全不同。举一个简单的例子，教育对于政治倾向的影响是通过经济状态（更高的教育获取更好的工作和收入）和'文化机制'（教育的内容和校园生活中的社会化过程）起作用的。我们需要知道和区别这两种不同过程的性质和后果，也就是说，我们需要知道间接效应的表现和程度。在线性参数的结构方程模型中，存在'路径系数计算'其中我们可以根据直接效应和间接效应得到总效应。但这对于一般的非线性参数情况是不可能的（例如对数线性模型）。对于逻辑模型系统，不存在'路径系数计算'，这在很久以前已经注意到了。但是鉴于其压倒一切的理论重要性，间接效应的问题不能简单地忽视。"

357 受这些评论的激发，借助嵌套的反事实描述，我开始对于雇工歧视问题给出合理的形式化定义，从而导致4.5.4节和4.5.5节的那些结果（其中一些已经被Robins和Greenland（1992）预料到了），以及式（(4.12)、式（4.17）和式（4.18）的中介公式。受到这些结果的启发，我不得不高兴地收回在《因果论》第1版165页上的早期表述："间接效应缺乏内在的运算意义。"虽然间接效应不能通过$do(x)$操作进行隔离是真的，但是它们的确具有内在的运算意义。Pearl（2001，2010b）和Petersen等人（2006）进一步例证了直接效应与间接效应在策略制定中的应用。

11.4.3 $do(x)$能够表示实际实验吗

给作者的问题

来自亚利桑那大学L.B.S.（生物科学研究实验室）的提问，$do(x)$操作是否表示现实中的行动或实验："即使一个完美的随机实验也可能产生完美的误导结论，一个很好的例子是一项关于维生素E注射的研究，对处于晶状体后纤维增生风险的保温箱婴儿注射维生素E，随机实验已经指出了注射的有效性，但是很快就发现实际的有效治疗是每天打开几次加压饱和氧气的保温箱给予注射，从而降低了婴儿血压和血氧饱和水平（Leonard，《重大医疗事故》）。在此案例中，任何统计分析都存在误导。"

来自乔治亚理工学院的S.M.附加道：

"你所举的关于误导因果效应的例子也同样表明了我关于$do(x)$概念的困惑。你执行$do(x)$或者不执行$do(x)$，总有一些其他的事情与$do(x)$一起发生，它们是$do(x)$的原因，但不是$do(x)$本身。"

作者的回答

数学处理的是理想情况，而实验人员的工作是保证实验条件尽可能接近数学理想。$do(x)$ 操作表示在理想的实验中让 $X=x$，其中 X 单独被直接操纵，而不是模型中的其他变量。

在维生素 E 注射的例子中，有另外一个变量与 X 一起操作，即保温箱的盖子 Z，这就使得实验条件是 $do(x, z)$ 而不是 $do(x)$。这样的实验与预期相去甚远，甚至与要求使用安慰剂的标准实验方案也相去甚远。假若使用了安慰剂（接近 $do(x)$ 操作的要求），结果将不会产生偏差[㊀]。

一个模型不可能预测一个行动的效应，除非详细说明模型中的哪个变量直接被该行动影响，以及如何影响。$do(x)$ 操作是一个数学工具，帮助我们形式地描述在实验中哪些变量保持常数，哪些变量让其自由变化。假设实验被忠实地执行，假设有一个关于背景的有效因果模型，并且假设具有指定条件下进行的其他实验数据，那么 *do*-算子可以帮助我们预报所要求的逻辑结果[㊁]（参见 11.4.6 节）。

358

11.4.4　$do(x)$ 操作是通用的吗

给作者的问题（来自 Bill Shipley）

在大部分实验中，外部操作是对 X 增加（或者减少）一定的量，而不是消除 X 已有的量。例如，对于土地增加 5kg / h 肥料，对受试者增加 5mg/l 胰岛素等。因此操作变量原有的原因依然发挥作用，但是增加了新的变量 (M)。

作为一般的外部操作，我认为 $do(x)$ 操作的问题在于，它需要做两件事：（1）消除 x 以前存在的原因；（2）设置 x 为某个值。这对应于某些类型的外部操作，但不是所有（甚至大多数）类型的外部操作，我建议引入 add($x=n$) 操作，其意思是“对于原有的因果流程，从外部增加一个量从‘n’到 x”。从图上看，在原来的因果图上增加一条新的边，即 $M \to n \to X$。用代数语言说，增加一个新的项（n）作为 X 的一个原因（Shipley, 2000b）。

㊀ 如果实验设计另一组受试者，打开盖子但不接受注射，即所谓的安慰剂，那么这才是需要的 $do(x)$ 操作，而不是 $do(x, z)$，于是实验结果将会避免误导。——译者注

㊁ 三个假设说明了真实计算 $do(x)$ 需要的前提，其中第三个假设是因为计算 $do(x)$ 需要有数据，这个数据必须来源于其他实验或者观察。

作者的回答

在很多情况下，你的“添加干预”确实代表干预变量X的唯一方式。在其他情况下，它可能代表了我们试图评估的实际策略[㊀]。事实上，关于干预更一般的概念就是允许用方程替换X，不一定是常数$X = x$。

你所提议的操作相当于将X的原方程$x = f(pa_X)$替换成$x = f(pa_X) + n$，这个替换可以使用“工具变量”表示，这等价于写作$x = f(pa_X) + I$（I是工具），I从0变到n。

有三点需要注意：

1. 添加操作能够在$do()$框架中表示——只是将$do()$操作应用于工具I，而不是X自身。这是需要与$do()$区别开的另一种类型的操作，正如下面将说明的那样，两者在Y上的效应是不同的。

2. 在很多情况下，科学家并不满足估计工具I对于Y的效应，而是努力尝试估计X本身在Y上的效应，这通常更有意义，也更容易迁移到其他情况。（参见对于“意向治疗”效应的讨论。）

3. 考虑一个非递归的例子，其中LISREL对于$y = bx + e_1 + I$，$x = ay + e_2$失效。如果把总效应解释为Y对于工具变量I的单位变化的响应，那么从LISREL公式得到：I对于Y的效应是$b/(1-ab)$。然而，如果坚持“X的单位变化”，则将回到do-公式：X对于Y的效应是b，不是$b/(1-ab)$。换句话说，我们从0到1改变工具变量I的值，并观察X和Y的变化，如果把Y的变化除以X的变化，得到的值是b，而不是$b/(1-ab)$。

[359] 总而言之，添加操作有时候在建模时是需要的，并且可以使用工具变量在$do(x)$框架下实现。然而我们仍需要区别工具效应和X的效应，前者是不稳定的，而后者是稳定的。对于识别操作“添加n到X”的效应，Shpitser和Pearl（2009）给出了一个图形化的必要条件和充分条件。

Bill Shipley的追问

谢谢你对问题的澄清。在我看来，最简单且最直接的模型化表示因果系统的操作是：（1）修改原始系统的因果图表示计划实施的操作；（2）将此新图变换为结构方程；（3）从得到的方程推导预测结果（包含条件预测）；我的书里就是这样处理这些概念的[㊁]。特别地，可以使用这种方法来建模非常复杂的操作，为什么还要多此一举引入$do(x)$

㊀ 对于策略评估，存在多种干预方式，添加干预也经常使用。——译者注

㊁ 这里指Bill Shipley的著作*Cause and Correlation in Biology*（2000年由剑桥大学出版社出版）。——译者注

呢？例如，人们可能会问，如果在因果图中将一个数量 z 添加到变量 x，而 z 又与图中其他变量相关，那么这时会发生什么呢？

作者的回答

你说的方法是用 $x=g(f(pa_X),I,z)$ 替换当前方程 $x=f(pa_X)$，这要求我们知道函数 f 和 g 的形式，就像在线性系统中那样，或者知道 X 的父节点被观察，就像在 3.2.3 节中描述的过程控制那样。但是对于第 3 章和第 4 章中所描述的非参数、部分可观察的情况，这些并不适用，这可能导致无法利用干预前收集的数据预测干预的效应，我们称之为识别问题。因为干预前的统计数据不能用于 I，而且 f 又是未知的，所以存在半马尔可夫的情况，其中 $P(y\mid do(x))$ 是可识别的，而 $P(y\mid do(x=g(f(pa_X,I,z)))$ 不是可识别的。每一种情况必须就事论事地具体分析，因此重要的是，在各种各样潜在的干预上建立某些标准，并将注意力集中在那些能够说明其他标准的标准上[⊖]。

科学因标准而发展，因为标准（至少）有两个目的：交流和理论统一。例如，数学家认为微分算子“dy/dx”是用于交流变化信息的一个好的标准，这就是我们在微积分课程中讲授的内容，虽然其他的算子也可以用于这个目的，例如 $x\mathrm{d}y/\mathrm{d}x$ 或者 $(\mathrm{d}y/\mathrm{d}x)/y$。同样的情况也适用于因果分析：

1. 交流：如果从流行病学中去掉术语“治疗效果”，而代之以如何测量效果的细节描述，那么就扼杀了流行病学专家之间的所有交流。因此建立了一个标准：在随机对照实验中测量的结果称为“治疗效果”，其余的都认为是这个标准的变形。“*do*-操作”也忠实地表示了这样的标准。

在 SEM 中也有相同情况，Sewall Wright 提到“效应系数”，并把它们作为路径分析中“直接效应”的标准（在此之前，曾经受到回归术语的干扰），借助于此可以构造更加复杂精巧的效应。*do*-操作再一次成为定义这个标准的基础。

2. 理论统一：许多不同的操作可以归约为“*do*”，或者是“*do*”的应用。关于“*do*”的理论结果都可以应用于这些方面。例如，你的“添加 n”的操作可以通过工具表达为“*do*”。另一个例子是，对于涉及“*do*”的表达式的识别问题也可以应用到更加复杂的效应识别问题。在 4.2 节中，我们证明了，如果表达式 $P(y\mid do(x),z)$ 是可识别的，那么条件行动 $P(y\mid do(x=g(z)\text{if } Z=z))$ 也是可识别的。本书中许多其他的理论结果也是如此。它们都是从 *do*-操作发展起来的，相互借用，并应用于多种变化。 360

⊖ 即元标准。——译者注

最后，*do*-操作“外科手术式”的定义对于解释反事实命题提供了适当的形式化方法，而反事实在科学论述中是大量出现的。我还没有看到任何其他定义方法具有类似的多功能性、普遍性、形式化能力，以及（起码而言）概念上的吸引力。

11.4.5 没有操纵的因果关系

给作者的问题

在直接效应的分析中，4.5 节借用了一个学校招生中性别歧视的例子，在一些公式中，性别变量冠以“帽子”符号，或者等价地作为 *do*-操作的对象。由于性别变量不能被操作，因此它如何能够放置在 *do*-操作后面呢？

作者的回答

自从 Holland 创造了那句“没有操作就没有因果关系”（Holland，1986），在因果分析中许多好的想法被扼杀和丢弃。不允许谈论男性和女性在许多生物、社会以及心理方面的区别，就抹杀了 90% 的有关性别差异的知识。

当然有不需要操作的因果关系。月亮引起潮汐，种族引起歧视，性别引起某种荷尔蒙的分泌。自然是一个由各种规律和机制组成的社会，它呆板地感知某些变量的值，并确定其他变量的值，它不需要人类的操作。

事实也真是如此，操作是科学家探索机制运行的一种方法（虽然是粗糙的），但它不应该以任何方式抑制各种因果思维、形式化定义，以及探索现象变化机制的数学分析。也许正是因为这个原因，科学家发明了反事实。反事实允许谈论和构思前提条件的实现，无须具体说明建立这些条件的物理手段。

定义 4.5.1 中采用“帽子”符号的目的并不是想方设法改变申请人性别，而是提醒我们任何与“效应”有关的定义都应该侧重于因果关系，并从所定义的量值上过滤掉虚假的关联。在性别的案例中，可以放心地用 $P(y|$ 女性 $)$ 替换 $P(y|do($女性$))$，因为可以放心地假定决定性别的机制独立于影响 Y 的各种背景因素（从而保证没有混杂）。但是作为一般的定义，甚至作为有指导意义例子的一部分，有关直接效应和性别歧视的数学表达式应该有帽子符号。如无其他问题，在“帽子”符号下面替换“female”将有助于传播早就该宣传的另一句话：“没有操作的因果关系？必须有！”[㊀]

361

㊀ 作者在此强调了有些因果关系不是操作的结果，而是自然的结果。——译者注

11.4.6　与 Cartwright 一起追猎原因

在 Nancy Cartwright 的《追猎原因并加以利用》一书中（2007 年由剑桥大学出版社出版），针对 $do(x)$ 操作及其所依据的“外科手术式”的语义，表达了一些反对意见。在这个过程中，她对一些领域中的问题进行系统澄清。我将依次回答这些问题：

Nancy Cartwright 对于这种“外科手术式”的方法描述如下：

> Pearl 对于反事实给了一个精确且细致的语义。但是语义的意思是什么？Pearl 提出的特殊语义不适合大量使用反事实的自然语言，特别是对于我曾经讨论过的那些类型的规划和评估。这是因为他以一种特殊的方式设想，反事实的前提条件可以如此得到：通过精确地切割前提条件某些恰当的变化，保留其余的不变（除了那些附带的因果性变化）。但是当我们考虑实施一项决策时，这完全不是需要问的问题。对于决策和评估，我们需要知道的是如果策略真正到位将会发生什么，无论我们对于策略如何落实到位知道多少，我们能够肯定的一件事情是，所需要的不是 Pearl 假设的精确切割。
>
> 考虑 Pearl 的组成公理，他证明了该公理在所有的因果模型中成立，当然是在他的因果模型特征和反事实的语义之下。该公理指出，“如果我们强迫一个变量（W）取一个值 w，而这个值在未干预时已经存在，那么干预 $do(W = w)$ 就不会对系统中的其他变量产生影响。”如果我们希望以尽可能小的干预来改变反事实前提条件，那么这个公理是合理的。但是在大量的现实案例中，这显然是不符合实际情况的。事实的确如此，即使我们承认支配原则是正确的[1]，通常也并不知道这样的前提是否真的会得到。我们推行一项策略，以确保这项策略能够达到效果，而这项策略可能会影响系统内其他变量的一系列变化，有些是预期的，有些则不是。（Cartwright，2007）

Cartwright 的反对意见可以综合为 3 个观点，下面分别叙述：

1. 在大多数研究中，需要预测非原子干预的效应[2]。

2. 对于决策评估，“我们需要知道的是如果策略真正到位将会发生什么”，但不幸的是，“策略可能影响系统内其他变量的一系列变化，有些是预期的，有些则不是”。

3. 由于实际策略是非原子的，即使我们能够预期那些被策略影响的变量，也不能通过 $do(x)$ 算子的原子语义来评估。

362

让我们从最容易反驳的观点（2）开始。这个反对意见与 11.4.3 节中讨论的内容相

---

[1] 这里指的是外生变量支配所有变量的值。——译者注

[2] 非原子干预指的是可以分解为更小干预的组合。——译者注

同，对此的回答是："除非能够正确指定模型中受行动影响的变量是什么，以及如何影响，否则模型本身无法预测一个行动的效应。"换句话说，依据 Cartwright 在观点（2）中所描述的盲目状态下，决策评估研究只能止步于无意义的答案：由于没有足够的信息，因此任何事情都可能发生。这好比在黑暗中按下了未知的按钮，或者试图求解三个未知量的两个方程。此外，对于任何给定的情况，*do*-操作能够在任何背景下，检测这种盲目状态是否只能导致无意义的答案。因此，如果认为认真的决策评估研究是在这种盲目状态下进行的，那就错了。我所见到的所有决策评估都是假定具有受策略影响的变量的相关知识，并且形式地表达这些知识，然后从这些假定开始着手研究的。

观点（1）可适用于某些情况，但肯定不适用于大多数情况。在许多研究中，我们的目标不是预测我们即将实施的、笼统的非原子干预的效果，而是要评估一个理想的、原子的策略，这个策略在现有条件下无法（单独）实现，但是却代表了一种理论关系，这对我们理解这个领域来说至关重要。

举个例子会有帮助。我们不能用任何法律或教育手段来阻止吸烟，但是香烟广告可以。这并不妨碍研究人员通过实验来估计"吸烟对癌症的影响"，并且在实验中把工具变量由烟草广告变为不吸烟[⊖]。

人们之所以对于原子干预 P（癌症 | *do*（吸烟））感兴趣，而不是（或除此之外者）P（癌症 | *do*（广告）），是因为前者代表具有稳定生物特征的群体，不含那些影响广告敏感性的社会因素。借助这些稳定的特性，可以评估各种各样的实际策略的影响，每项策略采取了不同的减少吸烟的行为。

最后，在本书的几乎每一章中，观点（3）都被证明是错误的。比起由一连串行动组成的策略，其中每一个行动都是依据观察值 Z 选择，而 Z 又受前面行动的影响（参见 4.4 节和 11.4.1 节），还有什么决策行动更加非原子性呢？实施这种复杂决策的效应能够使用 *do*-操作这种"外科手术式"的语义来预测，这与通过原子物理预测复杂分子性质的方法如出一辙。

我曾经接受 Cartwright 的挑战（Pearl，2003a），这里我愿意再次挑战她。举一个决策的例子，它既不能使用 $do(x)$ 操作描述和分析，也不能使用 $do(x)$ 操作证明是"不可预测的"（例如，在黑暗中按下一个未知的按钮）。

具有讽刺意味的是，回避以理想原子干预为基础的数学，可能会使科学家在处理现实的非原子干预时无能为力。

⊖ 这里作者认为烟草广告是非原子策略，而"不吸烟"是原子策略。——译者注

科学和数学充满了辅助的抽象量，这些量不能直接测量或测试，而是用来分析那些可以测量和测试的量。自然界并不存在纯粹的化学元素，但它们对于理解合金和化合物是必不可少的。负数（更不用说虚数了）不是孤立存在的，而对于理解正数运算是至关重要的。

本书所处理（和解决）的一系列问题无一例外地证明，关于干预和实验的问题，无论是理想的还是非理想的，实践论的还是认识论的，都可以把原子干预作为一个原始概念来精确地表达和系统地处理。 363

11.4.7　非模块化的错觉

在 Cartwright 对 *do*-操作的批评中，她提出了另一个论点——模块化的失败，据说它困扰着大多数机械系统和社会系统。

用她的话：

“当 Pearl 最近在伦敦政治经济学院谈到这一点时，他用一个电路的布尔输入输出图表来说明这一要求。在这种方法中，不仅每个变量的整个输入可以相互独立地改变，而且输入的每个布尔组件也可以独立地改变。但我们研究的大多数系统不是这样的。它们很像烤面包机或化油器。”

在这一点上，Cartwright 提供了一个汽车化油器的四方程模型，并得出结论：

气缸内的气体是由泵送的气体和乳化管内喷出的汽油共同作用的结果。每种气体的贡献大小由一些因素决定：对于泵送的气体，取决于气流的大小和参数 a，这个参数部分依赖于气缸的几何形状；对于乳化管喷出的汽油，取决于参数 a'，这个参数也依赖于气缸的几何形状。问题是，在 Pearl 的电路板中，有不同的物理机制来承担不同的因果关系。但对于化油器而言，这样会产生空间和材料的极大浪费。工程师在设计化油器时的核心技巧是确保一个相同的物理设计，例如，气缸的设计能够同时满足许多不同的因果关系[㊀]。

只要回头看看我的图解方程，我们可以看到大量的规律都依赖于相同的物理特征，即化油器的几何形状。所以这些规律没有一个是可以单独改变的，要改变任何一个就需要重新设计化油器，这也将改变其他已经就绪的设计。通过设计将不同的因果规律整合在一起，不能单独改变，在这种情况下模块化是失效的。（Cartwright，2007，pp.15-6）

㊀ 这段话的意思是，在工程设计中，不可能为每个因果关系定制一个模块。——译者注

因此，对于 Cartwright 来说，共享参数的一组方程本质上是非模块的，改变一个方程意味着至少修改它的一个参数，如果这个参数出现在其他方程中，也必须随之改变，这违反了模块化。

Heckman（2005，p.44）也提出了类似的观点："对一个方程施加约束就等于对整个内部变量集合施加约束""关闭一个方程可能会影响系统中其他方程的参数，违反参数稳定性的要求"㊀。

这种担心和告诫其实是多余的。"外科手术式"的操作以及围绕其建立的整个语义和演算，并不认为在物理世界中，我们有技术可以精确地修改每个结构方程背后的机制，而不改变其他的结构方程。符号模块化并不假设物理模块化。"外科手术式"的定义是一种符号操作，它并不要求实验者拥有相应的物理手段，也不要求相关机制之间存在某种联系。

364

从符号上说，人们可以改变一个方程而不改变其他方程，进而可以定义这种以"原子"改变为基础的量。这种方式定义的数量变化是否有相对应的物理上可以实现的变化，则是另一个完全不同的问题。只有对有效的干预做了形式化的描述之后，才能解决这个问题。更重要的是，关闭一个方程并不一定意味着要修改它的参数，它意味着强制冻结这个方程，也就是说，完整地保持方程并固定其结果变量。

一个简单的例子可以说明这一点。

假设在自由落体的条件下，两个物体的加速度分别是 a_1 和 a_2，由下面的方程给出。

$$a_1 = g \tag{11.12}$$

$$a_2 = g \tag{11.13}$$

其中 g 是地球引力。这两个方程共享一个参数 g，并且在 Cartwright 看来是非模块化的。事实上，没有一种物理方法可以改变一个物体上的引力而不改变另一个物体上的引力。然而，这并不意味着我们不能在不接触物体 2 的情况下干预物体 1。假设我们抓住物体 1 并使它停止。从数学上讲，这个干预相当于将式（11.12）替换为

$$a_1 = 0 \tag{11.14}$$

保持式（11.13）完整不变。将式（11.12）中的 g 设为 0 是一个符号性手术，它不会改变物理世界中的 g，而是通过将物体 1 置于一种新的力量 f 的影响下，即从我们的抓握之手中发出的力量，将物体 1 设为 0。因此式（11.14）是两个力的结果：

$$a_1 = g + f / m_1 \tag{11.15}$$

㊀ 关闭一个左边变量是 X 的方程，即对该方程修改为 $X = x_0$，反映了干预操作。——译者注

其中$f = -gm_1$，这等同于式（11.14）。

同样的操作也适用于 Cartwright 的化油器。例如，通过在乳化管上安装流量调节器，可以在不改变腔室几何形状的情况下稳定气体流出。这个方法当然也适用于经济系统，在这些系统中，大多数方程是受人为因素影响的，方程的左边可以通过接触到的不同信息进行修正，而不是通过改变物理世界中的参数。一个典型的例子出现在工作歧视案件中（4.5.3 节）。为了测试“性别对雇佣的影响”，无须实际改变申请人的性别，只需改变雇主对申请人性别的判断就足够了。我还没有看到一个经济系统的例子，在这种描述的意义下不是模块化的。

这种添加一项到等式右边以确保等式左边恒定的操作，正是 Haavelmo（1943）在经济学研究中设想的手术。为什么自 2008 年以后，他的聪明想法从他的门徒的教义中消失了，这是经济学中最大的谜团之一（参见 Hoover，2004），我的观点至今仍然是，这一切都是由于在 20 世纪 70 年代早期统计思维的无情入侵下，一个粗心的符号选择造成的。

更多关于计量经济学的混乱和现代计量经济学家不愿意重拾 Haavelmo 的聪明想法的问题，将在 11.5.4 节中讨论。

365

11.5　线性结构模型中的因果分析

11.5.1　参数识别的一般准则（第 5 章）

给作者的问题

5.3.1 节所述的参数识别方法是基于两个基本准则的应用：（1）定理 5.3.1 的单门准则；（2）定理 5.3.2 的后门准则。这种方法需要相当可观的数据记录，用以组合图中各部分的结果。是否有一个单独的图形化识别准则来统一这两个定理，从而避免了大量的数据记录工作？

作者的回答

统一的准则在下面的引理中描述（Pearl，2004）。

引理 11.5.1（直接效应的图形化识别）

令 c 表示因果图 G 中箭头 $X \to Y$ 的路径系数。如果存在 (W, Z)，其中 W 是 G 的单个节点（不排除 $W = X$），Z 是 G 的节点集合（可能为空集），使得

1. Z 由 Y 的非后代节点组成；

2. 在从 G 中移走 $X \to Y$ 后形成的图 G_C 中，Z d-分离 W 和 Y；

3. 在 G_C 中，给定 Z，W 和 X 是 d-连通的。

那么参数 c 是可识别的。并且由 (W, Z) 导出的估算式是：

$$c = \frac{\text{cov}(Y, W \mid Z)}{\text{cov}(X, W \mid Z)}$$

直观地，在条件 Z 下，W 的作用相当于 $X \to Y$ 的工具变量，也可参考 McDonald（2002a）。更一般的识别方法见 Brito 和 Pearl（2002a，b，c，2006）的文献，关于此问题的综述见 Brito（2010）的文献。

11.5.2 结构系数的因果解释

给作者的问题

5.1 节和 5.4 节中提到，有关 SEM 书籍和论文（包括所有 1970～1999 年的经济学教材）明显缺乏正确的因果解释。两位读者写道，“单位变化”的解释很常见，并且被广泛接受。阿尔伯塔大学的 L.H. 写道：

L. Hayduk 的《使用 LISREL 结构方程建模研究：概要与进步》，1987 年第 245 页提到，斜率可以解释为：在 x 变化一个单位，其他变量保留原值时，y 的变化量大小。

O. D. Duncan 的《结构方程模型导论》（1975），第 1 页和第 2 页非常清楚地说明了 b 的因果意义，更准确地说是“x 一个单位的变化……产生 y 的 b 单位变化”（第 2 页）。366 我猜想 H. M. Blalock 的书《社会科学中的因果模型》和 D. Heise 的书《因果分析》可能提到过 b 作为因果关系。

来自乔治亚理工学院的 S. M. 表示赞同：

《因果分析》（1975）的作者 Heise 认为，因果方程中的 b 表示原因变量变化一个单位时，在结果变量上产生多少影响。这是一个被广泛接受的观点。

作者的回答

“单位变化”的概念偶尔非正式地出现在一些 SEM 出版物中，然而，类似于计量经济学中的反事实（11.5.5 节），它还没有通过一个精确的数学定义来操作。

上面引用的段落（来自 Hayduk，1987）可以用来说明 SEM 文献中如何介绍单位变化的思想，以及应该如何使用因果建模的现代理解来介绍它。原文是这样写的：

> 将结构系数解释为“效应系数”来源于常规的回归方程，比如
>
> $$X_0 = a + b_1X_1 + b_2X_2 + b_3X_3 + e$$
>
> 关于变量 X_1、X_2、X_3 对变量 X_0 的影响，可以将 b_1 的估计值解释为，当 X_1 的变化增加一个单位，而 X_2 和 X_3 不改变原值时，预测 X_0 变化的大小。我们避免使用“保持常数”这句话，正如我们稍后将看到的，这句话在包含多个方程的模型时必须放弃。同样的解释也适用于 b_2 和 b_3。（Hayduk，1987，p.245）

这一段说明了在 SEM 文献中，两个基本的区别是如何被混为一谈的。第一个是结构系数与这些系数的回归（或统计）估计之间的区别。我们很少发现前者独立于后者来定义，这种混淆非常普遍，在计量经济学教材中尤其令人尴尬。第二个是“保持常数”与“保留原值”或“发现依然是常数”之间的不同，$do(x)$ 操作就是基于这些不同而设计的。（相应不同的是：“做”与“看”、“干预性变化”与“自然变化”。）

为了强调这些区别的重要性，我现在建议对 Hayduk 的段落作一个简要的修正：

建议修正后的段落

将结构系数解释为“效应系数”与回归方程中对系数的解释有相似之处，但又有根本区别，例如

$$X_0 = a + b_1X_1 + b_2X_2 + b_3X_3 + e \tag{11.16}$$

如果式（11.16）是一个回归方程，那么 b_1 表示在 X_2 和 X_3 仍然保持原值的情况下，当 X_1 变化一个单位时，X_0 预测的变化。我们用条件期望来形式地表达这种解释：[367]

$$b_1 = E(X_0 \mid x_1 + 1, x_2, x_3) - E(X_0 \mid x_1, x_2, x_3) = R_{X_0X_1 \cdot X_2X_3} \tag{11.17}$$

注意，作为回归方程，式（11.16）是无约束的，即它不能被任何实验证伪[㊀]，并且在式（11.17）中，e 自动认为与 X_1、X_2 和 X_3 是不相关的。

相反，如果式（11.16）表示一个结构方程，那么它会对客观世界做出经验结论（例如，当保持 X_1、X_2 和 X_3 不变时，系统中的其他变量不会影响 X_0），b_1 的解释必须以两种基本方式进行修改。首先，“X_1 变化一个单位”的严格意思是“X_1 变化一个单位的干预”，由此排除模型中其他变量所产生的 X_1 的变化（可能与 e 相关的变化）。第二，“X_2 和 X_3 保持不变”必须代之以“如果我们固定 X_2 和 X_3 不变”，从而即使 X_2 被 X_1 影响，

㊀ 即回归方程变量之间无任何假设的约束条件，在这种情况下，无伪可证。——译者注

也确保 X_2 的恒值性。

这两个修改后的形式表示为：

$$b_1 = E(X_0 \mid do(x_1+1, x_2, x_3)) - E(X_0 \mid do(x_1, x_2, x_3)) \tag{11.18}$$

句子"保留原值"可能会导致歧义性。保留变量的原值也可以允许这些变量变化（例如，跟随 X_1 的一个单位增加或其他影响），在这种情况下，X_0 的变化将对应于总效应

$$E(X_0 \mid do(x_1+1)) - E(X_0 \mid do(x_1)) \tag{11.19}$$

或者，对应于边际条件期望

$$E(X_0 \mid x_1+1) - E(X_0 \mid x_1) \tag{11.20}$$

依赖于 X_1 的变化是干预还是观察。无论我们将式（11.16）视为结构方程还是回归方程，式（11.19）和式（11.20）均不能符合式（11.16）中 b_1 的含义[㊀]。

式（11.18）中的解释适用于所有模型，包括含有多个递归和非递归方程的模型，无论 e 是否与模型中的其他变量相关，也无论 X_2 和 X_3 是否受到 X_1 的影响。相比之下，只有在非常特殊的情况下（由定理 5.3.1 的单门准则定义），式（11.17）才与式（11.18）重合。正是因为这个原因，我们认为式（11.18）而不是式（11.17）才是 b_1 的"解释"，式（11.17）解释了 b_1 的"回归估计"（很可能是有偏差的），式（11.18）解释了 b_1 本身。

11.5.3 为 SEM（或者 SEM 救生包）的因果解释辩护

给作者的问题

368 来自英格兰萨里郡的 J. Wilson 询问如何在不赞成结构方程模型（SEM）因果解释的考官面前为自己的博士论文辩护。他抱怨"博士课程在使用 SEM 时，完全没有强调如何为它的因果解释和策略应用的成功进行现场辩护……如果在课程开始时就充分解释因果性，那么这篇 7 万字的论文中每个单词都会被仔细推敲，首先为因果假设辩护，然后是数据，最后是解释……（我不知道这个问题的普遍性如何？）回到当前紧急任务上，设法让考官满意，尤其是那两位非常挑剔的统计学教授，他们似乎想在挑毛病方面胜过对方"。

作者的回答

你抱怨的现象正是我写第 5 章的动机——对于大多数 SEM 的研究者、领导者、教

㊀ 保留原值可以有两种理解，一种是不管别的变量如何变，该变量的值不变，另一种是不主动改变该变量的值，但允许它跟随别的变量的变化而自动改变，两者的区别分别是式（11.19）和式（11.20）。——译者注

育者和实际工作者来说，SEM 的因果解释仍然是一个谜。我花了好几个小时在 SEMNET 上进行讨论，试图纠正目前的忽视，但只有像你这样的学生才能扭转局面，帮助恢复因果解释在 SEM 研究中的中心作用[⊖]。

至于你的具体问题——如何向抵触这种解释的考官辩护 SEM 的因果性解释——请允许我描述一个假设的场景，在该场景中，你在一个充满怀疑的考官 Dr. EX 面前力辩论文的因果解释。(名字如有雷同，纯属巧合。)

与一个充满怀疑的考官对话

或者

SEM 救生包

为了简单起见，我们假设论文中的模型只包含两个方程

$$y = bx + e_1 \tag{11.21}$$

$$z = cy + e_2 \tag{11.22}$$

e_2 与 x 无关，图 11.14 给出了相关的图。让我们进一步假设论文的目标是估计参数 c，你已经使用最好的 SEM 方法来令人满意地估算了 $c = 0.78$，而且已经对你的结果给出因果解释。

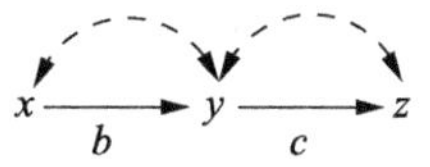

图 11.14　基本方程（11.21）～（11.22）的图

现在你那讨厌的考官 Dr. EX 出场了，并对你的解释提出了问题。

Dr. Ex：你说的“c 有一个因果解释”是什么意思?

你：我的意思是 y 的一个单位改变会带来 $E(Z)$ 的 c 个单位变化。

Dr. EX：“改变”和“带来”这两个词让我感到不舒服，让我们科学地讨论。你的意思是 $E(z \mid y) = cy + a$？我能理解这个表达式，因为给定 y 后 z 的条件期望 $E(z \mid y)$ 已经有良好的数学定义，并且我知道如何从数据中估算它。但是“改变”和“带来”对我来说像是某种行话。

你：实际上，我指的是“改变”，而不是“条件期望的增加”。所谓“改变”指的是：如果我们有物理的方法将 y 的值固定为常数 y_1，然后从 y_1 到 y_2 改变这个常数，那么在 $E(Z)$ 上观察到的改变就是 $c(y_2 - y_1)$。 369

Dr. Ex：好吧，我们是不是有点过于抽象了？在我的统计学课上从来没听说过“固定”这个词。

⊖ SEMNET，Structure Equation Modeling Discussion Network，结构方程建模讨论网论坛，网址：https://www.tandfonline.com/doi/abs/10.1080/10705519409539971?journalCode=hsem20。——译者注

你：抱歉，我不知道你有统计学背景。让我重新叙述一下刚才的解释：如果我们有方法进行对于 y 的随机对照实验，那么如果我们将对照组设置为 y_1，实验组设置为 y_2，在 $E(Z)$ 中观察到的差值将是 $E(Z_2)-E(Z_1)=c(y_2-y_1)$，这与 y_1 和 y_2 选择的值无关[⊖]。（Z_1 和 Z_2 分别是对照组和实验组 z 的测量值。）

Dr. EX：这听起来很接近我的理解。但我对你似乎要迈出的一大步感到担心。你的数据是非实验性的，在你的整个研究中，你没有进行过一次实验。你是在告诉我们，你的 SEM 可以从观察性研究中获取数据，对它进行 LISREL 分析，就能预测随机对照实验的结果吗？你在开玩笑吧！你知道如果可以用 SEM 魔法代替实验研究，将会在全国范围内节省多少钱吗？

你：Dr. EX，这不是魔法，这就是简单的逻辑。我的 LISREL 分析的输入不仅仅是非实验数据。输入包括两个部分：（1）数据；（2）因果假设。我的结论符合逻辑。因果假设在标准实验研究中是不存在的，这也是实验如此昂贵的原因。

Dr. EX：什么样的假设？"因果"？我从未听说过这样陌生的词汇。你能用我们通常表达假设的数学方式来表达它们吗？比如说，以条件联合密度的形式，或者以协方差矩阵的形式？

你：因果假设是另一种类型，它们不能写成密度函数或协方差矩阵的形式，它们被表达在我的因果模型中。

Dr. EX：看看你的模型，方程（11.21）～（11.22）。我没有看到任何新的词汇，我看到的都是方程。

你：Dr. EX，这些不是普通的代数方程，这些是"结构方程"。如果我们正确地阅读，它们传达了一组你熟悉的假定，即关于对总体进行的假设性随机实验结果的假定，我们称之为"因果"或"模型"假定，因为找不到更好的词汇，也可以理解为对各种随机实验下总体行动的假定。

Dr. EX：等一下！现在我开始明白你的因果假定是什么了，但却比以前更加困惑。如果允许在随机实验中对总体行动做出假定，为什么还要费这么大劲进行研究呢？为什么不直接假定在一个 y 被随机化的随机实验中，$E(Z)$ 的观测差值应该是 $c'(y_2-y_1)$，这里 c' 可以随意取一个数字，这样就可以省去几个月痛苦的数据收集和分析。如果一个人相信你的其他未经验证的假定，那么他也应该相信你对于 $E(Z_2)-E(Z_1)=c'(y_2-y_1)$ 的假定。 370

⊖ 如果 Dr. EX 问："这是唯一的要求吗？"你应该加上：此外，要求随机变量 Z_1-cy_1 与 Z_2-cy_2 的分布是相同的。

你：Dr. EX，不是这样的。相比研究的结论 $E(Z_2)-E(Z_1)=0.78(y_2-y_1)$，模型假定要宽泛得多。首先，模型的假定是定性的，而结论是定量的，给出了一个具体的值 $c=0.78$。其次，许多研究人员（包括你，DR. EX）愿意接受我的假定，而不一定愿意接受我的结论，因为前者符合常识性理解和世界运转的一般理论知识。再次，我的大多数假定不需要 y 的随机实验来检验，这意味着如果随机化 y 的代价高昂，或者不可行，我们仍然可以通过控制其他不那么难对付的变量来检验这些假定。最后，尽管在我的研究中并非如此，但模型假设通常具有一些可以在非实验性研究中进行检验的统计学意义，而且，如果检验结果是成功的（我们称之为“拟合”），它将进一步证实这些假定的有效性。

Dr. EX：这越来越有趣了。让我看看那些“因果”或模型假定，这样我就可以判断它们有多宽泛。

你：这很容易，看一下图 11.14 的模型，其中

z——学生在期末考试中的成绩；

y——学生花费在课外作业上的小时数；

x——课外作业占期末总成绩的比重（由老师宣布）。

当我把这个模型写在纸上的时候，我想到了两个随机实验，其中一个 x 是随机的（即老师随机分配（期末总成绩）比重），另一个花费在课外作业上的时间（y）是随机的。我在思考这些实验时所做的假定是

1. y: $E(Y_2)-E(Y_1)=b(x_2-x_1)$ 是线性的和独立取值的，其中 b 是未知量（Y_2 和 Y_1 分别是在比重 x_2 和 x_1 情况下花费在课外作业上的时间）。方程中排斥了 z，我假设 z 不会影响 y，因为当 y 确定时，z 还不知道。
2. z: $E(Z_2)-E(Z_1)=c(y_2-y_1)$ 是线性的，并且排斥了 x，其中 c 是未知的。换句话说，x 对于 z 没有影响，除非通过 y。

此外，我还对在非实验条件下支配 x 的不可测因素做了定性假定，假定 x 和 z 没有共同的原因。

Dr. EX，你对这些假定有什么异议吗？

Dr. EX：好的，我同意这些假定是宽泛的，比起毫无依据地直接将论文结论 $E(Z_2)-E(Z_1)=0.78(y_2-y_1)$ 作为假定更容易让人接受。我有点惊讶的是，这种宽泛的假定能够支持一个大胆的关于课外作业对分数实际影响的实验预测。但我还是不满意你的共同原因假定。在我看来，一个强调课外作业重要性的老师也会是一个鼓励学生并有成

效的老师，因此 e_2（包括教学质量等因素）应该与 x 相关，这与你的假定相反。

你：Dr. EX，现在你的言谈像一个 SEM 研究人员了。我们不再挑剔这个方法和它的哲学，而是开始讨论实质性的问题，例如，老师的教学效果与课外作业比重无关的假定是否合理。就我个人而言，我见过很棒的老师，他们对课外作业毫不关心，当然相反的也有。

371

但这不是我论文的主题。我并不是说老师的教学效率与他们如何看重课外作业无关，这个问题可以留给其他研究人员（或者可能已经研究过了？）我要说明的是：那些愿意接受老师的教学效率与他们如何看重课外作业无关这一假定的人将会发现，有趣的是，这样的假定再加上数据，可以从逻辑上推出结论——每天增加一个课外作业小时可以提高学生分数（平均）0.78 个点。如果允许我们进行随机化作业量（y）的对照实验，这一结论可以得到实验验证。

Dr. EX：我很高兴你没有坚持模型假定是真实的，只是陈述它们的合理性，并解释它们的推导结果，我不能反对这样做。但还有一个问题。你说模型没有任何统计学意义，因此不能测试它是否适合数据。你怎么知道的？你不觉得困扰吗？

你：只要查看图并检查缺失的环节就知道了。一个名为 d-分离的准则（见 11.1.2 节允许 SEM 的学生浏览图，并确定相应的模型是否存在某些约束来消除变量之间的一些相关性[㊀]）。大多数统计结果（尽管不是全部）都是这种性质的。我们例子中的模型并不蕴含对协方差矩阵的任何约束，因此它可以完全拟合任何数据。我们称这种模型为“饱和”的（5.2 节），一些无法摆脱统计检验传统的 SEM 研究人员认为这是模型的缺陷。恰恰相反，饱和模型意味着研究人员不愿意做出令人难以置信的因果假定，然而他做出不痛不痒的假定又太弱，不足以产生统计上的影响。这种保守的态度应该受到赞扬，而不是谴责。无可否认，如果我的模型不是饱和的，我会很高兴——比如说，e_1 和 e_2 不相关。但事实并非如此，常识告诉我们 e_1 和 e_2 可能是相关的[㊁]，数据也显示了这一点。我试着假设 $\mathrm{cov}(e_1, e_2)=0$，但是与数据拟合得并不好。为了让模型戴上“非饱和”的桂冠，是否要做一些无依据的假定？不！我宁愿做出合理的假定，得出有用的结论，然后把结果和假定一起报告出来。

Dr. EX：但是，如果有另一个饱和模型，基于同样合理的假定，却导致不同的 c 值。你难道不担心一些最初的假定是错误的，因此你的结论 $c=0.78$ 也是错误的吗？数据中

㊀ 这里指一些变量之间的相关性被 d-分离。——译者注

㊁ 即 y 和 z 可能是关联的，这也是 Dr. EX 提的问题。——译者注

没有东西能帮助你选择一种模型而不是另一种。

你：我也关心此事。事实上，我可以立即列举所有这些相互竞争模型的结构，图 11.15 中的两个模型就是例子，还有更多。（这也可以使用 d-分离准则来完成。）但请注意，相互竞争模型的存在丝毫没有削弱我之前的观点——“接受模型 M 定性假设的研究人员必须接受结论 $c=0.78$ 。”这种说法在逻辑上是无懈可击的。此外，可以通过报告每个候选模型的结论以及该模型所依据的假定，进一步完善这一观点。结论的格式读作：

372

如果你接受假定集合 A_1 ，那么得到 $c=c_1$ 。

如果你接受假定集合 A_2 ，那么得到 $c=c_2$ 。

等等。

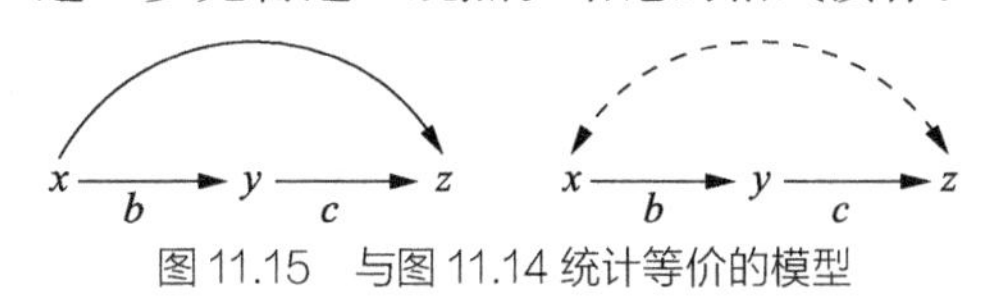

图 11.15　与图 11.14 统计等价的模型

Dr. EX：我明白了。但是，如果我们想要越过这些具体的条件陈述，在各种假定中进行一些选择，有没有 SEM 方法能够帮助我们？在统计学中，我们不习惯面对具有两种不同假定的问题，不管这两个假定多么微弱，都无法接受某些检验。

你：这就是统计数据分析和 SEM 的根本区别。根据定义，统计假设是可以用统计方法检验的。相比之下，SEM 模型依赖于因果假定，而根据定义，这些假定不能进行统计检验。如果两个（具有不同假设的）竞争模型都是饱和的，那么我们事先就可以知道，报告在某个条件下的结论，除了如上所说的，我们别无选择。然而，如果竞争是在同等合理的假设但统计上截然不同的模型之间进行的，那么我们就面临着模型选择这样一个具有百年历史的古老问题。在这个问题上，人们提出了各种各样的选择标准，比如用 AIC 进行分析。然而，模型选择的问题现在被赋予了一种新的、具有因果关系的考量——我们的任务不是最大化拟合，或最大化预测能力，而是产生最可靠的因果参数估计，例如 c 。这是一个全新的领域（参见文献（Pearl，2004））。

Dr. EX：有意思。现在我明白了为什么我的统计学同事们遇到 SEM 方法论就犯糊涂、怀疑，以至于抗拒（例如，Freedman，1987；Holland，1988；Wermuth，1992）。最后一个问题。你在意识到我是一个统计学家之后，才开始谈论随机实验。你如何向一个非统计学家解释你的 SEM 策略？

你：我会用朴素的语言说：“如果我们有物理方法把 y 固定在某个常数 y_1 上，并把这个常数从 y_1 改变为 y_2 ，那么 $E(Z)$ 的变化就是 $c(y_2-y_1)$ 。”大多数人理解“固定”的意思，因为这是在决策时经常思考的。例如，一个对于课外作业影响学习效果感兴趣的老师不会考虑随机化（布置）课外作业。随机化仅仅是预测固定效果的间接手段。

实际上，如果与我交谈的人真的很开明（许多统计学家也是如此），我甚至可能会采用反事实的词汇，比如说，如果一个学生花了y个小时完成课外作业，在考试中得到了z分，那么如若他/她在课外作业上花了$y+1$个小时，也许会得到$z+c$分。说实话，这是我在写方程式$z=cy+e_2$时真正想到的，e_2代表学生的所有其他特征，在我们的模型中没有具体给出变量名，也不受y的影响。我甚至没有考虑$E(Z)$，只考虑特定学生的z。反事实是我们用来表达科学（因果）关系的最精确的语言工具。但是，当我与统计学家交谈时，我避免提及反事实，因为（这是令人遗憾的）统计学家倾向于怀疑确定性的概念，或者那些不能立即检验的概念，而反事实就是这样的概念（Dawid，2000；Pearl，2000）。

373

Dr. EX：谢谢你在SEM的这些方面对我的说明，我没有进一步的问题了。

你：这是我的荣幸。

11.5.4 今天的经济学模型在哪里——与Heckman一起追求原因

本书的5.2节批评了在过去30年中，人们对于计量经济学中结构方程建模的理解有所下降（另见文献（Hoover，2003）中的“失落的原因”），并将这种下降归咎于对符号的草率选择，使得代数方程和结构方程之间的本质区别模糊不清。在一系列文章中（Heckman，2000，2003，2005；Heckman and Vytlacil，2007），James Heckman已经着手扭转这些看法，重新将因果模型作为经济学研究的中心焦点，并将经济学重新确立为因果分析的活跃前沿。无论以何种标准衡量，这都不是一项容易的任务。采用相邻学科中出现的概念和技术进步，将等于承认了计量经济学数十年来的忽视。如果不理会这些发展，就必须在计量经济学中找到新的替代者。Heckman选择了后一种方法，尽管因果模型的当代发展大多数植根于经济学家的思想，诸如Haavelmo（1943）、Marschak（1950），以及Strotz和Wold（1960）。

Heckman方案中的一个环节是拒绝“*do*-操作”及其所基于的“外科手术式”的语义，因此使经济学家丧失了本书（特别是第7章）中有关反事实的结构语义，该语义统一了传统的计量经济学与潜在结果方法。Heckman拒绝“外科手术式”语义的理由总结如下：

控制外部（强制）变量的变化是定义非递归模型中因果效应的关键……Pearl用他丰富多彩的语言，通过“关闭一个方程式”或执行“外科手术式”的操作来定义因果效应。他含蓄地假设，“外科手术式”的操作，或者关闭联立方程组中的一个方程式，就唯一固定了结果变量或内部变量（在我的例子中表示另一个人的消费）。然而，一般来说这是不对的，对一个方程加以约束就是对所有（包括其他方程）的内部变量加以限制。在一个联立方程组中，没有哪个单一的方程可以确定单个的结果变量，关闭一个方程也可能影响系统中其他方程的参数，这违反参数稳定性的要求。(Heckman and Vytlacil，2007）

显然，Heckman 的反对意见与 Cartwright 的相同（11.4.6 节）：

1. 理想的“外科手术式”的操作在技术上不可行的。

2. 经济学系统是非模块化的。

我们已经在前面的四个小节（11.4.3 节～11.4.6 节）中驳斥了这些反对意见，读者可以很容易地再次应用这些内容拆解 Heckman 的论点。然而，有必要再次强调，就像 Cartwright 的情况一样，这些反对意见来源于将定义反事实的任务与识别和实际估算的任务混为一谈，这是研究人员之间经常出现的混淆，Heckman（2005）曾经严厉地警告过读者避免这种混淆。 374

这种混为一谈在 Heckman 的关注中显而易见，他担心“关闭一个方程可能也会影响系统中其他方程的参数”。在物理世界中，依据“外科手术式”的操作有时可能会影响其他方程中的参数。正如我们将看到的，这个问题同样存在于 Heckman 提到的“外部变化”。然而，在这里我们处理是符号，而不是物理操作。我们的任务是在称为“模型”的符号系统中，为“一个变量对另一个变量的因果影响”给出有意义的数学定义，这使得我们可以随意地操作符号，而忽略这些技术可行性，因此在讨论定义时不需要考虑如何实现。

因果效应的新定义：“外部变化”

在缺乏精准语义的情况下，Heckman 和 Vytlacil（HV）建立了一个新的因果效应定义，希望依据“外部变化”而不是关闭方程来摆脱运行过程中发现的缺陷。不幸的是，作为反事实逻辑的基石，新定义中没有给予明确的形式化阐述：它被半形式化地放在脚注（HV，p.77），即使喜欢刨根问底和勤奋的读者也会觉得难以理解。下面是我对 HV 定义的外推，因为它适用于多方程和非线性系统。

给定一个方程组：

$$Y_i = f_i(Y, X, U),\ i = 1, 2, \cdots, n$$

其中 X 和 U 分别是观察和未观察的外部变量的集合。Y_j 对于 Y_k 的因果影响分四步计算：

1. 在 X 中选择一个出现在 f_j 的成员 X_t。如果没有，则退出，计算失败[⊖]。

2. 如果 X_t 也出现在其他某个方程中，那么将它从那个方程中移走（例如，如果方程

⊖ 即该因果影响无法计算。——译者注

是线性的，那么令 X_t 的系数为 0，或者用一个常数替换 X_t）[㊀]。

3. 求解移走后的方程组的简化形式

$$Y_i = g_i(X, U),\ i = 1, 2, \cdots, n \tag{11.23}$$

4. Y_j 对于 Y_k 的因果影响由偏导数给出：

$$\mathrm{d}Y_k / \mathrm{d}Y_j = \mathrm{d}g_k / \mathrm{d}X_t : \mathrm{d}g_j / \mathrm{d}X_t \tag{11.24}$$

例 11.5.2

考虑一个由三个方程组成的方程组：

$$Y_1 = aY_2 + cY_3 + eX + U_1$$
$$Y_2 = bY_1 + X + U_2$$
$$Y_3 = dY_1 + U_3$$

375

目标：Y_2 对于 Y_1 的因果效应。

方程组有一个外部变量 X，它出现在前两个方程中。如果能够令 $e=0$，X 将仅出现在 Y_2 的方程中，然后我们进入“外部变化”程序的第三步，从修改后既约形式得出

$$\mathrm{d}Y_1 / \mathrm{d}X = a/(1-ba-cd), \mathrm{d}Y_2 / \mathrm{d}X = (1-cd)/(1-ab-cd)$$

因此，计算 Y_2 对于 Y_1 的因果效应得到：

$$\mathrm{d}Y_1 / \mathrm{d}Y_2 = a/(1-\mathrm{c}d)$$

相比之下，前面介绍的“外科手术式”的操作过程构建了以下修改后的方程组[㊁]：

$$Y_1 = aY_2 + cY_3 + eX + U_1$$
$$Y_2 = y_2$$
$$Y_3 = dY_1 + U_3$$

由此得到 Y_2 对于 Y_1 的因果效应：

$$\mathrm{d}Y_1 / \mathrm{d}y_2 = a/(1-cd)$$

这等同于“外部变化”程序得到的表达式。

这两个过程很可能总是产生相同的结果，这有助于说明“外部变化”在定义上的有效性和概念上的清晰性。

㊀ 还不清楚什么条件下（如果有的话）不准设置 $e=0$（在例 11.5.2 中），或者完全忽略 X，并在第二个方程中加上一个替代变量 X'。HV 给人的印象是，确定 e 是否可以设置为 0 需要对处理的问题有深刻理解，如果这是他们的意图，那就不必如此大费周章。作者认为，如果这个定义仍然需要对于处理问题有深刻理解，那引进新定义替代本书的定义就没有必要。

㊁ 根据后门准则，所有指向 Y_2 的路径都被切断，因此有第二个方程。

11.5.5　外部变化与外科手术

在将“外部变化”的定义与“外科手术式”的定义进行比较时，HV 写道：“在一个相互依赖的非递归的系统中，定义因果关系或确定因果参数并不需要关闭一个等式或修改参数……。更基本的想法是从不同方程中排除不同的外部变量，在做这些操作时，研究人员可以构造需要的因果量。”

在这个问题上我和 HV 意见不同。我认为“外科手术式”的定义是更基本的想法、更扎实的理由和更适合决策评估任务。我还注意到，基于排除和外部变化的定义存在以下缺陷：

1. 一般来说，“排除”涉及从方程中移走一个变量[一]，相当于“修改参数”。因此，这种对于原有方程组的修改也是“外科手术”的形式，也会受到与“外科手术”同样的批评。虽然我们在前几节反驳了这种批评，但应该注意到，如果这种批评有一定道理的话，那么它对两种方法都同样适用。

2. 完全依靠外部变量来揭示内部因果关系的想法，其根源来自有关“识别”的文献（例如，在“工具变量”的研究中），这些变量充当了“自然的实验”。但是，在定义因果效应时，受制于这种想法是没有道理的，因为“因果效应”的意思是新的外部操作所产生的量化效应，不一定是模型中明确显示的效应，也不一定是数据收集阶段的操作产生的效应。此外，每一个因果结构方程模型，就其本质而言，都隐含了通过“外科手术式”的操作模拟这种外部操作的机制。 376

的确，大多数决策评估任务都与新的外部操作有关，这些操作直接控制了内生变量。例如，制造商在对某一个产品的价格跟踪成本多年之后（即 price = f(cost)），决定将当前价格提高一倍。这样的决定相当于从现有的模型中移除等式 price = f(cost)（即从有用的数据中获取价格的原来模型），代之一个以新的价格常数。这种变化忠实地模仿了决策评估，试图通过诉诸“外部变量”来绕过它完全是人为的，且对于（模型分析）也几乎没有帮助。

另一个例子，考虑一个已被深入研究的问题（Heckman，1992），即评估终止一个教育项目所产生的影响，该项目根据一系列资格证书来录取学生。而当项目终止时，方程 admission = f(quilifications) 不再成立，但是没有外部变量能够模拟新的条件（即 admission = 0），除非人们在实际操作中，对方程 admission = f(quilifications) 睁一只眼闭一只眼（或者“忽略”，或者“无视”）[二]。

[一] 即固定一个变量。——译者注

[二] 根据 HV 的定义，该变量无法移走或忽略，因此无法模拟项目终止时的情况，即无法设置 admission = 0，但根据本书的相关定义，可以直接令 admission = 0 来模拟项目终止时的操作。——译者注

值得注意的是，Haavelmo（1943）用来定义因果效应的方法在数学上等同于“外科手术式”的定义，而不是外部变化的定义。他不是根据“外科手术式”所要求的那样，用 $Y_j = y_j$ 置换方程 $Y_j = f_j(Y, X, U)$，而是写作 $Y_j = f_j(Y, X, U) + X_j$，其中选择 X_j 的值使得 Y_j 为常数，$Y_j = y_j$。因此，由于 X_j 将 Y_j 从 $f_j(Y, X, U)$ 的支配中解放出来，Haavelmo 的方法仍然等同于“外科手术式”的定义，而 Heckman 的外部变化方法仍使 Y_j 置于 f_j 的约束之下。

3. 基于外部变化的定义存在一个明显的缺陷，即目标方程可能不包含任何可观测的外部变量。事实上，在许多情况下，系统中能观察到的外部变量集是空的（例如，图 3.5）。此外，基于两个偏导数之比的定义很难推广到具有离散变量的非线性系统。因此，那些虔诚接受 Heckman 定义的人，将无法使用很多无工具变量模型中的识别技术（参见第 3 章和第 4 章），甚至更严重地，无法知道因果效应在此类模型中是否被识别，因为在没有量化定义的情况下，识别问题是无意义的。

幸运的是，由于理解了定义可以基于纯粹的符号操作，我们可以修改 Heckman 的方案，将替代的外部变量添加到要求的方程中。增加的变量可以用类似于方程（11.23）和方程（11.24）中的步骤（假设为连续变量）定义因果效应。这让我们离“外科手术式”的定义更近了，但基本的不同是仍然保留了 $f_j(Y, X, U)$ 对于 Y_j 的影响。

377

认识到基于“外部变化”的定义在概念上是有问题的，我们现在探讨它是否能处理非因果的方程组。

非因果方程组的歧义性

几位经济学家（Leroy，2002；Neuberg，2003；Heckman and Vytlacil，2007）批评了 *do-* 操作符依赖于因果（或有向）结构方程，在这种方程中，变量和方程之间有一一对应关系。HV 这样批评道：“一般来说，联立方程组中没有一个方程能唯一决定任何一个结果变量”（Heckman and Vytlacil，2007，p.77）。

人们可能会猜测，Heckman 和 Vytlacil 在这里指的是包含无向方程的方程组，即等号不表示非对称关系“被确定”或“被引起”，而是表示对称的代数等式。在计量经济学中，这类非因果方程组通常表示均衡或资源约束，在等式两边施加相等的条件，并不赋予等号左边的变量是“结果”变量的特殊地位。

无向方程的出现使反事实 Y_x 的定义变得模糊不清，反事实要求用常数方程 $X = x$ 替代确定 X 的方程。如果 X 出现在几个方程中，或者如果 X 在方程中的位置是任意的，那么这些方程中的每一个都同样可以用 $X = x$ 来代替，这样的话，Y_x 的值（即替换后的 Y

的解）将是歧义的[一]。

注意，对称等式在结构上不同于互为因果的有向非递归系统（即图 7.4 那样带反馈的系统），因为对于后者而言，每个变量都是另一个方程的“结果”。然而，对称性却是适用于给动态反馈系统，表示该系统的解。在这样的系统中，方程两边的平衡几乎是在瞬间达到的（Lauritzen and Richardson，2002；Pearl，2003a）[二]。

Heckman 和 Vytlacil 给人这样一种印象，方程的歧义是“外科手术式”方法的缺陷，而基于排除的定义中却没有这个问题。事实并非如此。在一个无向方程组中，我们无法知道从哪个方程中排除哪个外部变量才能得到正确的因果关系。

例如，考虑 HV 在第 75 页讨论的两个非递归方程系统。

$$Y_1 = a_1 + c_{12}Y_2 + b_{11}X_1 + b_{12}X_2 + U_1 \tag{11.25}$$

$$Y_2 = a_2 + c_{21}Y_1 + b_{21}X_1 + b_{22}X_2 + U_2 \tag{11.26}$$

假设我们把 Y_1 移到式（11.26）的左边，得到：

$$Y_1 = -[a_2 - Y_2 + b_{21}X_1 + b_{22}X_2 + U_2] / c_{21} \tag{11.27}$$

为了定义 Y_2 对于 Y_1 的因果效应，可以选择从式（11.25）或式（11.27）中排除 X_2（这是一个外部变量）。前者的效应是 c_{12}，后者的效应是 $1/c_{21}$。由此我们看到，对于“外科手术式”的操作中，方程出现的歧义性转化为选择方程和外部变量排除引起的歧义性[三]。

消除这种歧义性的方法由 Simon（1953）提出，并在 7.2.5 节进行了讨论。 378

总结——重振经济学模型

通过排除和操作外部变量构造来量化因果关系的想法，虽然在识别问题的背景下有很好的理由，但在基于模型的定义方面却没有逻辑基础。另一方面，基于“外科手术式”的定义具有通用性、语义清晰性和计算上的简单性。

那么，计量经济学模型该何去何从呢？ 对于经济分析和决策评估而言，“外部变量”方法的失败是核心的，还是次要的？

最近，James Heckman 在几乎每一篇文章中都强调了反事实的重要性，并认为它是经

[一] 根据反事实计算的定义，只有出现在左边变量是 X 的那个方程被替换为 $X = x$，而出现在其他方程右边的 X 不被替换，因为它们表示历史情况（即反事实之前的）。如果方程是无向的，则替换可以任意进行，那么反事实的定义变得模糊而产生歧义。

[二] 这里作者强调了在结构方程中，右边变量的变化经过“因果链条”引起左边变量的变化，而在刻画动态反馈系统的对称方程中，没有这种“时滞”。——译者注

[三] 在式（11.25）和式（11.27）中，Y_2 是原因变量，因此在固定（即所谓排除）外部变量时，Y_2 变动一个单位，Y_1 变动 c_{12} 或者 $1/c_{21}$ 个单位，出现了两个引起歧义的不同的值。——译者注

济分析的必要组成部分，也是 20 世纪计量经济学成就的标志。例如，HV 文章的第一段写道："他们（策略比较）要求经济学家构建反事实，预测在一个环境中已经试行，但拟在新环境中应用的策略的效果，同时去预测另一个尚未试行过的新策略的效果。"同样，在他的《社会学方法论》(学术期刊）文章（2005）中，Heckman 指出："自 Haavelmo 时代（1943 年、1944 年）以来，经济学家已经认识到需要精确的模型来构建反事实……计量经济学框架明确指出了反事实是如何产生的，以及干预是如何施加的……"

然而，尽管在计量经济学分析中宣称了反事实的中心地位，但细心的读者很难在过去 40 年中找出一篇正式定义了反事实或因果效应的计量经济学文章或教科书需要这样一个程序，它能够在一个适当形式的、充分描述的、具有两个变量 X 和 Y 的经济学模型中计算反事实 $Y(x,u)$。由于拒绝了 Haavelmo 基于"外科手术式"的关于 $Y(x,u)$ 的定义，Heckman 承认计量经济学将会进入另一个分裂和模糊的十年，这两个对立的阵营在几乎完全孤立的情况下工作。

在 Neyman-Rubin 模型的潜在结果框架内工作的经济学家把反事实作为原始的、不可观测的变量，完全脱离结构方程模型中的知识表述（例如，Angrist，2004；Imbens，2004）。即便是那些应用倾向得分技术的人，其有效性完全依赖于"可忽略性"或"非混杂性"的因果假设，也很少知道如何利用结构性知识来证实或否定这种假设（参见 11.3.5 节）。在结构方程框架内工作的经济学家（例如，Kennedy，2003；Mittelhammer et al.，2000；Intrinigator et al.，1996）热衷于估计参数，把反事实看作与凡人没有关系的超自然幽灵。他们相信像 Heckman 这样的领导人能够精确地定义他们努力估算的结构参数的策略含义，并将其与潜在结果阵营同事们正在做的事情联系起来[⊖]。

"外科手术式"方法所表达语义和引出的因果理论（第 7～10 章）提供了这两种对立的、范围狭窄的计量经济学派之间简单而精准的统一，一种方法中的一个定理必然对应另一种方法中的一个定理，反之亦然。经济学家将很好地复活 Haavelmo（1943）、Marschak（1950）、Strotz 和 Wold（1960）的基本思想，并通过本书中提出的图和反事实的逻辑使它们再次焕发活力。

379

为了完整起见，我在这里明确地重申（使用括号的方式）反事实和结构方程之间的两个基本联系。

1. 反事实的结构定义是

$$Y_M(x,u)=Y_{M_x}(u)$$

⊖ 值得注意的是，经济学家 Hoover（2008）在《综合评论》文章中的参考书目与经济学家 Angrist（2004）和 Imbens（2004）的几乎完全不同，这种差异在文化上是很深的。

读作：对于模型 M 和背景信息 u，反事实条件"如若 X 取值 x" Y 由在子模型 M_x 中（即用 $X=x$ 替代确定 X 的方程，所得到的残留图 M）Y 的解给出。

2. 结构方程 $y=f(x,e(u))$ 的经验公式是

$$Y(x,z,u)=f(x,e(u))$$

其中 Z 与 X 或 Y 都不相交。

读作：如若 X 和 Z 分别是 x 和 z，那么 Y 就是 $f(x,e(u))$，与 z 无关，也与模型中的其他方程无关。

11.6　决策与混杂（第 6 章）

11.6.1　辛普森悖论与决策树

Nimrod Megiddo（IBM Almaden）写道

"我不同意'因果性'是解决这一悖论的关键（但这也是一个定义问题），也不同意二十年前还没有研究这一问题的工具。根据博弈论，我认为这个问题对于那些喜欢画决策树的人来说并不困难，决策树中的决策节点不同于机会节点。

我画了两棵这样的树（图 11.16a 和图 11.16b），我认为这两棵树可以在不同的情况下说明正确的决定。"

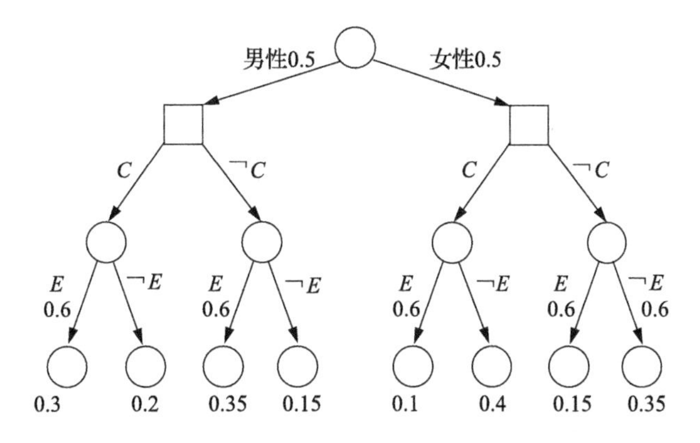

图 11.16a　对应于图 11.17a 的决策树。给定男性，$\neg C$ 优于 C（0.35>0.3）。给定女性，也是 $\neg C$ 更优（0.15>0.1）。因此无条件地，任何男性的概率为 p，女性的概率为 $1-p$，$\neg C$ 总是优于 C（$0.35p+0.15(1-p)>0.3p+0.1(1-p)$）

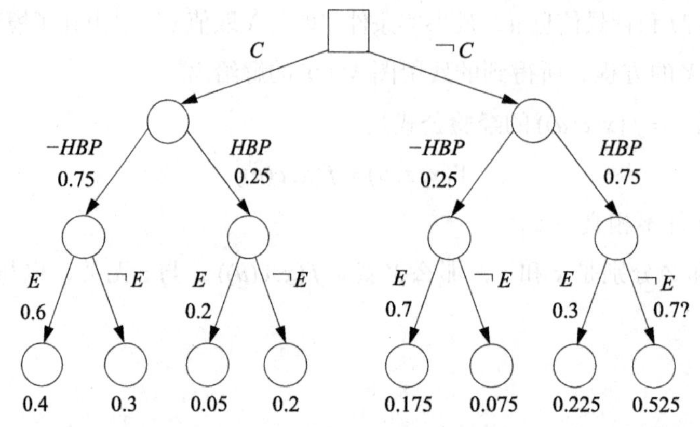

图 11.16b　对应于图 11.17b 的决策树。该树可以压缩为图 11.16c 的形式

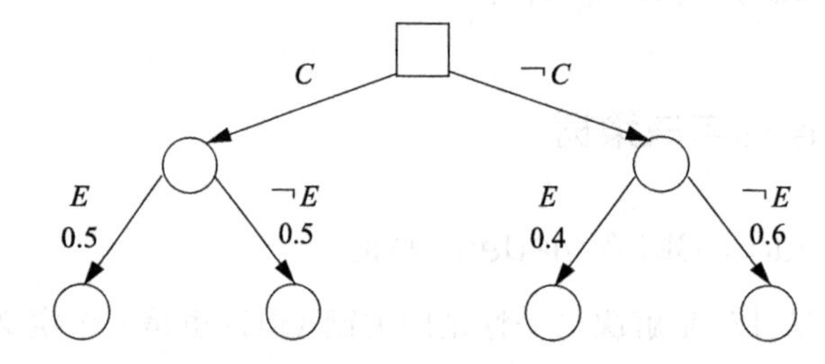

图 11.16c　压缩决策树。显然，C 优于 $\neg C$（因为 0.5>0.4）

作者的回答

你为相同的输入表构造了两棵不同的决策树，这意味着构造的关键不在于数据，而在于从数据背后的故事中获得的某些信息。那是什么信息？

决策树分析的文献已经存在至少 50 年，但是据我所知，它并没有很好地解决上面提出的问题："我们用什么信息构建正确的决策树？"

我们同意仅仅给机器人频率表并不足以完成任务。但是，机器人先生（或者统计学家）还需要什么？把问题从 F =" 女性 " 改成 F = " 血压 " 似乎足以说明问题[⊖]，因为性别和血压在整个过程中扮演不同的角色。我们能够形式化描述这些特征，从而使机器人构造出正确的决策树吗[⊜]？

我的建议是：给机器人（或者统计学家或者决策树专家）一个二元组 (T, G)，其中 T 是频率表的集合，G 是因果图。然后，机器人将能够自动建立正确的决策树。这就是我所说的解决悖论取决于对因果关系的考虑。此外，还可以进一步讨论："如果 (T, G) 中的

⊖ 参见图 6.2。——译者注

⊜ 作者在这里强调了变量语义的重要性，不同含义的变量具有不同的角色（即性别不会依据服药而变化，但血压可以），因此仅靠频率表不足以识别这些不同。——译者注

信息已经足够，为什么不干脆跳过决策树的构造，直接从 (T, G) 中得到正确的答案呢？”这正是本书第 3～4 章的要点。使用这种关于 (T, G) 的合理而简明的描述，决策分析方面的丰富文献能否更多地从中获益？引入影响图（Howard and Matheson，1981；Pearl，2005）是朝这个方向迈出的一步。而且，正如 4.1.2 节所指出的，第二步可能不会太远。虽然影响图是决策和机会变量选择的参数化形式，但是因果图却不特定于任何这样的选择，它在决策期间，对于观察的决策变量和机会变量的任何选择，包含了参数化所有影响图（和决策树）的信息。

380～381

最近，Dawid（2002）开发了一种结合影响图和贝叶斯网络的混合表示，通过给后者的某些变量附加一个表示潜在干预的决策节点（如图 3.2），就能够从观察（被动）模式转换到干预（积极）模式（如式（3.8））。

11.6.2　时间信息对于决策树是充分的吗

Megiddo 的回复

“‘因果性’这个术语引入了一些不必存在的问题，比如决定论、自由意志、因果关系等。重要的是，在结果确定过程中，变量 X 的值发生在变量 Y 的值之前，而 Y 依赖 X。你喜欢把这种情况称为因果关系。当然在数学理论中，你可以选择任何你喜欢的名字，但是人们首先会产生一些直觉，这些直觉可能因为名字的表面意义而导致错误。在数学模型之外对这种名字的直观解释往往因其具有现实生活的含义而产生歧义，例如，X 是否确实引起 Y[㊀]。决策树是显示附加时间信息的简单方法，有向图当然可以更简洁地描述这些信息。当你必须精确定义这些图表的含义时，你会选择类似树那样更完整的描述。因此，总而言之，我唯一反对的是使用‘因果性’这个词，而且我从未怀疑过时间顺序信息对基于历史数据做出正确决策的重要性。”

作者的回答

1. 在 21 世纪之前，将某些数学关系归结为诸如“因果关系”的概念确实有些危险，这些概念充满了直觉、神秘和争议。但是现在不再是这样了——神秘消失了，并且这个解释的现实含义并没有错，X 确实引起 Y。

此外，如果除了数学上的正确，人们还有兴趣（用数学定义）说明那些宝贵的直觉，

㊀ 提问人在这里怀疑数学上定义的因果关系与现实生活中理解的因果关系是否一致。——译者注

那么就可以更精确地解释这些直觉，甚至可以教给机器人。如此一来，不可避免需要给这些关系贴上名称，当然这就用我们喜欢的名称，即“因果关系”。

2. 输入决策树的信息比时间和相关信息要多得多。例如，图 11.17c 所表达的时间和相关信息与图 11.17a 所表达的信息相同（假设 F 出现在 C 之前），但图 11.17c 却表示了一个不同的决策树（并得出不同的结论），因为 F 和 Y 之间的相互关系在图 11.17a 中是“因果”，而在图 11.17c 中是相关。因此，如果要构造正确的决策树并以正确的概率添加它们的分支，因果考虑必须加上时间顺序和相关信息。

382

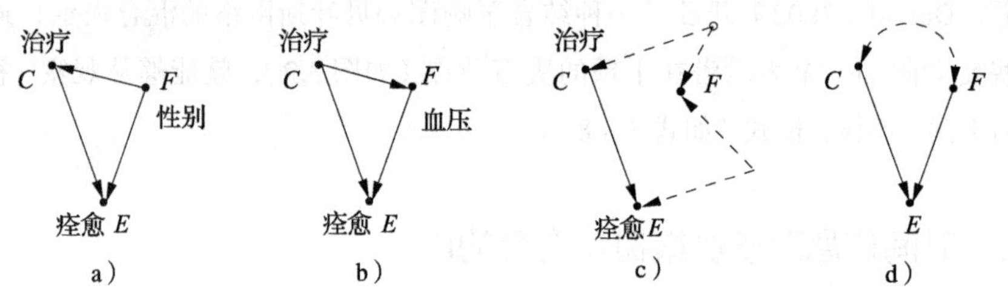

图 11.17　说明时间信息不充分性的图

作为一个思想实验，想象我们希望编写一个程序，从图 11.17a、图 11.17b 和图 11.17c 中自动构造决策树。程序给出了经验频率表，允许询问 C 、E 和 F 之间的时间顺序和相关关系，但不允许询问有关因果的问题。程序能否区分图 11.17a 及图 11.17c？答案是不能。如果忽略了因果关系，并且像你建议的那样，仅仅考虑了时间顺序和相关信息，那么为图 11.17c 构建的决策树将与 F= 性别的决策树相同（即图 11.16a），从而得出错误的结论，即药物（ C ）对 F = true 和 F = false 的患者都有害。这是不对的，因为正确的答案是，既然药物有益于总的群体（如血压的例子），那么它必须有益于 F = true 或 F = false 的患者（或两者）。决策树掩盖了这些信息，因而产生了错误的结果。

这个错误源于将不正确的概率配置于决策树的分支。例如，树中最左边的分支被赋予概率 $P(E|C,\neg F)=0.6$，这是错误的。正确的概率应该是 $P(E|do(C),\neg F)$，在图 11.17c 的情况下，这个概率不能从图和表中确定。然而我们知道 $P(E|do(C))=0.5$ 以及 $P(E|do(\neg C))=0.4$，因此式（6.4）或式（6.5）至少有一个不成立。决策分析中的通用技巧是对树的分支指定条件概率 $P(E|$行动$, Z)$，其中 Z 是决策时可用的信息。但是这里需要告诫实际工作者不要盲目地遵循这个惯例，正确的指定当然应该是 $P(E|do($行动$), Z)$，这可以从实验研究或者定量可识别中的因果图中估算出来。

3. 我不同意为了精确定义因果关系图，必须“引用像树一样更完整的描述”。在 7.1

节中，我们给出了因果图的形式定义是一个函数集合，没有使用任何决策树（至少没有明确地）。因此，一个因果图有它自己的意义，独立于许多可以从图中构造的决策树。打个比方，如果说微分方程（比如质点运动）的意义在于遵循该方程轨迹的集合，那就有点外行了（尽管在数学上并非错误）。从第一原理出发就可以精确定义微分方程中每一项的意义，不需要方程解的任何线索。

383

11.6.3 Lindley 关于因果性、决策树和贝叶斯主义的理解

给作者的问题（来自 Dennis Lindley）

如果你的假定是可行的，即在 x 处控制 X 等于移除 X 的函数，并在其他地方令 $X=x$，那么这个假定是有意义的。我现在不明白的是，这和决策树有什么关系。一个决策节点以决策时已知的数量为条件。一个随机节点包含已知条件下所有相关的不确定量。这时没有什么比联合分布（以及效用考虑）更需要的了。例如，在医学案例中，混杂因子在决定治疗时可能已知或未知，这决定了树的结构。当数据被用来评估树中所需的概率时，因果关系就出现了，这就是 Novick 和我使用可交换性的地方。贝叶斯范式在概率作为信念和概率作为频率之间有明显的区分，将后者称为机会。如果我理解因果关系，那么在这种情况下，我们的概念可以方便地被你的概念取代，而且这种取代是合理的。

作者的回答

许多决策分析专家认为不需要因果性，因为“没有什么比联合分布（以及效用考虑）更需要的了”（参见 11.6.2 节的讨论）。他们既是对的也是错的。尽管我们所需要的只是概率分布，但是所需要的分布 $P(y \mid do(x), \text{see}(z))$ 却具有特殊类型。它们不能从支配数据的联合分布 $P(y, x, z)$ 中推导出来，除非用因果知识补充数据，例如由因果图表提供的知识。

你的下一句话说明了一切：

“当数据被用来评估树中所需的概率时，因果关系就出现了……”

我认为频率与信念的区别与因果关系的讨论无关。假设辛普森故事中的表格不是频率表，而是关于各种联合事件发生的主观信念 (C, E, F)，$(C, E, \neg F)$，…等。我的主张仍然是，这种信念的总体不足以构建决策树。我们还需要评估对于假设事件“如若 $do(C)$，则 E 发生”的信念，而且正如我们已经看到的，单独的时间信息不足以从上述的

信念中得出这个评估。因此，这个信念总体不足以构建决策树，我们需要另外的原料，我称之为“因果”信息，你称之为“可交换性”——我不会争论命名方法。但是如果我们相信别人提供可靠的信息，也应该尊重他们提供信息时所使用的词汇，并且令谨慎的 [384] 学者非常失望的是，这个词汇毫无疑问就是因果关系。

给作者的新问题

你关于概率和决策树的观点言之有理，我同意你的观点，我以前没有意识到这一点。谢谢你！让我换一种说法，看看我们是否意见一致。在处理决策树时，很容易看出需要什么概率来解决问题。如何用数值评估这些数据并不容易。然而，我不明白因果关系是如何完全解决这个问题的。当然，可交换性也未能解决这个问题。

作者的回答

很高兴我们已经把问题缩小到简单且具体的问题：（1）如何评估决策树所需的概率；（2）这些概率来自哪里；（3）如何有效地表述这些概率；或许还有（4）这些概率是否必须遵守内部一致性的某些规则，特别是当我们构造多个决策树，在决策节点和机会节点的选择上有所不同时。

我之所以欢迎缩小这个问题的范围，是因为这将大大有助于明确区分因果关系和概率关系。总的来说，我发现贝叶斯统计学家是最难信服这种区分必要性的统计学家。为什么？因为传统的统计学家一直在关注那些不能被实际数据证实的假定，而贝叶斯学派在这方面更加宽容，这样做是正确的[⊖]。然而，由于允许自行判断信息的合法来源，贝叶斯学派在对待信息特征的动态和来源方面变得不那么谨慎了。你在前面已经描述了贝叶斯学派对条件的习惯性、不加批判的使用，偶尔会诱使粗心的人走进死胡同（例如，Rubin（2009））：

> 一个决策节点以决策时已知的数量为条件。一个随机节点包含已知条件下所有相关的不确定量。这时没有什么比联合分布（以及效用考虑）更需要的了。

正如 Newcomb 悖论提示的那样（参见 4.1 节），“一个决策节点以决策时已知的数量为条件，”并不完全正确。至少有一些“条件”需要用“做”来代替。如果情况不是这样，那么所有的决策树都会变成笑话——“病人应该避免去看医生，以降低一个人患重病的可能性（Skyrms，1980）；工人不应该急于去工作，以降低睡过头的可能性；学生不应

⊖ 由于贝叶斯学派是根据事件发生后的情况调整原来的假设，因此概率关系与因果关系看起来似乎区别不大。但是非贝叶斯学派则需要仔细对待先验假设，因此区分概率关系和因果关系看起来就很重要。——译者注

该为考试做准备，以免在学习中落后于别人，等等。简而言之，所有的补救行动都应该禁止，以免增加确实需要采取补救措施的可能性。”(第4章)。

但即使在摆脱了这种“条件性”陷阱之后，贝叶斯学派的哲学家仍然认为，决策节点分支和机会节点分支的概率之间没有任何区别。对于贝叶斯学派来说，两种评估都是概率评估。前者是假设实验的内在模拟，而后者是被动观察的内在预设。区别它们没有多大意义，因为贝叶斯学派专注于区别作为信念的概率和作为频率的概率。 385

这种成见使他们对以下事实熟视无睹，即信念有多种来源，重要的是区别源于观察结果的信念和源于试验结果的信念（Pearl，2001a，“贝叶斯主义和因果关系”）。首先，后者是稳固的，前者不是。也就是说，如果我们关于观察的主观信念是错误的，随着观察次数和数量的增加，错误的影响将在适当的时候被冲刷掉。但实验结果不是这样，不管样本大小，错误的前提会产生永久性偏差。其次，关于实验结果的信念不能用概率演算的语言清楚地表达出来。因此，为了形式化地表达这些信念，并将它们与数据前后一致地结合起来，概率演算必须用因果符号来充实（即图、$do(x)$ 或反事实）。

到目前为止，我已经找到了两个有效的方法来赢得贝叶斯学派的心，一个涉及“简约性”的概念（参见11.6.2节中的讨论），另一个是“相合性”的概念[㊀]。

给定感兴趣的 n 个变量，可以从这些变量中构造大量的决策树，每个决策树都对应这些变量不同的时序选择，以及不同的决策节点和机会节点选择。问题自然而然出现：决策者如何确保所有这些决策树的概率评估都是可重现的？当然，由于人类不能把所有潜在的决策树精确地存储在大脑中，因此必须假定评估可以从决策和机会事件知识的简约表示中推导出来，因果关系可以被看作构造决策树的简约表示之一。事实上，正如我写给Megiddo（11.6.2节）的回复，如果需要指导机器人根据需要构建这样的决策树，那么以现有的知识和信念，我们最好的方法是给机器人提供一对输入 (G, P)，其中 G 是一个因果图，P 是感兴趣变量上的联合分布（对于贝叶斯学派，这就是主观分布）。在这对输入的帮助下，机器人应该能够“相应地”构造所需的决策树，将变量划分为决策节点和机会节点，并在分支上复现参数。这是贝叶斯学派鉴别因果性的一种方法，同时又不会冒犯传统的立场，即“这不过是联合分布……”

㊀ “简约性”的原文是“economy”，作者的意思是因果关系是描述决策评估既简单又精炼的语言。“相合性”的原文是“coherence”，作者的意思是因果的概念与其他概念，以及实验观察结果（包括某些直觉）是互洽的，不会（也不应该）出现矛盾。这种要求称为“相合性”，与统一性或者一致性还有些区别。——译者注

第二种方法是“相合性”，相合性是贝叶斯学派非常得意的东西，因为DeFinetti、Savage以及其他人都努力构建有关的定性公理，以防止随心所欲的概率认定，并使信念符合概率计算。

对于从决策节点发出的两个分支，分别有选项 $do(X=x)$ 和 $do(X=x')$，而 $P(y|do(x))$ 给出了量化的结果。我们可以请贝叶斯学派的哲学家告诉我们，关于联合概率的认定，比如 $P(x,y)$，是否应该以某种方式与基于决策的概率结果 $P(y|do(x))$ 相合。然后进一步询问贝叶斯学派，这些概率是否应该与通常的条件概率 $P(y|x)$ 有任何联系，即（在某决策树中）从一个机会事件 $X=x$ 出发，得到结果 $Y=y$ 的估计概率。 386

不难说服贝叶斯学派，这两种评估不可能是完全随意的，而是必须遵守某些相合性的限制。例如，对于所有的事件 x 和 y，都必须服从不等式 $P(y|do(x)) \geqslant P(y,x)$ [1]。此外，根据第3章的规则，当 $P(y|do(x))$ 是由因果网络中推导出来的，将会自动满足这种相合性约束。这两个方法[2]可以使贝叶斯学派从因果演算中得到数学上的好处，同时保持谨慎和怀疑的态度，正如在犹太法典中所说：

“从好处中获得理解”。(意译自“mitarch shelo lishma，ba lishma”(塔木德经，圣歌，50b)。

贝叶斯学派最终会接受因果词汇，对此我深信不疑。

11.6.4 为什么混杂不是一个统计学概念

2001年6月，我收到两份匿名评论，关于我的论文《卫生科学中的因果推断》(Pearl，2001c)。审稿人提出的问题让我震惊，这让我想起了一些统计学家对于因果关系的陈旧看法，以及仍然要付出的巨大教育努力来改变这些看法。为了对这项努力作出贡献，我把我的答复写在本章中。有关因果关系和统计学区别的相关讨论见11.1节。

审稿人意见摘录

审稿人1

“统计概念和因果概念之间的对比被夸大了。随机化、工具变量等都有清晰的统计学定义……(这篇论文强调)‘任何系统的因果分析方法都需要新的数学符号。’这是错误的：

---

[1] 这个不等式来自式（3.52）或式（9.33）。Tian、Kang和Pearl（2006）给出相合性约束的完整描述。举个例子，对于任意三个变量 X、Y、Z，相合性规定：

$$P(y|do(x,z)) - P(y,x|do(z)) - P(y,z|do(x)) + P(x,y,z) \geqslant 0$$

如果一个因果图的结构是已知的，那么定义1.3.1的条件就构成了所有相合性要求的完整描述。

[2] 即简约性和相合性。——译者注

在医学领域对于因果推断有长期的非形式化传统，然而它却是系统且成功的。”

审稿人 2

“这篇论文充斥着许多泛泛的议论，这些议论依赖于区分‘统计’和‘因果’的概念……也包括因果关系（因此，根据本文是非统计的）中的概念，例如混杂，但这个概念在标准的频率派统计学中可以明确找到。统计学家倾向于说，‘当 U 和 X 以及 U 和 Y 都不独立时，U 是处理 X 对于结果 Y 影响的潜在混杂因子，因此为什么混杂不是统计学概念呢？’……如果作者想让我相信这一点，他至少要举出一个例子来说明常规分析是如何失败的。”

387

作者的回答

审稿人 1 似乎提倡一种对于因果关系非形式的处理方法（不管那是什么意思，它让我想起了在伯努利之前的非正式统计学），因此，他带着与论文基本目标和原则相反的想法来到这个论坛。让历史在我们之间做决定吧。

这篇论文的目标读者是与审稿人 2 持相同意见的人，他们试图调解这篇论文的观点（我承认，有时也是笼统的）与传统统计学至理名言之间的矛盾。对于这篇论文的审稿人，我有以下几点看法。

你质疑我提出的为统计概念和因果概念划分界线的有用性。让我提出例子来证明这种有用性，即“混杂”。你写道“混杂在标准的频率派统计学中可以明确找到。”统计学家倾向于说“当 U 和 X 以及 U 和 Y 都不独立时，U 成为检验处理 X 对结果 Y 影响时的潜在混杂因素，因此为什么混杂不是统计学概念呢？”

本书的第 6 章用了很长的篇幅解释为什么这个定义在充分性和必要性检验中都失败了，以及为什么这个定义的所有变形在第一原理下也必然失败。我带来了两个例子说明这一点，在 11.3.3 节中提供了更多的讨论。考虑一个变量 U，它同时受到 X 和 Y 的影响，当 X 和 Y 都达到高水平时，例如变成 1。U 满足你的标准，但是对于检验处理 X 对结果的影响，U 不是一个混杂因子。事实上，在这个分析中，可以放心地忽略 U。（类似的情况也适用于任何变量 U，它对 Y 的影响是由 X 传导的，就像我论文图 2 中的 Z。）作为第二个例子，考虑一个变量 U，它位于从 X 到 Y 的“因果路径”上。这个变量也满足你的标准，但它不是一个混杂因子。一代又一代统计学家都被告诫（参见 Cox，1958）不要对这些变量进行校正。有人可能会说定义只是混杂的必要条件，而不是充分条件。但这也是不对的，第 6 章描述了一些例子，在这些例子中，没有任何变量满足你的定义，检验处理 X 对于结果 Y 的影响时仍然可能存在混杂。

我们还可以构造一个例子（图 6.5），其中 U 是一个混杂因子（即必须进行校正以消除影响偏差），而 U 仍然与 X 或 Y 都不相关。

我不是第一个发现混杂和它的各种统计学“定义”不相符的人，从 20 世纪 80 年代中期开始，Miettinen、Cook、Robins、Greenland 就在流行病学中争论这个问题，但毫无结果。研究人员继续将可压缩性等同于无混杂，并继续校正错误的变量（Weinberg，1993）。此外，人们认为任何重要的概念（如随机化、混杂、工具变量）必须有一个统计学的定义，甚至在今天，这个流行的观点在卫生科学中仍然根深蒂固，以至于在我的书出版 15 个月后，拥有最高学历和最纯粹研究目标的人继续在问：“那么，为什么混杂不是一个统计学概念呢？”

我相信任何纠正这种传统的尝试，听起来都会是泛泛的，只有实施影响广泛的行动，才能根除关于混杂、统计和因果关系的错误概念。统计学教育牢牢掌握在与审稿人 1 持相同意见的人手中。像你这样追求彻底理解混杂的人，很少在公共论坛上提出这样的问题，“那么，为什么混杂不是统计学概念呢？”

388

同样的理由也适用于“随机化”和“工具变量”的概念（具有讽刺意味的是，审稿人 1 权威地声称，这些概念“具有明确的统计定义”。我会给他一个二元分布 $f(x, y)$，然后问他 x 是否是随机的）。这些概念的任何定义都必须引用因果词汇，单靠分布无法定义，这一点是无法回避的。

这让我再次强调 1.5 节所定义的统计与因果分界线的有用性。那些认识到随机化、混杂、工具变量等概念必须依赖于因果信息的人，在使用这些概念进行研究时，将会谨慎地剥离和说明其背后的因果假设。相比之下，那些忽视因果与统计差异的人（例如，审稿人 1）将不会考虑这样的说明，并且继续对“通常的分析是如何失败的”这类问题故意视而不见。

11.7 反事实的演算

11.7.1 线性系统中的反事实

我们知道，在一般情况下，反事实问题的形式 $P(Y_x = y \mid e)$ 可能是（也可能不是）实证可识别的，甚至在实验研究中也是如此。例如，因果关系的概率 $P(Y_x = y \mid x', y')$ 一般不能从观察或实验研究中识别（推论 9.2.12）。我们在这里谈论的问题是，线性假定是否会使反事实推断在实证观察上更有把握。答案是肯定的：

申明 A：在线性因果模型中，对于任意证据 e，任何 $E(Y_x|e)$ 形式的反事实疑问都是实证可识别的。

申明 B：只要因果效应 T 可以识别[㊀]，那么 $E(Y_x|e)$ 也可以识别。

申明 C：$E(Y_x|e)$ 表示为

$$E(Y_x|e) = E(Y|e) + T[x - E(X|e)] \tag{11.28}$$

其中 T 是 X 对于 Y 的全（因果）效应系数，即[㊁]

$$T = \mathrm{d}E[Y_x]/\mathrm{d}x = E(Y|do(x+1)) - E(Y|do(x)) \tag{11.29}$$

申明 A 并不奇怪。它已经由 Balke 和 Pearl（1994b）在一般性意义上建立起来了，其中 $E(Y_x|e)$ 以协方差矩阵和结构系数的形式给出了明确的表达式，而后者是实证可识别的。

申明 B 说明，在所有模型中，只要因果效应 $E(Y_x)$ 可识别，$E(Y_x|e)$ 在观察上也是可识别的。

申明 C 对 $E(Y_x|e)$ 直观地提供了一个令人信服的解释：给定证据 e，计算 $E(Y_x|e)$（即如若 X 是 x，而不是当前值的情况下，Y 的期望值），首先计算以证据 e 为条件时，Y 的最佳估计值 $E(Y|e)$，然后加上一个变化值，这个变化值是将 X 从当前的期望值 $E(X|e)$ 转变为假定值 $X=x$，所得到的差值再与总效应系数 T 相乘，即 $T[x-E(X|e)]$。 389

注意，式（11.28）也可以用 $do(x)$ 的符号来写：

$$E(Y_x|e) = E(Y|e) + E(Y|do(x)) - E[Y|do(X = E(X|e))] \tag{11.30}$$

证明（借助 Ilya Shpitser 的帮助）

不失一般性，假设是一个零均值模型。因为模型是线性的，可以把 X 和 Y 的关系写成：

$$Y = TX + I + U \tag{11.31}$$

其中 T 是式（11.29）给出的 X 对于 Y 的总效应，I 表示包含模型中其他的非 X 后代变量的项，U 表示外部变量。

总是有可能将确定 Y 的函数归约到式（11.31）的形式，只需要递归地替换右边的每

㊀ T 的意义见申明 C。——译者注

㊁ 这里假设 X 是二元变量的形式，不是一般（连续变量）的形式。——译者注

以 X 为其祖代的变量[⊖]，然后将所有的这些 X 的项合并形成 TX。显然，T 是从 X 到 Y 的路径成本的 Wright 规则总和（Wright，1921）。

从式（11.31）可以得到

$$Y_x = Tx + I + U \tag{11.32}$$

由于 I 和 U 不受 $X = x$ 的变化影响，并且 x 是常数，因此

$$E(Y_x \mid e) = Tx + E(I + U \mid e) \tag{11.33}$$

式（11.33）的最后一项，可以通过式（11.31）的两边取期望来估计：

$$E(I + U \mid e) = E(Y \mid e) - TE(X \mid e) \tag{11.34}$$

由此代入到式（11.33），得到

$$E(Y_x \mid e) = Tx + E(Y \mid e) - E(X \mid e) \tag{11.35}$$

这就证明了式（11.28）。

e 的三种特殊情形值得注意：

例 11.7.1

$e: X = x', Y = y'$（线性情况下的因果关系等价形式，第 9 章），从式（11.28）可以直接得到

$$E(Y_x \mid Y = y', X = x') = y' + T(x - x')$$

这在直觉上很有说服力，Y 在假设 $X = x$ 下的期望就是当前观测值 y'，加上由于 X 的变化 $x - x'$ 引起 Y 的预期变化。

例 11.7.2

$e: X = x'$（对于处理组的处理效应，8.2.5 节）。

$$\begin{aligned} E(Y_x \mid X = x') &= E(Y \mid x') + T(x - x') \\ &= rx' + T(x - x') \\ &= rx' + E(Y \mid do(x)) - E(Y \mid do(x')) \end{aligned} \tag{11.36}$$

[390] 其中 r 是 Y 关于 X 的回归系数。

⊖ 如果 Z 是这种变量，一定有 Z 在左边的方程，用其右边替换 Z 即可，注意这时右边变量都是 Z 的父代，由于 X 是 Z 的祖代，经过一系列的替换后，必然出现 X，所有 X 的后代变量都能以这种方式消去。——译者注

例 11.7.3

$e:Y=y'$（例如，当前收入 $Y=y'$，如若每个月花费 x 小时接受培训，期望的收入水平 Y）。

$$\begin{aligned} E(Y_x|Y=y') &= y'+T[x-E(X|y')] \\ &= y'+E(Y|do(x))-E[Y|do(X=r'y')] \end{aligned} \quad (11.37)$$

其中 r' 是 X 关于 Y 的回归系数。

例 11.7.4

考虑 7.2.1 节中的价格需求模型，式（7.9）～式（7.10）

$$\begin{aligned} q &= b_1 p + d_1 i + u_1 \\ p &= b_2 q + d_2 w + u_2 \end{aligned} \quad (11.38)$$

我们的反事实问题是：当前的价格是 $P=p_0$，如若把价格控制在 $P=p_1$，那么需求 Q 的期望值是什么?

令 $P=X$、$Q=Y$、$e=\{P=p_0,i,w\}$。这个问题就等同于上面的例 11.7.2（对于处理组的处理效应），服从于条件 i 和 w。由于 $T=b_1$，可以直接写出

$$\begin{aligned} E(Q_{p_1}|p_0,i,w) &= E(Y|p_0,i,w)+b_1(p_1-p_0) \\ &= r_p p_0 + r_i i + r_w w + b_1(p_1-p_0) \end{aligned} \quad (11.39)$$

其中 r_p、r_i、r_w 分别是 Q 关于 P、i 和 w 的回归系数。

式（11.39）替代式（7.17）。注意，价格方程 $p=b_2q+d_2w+u_2$ 中的参数仅仅是通过回归系数出现在式（11.39），因此可以直接用最小二乘法估计，而不需要精确地计算它们。

注解：例 11.7.1 并不奇怪。我们知道，在单调性的假定下，因果关系的概率是实证可识别的。但是例子 11.7.2 和 11.7.3 却引起了以下猜想：

在任何常效应模型中，即对于 u，$Y_{x_1}(u)-Y_{x_2}(u)$ 是常数，形如 $P(Y_x|e)$ 的反事实问题都是实证可识别的。

用这个富有挑战性的问题结束本节是很好的。

11.7.2 反事实的意义

给作者的问题

我很难理解反事实到底有什么用。在我看来，它们看起来是在回答错误的问题。在

你的书中，对于什么时候人们需要回答反事实问题，至少给出了几个不同的理由，让我分别来讨论这些问题：

391 1. 法律责任问题。从你的书中推断，美国法律体系规定，如果被告造成了原告的不幸，那么他就是有罪的。但在我看来，这项法律显然是有缺陷的。责任应该取决于被告行动的预期结果，而不是实际发生了什么。如果医生给予一种严重疾病开具药物，该药物能治愈 99.999 99% 的群体，却导致 0.000 01% 的死亡，即使他不幸地看到病人死去，他也不应该为此负责。如果法律是基于反事实的概念推断责任，那么在我看来，这种法律是有严重缺陷的。

2. 决策过程中的背景问题。在 7.2.1 节中，你写道，“在这一点上，值得强调的是，计算反事实期望并不是一个学术问题，实际上，它代表了几乎所有决策情况中的典型案例。”我同意背景在决策中很重要，但不同意需要用反事实来回答。

3. 在本书的后半部分，你使用反事实来定义概念，例如“X的原因”或“Y的充分必要原因”。当然我能理解，用数学来定义这些概念是很有吸引力的，因为它们在日常语言中经常使用，但我不认为这会有多大帮助。为什么我们需要知道一个特定事件的“原因”？是的，我们对了解事件的“原因”很感兴趣，因为它们可以让我们预测未来，但这又回到了上面第（2）点的问题。

简而言之，我的观点如下：无论是个人、企业、组织还是政府，都经常面临如何行动的决定（这是我们能做的唯一决定）。我们想知道的是，如果我们以特定的方式行动，可能会发生什么。因此我们想知道的是 P（未来 | *do*（行动），see（背景）），既不想要也不需要反事实的答案。

我的理解在哪里出了问题？

作者的回答

1. 你的第一个问题怀疑，在确定法律责任时，使用单个事件概率而不是群体事件概率是否明智。假设有一小部分患者对某种药物过敏，但制造商在没有警告可能发生过敏反应的情况下销售该药物。难道我们不应该认为，当一个过敏病人死亡了，有权得到赔偿吗？通常情况下，制药商为那些特殊情况购买保险，而不是在服用药物之前让所有人接受昂贵的测试——这样做经济实惠。医生当然是无罪的，因为他只是遵循了公认的做法。如果有人能够以反事实方式证明，病人如果没有服用这种药物，死亡就不会发生，那么法律规定必须有人为此买单。

2. 你的第二个问题是关于以观察结果为条件的决策。或者，就像你说的：“在决策过程中，需要估计的是 P（未来 | do（行动），see（背景））。”

392

问题是，为了做出正确的预测，我们需要一个连续的具有时间标记的模型，其中“未来”变量明显不同于“背景”变量。然而，我们通常只给定一个固定的模型，其中“背景”变量被看作“行动”的结果，然后使用表达式 $P(y \mid do(x), z)$，这是不合适的。它表示我们做了 $X = x$，然后观察 $Z = z$，所得到的 $Y = y$ 的概率，而我们需要的是首先观察 $Z = z$，然后做 $X = x$，所得到的 $Y = y$ 的概率。反事实提供了表达这样一种概率的方法，写作

$$P = P(y_x \mid z)$$

这表示在当前观察 $Z = z$ 的情况下，如若 X 取值 x，$Y = y$ 的概率。请注意，在固定的模型中，如果 Z 不是 X 的后代变量，则 $P(y_x \mid z) = P(y \mid do(x), z)$。

举个例子会有启发性。假设一个工程师画了电路图 M，其中包含一个门的链路 $X \to Y \to Z$。在时刻 t_1，观察到 $Z(t_1)$，我们想知道在条件 $Z(t_1)$ 下，$X(t_2)$ 对于 $Y(t_3)$ 的因果效应。当然我们可以借助必要的时间标记，通过 do-算子来做这个练习。如果复制模型 M，并且对于每一个时间点 t_i，指定一个模型 M_i，显示 $X(t_i)$、$Y(t_i)$、$Z(t_i)$，以及与先前变量之间的关系，那么计算 $P(Y(t_3) \mid do(X(t_2), Z(t_1)))$。但是使用反事实 $P(Y_x = y \mid z)$ 的语言，我们可以在一个固定的模型中做得更好，避免了花费时间去描绘一个又一个的各种变化的模型，并且反事实使我们能够利用这种简化的模型描述，这是一项令人钦佩的发明。当然，有人可以争辩说，如果反事实的说法仅仅是一种“速记”方式，为了方便在连续变化的等效模型中作些科学预测，那么它们根本就不需要。这就与科学方法的精神相悖，因为在科学方法中，符号的简明起着至关重要的作用。原则上，乘法在代数中是不需要的，我们可以单独依赖加法，当需要乘法时，可以将一个数与它自己多次相加。但是如果没有乘法，科学就不会走得这么远，反事实也是一样。

3. 归根结底，我们想知道“事件起因”的理由，的确是为了能够更好地预测未来，并采取更好的行动。但并不总是事先知道在什么样的未来环境下，我们的知识可以被用来帮助我们做出决策。我们需要知道具体事故起因的理由可能是多方面的：警告公众不要使用类似车辆，改进某些设备的维护程序，计算采取补救行动的成本，在敌方领土上造成类似事故，等等。每一个这样的应用可能需要不同的信息，因此“事件起因”是记录人类经验的有用方法，以便在广泛应用中分享。

11.7.3 反事实的 d-分离

给作者的问题

我试图将图 7.3 中的孪生网络方法，推广到涉及两个以上可能世界的反事实情况。考虑因果模型 $X \to Y \to Z$，并假设希望检测断言

393

$$Y_x \perp\!\!\!\perp X \mid Y_z, Z_x, Y \tag{11.40}$$

在模型中是否真。我会想当然地构建以下的“三世界网络”，如图 11.18 所示。

左边部分对应于一个不施加任何干预的世界，中间部分对应于施加了 $do(X=x)$ 的世界，右边部分施加了 $do(Z=z)$。在这个网络中，式（11.40）并不满足 d-分离，因为从 Y_x 到 X 的路径在条件 Y 下是开放的，用这种方式推广孪生世界网络有什么错吗？

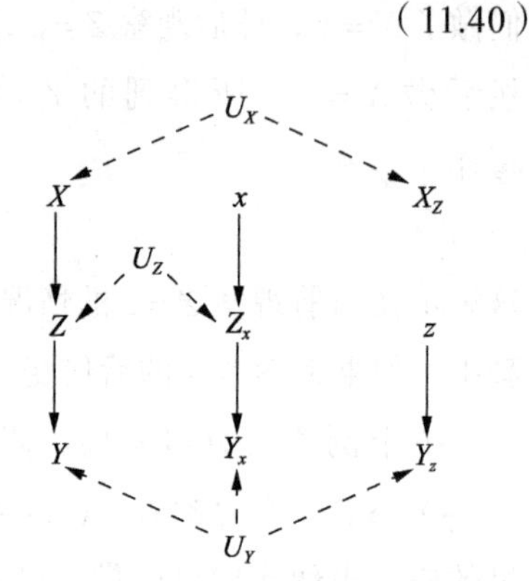

图 11.18　关于式（11.40）的三世界网络

作者的回答（与 Ilya Shpitser）

你把孪生世界网络推广到两个以上的世界是正确的，结论也是正确的。给定 Y_z、Z_x、Y，Y_x 与 X 不是独立的。事实上，最近的一篇论文（Shpitser and Pearl，2007）阐述了多世界中反事实的图表示，并冠以“反事实图”。

给作者的后续问题

您的回答帮助我理解了孪生网络方法，以及论文《直接效应和间接效应》(Pearl, 2001c）中使用的方法，但这引出了一个新的问题：如文献（Pearl，2001）所述，为什么图 11.19 中 $Y_{xz} \perp\!\!\!\perp Z_{x^*} \mid W$ 是成立的？如果画一个“三世界网络”，很明显 Y_{xz} 和 Z_{x^*} 之间的路径没有被 W 阻断，而后者位于一个完全不同的世界。

394

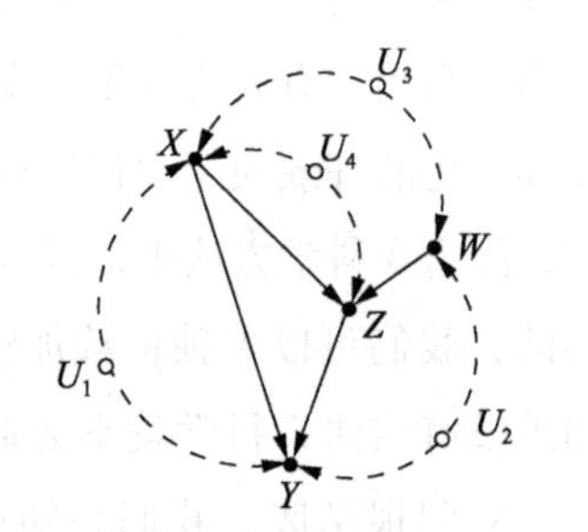

图 11.19　本图中，根据等式 $W_{x^*}=W$，$Y_{xz} \perp\!\!\!\perp Z_{x^*}$ 成立

作者的再次回答

在图 11.19 中，独立性实际上是成立的，因为在你提到的“三世界网络”中，Y_{xz} 与 Z_{x^*} 被 W_{x^*} 分离。根据 do-算子的规则 3，用 W_{x^*} 替换 W 是允许的，由于 W 不是 X 的后代，所以 $W_{x^*}=W$。这提出了在推广孪生网络时的一个重要改进：在表面看来不同的反事

实变量之间，因果性公理可能要求同等的约束。在应用 *d*-分离到反事实网络时，需要考虑这些隐含的同等性[㊀]。Shpitser 和 Pearl（2007）给出了一个描述和处理这些同等性的系统方法。

11.8　工具变量与不依从性

不依从性试验的严格界限

给作者的问题

我认为在不完全依从的实验情况下，你改善了 Manski 关于治疗效果的界限。你的方法用到了哪些 Manski 方法没有利用的信息？它背后的直观意义是什么？

作者的回答

我们使用了与 Manski 相同的信息和相同的假定，并在 16 维空间中用线性规划方法导出了通过 U（Balke and Pearl，1994a，1995a）的正则划分来定义的严格界限。显然，Manski 要么并不想得到严格的界限，要么没有意识到将 U 划分为等价类的力量。回想一下，在 Frangakis 和 Rubin（2002）的以“主分层”的规则将这种划分推广之前，经济学家并不知道这种划分。

正如我在 8.2.4 节所述，Manski 的界限在某些条件下是严格的，例如，没有反向作用。这意味着只有当群体中存在反向作用时，界限才会变得更窄。如 Pearl（1995b）中讨论的例子，展示了反向作用的数据如何提供足够的信息，使得界限塌缩到某一点。那篇文章还直观地解释了这是如何能够发生的。

值得一提的是，正则划分的概念加上 Bakle 和 Pearl（1994a，1995a，b）发展起来的线性规划方法，已经成为各种应用中强大的分析工具。Tian 和 Pearl（2000）将其应用于因果关系概率估计的界限，Kaufman 等人（2005）和 Cai 等人（2008）将其用于混杂中介存在时，估计直接效应的界限。同样，Imai 等人（2008）将其用于估计自然直接效应和间接效应的界限。通过这种方法得到的封闭形式表达式，能够评估分布中的哪些特征对于缩小界限是至关重要的。

㊀ 作者这里强调了在不同的世界里（现实世界或者假设世界），采用因果性公理都有同等的效力。——译者注

Rubin（2004）通过独立的研究，试图在传统的潜在结果框架内运用正则划分来分析直接效应和间接效应，但是由于缺乏图形和结构化视角，导致结论认为这些效应是“定义不明确的”和“更具欺骗性而不是有益的。”我相信这本书的读者，在根植于结构化的潜在结果分析指导下，会得出更积极的结论（参见 4.5 节和 11.4.2 节）。

395

11.9 更多关于因果关系的概率

回顾八年前《因果论》的第一次出版，我认为第 9 章的结果是反事实分析的成功，驱散了一些研究人员对于反事实的实证内容所表达的所有顾虑和不安（Dawid，2000；Pearl，2000）。它表明，一个量 PN，乍一看似乎是假设的、不明确的、不可测试的，因此不值得科学分析，然而事实上它却是可定义的、可测试的，在某些情况下甚至是可识别的。此外，在某些数据的组合下，不作任何假定，就能够以概率 1 确定一个重要法律诉求，如“如果原告没有服用药物，就会活下来”，这是真正令人诧异的。

11.9.1 “有罪的概率为 1”有可能吗

我已经在许多会议和大学的几十次演讲中提出了 9.3.4 节的例子，而式（9.53）的结果 $PN \geqslant 1$ 总是遭到普遍的怀疑。我们如何从频率数据确定，被告有罪的概率为 1，即如果 A 先生没有服药，他今天肯定还活着。Stephen Fienberg 教授参加了其中的两次讲座，并两次摇着头说：“这不可能是真的。”对我来说，这种反应构成了一个有力的证明，反事实分析可以产生非平凡的结果，因此它是现实的、有意义的和有用的。如果只是空洞的分析就不会引起这样的争议。

导致人们不相信这一结果的原因是这个问题有三点令人困惑：

1. 在某些条件下，一个假设的、一般不可测试的量可以用概率 1 来确定。
2. 频率表单独而言并不说明药物的真实影响，隐含了群体使用药物时的高度敏感性。
3. 基于抽样群体中获得的数据，一个未被测试的个体属性可以被赋值为概率 1。

第一个困惑对于那些善于使用逻辑和数学的理科学生来说并不奇怪。一旦我们给出了某个量的形式化语义，我们就从本质上定义了它与数据的关系。而且，在某些条件下得到的数据能够使得这个量收缩到一个点，这并不是不可想象的。

这种形式反事实分析的好处可以用一个很简单的例子说明。考虑对于处理组的处理

效应 $P(Y_{x'}|x)$（8.2.5 节）。$P(Y_{x'}|x)$ 代表一个已经接受治疗的病人 $X=x$，如若他没有接受治疗 $(X=x')$，他会存活一段时间 $Y=y$ 的概率。这个反事实的量值看起来无法实际测量，因为我们永远不能回溯历史，对于已经接受治疗的病人拒绝治疗。然而，对于二元变量 X，可以写为

$$P(y_{x'})=P(y_{x'}|x')P(x')+P(y_{x'}|x)P(x)$$

396

并得到

$$P(y_{x'}|x)=[P(y_{x'})-P(y,x')]/P(x)=P(y|x')+[P(y_{x'})-P(y|x)]/P(x)$$

换句话说，$P(y_{x'}|x)$ 可以还原为实际上可估的量，其中 $P(y_{x'})=P(y|do(x'))$ 是实验可估量，其他的是观察可估量。此外，如果数据支持等式 $P(y_{x'})=P(y,x')$，我们可以肯定，对于那些已经接受治疗的患者，如若不采取这种治疗，存活的概率为零[㊀]。那些不相信先验反事实分析的人认为，这是计算现实中不存在的量，他们永远不会乐见这样的结果。但是某些（现实中不存在的）量实际上是可定义的，优美的逻辑可以为我们重现历史。

第二个困惑在式（9.54）后面的段落中给出了直观的解释。

第三个困惑让大多数人都难以相信，尤其对于统计学家来说，能够对没有直接测试的特定个体说出任何确定的事是很罕见的。这是由两个因素造成的，首先，统计学家通常处理有限的样本，其样本差异性排除了任何断言的确定性，不仅是关于个体，也关于基本分布的任何性质。然而，这个因素不应该进入我们的讨论，因为我们一直在假定无限的样本。(读者可以想象表 9.2 中的数字代表百万。)

第二个因素来源于这样一个事实：即使我们精确地知道一个分布，也不能对于抽取的特定个体属性，给出明确的概率估计。其理由是，我们永远不知道，更不用说测量，所有决定个体行动的解剖学和心理学的变量，而且即使知道，我们也不能够通过现有分布所能提供的大致分类来表示它们。因此，由于这种内在的模糊性，“A 先生可能已经死了”这个句子永远不会被赋予概率 1（或者任何确定的概率）。

Freedman 和 Stark（1999）提出的这一论点与日常陈述概率的方式是不相容的，因为它意味着对于每一个个体的概率表述都必须是一个关于子群体的表述，这个子群体含有所有个体的特征[㊁]。极端地说，这种限制性的解释将坚持对原告进行详尽无遗的描述，并且在考虑到所有相关细节后，才能将 PN 归结为 0 或 1。不可思议的是，这种解释是

㊀ 从公式上看，分子为 0。直观上讲，如果干预 $do(x')$ 的结果与自然的结果（未干预）一样，说明干预不增加原有的结果，因此 $P(y_{x'}|x)=0$。——译者注

㊁ 即表述一个个体，需要详细描述该个体的所有特征，而常识意义下谈论概率不需要这么复杂。——译者注

当前司法标准的基础。使用“高度盖然性”的说法[一]，立法者允许忽略无法获得数据的属性，并根据获得的可靠数据中最具体的属性建立裁定。在我们的例子中，注意到 A 先生的两个特性：（1）他死了；（2）他选择使用药物。这些属性在界定 PN 时被适当考虑。如果还知道 A 先生的其他属性，并被认为是与此案相关的（例如，他有红色的头发，或者他是左撇子），那么原则上，这些属性也代表了适当的子群体，分析应该限制在这种数据上说明原因。然而，在缺乏这些数据的情况下，而且事先知道永远无法匹配 A 先生所有特殊的属性，立法规定必须根据手头已知的性质来解释[二]。

397

11.9.2 收紧因果关系的概率界限

Jin Tian（Tian and Pearl，2000）通过系统的工作在几个方面改进了第 9 章的结果。首先，Tian 指出，对于这些结果中的大多数，强外生性假设（即式（9.10））可以用弱外生性假定来代替：$Y_x \perp\!\!\!\perp X$ 和 $Y_{x'} \perp\!\!\!\perp X$。其次，在不假定单调性的情况下，根据单调性假定（定义 9.2.13）得到的估计下界能够进一步降低。最后，第 9 章推导出的界限是紧的，也就是说，如果不使用更强的假定，它们就无法得到改进。

特别有趣的是，当来自实验研究和非实验研究的数据都是可用的，并且没有做出其他假定时，所得到的界限如下：

$$\max\left\{\begin{array}{c}0\\P(y_x)-P(y_{x'})\\P(y)-P(y_{x'})\\P(y_x)-P(y)\end{array}\right\}\leqslant PNS\leqslant\min\left\{\begin{array}{c}P(y_x)\\P(y'_{x'})\\P(x,y)+P(x',y')\\P(y_x)-P(y_{x'})+P(x,y')+P(x',y)\end{array}\right\} \quad (11.41)$$

$$\max\left\{\begin{array}{c}0\\\dfrac{P(y)-P(y_{x'})}{P(x,y)}\end{array}\right\}\leqslant PN\leqslant\min\left\{\begin{array}{c}1\\\dfrac{P(y'_{x'})-P(x',y')}{P(x,y)}\end{array}\right\} \quad (11.42)$$

$$\max\left\{\begin{array}{c}0\\\dfrac{P(y_x)-P(y)}{P(x',y')}\end{array}\right\}\leqslant PS\leqslant\min\left\{\begin{array}{c}1\\\dfrac{P(y_x)-P(x,y)}{P(x',y')}\end{array}\right\} \quad (11.43)$$

[一] 高度盖然性是司法中采用的标准，对于不同的证据采信证明力较大者。——译者注

[二] 精细的估计需要全面的和准确的数据，在属性数据缺失或者精度粗糙的情况下，个体的某些属性值具有概率 1 是可能的。如果数据库里的天鹅都是白色的，那么一只具体的天鹅是白色的概率就是 1。——译者注

值得注意的是，在与药品有关的诉讼中，从实验和观察性研究中获得数据的情况并不少见。前者通常可以在制造商或批准药物销售的机构（例如，FDA）获得，而后者很容易通过对人群的随机调查获得。在这种情况下，流行病学家用来确定法律责任的标准下界——超额风险率（式（9.22）），可以通过式（11.42）的下界得到显著改善。同样，式（11.42）的上界可以用于减免制药商的法律责任。Cai 和 Kuroki（2006）分析了 PNS、PN 和 PS 的统计特性。

同样值得注意的是，在涉及溯因的情况中，要在事件 $Y = y$ 的几种可能的解释中做出最佳解释，使用 PN 是最合理的模式。在这样的应用中，式（11.42）给出的界限可以通过因果贝叶斯网络模型计算，其中 $P(y_x)$ 和 $P(y_{x'})$ 可以通过式（9.48）计算。

致谢

感谢所有以提出问题这种方式为本章做出贡献的读者，包括：David Bessler、Nimrod Megiddo、David Kenny、Keith A. Markus、Jos Lehmann、Dennis Lindley、Jacques A. Hagenaars、Jonathan Wilson、Stan Mulaik、Bill Shipley、Nozer D. Singpurwalla、Les Hayduk、Erich Battistin、Sampsa Hautaniemi、Melanie Wall、Susan Scott、Patrik Hoyer、Joseph Halpern、Phil Dawid、Sander Greenland、Arvid Sjolander、Eliezer S. Yudkowsky、UCLA CS262Z 的学生（因果性讨论班，2006 年春季），以及 UCLA 流行病学 EPIDEM 200C 班级的学生。 398

同样感谢第 1 版的所有审稿人和编辑。在他们协助下，这些有关的评论引起了读者的注意。他们包括：*Choice*(Byerly, 2000), *Structural Equation Modeling*(Shipley, 2000a), *Chance*(McDonald, 2001), *Technometrics*(Zelterman, 2001)、*Mathematical Reviews*(Lawry, 2001)、*Politische Vierteljahrsschrlft*(Didelez and Pigeot, 2001)、*Technological Forecasting & Social Change*(Payson, 2001)、*British Journal for the Philosophy of Science*(Gillies, 2001)、*Human Biology*(Chakraborty, 2001)、*The Philosophical Review*(Hitchcock, 2001)、*Intelligence*(O'Rourke, 2001)、*Journal of Marketing Research*(Rigdon, 2002)、*Tijdschrlft Voor*(Decock, 2002)、*Psychometrika*(McDonald, 2002b)、*International Statistical Review*(Lindley, 2002)、*Journal of Economic Methodology*(Leroy, 2002)、*Statistics in Medicine*(Didelez, 2002)、*Journal of Economic Literature*(Swanson, 2002)、*Journal of Mathematical Psychology*(Butler, 2002)、*IIE Transactions*(Gursoy, 2002)、*Royal Economic*

Society(Hoover, 2003)、*Econometric Theory*(Neuberg, 2003)、*Economica*(Abbring, 2003)、*Economics and Philosophy*(Woodward, 2003)、*Sociological Methods and Research*(Morgan, 2004)、*Review of Social Economy*(Boumans, 2004)、*Journal of the American Statistical Association*(Hadlock, 2005) 和 *Artificial Intelligence*(Kyburg, 2005)。

感谢 UCLA 的因果论博客（http://www.mii. ucla.edu/causality/）的各位撰稿人，以及博主 William Hsu。

特别感谢 Dennis Lindley，他不辞劳苦地从第一原理出发研究我的想法，并让我相信那些以统计学为基础的读者会从这本书中受益。很幸运我们之间有过交集，我有幸认识了一位聪慧、求知并且正直的真正绅士。

如果没有 Jin Tian、Avin Chen、Carlo Brito、Blai Bonet、Mark Hopkins、Ilya Shpitser、Azaria Paz、Manabu Kuroki、Zhihong Cai、Kaoru Mulvihill，以及加州大学洛杉矶分校认知系统实验室的所有成员的支持和洞察力，本章将不可能完成。在过去的六年里，他们继续探索因果关系的绿色田园，而我则被召唤去改造世界，这个世界曾经夺去了我儿子 Daniel 的生命（2002 年在巴基斯坦卡拉奇被极端分子谋杀）。这些年来，我已经确信，理性和启蒙的力量会战胜狂热和残暴。

最后，我把这个版本献给我的妻子 Ruth，感谢她在我们磨难时刻的坚强、爱和开导，同时献给我的女儿们 Tamara 和 Michelle，还有我的外孙们 Leora、Torri、Adam、Ari 和 Evan，感谢他们陪伴我一起度过这段人生旅程，并让这段旅程之富有意义和目标。

399

后记：因果的艺术与科学

以下内容源自 1996 年 11 月 Pearl 在加州大学洛杉矶分校（UCLA）面向各领域研究人员开设的公开讲座。

讲座的主题是因果关系，即我们对哪些事物是导致另一些事物的原因及其重要性的认识。

尽管因果关系是人类思想的基础，但因果关系却笼罩在神秘、争议和审慎之中，因为科学家和哲学家很难确定一个事件何时真正导致另一事件。

我们所有人都知道，公鸡打鸣不会导致太阳升起，但即便这样一个简单的事实也很难用数学方程式进行描述。

今天，我想与大家分享一些方法，这些方法对研究这种现象非常有用，并且能够产生一些实用的工具。希望我在这里讲的方法能够成为你们以后从事因果关系研究时的有用工具。

很难想象这里在座的任何人以前从没有遇到过因果关系。

不管是评估双语教学的效果，还是进行关于小鼠如何区分食物与危险的实验，或者是推测凯撒大帝越过卢比肯河的原因[1]，抑或是诊断患者的疾病，又或是预测谁将赢得总统大选，你都将面对一个盘根错节的因果关系网。

我下面要讲的故事旨在帮助各个领域的研究人员应对此类考虑的复杂性，并阐明其含义。

我的讲座分为三个部分。

首先，我会简要回顾一下各学科在因果关系上所遇到的困难。

400~401

然后，我将概述解决其中一些历史难题的思路。

最后，结合我的工程背景，我将展示如何将这些想法变为简单可行的实用工具，并且应用于统计学和社会学领域。

据我们所知，起初因果关系不是问题。

在人类发展的早期，人们就已经有问“为什么”的欲望，并且具备寻找因果解释的能力。

---

[1] 公元前 49 年，凯撒（Julius Caesar）带领军队跨过意大利和高卢（现在的法国，过去曾经是罗马帝国的一个行省）的一段天然边界卢比肯河（Rubicon river），回到罗马与庞培将军（Pompey）作战。刚刚渡过河，凯撒就说“骰子已掷出”（The dice is cast），意思是木已成舟，已没有后路。所以后来人们把这种只能向前、没有退路的情况叫作“越过卢比肯河”。

例如，《圣经》告诉我们，仅仅在品尝知识树的果子数小时后，亚当已经成为因果论证专家（幻灯片 1）。

当上帝问："你吃了那棵树上的果子吗？"

亚当回答说："是您赐给我做伴的那女人摘了树上的果子，给我吃的。"

女人自辩说："是蛇欺骗了我，叫我吃的。"

关于这个故事我们注意到，上帝并没有要求解释，而只是为了得到"是"或者"否"的事实答案。然而，亚当却感觉有必要解释。这里的信息很明确：因果关系是人为的概念。

这个故事的另一个有趣之处是：解释仅用于推卸责任。

确实，数千年来，解释没有其他功能。因此，只有神、人或者动物才可能导致某个事情的发生，而不是物体、事件或物理过程。

自然事件在很久以后才进入因果解释体系，因为在远古时代，自然事件的发生都是神预设好的。

暴风雨和地震由愤怒的众神控制（幻灯片 2），其本身不需要对后果承担因果责任。

即使是像掷骰子（幻灯片 3）这种不稳定、不可预测的事件也没有被认为是一种偶然事件，而是一种神的旨意，需要适当的解释。

先知约拿（Jonah）就是因为这样的旨意而受到了生命威胁：他被确定为神的叛徒并被扔到了船外（幻灯片 4）。

402

引用约拿书中的话："船上的人就彼此商量说'来，我们抽签，看看是谁触怒了神灵，惹来这场可怕的风浪吧。'于是他们就抽签，结果抽中了约拿。"

显然，在这艘豪华的腓尼基巡洋舰上，"抽签"不是用于娱乐，而是用于通信——像单向调制解调器那样，用于接收来自神的至关重要的消息。

总之，在远古时代，因果力量的推动者要么是出于某种目的而使事情发生的神灵，要么是拥有自由意志的人类和动物，为此他们受到惩罚和奖励。

这种因果关系的概念是幼稚的，然而却是十分明确的，也不会产生问题。

和我们想的一样，真正的问题始于工程：当必须构造一种机器以完成特定的某种工作的时候（幻灯片 5），问题出现了。

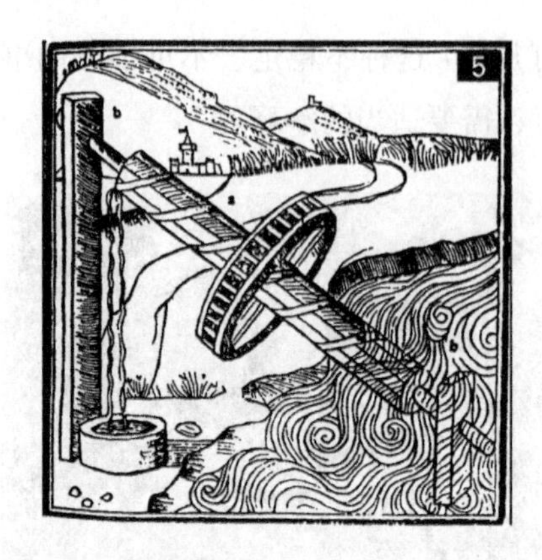

野心勃勃的工程师认为地球也可以被撬动（幻灯片 6），但不能只用一根杠杆。

这种规模宏大的工程项目需要由许多齿轮组成的系统来完成（幻灯片 7），系统中一个齿轮驱动另一个齿轮。

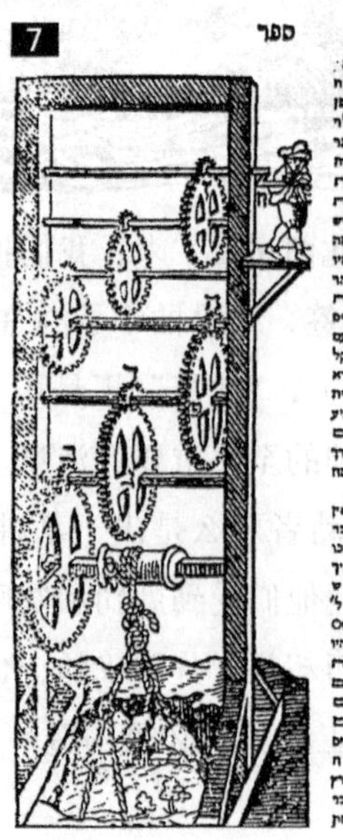

而且，一旦人们开始构建这种多级联系统，就会发生一件有趣的事情：物理对象开始进入因果体系。

当这样的系统出错时，责怪上帝或操作员都是徒劳。相反，断绳或生锈的齿轮是更有用的解释，因为可以通过更换它们使系统再次正常工作。

历史发展到这一刻，众神和人类不再是因果力量的唯一推动者，无生命的物体和过程也开始肩负起因果责任。

一个齿轮的转动还是停止是因为其前面的齿轮转动了或者停止了，而操作人员成为次要因素。

不必惊讶，这些新的因果动因仍然具备其前辈（神灵和人类）的某些特征。

自然物体不仅成为信任和责备的对象，而且还成为力量、意志甚至目的的载体。

亚里士多德认为，从目的的角度来解释是对“一件事物为什么会如此”的唯一充分且令人满意的方式。他甚至称其为最终原因，即科学探究的最终目的。 403

从那时起，因果关系起着双重作用：原因一方面是信任和责备的对象，另一方面是物理控制过程的载体。

这种双重性在很长一段时间内得到认可（幻灯片 8），直到文艺复兴时期遇到了概念上的困难。

我们可以在 Recordes 1575 年出版的第一本英文科学书籍《知识的城堡》的标题页（幻灯片 9）上看到发生了什么。

命运之轮的转动不是靠上帝的智慧，而是靠人类的无知。

而且，由于上帝作为终极原因的角色已被人类知识所取代，因此因果解释的整个概念都受到了冲击。

这种神权的丧失始于伽利略的工作（幻灯片 10）。

我们大多数人都知道，伽利略因捍卫日心说而被带到宗教审判所并被监禁（幻灯片 11）。

即便如此，伽利略还是设法悄悄地进行了科学史上最深刻的革命。

这场革命在他 1638 年出版的《关于两门新科学的对话》（原名：*Discorsi*）（幻灯片 12）一书中进行了阐述，这本书在远离罗马的莱登出版，它包含两条格言。

DISCORSI
E
DIMOSTRAZIONI
MATEMATICHE,
intorno à due nuoue scienze
Attenenti alla
MECANICA & i MOVIMENTI LOCALI;
del Signor
GALILEO GALILEI LINCEO,
Filosofo e Matematico primario del Serenissimo
Grand Duca di Toscana.
Con una Appendice del centro di grauità d'alcuni Solidi.

IN LEIDA,
Appresso gli Elsevirii. M. D. C. XXXVIII.

12

格言一：描述第一，解释第二，即“如何”先于“为什么”。

格言二：用数学语言进行描述，即方程式。

伽利略认为，先不要急于问一个物体掉落是因为它被从下方拉下来，还是被从上方推下来。

应该先问问如何预测物体行进一定距离所花费的时间，以及随物体的变化以及轨道角度的变化，该时间会如何变化。

此外，伽利略认为，不要试图用人类的自然语言来定性或者模糊地回答这些问题，而需要用数学方程式的形式来描述（幻灯片 13）。

404

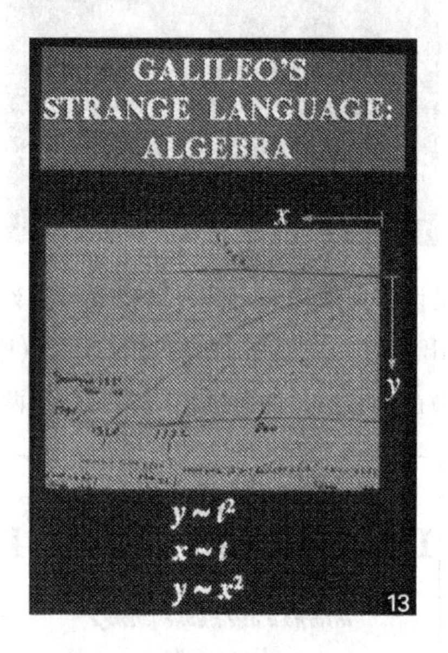

今天，我们很难理解这个想法在 1638 年听起来有多么奇怪。因为那时距离韦达[⊖]引入代数表示法仅仅时隔 50 年，所以当时宣布代数是科学通用语言，听起来就像是当今要宣布世界语为经济学语言一样，不易被人接受。

你可能会问，为什么会选择代数来描述自然界？而不选择其他语言？

因为代数成功了。

⊖ 韦达（Francis Vieta，1540—1603），1540 年生于法国普瓦图，16 世纪法国最有影响的数学家之一。他的研究工作为近代数学的发展奠定了基础，最突出的贡献在符号代数方面。他是第一个有意识地、系统地使用符号的人。他不仅用字母表示未知量和未知量的乘幂，还用来表示一般的系数。这样，代数就成为研究一般的类和方程的学问，这种革新被认为是数学史上的重要进步，它为代数学的发展开辟了道路，因此韦达被西方称为“代数学之父”。《分析方法入门》是韦达最重要的代数著作，也是最早的符号代数专著。

事实证明，物体所经过的距离确实与时间的平方成比例。

甚至，代数方程在计算方面表现得比预测实验结果更成功。

这些代数方程式使工程师有史以来第一次，除了解决“假设……怎么样”的问题之外，还提出了解决“如何做”的问题。

举个例子，除了问“假设缩短承重梁，它还能够承载同样的负荷吗？”这样的问题之外，进一步开始问更棘手的问题：“如何对承重梁进行成形，使其能够承受相应的负荷？”（幻灯片 14）

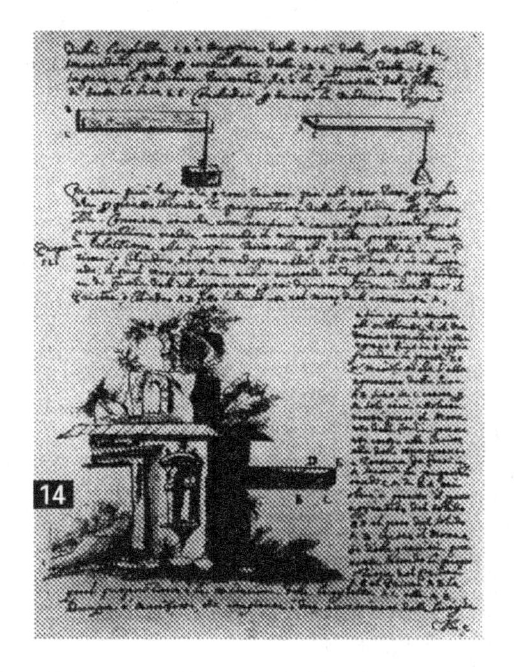

现在我们有求解方程的方法，这使得我们能够回答这样的问题。

代数方程不会对变量之间的先后关系进行区分。除了可以根据参数预测目标之外，我们还可以反过来，即根据所需目标来求解参数。

现在让我们集中讨论一下伽利略的第一条格言——“描述第一，解释第二”。科学家非常重视这个思想，并将科学的本质从投机主义转变为经验主义。

物理学充满极为有用的经验定律。

斯内尔定律（Snell’s law）（幻灯片 15）、胡克定律（Hooke’s law）、欧姆定律（Ohm’s law）和焦耳定律（Joule’s law）就是纯粹的经验概括的典型示例，这些概括早在对其基本原理进行解释之前就已经发现并且使用了。

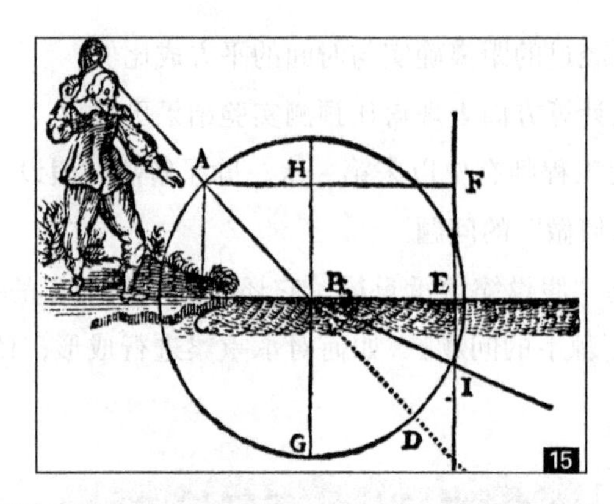

然而，哲学家不愿放弃因果解释的想法，从而继续寻找那些在应用中成功的伽利略方程的起源和证明。

405

例如，笛卡儿将原因归结于永恒的真理。

莱布尼兹提出了不证自明的逻辑定律。

最终，在伽利略之后大约一百年，一位名叫大卫·休谟（David Hume）（幻灯片 16）的苏格兰哲学家将伽利略的第一条格言推向了极致（幻灯片 17）。

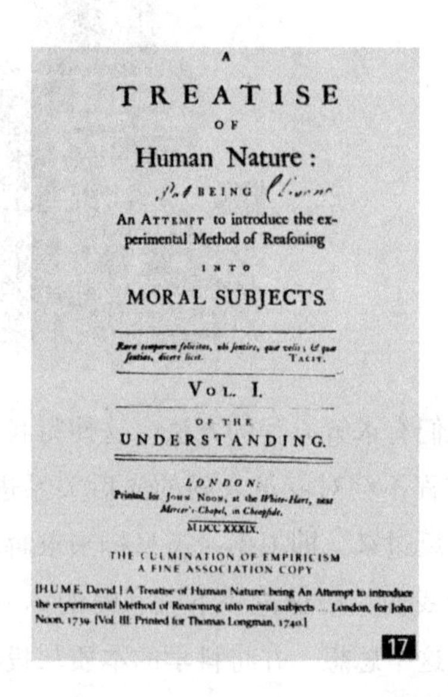

A

TREATISE

OF

Human Nature:

BEING

An ATTEMPT to introduce the experimental Method of Reasoning

INTO

MORAL SUBJECTS.

Rara temporum felicitas, ubi sentire, quæ velis; & quæ sentias, dicere licet. TACIT.

VOL. I.

OF THE

UNDERSTANDING.

LONDON:

Printed for JOHN NOON, at the *White-Hart*, near *Mercer's-Chapel*, in *Cheapside*.

MDCCXXXIX.

THE CULMINATION OF EMPIRICISM
A FINE ASSOCIATION COPY

[HUME, David.] A Treatise of Human Nature: being An Attempt to introduce the experimental Method of Reasoning into moral subjects ... London, for John Noon, 1739. [Vol. III: Printed for Thomas Longman, 1740.]

17

休谟看似令人信服地指出："为什么"不仅仅是次于"如何"，而且"为什么"完全是多余的，因为它是被"如何"所包含的。

在休谟《人性论》（*Treatise of Human Nature*）一书的第 156 页中（幻灯片 18），我们发现该段落的描述彻底掩盖了因果关系，以至于人们至今还深受其影响。

156 *A Treatise of Human Nature.*

PART III. *Of knowledge and probability.*

have substituted any other idea in its room.

'TIS therefore by EXPERIENCE only, that we can infer the existence of one object from that of another. The nature of experience is this. We remember to have had frequent instances of the existence of one species of objects; and also remember, that the individuals of another species of objects have always attended them, and have existed in a regular order of contiguity and succession with regard to them. Thus we remember to have seen that species of object we call *flame*, and to have felt that species of sensation we call *heat*. We likewise call to mind their constant conjunction in all past instances. Without any farther ceremony, we call the one *cause* and the other *effect*, and infer the existence of the one from that of the other. In all those instances, from which we learn the conjunction of particular causes and effects, both the causes and effects have been perceiv'd by the senses, and are remember'd: But in all cases, wherein we reason concerning them, there is only one perceiv'd or remember'd, and the other is supply'd in conformity to our past experience.

18

我每次读到以下这段话都感到一阵冲动："因此，我们记得曾经见过那种称为火焰的物体，并感受到了我们称之为热的感觉。我们同样要清楚，无论在什么情况下，它们之间的联系总是一直存在的。那么，不需要任何进一步的阐述，我们称其中一个为原因，另一个为结果，并能够从一个的存在（原因）推断出另一个的存在（结果）。"

因此，按休谟的说法，因果联系是观察的结果。因果关系是一种可学习的思维习惯，几乎与视错觉一样具有虚构性，同时也与巴甫洛夫的条件反射一样具有短暂性。

很难相信休谟自己没有意识到他提出的说法中存在的困境。

他非常清楚，公鸡打鸣与太阳升起一直存在联系，但公鸡打鸣不会导致太阳升起。

他也知道气压计读数始终与降雨保持关系，但读数并不会引起降雨。

如今，这些困境都归入了虚假因果相关的范畴，即"不蕴含因果关系的相关关系"。

现在再回顾一下休谟的说法，即所有的知识都是从人们的认知经验中获得的，并称为相关关系。而我们却发现关联关系并不意味着因果关系。因此，我们进入了第一个因果之谜：人们如何获得因果关系的知识？

我们从公鸡打鸣的例子中发现，演替规律是不足以获得因果关系的。那么，什么才是足够的呢？ 406

哪种经验模式用以学习"因果关系"是合理的呢？

或者说，哪种经验模式产生的"因果关系"能够使人们信服呢？

如果第一个谜团涉及因果关系的学习，那么第二个谜团则涉及因果关系的用法：如果我告诉你某个联系是因果关系或者是非因果关系，那会有什么不同的效应？

继续我们之前的例子，如果我告诉你公鸡打鸣确实导致了太阳升起，那世界会有什么不同？

这听起来很简单。

显而易见，如果知道“什么导致了什么”，那会对我们之后的行为产生很大的影响。

如果公鸡打鸣导致了太阳升起，我们可以更早地唤醒公鸡并让它打鸣，从而使夜晚更短。例如，给它讲一个最新的公鸡笑话。

但是这个谜团并不像看上去那样简单。

如果因果信息具有超越演替规律的经验意义，那么这些信息应该出现在物理学定律中。

但事实并非如此！

哲学家罗素（Bertrand Russell）在1913年提出了以下论点（幻灯片19）：

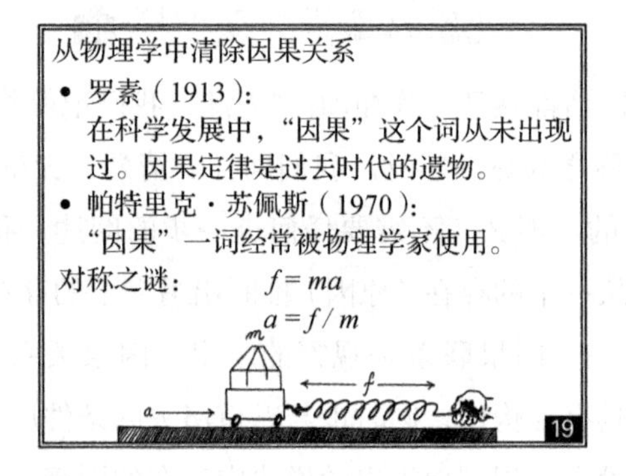

罗素说，“所有的哲学家想象因果关系是科学的基本公理之一。但奇怪的是，在科学发展中，‘因果’这个词从未出现过……我认为，因果定律是过去时代的遗物，像君主制一样幸存下来，只是因为它被错误地认为是无害的。”

另一位哲学家帕特里克·苏佩斯（Patrick Suppes）指出了因果关系的重要性：

“几乎所有‘物理评论’专刊都至少包含一篇标题含‘原因’或‘因果关系’的文章。”

从这些信息中我们得出一个结论：物理学家以一种方式（即因果关系）进行交谈、写作和思考，但却以另一种方式（即方程式）对物理学进行形式化描述。

如果因果关系仅仅被用作一种方便的交流手段，那么这种双语体系是可以被理解的。[407] 因为可以把因果关系看成一种表达复杂物理关系的速记法，否则需要书写许多方程式。

毕竟！科学充满了缩略语：我们用“x 乘以5”而不是“x 自身相加5次”；我们用“密度”而不是“重量与体积之比”来进行表达和交流。

为什么要选择因果关系呢？

罗素会这么解释："这是由于因果关系不同于物理定律。而且，因果关系不可能是物理定律的缩略语，因为物理定律都是对称的、双向的，而因果关系是单向的、从原因到结果的。"

以牛顿定律为例：

$$f = ma$$

代数规则使我们能够以多种公式变形来书写该定律，所有的含义都是相同的。如果我们知道这三个量中的任何两个，那么就能确定第三个。

然而，在一般情况下，我们说力导致了加速度，而不是加速度导致了力。我们对这种区别的认知有强烈的感觉。

同样，我们说 f 与 a 之比有助于我们确定质量，而不是引起质量。

物理学方程式没有区分它们的能力，这就使我们不禁要问，整个因果词汇表是否纯粹是形而上学的，"像君主制一样幸存下来……"。

幸运的是，很少有物理学家注意到罗素的困境。他们继续在办公室里写方程式，在自助餐厅里谈论因果关系。他们以惊人的成功粉碎了原子，发明了晶体管和激光器。

工程学也是如此。

但在另外一个领域，这种矛盾不能像在物理学和工程学中那样被忽视，因为在那个领域，区分因果关系和其他关系的需求非常强烈。

这个领域就是统计学。

故事始于大约一百年前的相关性的发现。 408

弗朗西斯·高尔顿（Francis Galton）（幻灯片 20）是指纹的发明者，也是查尔斯·达尔文（Charles Darwin）的堂兄，他试图证明天赋和美德在家庭中是可以传承的。

高尔顿的调查促使他考虑使用各种方法来度量一类个体或物体的属性如何与另一类的属性相关。

1888 年，他测量了一个人的前臂的长度和一个人的头部的大小，并探索其中一个变量能在多大程度上预测另一个变量（幻灯片 21）。

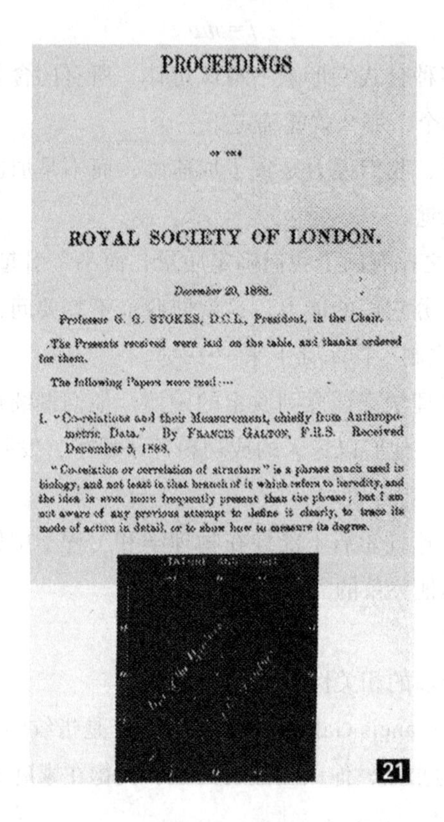
PROCEEDINGS

OF THE

ROYAL SOCIETY OF LONDON.

December 20, 1888.

Professor G. G. STOKES, D.C.L., President, in the Chair.

The Presents received were laid on the table, and thanks ordered for them.

The following Papers were read:—

I. "Co-relations and their Measurement, chiefly from Anthropometric Data." By FRANCIS GALTON, F.R.S. Received December 5, 1888.

"Co-relation or correlation of structure" is a phrase much used in biology, and not least in that branch of it which refers to heredity, and the idea is even more frequently present than the phrase; but I am not aware of any previous attempt to define it clearly, to trace its mode of action in detail, or to show how to measure its degree.

他偶然发现了这个现象：如果在二维图上将一个量 X 对于另一个量 Y 进行绘制，并正确地缩放两个轴，那么最佳拟合线的斜率就会具有一些不错的数学性质。只有当一个量可以精确地预测另一个量时，斜率才是 1；每当预测不比随机猜测更好时，斜率为零。而且，最明显的是，无论是将 X 相对于 Y 绘制，还是将 Y 相对于 X 绘制，斜率都是相同的。

高尔顿说，“很容易看出，这种相互关系一定是由某种共同原因所引起的两种器官变化的结果。”

在这里，我们第一次有了一个客观的标准来衡量两个变量是如何相互“关联”的，即严格基于数据，而不受人的判断或意见的影响。

高尔顿的发现让他的一个追随者卡尔·皮尔逊（Karl Pearson）（幻灯片 22）钦佩不

已，Pearson 被认为是现代统计学的奠基人之一。

皮尔逊当时 30 岁，已经是一位有成就的物理学家和哲学家，并且即将成为律师。45 年后（幻灯片 23），他这样描述自己对高尔顿发现的最初反应：

“我觉得自己就像德雷克时代的海盗……”

“我解释……高尔顿的意思是，存在一个比因果关系更广泛的范畴，即相关性，因果关系只是它的极限。而这种新的相关性概念在很大程度上将心理学、人类学、医学和

409 社会学带进了数学领域。”

现在，皮尔逊被形容为一个具备那种与“汉尼拔越过阿尔卑斯山，马可波罗游历中国”同样魄力和决心的人。

当皮尔逊觉得自己像个海盗时，你可以肯定他已经得到了战利品。

1911 年，他出版了第 3 版《科学的规范》（*The Grammar of Science*），其中有一章叫“偶然性和相关性——因果关系的不足”。皮尔逊在这一章中说道：

“除了诸如‘物质’和‘力’之类的基本原理外，在现代科学中，还存在另一种难以理解、神秘莫测的奥秘，即因果关系。”

皮尔逊用什么来表达因果关系这一古老的范畴？你可能不会相信自己的耳朵：列联表（幻灯片 24）。

24 列联表与关联性 159

B_1 发生 n_{p_1} 次，B_2 发生 n_{p_2} 次，等等。因此，我们能够得到对 A 中每一个类别的 B 的分布，并且通过 A 的总体发生次数 N 得到如下表格：

TYPE OF A OBSERVED

TYPE OF B OBSERVED	A_1.	A_2.	A_3.	…	…	A_p.	…	…	…	Total.
B_1	n_{11}	n_{21}	n_{31}	…	…	n_{p1}	…	…	…	n_{o1}
B_2	n_{12}	n_{22}	n_{32}	…	…	n_{p2}	…	…	…	n_{o2}
B_3	n_{13}	n_{23}	n_{33}	…	…	n_{p3}	…	…	…	n_{o3}
…	…	…	…	…	…	…	…	…	…	…
…	…	…	…	…	…	…	…	…	…	…
B_s	n_{1s}	n_{2s}	n_{3s}	…	…	n_{ps}	…	…	…	n_{os}
…	…	…	…	…	…	…	…	…	…	…
…	…	…	…	…	…	…	…	…	…	…
Total	n_{1o}	n_{2o}	n_{3o}	…	…	n_{po}	…	…	…	N

“这样的表被称为列联表，而描述两个事物之间关系的最终科学陈述总是可以归结为此列表上……”

“一旦读者理解了这张表的本质，就会掌握因果关系这个概念的实质。”

因此，皮尔逊断然否定了需要独立定义因果关系概念的必要性，认为定义相关性就足够了。

他一生都持有这种观点，因此，在他的任何学术论文中都没有提及因果关系。

他对“意志”和“力量”等万物有灵论的讨伐如此激烈，他对决定论的排斥如此决绝，以至于他在因果关系有机会生根之前，就已经从统计学的角度剔除了它。

统计学家又花了 25 年时间和意志顽强的罗纳德·费舍尔（Ronald Fisher）爵士（幻灯片 25）进行了一个随机实验——这是唯一经过科学证明从数据中检验因果关系的方法，直到今天，这也是主流统计学中唯一达成共识的因果概念。410

这就是目前的情况。

如果我们统计一下关于因果关系的博士论文、研究论文和教科书的数量，我们会得到这样的印象：皮尔逊仍然统治着统计学。

《统计科学百科全书》(*Encyclopedia of Statistical Science*) 用了 12 页的篇幅来讨论相关性，但是只用了 2 页讨论因果关系，其中一页还是用来证明“相关性并不意味着因果关系”。

让我们听听现代统计学家对因果关系的看法。

《生物计量学》(*Biometrika*) 杂志（皮尔逊创办的杂志）现任编辑菲利普・达维德 (Philip Dawid) 承认：“因果推理是所有统计学问题中最重要、最微妙、最容易被忽视的问题之一。”

生物计量学会 (the Biometric Society) 前主席特里・斯皮德 (Terry Speed)（你可能还记得他曾在辛普森谋杀案中担任过专业证人）宣称：“对待因果关系应该像对统计一样，最好一点都不考虑，一旦需要考虑，就要非常小心。”

戴维・科克斯爵士 (David Cox) ㊀和南尼・韦姆斯 (Nanny Wermuth) 曾在书中致歉：“我们在这本书中没有使用因果关系这个词……我们之所以谨慎是因为很少有一项研究能够得出因果关系的确切结论。”

一位著名的社会学家在 1987 年指出：“如果更多的研究人员放弃对原因和结果等术语的思考和使用，那将是非常有益的。”

㊀ 戴维・科克斯爵士是英国统计学家、英国皇家学会院士暨英国社会科学院院士，美国科学院和丹麦皇家科学院外籍院士。他曾任国际统计学会、伯努利数理统计与概率学会、皇家统计学会主席。他的主要学术贡献包括 Cox 过程和影响深远且应用广泛的 Cox 比例风险模型等。

这种状况的出现是一个人能做到的吗？甚至像皮尔森这样的“海盗”一个人能做到的吗？

我持怀疑态度！

但是，我们还能如何解释统计学，这个给世界带来假设检验和实验设计等强大概念的领域，为什么会这么早就放弃因果关系呢？

411

当然，一个看上去很明显的解释是衡量因果性比衡量相关性难得多。

相关性可以在单个非受控研究中直接估计，而因果结论则需要受控实验。

但这种解释也未免太肤浅了。统计学家怎么可能会被这种困难吓倒，学生们怎么可能会因为没有受控实验就无法学习因果关系。

我认为答案在更深层次，它与统计的官方语言（即概率语言）有关。

这可能会让你们中的一些人感到惊讶，但“原因”这个词并不在概率论的词汇中。我们无法用概率语言来表达这样一句话：“淤泥不会导致下雨”。我们只能说，两者是相互关联的或相互依赖的。这意味着如果我们确定了其中一个，就可以期待另外一个。

当然，如果我们缺乏明确表达某一概念的语言，我们就不能指望围绕这一概念开展科学活动。

科学的发展要求知识从一项研究可靠地转移到另一项研究，正如伽利略 350 年前表明的那样，这种转移需要形式化语言的表达精确性和计算优势性。

我稍后会讨论语言和符号的重要性，但在这之前，我想用另一个领域的故事来结束我们的历史调查。在这个领域，因果关系也存在困境。

这个领域是计算机科学，它是一种符号科学并且是一个相对较新的领域，它极大地强调语言和符号，因此可能会为审视我们的问题提供一种有用的视角。

412

当研究人员开始使用计算机对因果关系进行编码时，因果关系的两个谜团重新焕发活力。

想象你自己置身于幻灯片 26 中这个机器人的位置，并试图弄清楚厨房或实验室里发生了什么。

从概念上讲，这个机器人面临的问题与经济学家试图模拟国债趋势或流行病学家试图了解疾病传播途径面临的问题相同。

不管是机器人，还是经济学家和流行病学家都需要通过有限的行动和观察，从嘈杂的环境中找出因果关系。

这就使得他们需要考虑休谟的第一个因果之谜：如何获得因果关系？

第二个因果之谜在机器人的世界中扮演一个角色。

假设我们走一个捷径，给机器人提供所有存在于这个房间里的因果知识（幻灯片 27）。

那么，机器人应该如何组织和利用这些信息？

由此，因果关系的两个哲学谜团现在转化为具体且实际的问题：

机器人应该如何通过与环境的交互来获取因果信息？机器人应该如何利用从其制造者（即程序员）那里得到的因果信息？

同样，第二个谜团并不像看起来那么简单。罗素警告说，因果关系和物理方程式是不兼容的，现在看起来这是逻辑上的一个明显缺陷。

例如，当给出以下两条信息，"如果草是湿的，那么会下雨"和"如果我们打破这个瓶子，草会变湿"，计算机将会得出结论"如果我们打破这个瓶子，那么会下雨"（幻灯片 28）。

因果关系是程序员的噩梦

输入： 1. "如果草是湿的，那么会下雨"

2. "如果我们打破这个瓶子，草会变湿"

输出： "如果我们打破这个瓶子，那么会下雨"

28

这种程序缺陷表现出的敏感性和特异性使人工智能程序成为研究因果关系的理想场所。

这就引出了本次讲座的第二部分：如何通过结合方程式和图来解决第二个因果之谜，413 以及这个解决方案如何使第一个谜团变得不那么可怕。

此解决方案的中心思想如下。

第一，将因果关系视为干预行为的结果。

第二，使用方程式和图作为数学语言来表达和处理因果关系。

为了将两者结合起来，我们需要第三个概念：将干预视为一种对方程式的操作。

让我们从一个广泛使用因果关系且从未遇到任何麻烦的领域开始：工程。

幻灯片 29 是电路工程图，显示了电路中信号之间的因果关系。电路由与门和或门组成，每一个门在输入和输出之间执行某种逻辑功能。让我们仔细研究这个图，因为它看上去十分简单和熟悉，所以非常具有欺骗性。事实上，这张图是最伟大的科学奇迹之一。与数百万个代数方程式、概率函数或逻辑表达式相比，它能够传递更多信息。该图如此强大的原因在于它不仅能够预测电路在正常情况下的行为，同样还能预测电路在数百万种异常情况下的行为。例如，给定一个这样的电路图，我们可以很容易地判断，如果某些输入从 0 变为 1，输出将是什么。在正常情况下，这可以用一个简单的输入输出方程式表示。当出现异常情况时，比如，当我们将 Y 设为零，或者将 Y 与 X 绑定，或者将一个与门改为或门，或者当我们执行这些操作的数百万个组合中的任何一个时，我们也可以知道输出是什么。即使这个电路的设计者都没有预料到这些千奇百怪的干预行为，而我们仍然可以预测它们的结果。这是怎么做到的呢？这种能力从何而来呢？

它来自早期经济学家所说的自主性（autonomy）。也就是说，这个图中的门代表独立414 的机制，很容易在不改变一个的情况下改变另一个。这个图利用了这种独立性，并使用在干预下保持不变的模块，精确地描述了电路的正常功能。

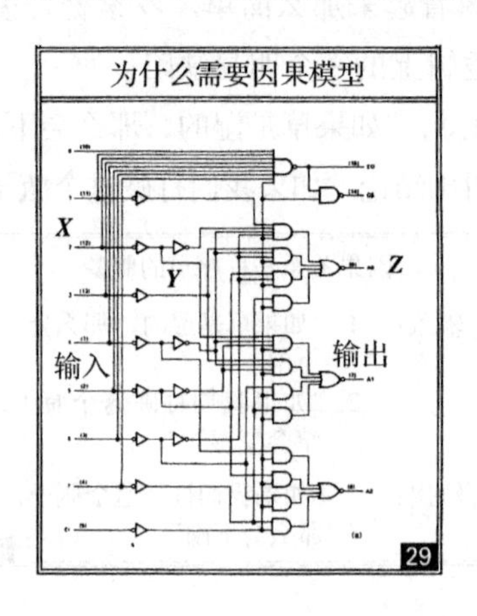

我在博尔特大厅（Boelter Hall）[一]的同事们一定在想，为什么我要站在这里，在你们面前喋喋不休地谈论一件工程上的琐事，就好像这是世界第八大奇迹一样。我这样做有三个原因。首先，我将试图表明，在实践中有许多未开发的知识，但工程师们却不会仔细思考它们，认为这些知识是理所当然的。

其次，我试着提醒经济学家和社会学家这种图表的好处。在过去的75年中，他们一直在使用一种类似的方法——结构方程模型和路径图。但近年来，由于代数的便利性，他们开始利用代数来替代图表。最后，在我看来，这些图表捕捉了因果关系的本质，即预测异常事件和新的操作后果的能力。例如，在休厄尔·赖特（Sewall Wright）[二]的图表中（幻灯片30），如果我们改变环境因素（如输入（E）），甚至是遗传因素（父母和后代之间的中间节点（H）），我们就可以预测豚鼠窝里可能出现什么毛型。这种预测不能建立在代数或相关性分析的基础上。

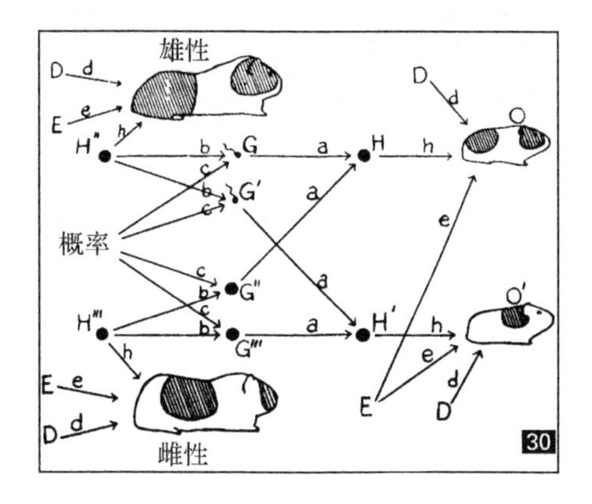

以这种方式看待因果关系可以解释，为什么科学家如此热衷于因果解释，以及为什么在获得因果模型的同时，还伴随着一种“深度理解”和“可控”的感觉。

“深度理解”（幻灯片31）意味着不仅需要了解事物之前的行为，而且还需要知道在新的假设环境下事物的行为，可控就是这种情况之一。有趣的是，当我们有这样的理解时，即使我们没有控制事物的实际方法，我们也会感到“一切处于控制之中”。例如，我们没有实际的方法来控制天体运动，而引力理论仍然给我们一种理解和控制的感觉，因为它为假想控制提供了蓝图。我们可以预测之前从未出现过的新事件对潮汐的影响，

[一] 博尔特大厅是加州大学洛杉矶分校工程与应用科学学院的办公楼，Pearl的认知系统实验室（UCLA Cognitive Systems Laboratory）在此建立。

[二] 休厄尔·格林·赖特（1889—1988）是美国遗传学家，在遗传理论的发展中做出了重要的贡献，与罗纳德·费舍尔和约翰·霍尔丹并列为群体遗传学的奠基者。

415 比如说，月球被流星击中或者引力常数突然减小为原来的1/2。同样地，引力理论也使我们确信：对地球上任何事物的常规操作不可能控制潮汐。毫不奇怪，因果模型被视为区分有意推理与本能反应的试金石。比如，鸟类和猴子可以通过实际的训练来完成复杂的任务，如连接断绳，但这需要反复训练。而推理者经过周密的推理后可以预见这些新操纵（即训练猴子连接断绳）的后果，而无须真正实施这些操纵。

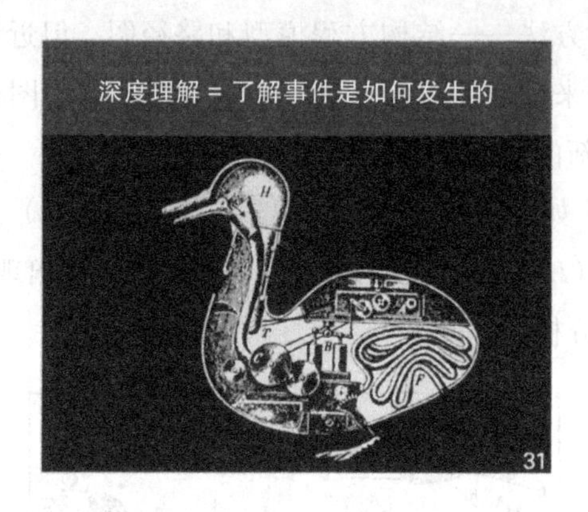

让我们放大如幻灯片32所示的电路图的一部分，这样我们就可以理解为什么图能够预测方程式无法预测的结果。让我们也从逻辑门切换到线性方程式（让这里的每个人都更舒服），并假设我们正在处理一个仅包含两个组件的系统：一个乘法器和一个加法器。乘法器获取输入并将其乘以2；加法器将其输入加1。幻灯片左侧给出了描述这两个分量的方程式。

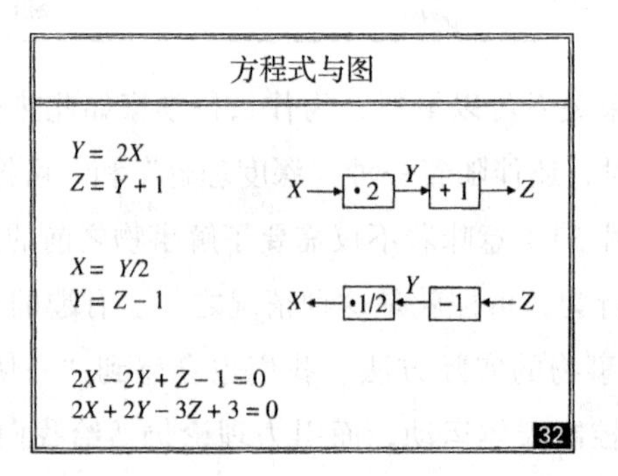

但是这些方程式和右边的图是等价的吗？显然不是。如果它们等价，那么让我们转换变量，得到的两个方程式应该等价于下面所示的图。但这两个图是不同的。上面的那个图告诉我们，如果我们直接操纵 Y，它将影响 Z，而下面的那个图显示，直接操纵 Y 将影响 X，并且对 Z 没有影响。此外，对我们的方程式执行一些额外的代数运算，如最

下面所示，我们可以得到两个新的方程式，它们完全没有结构。它们只是表示三个变量上的两个约束，而没有告诉我们，它们之间是如何相互影响的。

让我们仔细分析一下，我们是如何确定操纵 Y 所得的结果，比如将 Y 设置为 0（幻灯片 33）。

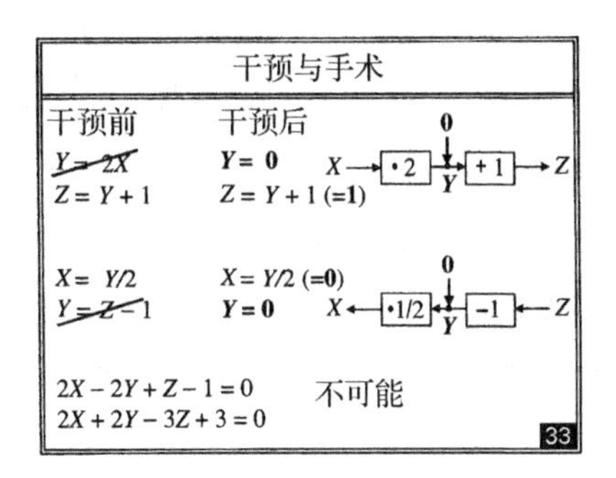

416

显然，当我们将 Y 设置为 0 时，X 和 Y 之间的关系不再由乘法器决定了。现在 Y 被一种新的机制控制，其中 X 没有发言权。在方程表示中，这等于一场手术：用一个新的方程 $Y = 0$ 替换了方程 $Y = 2X$，并求解一组新的方程，得到 $Z = 1$。如果我们对第二组方程也执行同样的手术，我们当然会得到不同的解，即第二个方程将被替换，得到 $X = 0$，而 Z 不受约束。

我们现在看到的这种干预模式如何引出因果关系的正式定义："如果我们可以通过操作 Y 来改变 Z，即移除 Y 的方程之后，Z 的解将取决于替换的 Y 的新值，那么 Y 就是 Z 的原因。"我们也看到了图在这个过程中的重要性。这个图告诉我们在操作 Y 时要删除哪个方程。当我们将方程转换成代数等价形式时，这个信息就被完全清除了，如（幻灯片 33）底部所示。单凭这组方程无法预测将 Y 设为 0 的结果，因为我们不知道要做什么样的手术，即在这组方程中根本不存在针对"Y 的方程"。

总之，干预相当于对方程进行手术（以图为指导），而因果关系则意味着预测此类手术的后果。

这是一个超越物理系统的普遍主题。事实上，通过"消除"方程来模拟干预措施的想法最早是在 1960 年由经济学家赫尔曼·沃尔德（Herman Wold）提出的，但他的教义几乎从经济学文献中消失了。历史书籍将这种神秘的消失归因于沃尔德的个性，但我倾向于相信更深层次的原因：早期的计量经济学家都是非常严谨的数学家，他们努力保持代数的整洁性和形式化，他们不同意代数被图表等表示方式所污染。正如我们在幻灯片上看到的，"手术"这个操作没有图就没有任何数学意义，因为它对我们书写方程的方式很敏感。

在阐述这种新的数学运算的性质之前，让我来演示一下它对于澄清统计学和经济学
417
中的概念是多么有用。

为什么我们更喜欢对照（受控）实验而不是非对照（非受控）研究呢？假设我们希望研究某些药物治疗对特定疾病患者康复的影响。控制每个患者行为的机制在结构上与我们之前看到的电路图相似。康复是治疗方案和其他因素（如社会经济条件、生活方式、饮食、年龄等）共同作用的结果。幻灯片 34 中只显示了一个这样的因素。在不受控制的情况下，治疗的选择取决于患者，也可能取决于患者的社会经济背景。这就造成了一个问题，因为我们无法判断康复率的变化是由于治疗还是那些背景因素引起的。我们希望做的是比较相同背景的患者，这正是费舍尔的随机实验所完成的。怎样做呢？实际上包括两个部分：随机和干预。

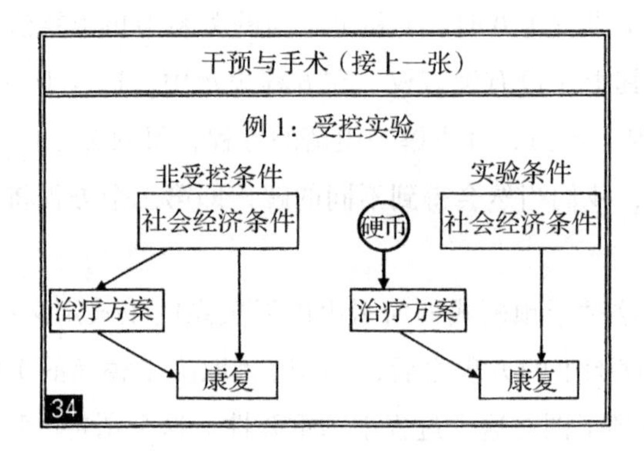

干预是指我们改变个体的自然行为：我们把受试者分成两组，称为治疗组和对照组，并说服受试者遵守实验协议。我们将治疗分配给一些在正常情况下不会寻求治疗的患者，我们将安慰剂分配给那些本来会接受治疗的患者。在我们的新词汇中，这就意味着“手术”，即我们消除了一个函数链接，并用另一个函数链接取代它。费舍尔的伟大见解是，将新链接连接到一个随机硬币翻转装置，确保我们希望断开的链接在实际中也是断开的。这是因为随机硬币被假定不受宏观层面上测量的任何因素的影响，当然，也包括患者的社会经济背景。

这张幻灯片上的图为普遍接受的随机试验程序提供了一个有意义且形式化的理论基础。相比之下，在下一个例子中，我们使用“手术”思路指出了该程序的不足之处。

幻灯片 35 中的例子是一名政府官员试图评估某些政策（比如税收）的经济后果。提
418
高税收或降低税收的决定是对经济模型的一次“手术”，因为它改变了模型建立的条件。

经济模型是建立在一段时期的数据基础上的。在此期间，应根据某些经济条件或政治压力降低和提高税收。然而，当我们评估一项政策时，我们希望比较在相同的经济条件下的可选政策。也就是说，我们希望切断过去将政策与这些条件联系在一起的这种关系。在这种设置下，我们当然不可能把我们的政策与抛硬币联系起来，进行一项实际的对照（受控）试验。我们没有时间这样做，也不可能这样做，因为我们可能在试验结束前毁掉经济。于是，我们应该实施的分析是从原有模型中获得的数据推断出“手术”后的模型的行为。

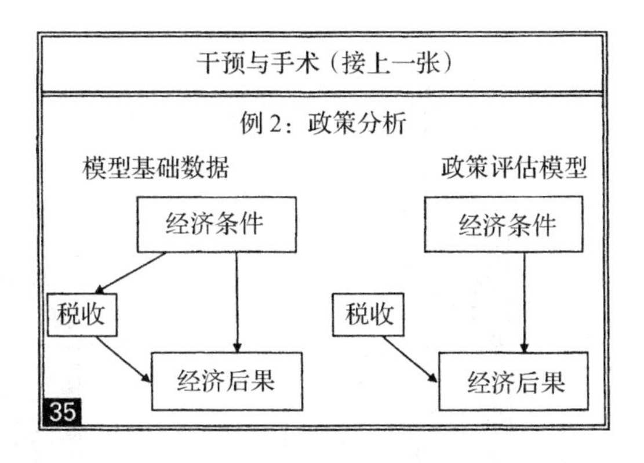

我说应该实施这样的分析，因为你在任何经济学教科书上都不可能找到这样的分析。正如我前面提到的，赫尔曼·沃尔德的“手术”思想在 20 世纪 70 年代的经济学文献中被否定，而我发现所有关于政策分析的讨论都假设这种“手术”后的残缺模型在整个过程中占主导地位。假设在评估时，税收处于政府控制之下，则足以将税收视为一个外生变量。而事实上，税收在建模阶段是一个内生变量，只有在评估时才变成外生变量。当然，我并不是说恢复手术模式能让政府在一夜之间平衡预算，但这肯定是值得尝试的。

现在让我们来看看“手术解释”如何解决罗素提出的关于因果关系方向性和物理方程对称性之间冲突的这个谜题。物理方程确实是对称的，但是当我们比较“A 导致 B”和“B 导致 A”时，我们并不是谈论单一的一组方程。相反，我们比较的是两个物理世界模型，分别由两组不同的方程表示：一组方程中 A 的方程被手术移除；另一组方程中 B 的方程被移除。罗素此时可能会跳出来阻止并问我们：“当事实上只有一个物理世界模型（由所有的物理方程组合而成）时，你如何谈论两个物理世界模型？”答案是肯定的。如果你想在模型中包含整个宇宙，因果关系就会消失，因为干预消失了，操作者和被操作者失去了区别。然而，科学家很少把整个宇宙作为研究对象。在大多数情况下，科学

419

家从宇宙中挖出一块，并宣布这一块为研究的重点。宇宙的其余部分被忽视或者被视为背景，并通过所谓的边界条件被归纳。这种对内和对外的选择在我们观察事物的方式上造成了不对称，正是这种不对称使我们能够谈论“外部干预”，从而谈论因果关系和因果方向性。

用笛卡儿的经典画作（幻灯片 36）可以很好地说明这一点。总体而言，这个手眼系统对因果关系一无所知。它仅仅是一个由粒子和光子组成的凌乱的等离子体，它们尽力服从薛定谔方程（Schroedinger's equation），这个方程是对称的。

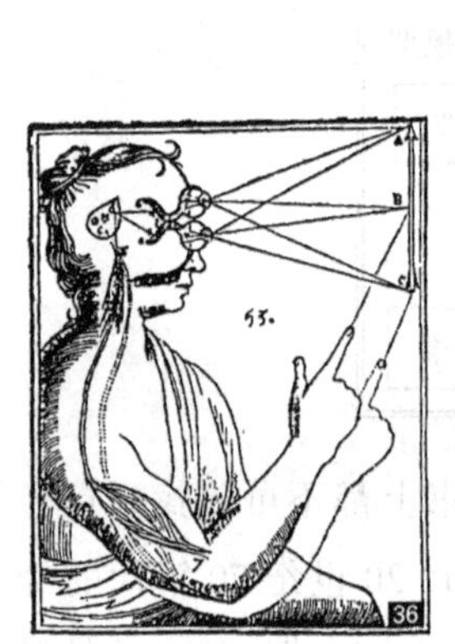

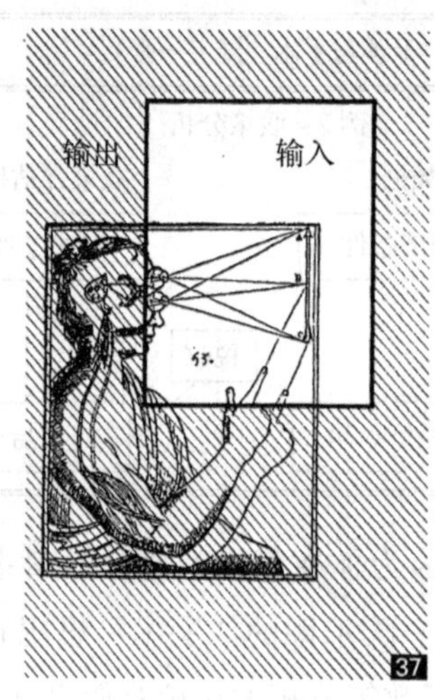

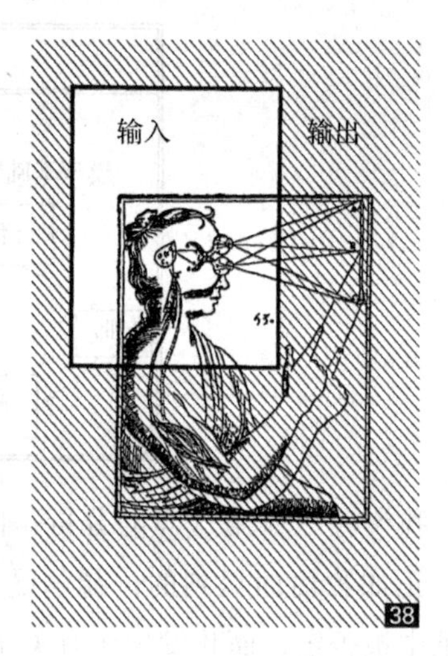

然而，从这张图的上面切下一块，比如物体部分（幻灯片 37），我们可以发现手的运动导致光线改变角度。

如果我们只关注大脑部分（幻灯片 38），你会发现结论与幻灯片 37 的结论相反，光线导致手的移动。从中我们可以学到，正是我们分割宇宙的方式决定了因果关联的方向性。这种分割在每次科学研究中都是默认的。在人工智能中，它被麦卡锡（J. McCarthy）称为“限定”。在经济学中，限定决定了哪些变量是内生的，哪些变量是外生的，变量在模型中还是在模型外。

让我们总结方程模型和因果模型之间的本质区别（幻灯片 39）。两者都使用一组对称方程来描述通常条件。但是，因果模型还包含三个额外的要素：（i）区分模型的内和外；（ii）由于我们假设每个方程对应于一个独立的机制，因此它必须作为一个单独的数学语句来保存；（iii）干预被看作对这些机制所进行的“手术”。这样，我们就更接近实现梦想：让因果关系成为物理学中友好的一部分。但还有一个要素是缺失的：代数。我

420

们之前讨论过代数计算工具在伽利略时代对科学家和工程师的重要性。我们可以期望代数计算工具也同样服务于因果关系吗？让我换个说法，我们知道，科学活动包括两个基本组成部分：观察（幻灯片 40）和干预（幻灯片 41）。

从物理学到因果关系

物理学：
　对称运动方程
因果模型：
对称运动方程
　范围（模型内与模型外）
　局域性（独立机制）
　干预 = 对机制进行手术

39

两者的结合就是我们所谓的实验室（幻灯片 42），一个我们可以控制某些条件并观察其他条件的地方。碰巧代数已经很好地服务于观察部分，但到目前为止还没有使干预部分受益。对于方程代数、布尔代数和概率演算来说，它们都是为观察性语句而不是干预性语句服务的。

以概率论为例。我们希望估计下雨的概率，如果我们看到草地是湿的，那可以用这样一个形式化句子来表达我们的问题：$P(\text{rain} \mid \text{wet})$，读作：在潮湿的条件下，下雨的概率（幻灯片 43）。竖线代表“假设我们观察到”。我们不仅可以用一个形式化的语句来表达这个问题，我们还可以利用概率论把这个语句转换成其他的表达形式。在我们的例子中，如果我们发现右边的语句更方便或信息量更大，可以将左边的语句转换成右边的语句。

需要干预的代数表达

已有：观察的代数

例如：如果我们看到草地是湿的，下雨的概率有多大？

$$P(\text{rain} \mid \text{wet}) = ? \left\{= P(\text{wet} \mid \text{rain})\frac{P(\text{rain})}{P(\text{wet})}\right\}$$

需要：干预的代数

例如：如果我们把草地弄湿了，下雨的概率有多大？

$$P(\text{rain} \mid do(\text{wet})) = ?\ \{= P(\text{rain})\}$$

43

但是，假设我们问的是一个不同的问题："如果我们把草地弄湿了，下雨的概率有多大？"我们甚至不能用概率的语言来表达我们的疑问，因为竖线已经用来表示"假设我们观察到"。我们可以发明一个新的符号 *do*，当每次我们看到 *do* 在竖线后，我们就读作"假设我们这样做（干预）"。但这并不能帮助我们计算问题的答案，因为标准的概率规则不适用于这个新的符号。我们凭直觉知道答案应该是什么，即 P（rain）。因为人为地让草变湿不会改变下雨的概率。但是，这种直觉的答案，或者其他类似的答案，是否可以机械地推导出来，以便在直觉失灵时给我们信心呢？

421

答案是肯定的，但需要一种新的代数。首先，我们用一个符号表示新的运算符"假设我们这样做"。其次，我们找到了处理包含这个新符号的语句规则。我们这样做的过程类似于数学家发现标准代数规则的过程。

想象一下，你是一位 16 世纪的数学家，现在是加法代数方面的专家，并且迫切需要引入一种新的运算符——乘法，因为你已经厌倦了整天把一个数自身加起来若干遍（幻灯片 44）。你要做的第一件事是给新的运算符分配一个符号——乘法。然后，你再往下看这个运算符的含义，从中你可以推断出它的变换规则。例如，乘法的交换律可以这样推导，结合律可以那样推导，等等。现在，我们在高中就学会了这些。

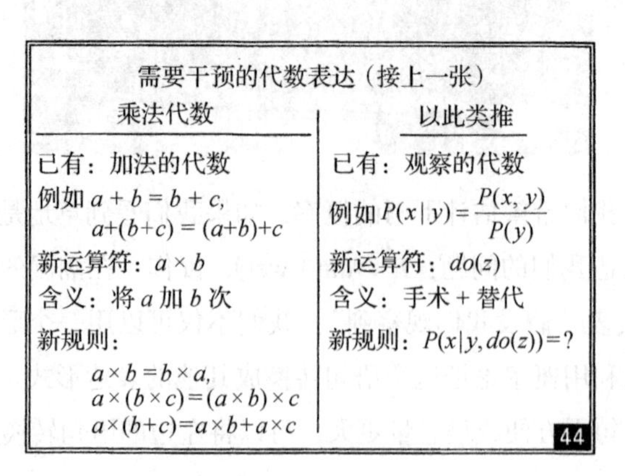

以完全相同的方式，我们可以推断出支配我们新符号的规则：$do(\cdot)$。我们有一个可供参考的代数，即概率论。我们有了一个新的运算符、一套全新的“手术”设备和一个非常明确的含义。演算之门打开了，结果将在下一张幻灯片（幻灯片 45）中给出。

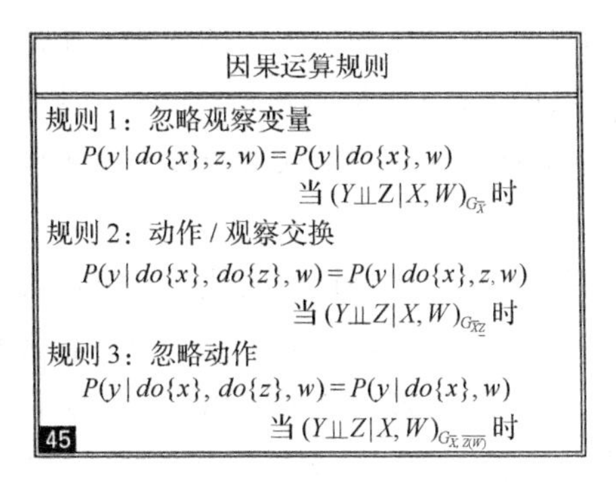

请不要惊慌，我不希望你现在就读这些方程，但我认为你仍然可以感受到这种新演算的魅力。它由三个规则组成，这些规则允许我们将涉及的动作和观察的表达式转换为其他表达式。规则 1 允许我们忽略一个不相关的观察，规则 3 允许我们忽略一个不相关的行动；规则 2 允许我们在相同事实的情况下观察和行动可以互换。右边的那些符号是什么呢？它们就是这些规则的“红绿灯”，可以由图来表示。我们将在下一个例子中看到它们的作用。

这就引出了这次演讲的第三部分，我将在此演示如何将迄今为止提出的想法用于解决具有实际重要性的新问题。 422

想想关于吸烟对肺癌的影响这个百年争论（幻灯片 46）。1964 年，美国卫生总署发表了一份报告，将吸烟与死亡、癌症，尤其是肺癌，联系起来。该报告基于非实验性研究，在这些研究中发现吸烟与肺癌之间存在很强的相关性，并声称所发现的相关性是因果关系：如果我们禁止吸烟，那么癌症病例的发病率，将与在不吸烟人口中发现的发病率大致相同。

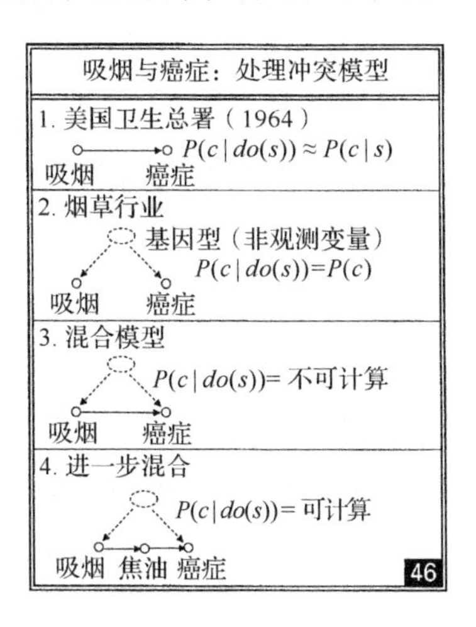

这些研究结果遭到了烟草行业的抨击，并得到了一些非常著名的统计学家支持，其中包括罗纳德·费舍尔爵士。他们的说法是，观察到的相关性也可以用另一个模型来解释，在该模型中，吸烟与肺癌之间没有因果关系。相反，可能存在一种未被发现的基因型，这种基因型会同时导致癌症并产生对尼古丁的依赖。用形式化的语言表达可以利用我们的新符号，写为：P（癌症 | do（吸烟））= P（癌症），这意味着让民众吸烟或戒烟对癌症病例的发生率没有任何影响。实施对照实验可以在两种模型之间作出判断，但这是不可能的（现在也是非法的）。

这都是历史。现在我们进入了一个假设的时代，双方代表决定会晤并消除分歧。烟草界承认吸烟与癌症之间可能存在某种弱因果关系，卫生总署的代表也承认，癌症与遗传因素可能存在某种弱因果关系。因此，他们得出了一个混合模型，将问题归结为从数据中评估各种关联的强度。他们把问题提交给统计学家，结果马上就出来了：不可能。这个意思是，没有办法从数据中估计强度，因为任何数据都可以完美地拟合这两个极端模型中的任何一个。所以他们放弃了，决定一如既往地继续政治斗争。临别前，有人[423]提出一个建议：也许我们可以通过测量一些辅助因素来解决我们之间的分歧。例如，由于因果关系模型是基于以下认识：吸烟通过肺中积累的焦油沉积物影响肺癌。因此，也许我们可以对个体肺中焦油沉积量进行取样测量，这可能为量化这些关联提供必要的信息。双方都同意这是一个合理的建议，因此他们向统计学家提出了一个新的问题：假设可以测量焦油沉积量这一中间变量，我们是否可以发现吸烟对癌症的影响？统计学家带来了一个好消息：它是可计算的，而且将会以解析解的形式给出。这是怎么做到的呢？

统计学家接受了这个挑战，并把它当作高中代数中的一个问题来处理。我们需要在假设条件下，从非实验数据中计算 P（癌症），也就是说，不涉及任何有关动作（或干预）的表达式，或者是，我们需要从初始表达式中消除“do”符号。消除过程类似于解代数方程，在每个阶段（幻灯片 47）都应用了一条新的规则，这些规则在图中的某个子图上满足变换条件，最终得到一个不包含“do”符号的公式，该公式是来自非实验数据的可计算的表达式。

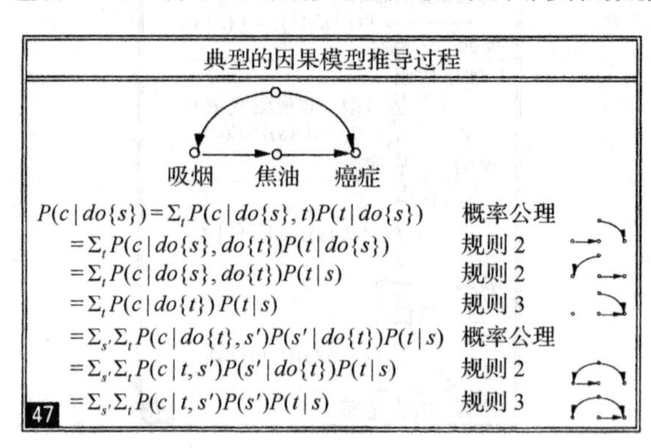

你可能想知道这种推导是否解决了吸烟与癌症的争论。答案是否定的。即使我们可以得到焦油沉积量的数据，我们的模型也过于简单了，因为它是基于双方可能不同意的某些假设，例如，吸烟与肺癌之间没有直接的联系，其中焦油沉积物这个变量并未介入。模型需要进一步完善，我们可能最终得到一个包含 20 个或更多变量的图。当有人告诉我们："你没有考虑到这个或那个因素"时，没有必要惊慌。相反，图这种表示方式非常欢迎这样的新想法，因为在模型中添加因子和权重非常容易。现在可以进行一些简单的测试：允许研究人员只需看一眼图，并决定我们是否可以计算一个变量对另一个变量的影响。

424

我们的下一个例子说明了一个长期存在的问题是如何通过纯粹的图模型手段来解决的，新的代数证明了这一点。这个问题称为校正问题（adjustment problem）或"协变量选择问题"，代表了辛普森悖论实际应用的方面（幻灯片 48）。

辛普森悖论

(Pearson et al. , 1899; Yule, 1903; Simpson , 1951)

- 两个变量之间的任何统计关系都可以通过加入其他变量进行反转。

应用：校正问题

- 哪些变量应该加进来？

48

辛普森悖论首先于 1899 年被卡尔·皮尔逊发现，它涉及了一个令人不安的观察结果，即在分析中加入额外因素，两个变量之间的每一个统计关系都有可能被反转。例如，你可能会进行一项研究，发现吸烟的学生会得到更高的分数。但是，如果你根据年龄进行划分调整，那么每个年龄组的情况都相反，即吸烟预示着更低的分数。如果你进一步细化学生父母的收入，你会发现在每个"年龄－收入"群体中，吸烟再次预示着更高的分数，以此类推。

同样令人不安的是，没有人能够告诉我们分析中应该包括哪些因素。现在可以通过简单的图模型来识别这些因素。证明辛普森悖论的经典案例发生在 1975 年，当时加州大学伯克利分校（UC Berkeley）因研究生入学时存在性别偏见而接受调查。在这项研究中，总体数据显示男性申请者的录取率较高，但是，按院系细分，数据显示轻微偏向录取女性申请者。原因很简单——女性比男性更倾向于申请竞争性强的院系，在这些院系，男女录取率都很低。

425

为了说明这一点，想象一艘渔船有两个不同的网，一个大网和一个小网（幻灯片 49）。一群鱼朝船游去，想通过它。雌鱼尝试小网挑战，而雄鱼尝试安全路线。雄鱼通过，只有雌鱼被抓住。从最后的捕获量来看，对雌鱼的偏爱是显而易见的。然而，如果分开分析，对每一个独立的网，雄鱼比雌鱼肯定更容易被诱捕。

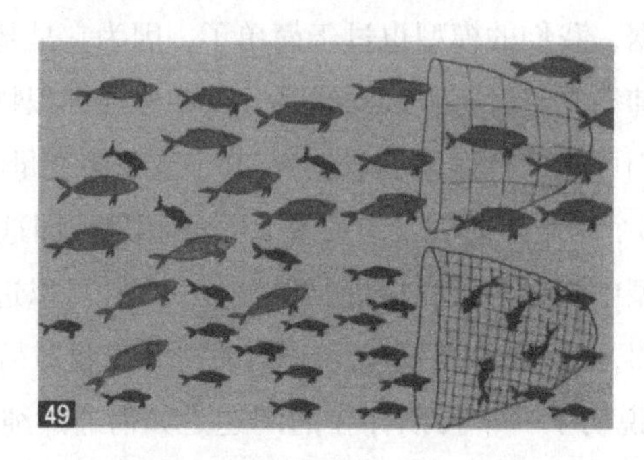

另一个例子是20世纪70年代社会学文献中出现的一个称为“逆向回归”的争论。在工资歧视的案例中，我们是应该比较同等资历的男女工资，还是应该比较同等工资的男女资历？

值得注意的是，这两种选择得出了相反的结论。事实证明，男性的工资比同等资历的女性高，与此同时，男性的资历也比同等工资的女性高。这就意味着，所有的结论对我们在比较时选择哪些变量保持不变极其敏感，这就是为什么校正问题在观察研究的分析中如此关键。

426

考虑一项观察性研究，我们希望发现 X 对 Y 的影响，例如治疗对疗效的影响（幻灯片50）。我们可以想到许多与问题相关的因素，其中有些是受治疗影响的，有些是影响治疗的，有些是同时影响治疗和疗效的。这些问题中的一些因素可能是无法测量的，例如遗传特征或生活方式。另一些因素是可以测量的，例如性别、年龄和工资水平。我们的问题是从这些因素中选择一个子集进行测量和调整，如果我们以相同的测量值和平均值对受试者进行比较，我们就会得到正确的结果。

让我们一起来看看关于检验 Z_1 和 Z_2 这两个候选测量值对于所需的步骤是否充分所需的步骤（幻灯片51）。这些步骤相当简单，甚至可以在大型图上手动执行。不过，为了让你们感受到它们的机械性，我快速地过一下以下几张幻灯片（幻灯片52～56）。

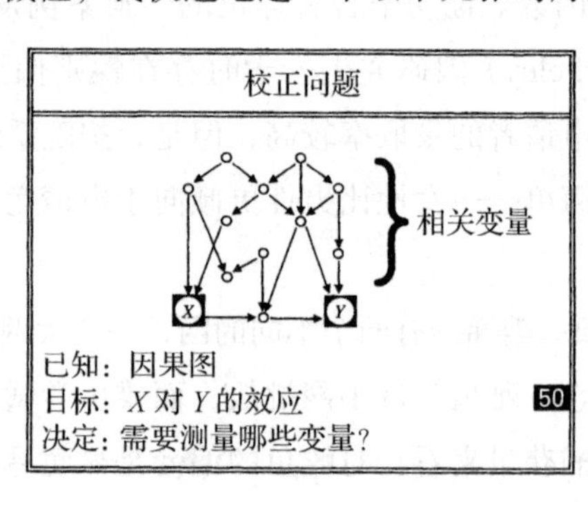

校正问题的图模型解法

子问题：

检验 Z_1 和 Z_2 是否充分

步骤一：Z_1 和 Z_2 不能为 X 的后代节点

51

校正问题的图模型解法（接上一张）

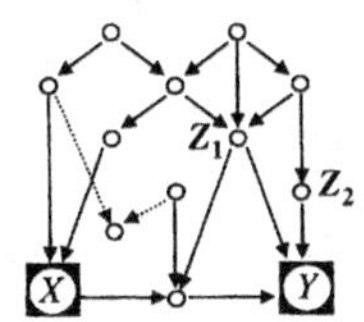

步骤二：删除所有 $\{X, Y, Z\}$ 的非父代节点

52

校正问题的图模型解法（接上一张）

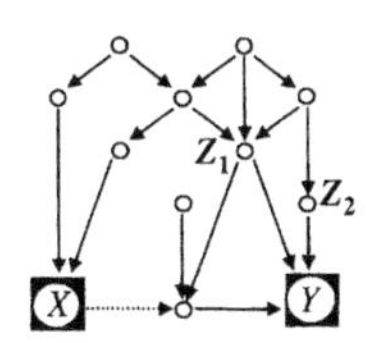

步骤三：删除所有由 X 指出的弧

53

校正问题的图模型解法（接上一张）

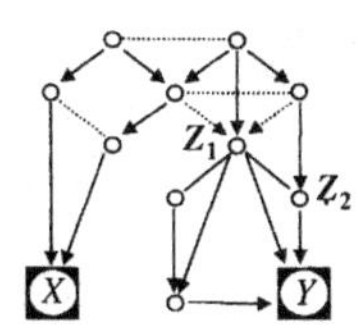

步骤四：连接所有含有共同子节点的两个节点

54

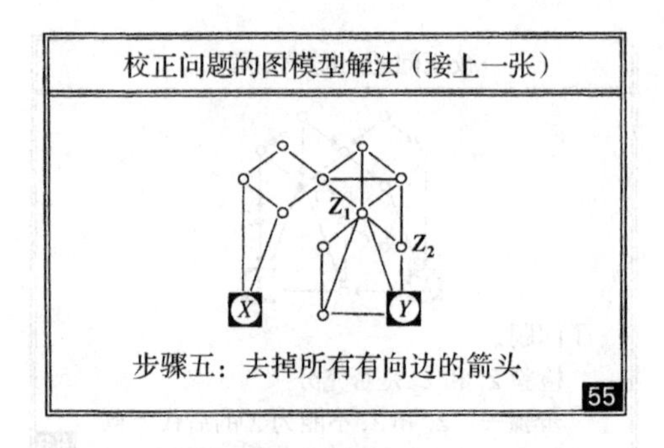

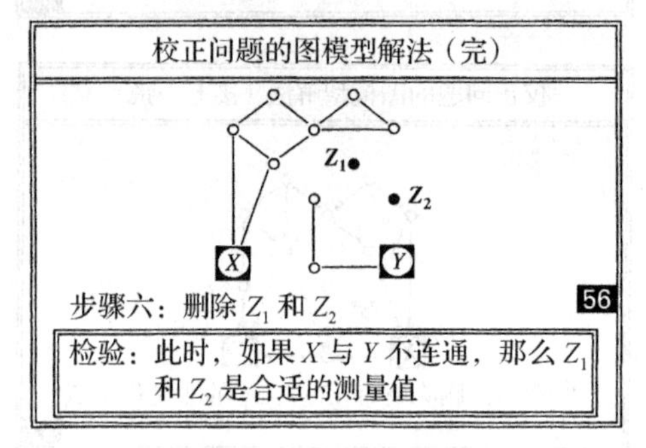

经过这一系列操作，我们最后得到了问题的答案：“如果 X 与 Y 不连通，那么 Z_1 和 Z_2 是合适的测量值。”

最后，我想简要地总结一下这次演讲的中心思想。诚然，因果检验是困难的。因果发现更加困难。但因果关系不是神秘的或形而上学的。我们可以用简单的过程来理解它，也可以用友好的数学语言来表达它，以便为计算机分析做好准备。

幻灯片 57 中展示的是一种袖珍计算器（也就是一种算盘），它拥有数学精确性，利用这种特性可以帮助我们研究某些因果问题。这并不能解决所有的因果关系问题，但符号和数学的力量不容小觑（幻灯片 58）。

许多科学发现都被推迟了好几个世纪，因为缺乏一种能够解放思想并让科学家交流的数学语言。我确信，在本世纪，由于缺乏一种能够处理因果关系的数学语言，许多发现都被耽搁了。例如，我相信如果卡尔·皮尔逊将因果图纳入数学语言，他可能会在1901年悟出随机实验的想法。 [427]

但是，真正具有挑战性的问题仍然摆在我们面前：我们对贫穷、癌症和偏执这些现象仍然无法理解其因果性，只有数据的积累和敏锐的洞察力，最终才能实现真正的理解。

数据无处不在，洞察力由你掌握，现在算盘也在你的手中。我希望这个组合能产生化学反应。

谢谢！

致谢

幻灯片1（阿尔弗雷德·丢勒，《亚当和夏娃》，1504年雕刻）由哈佛大学艺术博物馆福格艺术博物馆提供，源自弗朗西斯·凯利·格雷（Francis Calley Gray）收藏的威廉·格雷（William Gray）赠品。图片版权归哈佛大学哈佛学院院长和研究员所有。幻灯片2（古斯塔夫·多雷，《罗得的飞行》）版权归威廉·怀斯公司（William H.Wise&Co）所有。幻灯片3（埃及壁画：Neferronpe玩棋盘游戏）由芝加哥大学东方学院提供。

以下图片摘自伯纳德·夸里奇有限公司（伦敦）（Bernard Quaritch，Ltd. (London)）提供的古书目录：幻灯片4、5、6、7、8、9、15、27、31、36、37、38、40、42和58。

幻灯片10和11的版权归信使出版社（The Courier Press）所有。幻灯片13和14经麦克米伦图书馆（Macmillan Library Reference USA）许可转载，摘自伯纳德·科恩（I.Bernard Cohen）的《科学专辑》（*The Album of Science*）。版权归©1980斯克里布纳父子出版公司（Charles Scribner's Sons）所有。

幻灯片16由加州州立大学长滩分校图书馆提供。幻灯片20和22经剑桥大学出版社许可转载。幻灯片25中巴林顿·布朗（A.C.Barrington Brown）的版权照片，经许可复制。

幻灯片30摘自《美国国家科学院院刊》第6卷中的休厄尔·赖特（S. Wright）（1920年），经美国哲学学会和芝加哥大学出版社许可复制。幻灯片57在万登出版社（Vandenhoeck & Ruprecht）以及麻省理工学院出版社的许可下重印。

注：幻灯片19、26、28、29、32～35和43～56的彩色版本可从http://www.cs.ucla.edu/~judea/下载。 [428]

参考文献

Abbring, 2003 J.H. Abbring. Book reviews: Causality: Models, Reasoning, and Inference. *Economica,* 70:702–703, 2003.

Adams, 1975 E. Adams. *The Logic of Conditionals,* chapter 2. D. Reidel, Dordrecht, Netherlands, 1975.

Agresti, 1983 A. Agresti. Fallacies, statistical. In S. Kotz and N.L. Johnson, editors, *Encyclopedia of Statistical Science,* volume 3, pages 24–28. John Wiley, New York, 1983.

Aldrich, 1989 J. Aldrich. Autonomy. *Oxford Economic Papers,* 41:15–34, 1989.

Aldrich, 1993 J. Aldrich. Cowles' exogeneity and core exogeneity. Technical Report Discussion Paper 9308, Department of Economics, University of Southampton, England, 1993.

Aldrich, 1995 J. Aldrich. Correlations genuine and spurious in Pearson and Yule. *Statistical Science,* 10:364–376, 1995.

Andersson et al., 1997 S.A. Andersson, D. Madigan, and M.D. Perlman. A characterization of Markov equivalence classes for acyclic digraphs. *Annals of Statistics,* 24:505–541, 1997.

Andersson et al., 1998 S.A. Andersson, D. Madigan, M.D. Perlman, and T.S. Richardson. Graphical Markov models in multivariate analysis. In S. Ghosh, editor, *Multivariate Analysis, Design of Experiments and Survey Sampling,* pages 187–229. Marcel Dekker, Inc., New York, 1998.

Angrist and Imbens, 1991 J.D. Angrist and G.W. Imbens. Source of identifying information in evaluation models. Technical Report Discussion Paper 1568, Department of Economics, Harvard University, Cambridge, MA, 1991.

Angrist et al., 1996 J.D. Angrist, G.W. Imbens, and D.B Rubin. Identification of causal effects using instrumental variables (with comments). *Journal of the American Statistical Association,* 91(434):444–472, June 1996.

Angrist, 2004 J.D. Angrist. Treatment effect heterogeneity in theory and practice. *The Economic Journal,* 114:C52–C83, 2004.

Arah, 2008 O.A. Arah. The role of causal reasoning in understanding Simpson's paradox, Lord's paradox, and the suppression effect: Covariate selection in the analysis of observational studies. *Emerging Themes in Epidemiology,* 4:doi:10.1186/1742–7622–5–5, 2008. Online at http://www.ete-online.com/content/5/1/5.

Austin, 2008 P.C. Austin. A critical appraisal of propensity-score matching in the medical literature from 1996 to 2003. *Statistics in Medicine,* 27(12):2037–2049, 2008.

Avin et al., 2005 C. Avin, I. Shpitser, and J. Pearl. Identifiability of path-specific effects. In *Proceedings of the Nineteenth International Joint Conference on Artificial Intelligence (IJCAI-05),* pages 357–363, Edinburgh, UK, 2005.

Bagozzi and Burnkrant, 1979 R.P. Bagozzi and R.E. Burnkrant. Attitude organization and the attitude-behavior relationship. *Journal of Personality and Social Psychology,* 37:913–929, 1979.

Balke and Pearl, 1994a A. Balke and J. Pearl. Counterfactual probabilities: Computational methods, bounds, and applications. In R. Lopez de Mantaras and D. Poole, editors, *Uncertainty in Artificial Intelligence 10,* pages 46–54. Morgan Kaufmann, San Mateo, CA, 1994.

Balke and Pearl, 1994b A. Balke and J. Pearl. Probabilistic evaluation of counterfactual queries. In *Proceedings of the Twelfth National Conference on Artificial Intelligence,* volume I, pages 230–237. MIT Press, Menlo Park, CA, 1994.

Balke and Pearl, 1995a A. Balke and J. Pearl. Counterfactuals and policy analysis in structural models. In P. Besnard and S. Hanks, editors, *Uncertainty in Artificial Intelligence 11,* pages 11–18. Morgan Kaufmann, San Francisco, 1995.

Balke and Pearl, 1995b A. Balke and J. Pearl. Universal formulas for treatment effect from noncompliance data. In N.P. Jewell, A.C. Kimber, M.-L. Lee, and G.A. Whitmore, editors, *Lifetime Data: Models in Reliability and Survival Analysis,* pages 39–43. Kluwer Academic Publishers, Dordrecht, 1995.

Balke and Pearl, 1997 A. Balke and J. Pearl. Bounds on treatment effects from studies with imperfect compliance. *Journal of the American Statistical Association,* 92(439):1172–1176, 1997.

Balke, 1995 A. Balke. *Probabilistic Counterfactuals: Semantics, Computation, and Applications*. PhD thesis, Computer Science Department, University of California, Los Angeles, CA, November 1995.

Barigelli and Scozzafava, 1984 B. Barigelli and R. Scozzafava. Remarks on the role of conditional probability in data exploration. *Statistics and Probability Letters,* 2(1):15–18, January 1984.

Bayes,1763 T. Bayes. An essay towards solving a problem in the doctrine of chances. *Philosophical Transactions*, 53:370–418, 1763. Reproduced in W.E. Deming.

Becher, 1992 H. Becher. The concept of residual confounding in regression models and some applications. *Statistics in Medicine,* 11:1747–1758, 1992.

Berk and de Leeuw, 1999 R.A. Berk and J. de Leeuw. An evaluation of California's inmate classification system using a generalized regression discontinuity design. *Journal of the American Statistical Association,* 94:1045–1052, 1999.

Berk, 2004 R.A. Berk. *Regression Analysis: A Constructive Critique*. Sage, Thousand Oaks, CA, 2004.

Berkson, 1946 J. Berkson. Limitations of the application of fourfold table analysis to hospital data. *Biometrics Bulletin,* 2:47–53, 1946.

Bertsekas and Tsitsiklis, 1996 D.P. Bertsekas and J.M. Tsitsiklis. *Neuro-dynamic Programming*. Athena, Belmont, MA, 1996.

Bessler, 2002 D. Bessler. On world poverty: Its causes and effects, 2002. http://agecon2.tamu.edu/people/faculty/bessler-david/WebPage/poverty.pdf.

Bickel et al., 1975 P.J. Bickel, E.A. Hammel, and J.W. O'Connell. Sex bias in graduate admissions: Data from Berkeley. *Science,* 187:398–404, 1975.

Bishop et al., 1975 Y.M.M. Bishop, S.E. Fienberg, and P.W. Holland. *Discrete Multivariate Analysis: Theory and Practice*. MIT Press, Cambridge, MA, 1975.

Bishop, 1971 Y.M.M. Bishop. Effects of collapsing multidimensional contingency tables. *Biometrics,* 27:545–562, 1971.

Blalock, Jr., 1962 H.M. Blalock, Jr. Four-variable causal models and partial correlations. *American Journal of Sociology,* 68:182–194, 1962.

Bloom, 1984 H.S. Bloom. Accounting for no-shows in experimental evaluation designs. *Evaluation Review,* 8(2):225–246, April 1984.

Blumer et al., 1987 A. Blumer, A. Ehrenfeucht, D. Haussler, and M.K. Warmuth. Occam's razor. *Information Processing Letters,* 24, 1987.

Blyth, 1972 C.R. Blyth. On Simpson's paradox and the sure-thing principle. *Journal of the American Statistical Association,* 67:364–366, 1972.

Bollen, 1989 K.A. Bollen. *Structural Equations with Latent Variables*. John Wiley, New York, 1989.

Bonet, 2001 B. Bonet. A calculus for causal relevance. In *Proceedings of the Seventeenth Conference on Uncertainty in Artificial Intelligence,* pages 40–47. Morgan Kaufmann, San Francisco, CA, 2001.

Boumans, 2004 M. Boumans. Book reviews: Causality: Models, Reasoning, and Inference. *Review of Social Economy,* LXIII:129–135, 2004.

Bowden and Turkington, 1984 R.J. Bowden and D.A. Turkington. *Instrumental Variables.* Cambridge University Press, Cambridge, England, 1984.

Breckler, 1990 S.J. Breckler. Applications of covariance structure modeling in psychology: Cause for concern? *Psychological Bulletin,* 107(2):260–273, 1990.

Breslow and Day, 1980 N.E. Breslow and N.E. Day. *Statistical Methods in Cancer Research; Vol. 1, The Analysis of Case-Control Studies.* IARC, Lyon, 1980.

Brito and Pearl, 2002a C. Brito and J Pearl. Generalized instrumental variables. In A. Darwiche and N. Friedman, editors, *Uncertainty in Artificial Intelligence, Proceedings of the Eighteenth Conference,* pages 85–93. Morgan Kaufmann, San Francisco, 2002.

Brito and Pearl, 2002b C. Brito and J Pearl. A graphical criterion for the identification of causal effects in linear models. In *Proceedings of the Eighteenth National Conference on Artificial Intelligence,* pages 533–538. AAAI Press/The MIT Press, Menlo Park, CA, 2002.

Brito and Pearl, 2002c C. Brito and J Pearl. A new identification condition for recursive models with correlated errors. *Journal of Structural Equation Modeling,* 9(4):459–474, 2002.

Brito and Pearl, 2006 C. Brito and J Pearl. Graphical condition for identification in recursive SEM. In *Proceedings of the Twenty-Third Conference on Uncertainty in Artificial Intelligence,* pages 47–54. AUAI Press, Corvallis, OR, 2006.

Brito, 2010 C. Brito. Instrumental sets. In R. Dechter, H. Geffner, and J.Y. Halpern, editors, *Heuristics, Probability and Causality*, pages 295–308. College Publications, London, 2010.

Butler, 2002 S.F. Butler. Book review: A structural approach to the understanding of causes, effects, and judgment. *Journal of Mathematical Psychology,* 46:629–635, 2002.

Byerly, 2000 H.C. Byerly. Book reviews: Causality: Models, Reasoning, and Inference. *Choice,* 548, November 2000.

Cai and Kuroki, 2006 Z. Cai and M. Kuroki. Variance estimators for three 'probabilities of causation'. *Risk Analysis,* 25(6):1611–1620, 2006.

Cai et al., 2008 Z. Cai, M. Kuroki, J. Pearl, and J. Tian. Bounds on direct effect in the presence of confound intermediate variables. *Biometrics*, 64:695–701, 2008.

Campbell and Stanley, 1966 D.T. Campbell and J.C. Stanley. *Experimental and Quasi-Experimental Designs for Research.* R. McNally and Co., Chicago, IL, 1966.

Cartwright, 1983 N. Cartwright. *How the Laws of Physics Lie*. Clarendon Press, Oxford, 1983.

Cartwright, 1989 N. Cartwright. *Nature's Capacities and Their Measurement.* Clarendon Press, Oxford, 1989.

Cartwright, 1995a N. Cartwright. False idealisation: A philosophical threat to scientific method. *Philosophical Studies*, 77:339–352, 1995.

Cartwright, 1995b N. Cartwright. Probabilities and experiments. *Journal of Econometrics,* 67:47–59, 1995.

Cartwright, 1999 N. Cartwright. Causality: Independence and determinism. In A Gammerman, editor, *Causal Models and Intelligent Data Management*, pages 51–63. Springer-Verlag, Berlin, 1999.

Cartwright, 2007 N. Cartwright. *Hunting Causes and Using Them: Approaches in Philosophy and Economics*. Cambridge University Press, New York, NY, 2007.

Chajewska and Halpern, 1997 U. Chajewska and J.Y. Halpern. Defining explanation in probabilistic systems. In D. Geiger and P.P. Shenoy, editors, *Uncertainty in Artificial Intelligence 13,* pages 62–71. Morgan Kaufmann, San Francisco, CA, 1997.

Chakraborty, 2001 R. Chakraborty. A rooster crow does not cause the sun to rise: Review of

Causality: Models, Reasoning, and Inference. *Human Biology,* 110(4):621–624, 2001.

Chalak and White, 2006 K. Chalak and H. White. An extended class of instrumental variables for the estimation of causal effects. Technical Report Discussion Paper, UCSD, Department of Economics, July 2006.

Cheng, 1992 P.W. Cheng. Separating causal laws from causal facts: Pressing the limits of statistical relevance. *Psychology of Learning and Motivation,* 30:215–264, 1992.

Cheng, 1997 P.W. Cheng. From covariation to causation: A causal power theory. *Psychological Review,* 104(2):367–405, 1997.

Chickering and Pearl, 1997 D.M. Chickering and J. Pearl. A clinician's tool for analyzing non-compliance. *Computing Science and Statistics,* 29(2):424–431, 1997.

Chickering, 1995 D.M. Chickering. A transformational characterization of Bayesian network structures. In P. Besnard and S. Hanks, editors, *Uncertainty in Artificial Intelligence 11,* pages 87–98. Morgan Kaufmann, San Francisco, 1995.

Chou and Bentler, 1995 C.P. Chou and P. Bentler. Estimations and tests in structural equation modeling. In R.H. Hoyle, editor, *Structural Equation Modeling,* pages 37–55. Sage, Thousand Oaks, CA, 1995.

Christ, 1966 C. Christ. *Econometric Models and Methods.* John Wiley and Sons, Inc., New York, 1966.

Cliff, 1983 N. Cliff. Some cautions concerning the application of causal modeling methods. *Multivariate Behavioral Research,* 18:115–126, 1983.

Cohen and Nagel, 1934 M.R. Cohen and E. Nagel. *An Introduction to Logic and the Scientific Method.* Harcourt, Brace and Company, New York, 1934.

Cole and Hernán, 2002 S.R. Cole and M.A. Hernán. Fallibility in estimating direct effects. *International Journal of Epidemiology,* 31(1):163–165, 2002.

Cole, 1997 P. Cole. Causality in epidemiology, health policy, and law. *Journal of Marketing Research,* 27:10279–10285, 1997.

Cooper and Herskovits, 1991 G.F. Cooper and E. Herskovits. A Bayesian method for constructing Bayesian belief networks from databases. In B.D. D'Ambrosio, P. Smets, and P.P. Bonissone, editors, *Proceedings of Uncertainty in Artificial Intelligence Conference, 1991,* pages 86–94. Morgan Kaufmann, San Mateo, 1991.

Cooper, 1990 G.F. Cooper. Computational complexity of probabilistic inference using Bayesian belief networks. *Artificial Intelligence,* 42(2):393–405, 1990.

Cowell et al., 1999 R.G. Cowell, A.P. Dawid, S.L. Lauritzen, and D.J. Spielgelhalter. *Probabilistic Networks and Expert Systems.* Springer Verlag, New York, NY, 1999.

Cox and Wermuth, 1996 D.R. Cox and N. Wermuth. *Multivariate Dependencies – Models, Analysis and Interpretation.* Chapman and Hall, London, 1996.

Cox and Wermuth, 2003 D.R. Cox and N. Wermuth. A general condition for avoiding effect reversal after marginalization. *Journal of the Royal Statistical Society, Series B (Statistical Methodology),* 65(4):937–941, 2003.

Cox and Wermuth, 2004 D.R. Cox and N. Wermuth. Causality: A statistical view. *International Statistical Review,* 72(3):285–305, 2004.

Cox, 1958 D.R. Cox. *The Planning of Experiments.* John Wiley and Sons, NY, 1958.

Cox, 1992 D.R. Cox. Causality: Some statistical aspects. *Journal of the Royal Statistical Society,* 155, Series A:291–301, 1992.

Crámer, 1946 H. Crámer. *Mathematical Methods of Statistics.* Princeton University Press, Princeton, NJ, 1946.

Cushing and McMullin, 1989 J.T. Cushing and E. McMullin (Eds.). *Philosophical Consequences of Quantum Theory: Reflections on Bell's Theorem.* University of Notre Dame Press, South Bend, IN, 1989.

Darlington, 1990 R.B. Darlington. *Regression and Linear Models.* McGraw-Hill, New York, 1990.

Darnell, 1994 A.C. Darnell. *A Dictionary of Econometrics*. Edward Elgar Publishing Limited, Brookfield, VT, 1994.

Darwiche, 2009 A. Darwiche. *Modeling and Reasoning with Bayesian Networks*. Cambridge University Press, New York, 2009.

Davidson and MacKinnon, 1993 R. Davidson and J.G. MacKinnon. *Estimation and Inference in Econometrics*. Oxford University Press, New York, 1993.

Dawid, 1979 A.P. Dawid. Conditional independence in statistical theory. *Journal of the Royal Statistical Society, Series B,* 41(1):1–31, 1979.

Dawid, 2000 A.P. Dawid. Causal inference without counterfactuals (with comments and rejoinder). *Journal of the American Statistical Association,* 95(450):407–448, June 2000.

Dawid, 2002 A.P. Dawid. Influence diagrams for causal modelling and inference. *International Statistical Review,* 70:161–189, 2002.

De Kleer and Brown, 1986 J. De Kleer and J.S. Brown. Theories of causal ordering. *Artificial Intelligence,* 29(1):33–62, 1986.

Dean and Wellman, 1991 T.L. Dean and M.P. Wellman. *Planning and Control*. Morgan Kaufmann, San Mateo, CA, 1991.

Dechter and Pearl, 1991 R. Dechter and J. Pearl. Directed constraint networks: A relational framework for casual modeling. In J. Mylopoulos and R. Reiter, editors, *Proceedings of the Twelfth International Joint Conference of Artificial Intelligence (IJCAI-91),* pages 1164–1170. Morgan Kaufmann, San Mateo, CA, Sydney, Australia, 1991.

Dechter, 1996 R. Dechter. Topological parameters for time-space tradeoff. In E. Horvitz and F. Jensen, editors, *Proceedings of the Twelfth Conference on Uncertainty in Artificial Intelligence,* pages 220–227. Morgan Kaufmann, San Francisco, CA, 1996.

Decock, 2002 L. Decock. Bibliografische notities: Causality: Models, Reasoning, and Inference. *Tijdschrift voor Filosofie,* 64:201, 2002.

DeFinetti, 1974 B. DeFinetti. *Theory of Probability: A Critical Introductory Treatment*. Wiley, London, 1974. 2 volumes. Translated by A. Machi and A. Smith.

Dehejia and Wahba, 1999 R.H. Dehejia and S. Wahba. Causal effects in nonexperimental studies: Re-evaluating the evaluation of training programs. *Journal of the American Statistical Association,* 94:1053–1063, 1999.

Demiralp and Hoover, 2003 S. Demiralp and K. Hoover. Searching for the causal structure of a vector autoregression. *Oxford Bulletin of Economics,* 65:745–767, 2003.

Dempster, 1990 A.P. Dempster. Causality and statistics. *Journal of Statistics Planning and Inference,* 25:261–278, 1990.

Dhrymes, 1970 P.J. Dhrymes. *Econometrics*. Springer-Verlag, New York, 1970.

Didelez and Pigeot, 2001 V. Didelez and I. Pigeot. Discussions: Judea Pearl, Causality: Models, Reasoning, and Inference. *Politische Vierteljahresschrift,* 42(2):313–315, 2001.

Didelez, 2002 V. Didelez. Book reviews: Causality: Models, Reasoning, and Inference. *Statistics in Medicine,* 21:2292–2293, 2002.

Dong, 1998 J. Dong. Simpson's paradox. In P. Armitage and T. Colton, editors, *Encyclopedia of Biostatistics,* pages 4108–4110. J. Wiley, New York, 1998.

Dor and Tarsi, 1992 D. Dor and M. Tarsi. A simiple algorithm to construct a consistent extension of a partially oriented graph. Technical Report R-185, UCLA, Computer Science Department, 1992.

Druzdzel and Simon, 1993 M.J. Druzdzel and H.A. Simon. Causality in Bayesian belief networks. In D. Heckerman and A. Mamdani, editors, *Proceedings of the Ninth Conference on Uncertainty in Artificial Intelligence,* pages 3–11. Morgan Kaufmann, San Mateo, CA, 1993.

Duncan, 1975 O.D. Duncan. *Introduction to Structural Equation Models*. Academic Press, New York, 1975.

Edwards, 2000 D. Edwards. *Introduction to Graphical Modelling*. Springer-Verlag, New York, 2nd

edition, 2000.
Eells and Sober, 1983 E. Eells and E. Sober. Probabilistic causality and the question of transitivity. *Philosophy of Science,* 50:35–57, 1983.
Eells, 1991 E. Eells. *Probabilistic Causality*. Cambridge University Press, Cambridge, UK, 1991.
Efron and Feldman, 1991 B. Efron and D. Feldman. Compliance as an explanatory variable in clinical trials. *Journal of the American Statistical Association,* 86(413):9–26, March 1991.
Engle et al., 1983 R.F. Engle, D.F. Hendry, and J.F. Richard. Exogeneity. *Econometrica,* 51:277–304, 1983.
Epstein, 1987 R.J. Epstein. *A History of Econometrics*. Elsevier Science, New York, 1987.
Eshghi and Kowalski, 1989 K. Eshghi and R.A. Kowalski. Abduction compared with negation as failure. In G. Levi and M. Martelli, editors, *Proceedings of the Sixth International Conference on Logic Programming,* pages 234–254. MIT Press, Cambridge, MA, 1989.
Everitt, 1995 B. Everitt. Simpson's paradox. In B. Everitt, editor, *The Cambridge Dictionary of Statistics in the Medical Sciences,* page 237. Cambridge University Press, New York, 1995.
Feller, 1950 W. Feller. *Probability Theory and Its Applications*. Wiley, New York, 1950.
Fikes and Nilsson, 1971 R.E. Fikes and N.J. Nilsson. STIRPS: A new approach to the application of theorem proving to problem solving. *Artificial Intelligence,* 2(3/4):189–208, 1971.
Fine, 1975 K. Fine. Review of Lewis' counterfactuals. *Mind,* 84:451–458, 1975.
Fine, 1985 K. Fine. *Reasoning with Arbitrary Objects*. B. Blackwell, New York, 1985.
Finkelstein and Levin, 1990 M.O. Finkelstein and B. Levin. *Statistics for Lawyers*. Springer-Verlag, New York, 1990.
Fisher, 1926 R.A. Fisher. The arrangement of field experiments. *Journal of the Ministry of Agriculture of Great Britain,* 33:503–513, 1926. *Collected Papers,* 2, no. 48, and *Contributions,* paper 17.
Fisher, 1935 R.A. Fisher. *The Design of Experiments*. Oliver and Boyd, Edinburgh, 1935.
Fisher, 1970 F.M. Fisher. A correspondence principle for simultaneous equations models. *Econometrica,* 38(1):73–92, January 1970.
Fleiss, 1981 J.L. Fleiss. *Statistical Methods for Rates and Proportions*. John Wiley and Sons, New York, 2nd edition, 1981.
Frangakis and Rubin, 2002 C.E. Frangakis and D.B. Rubin. Principal stratification in causal inference. *Biometrics,* 1(58):21–29, 2002.
Freedman and Stark, 1999 D. A. Freedman and P. B. Stark. The swine flu vaccine and Guillain-Barré syndrome: A case study in relative risk and specific causation. *Evaluation Review,* 23(6):619–647, December 1999.
Freedman, 1987 D. Freedman. As others see us: A case study in path analysis (with discussion). *Journal of Educational Statistics,* 12(2):101–223, 1987.
Freedman, 1997 D.A. Freedman. From association to causation via regression. In V.R. McKim and S.P. Turner, editors, *Causality in Crisis?,* pages 113–161. University of Notre Dame Press, Notre Dame, IN, 1997.
Frisch, 1938 R. Frisch. Autonomy of economic relations. Reprinted [with Tinbergen's comments]. In D.F. Hendry and M.S. Morgan, editors, *The Foundations of Econometric Analysis,* pages 407–423. Cambridge University Press, 1938.
Frydenberg, 1990 M. Frydenberg. The chain graph Markov property. *Scandinavian Journal of Statistics,* 17:333–353, 1990.
Gail, 1986 M.H. Gail. Adjusting for covariates that have the same distribution in exposed and unexposed cohorts. In S.H. Moolgavkar and R.L. Prentice, editors, *Modern Statistical Methods in Chronic Disease Epidemiology,* pages 3–18. John Wiley and Sons, New York, 1986.
Galles and Pearl, 1995 D. Galles and J. Pearl. Testing identifiability of causal effects. In P. Besnard and S. Hanks, editors, *Uncertainty in Artificial Intelligence 11,* pages 185–195. Morgan Kaufmann, San Francisco, 1995.
Galles and Pearl, 1997 D. Galles and J. Pearl. Axioms of causal relevance. *Artificial Intelligence,*

97(1-2):9–43, 1997.

Galles and Pearl, 1998 D. Galles and J. Pearl. An axiomatic characterization of causal counterfactuals. *Foundation of Science,* 3(1):151–182, 1998.

Gardenfors, 1988 P. Gardenfors. Causation and the dynamics of belief. In W. Harper and B. Skyrms, editors, *Causation in Decision, Belief Change and Statistics II,* pages 85–104. Kluwer Academic Publishers, Dordrecht /Boston /London, 1988.

Geffner, 1992 H. Geffner. *Default Reasoning: Causal and Conditional Theories.* MIT Press, Cambridge, MA, 1992.

Geiger and Pearl, 1993 D. Geiger and J. Pearl. Logical and algorithmic properties of conditional independence. *The Annals of Statistics,* 21(4):2001–2021, 1993.

Geiger et al., 1990 D. Geiger, T.S. Verma, and J. Pearl. Identifying independence in Bayesian networks. *Networks,* 20: 507–534.

Geneletti, 2007 S. Geneletti. Identifying direct and indirect effects in a non-counterfactual framework. *Journal of the Royal Statistical Society, Series B (Methodological)*, 69(2): 199–215, 2007.

Geng et al., 2002 Z. Geng, J. Guo, and W-K. Fung. Criteria for confounders in epidemiological studies. *Journal of the Royal Statistical Society, Series B*, 64(1):3–15, 2002.

Geng, 1992 Z. Geng. Collapsibility of relative risk in contingency tables with a response variable. *Journal of the Royal Statistical Society,* 54(2):585–593, 1992.

Gibbard and Harper, 1976 A. Gibbard and L. Harper. Counterfactuals and two kinds of expected utility. In W.L. Harper, R. Stalnaker, and G. Pearce (Eds.), *Ifs,* pages 153–169. D. Reidel, Dordrecht, 1976.

Gillies, 2001 D. Gillies. Critical notice: Judea Pearl, Causality: Models, Reasoning, and Inference. *British Journal of Science,* 52:613–622, 2001.

Ginsberg and Smith, 1987 M.L. Ginsberg and D.E. Smith. Reasoning about action I: A possible worlds approach. In Frank M. Brown, editor, *The Frame Problem in Artificial Intelligence,* pages 233–258. Morgan Kaufmann, Los Altos, CA, 1987.

Ginsberg, 1986 M.L. Ginsberg. Counterfactuals. *Artificial Intelligence,* 30(35–79), 1986.

Glymour and Cooper, 1999 C.N. Glymour and G.F. Cooper, editors. *Computation, Causation, and Discovery*. MIT Press, Cambridge, MA, 1999.

Glymour and Greenland, 2008 M.M. Glymour and S. Greenland. Causal diagrams. In K.J. Rothman, S. Greenland, and T.L. Lash, editors, *Modern Epidemiology*. Lippincott Williams & Wilkins, Philadelphia, PA, 3rd edition, 2008.

Glymour, 1998 C.N. Glymour. Psychological and normative theories of causal power and the probabilities of causes. In G.F. Cooper and S. Moral, editors, *Uncertainty in Artificial Intelligence,* pages 166–172. Morgan Kaufmann, San Francisco, CA, 1998.

Glymour, 2001 C.N. Glymour. *The Mind's Arrows: Bayes Nets and Graphical Causal Models in Psychology*. The MIT Press, Cambridge, MA, 2001.

Goldberger, 1972 A.S. Goldberger. Structural equation models in the social sciences. *Econometrica: Journal of the Econometric Society,* 40:979–1001, 1972.

Goldberger, 1973 A.S. Goldberger. Structural equation models: An overview. In A.S. Goldberger and O.D. Duncan, editors, *Structural Equation Models in the Social Sciences,* pages 1–18. Seminar Press, New York, NY, 1973.

Goldberger, 1991 A.S. Goldberger. *A Course of Econometrics*. Harvard University Press, Cambridge, MA, 1991.

Goldberger, 1992 A.S. Goldberger. Models of substance; comment on N. Wermuth, 'On block-recursive linear regression equations'. *Brazilian Journal of Probability and Statistics,* 6:1–56, 1992.

Goldszmidt and Pearl, 1992 M. Goldszmidt and J. Pearl. Rank-based systems: A simple approach to belief revision, belief update, and reasoning about evidence and actions. In B. Nebel, C. Rich, and W. Swartout, editors, *Proceedings of the Third International Conference on Knowledge*

Representation and Reasoning, pages 661–672. Morgan Kaufmann, San Mateo, CA, 1992.

Good and Mittal, 1987 I.J. Good and Y. Mittal. The amalgamation and geometry of two-by-two contingency tables. *The Annals of Statistics,* 15(2):694–711, 1987.

Good, 1961 I.J. Good. A causal calculus, (I). *British Journal for the Philosophy of Science,* 11:305–318, 1961.

Good, 1962 I.J. Good. A causal calculus (II). *British Journal for the Philosophy of Science,* 12:43–51; 13:88, 1962.

Good, 1993 I.J. Good. A tentative measure of probabilistic causation relevant to the philosophy of the law. *Journal of Statistical Computation and Simulation,* 47:99–105, 1993.

Gopnik et al., 2004 A. Gopnik, C.N. Glymour, D.M. Sobel, L.E. Schulz, T. Kushnir, and D. Danks. A theory of causal learning in children: Causal maps and Bayes nets. *Psychological Review,* 111(1):3–32, 2004.

Granger, 1969 C.W.J. Granger. Investigating causal relations by econometric models and cross spectral methods. *Econometrica; Journal of the Econometric Society,* 37(3):424–438, July 1969.

Granger, 1988 C.W.J. Granger. Causality testing in a decision science. In W. Harper and B. Skyrms, editors, *Causation in Decision, Belief Change and Statistics I,* pages 1–20. Kluwer Academic Publishers, Dordrecht/Boston/London, 1988.

Grayson, 1987 D.A. Grayson. Confounding confounding. *American Journal of Epidemiology,* 126:546–553, 1987.

Greene, 1997 W.H. Greene. *Econometric Analysis*. Prentice Hall, Upper Saddle River, NJ, 1997.

Greenland and Brumback, 2002 S. Greenland and B. Brumback. An overview of relations among causal modelling methods. *International Journal of Epidemiology,* 31:1030–1037, 2002.

Greenland and Neutra, 1980 S. Greenland and R. Neutra. Control of confounding in the assessment of medical technology. *International Journal of Epidemiology,* 9(4):361–367, 1980.

Greenland and Robins, 1986 S. Greenland and J.M. Robins. Identifiability, exchangeability, and epidemiological confounding. *International Journal of Epidemiology,* 15(3):413–419, 1986.

Greenland and Robins, 1988 S. Greenland and J.M Robins. Conceptual problems in the definition and interpretation of attributable fractions. *American Journal of Epidemiology,* 128:1185–1197, 1988.

Greenland et al., 1989 S. Greenland, H. Morgenstern, C. Poole, and J.M. Robins. Re: 'Confounding confounding'. *American Journal of Epidemiology,* 129:1086–1089, 1989.

Greenland et al., 1999a S. Greenland, J. Pearl, and J.M Robins. Causal diagrams for epidemiologic research. *Epidemiology,* 10(1):37–48, 1999.

Greenland et al., 1999b S. Greenland, J.M. Robins, and J. Pearl. Confounding and collapsibility in causal inference. *Statistical Science,* 14(1):29–46, February 1999.

Greenland, 1998 S. Greenland. Confounding. In P. Armitage and T. Colton, editors, *Encyclopedia of Biostatistics,* page 905–6. J. Wiley, New York, 1998.

Gursoy, 2002 K. Gursoy. Book reviews: Causality: Models, Reasoning, and Inference. *IIE Transactions,* 34:583, 2002.

Guyon et al., 2008a I. Guyon, C. Aliferis, G.F. Cooper, A. Elisseeff, J.-P. Pellet, P. Spirtes, and A. Statnikov. Design and analysis of the causation and prediction challenge. *JMLR Workshop and Conference Proceedings*, volume 3: WCCI 2008 causality challenge, Hong Kong, June 3–4 2008.

Guyon et al., 2008b I. Guyon, C. Aliferis, G.F. Cooper, A. Elisseeff, J.-P. Pellet, P. Spirtes, and A. Statnikov. Design and analysis of the causality pot-luck challenge. *JMLR Workshop and Conference Proceedings*, volume 5: NIPS 2008 causality workshop, Whistler, Canada, December 12 2008.

Haavelmo, 1943 T. Haavelmo. The statistical implications of a system of simultaneous equations. *Econometrica,* 11:1–12, 1943. Reprinted in D.F. Hendry and M.S. Morgan (Eds.), *The Foundations of Econometric Analysis,* Cambridge University Press, 477–490, 1995.

Haavelmo, 1944 T. Haavelmo. The probability approach in econometrics (1944)*. Supplement to *Econometrica,* 12:12–17, 26–31, 33–39, 1944. Reprinted in D.F. Hendry and M.S. Morgan (Eds.),

The Foundations of Econometric Analysis, Cambridge University Press, New York, 440–453, 1995.
Hadlock, 2005 C.R. Hadlock. Book reviews: Causality: Models, Reasoning, and Inference. *Journal of the American Statistical Association,* 100:1095–1096, 2005.
Hall, 2004 N. Hall. Two concepts of causation. In N. Hall, J. Collins, and L.A. Paul, editors, *Causation and Counterfactuals*, Chapter 9. MIT Press, Cambridge, MA, 2004.
Hall, 2007 N. Hall. Structural equations and causation. *Philosophical Studies,* 132:109–136, 2007.
Halpern and Hitchcock, 2010 J.Y. Halpern and C. Hitchcock. Actual causation and the art of modeling. In R. Dechter, H. Geffner, and J.Y. Halpern, editors, *Heuristics, Probability and Causality,* pages 383–406. College Publications, London, 2010.
Halpern and Pearl, 1999 J.Y. Halpern and J. Pearl. Actual causality. Technical Report R-266, University of California Los Angeles, Cognitive Systems Lab, Los Angeles, 1999.
Halpern and Pearl, 2000 J.Y. Halpern and J. Pearl. Causes and explanations. Technical Report R-266, Cognitive Systems Laboratory, Department of Computer Science, University of California, Los Angeles, CA, March 2000. Online at ⟨www.cs.ucla.edu/~judea/⟩.
Halpern and Pearl, 2001a J.Y. Halpern and J. Pearl. Causes and explanations: A structural-model approach—Part I: Causes. In *Proceedings of the Seventeenth Conference on Uncertainty in Artificial Intelligence,* pages 194–202. Morgan Kaufmann, San Francisco, CA, 2001.
Halpern and Pearl, 2001b J.Y. Halpern and J. Pearl. Causes and explanations: A structural-model approach—Part II: Explanations. In *Proceedings of the International Joint Conference on Artificial Intelligence,* pages 27–34. Morgan Kaufmann, CA, 2001.
Halpern and Pearl, 2005a J.Y. Halpern and J. Pearl. Causes and explanations: A structural-model approach—Part I: Causes. *British Journal of Philosophy of Science,* 56:843–887, 2005.
Halpern and Pearl, 2005b J.Y. Halpern and J. Pearl. Causes and explanations: A structural-model approach—Part II: Explanations. *British Journal of Philosophy of Science,* 56:843–887, 2005.
Halpern, 1998 J.Y. Halpern. Axiomatizing causal reasoning. In G.F. Cooper and S. Moral, editors, *Uncertainty in Artificial Intelligence,* pages 202–210. Morgan Kaufmann, San Francisco, CA, 1998. Also, *Journal of Artificial Intelligence Research* 12:3, 17–37, 2000.
Halpern, 2008 J.Y. Halpern. Defaults and normality in causal structures. In G. Brewka and J. Lang, editors, *Proceedings of the Eleventh International Conference on Principles of Knowledge Representation and Reasoning (KR 2008),* page 198–208. Morgan Kaufmann, San Mateo, CA, 2008.
Hauck et al., 1991 W.W. Hauck, J.M. Heuhaus, J.D. Kalbfleisch, and S. Anderson. A consequence of omitted covariates when estimating odds ratios. *Journal of Clinical Epidemiology,* 44(1):77–81, 1991.
Hausman, 1998 D.M. Hausman. *Causal Asymmetries*. Cambridge University Press, New York, 1998.
Hayduk et al., 2003 L. Hayduk, G. Cummings, R. Stratkotter, M. Nimmo, K. Grygoryev, D. Dosman, M. Gillespie, H. Pazderka-Robinson, and K. Boadu. Pearl's D-separation: One more step into causal thinking. *Structural Equation Modeling*, 10(2):289–311, 2003.
Hayduk, 1987 L.A. Hayduk. *Structural Equation Modeling with LISREL, Essentials and Advances*. Johns Hopkins University Press, Baltimore, 1987.
Heckerman and Shachter, 1995 D. Heckerman and R. Shachter. Decision-theoretic foundations for causal reasoning. *Journal of Artificial Intelligence Research,* 3:405–430, 1995.
Heckerman et al., 1994 D. Heckerman, D. Geiger, and D. Chickering. Learning Bayesian networks: The combination of knowledge and statistical data. In R. Lopez de Mantaras and D. Poole, editors, *Uncertainty in Artificial Intelligence 10,* pages 293–301. Morgan Kaufmann, San Mateo, CA, 1994.
Heckerman et al., 1995 Guest Editors: David Heckerman, Abe Mamdani, and Michael P. Wellman. Real-world applications of Bayesian networks. *Communications of the ACM,* 38(3):24–68, March 1995.
Heckerman et al., 1999 D. Heckerman, C. Meek, and G.F. Cooper. A Bayesian approach to causal discovery. In C. Glymour and G. Cooper, editors, *Computation, Causation, and Discovery,* The

MIT Press, Cambridge, MA, 143–167, 1999.

Heckman and Honoré, 1990 J.J. Heckman and B.E. Honoré. The empirical content of the Roy model. *Econometrica,* 58:1121–1149, 1990.

Heckman and Robb, 1986 J.J. Heckman and R.R. Robb. Alternative methods for solving the problem of selection bias in evaluating the impact of treatments on outcomes. In H. Wainer, editor, *Drawing Inference From Self Selected Samples,* pages 63–107. Springer-Verlag, New York, NY, 1986.

Heckman and Vytlacil, 1999 J.J. Heckman and E.J. Vytlacil. Local instrumental variables and latent variable models for identifying and bounding treatment effects. *Proceedings of the National Academy of Sciences, USA,* 96(8):4730–4734, April 1999.

Heckman and Vytlacil, 2007 J.J. Heckman and E.J. Vytlacil. *Handbook of Econometrics,* volume 6B, Econometric Evaluation of Social Programs, Part I: Causal Models, Structural Models and Econometric Policy Evaluation, pages 4779–4874. Elsevier B.V., 2007.

Heckman et al., 1998 J.J. Heckman, H. Ichimura, and P. Todd. Matching as an econometric evaluation estimator. *Review of Economic Studies,* 65:261–294, 1998.

Heckman, 1992 J.J. Heckman. Randomization and social policy evaluation. In C. Manski and I. Garfinkle, editors, *Evaluations: Welfare and Training Programs,* pages 201–230. Harvard University Press, Cambridge, MA, 1992.

Heckman, 1996 J.J. Heckman. Comment on 'Identification of causal effects using instrumental variables'. *Journal of the American Statistical Association,* 91(434):459–462, June 1996.

Heckman, 2000 J.J. Heckman. Causal parameters and policy analysis in economics: A twentieth century retrospective. *The Quarterly Journal of Economics,* 115(1):45–97, 2000.

Heckman, 2003 J.J. Heckman. Conditioning causality and policy analysis. *Journal of Econometrics,* 112(1):73–78, 2003.

Heckman, 2005 J.J. Heckman. The scientific model of causality. *Sociological Methodology,* 35:1–97, 2005.

Heise, 1975 D.R. Heise. *Causal Analysis.* John Wiley and Sons, New York, 1975.

Hendry and Morgan, 1995 D.F. Hendry and M.S. Morgan. *The Foundations of Econometric Analysis.* Cambridge University Press, Cambridge, 1995.

Hendry, 1995 David F. Hendry. *Dynamic Econometrics.* Oxford University Press, New York, 1995.

Hennekens and Buring, 1987 C.H. Hennekens and J.E. Buring. *Epidemiology in Medicine.* Little, Brown, Boston, 1987.

Hernán et al., 2002 M.A. Hernán, S. Hernández-Díaz, M.M. Werler, and A.A. Mitchell. Causal knowledge as a prerequisite for confounding evaluation: An application to birth defects epidemiology. *American Journal of Epidemiology,* 155(2):176–184, 2002.

Hernán et al., 2004 M.A. Hernán, S. Hernández-Díaz, and J.M. Robins. A structural approach to selection bias. *Epidemiology,* 15(5):615–625, 2004.

Hernández-Díaz et al., 2006 S. Hernández-Díaz, E.F. Schisterman, and Hernán M.A. The birth weight "paradox" uncovered? *American Journal of Epidemiology,* 164(11):1115–1120, 2006.

Hesslow, 1976 G. Hesslow. Discussion: Two notes on the probabilistic approach to causality. *Philosophy of Science,* 43:290–292, 1976.

Hiddleston, 2005 E. Hiddleston. Causal powers. *British Journal for Philosophy of Science,* 56:27–59, 2005.

Hitchcock, 1995 C. Hitchcock. The mishap of Reichenbach's fall: Singular vs. general causation. *Philosophical Studies,* 78:257–291, 1995.

Hitchcock, 1996 C.R. Hitchcock. Causal decision theory and decision theoretic causation. *Nous,* 30(4):508–526, 1996.

Hitchcock, 1997 C. Hitchcock. Causation, probabilistic, 1997. In *Stanford Encyclopedia of Philosophy,* online at: http://plato.stanford.edu/entries/causation-probabilistic.

Hitchcock, 2001 C. Hitchcock. Book reviews: Causality: Models, Reasoning, and Inference. *The Philosophical Review,* 110(4):639–641, 2001.

Hitchcock, 2007 C.R. Hitchcock. Prevention, preemption, and the principle of sufficient reason. *Philosophical Review,* 116:495–532, 2007.

Hitchcock, 2008 C.R. Hitchcock. Structural equations and causation: Six counterexamples. *Philosophical Studies,* page DOI 10.1007/s 11098–008–9216–2, 2008.

Hoel et al., 1971 P.G. Hoel, S.C. Port, and C.J. Stone. *Introduction to Probability Theory*. Houghton Mifflin Company, Boston, 1971.

Holland and Rubin, 1983 P.W. Holland and D.B. Rubin. On Lord's paradox. In H. Wainer and S. Messick, editors, *Principals of Modern Psychological Measurement,* pages 3–25. Lawrence Earlbaum, Hillsdale, NJ, 1983.

Holland, 1986 P.W. Holland. Statistics and causal inference. *Journal of the American Statistical Association,* 81(396):945–960, December 1986.

Holland, 1988 P.W. Holland. Causal inference, path analysis, and recursive structural equations models. In C. Clogg, editor, *Sociological Methodology,* pages 449–484. American Sociological Association, Washington, D.C., 1988.

Holland, 1995 P.W. Holland. Some reflections on Freedman's critiques. *Foundations of Science,* 1:50–57, 1995.

Holland, 2001 P.W. Holland. The false linking of race and causality: Lessons from standardized testing. *Race and Society,* 4(2): 219–233, 2001.

Hoover, 1990 K.D. Hoover. The logic of causal inference. *Economics and Philosophy,* 6:207–234, 1990.

Hoover, 2001 K. Hoover. *Causality in Macroeconomics*. Cambridge University Press, New York, 2001.

Hoover, 2003 K.D. Hoover. Book reviews: Causality: Models, Reasoning, and Inference. *Economic Journal,* 113:F411–F413, 2003.

Hoover, 2004 K.D. Hoover. Lost causes. *Journal of the History of Economic Thought,* 26(2):149–164, June 2004.

Hoover, 2008 K.D. Hoover. Causality in economics and econometrics. In S.N. Durlauf and L.E. Blume, editors, *From The New Palgrave Dictionary of Economics*. Palgrave Macmillan, New York, NY, 2nd edition, 2008.

Hopkins and Pearl, 2002 M. Hopkins and J Pearl. Strategies for determining causes of events. In *Proceedings of the Eighteenth National Conference on Artificial Intelligence,* pages 546–552. AAAI Press/ The MIT Press, Menlo Park, CA, 2002.

Howard and Matheson, 1981 R.A. Howard and J.E. Matheson. Influence diagrams. *Principles and Applications of Decision Analysis,* 1981. Strategic Decisions Group, Menlo Park, CA. Reprinted in *Decision Analysis* 2(3): 129–143, 2005.

Howard, 1960 R.A. Howard. *Dynamic Programming and Markov Processes*. MIT Press, Cambridge, MA, 1960.

Howard, 1990 R.A. Howard. From influence to relevance to knowledge. In R.M. Oliver and J.Q. Smith, editors, *Influence Diagrams, Belief Nets, and Decision Analysis,* pages 3–23. Wiley and Sons, Ltd., New York, NY, 1990.

Hoyer et al., 2006 P. Hoyer, S. Shimizu, and A.J. Kerminen. Estimation of linear, non-Gaussian causal models in presence of confounding latent variables. In *Proceedings of the Third European Workshop on Probabilistic Graphical Models (PGM'06),* pages 155–162. Institute of Information Theory and Automation, Prague, Czech Republic, 2006.

Huang and Valtorta, 2006 Y. Huang and M. Valtorta. Pearl's calculus of intervention is complete. In R. Dechter and T.S. Richardson, editors, *Proceedings of the Twenty-Second Conference on Uncertainty in Artificial Intelligence,* pages 217–224. AUAI Press, Corvallis, OR, 2006.

Hume,1739 D. Hume. *A Treatise of Human Nature*. Oxford University Press, Oxford, 1739.

Reprinted 1888.

Hume, 1748 D. Hume. *An enquiry concerning human understanding*. Reprinted Open Court Press (1958), LaSalle, IL, 1748.

Humphreys and Freedman, 1996 P. Humphreys and D. Freedman. The grand leap. *British Journal for the Philosophy of Science,* 47:113–123, 1996.

Hurwicz, 1962 L. Hurwicz. On the structural form of interdependent systems. In E. Nagel, P. Suppes, and A. Tarski, editors, *Logic, Methodology, and Philosophy of Science,* pages 232–239. Stanford University Press, Stanford CA, 1962.

Imai et al., 2008 K. Imai, L. Keele, and T. Yamamoto. Identification, inference, and sensitivity analysis for causal mediation effects. Technical report, Department of Politics, Princeton University, December 2008.

Imbens and Angrist, 1994 G.W. Imbens and J.D. Angrist. Identification and estimation of local average treatment effects. *Econometrica,* 62(2):467–475, March 1994.

Imbens and Rubin, 1997 G.W. Imbens and D.R. Rubin. Bayesian inference for causal effects in randomized experiments with noncompliance. *Annals of Statistics,* 25:305–327, 1997.

Imbens, 1997 G.W. Imbens. Book reviews. *Journal of Applied Econometrics,* 12(1): 91–94, 1997.

Imbens, 2004 G.W. Imbens. Nonparametric estimation of average treatment effects under exogeneity: A review. *The Review of Economics and Statistics,* 86(1):4–29, 2004.

Intriligator et al., 1996 M.D. Intriligator, R.G. Bodkin, and C. Hsiao. *Econometric Models, Techniques, and Applications*. Prentice-Hall, Saddle River, NJ, 2nd edition, 1996.

Isham, 1981 V. Isham. An introduction to spatial point processes and Markov random fields. *International Statistical Review,* 49:21–43, 1981.

Iwasaki and Simon, 1986 Y. Iwasaki and H.A. Simon. Causality in device behavior. *Artificial Intelligence,* 29(1):3–32, 1986.

James et al., 1982 L.R. James, S.A. Mulaik, and J.M. Brett. *Causal Analysis: Assumptions, Models, and Data*. Studying Organizations, 1. Sage, Beverly Hills, 1982.

Jeffrey, 1965 R. Jeffrey. *The Logic of Decisions*. McGraw-Hill, New York, 1965.

Jensen, 1996 F.V. Jensen. *An Introduction to Bayesian Networks*. Springer, New York, 1996.

Jordan, 1998 M.I. Jordan. *Learning in Graphical Models*. Kluwer Academic Publishers, Dordrecht, series D: Behavioural and Social Sciences – vol. 89 edition, 1998.

Katsuno and Mendelzon, 1991 H. Katsuno and A.O. Mendelzon. On the difference between updating a knowledge base and revising it. In J.A. Allen, R. Fikes, and E. Sandewall, editors, *Principles of Knowledge Representation and Reasoning: Proceedings of the Second International Conference,* pages 387–394, Morgan Kaufmann, San Mateo, CA, 1991.

Kaufman et al., 2005 S. Kaufman, J.S. Kaufman, R.F. MacLenose, S. Greenland, and C. Poole. Improved estimation of controlled direct effects in the presence of unmeasured confounding of intermediate variables. *Statistics in Medicine,* 25:1683–1702, 2005.

Kennedy, 2003 P. Kennedy. *A Guide to Econometrics*. MIT Press, Cambridge, MA, 5th edition, 2003.

Khoury et al., 1989 M.J. Khoury, W.D Flanders, S. Greenland, and M.J. Adams. On the measurement of susceptibility in epidemiologic studies. *American Journal of Epidemiology,* 129(1):183–190, 1989.

Kiiveri et al., 1984 H. Kiiveri, T.P. Speed, and J.B. Carlin. Recursive causal models. *Journal of Australian Math Society,* 36:30–52, 1984.

Kim and Pearl, 1983 J.H. Kim and J. Pearl. A computational model for combined causal and diagnostic reasoning in inference systems. In *Proceedings of the Eighth International Joint Conference on Artificial Intelligence (IJCAI-83),* pages 190–193. Karlsruhe, Germany, 1983.

Kim, 1971 J. Kim. Causes and events: Mackie on causation. *Journal of Philosophy,* 68:426–471,

1971. Reprinted in E. Sosa and M. Tooley (Eds.), *Causation,* Oxford University Press, 1993.

King et al., 1994 G. King, R.O. Keohane, and S. Verba. *Designing Social Inquiry: Scientific Inference in Qualitative Research.* Princeton University Press, Princeton, NJ, 1994.

Kleinbaum et al., 1982 D.G. Kleinbaum, L.L. Kupper, and H. Morgenstern. *Epidemiologic Research.* Lifetime Learning Publications, Belmont, California, 1982.

Kline, 1998 R.B. Kline. *Principles and Practice of Structural Equation Modeling.* The Guilford Press, New York, 1998.

Koopmans et al., 1950 T.C. Koopmans, H. Rubin, and R.B. Leipnik. Measuring the equation systems of dynamic economics. In T.C. Koopmans, editor, *Statistical Inference in Dynamic Economic Models,* pages 53–237. John Wiley, New York, 1950.

Koopmans, 1950 T.C. Koopmans. When is an equation system complete for statistical purposes? In T.C. Koopmans, editor, *Statistical Inference in Dynamic Economic Models,* Cowles Commission, Monograph 10. Wiley, New York, 1950. Reprinted in D.F. Hendry and M.S. Morgan (Eds.), *The Foundations of Econometric Analysis,* pages 527–537. Cambridge University Press, 1995.

Koopmans, 1953 T.C. Koopmans. Identification problems in econometric model construction. In W.C. Hood and T.C. Koopmans, editors, *Studies in Econometric Method,* pages 27–48. Wiley, New York, 1953.

Korb and Wallace, 1997 K.B. Korb and C.S. Wallace. In search of the philosopher's stone: Remarks on Humphreys and Freedman's critique of causal discovery. *British Journal for the Philosophy of Science,* 48:543–553, 1997.

Koster, 1999 J.T.A. Koster. On the validity of the Markov interpretation of path diagrams of Gaussian structural equations systems with correlated errors. *Scandinavian Journal of Statistics,* 26:413–431, 1999.

Kramer and Shapiro, 1984 M.S. Kramer and S. Shapiro. Scientific challenges in the application of randomized trials. *Journal of the American Medical Association,* 252:2739–2745, November 1984.

Kraus et al., 1990 S. Kraus, D. Lehmann, and M. Magidor. Nonmonotonic reasoning, preferential models and cumulative logics. *Artificial Intelligence,* 44:167–207, 1990.

Kuroki and Cai, 2004 M. Kuroki and Z. Cai. Selection of identifiability criteria for total effects by using path diagrams. In M. Chickering and J. Halpern, editors, *Uncertainty in Artificial Intelligence, Proceedings of the Twentieth Conference,* pages 333–340. AUAI, Arlington, VA, 2004.

Kuroki and Miyakawa, 1999a M. Kuroki and M. Miyakawa. Estimation of causal effects in causal diagrams and its application to process analysis (in Japanese). *Journal of the Japanese Society for Quality Control,* 29:237–247, 1999.

Kuroki and Miyakawa, 1999b M. Kuroki and M. Miyakawa. Identifiability criteria for causal effects of joint interventions. *Journal of the Japan Statistical Society,* 29:105–117, 1999.

Kuroki and Miyakawa, 2003 M. Kuroki and M. Miyakawa. Covariate selection for estimating the causal effect of control plans using causal diagrams. *Journal of the Royal Statistical Society, Series B,* 65:209–222, 2003.

Kuroki et al., 2003 M. Kuroki, M. Miyakawa, and Z. Cai. Joint causal effect in linear structural equation model and its application to process analysis. *Artificial Intelligence and Statistics,* 9:70–77, 2003.

Kvart, 1986 I. Kvart. *A Theory of' Counterfactuals.* Hackett Publishing, Co., Indianapolis, 1986.

Kyburg Jr., 2005 H.E. Kyburg Jr. Book review: Judea Pearl, Causality, Cambridge University Press, 2000. *Artificial Intelligence,* 169:174–179, 2005.

Laplace, 1814 P.S. Laplace. *Essai Philosophique sure les Probabilités.* Courcier, New York, 1814. English translation by F.W. Truscott and EL. Emory, Wiley, NY, 1902.

Lauritzen and Richardson, 2002 S.L. Lauritzen and T.S. Richardson. Chain graph models and their causal interpretations. *Royal Statistical Society,* 64(Part 2): 1–28, 2002.

Lauritzen and Spiegelhalter, 1988 S.L. Lauritzen and D.J. Spiegelhalter. Local computations with probabilities on graphical structures and their application to expert systems (with discussion). *Journal of the Royal Statistical Society, Series B,* 50(2): 157–224, 1988.

Lauritzen et al., 1990 S.L. Lauritzen, A.P. Dawid, B.N. Larsen, and H.G. Leimer. Independence properties of directed Markov fields. *Networks,* 20:491–505, 1990.

Lauritzen, 1982 S.L. Lauritzen. *Lectures on Contingency Tables.* University of Aalborg Press, Aalborg, Denmark, 2nd edition, 1982.

Lauritzen, 1996 S.L. Lauritzen. *Graphical Models.* Clarendon Press, Oxford, 1996.

Lauritzen, 2001 S.L. Lauritzen. Causal inference from graphical models. In D.R. Cox and C. Kluppelberg, editors, *Complex Stochastic Systems*, pages 63–107. Chapman and Hall/CRC Press, Boca Raton, FL, 2001.

Lauritzen, 2004 S.L. Lauritzen. Discussion on causality. *Scandinavian Journal of Statistics,* 31: 189–192, 2004.

Lawry, 2001 J. Lawry. Review: Judea Pearl, Causality: Models, Reasoning, and Inference. *MathSciNet, Mathematical Reviews on the Web,* MR1744773((2001d:68213)):http:// www.ams.org/mathscinet–getitem?mr=1744773, 2001.

Leamer, 1985 E.E. Leamer. Vector autoregressions for causal inference? *Carnegie-Rochester Conference Series on Public Policy,* 22:255–304, 1985.

Lee and Hershberger, 1990 S. Lee and S.A. Hershberger. A simple rule for generating equivalent models in covariance structure modeling. *Multivariate Behavioral Research,* 25(3):313–334, 1990.

Lemmer, 1993 J.F. Lemmer. Causal modeling. In D. Heckerman and A. Mamdani, editors, *Proceedings of the Ninth Conference on Uncertainty in Artificial Intelligence,* pages 143–151. Morgan Kaufmann, San Mateo, CA, 1993.

Leroy, 1995 S.F. Leroy. Causal orderings. In K.D. Hoover, editor, *Macroeconometrics: Developments, Tensions, Prospects,* pages 211–227. Kluwer Academic, Boston, 1995.

Leroy, 2002 S.F. Leroy. A review of Judea Pearl's Causality. *Journal of Economic Methodology,* 9(1): 100–103, 2002.

Levi, 1988 I. Levi. Iteration of conditionals and the Ramsey test. *Synthese,* 76:49–81, 1988.

Lewis, 1973a D. Lewis. Causation. *Journal of Philosophy,* 70:556–567, 1973.

Lewis, 1973b D. Lewis. *Counterfactuals.* Harvard University Press, Cambridge, MA, 1973.

Lewis, 1973c D. Lewis. Counterfactuals and comparative possibility, 1973. In W.L. Harper, R. Stalnaker, and G. Pearce (Eds.), *Ifs,* pages 57–85, D. Reidel, Dordrecht, 1981.

Lewis, 1976 D. Lewis. Probabilities of conditionals and conditional probabilities. *Philosophical Review,* 85:297–315, 1976.

Lewis, 1979 D. Lewis. Counterfactual dependence and time's arrow. *Nous,* 13:418–446, 1979.

Lewis, 1986 D. Lewis. *Philosophical Papers,* volume II. Oxford University Press, New York, 1986.

Lin, 1995 F. Lin. Embracing causality in specifying the indeterminate effects of actions. In *Proceedings of the Fourteenth International Joint Conference on Artificial Intelligence (IJCAI-95),* Montreal, Quebec, 1995.

Lindley and Novick, 1981 D.V. Lindley and M.R. Novick. The role of exchangeability in inference. *The Annals of Statistics,* 9(1):45–58, 1981.

Lindley, 2002 D.V. Lindley. Seeing and doing: The concept of causation. *International Statistical Review,* 70:191–214, 2002.

Lucas Jr., 1976 R.E. Lucas Jr. Econometric policy evaluation: A critique. In K. Brunner and A.H. Meltzer, editors, *The Phillips Curve and Labor Markets,* Vol. 1 of the Carnegie-Rochester Conferences on Public Policy, supplementary series to the *Journal of Monetary Economics*, pages 19–46. North-Holland, Amsterdam, 1976.

Luellen et al., 2005 J.K. Luellen, W.R. Shadish, and M.H. Clark. Propensity scores: An introduction and experimental test. *Evaluation Review,* 29(6):530–558, 2005.

MacCallum et al., 1993 R.C. MacCallum, D.T. Wegener, B.N. Uchino, and L.R. Fabrigar. The problem of equivalent models in applications of covariance structure analysis. *Psychological Bulletin,* 114(1): 185–199, 1993.

Mackie, 1965 J.L. Mackie. Causes and conditions. *American Philosophical Quarterly,* 2/4:261–264, 1965. Reprinted in E. Sosa and M. Tooley (Eds.), *Causation,* Oxford University Press, New York, 1993.

Mackie, 1980 J.L. Mackie. *The Cement of the Universe: A Study of Causation.* Clarendon Press, Oxford, 1980.

Maddala, 1992 G.S. Maddala. *Introduction to Econometrics.* McMillan, New York, NY, 1992.

Manski, 1990 C.F. Manski. Nonparametric bounds on treatment effects. *American Economic Review, Papers and Proceedings,* 80:319–323, 1990.

Manski, 1995 C.F. Manski. *Identification Problems in the Social Sciences.* Harvard University Press, Cambridge, MA, 1995.

Marschak, 1950 J. Marschak. Statistical inference in economics. In T. Koopmans, editor, *Statistical Inference in Dynamic Economic Models,* pages 1–50. Wiley, New York, 1950. Cowles Commission for Research in Economics, Monograph 10.

Maudlin, 1994 T. Maudlin. *Quantum Non-Locality and Relativity: Metaphysical Intimations of Modern Physics.* Blackwell, Oxford, UK, 1994.

McDonald, 1997 R.P. McDonald. Haldane's lungs: A case study in path analysis. *Multivariate Behavioral Research,* 32(1): 1–38, 1997.

McDonald, 2001 R.P. McDonald. Book reviews: Causality: Models, Reasoning, and Inference. *Chance,* 14(1):36–37, 2001.

McDonald, 2002a R.P. McDonald. What can we learn from the path equations?: Identifiability, constraints, equivalence. *Psychometrika,* 67(2):225–249, 2002.

McDonald, 2002b R.P. McDonald. Review: Judea Pearl, Causality: Models, Reasoning, and Inference. *Psychometrika,* 67(2):321–322, 2002.

McKim and Turner, 1997 V.R. McKim and S.P. Turner (Eds.). *Causality in Crisis?* University of Notre Dame Press, Notre Dame, IN, 1997.

Meek and Glymour, 1994 C. Meek and C.N. Glymour. Conditioning and intervening. *British Journal of Philosophy Science,* 45:1001–1021, 1994.

Meek, 1995 C. Meek. Causal inference and causal explanation with background knowledge. In P. Besnard and S. Hanks, editors, *Uncertainty in Artificial Intelligence 11,* pages 403–410. Morgan Kaufmann, San Francisco, 1995.

Mesarovic, 1969 M.D. Mesarovic. Mathematical theory of general systems and some economic problems. In H.W. Kuhn and G.P. Szego, editors, *Mathematical Systems and Economics I,* pages 93–116. Springer Verlag, Berlin, 1969.

Michie, 1999 D. Michie. Adapting Good's *q* theory to the causation of individual events. *Machine Intelligence,* 15:60–86, 1999.

Miettinen and Cook, 1981 O.S. Miettinen and E.F. Cook. Confounding essence and detection. *American Journal of Epidemiology,* 114:593–603, 1981.

Mill, 1843 J.S. Mill. *System of Logic,* volume 1. John W. Parker, London, 1843.

Mitchell, 1982 T.M. Mitchell. Generalization as search. *Artificial Intelligence,* 18:203–226, 1982.

Mittelhammer et al., 2000 R.C. Mittelhammer, G.G. Judge, and D.J. Miller. *Econometric Foundations.* Cambridge University Press, New York, NY, 2000.

Moneta and Spirtes, 2006 A. Moneta and P. Spirtes. Graphical models for identification of causal structures in multivariate time series models. In *Proceedings of the Ninth Joint Conference on Information Sciences,* Atlantis Press, Kaohsiung, Taiwan, China, 2006.

Moole, 1997 B.R. Moole. Parallel construction of Bayesian belief networks. Master's thesis, Department of Computer Science, University of South Carolina, Columbia, SC, 1997.

Moore and McCabe, 2005 D.S. Moore and G.P. McCabe. *Introduction to the Practice of Statistics.* W.H. Freeman and Co., Gordonsville, VA, 2005.

Morgan and Winship, 2007 S.L. Morgan and C. Winship. *Counterfactuals and Causal Inference: Methods and Principles for Social Research (Analytical Methods for Social Research).* Cambridge University Press, New York, NY, 2007.

Morgan, 2004 S.L. Morgan. Book reviews: Causality: Models, Reasoning, and Inference. *Sociological Methods and Research,* 32(3):411–416, 2004.

Mueller, 1996 R.O. Mueller. *Basic Principles of Structural Equation Modeling.* Springer, New York, 1996.

Muthen, 1987 B. Muthen. Response to Freedman's critique of path analysis: Improve credibility by better methodological training. *Journal of Educational Statistics,* 12(2): 178–184, 1987.

Nayak, 1994 P. Nayak. Causal approximations. *Artificial Intelligence,* 70:277–334, 1994.

Neuberg, 2003 L.G. Neuberg. Causality: Models, Reasoning, and Inference, reviewed by L.G. Neuberg. *Econometric Theory,* 19:675–685, 2003.

Neyman, 1923 J. Neyman. Sur les applications de la thar des probabilities aux experiences Agaricales: Essay des principle, 1923. English translation of excerpts (1990) by D. Dabrowska and T. Speed, in *Statistical Science,* 5:463–472.

Niles, 1922 H.E. Niles. Correlation, causation, and Wright's theory of "path coefficients." *Genetics,* 7:258–273, 1922.

Novick, 1983 M.R. Novick. The centrality of Lord's paradox and exchangeability for all statistical inference. In H. Wainer and S. Messick, editors, *Principals of Modern Psychological Measurement.* Earlbaum, Hillsdale, NJ, 1983.

Nozick, 1969 R. Nozick. Newcomb's problem and two principles of choice. In N. Rescher, editor, *Essays in Honor of Carl G. Hempel,* pages 114–146. D. Reidel, Dordrecht, 1969.

Orcutt, 1952 G.H. Orcutt. Toward a partial redirection of econometrics. *Review of Economics and Statistics,* 34:195–213, 1952.

O'Rourke, 2001 J. O'Rourke. Book reviews: Causality: Models, Reasoning, and Inference. *Intelligence,* 12(3):47–54, 2001.

Ortiz, Jr., 1999 C.L. Ortiz, Jr. Explanatory update theory: Applications of counterfactual reasoning to causation. *Artificial Intelligence,* 108(1–2): 125–178, 1999.

Otte, 1981 R. Otte. A critque of Suppes' theory of probabilistic causality. *Synthese,* 48:167–189, 1981.

Palca, 1989 J. Palca. Aids drug trials enter new age. *Science Magazine,* pages 19–21, October 1989.

Paul, 1998 L.A. Paul. Keeping track of the time: Emending the counterfactual analysis of causation. *Analysis,* 3:191–198, 1998.

Payson, 2001 S. Payson. Book review: Causality: Models, Reasoning, and Inference. *Technological Forecasting & Social Change,* 68:105–108, 2001.

Paz and Pearl, 1994 A. Paz and J. Pearl. Axiomatic characterization of directed graphs. Technical Report R-234, Department of Computer Science, University of California, Los Angeles, CA, 1994.

Paz et al., 1996 A. Paz, J. Pearl, and S. Ur. A new characterization of graphs based on interception relations. *Journal of Graph Theory,* 22(2): 125–136, 1996.

Pearl and Meshkat, 1999 J. Pearl and P. Meshkat. Testing regression models with fewer regressors. In D. Heckerman and J. Whittaker, editors, *Artificial Intelligence and Statistics 99,* pages 255–259. Morgan Kaufmann, San Francisco, CA, 1999.

Pearl and Paz, 1987 J. Pearl and A. Paz. Graphoids: A graph–based logic for reasoning about relevance relations. In B. Duboulay, D. Hogg, and L. Steels, editors, *Advances in Artificial Intelligence-II,* pages 357–363. North-Holland Publishing Co., Amsterdam, 1987.

Pearl and Paz, 2010 J. Pearl and A. Paz. Confounding equivalence in causal inference. In P.

Grünwald and P. Spirtes, editors, *Proceedings of the Twenty-Sixth Conference on Uncertainty in Artificial Intelligence*, pages 433–441, AUI, Corvallis, OR.

Pearl and Robins, 1995 J. Pearl and J.M. Robins. Probabilistic evaluation of sequential plans from causal models with hidden variables. In P. Besnard and S. Hanks, editors, *Uncertainty in Artificial Intelligence 11,* pages 444–453. Morgan Kaufmann, San Francisco, 1995.

Pearl and Verma, 1987 J. Pearl and T. Verma. The logic of representing dependencies by directed acyclic graphs. In *Proceedings of the Sixth National Conference on AI (AAAI-87),* pages 374–379, Seattle, WA, July 1987.

Pearl and Verma, 1991 J. Pearl and T. Verma. A theory of inferred causation. In J.A. Allen, R. Fikes, and E. Sandewall, editors, *Principles of Knowledge Representation and Reasoning: Proceedings of the Second International Conference,* pages 441–452. Morgan Kaufmann, San Mateo, CA, 1991.

Pearl, 1978 J. Pearl. On the connection between the complexity and credibility of inferred models. *International Journal of General Systems,* 4:255–264, 1978.

Pearl, 1982 J. Pearl. Reverend Bayes on inference engines: A distributed hierarchical approach. In *Proceedings AAAI National Conference on AI,* pages 133–136, Pittsburgh, PA, 1982.

Pearl, 1985 J. Pearl. Bayesian networks: A model of self-activated memory for evidential reasoning. In *Proceedings, Cognitive Science Society,* pages 329–334, Irvine, CA, 1985.

Pearl, 1988a J. Pearl. Embracing causality in formal reasoning. *Artificial Intelligence,* 35(2):259–271, 1988.

Pearl, 1988b J. Pearl. *Probabilistic Reasoning in Intelligent Systems.* Morgan Kaufmann, San Mateo, CA, 1988.

Pearl, 1990a J. Pearl. Probabilistic and qualitative abduction. In *Proceedings of AAAI Spring Symposium on Abduction,* pages 155–158, Stanford, CA, 1990.

Pearl, 1990b J. Pearl. System Z: A natural ordering of defaults with tractable applications to default reasoning. In R. Parikh, editor, *Proceedings of the Conference on Theoretical Aspects of Reasoning About Knowledge,* pages 121–135, San Mateo, CA, 1990. Morgan Kaufmann Publishers.

Pearl, 1993a J. Pearl. Belief networks revisited. *Artificial Intelligence,* 59:49–56, 1993.

Pearl, 1993b J. Pearl. Comment: Graphical models, causality, and intervention. *Statistical Science,* 8(3):266–269, 1993.

Pearl, 1993c J. Pearl. From conditional oughts to qualitative decision theory. In D. Heckerman and A. Mamdani, editors, *Proceedings of the Ninth Conference on Uncertainty in Artificial Intelligence,* pages 12–20, San Mateo, CA, July 1993. Morgan Kaufmann Publishers.

Pearl, 1993d J. Pearl. Aspects of graphical models connected with causality. *Proceedings of the 49th Session of the International Statistical Institute*, Italy, Tome LV, Book 1, Florence, pages 399–401, August 1993.

Pearl, 1994a J. Pearl. From Bayesian networks to causal networks. In A. Gammerman, editor, *Bayesian Networks and Probabilistic Reasoning,* pages 1–31. Alfred Walter Ltd., London, 1994.

Pearl, 1994b J. Pearl. A probabilistic calculus of actions. In R. Lopez de Mantaras and D. Poole, editors, *Uncertainty in Artificial Intelligence 10,* pages 454–462. Morgan Kaufmann, San Mateo, CA, 1994.

Pearl, 1995a J. Pearl. Causal diagrams for empirical research. *Biometrika,* 82(4):669–710, December 1995.

Pearl, 1995b J. Pearl. Causal inference from indirect experiments. *Artificial Intelligence in Medicine,* 7(6):561–582, 1995.

Pearl, 1995c J. Pearl. On the testability of causal models with latent and instrumental variables. In P. Besnard and S. Hanks, editors, *Uncertainty in Artificial Intelligence 11,* pages 435–443. Morgan Kaufmann, San Francisco, 1995.

Pearl, 1996 J. Pearl. Structural and probabilistic causality. In D.R. Shanks, K.J. Holyoak, and D.L.

Medin, editors, *The Psychology of Learning and Motivation,* volume 34, pages 393–435. Academic Press, San Diego, CA, 1996.

Pearl, 1998a J. Pearl. Graphs, causality, and structural equation models. *Sociological Methods and Research,* 27(2):226–284, 1998.

Pearl, 1998b J. Pearl. On the definition of actual cause. Technical Report R-259, Department of Computer Science, University of California, Los Angeles, CA, 1998.

Pearl, 1999 J. Pearl. Probabilities of causation: Three counterfactual interpretations and their identification. *Synthese,* 121(1–2):93–149, November 1999.

Pearl, 2000 J. Pearl. Comment on A.P. Dawid's Causal inference without counterfactuals. *Journal of the American Statistical Association,* 95(450):428–431, June 2000.

Pearl, 2001a J. Pearl. Bayesianism and causality, or, why I am only a half-Bayesian. In D. Corfield and J. Williamson, editors, *Foundations of Bayesianism,* Applied Logic Series, Volume 24, pages 19–36. Kluwer Academic Publishers, the Netherlands, 2001.

Pearl, 2001b J. Pearl. Causal inference in the health sciences: A conceptual introduction. *Health Services and Outcomes Research Methodology,* 2:189–220, 2001. Special issue on Causal Inference.

Pearl, 2001c J. Pearl. Direct and indirect effects. In *Proceedings of the Seventeenth Conference on Uncertainty in Artificial Intelligence,* pages 411–420. Morgan Kaufmann, San Francisco, CA, 2001.

Pearl, 2003a J. Pearl. Comments on Neuberg's review of Causality. *Econometric Theory,* 19:686–689, 2003.

Pearl, 2003b J. Pearl. Reply to Woodward. *Economics and Philosophy,* 19:341–344, 2003.

Pearl, 2003c J. Pearl. Statistics and causal inference: A review. *Test Journal,* 12(2):281–345, December 2003.

Pearl, 2004 J. Pearl. Robustness of causal claims. In M. Chickering and J. Halpern, editors, *Proceedings of the Twentieth Conference Uncertainty in Artificial Intelligence,* pages 446–453. AUAI Press, Arlington, VA, 2004.

Pearl, 2005a J. Pearl. Direct and indirect effects. In *Proceedings of the American Statistical Association, Joint Statistical Meetings,* pages 1572–1581. MIRA Digital Publishing, Minneapolis, MN, 2005.

Pearl, 2005b J. Pearl. Influence diagrams – historical and personal perspectives. *Decision Analysis,* 2(4):232–234, 2005.

Pearl, 2008 J. Pearl. The mathematics of causal relations. Technical Report TR-338, http://ftp.cs.ucla.edu/pub/stat_ser/r338.pdf, Department of Computer Science, University of California, Los Angeles, CA, 2008. Presented at the American Psychopathological Association (APPA) Annual Meeting, NYC, March 6–8, 2008.

Pearl, 2009a J. Pearl. Causal inference in statistics: An overview. *Statistics Surveys*, 3:96–146, http://www.bepress.com/ijb/vol6/iss2/7/, 2009.

Pearl, 2009b J. Pearl. Remarks on the method of propensity scores. *Statistics in Medicine*, 28:1415–1416, 2009. http://ftp.cs.ucla.edu/pub/stat_ser/r345-sim.pdf. Also http://ftp.cs.ucla.edu/pub/stat_ser/r348-warning.pdf.

Pearl, 2010a J. Pearl. On a class of bias-amplifying variables that endanger effect estimates. In P. Grünwald and P. Spirtes, editors, *Proceedings of the Twenty-Sixth Conference on Uncertainty in Artificial Intelligence*, pages 417–424. AUAI, Corvallis, OR, 2010.

Pearl, 2010b J. Pearl. Physical and metaphysical counterfactuals. Technical Report TR-359, http://ftp.cs.ucla.edu/pub/stat_ser/r359.pdf, Department of Computer Science, University of California, Los Angeles, CA, 2010. *Review of Symbolic Logic*, forthcoming.

Pearl, 2011 J. Pearl. Principal stratification – a goal or a tool? *The International Journal of Biostatistics*, 7(20):1–13, 2011.

Pearl, 2012a J. Pearl. The mediation formula: A guide to the assessment of causal pathways in nonlinear models. In C. Berzuini, P. Dawid, and L. Bernardinelli, editors, *Causality: Statistical*

Perspectives and Applications, pages 151–179. John Wiley and Sons, Ltd, Chichester, UK, 2012.

Pearl, 2012b J. Pearl. Interpretable conditions for identifying direct and indirect effects. Technical Report TR-389, http://ftp.cs.ucla.edu/pub/stat_ser/r389.pdf, Department of Computer Science, University of California, Los Angeles, CA, 2012.

Pearl, 2012c J. Pearl. *Do*-Calculus Revisited. In Nando de Freitas and Kevin Murphy (Eds.), *Proceedings of the Twenty-Eighth Conference on Uncertainty in Artificial Intelligence*, pages 4–11, AUAI, Corvallis, OR.

Pearson et al., 1899 K. Pearson, A. Lee, and L. Bramley-Moore. Genetic (reproductive) selection: Inheritance of fertility in man. *Philosophical Transactions of the Royal Society A,* 73:534–539, 1899.

Peikes et al., 2008 D.N. Peikes, L. Moreno, and S.M. Orzol. Propensity scores matching: A note of caution for evaluators of social programs. *The American Statistician,* 62(3):222–231, 2008.

Peng and Reggia, 1986 Y. Peng and J.A. Reggia. Plausibility of diagnostic hypotheses. In *Proceedings of the Fifth National Conference on AI (AAAI-86)*, pages 140–145, Philadelphia, 1986.

Petersen et al., 2006 M.L. Petersen, S.E. Sinisi, and M.J. van der Laan. Estimation of direct causal effects. *Epidemiology,* 17(3):276–284, 2006.

Poole, 1985 D. Poole. On the comparison of theories: Preferring the most specific explanations. In *Proceedings of the Ninth International Conference on Artificial Intelligence (IJCAI-85)*, pages 144–147, Los Angeles, CA, 1985.

Popper, 1959 K.R. Popper. *The Logic of Scientific Discovery.* Basic Books, New York, 1959.

Pratt and Schlaifer, 1988 J.W. Pratt and R. Schlaifer. On the interpretation and observation of laws. *Journal of Econometrics,* 39:23–52, 1988.

Price, 1991 H. Price. Agency and probabilistic causality. *British Journal for the Philosophy of Science,* 42:157–176, 1991.

Price, 1996 H. Price. *Time's arrow and Archimedes' point: New directions for the physics of time.* Oxford University Press, New York, 1996.

Program, 1984 Lipid Research Clinic Program. The Lipid Research Clinics Coronary Primary Prevention Trial results, parts I and II. *Journal of the American Medical Association,* 251(3):351–374, January 1984.

Rebane and Pearl, 1987 G. Rebane and J. Pearl. The recovery of causal poly-trees from statistical data. In *Proceedings of the Third Workshop on Uncertainty in AI,* pages 222–228, Seattle, WA, 1987.

Reichenbach, 1956 H. Reichenbach. *The Direction of Time.* University of California Press, Berkeley, 1956.

Reiter, 1987 R. Reiter. A theory of diagnosis from first principles. *Artificial Intelligence,* 32(1):57–95, 1987.

Richard, 1980 J.F. Richard. Models with several regimes and changes in exogeneity. *Review of Economic Studies,* 47:1–20, 1980.

Richardson and Robins, 2010 T.S. Richardson and J. Robins. Analysis of the binary instrumental variable model. In R. Dechter, H. Geffner, and J.Y. Halpern, editors, *Heuristics, Probability and Causality*, pages 415–440. College Publications, London, 2010.

Richardson, 1996 T. Richardson. A discovery algorithm for directed cyclic graphs. In E. Horvitz and F. Jensen, editors, *Proceedings of the Twelfth Conference on Uncertainty in Artificial Intelligence,* pages 454–461. Morgan Kaufmann, San Francisco, CA, 1996.

Rigdon, 2002 E.E. Rigdon. New books in review: Causality: Models, Reasoning, and Inference and Causation, Prediction, and Search. *Journal of Marketing Research,* XXXIX: 137–140, 2002.

Robert and Casella, 1999 C.P. Robert and G. Casella. *Monte Carlo Statistical Methods.* Springer Verlag, New York, NY, 1999.

Robertson, 1997 D.W. Robertson. The common sense of cause in fact. *Texas Law Review,* 75(7): 1765–1800, 1997.

Robins and Greenland, 1989 J.M. Robins and S. Greenland. The probability of causation under a stochastic model for individual risk. *Biometrics,* 45:1125–1138, 1989.

Robins and Greenland, 1992 J.M. Robins and S. Greenland. Identifiability and exchangeability for direct and indirect effects. *Epidemiology,* 3(2): 143–155, 1992.

Robins and Wasserman, 1999 J.M. Robins and L. Wasserman. On the impossibility of inferring causation from association without background knowledge. In C.N. Glymour and G.F. Cooper, editors, *Computation, Causation, and Discovery,* pages 305–321. AAAI/MIT Press, Cambridge, MA, 1999.

Robins et al., 1992 J.M. Robins, D. Blevins, G. Ritter, and M. Wulfsohn. *g*-estimation of the effect of prophylaxis therapy for pneumocystis carinii pneumonia on the survival of AIDS patients. *Epidemiology,* 3:319–336, 1992.

Robins et al., 2003 J.M. Robins, R. Schemes, P. Spirtes, and L. Wasserman. Uniform consistency in causal inference. *Biometrika,* 90:491–512, 2003.

Robins, 1986 J.M. Robins. A new approach to causal inference in mortality studies with a sustained exposure period – applications to control of the healthy workers survivor effect. *Mathematical Modeling,* 7:1393–1512, 1986.

Robins, 1987 J. Robins. Addendum to "A new approach to causal inference in mortality studies with sustained exposure periods – application to control of the healthy worker survivor effect." *Computers and Mathematics, with Applications,* 14:923–45, 1987.

Robins, 1989 J.M.Robins. The analysis of randomized and non-randomized AIDS treatment trials using a new approach to causal inference in longitudinal studies. In L. Sechrest, H. Freeman, and A. Mulley, editors, *Health Service Research Methodology: A Focus on AIDS,* pages 113–159. NCHSR, U.S. Public Health Service, 1989.

Robins, 1993 J.M. Robins. Analytic methods for estimating HIV treatment and cofactors effects. In D.G. Ostrow and R. Kessler, editors, *Methodological Issues in AIDS Behavioral Research,* pages 213–290. Plenum Publishing, New York, 1993.

Robins, 1995 J.M. Robins. Discussion of "Causal diagrams for empirical research" by J. Pearl. *Biometrika,* 82(4):695–698, 1995.

Robins, 1997 J.M. Robins. Causal inference from complex longitudinal data. In M. Berkane, editor, *Latent Variable Modeling and Applications to Causality,* pages 69–117. Springer-Verlag, New York, 1997.

Robins, 1999 J.M. Robins. Testing and estimation of directed effects by reparameterizing directed acyclic with structural nested models. In C.N. Glymour and G.F. Cooper, editors, *Computation, Causation, and Discovery,* pages 349–405. AAAI/MIT Press, Cambridge, MA, 1999.

Robins, 2001 J.M. Robins. Data, design, and background knowledge in etiologic inference. *Epidemiology,* 12(3):313–320, 2001.

Rosenbaum and Rubin, 1983 P. Rosenbaum and D. Rubin. The central role of propensity score in observational studies for causal effects. *Biometrika,* 70:41–55, 1983.

Rosenbaum, 1984 P.R. Rosenbaum. The consequences of adjustment for a concomitant variable that has been affected by the treatment. *Journal of the Royal Statistical Society, Series A (General),* Part 5(147):656–666, 1984.

Rosenbaum, 1995 P.R. Rosenbaum. *Observational Studies.* Springer-Verlag, New York, 1995.

Rosenbaum, 2002 P.R. Rosenbaum. *Observational Studies.* Springer-Verlag, New York, 2nd edition, 2002.

Rothman and Greenland, 1998 K.J. Rothman and S. Greenland. *Modern Epidemiology.* Lippincott-Rawen, Philadelphia, 2nd edition, 1998.

Rothman, 1976 K.J. Rothman. Causes. *American Journal of Epidemiology,* 104:587–592, 1976.

Rothman, 1986 K.J. Rothman. *Modern Epidemiology.* Little, Brown, 1st edition, 1986.

Roy, 1951 A.D. Roy. Some thoughts on the distribution of earnings. *Oxford Economic Papers,*

3:135–146, 1951.
Rubin, 1974 D.B. Rubin. Estimating causal effects of treatments in randomized and nonrandomized studies. *Journal of Educational Psychology,* 66:688–701, 1974.
Rubin, 2004 D.B. Rubin. Direct and indirect causal effects via potential outcomes. *Scandinavian Journal of Statistics,* 31:161–170, 2004.
Rubin, 2005 D.B. Rubin. Causal inference using potential outcomes: Design, modeling, decisions. *Journal of the American Statistical Association,* 100(469):322–331, 2005.
Rubin, 2007 D.B. Rubin. The design *versus* the analysis of observational studies for causal effects: Parallels with the design of randomized trials. *Statistics in Medicine,* 26:20–36, 2007.
Rubin, 2008a D.B. Rubin. Author's reply (to Ian Shrier's Letter to the Editor). *Statistics in Medicine,* 27:2741–2742, 2008.
Rubin, 2008b D.B. Rubin. For objective causal inference, design trumps analysis. *The Annals of Applied Statistics*, 2:808–840, 2008.
Rubin, 2009 D.B. Rubin. Author's Reply: Should observational studies be designed to allow lack of balance in covariate distributions across treatment groups? *Statistics in Medicine*, 28:1420–1423, 2009.
Rücker and Schumacher, 2008 G. Rücker and M. Schumacher. Simpson's paradox visualized: The example of the Rosiglitazone meta-analysis. *BMC Medical Research Methodology,* 8(34):1–8, 2008.
Salmon, 1984 W.C. Salmon. *Scientific Explanation and the Causal Structure of the World.* Princeton University Press, Princeton, NJ, 1984.
Salmon, 1998 W.C. Salmon. *Causality and Explanation.* Oxford University Press, New York, NY, 1998.
Sandewall, 1994 E. Sandewall. *Features and Fluents,* volume 1. Clarendon Press, Oxford, 1994.
Savage, 1954 L.J. Savage. *The Foundations of Statistics.* John Wiley and Sons, Inc., New York, 1954.
Scheines, 2002 R. Schemes. Public administration and health care: Estimating latent causal influences: TETRAD III variable selection and bayesian parameter estimation. In W. Klosgen, J.M. Zytkow, and J. Zyt, editors, *Handbook of Data Mining and Knowledge Discovery,* pages 944–952. Oxford University Press, New York, 2002.
Schlesselman, 1982 J.J. Schlesselman. *Case-Control Studies: Design Conduct Analysis.* Oxford University Press, New York, 1982.
Schumaker and Lomax, 1996 R.E. Schumaker and R.G. Lomax. *A Beginner's Guide to Structural Equation Modeling.* Lawrence Erlbaum Associations, Mahwah, NJ, 1996.
Serrano and Gossard, 1987 D. Serrano and D.C. Gossard. Constraint management in conceptual design. In D. Sriram and R.A. Adey, editors, *Knowledge Based Expert Systems in Engineering: Planning and Design,* pages 211–224. Computational Mechanics Publications, 1987.
Shachter et al., 1994 R.D. Shachter, S.K. Andersen, and P. Szolovits. Global conditioning for probabilistic inference in belief networks. In R. Lopez de Mantaras and D. Poole, editors, *Uncertainty in Artificial Intelligence,* pages 514–524. Morgan Kaufmann, San Francisco, CA, 1994.
Shachter, 1986 R.D. Shachter. Evaluating influence diagrams. *Operations Research,* 34(6):871–882, 1986.
Shadish and Clark, 2006 W.R. Shadish and M.H. Clark. A randomized experiment comparing random to nonrandom assignment. Unpublished paper, University of California, Merced, 2006.
Shadish and Cook, 2009 W.R. Shadish and T.D. Cook. The renaissance of field experimentation in evaluating interventions. *Annual Review of Psychology,* 60:607–629, 2009.
Shafer, 1996 G. Shafer. *The Art of Causal Conjecture.* MIT Press, Cambridge, MA, 1996.
Shapiro, 1997 S.H. Shapiro. Confounding by indication? *Epidemiology,* 8:110–111, 1997.

Shep, 1958 M.C. Shep. Shall we count the living or the dead? *New England Journal of Medicine,* 259:1210–1214, 1958.

Shimizu et al., 2005 A. Shimizu, S. Hyvärinen, Y. Kano, and P.O. Hoyer. Discovery of non-Gaussian linear causal models using ICA. In R. Dechter and T.S. Richardson, editors, *Proceedings of the Twenty-First Conference on Uncertainty in Artificial Intelligence,* pages 525–533. AUAI Press, Edinburgh, Schotland, 2005.

Shimizu et al., 2006 S. Shimizu, P.O. Hoyer, Hyvärinen, and A.J. Kerminen. A linear non-Gaussian acyclic model for causal discovery. *Journal of the Machine Learning Research,* 7:2003–2030, 2006.

Shimony, 1991 S.E. Shimony. Explanation, irrelevance and statistical independence. In *Proceedings of the Ninth Conference on Artificial Intelligence (AAAI'91),* pages 482–487, 1991.

Shimony, 1993 S.E. Shimony. Relevant explanations: Allowing disjunctive assignments. In D. Heckerman and A. Mamdani, editors, *Proceedings of the Ninth Conference on Uncertainty in Artificial Intelligence,* pages 200–207, San Mateo, CA, July 1993. Morgan Kaufmann Publishers.

Shipley, 1997 B. Shipley. An inferential test for structural equation models based on directed acyclic graphs and its nonparametric equivalents. Technical report, Department of Biology, University of Sherbrooke, Canada, 1997. Also in *Structural Equation Modelling,* 7:206–218, 2000.

Shipley, 2000a B. Shipley. Book reviews: Causality: Models, Reasoning, and Inference. *Structural Equation Modeling,* 7(4):637–639, 2000.

Shipley, 2000b B. Shipley. *Cause and Correlation in Biology: A User's Guide to Path Analysis, Structural Equations and Causal Inference.* Cambridge University Press, New York, 2000.

Shoham, 1988 Y. Shoham. *Reasoning About Change: Time and Causation from the Standpoint of Artificial Intelligence.* MIT Press, Cambridge, MA, 1988.

Shpitser and Pearl, 2006a I. Shpitser and J Pearl. Identification of conditional interventional distributions. In R. Dechter and T.S. Richardson, editors, *Proceedings of the Twenty-Second Conference on Uncertainty in Artificial Intelligence,* pages 437–444. AUAI Press, Corvallis, OR, 2006.

Shpitser and Pearl, 2006b I. Shpitser and J Pearl. Identification of joint interventional distributions in recursive semi-Markovian causal models. In *Proceedings of the Twenty-First National Conference on Artificial Intelligence,* pages 1219–1226. AAAI Press, Menlo Park, CA, 2006.

Shpitser and Pearl, 2007 I. Shpitser and J Pearl. What counterfactuals can be tested. In *Proceedings of the Twenty-Third Conference on Uncertainty in Artificial Intelligence,* pages 352–359. AUAI Press, Vancouver, BC Canada, 2007. Also, *Journal of Machine Learning Research*, 9:1941–1979, 2008.

Shpitser and Pearl, 2008 I. Shpitser and J Pearl. Dormant independence. In *Proceedings of the Twenty-Third Conference on Artificial Intelligence*, pages 1081–1087. AAAI Press, Menlo Park, CA, 2008.

Shpitser and Pearl, 2009 I. Shpitser and J. Pearl. Effects of treatment on the treated; Identification and generalization. In J. Bilmes and A. Ng, editors, *Proceedings of the Twenty-Fifth Conference on Uncertainty in Artificial Intelligence*. AUAI Press, Montreal, Quebec, 2009.

Shrier, 2009 I. Shrier. Letter to the Editor: Propensity scores. *Statistics in Medicine*, 28:1317–1318, 2009.

Simon and Rescher, 1966 H.A. Simon and N. Rescher. Cause and counterfactual. *Philosophy and Science,* 33:323–340, 1966.

Simon, 1953 H.A. Simon. Causal ordering and identifiability. In Wm. C. Hood and T.C. Koopmans, editors, *Studies in Econometric Method,* pages 49–74. Wiley and Sons, Inc., New York, NY, 1953.

Simpson, 1951 E.H. Simpson. The interpretation of interaction in contingency tables. *Journal of the Royal Statistical Society, Series B*, 13:238–241, 1951.

Sims, 1977 C.A. Sims. Exogeneity and causal ordering in macroeconomic models. In *New Methods in Business Cycle Research: Proceedings from a Conference, November 1975,* pages 23–43. Federal Reserve Bank, Minneapolis, 1977.

Singh and Valtorta, 1995 M. Singh and M. Valtorta. Construction of Bayesian network structures from data – a brief survey and an efficient algorithm. *International Journal of Approximate Reasoning,* 12(2): 111–131, 1995.

Sjölander, 2009a A. Sjölander. Letter to the Editor: Propensity scores and M-structures. *Statistics in Medicine*, 28:1416–1423, 2009.

Sjölander, 2009b A. Sjölander. Bounds on natural direct effects in the presence of confounded intermediate variables. *Statistics in Medicine*, 28: 558–571, 2009.

Skyrms, 1980 B. Skyrms. *Causal Necessity.* Yale University Press, New Haven, 1980.

Smith and Todd, 2005 J. Smith and P. Todd. Does matching overcome LaLonde's critique of nonexperimental estimators? *Journal of Econometrics,* 125:305–353, 2005.

Sobel, 1990 M.E. Sobel. Effect analysis and causation in linear structural equation models. *Psychometrika,* 55(3):495–515, 1990.

Sober and Barrett, 1992 E. Sober and M. Barrett. Conjunctive forks and temporally asymmetric inference. *Australian Journal of Philosophy,* 70:1–23, 1992.

Sober, 1985 E. Sober. Two concepts of cause. In P. Asquith and P. Kitcher, editors, *PSA: Proceedings of the Biennial Meeting of the Philosophy of Science Association,* volume II, pages 405–424. Philosophy of Science Association, East Lansing, MI, 1985.

Sommer et al., 1986 A. Sommer, I. Tarwotjo, E. Djunaedi, K. P. West, A. A. Loeden, R. Tilden, and L. Mele. Impact of vitamin A supplementation on childhood mortality: A randomized controlled community trial. *The Lancet,* 327:1169–1173, 1986.

Sosa and Tooley, 1993 E. Sosa and M. Tooley (Eds.). *Causation.* Oxford readings in Philosophy. Oxford University Press, Oxford, 1993.

Spiegelhalter et al., 1993 D.J. Spiegelhalter, S.L. Lauritzen, P.A. Dawid, and R.G. Cowell. Bayesian analysis in expert systems (with discussion). *Statistical Science,* 8:219–283, 1993.

Spirtes et al., 2010 P. Spirtes, C. Glymour, R. Scheines, and R. Tillman. Automated search for causal relations: Theory and practice. In R. Dechter, H. Geffner, and J.Y. Halpern, editors, *Heuristics, Probability and Causality*, pages 467–506. College Publications, London, 2010.

Spirtes and Glymour, 1991 P. Spirtes and C.N. Glymour. An algorithm for fast recovery of sparse causal graphs. *Social Science Computer Review,* 9(l):62–72, 1991.

Spirtes and Richardson, 1996 P. Spirtes and T. Richardson. A polynomial time algorithm for determinint DAG equivalence in the presence of latent variables and selection bias. *Proceedings of the Sixth International Workshop on Artificial Intelligence and Statistics,* 1996.

Spirtes and Verma, 1992 P. Spirtes and T. Verma. Equivalence of causal models with latent variables. Technical Report CMU-PHIL-33, Carnegie Mellon University, Pittsburgh, Pennsylvania, October 1992.

Spirtes et al., 1993 P. Spirtes, C.N. Glymour, and R. Scheines. *Causation, Prediction, and Search.* Springer-Verlag, New York, 1993.

Spirtes et al., 1995 P. Spirtes, C. Meek, and T. Richardson. Causal inference in the presence of latent variables and selection bias. In P. Besnard and S. Hanks, editors, *Uncertainty in Artificial Intelligence 11,* pages 499–506. Morgan Kaufmann, San Francisco, 1995.

Spirtes et al., 1996 P. Spirtes, T. Richardson, C. Meek, R. Scheines, and C.N. Glymour. Using *d*-separation to calculate zero partial correlations in linear models with correlated errors. Technical Report CMU-PHIL-72, Carnegie-Mellon University, Department of Philosophy, Pittsburgh, PA, 1996.

Spirtes et al., 1998 P. Spirtes, T. Richardson, C. Meek, R. Scheines, and C.N. Glymour. Using path diagrams as a structural equation modelling tool. *Sociological Methods and Research,* 27(2): 182–225, November 1998.

Spirtes et al., 2000 P. Spirtes, C.N. Glymour, and R. Scheines. *Causation, Prediction, and Search.*

MIT Press, Cambridge, MA, 2nd edition, 2000.

Spirtes, 1995 P. Spirtes. Directed cyclic graphical representation of feedback. In P. Besnard and S. Hanks, editors, *Proceedings of the Eleventh Conference on Uncertainty in Artificial Intelligence,* pages 491–498. Morgan Kaufmann, San Mateo, CA, 1995.

Spohn, 1980 W. Spohn. Stochastic independence, causal independence, and shieldability. *Journal of Philosophical Logic,* 9:73–99, 1980.

Spohn, 1983 W. Spohn. Deterministic and probabilistic reasons and causes. *Erkenntnis,* 19:371–396, 1983.

Spohn, 1988 W. Spohn. A general non-probabilistic theory of inductive reasoning. In *Proceedings of the Fourth Workshop on Uncertainty in Artificial Intelligence,* pages 315–322, Minneapolis, MN, 1988.

Stalnaker, 1968 R.C. Stalnaker. A theory of conditionals. In N. Rescher, editor, *Studies in Logical Theory,* volume No. 2, American Philosophical Quarterly Monograph Series. Blackwell, Oxford, 1968. Reprinted in W.L. Harper, R. Stalnaker, and G. Pearce (Eds.), *Ifs,* D. Reidel, Dordrecht, pages 41–55, 1981.

Stalnaker, 1972 R.C. Stalnaker. Letter to David Lewis, 1972. In W.L. Harper, R. Stalnaker, and G. Pearce (Eds.), *Ifs,* D. Reidel, Dordrecht, pages 151–152, 1981.

Stelzl, 1986 I. Stelzl. Changing a causal hypothesis without changing the fit: Some rules for generating equivalent path models. *Multivariate Behavioral Research,* 21:309–331, 1986.

Steyer et al., 1996 R. Steyer, S. Gabler, and A.A. Rucai. Individual causal effects, average causal effects, and unconfoundedness in regression models. In F. Faulbaum and W. Bandilla, editors, *SoftStat'95, Advances in Statistical Software 5,* pages 203–210. Lucius & Lucius, Stuttgart, 1996.

Steyer et al., 1997 R. Steyer, A.A. von Davier, S. Gabler, and C. Schuster. Testing unconfoundedness in linear regression models with stochastic regressors. In W. Bandilla and F. Faulbaum, editors, *SoftStat'97, Advances in Statistical Software 6,* pages 377–384. Lucius & Lucius, Stuttgart, 1997.

Stone, 1993 R. Stone. The assumptions on which causal inferences rest. *Journal of the Royal Statistical Society,* 55(2):455–466, 1993.

Strotz and Wold, 1960 R.H. Strotz and H.O.A. Wold. Recursive versus nonrecursive systems: An attempt at synthesis. *Econometrica,* 28:417–427, 1960.

Suermondt and Cooper, 1993 H.J. Suermondt and G.F. Cooper. An evaluation of explanations of probabilistic inference. *Computers and Biomedical Research,* 26:242–254, 1993.

Suppes and Zaniotti, 1981 P. Suppes and M. Zaniotti. When are probabilistic explanations possible? *Synthese,* 48:191–199, 1981.

Suppes, 1970 P. Suppes. *A Probabilistic Theory of Causality.* North-Holland Publishing Co., Amsterdam, 1970.

Suppes, 1988 P. Suppes. Probabilistic causality in space and time. In B. Skyrms and W.L. Harper, editors, *Causation, Chance, and Credence.* Kluwer Academic Publishers, Dordrecht, The Netherlands, 1988.

Swanson and Granger, 1997 N.R. Swanson and C.W.J. Granger. Impulse response functions based on a causal approach to residual orthogonalization in vector autoregressions. *Journal of the American Statistical Association*, 92:357–367, 1997.

Swanson, 2002 N.R. Swanson. Book reviews: Causality: Models, Reasoning, and Inference. *Journal of Economic Literature,* XL:925–926, 2002.

Tian and Pearl, 2000 J. Tian and J. Pearl. Probabilities of causation: Bounds and identification. *Annals of Mathematics and Artificial Intelligence*, 28:287–313, 2000.

Tian and Pearl, 2001a J. Tian and J. Pearl. Causal discovery from changes. In *Proceedings of the Seventeenth Conference on Uncertainty in Artificial Intelligence,* pages 512–521. Morgan

Kaufmann, San Francisco, CA, 2001.

Tian and Pearl, 2001b J. Tian and J. Pearl. Causal discovery from changes: A Bayesian approach. Technical Report R-285, Computer Science Department, UCLA, February 2001.

Tian and Pearl, 2002a J. Tian and J. Pearl. A general identification condition for causal effects. In *Proceedings of the Eighteenth National Conference on Artificial Intelligence,* pages 567–573. AAAI Press/ The MIT Press, Menlo Park, CA, 2002.

Tian and Pearl, 2002b J. Tian and J Pearl. On the testable implications of causal models with hidden variables. In A. Darwiche and N. Friedman, editors, *Proceedings of the Eighteenth Conference on Uncertainty in Artificial Intelligence*, pages 519–527. Morgan Kaufmann, San Francisco, CA, 2002.

Tian and Pearl, 2002c J. Tian and J. Pearl, A New Characterization of the Experimental Implications of Causal Bayesian Networks. *Proceedings of the Eighteenth National Conference on Artificial Intelligence*, pages 574–579. AAAI Press/The MIT Press: Menlo Park, CA, 2002.

Tian and Shpitser, 2010 J. Tian and I. Shpitser. On identifying causal effects. In R. Dechter, H. Geffner, and J.Y. Halpern, editors, *Heuristics, Probability and Causality*, pages 523–540. College Publications, London, 2010.

Tian et al., 1998 J. Tian, A. Paz, and J. Pearl. Finding minimal separating sets. Technical Report R-254, University of California, Los Angeles, CA, 1998.

Tian et al., 2006 J. Tian, C. Kang, and J. Pearl. A characterization of interventional distributions in semi-Markovian causal models. In *Proceedings of the Twenty-First National Conference on Artificial Intelligence,* pages 1239–1244. AAAI Press, Menlo Park, CA, 2006.

Tversky and Kahneman, 1980 A. Tversky and D. Kahneman. Causal schemas in judgments under uncertainty. In M. Fishbein, editor, *Progress in Social Psychology,* pages 49–72. Lawrence Erlbaum, Hillsdale, NJ, 1980.

VanderWeele and Robins, 2007 T.J. VanderWeele and J.M. Robins. Four types of effect modification: A classification based on directed acyclic graphs. *Epidemiology,* 18(5):561–568, 2007.

Verma and Pearl, 1988 T. Verma and J. Pearl. Causal networks: Semantics and expressiveness. In *Proceedings of the Fourth Workshop on Uncertainty in Artificial Intelligence,* pages 352–359, Mountain View, CA, 1988. Also in R. Shachter, T.S. Levitt, and L.N. Kanal (Eds.), *Uncertainty in AI 4,* Elesevier Science Publishers, 69–76, 1990.

Verma and Pearl, 1990 T. Verma and J. Pearl. Equivalence and synthesis of causal models. In *Proceedings of the Sixth Conference on Uncertainty in Artificial Intelligence,* pages 220–227, Cambridge, MA, July 1990. Also in P. Bonissone, M. Henrion, L.N. Kanal and J.F. Lemmer (Eds.), *Uncertainty in Artificial Intelligence 6,* Elsevier Science Publishers, B.V, 255–268, 1991.

Verma and Pearl, 1992 T. Verma and J. Pearl. An algorithm for deciding if a set of observed independencies has a causal explanation. In D. Dubois, M.P. Wellman, B. D'Ambrosio, and P. Smets, editors, *Proceedings of the Eighth Conference on Uncertainty in Artificial Intelligence,* pages 323–330. Morgan Kaufmann, Stanford, CA, 1992.

Verma, 1993 T.S. Verma. Graphical aspects of causal models. Technical Report R-191, UCLA, Computer Science Department, 1993.

Wainer, 1989 H. Wainer. Eelworms, bullet holes, and Geraldine Ferraro: Some problems with statistical adjustment and some solutions. *Journal of Educational Statistics,* 14:121–140, 1989.

Wang et al., 2009 X. Wang, Z. Geng, H. Chen, and X. Xie. Detecting multiple confounders. *Journal of Statistical Planning and Inference,* 139: 1073–1081, 2009.

Wasserman, 2004 L. Wasserman. *All of Statistics: A Concise Course in Statistical Inference.* Springer Science+Business Media, Inc., New York, NY, 2004.

Weinberg, 1993 C.R. Weinberg. Toward a clearer definition of confounding. *American Journal of Epidemiology,* 137:1–8, 1993.

Weinberg, 2007 C.R. Weinberg. Can DAGs clarify effect modification? *Epidemiology,* 18:569–572, 2007.

Wermuth and Lauritzen, 1983 N. Wermuth and S.L. Lauritzen. Graphical and recursive models for contingency tables. *Biometrika,* 70:537–552, 1983.

Wermuth and Lauritzen, 1990 N. Wermuth and S.L. Lauritzen. On substantive research hypotheses, conditional independence graphs and graphical chain models (with discussion). *Journal of the Royal Statistical Society, Series B,* 52:21–72, 1990.

Wermuth, 1987 N. Wermuth. Parametric collapsibility and the lack of moderating effects in contingency tables with a dichotomous response variable. *Journal of the Royal Statistical Society, Series B,* 49(3):353–364, 1987.

Wermuth, 1992 N. Wermuth. On block-recursive regression equations. *Brazilian Journal of Probability and Statistics (with discussion),* 6:1–56, 1992.

Whittaker, 1990 J. Whittaker. *Graphical Models in Applied Multivariate Statistics.* John Wiley, Chichester, England, 1990.

Whittemore, 1978 A.S. Whittemore. Collapsibility of multidimensional contingency tables. *Journal of the Royal Statistical Society, Series B,* 40(3):328–340, 1978.

Wickramaratne and Holford, 1987 P.J. Wickramaratne and T.R. Holford. Confounding in epidemiologic studies: The adequacy of the control group as a measure of confounding. *Biometrics,* 43:751–765, 1987.

Winship and Morgan, 1999 C. Winship and S.L. Morgan. The estimation of causal effects from observational data. *Annual Review of Sociology*, 25:659–706, 1999.

Winslett, 1988 M. Winslett. Reasoning about action using a possible worlds approach. In *Proceedings of the Seventh American Association for Artificial Intelligence Conference,* pages 89–93, 1988.

Woodward, 1990 J. Woodward. Supervenience and singular causal claims. In D. Knowles, editor, *Explanation and Its Limits,* pages 211–246. Cambridge University Press, New York, 1990.

Woodward, 1995 J. Woodward. Causation and explanation in econometrics. In D. Little, editor, *On the Reliability of Economic Models,* pages 9–61. Kluwer Academic, Boston, 1995.

Woodward, 1997 J. Woodward. Explanation, invariance and intervention. *Philosophy of Science,* 64(S):26–S41, 1997.

Woodward, 2003 J. Woodward. *Making Things Happen.* Oxford University Press, New York, NY, 2003.

Wright, 1921 S. Wright. Correlation and causation. *Journal of Agricultural Research,* 20:557–585, 1921.

Wright, 1923 S. Wright. The theory of path coefficients: A reply to Niles' criticism. *Genetics,* 8:239–255, 1923.

Wright, 1925 S. Wright. Corn and hog correlations. Technical Report 1300, U.S. Department of Agriculture, 1925.

Wright, 1928 P.O. Wright. *The Tariff on Animal and Vegetable Oils.* The MacMillan Company, New York, NY, 1928.

Wright, 1988 R.W. Wright. Causation, responsibility, risk, probability, naked statistics, and proof: Prunning the bramble bush by clarifying the concepts. *Iowa Law Review,* 73:1001–1077, 1988.

Wu, 1973 D.M. Wu. Alternative tests of independence between stochastic regressors and disturbances. *Econometrica,* 41:733–750, 1973.

Yanagawa, 1984 T. Yanagawa. Designing case-contol studies. *Environmental health perspectives,* 32:219–225, 1984.

Yule, 1903 G.U. Yule. Notes on the theory of association of attributes in statistics. *Biometrika,* 2:121–134, 1903.

Zelterman, 2001 D. Zelterman. Book reviews: Causality: Models, Reasoning, and Inference. *Technometrics,* 32(2):239, 2001.

Zidek, 1984 J. Zidek. Maximal Simpson disaggregations of 2×2 tables. *Biometrika,* 71:187–190, 1984.

索　引

索引中的页码为英文原书页码，与书中页边标注的页码一致。

D

E

F

N

O

P

推荐阅读

永恒的图灵：20位科学家对图灵思想的解构与超越

作者：[英]S. 巴里 · 库珀（S. Barry Cooper） 安德鲁 · 霍奇斯（Andrew Hodges） 等

译者:堵丁柱 高晓沨 等 ISBN：978-7-111-59641-7 定价：119.00元

今天，世人知晓图灵，因为他是“计算机科学之父”和“人工智能之父”，但我们理解那些遥遥领先于时代的天才思想到底意味着什么吗?

本书云集20位当代科学巨擘，共同探讨图灵计算思想的滥觞，特别是其对未来的重要影响。这些内容不仅涵盖我们熟知的计算机科学和人工智能领域，还涉及理论生物学等并非广为人知的图灵研究领域，最终形成各具学术锋芒的15章。如果你想追上甚至超越这位谜一般的天才，欢迎阅读本书，重温历史，开启未来。

精彩导读

- 罗宾 · 甘地是图灵唯一的学生，他们是站在数学金字塔尖的一对师徒。然而在功成名就前，甘地受图灵的影响之深几乎被人遗忘，特别是关于逻辑学和类型论。翻开第2章，重新发现一段科学与传承的历史。
- 写就奇书《哥德尔、艾舍尔、巴赫——集异璧之大成》的侯世达，继续着高超的思维博弈。当迟钝呆板的人类遇见顶级机器翻译家，“模仿游戏”究竟是头脑的骗局还是真正的智能？翻开第8章，进入一场十四行诗的文字交锋。
- 万物皆计算，生命的算法尤其令人着迷。在计算技术起步之初，图灵就富有预见性地展开了关于生物理论的研究，他提出的“逆向工程”仍然挑战着当代的研究者。翻开第10章，一窥图灵是如何计算生命的。
- 量子力学、时间箭头、奇点主义、自由意志、不可克隆定理、奈特不确定性、玻尔兹曼大脑……这些统统融于最神秘的一章中，延续着图灵未竟的思考。翻开第12章，准备好捕捉量子图灵机中的幽灵。
- 罗杰 · 彭罗斯，他的《皇帝新脑》，他的宇宙法则，他的神奇阶梯，他与霍金的时空大辩论，他屡屡拷问现代科学的语出惊人……翻开第15章，看他如何回应图灵，尝试为人类的数学思维建模。

推荐阅读

人工智能：原理与实践

作者：（美）查鲁・C. 阿加沃尔 译者：杜博 刘友发 ISBN：978-7-111-71067-7

本书特色

本书介绍了经典人工智能（逻辑或演绎推理）和现代人工智能（归纳学习和神经网络），分别阐述了三类方法：

基于演绎推理的方法，从预先定义的假设开始，用其进行推理，以得出合乎逻辑的结论。底层方法包括搜索和基于逻辑的方法。

基于归纳学习的方法，从示例开始，并使用统计方法得出假设。主要内容包括回归建模、支持向量机、神经网络、强化学习、无监督学习和概率图模型。

基于演绎推理与归纳学习的方法，包括知识图谱和神经符号人工智能的使用。

神经网络与深度学习

作者：邱锡鹏 ISBN：978-7-111-64968-7

本书是深度学习领域的入门教材，系统地整理了深度学习的知识体系，并由浅入深地阐述了深度学习的原理、模型以及方法，使得读者能全面地掌握深度学习的相关知识，并提高以深度学习技术来解决实际问题的能力。本书可作为高等院校人工智能、计算机、自动化、电子和通信等相关专业的研究生或本科生教材，也可供相关领域的研究人员和工程技术人员参考。